U0617031

高等学校“十三五”应用型本科规划教材

理 论 力 学

主　编　屈钧利　刘向东　赵建会
副主编　李现敏　黄耀光　邹彩凤
参　编　王　静　崔　巍　屠冰冰

西安电子科技大学出版社

内 容 简 介

本书是根据原国家教委审定的《高等工科院校理论力学课程教学的基本要求》编写的，由静力学、运动学、动力学3篇共14章内容组成。本书结合应用型专业的特点，按照课程的基本要求，精选内容。在内容的编写上循序渐进、由浅入深。力求突出重点、易于掌握。

本书可作为普通高等院校、独立学院、继续教育学院的机械类、土建类、地矿类等相关专业的理论力学课程教材或自学参考用书，也可供有关工程技术人员参考。

图书在版编目(CIP)数据

理论力学/屈钧利，刘向东，赵建会主编. —西安：西安电子科技大学出版社，2017.8
高等学校"十三五"应用型本科规划教材
ISBN 978-7-5606-4570-4

Ⅰ. ① 理…　Ⅱ. ① 屈… ②刘… ③赵…　Ⅲ. ① 理论力学-高等学校-教材
Ⅳ. ① O31

中国版本图书馆 CIP 数据核字(2017)第 193244 号

策划编辑　戚文艳
责任编辑　戚文艳　张　倩
出版发行　西安电子科技大学出版社(西安市太白南路2号)
电　　话　(029)88242885　88201467　　邮　　编　710071
网　　址　www.xduph.com　　电子邮箱　xdupfxb001@163.com
经　　销　新华书店
印刷单位　陕西天意印务有限责任公司
版　　次　2017年8月第1版　2017年8月第1次印刷
开　　本　787毫米×1092毫米　1/16　印张 18.5
字　　数　500千字
印　　数　1～3000册
定　　价　36.00元
ISBN 978-7-5606-4570-4/O

XDUP 4862001-1

前　　言

本书是按照原国家教委审定的《高等工科院校理论力学课程教学的基本要求》，结合编者们多年来为工科相关专业讲授理论力学课程的教学经验和教改实践编写而成的。

本书注重加强课程内容与工程实际的结合，以工程实例为例题，培养学生的工程观念及将实际工程问题抽象化为力学模型的能力，如实际约束、荷载的简化，工程结构简化为系统计算简图等；注重加强分析问题能力的训练，如受力分析、运动分析和解题思路的分析等；注重加强综合应用方面的训练，如静力学平衡方程的应用、运动学相关定理、动力学普遍定理的综合应用等，培养学生分析和求解实际问题的能力。

本书按照 60～80 学时的教学要求编写，分为静力学、运动学、动力学 3 篇 14 章，各部分之间有一定的联系又相对独立。根据专业要求的不同，可选择本教材的全部或部分内容讲授。每章后均配有一定数量的思考题和习题。

本书由西安科技大学屈钧利、刘向东、赵建会任主编，李现敏(河北工程大学)、黄耀光(西安科技大学)、邹彩凤(西安科技大学)任副主编。参加编写的人员还有王静(西安科技大学高新学院)、崔巍(西安科技大学高新学院)和屠冰冰(西安科技大学)。具体分工如下：绪论以及第 2、7、11 章由刘向东编写；第 1、14 章由黄耀光编写；第 3、12 章由屈钧利编写；第 4 章由邹彩凤与屈钧利合编；第 5 章由王静编写；第 6 章由刘向东与邹彩凤合编；第 8 章由李现敏编写；第 9 章由崔巍编写；第 10、13 章由屠冰冰编写。

本书在编写的过程中，参阅了国内出版的一些同类教材、教辅资料，并得到西安电子科技大学出版社等单位的支持和帮助。作者在此对他们及对本书所引用文献的著作者表示衷心的感谢。

由于水平所限，书中难免有疏漏和不妥之处，恳请广大读者批评指正。

编　者

2017 年 3 月

前 言

目　　录

第二篇 运 动 学

第三篇 动 力 学

绪　论

一、理论力学的研究对象和内容

理论力学是研究物体机械运动一般规律的一门学科。

所谓机械运动，是指物体在空间的位置随时间的变化。它是人们在日常生活和生产实践中最常见、最普遍，也是最简单的一种运动。例如，日、月、星辰的运行，车辆、船只的行驶，机器的运转等，都是机械运动。平衡是指物体相对于惯性系保持静止或匀速直线运动的状态(如相对地球处于静止状态)，它是机械运动的一种特殊形式。除机械运动外，物质还有发光、发热和产生电磁场等物理现象，化合和分解等化学过程，以及人脑的复杂思维活动等。这些较复杂的物质运动形式都与机械运动存在着或多或少的联系。所以，理论力学的概念、规律和方法在一定程度上也被应用于自然科学的其他领域，对它们的发展起了积极的作用。

理论力学属于以伽利略和牛顿定律为基础的经典力学范畴。近代物理学的发展说明了经典力学的局限性：经典力学仅适用于低速、宏观物体的运动。当物体的速度接近于光速时，其运动应当用相对论力学来研究；当物体的大小接近于微观粒子时，其运动应当用量子力学来研究。而对于速度远低于光速的宏观物体，由经典力学推得的结果具有足够的精确度。在现代科学技术中，经典力学仍然起着重大作用，并且还在不断地发展着。例如，工程技术中所处理的对象一般都是宏观物体，而且其速度也远低于光速，所以其力学问题仍以经典力学的定律为依据。

理论力学由静力学、运动学、动力学三部分内容组成。

静力学——研究物体在力系作用下的平衡规律；同时也研究力的一般性质，以及力系简化的方法等。

运动学——研究物体机械运动的几何性质(如轨迹、速度和加速度等)，而不研究引起运动的物理原因。

动力学——研究物体的机械运动与其所受力之间的关系。

二、理论力学的研究方法

任何一门科学都会因研究对象的不同而有不同的研究方法。但是，通过实践发现真理，再通过实践证实真理并发展真理，是科学技术发展的正确途径。理论力学也必须遵循这个正确的认识规律进行研究和发展。

(1) 观察和实验是理论力学发展的基础。人们可以通过观察生活和生产实践中的各种现象，分析、综合和归纳出力学的规律。古代，人们为了提水，制造了辘轳；为了搬运重物，使用了杠杆、斜面和滑轮；为了长距离运输，制造了运输机械；为了利用水力和风力，制造了风车和水车等。这些实践活动使人类对机械运动有了初步的认识，并积累了宝贵的经验，经过分析、综合和归纳，逐渐上升到理论，形成了“力”和“力矩”等概念，以及“二力平衡”、“杠杆原理”、“力的平行四边形规律”和“万有引力定律”等力学的基本规律。

人们为了认识客观规律，除了在生活和生产实践中进行观察和分析外，还必须进行科学实验，人为地创造一些条件，从复杂的自然现象中，突出影响事物发展的主要因素，测定出各个因素间的关系。所以说，科学实验也是形成理论的重要基础。理论力学中的摩擦定律和惯性定律等都是直接建立在实验的基础上的。从近代力学的研究和发展来看，实验更是重要的研究方法之一。

(2) 在对事物观察和实验的基础上，经过抽象化建立力学模型。从观察和实验中获得的资料，必须经过认真的分析，去伪存真、去粗取精、由此及彼、由表及里地进行加工，才能上升为理论。这个过程就是抽象化的过程。

抽象化的方法就是在研究复杂的客观事物的过程中，抓住起决定性作用的主要因素，舍弃次要的、局部的和偶然的因素，从而深入到事物的本质，找出事物间的内在规律。例如，在研究物体的机械运动时，忽略物体受力总要变形的属性，得到刚体的模型；忽略摩擦对物体运动的影响得到理想约束的模型；忽略物体的几何尺寸，得到质点的模型。正确的抽象，不仅简化了所研究的问题，而且更深刻地反映了事物的本质。但是，任何抽象化的模型都是有条件的、相对的，如果客观条件改变了，原来的模型就不一定适用，必须再考虑新的主要因素，建立起适应新情况的模型，使它更接近于真实。

(3) 在建立力学模型的基础上，从基本规律出发，用数学演绎和逻辑推理的方法，建立起一些最基本的普遍定律，并将它作为本学科的理论基础。根据这些基本理论，借助于严密的数学工具进行演绎推理，得出了各种形式的定理和结论。理论力学广泛地应用数学这一有效的工具，且力学现象之间的关系也可以通过数量来表示。因此，计算技术对力学的应用和发展有着巨大的作用。当今电子计算机的日益发展，必将促进力学计算的现代化，使复杂的力学问题有可能逐步得到解决。但是，如果认为单靠数学推导就可以发展新的力学理论，这种想法则是完全错误的。只有将数学知识与力学现象的物理本质紧密地结合起来，才能得出符合实际的正确结论。

实践是检验真理的唯一标准。从实践中得到的结论，必须再用到实践中去，接受实践的检验。只有当理论正确地反映了客观实际时，才能认为这个理论是正确的。同时，通过实践进一步补充和发展理论，如此循环往复，在原来的基础上得到提高，理论力学也是沿着这条道路不断发展的。

三、学习理论力学的目的

理论力学是一门理论性较强的技术基础课，在工科院校各专业中占有重要的地位。学习本课程的目的可概括为以下三个：

1. 为学习后继课程奠定基础

理论力学研究的是力学中最普遍的、最基本的规律。很多工程专业的课程，例如，材料力学、机械原理、机械零件、结构力学、弹塑性力学、流体力学、飞行力学、振动理论、断裂力学等，都要以理论力学为基础，所以理论力学是学习一系列后继课程的基础。另外，随着现代科学技术的发展，力学与其他学科相互渗透，形成了许多边缘学科，它们也都是以理论力学为基础的。例如，固体力学和流体力学的理论被用来研究人体内骨骼的强度，血液流动的规律，心、肺、肾和头颅的力学模型，以及植物中的营养的输送问题等，进而形成了生物力学；流体力学的理论被用来研究离子在磁场中的运动，进而形成了磁流体力学；还有爆炸力学、物理力学等都是力学和其他学科结合而形成的边缘科学。想要探索新的科学领域，就必须打下坚实的力学基础。

2. 培养解决工程实际问题的能力

理论力学是现代工程技术的理论基础，它的定律和结论被广泛应用于各种工程技术中。各种机械、设备和结构的设计，机器的自动调节和振动的研究，航天技术等，都要以理论力学的理论为基础。另外，对于工程实际中出现的各种力学现象，也需要利用理论力学的知识去认识，必要时加以利用。因此，一般工程技术人员都必须具备一定的理论力学知识。

3. 培养分析问题解决问题的能力

因为理论力学的研究方法遵循着辩证唯物主义认识论的方法，故通过本课程的学习，有助于培养辩证唯物主义的世界观，提高正确分析问题和解决问题的能力，为以后参加生产实践和从事科学研究打下良好的基础。

四、理论力学发展简史

战国时代的墨子(公元前 468—前 376 年)在所著《墨经》中已对力的概念和杠杆(秤)的平衡原理有所论述，这是已发现的有关力学理论的最早记载。后来，希腊的阿基米德(公元前 287—前 212 年)以更明确的方式表述了杠杆平衡问题。意大利艺术家、物理学家和工程师列奥纳多·达·芬奇(1452—1519 年)提出了力矩的概念；法国科学家伐利农(1654—1722 年)提出了力矩定理，并首次提出了静力学一词；布安索(1777—1859 年)提出了力偶的概念，使静力学理论逐渐完善。

16 世纪到 17 世纪，力学开始形成一门独立的系统学科。伽利略(1564—1642 年)根据实验，提出了惯性定律的内容和加速度的概念。在这个基础上，牛顿(1643—1727 年)总其大成，于 1687 年在他的名著《自然哲学的数学原理》中，提出了动力学的三个基本定律。牛顿运动定律是整个经典力学的基础。

18 世纪、19 世纪是理论力学发展成熟的时期。由于工业革命和数学上的新成就，力学进入了一个新的发展时期。这一时期涌现了不少杰出的科学家。伊凡·伯努利(1667—1748 年)以普遍的形式表达了虚位移原理；欧拉(1707—1783 年)提出了质点及刚体的运动微分方程；达朗伯(1717—1785 年)建立了著名的达朗伯原理；拉格朗日(1736—1813 年)在 1783 年发表了名著《分析力学》，成为分析力学的奠基人；哈密顿(1805—1865 年)也对分析力学作出了卓越的贡献。

20 世纪以来，科学技术迅速发展，各门学科都在不断充实、更新，很多学科之间互相渗透，出现了一些边缘学科。就理论力学领域来说，它在振动理论、运动稳定性、飞行力学等许多方面都取得巨大进展，并逐渐形成一些独立的分支。理论力学还与其他学科结合，形成一些新的学科，如生物力学、地质力学和工程控制等。今后，随着生产和科学技术的发展，理论力学也必将获得新的成就。

第一篇　静　力　学

引　言

静力学研究力系的简化和力系作用下刚体的平衡条件及其应用。

力是物体之间相互的机械作用，这种作用使物体的运动状态和形状发生了改变，前者为力的运动效应(也称外效应)，后者为力的变形效应(也称内效应)。

实践证明，力的效应取决于力的三个要素：力的大小、方向和作用点。

力是矢量，本书中，矢量均用黑体字母表示。力 $\boldsymbol{F}$ 的大小用非黑体字母 F 表示，即 $F=|\boldsymbol{F}|$。力的单位是牛顿(N)或千牛顿(kN)，且 1 kN$=10^3$ N。

力的方向包括力所顺沿的直线在空间的方位和力沿其作用线的指向。

力的作用点是力作用位置的抽象。实际上力的作用位置不是一个几何点，而是一部分面积或体积。譬如，两物体接触时，其相互间的压力分布在整个接触面上，重力分布在整个体积上等，这样的力称为分布力。但当力的作用面积或体积相对于物体的几何尺寸很小以致可忽略其大小时，则可抽象或简化为点，称为力的作用点。作用于该点上的力称为集中力，过力的作用点表示力方位的直线称为力的作用线。

通常，一个物体总是受到许多力的作用，我们把作用在物体上的一群力称为力系。如果作用于某一物体的力系用另一个力系来代替，而不改变物体的运动状态，则称此二力系为等效力系。如果一个力与一个力系等效，则称此力为该力系的**合力**，而力系中的各力为其合力的**分力**。合力对物体的作用效应等效于各分力作用效应之和。用一个简单力系等效地替换一个复杂力系称为力系的简化。

平衡是物体机械运动的一种特殊形式，即物体相对于惯性参考系(如地面)保持静止或者做匀速直线运动的情形。例如，地面上的各种建筑物、桥梁，在直线公路上匀速行驶的汽车、做匀速直线运动的飞机等，都处于平衡状态。物体处于平衡状态时，作用于物体上的力系称为平衡力系，该力系所应满足的条件称为平衡条件。研究物体的平衡问题，实际上就是研究作用于物体的力系的平衡条件及其应用。

刚体是指在力的作用下，其内部任意两点间的距离都不会改变的物体。或者说，其大小和形状始终保持不变的物体。刚体是真实物体的一种抽象化的力学模型，在自然界中是不存在的。事实上，任何物体在力的作用下都将产生不同程度的变形，只是许多物体在力的作用下变形很小，以致在所研究的问题中可忽略此变形。其实，此变形并不影响该问题的实质，而且还可使问题大为简化。静力学中所研究的物体都是刚体，所以静力学亦称为刚体静力学。

静力学研究以下三个问题：

(1) 物体的受力分析。

(2) 力系的简化。

(3) 力系的平衡条件及其应用。

在实际工程中有着大量的静力学问题。例如，在土木工程中，作各种结构设计时，需要对其进行受力分析，而静力学理论是结构受力分析的基础；在机械工程中，进行机械设计时，往往要应用静力学理论分析机械零部件的受力情况，并以此作为其强度设计的依据。即便是工程上的动力学问题也可将其化成静力学问题来求解。……。因此，静力学在实际工程中有着广泛的应用。

第1章　静力学公理与物体的受力分析

本章将介绍静力学几个公理以及工程上常见的约束和对物体进行受力分析的方法。

1.1　静力学公理

公理是人类经过长期生产实践积累的经验总结，又反复经过实践检验，被确认是符合客观实际的最普遍、最一般的规律。静力学公理阐述了力的一些基本性质，是研究力系简化和平衡条件的理论基础和基本依据。

公理1　力的平行四边形法则

作用在物体上同一点的两个力，可以合成为一个**合力**。合力的作用点也在该点，合力的大小和方向由这两个力为邻边构成的平行四边形的对角线确定，如图1-1(a)所示。这种合成方法称为力的平行四边形法则。合力矢等于这两个力矢的几何和，即

$$\boldsymbol{F}_R = \boldsymbol{F}_1 + \boldsymbol{F}_2 \tag{1-1}$$

合力$\boldsymbol{F}_R$与二力$\boldsymbol{F}_1$、$\boldsymbol{F}_2$的共同作用等效。有时，为了方便，可以不必作出整个平行四边形，而是由点O作矢量$\boldsymbol{F}_1$，再由$\boldsymbol{F}_1$的末端作矢量$\boldsymbol{F}_2$(见图1-1(b))，或者由点O作矢量$\boldsymbol{F}_2$，再由$\boldsymbol{F}_2$的末端作矢量$\boldsymbol{F}_1$(见图1-1(c))，则力三角形的封闭边即为合力矢$\boldsymbol{F}_R$。这种求合力的方法称为**力的三角形法则**。

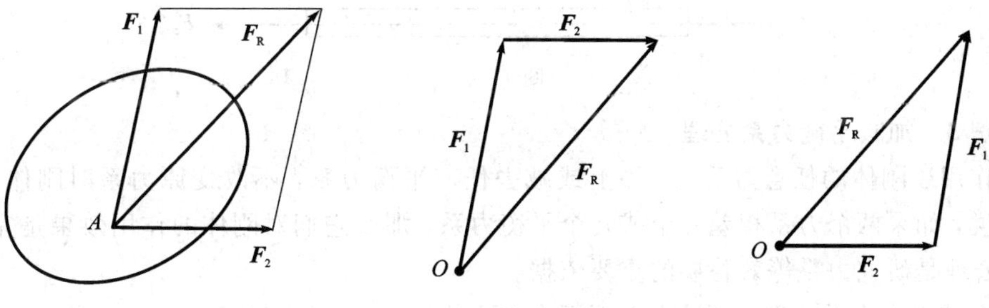

图1-1

力的平行四边形公理表明了最简单力系的简化规律，它是复杂力系简化的基础。

公理2　二力平衡公理

作用于刚体上的两个力，使刚体平衡的必要和充分条件是：这两个力的大小相等、方向相反，且在同一条直线上，如图1-2所示。即

$$\boldsymbol{F}_1 = -\boldsymbol{F}_2 \tag{1-2}$$

需要指出的是，该公理仅适用于刚体，对于非刚体该平衡条件是不充分的。例如，等值、反向、共线的两力作用于一绳索时，绳索受拉时可以平衡，反之则不能平衡。

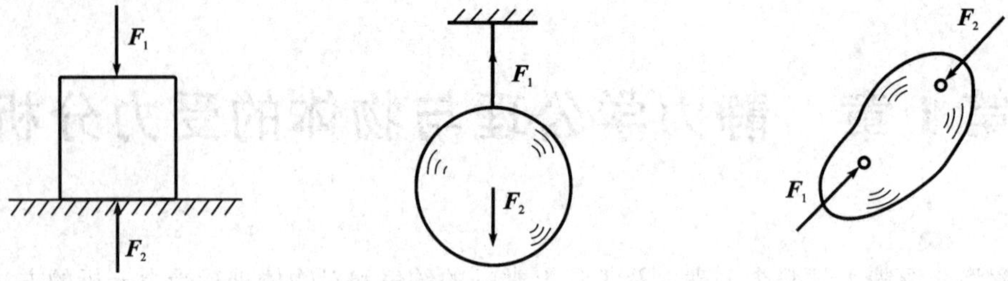

图 1 - 2

对于只受两个力作用而处于平衡的物体，称为**二力体**或**二力构件**，图 1 - 3 所示物体为一二力构件。由二力平衡条件可知，二力构件不论其形状如何，所受两个力的作用线必为沿二力作用点的连线。图 1 - 4 所示杆件仅受两力作用且处于平衡状态，该杆件亦称为**二力杆**。显然，二力的作用线与该杆件的轴线重合。

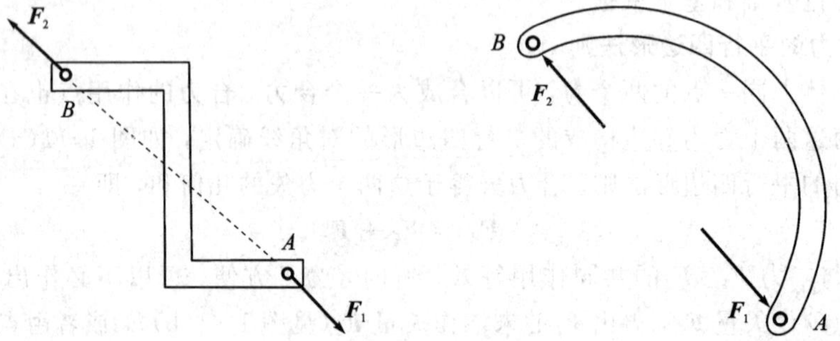

图 1 - 3

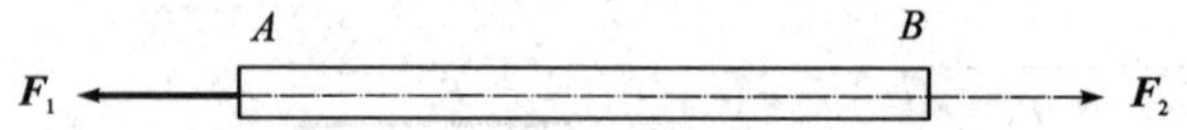

图 1 - 4

公理 3　加减平衡力系公理

在作用于刚体的任意力系上，加上或减去任一平衡力系，不改变原力系对刚体的作用。也就是说，如果两个力系相差一个或几个平衡力系，那么它们对刚体的作用效果是完全相同的。该公理是研究力系等效替换的重要依据。

由加减平衡力系公理，可导出以下两个重要的推论：

推论 1　力的可传性

作用于刚体上某点的力，可沿其作用线移至刚体内任意一点，而不改变该力对刚体的作用效应。

证明：假设力 $\boldsymbol{F}$ 作用于刚体上的 A 点，B 是力的作用线上的任一点，如图 1 - 5(a)所示。可在 B 点处加上一对平衡力 $\boldsymbol{F}'$、$\boldsymbol{F}''$，且 $\boldsymbol{F}'=\boldsymbol{F}$，$\boldsymbol{F}''=-\boldsymbol{F}$，如图 1 - 5(b)所示。由加减平衡力系公理可知，$\boldsymbol{F}$、$\boldsymbol{F}'$、$\boldsymbol{F}''$三力所构成的力系与力 $\boldsymbol{F}$ 等效。将 $\boldsymbol{F}$、$\boldsymbol{F}''$构成的平衡力系减去之后得到作用于 B 点的力 $\boldsymbol{F}'$，如图 1 - 5(c)所示，$\boldsymbol{F}'$与三力所构成的力系等效。根据等效的递推性质，力 $\boldsymbol{F}'$与力 $\boldsymbol{F}$ 等效。于是力 $\boldsymbol{F}$ 沿作用线由 A 点移到了 B 点。

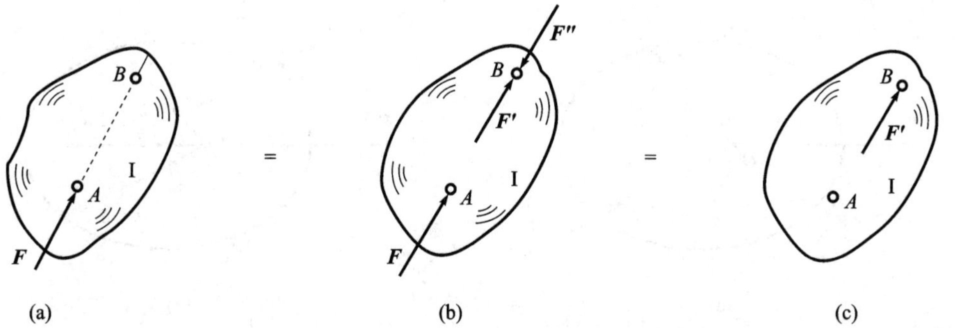

图 1-5

由此可见，对于刚体来说，力的作用点不是决定力的作用效应的主要因素，它已被力的作用线所取代。因此，作用在**刚体上的力的三要素**为：**力的大小、方向和作用线**。力矢量可以从它的作用线上的任一点画出，具有这种性质的矢量称为**滑动矢量**。

必须注意的是，力的可传性只能在刚体内部应用，不能沿作用线滑移到其他刚体上去。例如，图 1-6(a)所示作用于 A 物体上的力 $\boldsymbol{F}$ 不能沿作用线滑移到 B 物体上去，图 1-6(a)与图 1-6(b)所示两种情形显然并不等效。再如，图 1-6(c)所示作用于三铰拱的左半拱上的力同样不能滑移到右半拱上，图 1-6(c)与图 1-6(d)所示两种情形下 $\boldsymbol{F}$ 所引起的拱脚支座处的反力完全不同。

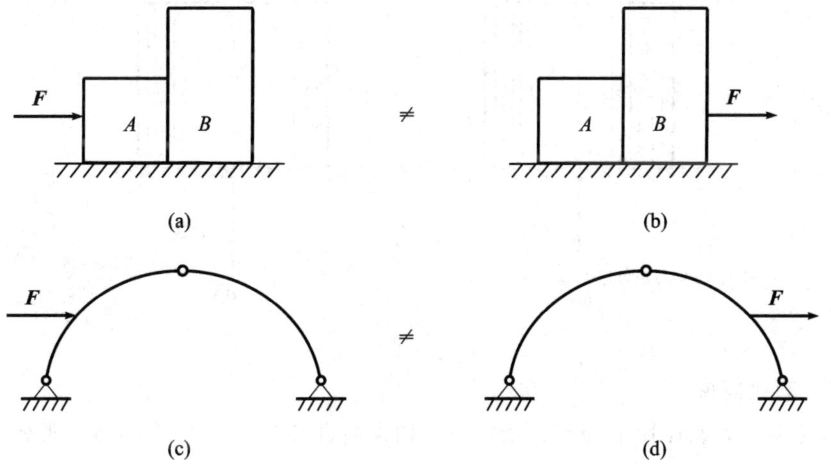

图 1-6

推论 2　三力平衡汇交定理

作用于刚体上的三个相互平衡的力，若其中两个力的作用线汇交于一点，则此三力必在同一平面内，且第三个力的作用线通过汇交点。

证明：在图 1-7(a)所示刚体的 A、B、C 三点处，分别作用了三个相互平衡的力 $\boldsymbol{F}_1$、$\boldsymbol{F}_2$、$\boldsymbol{F}_3$。依据力的可传性，将力 $\boldsymbol{F}_1$ 和 $\boldsymbol{F}_2$ 沿其作用线移至汇交点 O，由力的平行四边形法则，得到力 $\boldsymbol{F}_1$ 和 $\boldsymbol{F}_2$ 的合力 $\boldsymbol{F}_{12}$。于是，三力的平衡简化为 $\boldsymbol{F}_{12}$ 与 $\boldsymbol{F}_3$ 的二力平衡。由二力平衡公理可知，力 $\boldsymbol{F}_3$ 的作用线与 $\boldsymbol{F}_{12}$ 重合而必过点 O，且三力作用线共面，如图 1-7(b)所示。

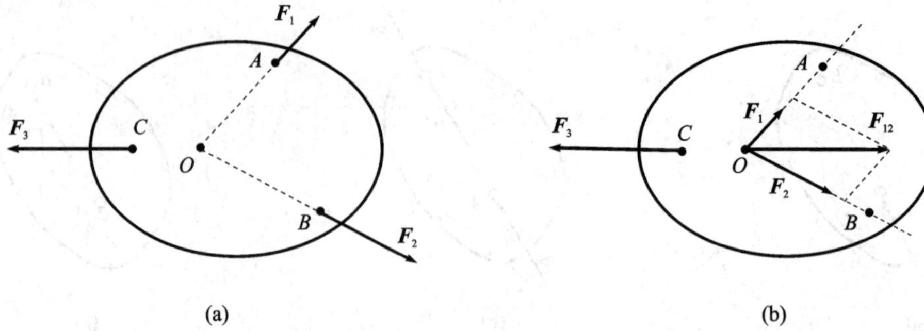

图 1-7

公理 4　作用力与反作用力定律

当 A 物体对 B 物体施加作用力 $\boldsymbol{F}$ 时，B 物体必然同时对 A 物体施加反作用力 $\boldsymbol{F}'$。$\boldsymbol{F}$ 和 $\boldsymbol{F}'$ 大小相等、方向相反且作用线重合。它们互为作用力与反作用力。

例如，置于台面上的物体 A 向台面施加一个向下的作用力 $\boldsymbol{F}_{\mathrm{N}}$，台面同时也对物体施加一个向上的反作用力 $\boldsymbol{F}'_{\mathrm{N}}$。$\boldsymbol{F}_{\mathrm{N}}$ 与 $\boldsymbol{F}'_{\mathrm{N}}$ 是一对作用力与反作用力，如图 1-8(a)所示。应该注意的是，作用力与反作用力分别作用在两个物体上，它们不构成平衡力系。本例中，在分析 A 物体受力时，桌面对它的作用力 $\boldsymbol{F}'_{\mathrm{N}}$ 与重力 $\boldsymbol{G}$ 构成平衡力系，A 物体的质心为点 C，如图 1-8(b)所示。

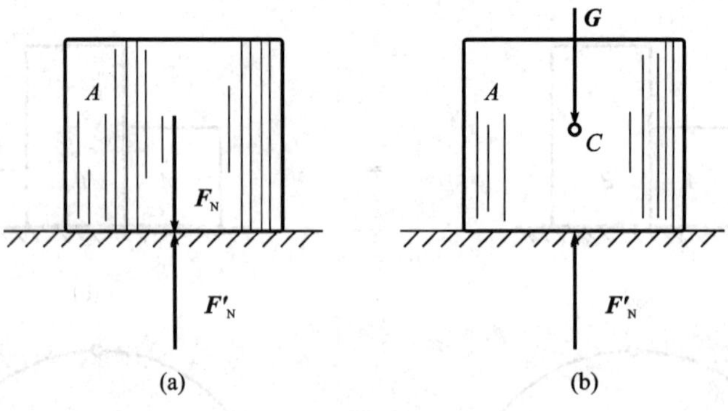

图 1-8

公理 5　刚化原理

变形体在某一力系作用下处于平衡状态，如果将此变形体刚化为刚体，那么其平衡状态保持不变。

刚化原理提供了把变形体抽象为刚体模型的条件，使得刚体静力学的理论可应用于变形体。但是，此时需要考虑变形体的物理条件。绳索在等值、反向、共线的两个拉力 $\boldsymbol{F}_1$ 和 $\boldsymbol{F}_2$ 的作用下处于平衡，若将绳索刚化为刚体，则其平衡状态保持不变，如图 1-9(a)所示。反之，

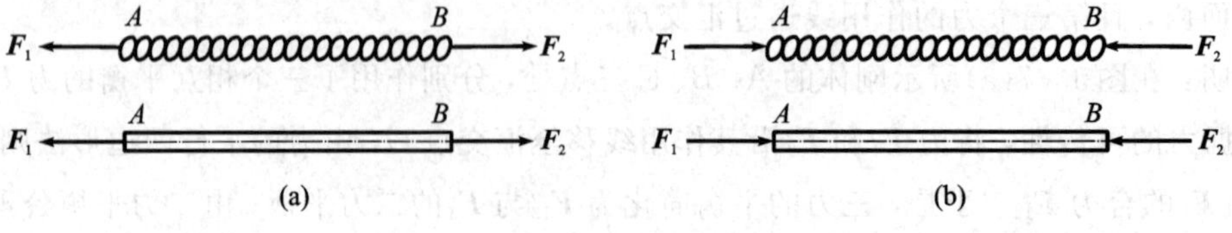

图 1-9

若在刚体两端施加两个等值、反向、共线的压力 $\boldsymbol{F}_1$ 和 $\boldsymbol{F}_2$，则刚体能保持平衡。若将刚体换成绳索，则不能保持平衡，因为此时绳索不能刚化为刚体，如图 1-9(b)所示。

由此可见，刚体的平衡条件对变形体来说是必要而非充分的。总之，通过公理 5 可以把任何处于平衡状态的变形体刚化为刚体，进而应用刚体静力学理论加以分析。

1.2　约束和约束反力

当物体与其他物体相互接触或联系时，物体的运动会受到限制，它在空间某一方向的运动将成为不可能，这样的物体称为**非自由体**。例如，行驶的汽车、转动的轴承、地面上的建筑物、窗框上的窗扇等都属于非自由体。而能自由地在空间运动的物体称为**自由体**，例如在空中飞行的飞机、火箭、人造卫星等。

通常，力学中在研究非自由体的运动和受力时，把限制非自由体运动的其他物体称为**约束**。从力学角度来分析，约束对物体的作用，实际上就是力，这种力称为**约束反力**，简称**约束力**。约束反力由约束自身的特点决定，其方向与被限制物体的运动方向相反。约束反力的作用点在约束和被约束物体的接触位置处。据此就能确定约束反力的方向和作用线的位置。而约束反力的大小由施加于物体上的其他已知力(主动力)大小以及物体的运动状态决定。当主动力改变时，约束反力一般也发生改变，所以约束反力是被动力，且一般是未知的。

下面就来介绍工程中常见的几种约束和确定约束反力方向的方法。

1. 光滑接触面约束

如图 1-10(a)和(b)所示的支承物体的固定面，不计摩擦时，属于光滑接触面约束。

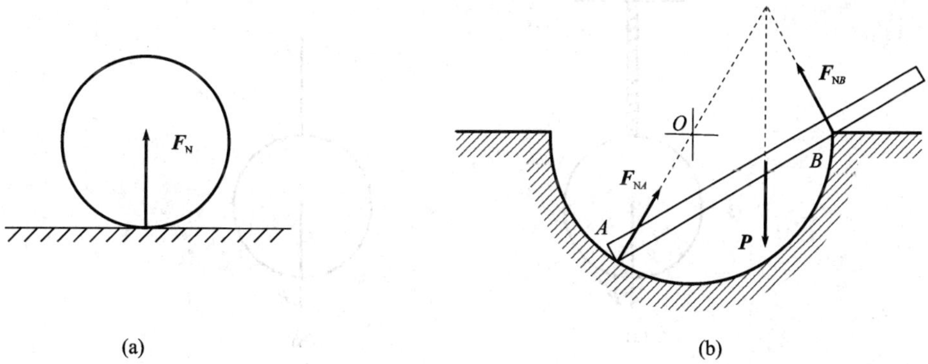

图 1-10

对于光滑接触面来说，不论接触面的形状如何，只能限制物体沿着接触点的公法线方向趋向于接触面运动。因此，光滑接触面对物体的约束反力作用在接触点处，方向沿接触面的公法线并指向被约束的物体。这种约束反力，称为法向约束反力，一般用 $\boldsymbol{F}_N$ 表示。如图 1-10(a)和(b)所示的力 $\boldsymbol{F}_N$、$\boldsymbol{F}_{NA}$ 和 $\boldsymbol{F}_{NB}$。

光滑接触面约束是一种典型的约束，在工程中经常遇到。例如，图 1-11(a)所示的啮合齿轮的齿面约束和图 1-11(b)所示的凸轮曲面对顶杆的约束。

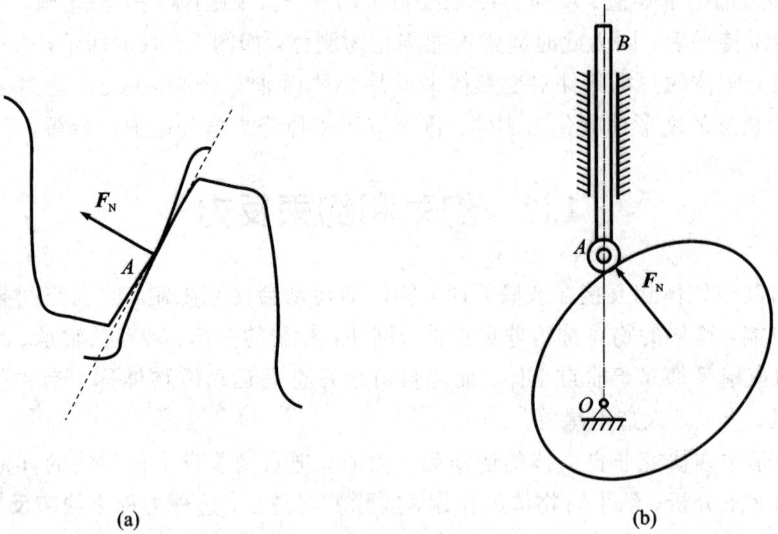

图 1 - 11

2. 由柔软的绳索、链条或皮带等构成的柔索约束

由柔软的绳索、链条等物体构成的约束称为柔索约束。柔索约束只限定物体沿柔索中心线离开柔索方向的运动，其约束反力沿柔索且背离被约束的物体，即使被约束的物体受拉力。图 1 - 12 所示的吊住重物的绳索、图 1 - 13 所示的传动机构的皮带或链条都构成柔索约束。

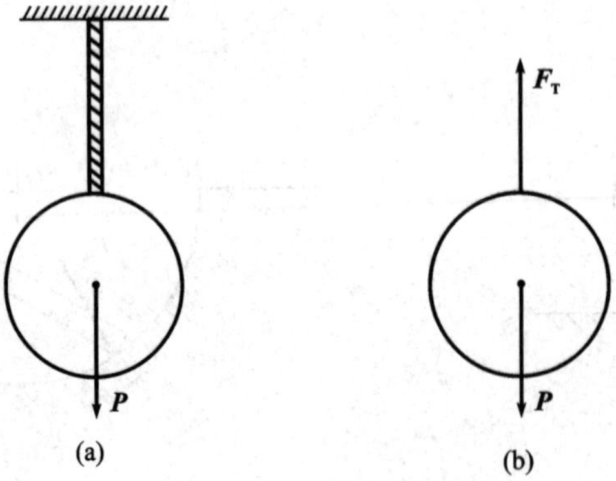

图 1 - 12

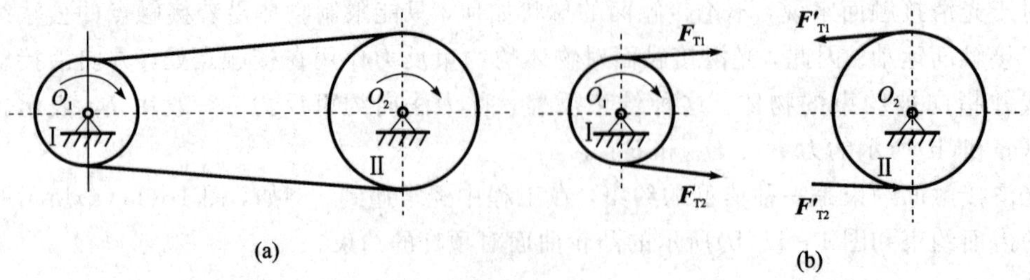

图 1 - 13

3. 光滑铰链约束

光滑铰链约束包括圆柱形铰链、向心轴承和固定铰链支座等。光滑铰链约束实际上是由轴或销钉与光滑孔内壁之间的接触形成的约束，因此，这类约束本质上与光滑接触面约束相同。

1）圆柱形铰链

在两个物体的连接处各钻一个直径相同的光滑圆孔，中间插入一个圆柱形销钉彼此相连，销钉阻止了构件彼此之间沿孔径方向的相对移动，但是构件却可以绕销钉作相对转动。这种约束称为**圆柱形铰链约束**，简称**铰链约束**（当铰链连接多个构件时称为**复铰**）。铰链约束的约束反力通过铰链中心，沿孔径方向，可以看成是构件彼此之间的一对相互作用力。反力的具体方向由主动力或构件之间的相对运动趋势确定。在受力分析时通常把这种方向、大小都是未知的力用两个互相垂直的分力 $\boldsymbol{F}_{Ax}$、$\boldsymbol{F}_{Ay}$ 表示，如图 1－14 所示。

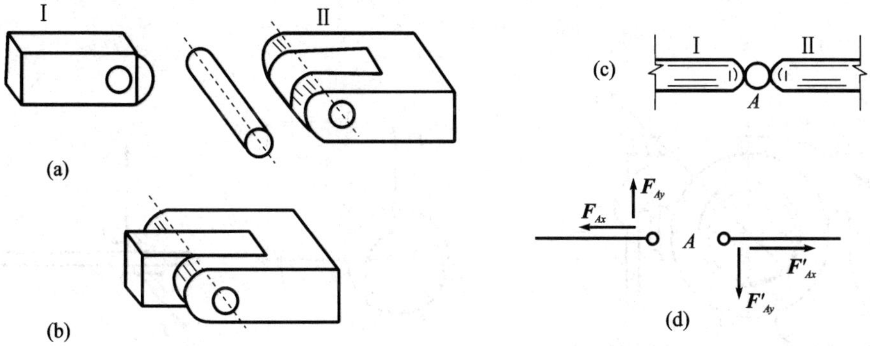

图 1－14

2）固定铰链支座

铰链连接中如果有一个物体固定在地面或机架上，则它就构成了固定铰链支座，如图 1－15(a)所示。固定铰链支座的力学简图有多种表达形式，如图 1－15(b)所示。尽管固定铰链支座的画法各异，但是物体所受的约束反力和铰链约束反力是相同的，通常用两个正交分力 $\boldsymbol{F}_{Ax}$ 和 $\boldsymbol{F}_{Ay}$ 来表示，如图 1－15(c)所示。

3）向心轴承（径向轴承）

向心轴承也称径向轴承，是工程中常见的约束形式。若不计摩擦，则轴与轴承的接触面是两个光滑圆柱面的接触面，轴可在孔内任意转动，也可以沿着孔的中心线移动，但是沿径向向外移动会受到轴承的阻碍。因此，当轴和轴承在某点 A 光滑接触时，轴承对轴的约束反力 $\boldsymbol{F}_A$ 作用在接触点 A，且沿公法线指向轴心，如图 1－16(a)所示。

因为轴和轴承接触点的位置随轴所承受的主动力的变化而变化，所以当主动力未确定时，约束反力的方向不能预先确定。但是，无论约束反力方向如何，其作用线必垂直于轴线且通过轴心。因此，轴承对轴的约束反力可用通过轴心的两个大小未知的正交分力 $\boldsymbol{F}_{Ax}$ 和 $\boldsymbol{F}_{Ay}$ 来表示，如图 1－16(b)和(c)所示，$\boldsymbol{F}_{Ax}$ 和 $\boldsymbol{F}_{Ay}$ 的方向可以任意假设。

4. 其他约束

1）滚动支座（辊轴支座）

在光滑平面上用几个圆柱形滚子支承固定铰支座下部，便形成滑动铰支座（又称辊轴支座或滚动铰支座），如图 1－17 所示。它常用于工程中的桥梁和屋架结构，并且考虑到温度改

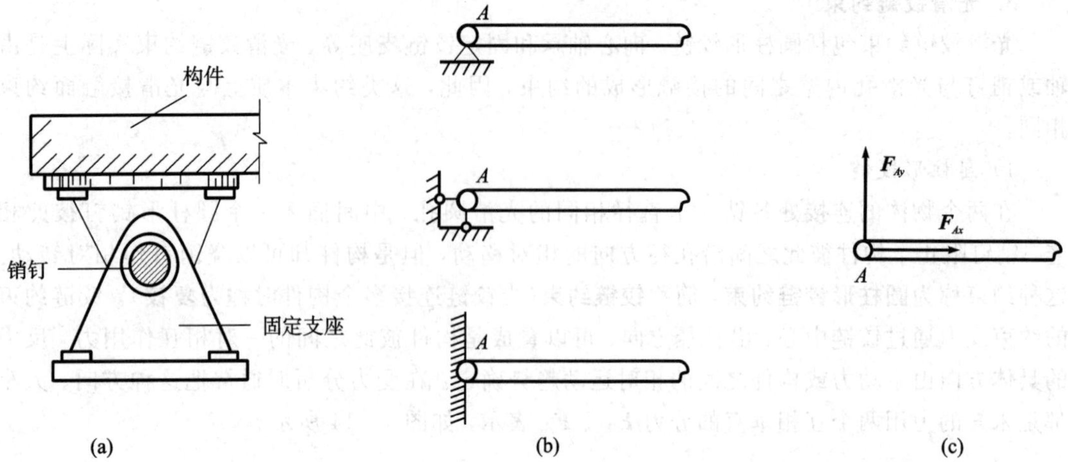

图 1-15

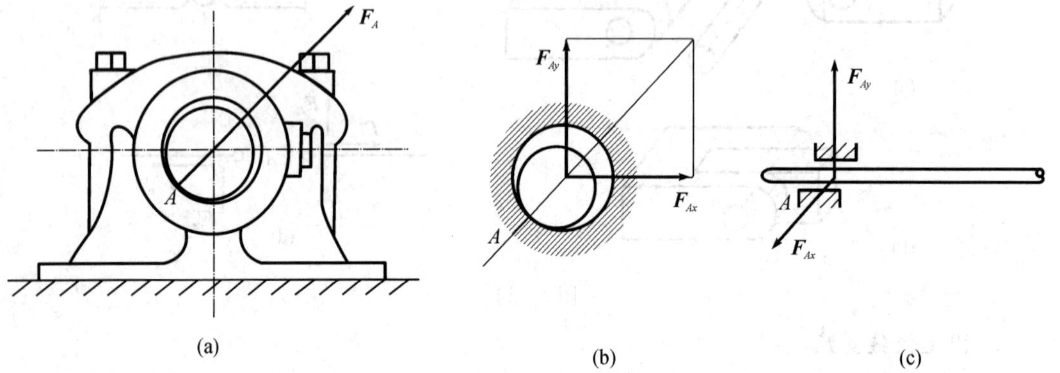

图 1-16

变会引起构件的伸缩，通常附有特殊装置阻止物体沿支承面公法线方向的运动。因此，它对物体的约束力的作用线垂直于支承面，指向待定。

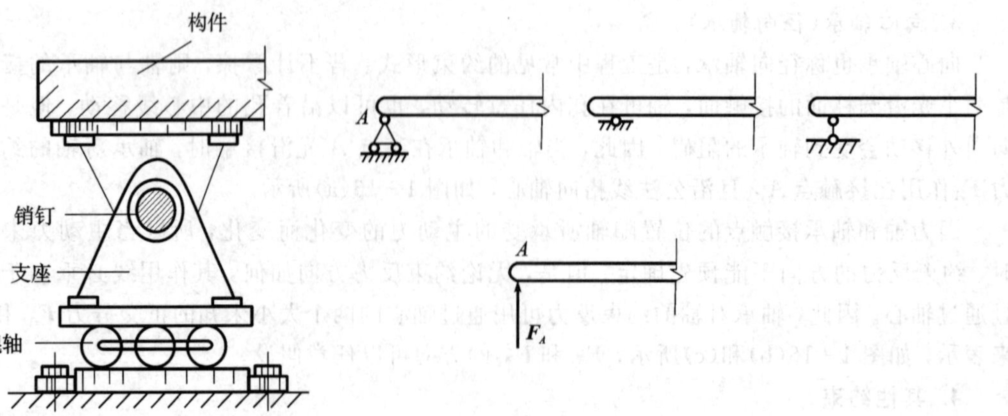

图 1-17

2）链杆约束

两端用铰链与其他物体相连的刚杆构成链杆约束，如图 1-18 所示。链杆阻止被连接物体之间沿链杆轴线方向做相对运动，其约束反力沿杆件轴线方向并通过两端的铰接点，指向不定。

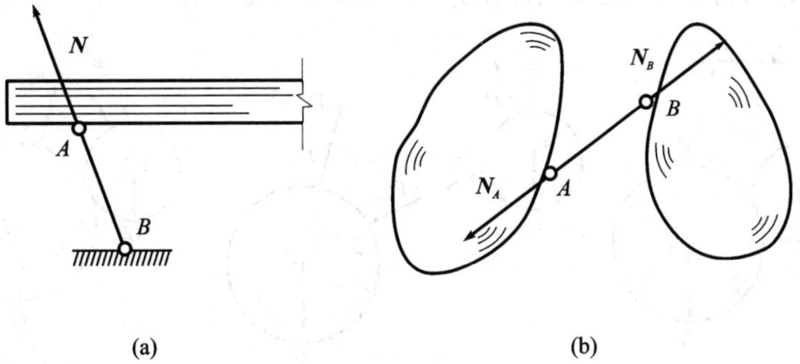

图 1-18

在静力学问题中，一端同支承面铰接并与支承面垂直的短链杆（或称支杆）和滑动铰支座有相同的约束作用。两根汇交的短链杆与固定铰支座有相同的约束作用。所以，在计算简图中经常用链杆表示固定铰支座和滑动铰支座，如图 1-19 所示。

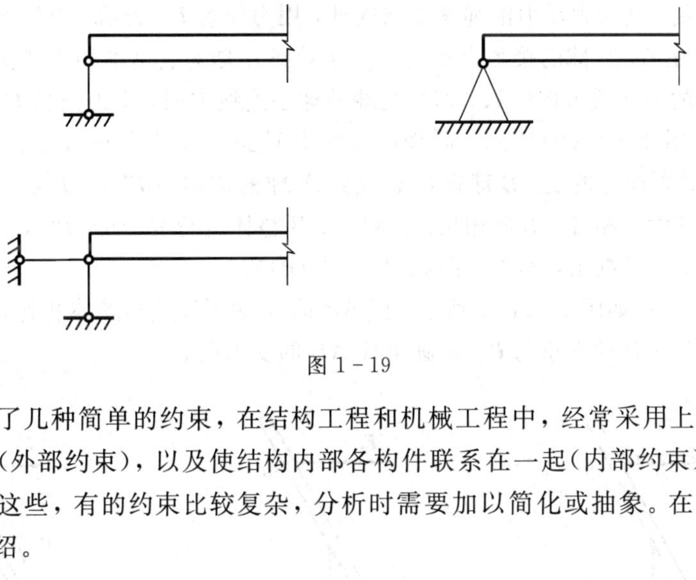

图 1-19

以上仅介绍了几种简单的约束，在结构工程和机械工程中，经常采用上述约束使结构与基础联系在一起（外部约束），以及使结构内部各构件联系在一起（内部约束）。然而，工程中约束类型远不止这些，有的约束比较复杂，分析时需要加以简化或抽象。在后续的某些章节中，再作相关介绍。

1.3　物体的受力分析及受力图

无论是研究物体平衡时力的关系，还是研究物体运动中作用力与运动的关系，都需要首先对物体进行受力分析，根据问题的性质和特点有选择性地分析其中某个物体或某几个物体的运动（包括平衡）和受力状态。这些被选择的物体称之为**研究对象**。在分析之前，首先将研究对象所受的约束解除，并从其周围物体中分离出来。分离出的研究对象称为**分离体**。将作用于分离体上的所有力（主动力、约束反力）以矢量形式表示在分离体图上所得的简图称为受力图。把分析研究对象受力情况的过程称为**受力分析**。

分析物体受力情况和画其受力图是解决静力学和动力学问题的前提。下面举例说明画受力图的步骤和方法。

【例 1-1】 图 1-20 所示为用悬索固定于梁上的 A、B 两球，在重力作用下处于平衡状态。试分别对 A、B 球以及 A、B 两球作为一个整体进行受力分析，绘出其受力图。

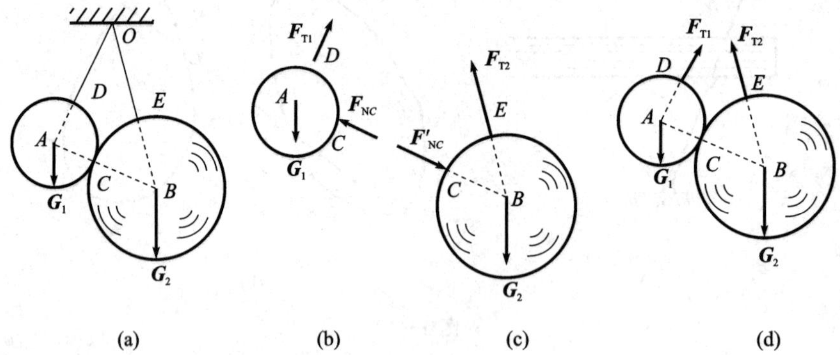

图 1-20

解：首先取 A 球作为研究对象，将 A 球解除约束并从周围物体中分离出来。然后将它所受的主动力即重力 $\boldsymbol{G}_1$，按其大小、方向用力矢量 $\boldsymbol{G}_1$ 在作用点 A 处绘出。在 D 点 A 球受到绳索 DO 的约束作用，其约束反力沿绳索方向向外，用力矢量 $\boldsymbol{F}_{T1}$ 表示，力矢量的始端点画于力的作用点 D 处。在 A、B 球的接触点 C 处，A 球受到 B 球对它施加的光滑接触面约束，其约束反力与接触面的公法线方向一致，即沿两球的球心连线方向，用力矢量 $\boldsymbol{F}_{NC}$ 在 C 点处绘出。A 球的受力图如图 1-20(b)所示。同理，可对 B 球进行受力分析并绘出其受力图，如图 1-20(c)所示。必须注意的是，B 球在 C 点受到 A 球的作用力 $\boldsymbol{F}'_{NC}$；$\boldsymbol{F}'_{NC}$ 与 $\boldsymbol{F}_{NC}$ 是一对作用力和反作用力，其大小相等、方向相反。在对 A、B 整体进行受力分析时，A、B 之间的相互作用则属于内力，不必画出，其受力图如图 1-20(d)所示。

【例 1-2】 机构如图 1-21(a)所示，杆 AB 的 A 端用铰链与墙体相连，B 端用绳索固定在墙面 C 点处，杆 AB 的自重为 $\boldsymbol{P}$。试画出杆 AB 的受力图。

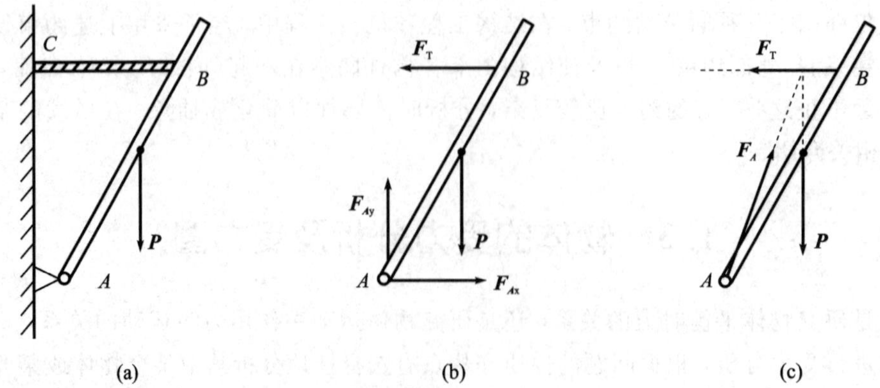

图 1-21

解：先取杆 AB 为研究对象，解除约束画出杆 AB 的简图。然后在杆 AB 上先画出主动力 $\boldsymbol{P}$，根据约束的性质再画出约束反力。A 点处为固定铰链支座，铰链对杆 A 端的约束反力必过铰链中心，但其方向不能确定，可用两正交分力 $\boldsymbol{F}_{Ax}$ 和 $\boldsymbol{F}_{Ay}$ 表示。杆上 B 点处有绳索约束，其对杆 AB 的约束反力为 $\boldsymbol{F}_T$，杆 AB 的受力如图 1－21(b)所示。

因为杆 AB 系受三力作用而平衡，亦可由三力平衡汇交定理画成如图 1－21(c)所示的受力图。

【例 1－3】　在图 1－22(a)所示机构中，水平梁 AB 用斜杆 CD 支撑，A、C、D 三处均为光滑铰链连接。均质梁自重为 $\boldsymbol{P}_1$，在梁的末端放置一台重为 $\boldsymbol{P}_2$ 的电动机。若不计杆 CD 的自重，试分别画出杆 CD 和梁 AB(包括电动机)的受力图。

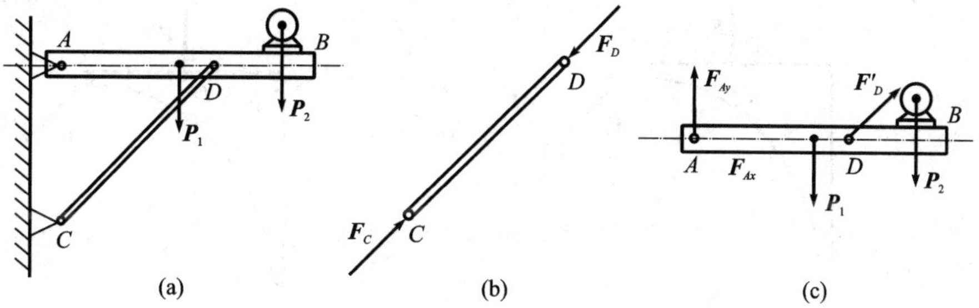

图 1－22

解：(1) 取杆 CD 为研究对象，解除其所受约束，画出杆 CD 的简图。由于杆 CD 的自重不计，根据光滑铰链的特性，C、D 处的约束反力分别通过铰链 C、D 的中心，方向暂不确定。因杆 CD 满足二力平衡公理，属二力构件，因此 C、D 处的约束反力必沿 CD 且等值反向，如图 1－22(b)所示。一般情况下，二力杆所受的约束反力方向不能预先确定，可先假定杆件受拉力(或受压力)。若由平衡方程求出的力为正值，则表明约束反力的实际方向与假定方向相同；反之，则表明实际方向与假定方向相反。

(2) 取梁 AB(包括电动机)为研究对象，解除其所受约束，画出梁 AB 的简图。梁 AB 上受到两个主动力 $\boldsymbol{P}_1$ 和 $\boldsymbol{P}_2$ 的作用。在铰链 D 处，梁 AB 受到斜杆 CD 的约束反力 $\boldsymbol{F}'_D$ 作用。根据作用和反作用定律，有 $\boldsymbol{F}'_D=-\boldsymbol{F}_D$。在固定铰链 A 处，约束反力可用两正交分力 $\boldsymbol{F}_{Ax}$ 和 $\boldsymbol{F}_{Ay}$ 表示。梁 AB 的受力图如图 1－22(c)所示。

【例 1－4】　如图 1－23(a)所示三铰拱，由构件 AC、BC 铰接而成，在构件 AC 的点 D 处作用有载荷 $\boldsymbol{F}$。若不计拱的自重，试分别画出构件 AC、BC 以及整体 ABC 的受力图。

解：(1) 取拱 BC 为研究对象。拱 BC 仅在点 B 和点 C 处受到铰链的约束，并处于平衡状态。因此，拱 BC 为二力构件。在铰链中心 B 和 C 处的约束反力 $\boldsymbol{F}_B$ 和 $\boldsymbol{F}_C$ 的作用线必沿 BC 连线方向，且 $\boldsymbol{F}_B=-\boldsymbol{F}_C$，如图 1－23(b)所示。

(2) 取拱 AC 为研究对象。由于不计自重，因此作用在其上的主动力仅有载荷 $\boldsymbol{F}$。在铰链 C 处拱 AC 受到拱 BC 的约束反力 $\boldsymbol{F}'_C$ 作用，根据作用与反作用定律，$\boldsymbol{F}'_C=-\boldsymbol{F}_C$。$A$ 点处的约束反力可用两个大小未知的正交分力 $\boldsymbol{F}_{Ax}$ 和 $\boldsymbol{F}_{Ay}$ 表示，如图 1－23(c)所示。因为 AC 构件系受三力作用而平衡，亦可根据三力平衡汇交定理画成如图 1－23(d)所示的受力图。

(3) 取整体 ABC 的分离体图，在其上分别画出主动力 $\boldsymbol{F}$ 及 A、B 点的约束反力，整体 ABC 的受力图如图 1－23(e)所示。由于整体 ABC 属于三力平衡结构，可由三力平衡汇交原

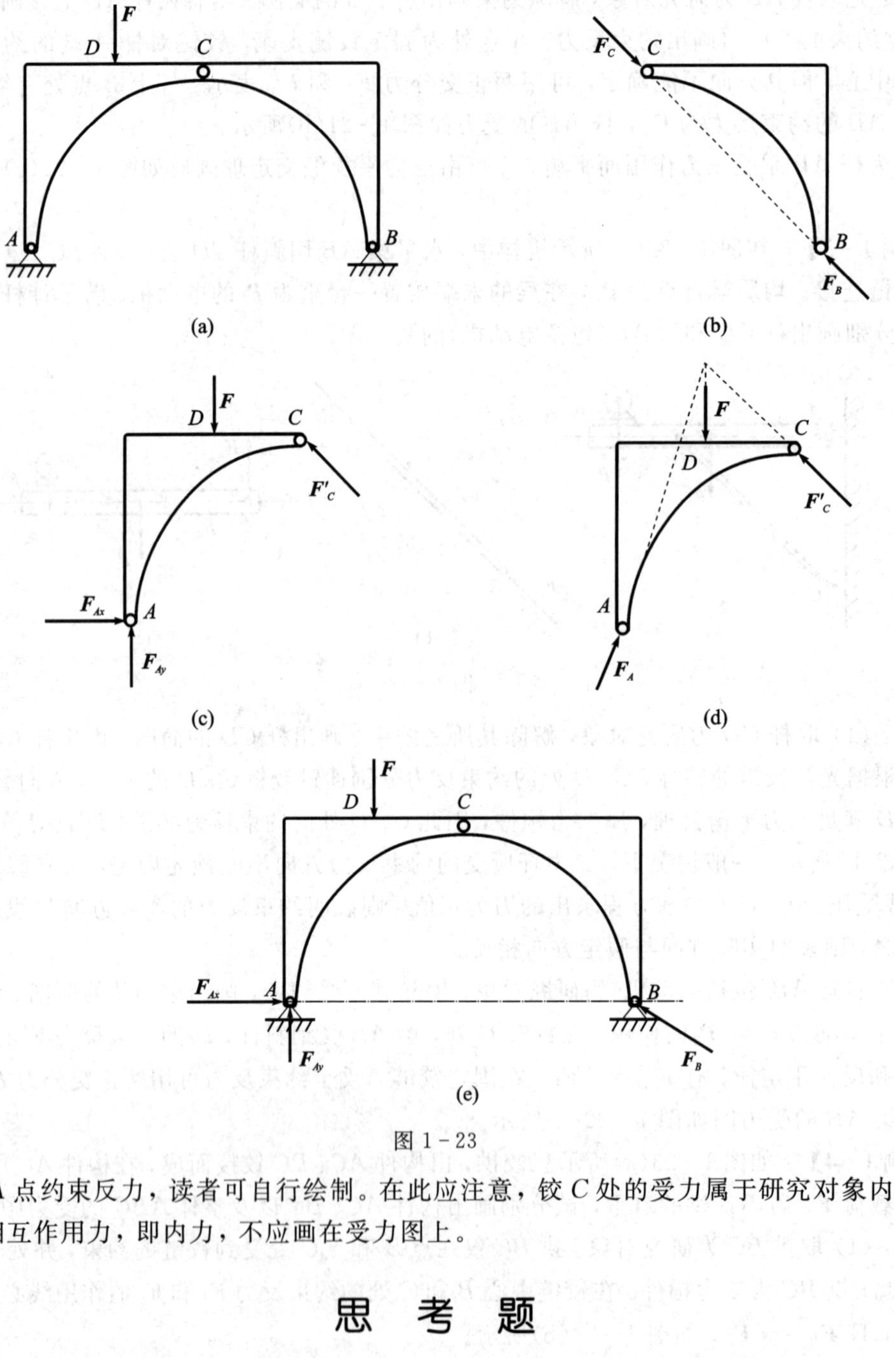

图 1－23

理确定 A 点约束反力，读者可自行绘制。在此应注意，铰 C 处的受力属于研究对象内部物体之间的相互作用力，即内力，不应画在受力图上。

思　考　题

1－1　有两力 $\boldsymbol{F}_1$ 和 $\boldsymbol{F}_2$，说明 $\boldsymbol{F}_1=\boldsymbol{F}_2$，$F_1=F_2$ 的含义和区别。

1－2　二力平衡条件、作用力和反作用力定律都是说二力等值、反向、共线，两者有何区别？

1－3　在静力学五个公理和两个推论中，哪几个公理和推论只适合于刚体？

1－4　如思考题 1－4 图所示构架，不计自重，如果根据力的可传性将 $\boldsymbol{F}$ 的作用点 D 沿

其作用线移到 E 点，试问对 A、B 两支座的反力是否有影响？为什么？

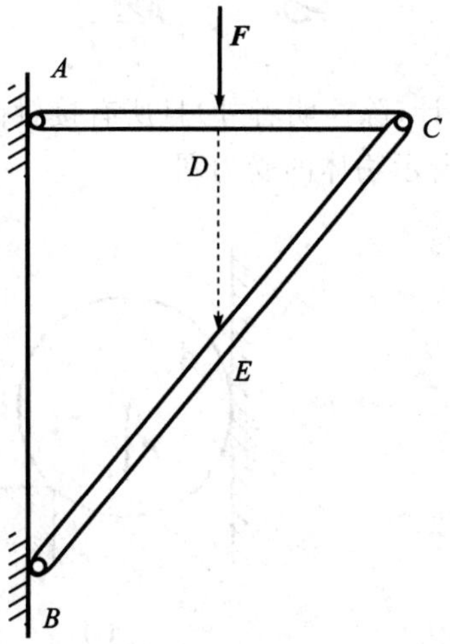

思考题 1 - 4 图

1 - 5　若作用于刚体上的 3 个力共面且汇交于一点，则刚体一定平衡；反之，若作用于刚体上 3 个力共面，但不汇交于一点，则刚体一定不平衡。这句话对吗？为什么？

1 - 6　在思考题 1 - 6 图中，试判断三种情况下铰链 A 的约束反力方向。

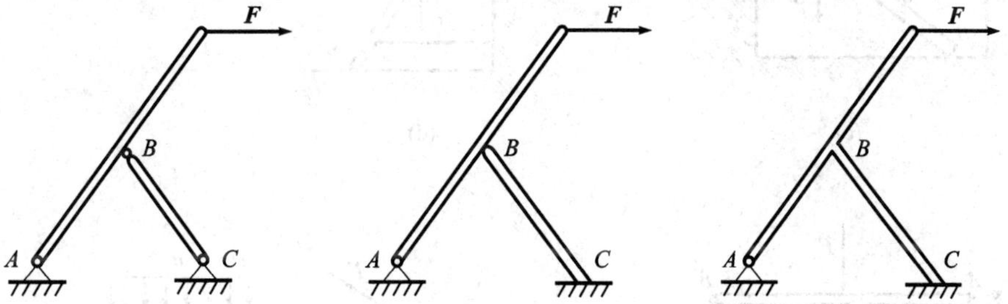

思考题 1 - 6 图

1 - 7　将刚体上 A 点的作用力 $\boldsymbol{F}$ 平移到另一点 B(见思考题 1 - 7 图中虚线)是否会改变力的作用效应？

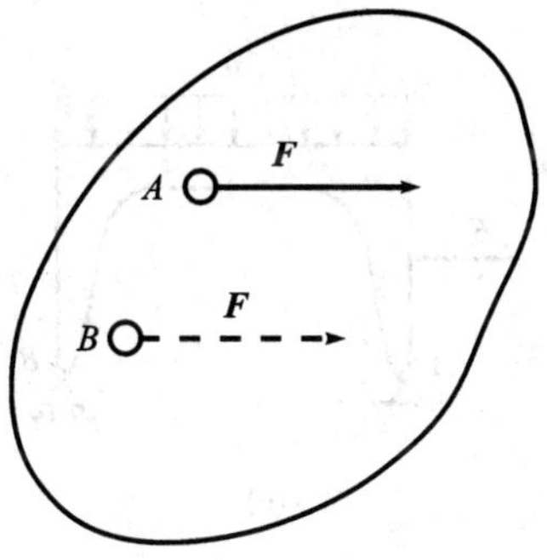

思考题 1 - 7 图

1 - 8　“分力一定小于合力”这一说法对吗？为什么？试举例说明。

习　题

下列各题中，物体的自重不计(除注明者外)且所有接触面均为光滑的。

1-1　分别画出题 1-1 图所示物体的受力图。

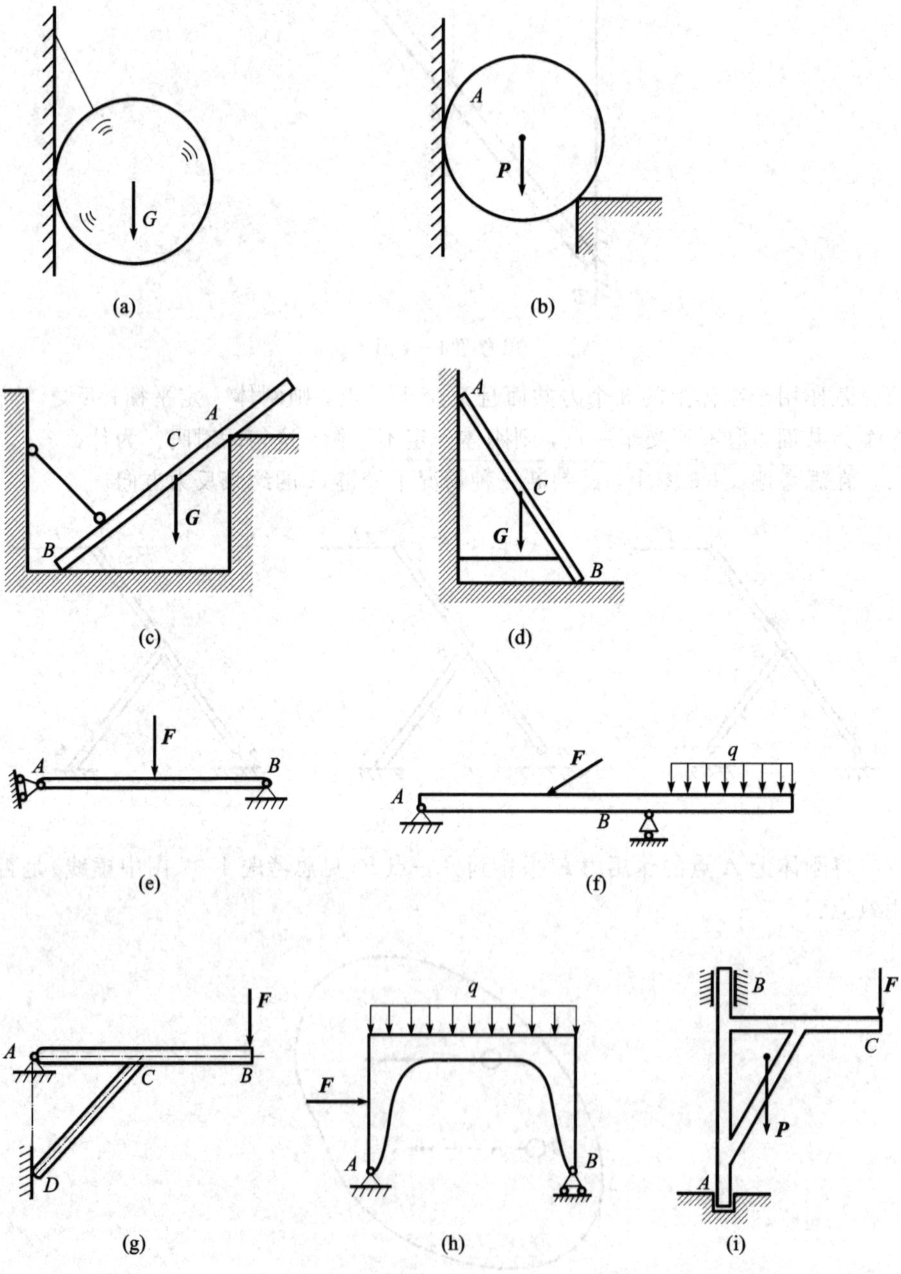

题 1-1 图

1-2　画出题 1-2 图所示物体系统中各物体的受力图。

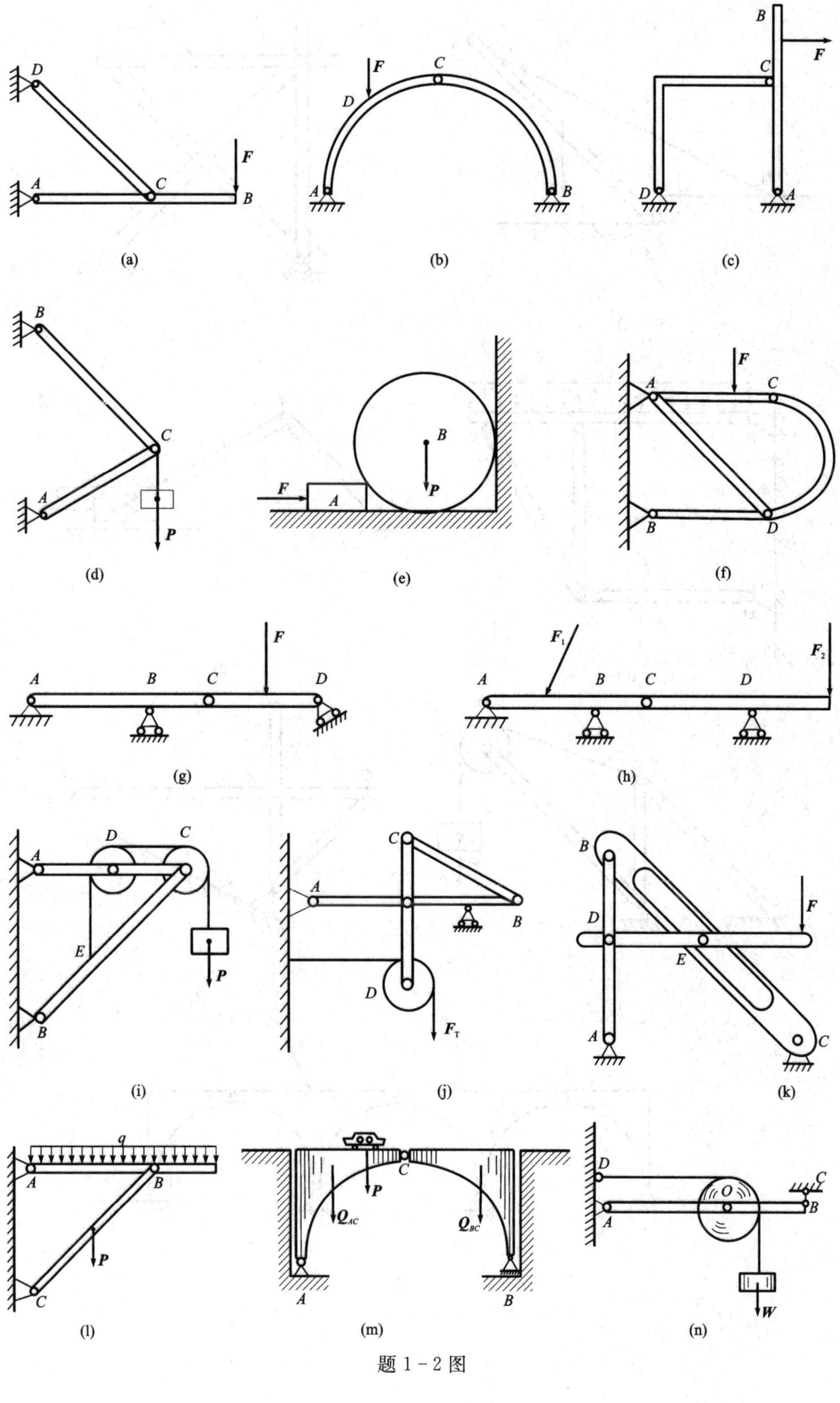

题 1-2 图

1-3　画出题1-3图所示物体系统中各物体及系统整体的受力图。

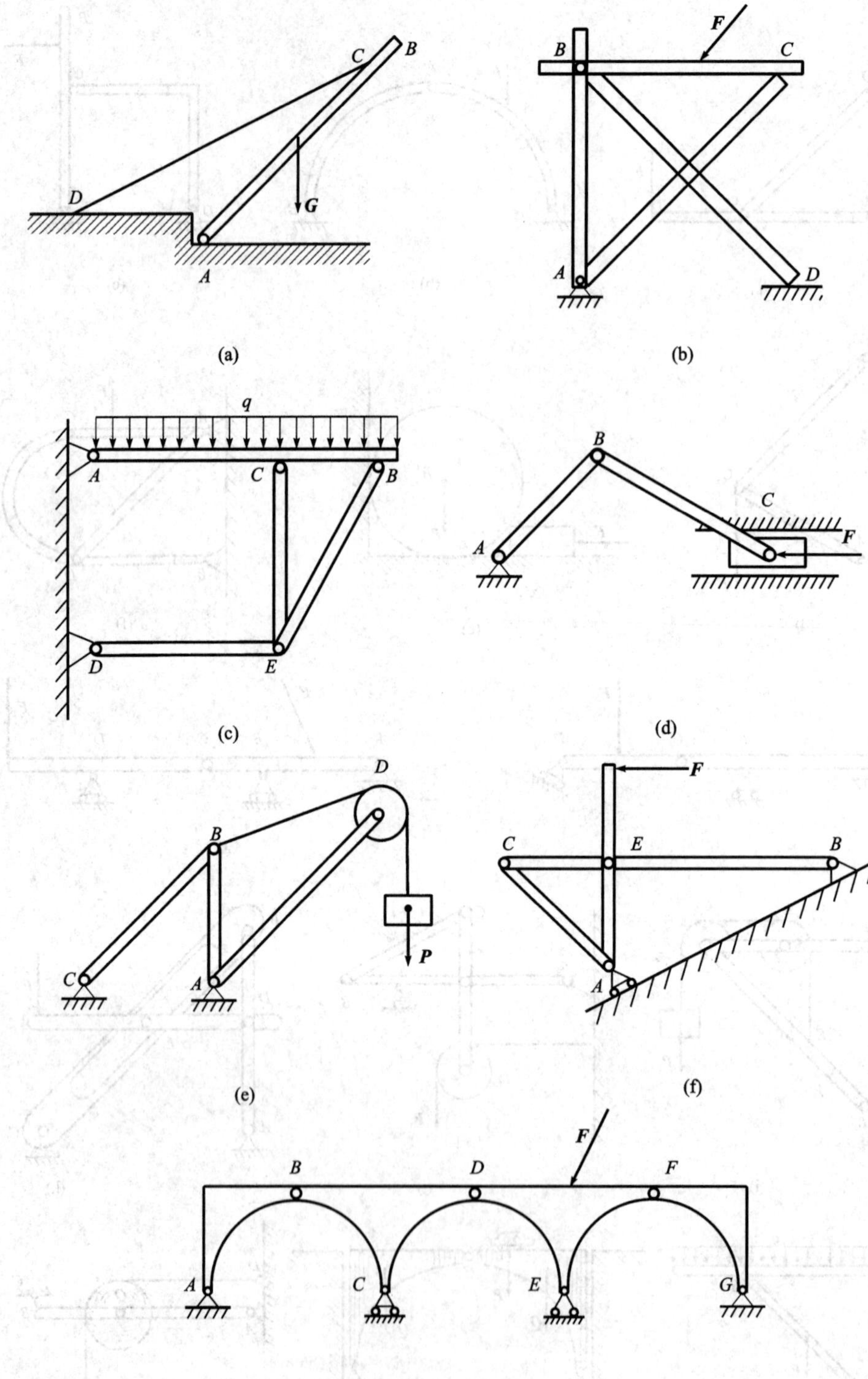

题1-3图

第 2 章　平面汇交力系与平面力偶系

前面已经指出，静力学主要是研究力系的简化和平衡问题的。由于在工程实际中所遇到的力系在空间分布的情况不同，因而其合成的方法、结果以及平衡条件也不相同。按照力系中各力作用线是否在同一平面内，力系可分为平面力系和空间力系。所谓的平面力系，是指力系中各力的作用线都位于同一平面内的力系，否则为空间力系。平面力系和空间力系又可分为汇交力系、平行力系和一般力系。所谓汇交力系，是指力系中各力的作用线均汇交于一点的力系。而力系中各力的作用线都相互平行的力系，则称为平行力系。一般力系是指所有各力的作用线既不汇交于一点，又不全部彼此平行的力系。

平面汇交力系与平面力偶系是研究复杂力系的基础。本章研究平面汇交力系、平面力偶系的合成和平衡问题，着重讨论平面力多边形法则，平面力偶的性质，平面汇交力系和平面力偶系的平衡条件、平衡方程及其应用。

2.1　平面汇交力系合成与平衡的几何法

平面汇交力系是指各力的作用线在同一平面内且汇交于一点的力系。

在工程实际中，平面汇交力系的例子很多。如图 2-1(a)所示钢筋混凝土预制梁起吊时，作用在吊钩上的钢绳拉力 $\boldsymbol{F}_T$、$\boldsymbol{F}_{T1}$ 和 $\boldsymbol{F}_{T2}$（见图 2-1(b)），在同一平面内汇交于一点，组成平面汇交力系；图 2-2(b)所示是屋架图 2-2(a)的一部分，图中各杆所受的力 $\boldsymbol{F}_1$、$\boldsymbol{F}_2$、$\boldsymbol{F}_3$、$\boldsymbol{F}_4$、$\boldsymbol{F}_5$ 在同一平面且作用线汇交于点 O，也组成一个平面汇交力系。

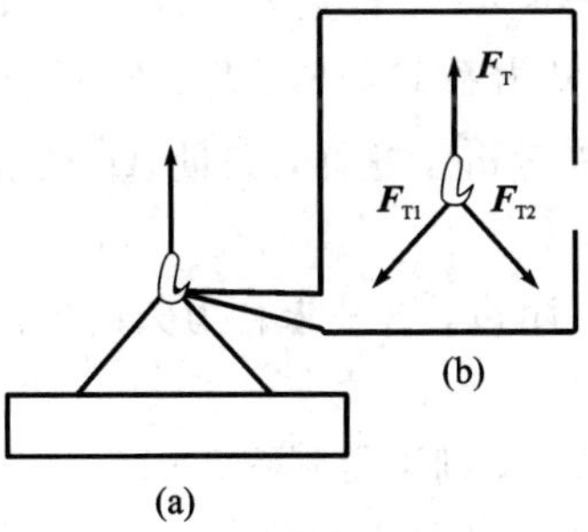

图 2-1

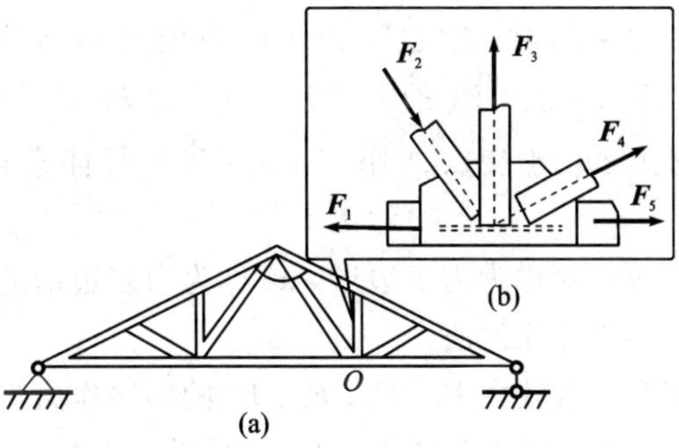

图 2-2

由力的可传性原理知，作用在刚体上的各力可分别沿其作用线移动到汇交点，且不影响它们对刚体的作用效果。所以平面汇交力系与作用于同一点的平面共点力系对刚体的作用效果是一样的。

1. 平面汇交力系合成的几何法

设在刚体上作用一平面汇交力系 $\boldsymbol{F}_1$、$\boldsymbol{F}_2$、$\boldsymbol{F}_3$、$\boldsymbol{F}_4$，如图 2-3(a)所示。

为求该力系的合力，可在图 2-3(a)上连续作力的平行四边形，即先由平行四边形法则

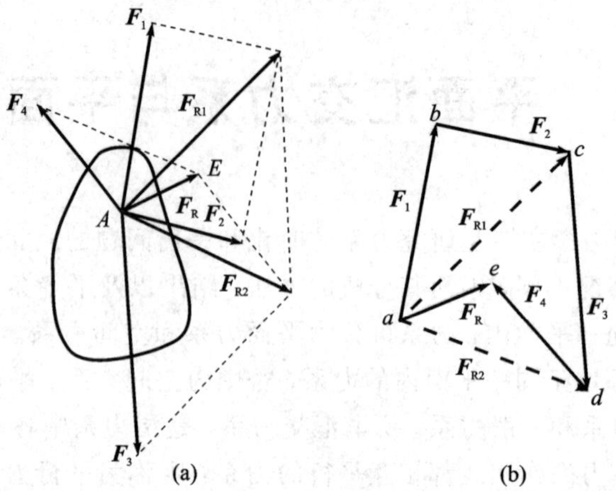

图 2-3

求出 $\boldsymbol{F}_1$ 与 $\boldsymbol{F}_2$ 的合力 $\boldsymbol{F}_{R1}$，再同样求出 $\boldsymbol{F}_{R1}$ 与 $\boldsymbol{F}_3$ 的合力 $\boldsymbol{F}_{R2}$，如此类推，最后得到一个作用线也过力系汇交点 A 的合力 $\boldsymbol{F}_R$，即

$$\boldsymbol{F}_R = \boldsymbol{F}_1 + \boldsymbol{F}_2 + \cdots + \boldsymbol{F}_n$$

显然，这种求平面汇交力系合力的方法比较麻烦，若连续用力三角形法则，则实际的作图过程可以简化。

按一定的比例尺，将力的大小表示为适当长度的线段，然后从刚体外的任一点 a 处开始作图。具体作法如下：

(1) 在点 a 处作矢量 $\overrightarrow{ab}$ 平行且等于力 $\boldsymbol{F}_1$，再从点 b 处作矢量 $\overrightarrow{bc}$ 平行且等于力 $\boldsymbol{F}_2$，由力三角形法则可知，矢量 $\overrightarrow{ac}$ 即代表力 $\boldsymbol{F}_1$ 与 $\boldsymbol{F}_2$ 的合力 $\boldsymbol{F}_{R1}$ 的大小和方向。

(2) 在力 $\boldsymbol{F}_{R1}$ 的终点(也就是力 $\boldsymbol{F}_2$ 的终点)c 处作矢量 $\overrightarrow{cd}$ 平行且等于力 $\boldsymbol{F}_3$，则矢量 $\overrightarrow{ad}$ 代表力 $\boldsymbol{F}_{R1}$ 与 $\boldsymbol{F}_3$ 的合力 $\boldsymbol{F}_{R2}$(也就是 $\boldsymbol{F}_1$、$\boldsymbol{F}_2$、$\boldsymbol{F}_3$ 的合力)的大小和方向。

(3) 在力 $\boldsymbol{F}_{R2}$ 的终点(也就是力 $\boldsymbol{F}_3$ 的终点)d 处作矢量 $\overrightarrow{de}$ 平行且等于力 $\boldsymbol{F}_4$，则矢量 $\overrightarrow{ae}$ 代表力 $\boldsymbol{F}_{R2}$ 与 $\boldsymbol{F}_4$ 的合力 $\boldsymbol{F}_R$ 的大小和方向。力 $\boldsymbol{F}_R$ 就是已知力系 $\boldsymbol{F}_1$、$\boldsymbol{F}_2$、$\boldsymbol{F}_3$、$\boldsymbol{F}_4$ 的合力。

(4) 过力系的汇交点 A 作一矢量 $\overrightarrow{AE}$ 平行且等于矢量 $\overrightarrow{ae}$，这样，矢量 $\overrightarrow{AE}$ 代表了该力系的合力 $\boldsymbol{F}_R$。

多边形 $abcde$ 称为力多边形，ae 称为力多边形的封闭边。这种求合力矢的方法称为力多边形法则，亦称为几何法。

应该指出，若按力 $\boldsymbol{F}_1$、$\boldsymbol{F}_2$、$\boldsymbol{F}_3$、$\boldsymbol{F}_4$ 的顺序作力多边形，则可得到图 2-4(a)；若改变力的顺序作力多边形，则得到图 2-4(b)。两图中的力多边形形状虽不相同，但所得的合力矢是一样的。这也说明，矢量求和的结果与矢量排列的先后次序无关。

上述方法可推广到有 n 个力的情形，于是可得如下结论：平面汇交力系合成的结果是一个合力，合力的作用线通过力系的汇交点，合力矢等于原力系中所有力的矢量和，可由力多边形的封闭边来表示，即

$$\boldsymbol{F}_R = \boldsymbol{F}_1 + \boldsymbol{F}_2 + \cdots + \boldsymbol{F}_n = \sum_{i=1}^{n} \boldsymbol{F}_i \tag{2-1a}$$

或简写为

$$F_R = \sum F_i \tag{2-1b}$$

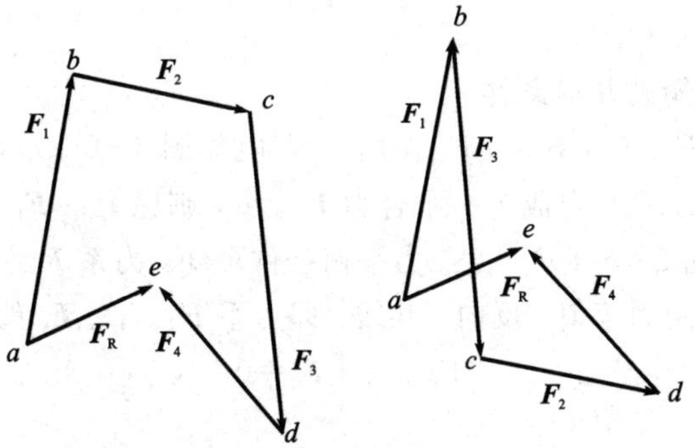

图 2-4

顺便指出，平面汇交力系的力多边形是平面多边形，而空间汇交力系的力多边形则为空间形状的多边形。仅在平面汇交力系的情况下，应用几何法求合力才是方便的，对空间汇交力系合力的求解一般用解析法，空间力系的解析法将在后面介绍。

【例 2-1】　用几何法确定作用在环钩上的三个力的合力(见图 2-5(a))。

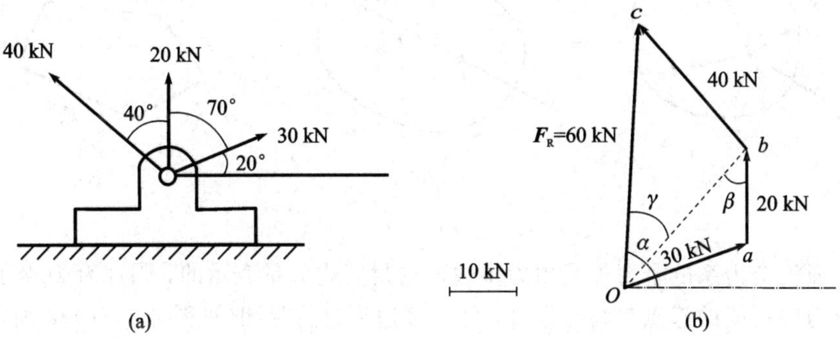

图 2-5

解　选定比例尺，将三个力首尾相接，所得力多边形如图 2-5(b)所示。该力多边形的封闭边就是合力 $\boldsymbol{F}_R$。用比例尺量得 $F_R=60$ kN，$\boldsymbol{F}_R$ 与水平方向夹角 $\alpha=87°$。

也可用三角函数关系求 $\boldsymbol{F}_R$，方法如下：

由余弦定理得

$$Ob=\sqrt{30^2+20^2-2\times30\times20\times\cos110°}=41.36\ \text{kN}$$

由正弦定理

$$\frac{Ob}{\sin110°}=\frac{Oa}{\sin\beta}\quad 即\quad \frac{41.36}{\sin110°}=\frac{30}{\sin\beta}$$

得 $\beta=42.97°$，从而有

$$\angle Obc=180°-40°-42.97°=97.03°$$

由余弦定理得

$$F_R=\sqrt{41.36^2+40^2-2\times41.36\times40\times\cos97.03°}=60.96\text{kN}$$

再由正弦定理求出

$$\gamma=40.63°$$

从而有

$$\alpha=20°+(180°-110°-42.97°)+40.63°=87.66°$$

即合力与水平方向夹角为87.66°。

2. 平面汇交力系平衡的几何条件

设有汇交力系 $\boldsymbol{F}_1$，$\boldsymbol{F}_2$，…，$\boldsymbol{F}_{n-1}$，$\boldsymbol{F}_n$ 作用于刚体(见图2-6(a))，按力多边形法则，将其中 $n-1$ 个力 $\boldsymbol{F}_1$，$\boldsymbol{F}_2$，…，$\boldsymbol{F}_{n-1}$ 合成为一个合力 $\boldsymbol{F}_{R(n-1)}$，则原力系 $\boldsymbol{F}_1$，$\boldsymbol{F}_2$，…，$\boldsymbol{F}_{n-1}$，$\boldsymbol{F}_n$ 与力系 $\boldsymbol{F}_{R(n-1)}$，$\boldsymbol{F}_n$ 等效(见图2-6(b))。由二力平衡条件可知，力系 $\boldsymbol{F}_{R(n-1)}$、$\boldsymbol{F}_n$ 平衡的必要和充分条件是：$\boldsymbol{F}_{R(n-1)}$ 与 $\boldsymbol{F}_n$ 两力等值、反向、共线，即力系 $\boldsymbol{F}_{R(n-1)}$、$\boldsymbol{F}_n$ 的合力等于零，即

$$\boldsymbol{F}_{R(n-1)}+\boldsymbol{F}_n=0$$

而

$$\boldsymbol{F}_{R(n-1)}+\boldsymbol{F}_n=\boldsymbol{F}_1+\boldsymbol{F}_2+\cdots+\boldsymbol{F}_{n-1}+\boldsymbol{F}_n=\boldsymbol{F}_R=\sum\boldsymbol{F}$$

所以，要该刚体平衡，必有

$$\boldsymbol{F}_R=0 \tag{2-2}$$

于是得到结论：平面汇交力系平衡的必要和充分条件是该力系的合力等于零。

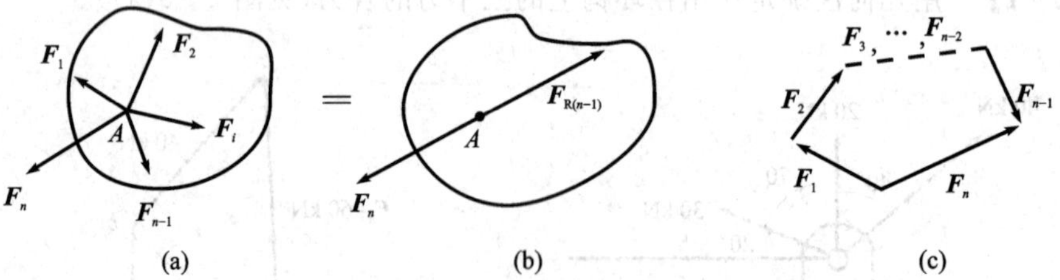

图2-6

由于平面汇交力系的合力矢是由力多边形的封闭边矢量表示的，因此合力等于零就是力多边形的分力矢折线的起点与终点重合，即力多边形自行封闭(见图2-6(c))。所以，平面汇交力系平衡的必要和充分条件是：力系的力多边形自行封闭。

运用平面汇交力系平衡的几何条件求解问题时，需要先按一定的比例尺画出封闭的力多边形，然后用尺和量角器在图上量得所要求的未知量，亦可根据图形的几何关系，用三角公式计算出所要求的未知量。

【例2-2】 如图2-7(a)所示，门式刚架在 C 点受到力 $F=30$ kN 作用，不计刚架自重，试用几何法求支座 A、B 的约束力。

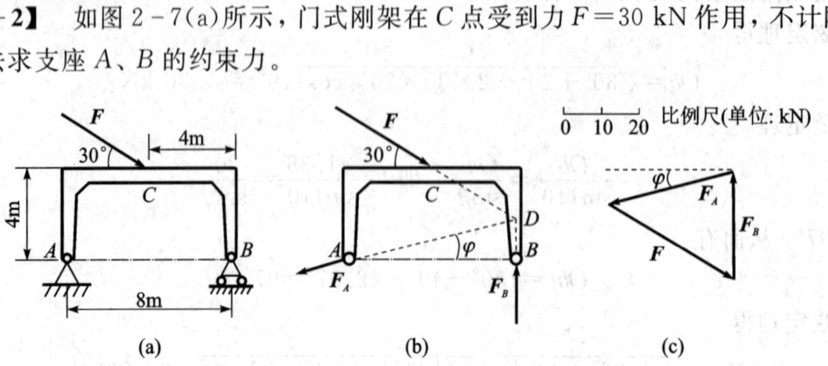

图2-7

解　方法一：刚架受三力作用平衡。B 处是辊轴支座，约束力 $\boldsymbol{F}_B$ 垂直于支承面，反力作用线与力 $\boldsymbol{F}$ 的作用线交于 D 点。根据三力平衡汇交原理，A 处约束力的作用线也交于 D 点，受力图如图 2－7(b)所示。选取适当的比例尺，作出自行封闭的力矢三角形如图 2－7(c)所示。量得

$$F_B = 20\ \text{kN},\ F_A = 27\ \text{kN}$$

方法二：由图 2－7(b)可知

$$DB = \left(4 - \frac{4\sqrt{3}}{3}\right) = 1.69\ \text{m}$$

$$\tan\varphi = \frac{1.69}{8} = 0.21,\ \varphi = 12.12°$$

再参考图 2－7(c)，亦可由三角关系计算出

$$F_B = \frac{\sin 42.12°}{\sin 77.88°}F = 20.54\ \text{kN},\ F_A = \frac{\sin 60°}{\sin 77.88°}F = 26.57\ \text{kN}$$

【例 2－3】　如图 2－8(a)所示的压路碾子，自重 $P=20$ kN，半径 $R=0.6$ m，障碍物高 $h=0.08$ m。碾子中心 O 处作用一水平拉力 $\boldsymbol{F}$。试求：

(1) 当水平拉力 $F=5$ kN 时，碾子对地面及障碍物的压力；

(2) 欲将碾子拉过障碍物，水平拉力至少应为多大？

(3) 力 $\boldsymbol{F}$ 沿什么方向拉动碾子最省力，此时力 $\boldsymbol{F}$ 为多大？

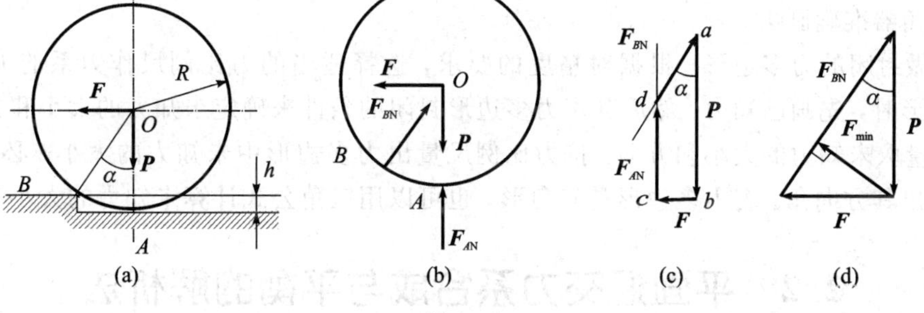

图 2－8

解　(1) 选取碾子为研究对象，其受力如图 2－8(b)所示，各力组成平面汇交力系。根据平衡的几何条件，力 $\boldsymbol{P}$、$\boldsymbol{F}$、$\boldsymbol{F}_{AN}$ 与 $\boldsymbol{F}_{BN}$ 组成封闭的力多边形。按比例先绘制已知力矢 $\boldsymbol{P}$ 与 $\boldsymbol{F}$，如图 2－8(c)所示，再从 a、c 两点分别作平行于力矢 $\boldsymbol{F}_{BN}$、$\boldsymbol{F}_{AN}$ 的平行线，相交于点 d。将各力矢首尾相连接，组成封闭的力多边形，则图 2－8(c)中的矢量 $\overrightarrow{cd}$ 和 $\overrightarrow{da}$ 即为 A、B 两点约束力 $\boldsymbol{F}_{AN}$、$\boldsymbol{F}_{BN}$。从图 2－8(c)中按比例量得

$$F_{AN} = 11.4\ \text{kN},\ F_{BN} = 10\ \text{kN}$$

由图 2－8(c)的几何关系，也可以计算出力 $\boldsymbol{F}_{AN}$、$\boldsymbol{F}_{BN}$ 的数值。参考图 2－8(a)，按已知条件可以求得

$$\cos\alpha = \frac{R-h}{R} = 0.886$$

故 $\alpha = 30°$。

再由图 2－8(c)中各矢量的几何关系，可得

$$F_{BN}\sin\alpha = F$$
$$F_{AN} + F_{BN}\cos\alpha = P$$

解得

$$F_{BN} = \frac{F}{\sin\alpha} = 10\ \text{kN}, \quad F_{AN} = P - F_{BN}\cos\alpha = 11.34\ \text{kN}$$

根据作用力与反作用力的关系，碾子对地面及障碍物的压力分别等于 11.34 kN 和 10 kN。

(2) 碾子能越过障碍物的力学条件是 $F_{AN}=0$。因此，碾子刚刚离开地面时，其封闭的力三角形如图 2-8(d)所示。由几何关系知，此时水平拉力：$F=P\tan\alpha=11.55$ kN，此时 B 处的约束力为

$$F_{BN}=\frac{P}{\cos\alpha}=23.09\ \text{kN}$$

(3) 从图 2-8(d)中可以清楚地看到，当拉力与 F_{BN} 垂直时，拉动碾子的力为最小，即

$$F_{\min}=P\sin\alpha=10\ \text{kN}$$

由上述例题可见，用几何法解题，各力之间的关系很清楚、一目了然。当运用平面汇交力系平衡的几何条件求解问题时，需要根据平衡条件做封闭的力多边形，而这个力多边形是根据作用在某个刚体上的平衡力系作出的。因此，解题的步骤：

(1) 选取研究对象。根据题意选取适当的刚体为研究对象，分析已知量和待求量。

(2) 画研究对象的受力图。受力图中各力作用线的位置要按比例画出，特别是各力的方向要用量角器准确画出。

(3) 做封闭的力多边形。根据对精度的要求，选择适当的力比例尺作力系的力多边形。作力多边形时，先画已知力，然后利用力多边形封闭的条件来确定未知力的大小和方向。

(4) 量取未知力的大小和方向。按力比例尺量出力多边形中未知力的大小，必要时可用量角器量出其方向角。若力多边形是三角形，也可以用三角公式计算未知力的大小和方向。

2.2 平面汇交力系合成与平衡的解析法

2.1 节讨论了平面汇交力系的合成与平衡问题的几何法。几何法具有直观、简捷的优点，可直接从图上量出要求的结果。但其缺点是作图有误差，影响精度。而用解析法则可得到较精确的结果。下面介绍用解析法求解平面汇交力系的合成与平衡问题。

1. 力在轴上的投影及合力投影定理

1) 力在轴上的投影

在图 2-9 中，力 $\boldsymbol{F}$ 与 x、y 轴在同一平面内，从力 $\boldsymbol{F}$ 的起点 A 和终点 B 分别作 x 轴的垂线，垂足分别为 a 和 b，则线段 ab 加上适当的正负号称为力 $\boldsymbol{F}$ 在 x 轴上的投影。若以 F_x 表示力 $\boldsymbol{F}$ 在 x 轴上的投影，则有

$$F_x=\pm ab$$

同理，若以 F_y 表示力 $\boldsymbol{F}$ 在 y 轴上的投影，则有

$$F_y=\pm a'b'$$

投影的正负号规定：若投影的方向与 x 轴、y 轴的正向一致，则投影为正值；反之，则为负值。按照这个规定，图 2－9 所示的力 $\boldsymbol{F}$ 的投影 F_x、F_y 皆为正值。

通常以 α、β 分别表示力 $\boldsymbol{F}$ 与 x、y 轴的正向的夹角。当已知力 $\boldsymbol{F}$ 的大小和角 α、β 时，根据上述投影的定义，则有

$$F_x = F\cos\alpha, \quad F_y = F\cos\beta$$

即力在某轴上的投影等于力的大小乘以力与该轴正向夹角的余弦。式中 F 为 $\boldsymbol{F}$ 的大小，恒为正值。因此，当 $\alpha < 90°$ 时，F_x 值为正；当 $\alpha > 90°$ 时，F_x 值为负。同样，投影 F_y 与角 β 也存在这种关系。

如果已知力在正交轴上的投影分别为 F_x 和 F_y，则该力的大小和方向：

$$F = \sqrt{F_x^2 + F_y^2} \tag{2-3a}$$

$$\cos\alpha = \frac{F_x}{F}, \quad \cos\beta = \frac{F_y}{F} \tag{2-3b}$$

式(2－3b)称为力 $\boldsymbol{F}$ 的方向余弦，其中 α 和 β 分别表示力 $\boldsymbol{F}$ 与 x 轴、y 轴正向的夹角。

由图 2－9 可以看出，当力 $\boldsymbol{F}$ 沿两个正交轴 x、y 分解为 $\boldsymbol{F}_x$、$\boldsymbol{F}_y$ 两力时，这两个分力的大小分别等于力 $\boldsymbol{F}$ 在两轴上的投影 F_x、F_y 的绝对值。但当 x、y 轴不相互垂直时，如图 2－10 所示，则分力 $\boldsymbol{F}_x$、$\boldsymbol{F}_y$ 的大小在数值上不等于力 $\boldsymbol{F}$ 在两轴上的投影 F_x、F_y。此外还需要注意，力在轴上的投影是代数量。由力 $\boldsymbol{F}$ 可确定其投影 F_x 和 F_y，但是由投影 F_x 和 F_y 只能确定力 $\boldsymbol{F}$ 的大小和方向，不能确定其作用位置。力沿轴的分量是矢量，是该力沿该方向的分作用，由分量能完全确定力的大小、方向和作用位置。可见，力的分解和力的投影是两个不同的概念，只是在一定的条件下，两者才有确定的关系，二者之间不可混淆。

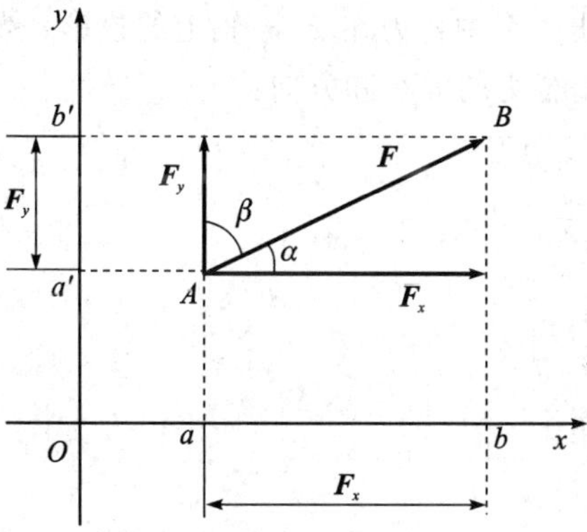

图 2－9

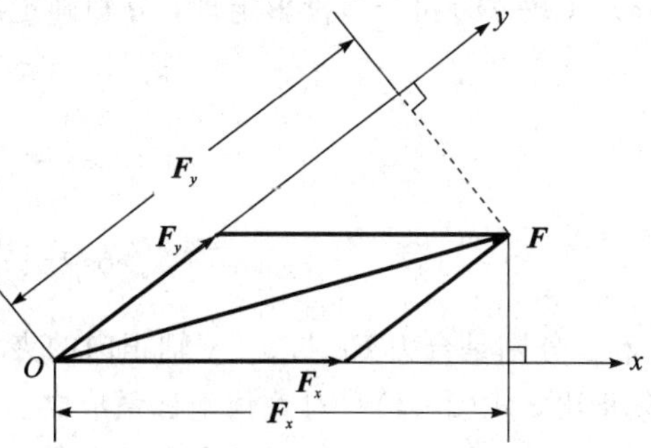

图 2－10

2）合力投影定理

图 2－11 表示平面汇交力系的各力矢 $\boldsymbol{F}_1$、$\boldsymbol{F}_2$、$\boldsymbol{F}_3$、$\boldsymbol{F}_4$ 组成的力多边形，$\boldsymbol{F}_R$ 为合力。将力多边形中各力矢投影到 x 轴上，由图可见，力系的合力在 x 轴上的投影与分力在同一轴上的投影关系：

$$ae = -ab + bc + cd + de$$

上式左端为合力 $\boldsymbol{F}_R$ 的投影，右端为四个分力的投影的代数和，即

$$F_{Rx} = F_{1x} + F_{2x} + F_{3x} + F_{4x}$$

同理，合力与各分力在 y 轴上的投影的关系式：

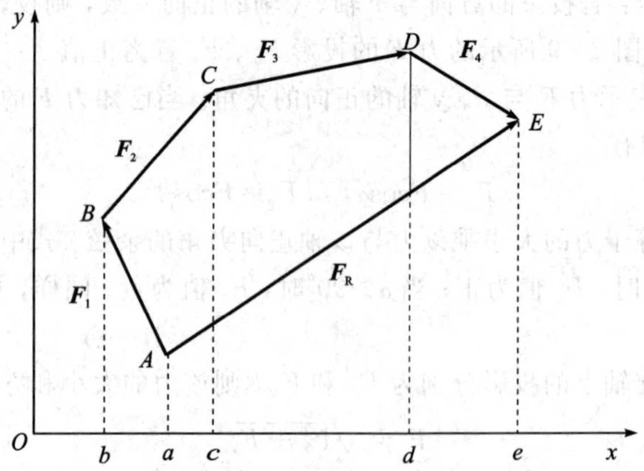

图 2 - 11

$$F_{Ry}=F_{1y}+F_{2y}+F_{3y}+F_{4y}$$

若平面汇交力系有任意多个力 $\boldsymbol{F}_1$，$\boldsymbol{F}_2$，…，$\boldsymbol{F}_n$，则有

$$\left.\begin{aligned}F_{Rx}&=F_{1x}+F_{2x}+\cdots+F_{nx}=\sum F_x\\F_{Ry}&=F_{1y}+F_{2y}+\cdots+F_{ny}=\sum F_y\end{aligned}\right\}\qquad(2-4)$$

可见，合力在任一轴上的投影等于各分力在同一轴上的投影的代数和，此即合力投影定理。

2. 平面汇交力系合成与平衡的解析法

对于给定的平面汇交力系，可在力系所在平面内任意选取一个直角坐标系 Oxy。为了方便，一般都取力系的汇交点为坐标原点。首先求出力系中各力在 x、y 轴上的投影，然后根据式(2 - 3a)、(2 - 3b)和合力投影定理，分别确定出合力的大小和方向：

$$F_R=\sqrt{F_{Rx}^2+F_{Ry}^2}\qquad(2-5a)$$

$$\left.\begin{aligned}\cos\alpha&=\frac{F_{Rx}}{F_R}\\\cos\beta&=\frac{F_{Ry}}{F_R}\end{aligned}\right\}\qquad(2-5b)$$

其中，α 和 β 分别是合力 $\boldsymbol{F}_R$ 与 x、y 轴正向的夹角。

必须指出，式(2 - 4)只对直角坐标系成立。

应用式(2 - 4)、式(2 - 5)计算合力的大小和方向的方法，称为平面汇交力系合成的解析法或投影法。

由式(2 - 2)知，平面汇交力系平衡的必要和充分条件是该力系的合力等于零，即 $\boldsymbol{F}_R=0$，推知其大小 $F_R=0$。由式(2 - 5a)有

$$\left.\begin{aligned}\sum F_x&=0\\\sum F_y&=0\end{aligned}\right\}\qquad(2-6)$$

式(2 - 6)称为平面汇交力系的平衡方程，即平面汇交力系平衡的解析条件。它表明力系中所有力在力系平面内两相交轴上投影的代数和分别等于零。

应该指出，虽然式(2 - 6)是由直角坐标系导出的，但当轴是任意两个相交轴时，上述条

件同样成立。式(2-6)是两个独立的方程，可以求解两个未知量。

利用平衡方程求解平衡问题时，仍然要画出研究对象的受力图，受力图中未知力的指向可以假设。如果计算结果为正，表示假设的指向就是实际的指向；如果为负值，表示实际的指向与假设的指向相反。

【例 2-4】 如图 2-12 所示，固定圆环上作用四根绳索。这四根绳索的拉力大小分别为 $F_{T1}=0.2$ kN，$F_{T2}=0.3$ kN，$F_{T3}=0.5$ kN，$F_{T4}=0.4$ kN，它们与 x 轴的夹角分别为 $\alpha_1=30°$，$\alpha_2=45°$，$\alpha_3=0$，$\alpha_4=60°$。试求它们的合力大小和方向。

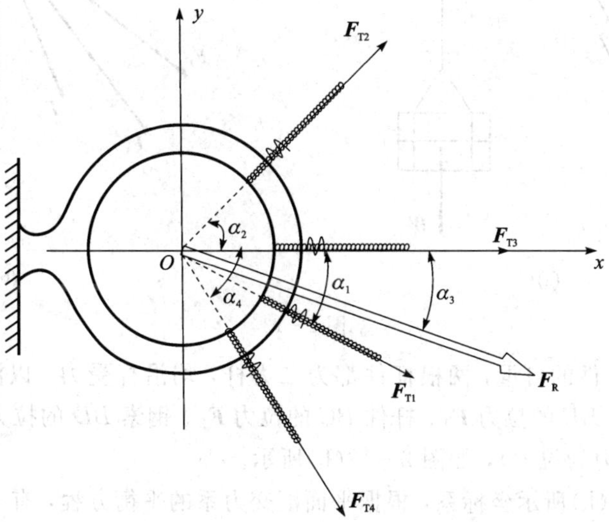

图 2-12

解 建立如图 2-12 所示直角坐标系，由合力投影定理有

$$F_{Rx}=\sum F_x=F_{x1}+F_{x2}+F_{x3}+F_{x4}$$
$$=F_{T1}\cos\alpha_1+F_{T2}\cos\alpha_2+F_{T3}\cos\alpha_3-F_{T4}\cos\alpha_4=1.1\text{kN}$$
$$F_{Ry}=\sum F_y=F_{y1}+F_{y2}+F_{y3}+F_{y4}$$
$$=-F_{T1}\sin\alpha_1+F_{T2}\sin\alpha_2+F_{T3}\sin\alpha_3-F_{T4}\sin\alpha_4=-0.2\text{kN}$$

由 $\sum F_x$、$\sum F_y$ 的代数值可知，F_{Rx} 沿 x 轴的正向，F_{Ry} 沿 y 轴的负向。由式(2-5a)得合力的大小

$$F_R=\sqrt{\left(\sum F_x\right)^2+\left(\sum F_y\right)^2}=1.118\text{kN}$$

方向

$$\cos\alpha=\frac{F_{Rx}}{F_R}=0.9839$$

解得 $\alpha=-10.3°$。

【例 2-5】 简易起重机吊起重 $W=20$ kN 的重物，如图 2-13 所示。重物通过卷扬机上绕过滑轮的钢索吊起，杆件的 A 端铰接在固定架上，B 端以钢索与固定架连接。A、C、D 三处均为铰链约束。不计杆件 AB、CB 和滑轮的重量及摩擦，不计滑轮尺寸。试计算杆件 BC 和杆件 AB 所受的力。

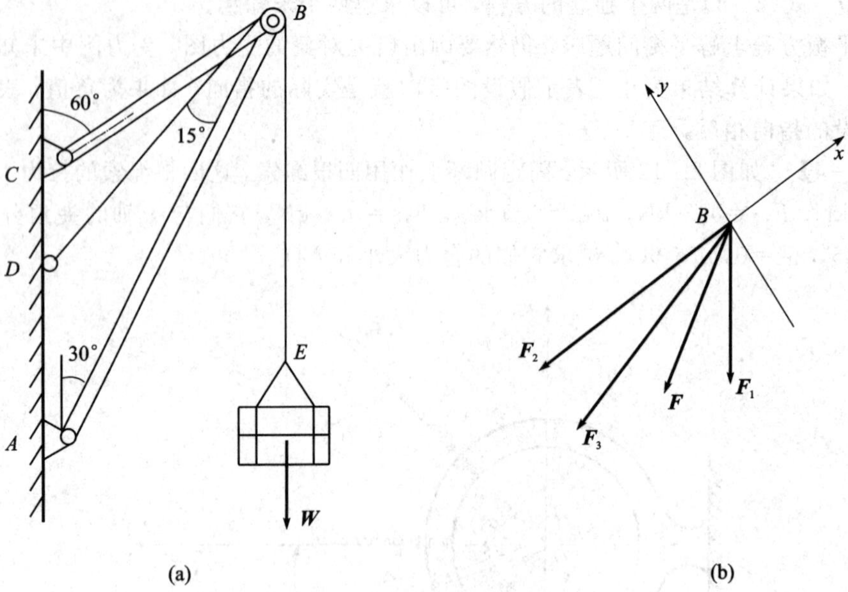

图 2-13

解 由于不计杆件的自重，两根杆件都为二力杆，均沿杆受力。以滑轮 B 为研究对象。其受到的力有：钢索 BE 的拉力 $\boldsymbol{F}_1$、杆件 BC 的拉力 $\boldsymbol{F}_2$、钢索 BD 的拉力 $\boldsymbol{F}_3$、杆件 AB 对滑轮的约束力 $\boldsymbol{F}$(设该力为拉力)，如图 2-13(b)所示。

选取如图 2-13(b)所示坐标系，根据平面汇交力系的平衡方程，有

$$\left.\begin{aligned}\sum F_x = 0 \quad & -F_2 - F_3\cos15^\circ - F\cos30^\circ - F_1\cos60^\circ = 0 \quad (1)\\ \sum F_y = 0 \quad & -F_3\sin15^\circ - F\sin30^\circ - F_1\sin60^\circ = 0 \quad (2)\end{aligned}\right\}$$

因为不计滑轮的摩擦力，所以 $F_3 = F_1 = W = 20\ \text{kN}$，代入方程得

$$F_2 = 9.65\ \text{kN},\ F = -45\ \text{kN}$$

由于 $F = -45\ \text{kN}$，所以杆件 AB 受到的是压力。

应该指出，在解题的过程中，当某个力求出为负值时，不要因此而改变它在受力图中已假设的指向，然后再求其他未知力。恰当的做法应是采用“负值代入”法。如上面先将由式(2)算出的 F 值代入式(1)时，就以其负值($-45\ \text{kN}$)代入，而不必在受力图上改变已经假设的力 $\boldsymbol{F}$ 的指向。

另外，计算中应尽量避免联立求解方程。在选取投影轴时，尽可能使投影轴与未知力垂直，这样就有可能使一个方程中只包含一个未知数，不需要联立解方程。

【例 2-6】 重 $P = 100\ \text{N}$ 的球放在图 2-14(a)所示的光滑斜面上，并且由与斜面平行的绳 AB 系住。试求绳的拉力及球对斜面的压力。

解：取球为研究对象。作用于球上的力有其自重 $\boldsymbol{P}$，绳索的约束力 $\boldsymbol{F}_\text{T}$ 及光滑面约束力 $\boldsymbol{F}_\text{N}$，如图 2-14(b)所示。取坐标系 Oxy，列平衡方程，有

$$\sum F_x = 0 \quad F_\text{T} - P\cos60^\circ = 0$$

解得

$$F_\text{T} = P\cos60^\circ = 50\text{N}$$

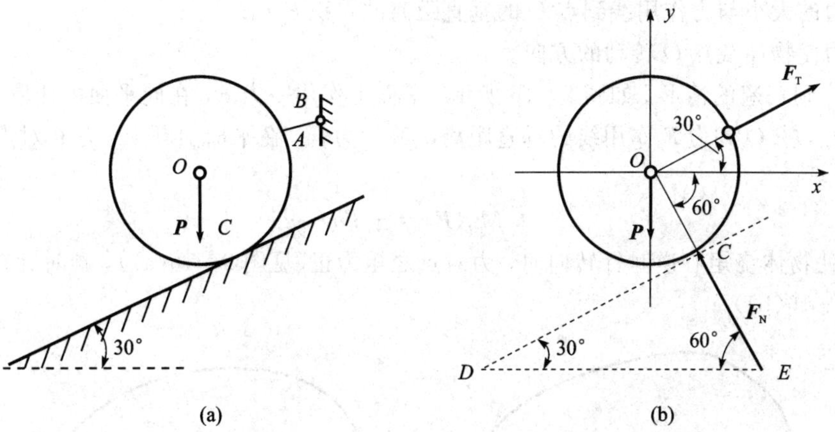

图 2-14

由

$$\sum F_y = 0 \quad F_N - P\sin 60^\circ = 0$$

解得

$$F_N = P\sin 60^\circ = 86.6\text{N}$$

由上述例题可以看出，用解析法求解平面汇交力系平衡问题的一般步骤：

(1) 选取研究对象。

(2) 画受力图。

(3) 选取投影轴，建立平衡方程。平衡方程要能反映已知量(主要是已知力)和未知量(主要是未知力)之间的关系。

(4) 求解未知量。由于平面汇交力系只有两个独立的平衡方程，故选一次研究对象只能求解两个未知量。

2.3　力对点之矩　合力矩定理

力对物体的运动效应有两种基本形式——移动和转动。力使物体移动的效应取决于力的大小和方向。而物体的转动效应是用力对点之矩来度量的。

1. 力对点之矩

如图 2-15 所示，用扳手拧螺母时，螺母的轴线固定不动，轴线在图面上的投影为点 O。若在扳手上作用一力 $\boldsymbol{F}$，则该力在垂直于固定轴的平面内。由经验可知，加在扳手上的力 $\boldsymbol{F}$ 离点 O 愈远，拧动螺母就愈省力；反之就愈费力。此外，若施力方向不同，则扳手将按不同的方向转动，使螺母拧紧或松动。

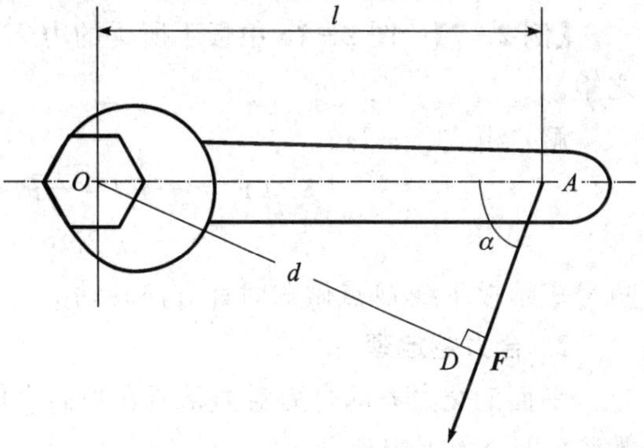

图 2-15

可见，力 $\boldsymbol{F}$ 使物体绕点 O 转动的效应，取决于以下两个因素：

(1) 力的大小与力作用线到点 O 的垂直距离的乘积 $F \cdot d$。

(2) 力使物体绕点 O 转动的方向。

以上可推广到普遍的情形。如图 2-16 所示，平面上作用一力 $\boldsymbol{F}$，在同平面内任取一点 O，点 O 称为矩心，点 O 到力 $\boldsymbol{F}$ 作用线的垂直距离 d 称为力臂。在平面问题中，力 $\boldsymbol{F}$ 对点 O 之矩定义为：

$$M_O(\boldsymbol{F}) = \pm Fd \tag{2-7}$$

力 $\boldsymbol{F}$ 使物体绕矩心逆时针转向时，力对点之矩为正(见图 2-16(a))，顺时针转向时则为负(见图 2-16(b))。

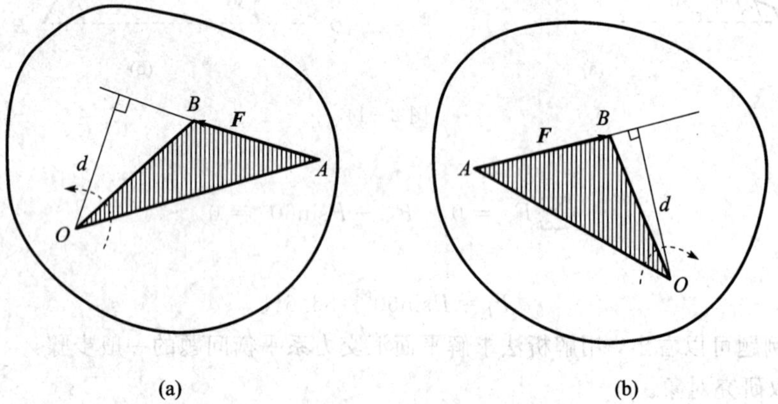

图 2-16

由图 2-16 可以看出，力 $\boldsymbol{F}$ 对点 O 之矩的大小正好等于三角形 ABO 面积的两倍，即

$$M_O(\boldsymbol{F}) = \pm 2\Delta ABO \tag{2-8}$$

力矩有如下性质：

(1) 力 $\boldsymbol{F}$ 对点 O 之矩，不仅取决于力的大小，同时还与矩心的位置有关。同一力对不同点之矩是不同的。

(2) 当力的作用线过矩心或力的大小等于零时，力对点之矩等于零。

(3) 当力 $\boldsymbol{F}$ 沿其作用线移动时，不改变力对点之矩。

(4) 等值、反向、共线的两个力对任一点之矩的代数和等于零。

在国际单位制中，力矩的单位是牛・米(N・m)或千牛・米(kN・m)。

【例 2-7】 图 2-15 中扳手所受的力 $F=200$ kN，$l=40$ cm，$\alpha=60°$。试求力 $\boldsymbol{F}$ 对点 O 之矩。

解 由式(2-7)有

$$M_O(\boldsymbol{F}) = -Fd = -Fl\sin\alpha = -200\times0.4\times\sin60°$$
$$= -69.2\text{N}\cdot\text{m}$$

负号表示扳手绕 O 点做顺时针方向转动。

2. 合力矩定理

平面汇交力系的合力对力系所在平面内任一点之矩，等于力系中各力对同一点之矩的代数和，即合力矩定理。

证明：设刚体上的 A 点作用一平面汇交力系 $\boldsymbol{F}_1$，$\boldsymbol{F}_2$，…，$\boldsymbol{F}_n$，该力系的合力 $\boldsymbol{F}_\text{R} = \sum \boldsymbol{F}_i$，

如图 2-17 所示。在力系所在平面内任取一点 O 为矩心，建立直角坐标系 Oxy，并使 x 轴通过各力的汇交点 A，力 $\boldsymbol{F}_1$，$\boldsymbol{F}_2$，…，$\boldsymbol{F}_n$ 和 $\boldsymbol{F}_R$ 在 y 轴上的投影分别为 $\boldsymbol{F}_{1y}$，$\boldsymbol{F}_{2y}$，…，$\boldsymbol{F}_{ny}$ 和 $\boldsymbol{F}_{Ry}$。

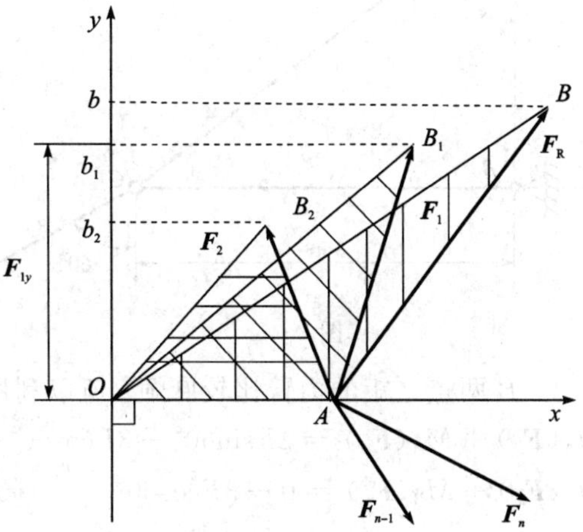

图 2-17

由式(2-8)知，力 $\boldsymbol{F}_1$ 对点 O 之矩为

$$M_O(\boldsymbol{F}_1) = 2\triangle AB_1O = OA \cdot Ob_1$$

其中线段 Ob_1 是力 $\boldsymbol{F}_1$ 在 y 轴上的投影 F_{1y}。因此，上式又可写成

$$M_O(\boldsymbol{F}_1) = OA \cdot F_{1y}$$

同理可得

$$M_O(\boldsymbol{F}_2) = OA \cdot F_{2y}$$

$$\cdots$$

$$M_O(\boldsymbol{F}_n) = OA \cdot F_{ny}$$

$$M_O(\boldsymbol{F}_R) = OA \cdot F_{Ry}$$

根据合力投影定理，有

$$F_{Ry} = F_{1y} + F_{2y} + \cdots + F_{ny}$$

上式两边同乘以 OA，得

$$OA \cdot F_{Ry} = OA \cdot F_{1y} + OA \cdot F_{2y} + \cdots + OA \cdot F_{ny}$$

因此有

$$M_O(\boldsymbol{F}_R) = M_O(\boldsymbol{F}_1) + M_O(\boldsymbol{F}_2) + \cdots + M_O(\boldsymbol{F}_n)$$

即

$$M_O(\boldsymbol{F}_R) = \sum M_O(\boldsymbol{F}_i) \tag{2-9}$$

于是定理得证。

合力矩定理建立了合力对点之矩与分力对同一点之矩关系。该定理虽然是从具有合力的平面汇交力系导出的，但是它也适用于具有合力的其他力系。

【例 2-8】 力 $\boldsymbol{F}$ 作用于子支架上的点 C，如图 2-18 所示，设 $F=100$ N，试分别求力 $\boldsymbol{F}$ 对点 A、点 B 之矩。

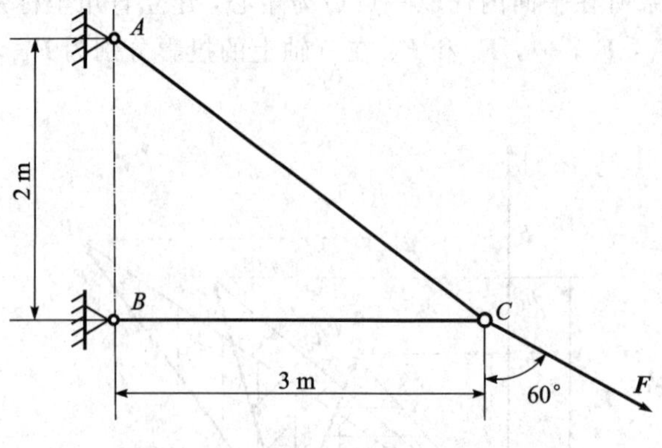

图 2-18

解 因为计算力 $\boldsymbol{F}$ 对 A、B 两点之矩的力臂比较麻烦，所以利用合力矩定理求解。

$$M_A(\boldsymbol{F}) = M_A(\boldsymbol{F}_x) + M_A(\boldsymbol{F}_y) = 2F\sin 60^\circ - 3F\cos 60^\circ = 23\ \text{N}\cdot\text{m}$$

$$M_B(\boldsymbol{F}) = M_B(\boldsymbol{F}_x) + M_B(\boldsymbol{F}_y) = 0 - 3F\cos 60^\circ = -150\ \text{N}\cdot\text{m}$$

2.4 平面力偶系的合成与平衡

当两个等值、反向、平行不共线的力同时作用于物体时，能使物体只产生转动效应。例如，用两个手指拧动水龙头、钢笔套，用两只手转动汽车方向盘(见图 2-19)，以及用丝锥攻丝(见图2-20)都属于这种情形。

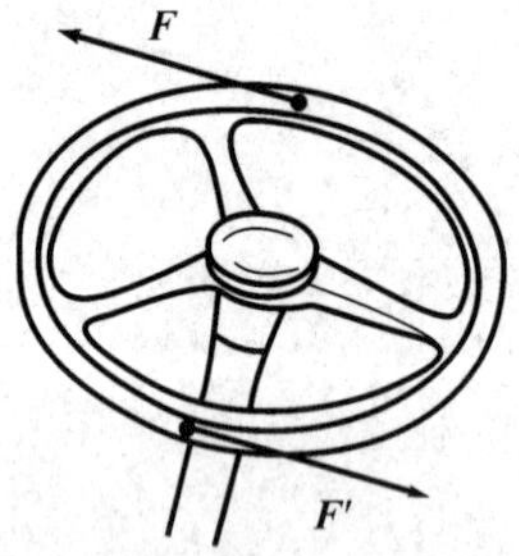

图 2-19

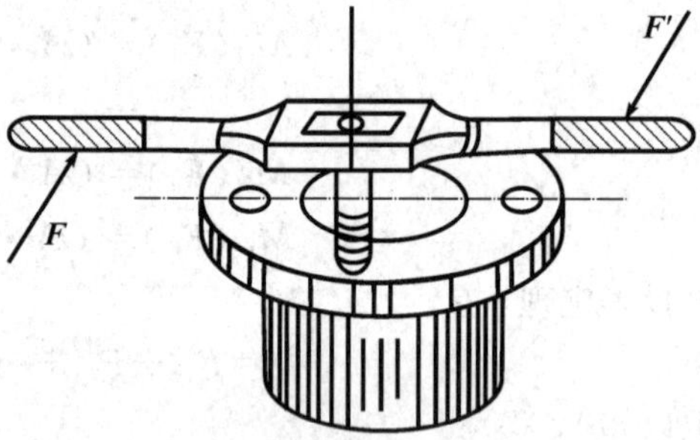

图 2-20

由于两个等值、反向、平行不共线的力所组成的力系在运动效应上具有特殊性而不同于一个力，需要专门加以研究。

1. 力偶和力偶矩

大小相等、方向相反、作用线平行且不共线的两个力所组成的特殊力系称为力偶。力偶对刚体只产生转动效应。力偶通常用记号($\boldsymbol{F}$, $\boldsymbol{F}'$)表示，如图 2-21 所示。两力作用线之间的垂直距离 d 称为力偶臂。力偶($\boldsymbol{F}$, $\boldsymbol{F}'$)中两个力的作用线所在的平面称为力偶作用面。

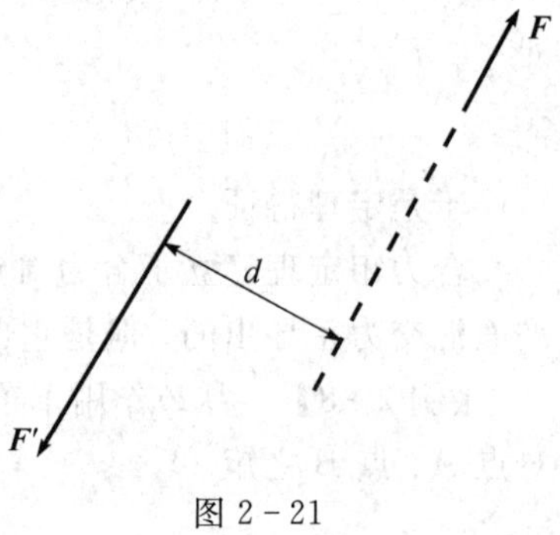

图 2-21

力偶具有以下性质：

性质 1 力偶没有合力，不能用一个力来平衡，只能用一个力偶来平衡，力偶是一个基本的力学量。

性质 2　力偶对其所在平面内任一点的矩恒等于力偶矩，且与矩心的位置无关。因此，力偶对刚体的效应用力偶矩度量。在平面问题中，力偶是代数量。

设有力偶($\boldsymbol{F}$，$\boldsymbol{F}'$)，其力偶臂为 d，如图 2-22 所示。在力偶作用面内任取一点 O 为矩心，力偶对点 O 的矩应等于力 $\boldsymbol{F}$ 与 $\boldsymbol{F}'$ 分别对点 O 的矩的代数和。若点 O 到力 $\boldsymbol{F}'$ 的垂直距离为 x，则力 $\boldsymbol{F}$ 与 $\boldsymbol{F}'$ 分别对点 O 的矩的代数和为

$$F(d+x)-F'x=Fd$$

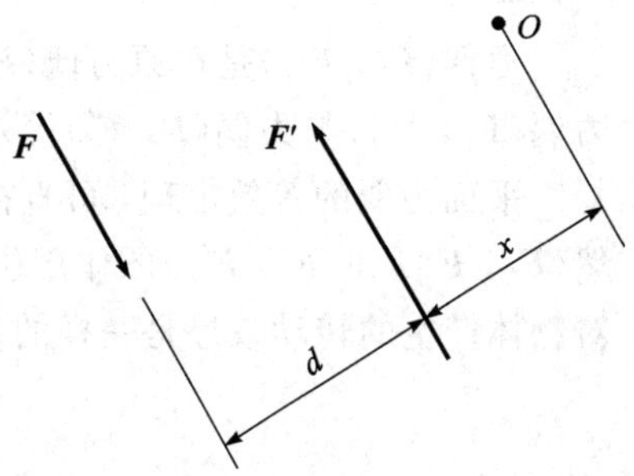

图 2-22

由于矩心是任意选取的，力偶对刚体的作用效果就取决于力的大小和力偶臂的长短，与矩心的位置无关。且力偶在平面内的转向不同，作用效果也不同。因此，力偶对刚体的转动效应取决于以下两个因素：

(1) 力偶中力的大小和力偶臂的长度。

(2) 力偶在其作用平面内的转向。

在平面问题中，把力偶中力与力偶臂的乘积 Fd 加上适当的正负号，作为力偶使刚体转动效应的度量，称为力偶矩，记作 $M(\boldsymbol{F},\boldsymbol{F}')$，简记为 M，即

$$M=\pm Fd \tag{2-10}$$

式中，正负号表示力偶的转向。通常，规定逆时针转向为正，反之为负。

力偶矩的单位与力矩相同，在国际单位制中为牛·米(N·m)或千牛·米(kN·m)。

力偶对刚体只产生转动效应，且转动效应用力偶矩来度量。因此，有

性质 3　力偶等效定理

在同一平面内的两个力偶，如果力偶矩(包括大小和转向)相等，则此两力偶彼此等效。

证明：设有一力偶($\boldsymbol{F}$，$\boldsymbol{F}'$)作用于刚体上，其力臂为 d，力 $\boldsymbol{F}$ 和 $\boldsymbol{F}'$ 的作用点 A、B 的连线 AB 恰为力偶臂 d，如图 2-23 所示。分别在 A、B 两点沿其连线加上一对等值、反向、共线的平衡力 $\boldsymbol{F}_T$ 和 $\boldsymbol{F}'_T$。现将 $\boldsymbol{F}$ 和 $\boldsymbol{F}_T$ 合成为 $\boldsymbol{F}_1$，$\boldsymbol{F}'$ 和 $\boldsymbol{F}'_T$ 合成为 $\boldsymbol{F}'_1$。显然，力 $\boldsymbol{F}_1$ 和 $\boldsymbol{F}'_1$ 组成一新的力偶($\boldsymbol{F}_1$，$\boldsymbol{F}'_1$)。

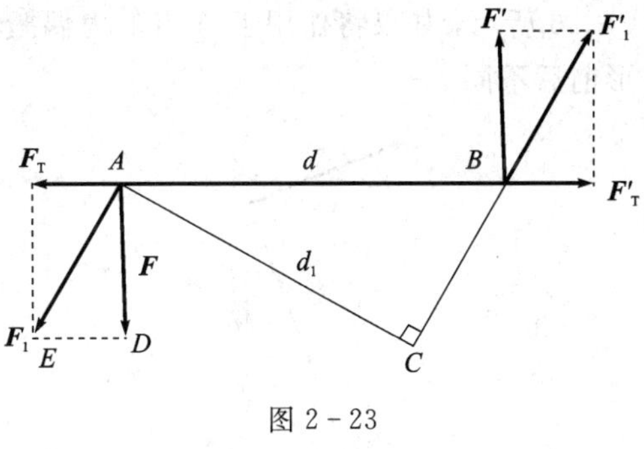

图 2-23

令新力偶($\boldsymbol{F}_1$，$\boldsymbol{F}'_1$)的力偶臂为 d_1，由图 2-23 可知

$$\angle BAC=\angle EAD$$

则

$$\frac{F_1}{F}=\frac{d}{d_1} \quad 即 \quad F_1 d_1=Fd$$

由此可得

$$M(\boldsymbol{F}_1, \boldsymbol{F}'_1)=M(\boldsymbol{F}, \boldsymbol{F}')$$

力偶($\boldsymbol{F}_1$, $\boldsymbol{F}'_1$)是在原力偶($\boldsymbol{F}$, $\boldsymbol{F}'$)上加上一对平衡力而得到的。根据加减平衡力系原理，力偶($\boldsymbol{F}_1$, $\boldsymbol{F}'_1$)与力偶($\boldsymbol{F}$, $\boldsymbol{F}'$)等效。这就证明了共面的两个力偶矩相等，它们两个彼此等效。

平面力偶的等效定理，可直接由经验证实。例如，图 2-24 中，作用在方向盘上的力偶虽然($\boldsymbol{F}_1$, $\boldsymbol{F}'_1$)和($\boldsymbol{F}_2$, $\boldsymbol{F}'_2$)的作用位置不同，但如果它们的力偶矩大小相等、符号相同，则它们对物体产生的转动效果是一样的。

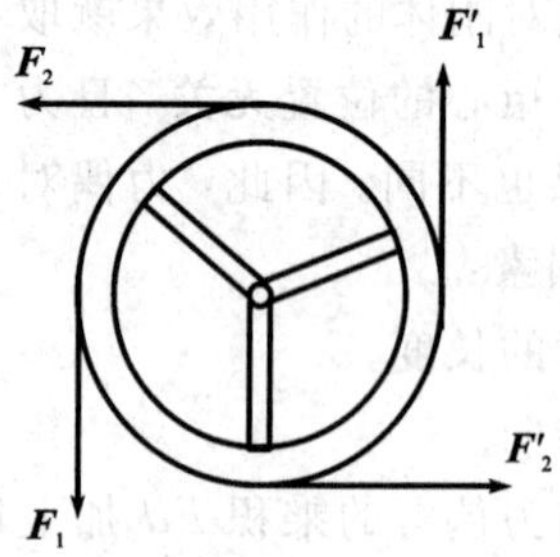

图 2-24

由上述力偶等效定理，可得出如下推论：

推论 1 任一力偶可在其作用面内任意移转，而不改变它对刚体的作用。

推论 2 只要保持力偶矩不变，可以同时改变力偶中力的大小和力偶臂的长短，而不改变力偶对刚体的效应。

由上述推论可知，力偶臂和力的大小都不是力偶的特征量，只有力偶矩是平面力偶作用的唯一度量。

因此，在研究与平面力偶有关的问题时，不必考虑力偶中力的大小和力偶臂的长短，只需要考虑力偶矩的大小和转向。今后在力偶作用的平面内常用带箭头的弧线表示力偶，箭头的方向表示力偶的转向，弧线旁的字母 M 的数值表示力偶矩的大小，如图 2-25 所示。

必须指出，力偶的搬移或用等效力偶替代，对物体的运动效应没有影响，但会影响物体的变形效应。例如，如图 2-26 所示，如果将作用于 A 点的力偶搬移到 B 点，虽对梁的平衡没有影响，但却使梁的变形前后不同。

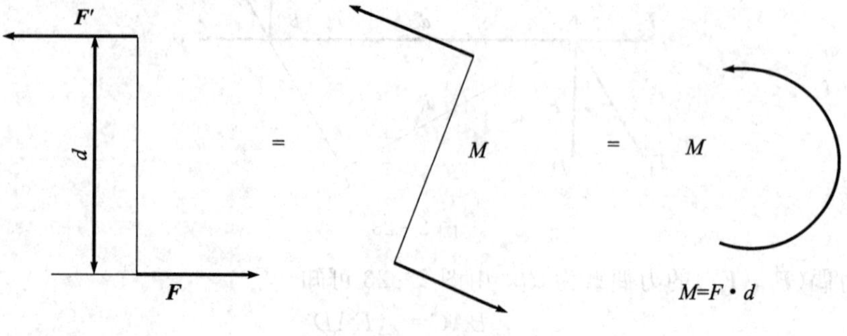

图 2-25

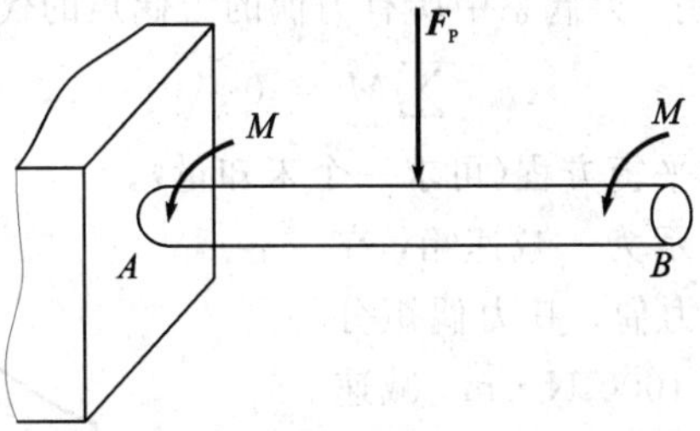

图 2-26

2. 平面力偶系的合成与平衡

作用于同一刚体上的若干个共面力偶称为平面力偶系。

1）平面力偶系的合成

下面先讨论同一平面内两个力偶的合成情况，然后推广到任意个平面力偶合成的一般情形。

设在同一平面内有两个力偶($\boldsymbol{F}_1$，$\boldsymbol{F}'_1$)和($\boldsymbol{F}_2$，$\boldsymbol{F}'_2$)作用于刚体，它们的力偶臂分别为 d_1 和 d_2，如图 2-27(a)所示。这两个力偶的力偶矩分别为 M_1 和 M_2。

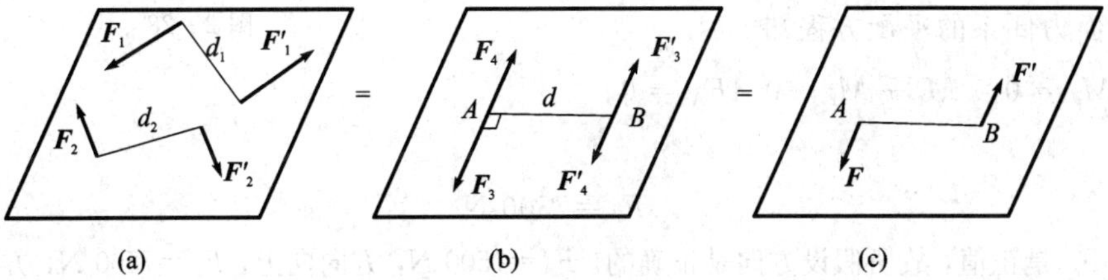

图 2-27

根据力偶性质的推论 1、推论 2，在保持力偶矩不变的情况下，同时改变这两个力偶的力的大小和力偶臂的长短，使它们具有相同的力偶臂 d，并将它们在平面内移转，使力的作用线重合，如图 2-27(b)所示。于是得到与原力偶等效的两个新力偶($\boldsymbol{F}_3$，$\boldsymbol{F}'_3$)和($\boldsymbol{F}_4$，$\boldsymbol{F}'_4$)，即

$$M_1=F_1d_1=F_3d_3,\ M_2=-F_2d_2=-F_4d_4$$

分别将作用在点 A 和 B 的力合成(设 $F_3>F_4$)，得

$$F=F_3-F_4,\ F'=F'_3-F'_4$$

而由于 $\boldsymbol{F}$ 与 $\boldsymbol{F}'$ 等值、反向、平行且不共线，所以构成了与原力偶系等效的合力偶($\boldsymbol{F}$，$\boldsymbol{F}'$)，如图 2-27(c)所示。用 M 表示合力偶的力偶矩，则有

$$M=Fd=(F_3-F_4)d=F_3d-F_4d=M_1+M_2 \tag{2-11}$$

若同一平面内有 n 个力偶作用在刚体上，仍可用上述方法合成。于是得出结论：平面力偶系合成的结果是一个合力偶，合力偶矩等于原力偶系中各力偶的力偶矩的代数和，即

$$M=M_1+M_2+\cdots+M_n=\sum M_i \tag{2-12}$$

2）平面力偶系的平衡条件

由图 2-27 所示的平面力偶系合成过程可知，若两共线力平衡，即 $\boldsymbol{F}_R=\boldsymbol{F}'_R=0$，则原力偶系平衡。由式(2-11)可知，此时合力偶矩等于零。反之，若合力偶矩等于零，则原力偶系必定是平衡力系。对于 n 个力偶所组成的平面力偶系，可作同样的推理。由此可知，平面力

偶系平衡的必要和充分条件是：力偶系中所有力偶的力偶矩的代数和等于零，即

$$\sum M_i = 0 \tag{2-13}$$

式(2-13)称为平面力偶系的平衡方程(可求一个未知量)。

【例 2-9】 图 2-28 所示为一减速箱，在外伸的两轴上分别作用一个力偶，其力偶矩分别为 $M_1=2000\ \mathrm{N\cdot m}$，$M_2=1000\ \mathrm{N\cdot m}$。减速箱用两个相距 400 mm 的螺栓固定在地面 A、B 处，设 A、B 处只有铅垂方向的约束力，减速箱重力不计。试求 A 和 B 处螺栓的约束力。

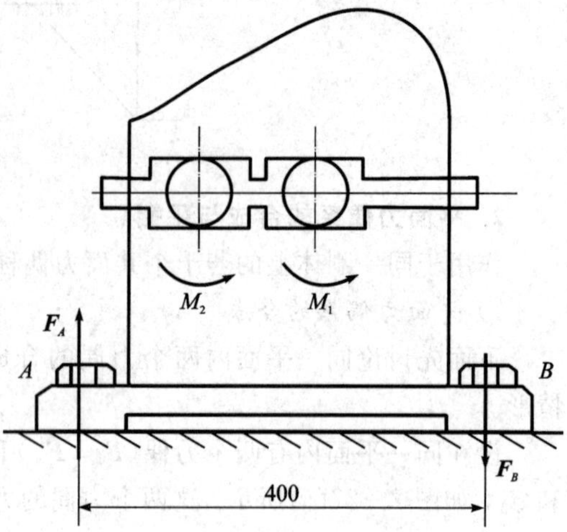

图 2-28

解：选减速箱为研究对象。减速箱在铅垂面内受两个力偶和两个螺栓的约束力的作用。两个力偶合成后为一个力偶，根据力偶的性质，力偶只能与力偶相平衡。如果减速箱平衡，则两个螺栓的约束力必组成一个力偶。它们的方向假设如图 2-28 所示，$F_A=F_B$。

由平面力偶系的平衡方程知

$$\sum M_i = 0 \quad M_1 + M_2 - 0.4F_A = 0$$

得

$$F_A = 7500\ \mathrm{N}$$

因为 F_A 是正值，故所假设方向是正确的。$F_A=7500\ \mathrm{N}$，方向向上，$F_B=7500\ \mathrm{N}$，方向向下。

【例 2-10】 三铰拱的左半部 AC 上作用一力偶，其矩为 M，转向如图 2-29 所示。求铰 A 和 B 处的反力。

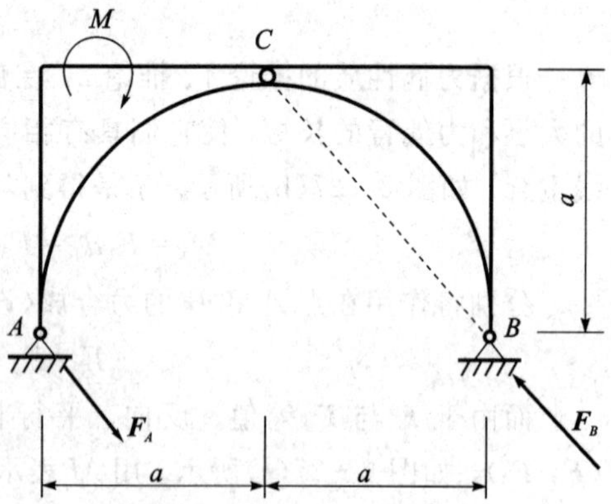

图 2-29

解：铰 A 和铰 B 处的反力 $\boldsymbol{F}_A$ 和 $\boldsymbol{F}_B$ 的方向都是未知的。但右边部分只在 B、C 两处受力，故可知右边部分为二力构件，$\boldsymbol{F}_B$ 必沿 BC 作用，指向假设如图 2-29 所示的方向。

现在考虑整个三铰拱的平衡。因整个拱所受的主动力只有一个力偶，所以 $\boldsymbol{F}_A$ 与 $\boldsymbol{F}_B$ 应组成一力偶才能与之平衡。于是平衡方程为

$$\sum M_i = 0 \quad F_A \times 2a\cos 45° - M = 0$$

故

$$F_A = F_B = \frac{\sqrt{2}M}{2a}$$

思 考 题

2-1 试指出在思考题 2-1 图中，各力多边形哪个是自行封闭的？如果不是自行封闭，

哪个力是合力？哪些力是分力？

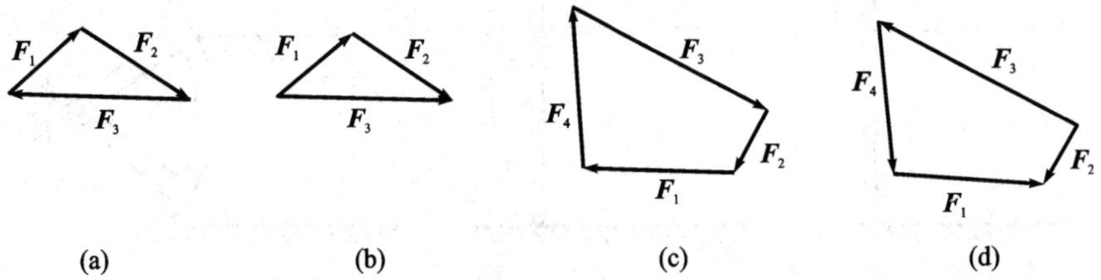

思考题 2-1 图

2-2 刚体 A、B、C 三点作用三个力 $\boldsymbol{F}_1$、$\boldsymbol{F}_2$、$\boldsymbol{F}_3$，其指向如思考题 2-2 图所示。三力构成的力三角形封闭，请问该刚体是否平衡？

2-3 力 $\boldsymbol{F}$ 沿 x 轴、y 轴的分力和力在两轴上的投影有何区别？试以思考题 2-3 图(a)、(b)两种情况为例进行分析说明。

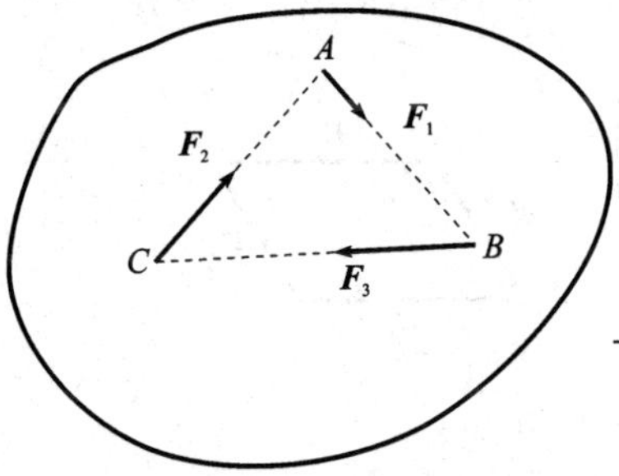

思考题 2-2 图

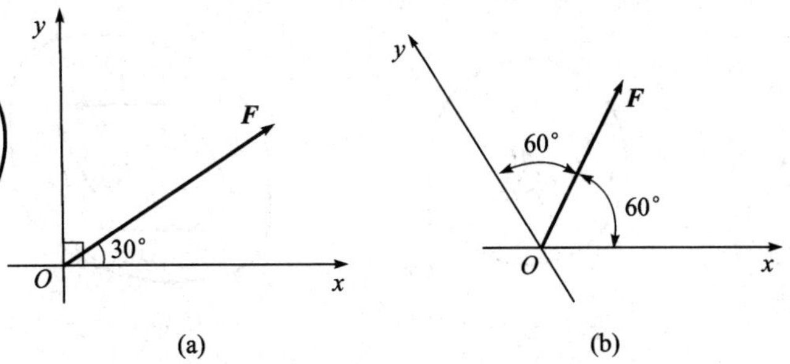

思考题 2-3 图

2-4 用解析法求解平面汇交力系的平衡问题，需要选定坐标系，再建立平衡方程 $\sum F_x = 0$ 和 $\sum F_y = 0$。这里选定的 x 轴和 y 轴是否必须垂直？

2-5 下列陈述是否正确？为什么？

(1) 对任意一个平面汇交力系，都可以列出两个平衡方程。

(2) 当平面汇交力系平衡时，选择几个投影轴就能列出几个独立的平衡方程。

(3) 用解析法求解平面汇交力系的平衡问题时，投影轴的方位不同，平衡方程的具体形式也不同，但其计算结果不变。

2-6 试比较力对点之矩与力偶矩的异同。

2-7 用手拔钉子拔不动，为什么用羊角锤就容易拔起？如思考题 2-7 图所示，如果锤把上作用 50 N 的推力，问拔钉子的力有多大？加在锤把上的力沿什么方向省力？

2-8 水渠的闸门有三种设计方案，如思考题 2-8 所示。试问哪种方案开关闸门时最省力。

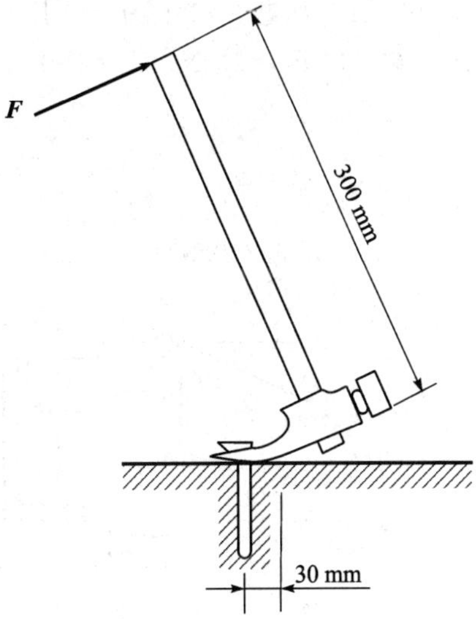

思考题 2-7 图

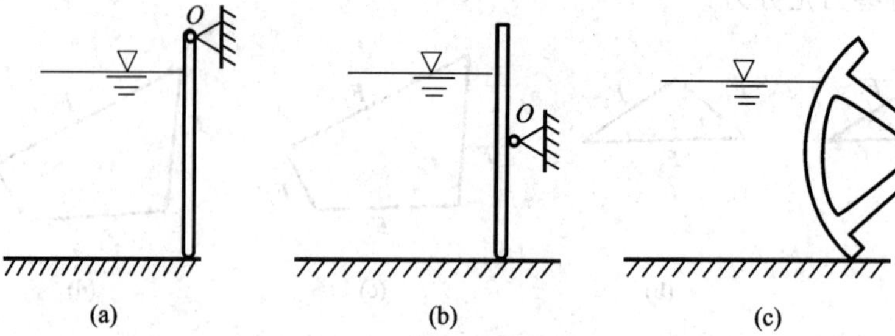

思考题 2-8 图

2-9　主动力偶 M 和主动力 $\boldsymbol{F}$ 作用在可绕中心轴转动的轮上，如思考题 2-9 图所示。若力偶矩 $M=Fr$，则轮平衡。这和力偶不能与一力平衡的性质是否矛盾？

2-10　如思考题 2-10 图所示，刚体受四个力 $\boldsymbol{F}_1$、$\boldsymbol{F}_2$、$\boldsymbol{F}_3$、$\boldsymbol{F}_4$ 的作用，其力多边形自行封闭且为一平行四边形，问刚体是否平衡？为什么？

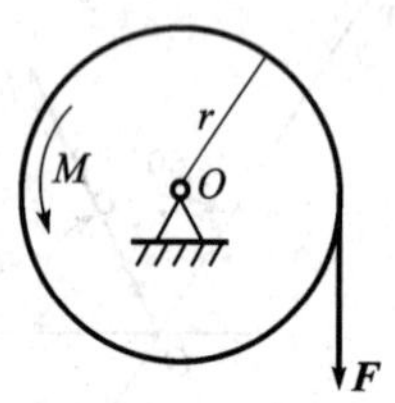

思考题 2-9 图

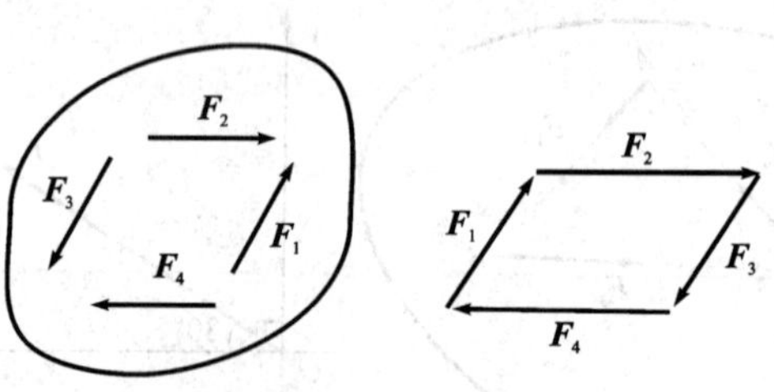

思考题 2-10 图

习　题

2-1　试用几何法求作用在题 2-1 图所示支架上点 A 处的三个力的合力(包括大小、方向、作用线的位置)。

2-2　如题 2-2 图所示，用解析法求图示中汇交力系的合力。已知 $\boldsymbol{F}_3$ 水平，$F_1=80$ N，$F_2=60$ N，$F_3=50$ N，$F_4=100$ N。

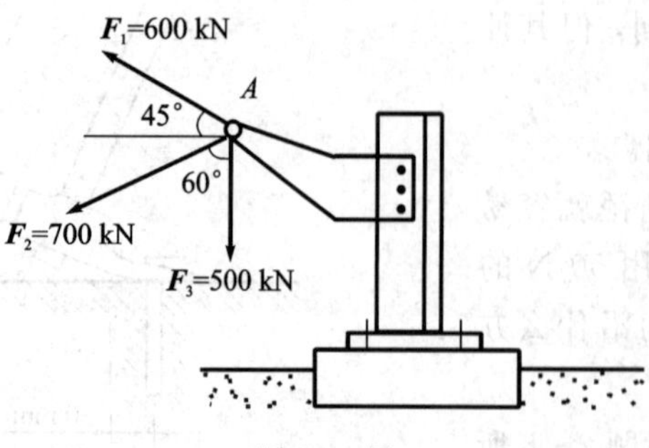

题 2-1 图

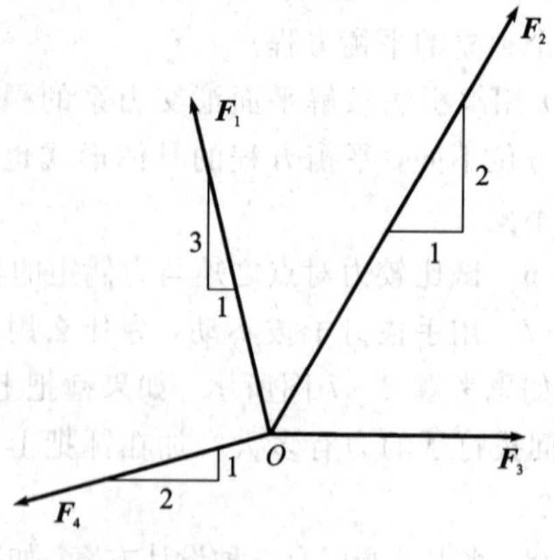

题 2-2 图

2-3　设力 $\boldsymbol{F}_R$ 为 $\boldsymbol{F}_1$、$\boldsymbol{F}_2$、$\boldsymbol{F}_3$ 三个力的合力，已知 $F_R=1$ kN，$F_3=1$ kN，力 $\boldsymbol{F}_2$ 的作用

线垂直于力 $\boldsymbol{F}_R$，如题 2-3 图所示。试求力 $\boldsymbol{F}_1$ 和 $\boldsymbol{F}_2$ 的大小和指向。

2-4　铆接钢板在孔 A 处、B 处和 C 处受三个力作用，如题 2-4 图所示。已知 $F_1=100$ N，沿铅垂方向；$F_2=50$ N，沿 AB 方向；$F_3=50$ N，沿水平方向。求此力系简化的合力。

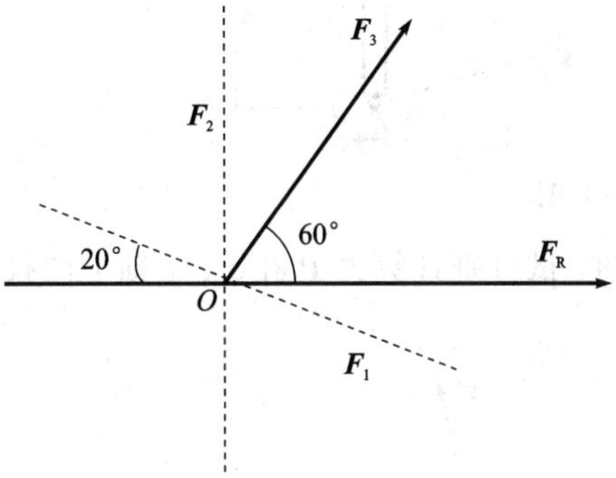

题 2-3 图

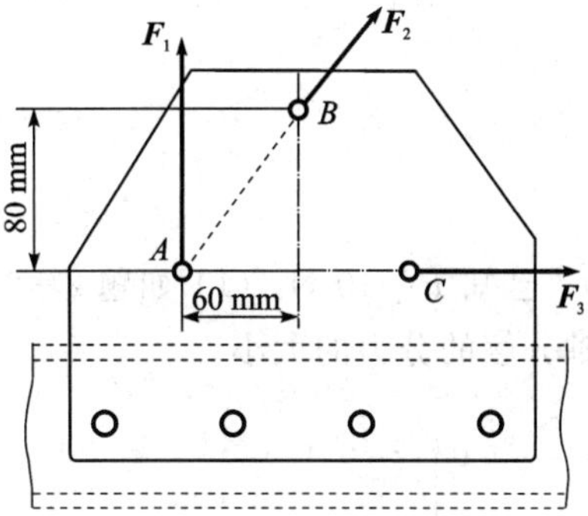

题 2-4 图

2-5　电动机重量 $P=5000$ N，放在水平梁 AC 的中央，如题 2-5 图所示。梁的 A 端以铰链固定，另一端以撑杆 BC 支持，撑杆与水平梁的交角为 30°。如忽略梁和撑杆的重量，求撑杆 BC 的内力及铰支座 A 处的约束反力。

2-6　简易起重装置如题 2-6 图所示。如果 A、B、C 三处均可简化为光滑铰链连接，各杆和滑轮的自重可以不计，起吊重量 $P=2$ kN。求直杆 AB、AC 所受力的大小，并说明其受拉力还是受压力。

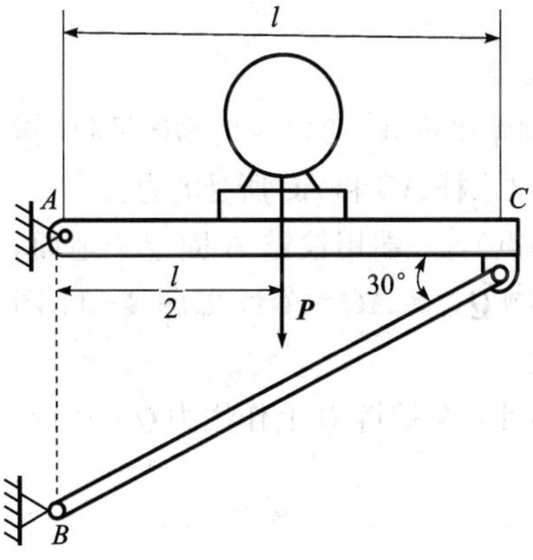

题 2-5 图

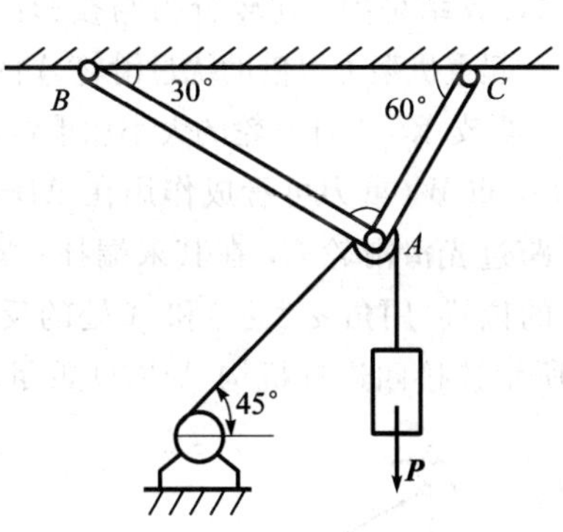

题 2-6 图

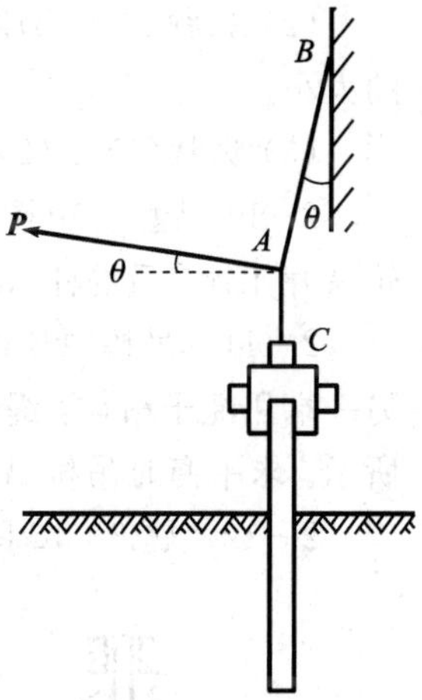

题 2-7 图

2-7　在题 2-7 图所示简易拔桩装置中，AB 和 AC 是绳索，两绳索连接于点 A 处，B 端固接于支架上，C 端连接于桩头上。当 $P=5$ kN，$\theta=10°$时，试求绳 AB 和 AC 的张力。

2-8　无重直角折杆 ABC 的 A 端为固定铰支座，C 端置于光滑斜面 AC 上，B 处作用一水平力 $\boldsymbol{P}$，折杆尺寸如题 2-8 图所示。求 A、C 两处的约束力。

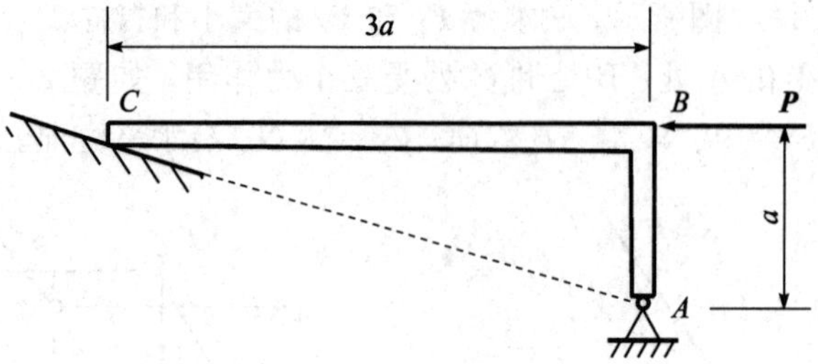

题 2 - 8 图

2 - 9　已知 $P=10$ N。(1) 如题 2 - 9(a)图，试分别计算力 $\boldsymbol{P}$ 在 x、y 轴上的投影和力 $\boldsymbol{P}$ 沿 x、y 轴分解的分力的大小。

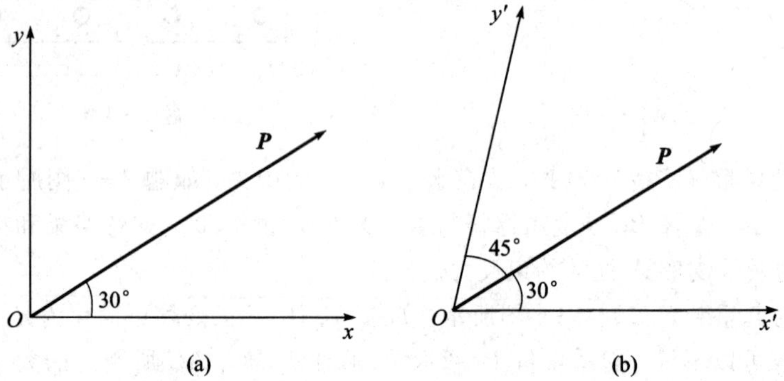

题 2 - 9 图

(2) 如题 2 - 9(b)图，试分别计算力 $\boldsymbol{P}$ 在 x'、y' 轴上的投影和力 $\boldsymbol{P}$ 沿 x'、y' 轴分解的分力的大小。

(3) 试从(1)、(2) 的计算结果中，比较分力与投影的关系。

2 - 10　题 2 - 10 图所示起重机架可以借助绕过滑轮 A 的绳索将重 $W=20$ kN 的物体吊起，滑轮 A 用不计自重的杆 AB、AC 支承。不计滑轮的大小和重量，试求杆 AB 和 AC 所受的力。

2 - 11　吊桥 AB 长 L，重 W(重力可看成作用在 AB 中点)，一端用铰链 A 固定于地面，另一端用绳子吊住，绳子跨过光滑滑轮 C，在其末端挂一重物 $\boldsymbol{Q}$，且 $AC=AB$，如题 2 - 11 图所示。求平衡时吊桥 AB 的位置(用角 α 表示)和 A 处的反力。

2 - 12　题 2 - 12 图所示铰接四连杆机构 $ABCD$ 重量不计，在铰链 B 上作用力 $\boldsymbol{Q}$，在铰

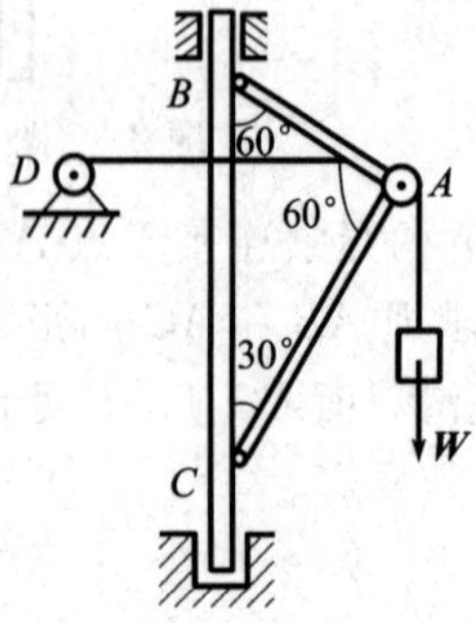

题 2 - 10 图

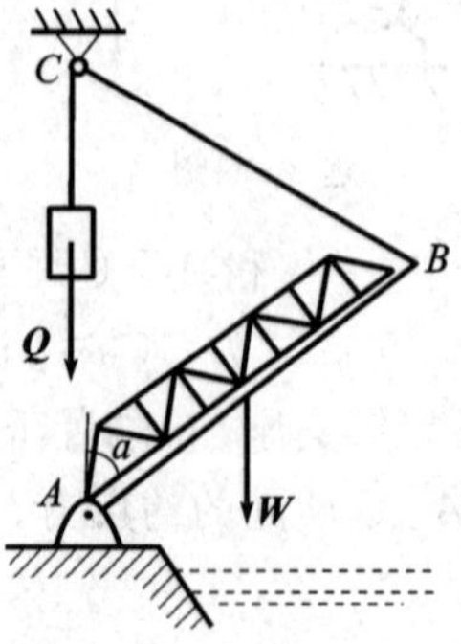

题 2 - 11 图

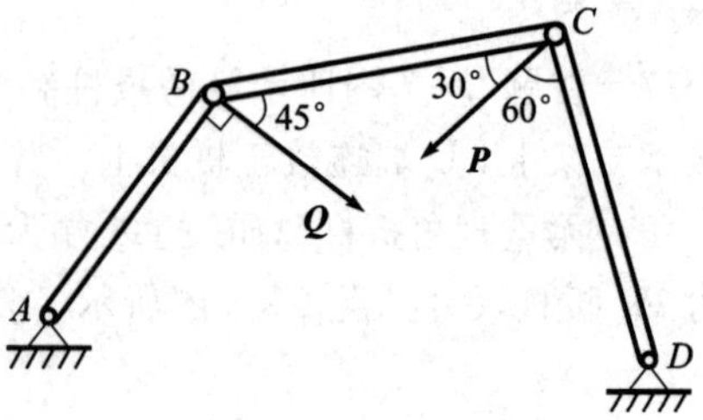

题 2 - 12 图

链 C 上作用力 $\boldsymbol{P}$，机构处于平衡。试求机构在图示位置平衡时，力 $\boldsymbol{P}$ 和 $\boldsymbol{Q}$ 间的大小关系。

2-13 题 2-13 图所示简易压榨机中各杆重量不计，设 $F=200$ N，求当 $\alpha=10°$时，物体所受的压力。

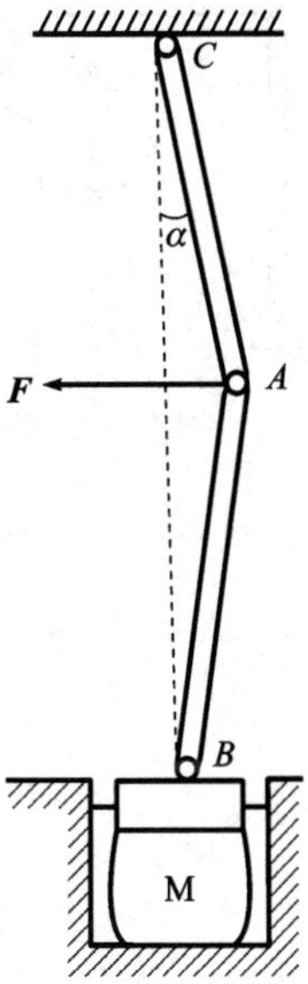

题 2-13 图

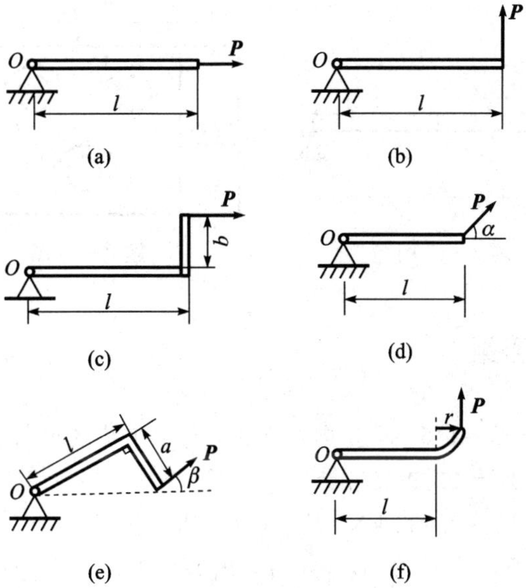

题 2-14 图

2-14 试计算下列题 2-14 图中力 $\boldsymbol{P}$ 对点 O 之矩。

2-15 题 2-15 图所示半圆板上作用一力 $\boldsymbol{Q}$，此力与水平线的夹角为 20°，其大小为 100 N。已知圆半径 $r=10$ cm，试求该力分别对 B、C 两点的力矩。

2-16 试求题 2-16 图中力 $\boldsymbol{F}$ 对点 A 和点 B 之矩。已知 $F=50$ N。

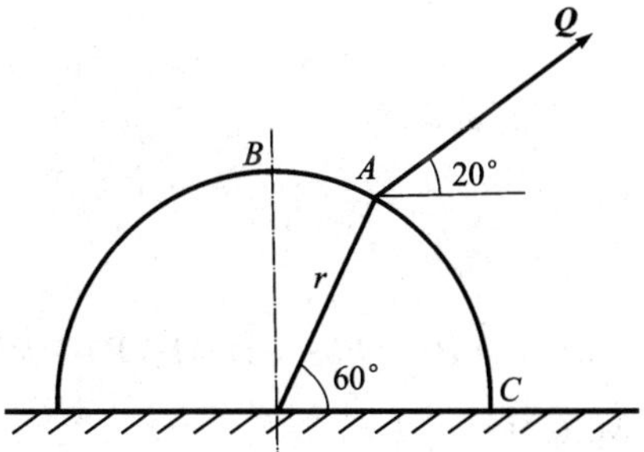

题 2-15 图

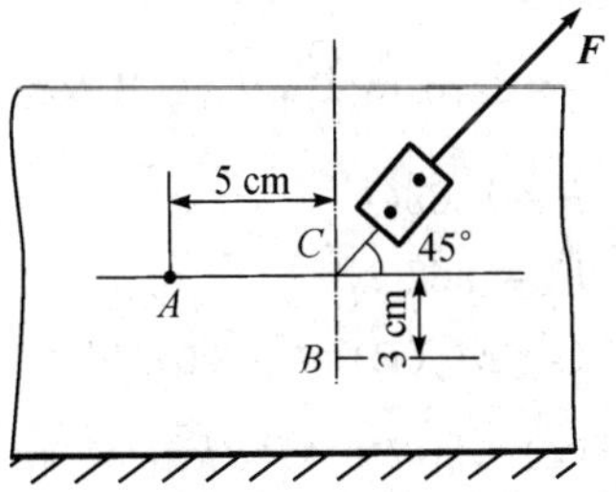

题 2-16 图

2-17 不计重量的梁 AB，长度 $l=5$ m，在 A、B 两端各作用一力偶，力偶矩分别为 $M_1=20$ kN·m，$M_2=30$ kN·m，转向如题 2-17 图所示。试求两支座的反力。

2-18 题 2-18 图所示多轴钻床在水平工作台上钻孔时，每个钻头的切削刀刃作用于工件的力在同一平面内构成一力偶。已知切削力偶矩分别为 $M_1=M_2=10$ kN·m，$M_3=20$ kN·m，求工件受到的合力偶的力偶矩。若工件在 A、B 两处用螺栓固定，求两螺栓所受的水平力。

2-19　铰链四连杆机构 O_1ABO_2 在题 2-19 图所示位置处平衡。已知 $O_1A=40$ cm，$O_2B=60$ cm，作用在杆 O_1A 上的力偶的力偶矩 $M_1=1$ N·m。试求杆 AB 所受的力 $\boldsymbol{F}_{AB}$ 和力偶矩 M_2 的大小(各杆重量不计)。

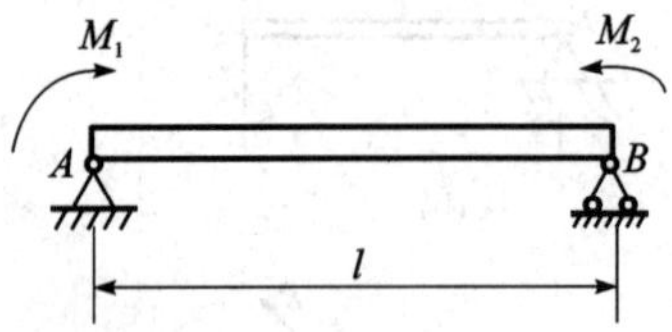

题 2-17 图

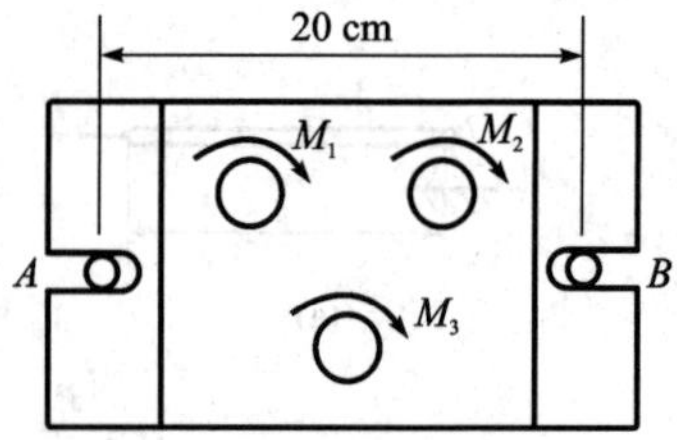

题 2-18 图

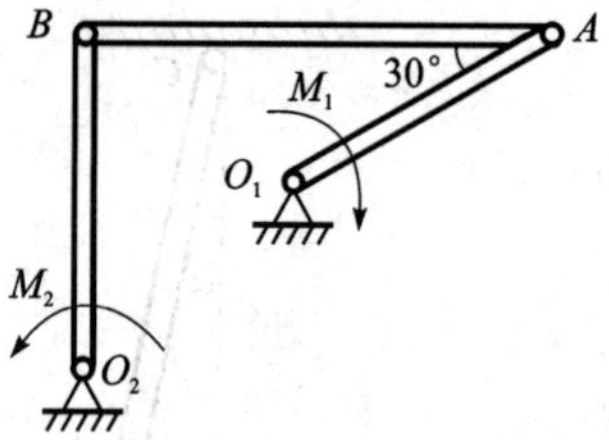

题 2-19 图

习题参考答案

2-1　$F_R=115$ N，指向左下方，与水平线的夹角 $\alpha=22.5°$

2-2　$F_R=92.9$ N，$\alpha=-114.1°$

2-3　$F_1=0.532$ kN，$F_2=0.684$ kN

2-4　$F_R=161.2$ N，$\angle(F_R, F_1)=29°44'$

2-5　$F_{BC}=5$ kN(压力)，$F_A=5$ kN

2-6　$F_{AB}=0.48$ kN(压力)，$F_{AC}=3.66$ kN(拉力)

2-7　$F_{TAB}=5$ kN，$F_{TAC}=28.8$ kN

2-8　$F_{AR}=0.949$ kN，$F_{CN}=0.316$ kN

2-9　$P_x=8.66$ N，$P_y=5$ N，$|\boldsymbol{P}_x|=8.66$ N，$|P_y|=5$ N

$P'_x=8.66$ N，$P'_y=7.07$ N，$|\boldsymbol{P}'_x|=7.32$ N，$|\boldsymbol{P}'_y|=5.18$ N

2-10　$F_{AB}=7.32$ kN，$F_{AC}=27.32$ kN

2-11　$\alpha=2\arcsin\dfrac{Q}{W}$，$F_A=W\cos\dfrac{\alpha}{2}$

2-12　$P=1.63Q$

2-13　$F_N=567$ N

2-14　(a) $M_O(\boldsymbol{P})=0$；(b) $M_O(\boldsymbol{P})=Pl$；(c) $M_O(\boldsymbol{P})=Pb$；(d) $M_O(\boldsymbol{P})=Pl\sin\alpha$；

(e) $M_O(\boldsymbol{P})=P\sqrt{l^2+a^2}\sin\beta$；(f) $M_O(\boldsymbol{P})=P(l+r)$

2-15　$M_B=2.97$ N·m，　$M_C=-9.85$ N·m

2-16　$M_A(\boldsymbol{F})=1.77$ N·m，$M_B(\boldsymbol{F})=-1.06$ N·m

2-17　$F_{AR}=F_{BR}=2$ kN

2-18　$M=-40$ kN·m，$F_{AN}=F_{BN}=200$ kN

2-19　$F_{AB}=5$ N，$M=3$ N·m

第3章　平面一般力系

平面一般力系是指各力的作用线共面且任意分布的力系。

平面一般力系是工程中最常见的力系，很多工程实际问题都可简化为平面一般力系问题来处理。例如，图3-1所示为工业厂房结构中的立柱，其上分别作用有上部屋架结构、吊车梁传来的荷载 $\boldsymbol{F}_1$、$\boldsymbol{F}_2$ 及自重 $\boldsymbol{F}_3$，风荷载 q 及固定端约束反力等，这些力组成一个平面一般力系。

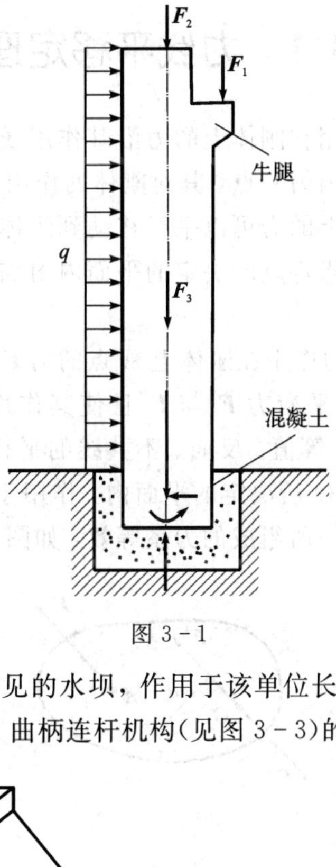

图3-1

图3-2所示为水利工程中常见的水坝，作用于该单位长度坝体上的力系可简化为位于该段坝中心对称平面内的一般力系。曲柄连杆机构(见图3-3)的受力也形成平面一般力系。

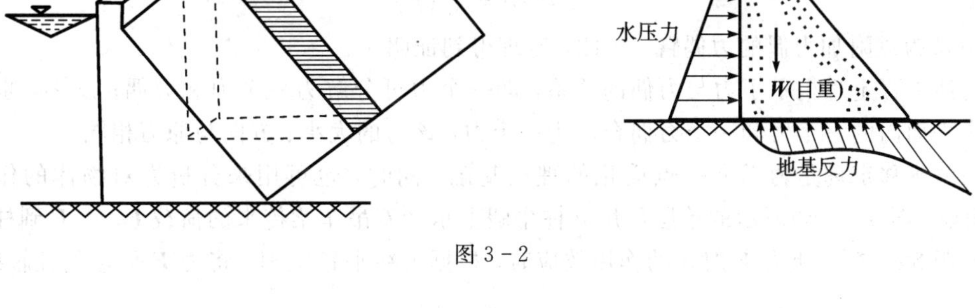

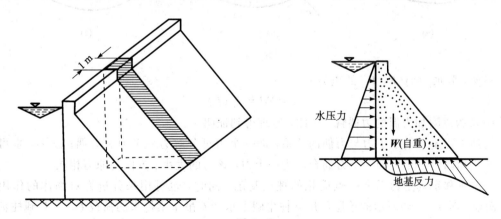

图3-2

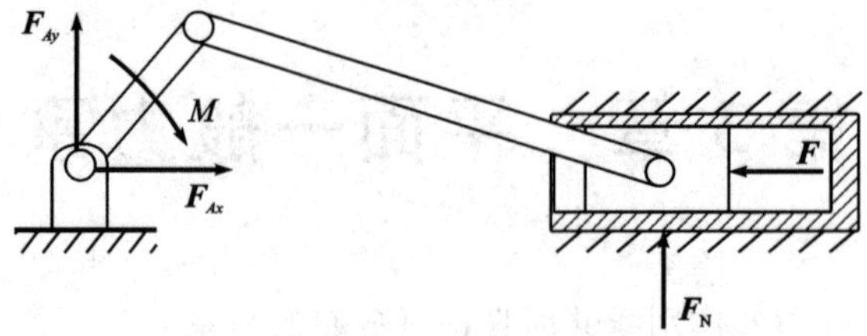

图 3-3

平面一般力系的合成比平面汇交力系、力偶系的合成要复杂。本章依据力线平移定理将平面一般力系简化为平面汇交力系和平面力偶系，在此基础上讨论其合成与平衡以及平面一般力系的应用问题。平面一般力系问题是静力学问题的重点。

3.1 力线平移定理

由力的可传性原理可知，作用在刚体上的力沿其作用线移动时，不改变力对刚体的作用效应。若将力平行地移动到刚体内另一点，其对刚体的作用效应如何？下面讨论此问题。

力线平移定理：作用在刚体上的力可以平行移动到刚体内的任一指定点。欲不改变力对刚体的效应，必须同时在该力与指定点所决定的平面内附加一力偶，该附加力偶之矩等于原力对指定点的矩。

证明 要将图 3-4(a)所示的作用在刚体上 A 点的力 $\boldsymbol{F}$ 平行移动到其上 O 点处。由静力学公理可知，在 O 点处加上一对平衡力 $\boldsymbol{F}'$ 与 $\boldsymbol{F}''$ 且使其作用线与力 $\boldsymbol{F}$ 平行，并使 $\boldsymbol{F}=\boldsymbol{F}'=-\boldsymbol{F}''$，如图 3-4(b)所示。显然，等值、反向、不共线的平行力 $\boldsymbol{F}$ 与 $\boldsymbol{F}''$ 组成一力偶($\boldsymbol{F}$，$\boldsymbol{F}''$)，称为附加力偶。这样在力 $\boldsymbol{F}$ 与点 O 所决定的平面内，作用于点 A 的力 $\boldsymbol{F}$ 就与作用于点 O 的力 $\boldsymbol{F}'$、力偶矩为 m 的力偶($\boldsymbol{F}$，$\boldsymbol{F}''$)所组成的力系等效，如图 3-4(c)所示。

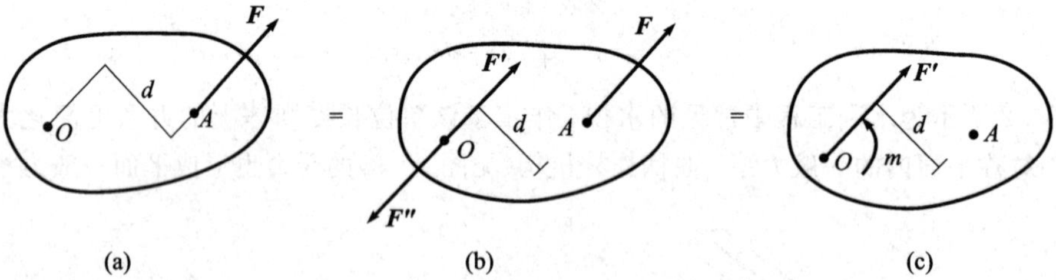

图 3-4

显然，附加力偶($\boldsymbol{F}$，$\boldsymbol{F}''$)的矩为

$$m=Fd=m_O(\boldsymbol{F})$$

上式中 d 为该附加力偶的力偶臂。由此，定理得到证明。

力线平移定理揭示了力与力偶的关系，即一个力可分解为一个力和力偶；反之，也可将同一个平面内的一个力和一个力偶合成为一个力，该力的大小、方向与原力相同。

力线平移定理是力系向一点简化的理论基础，同时，也可用来分析力对物体的作用效应。例如，图 3-5(a)所示的单层厂房立柱牛腿上承受着吊车梁传来的荷载 $\boldsymbol{F}$，力 $\boldsymbol{F}$ 到柱轴线的偏心距为 e。在分析力 $\boldsymbol{F}$ 对柱的作用效应时，根据力线平移定理，将力 $\boldsymbol{F}$ 平移到柱轴线上，

同时附加一力偶 $m=Fe$，如图 3-5(b)所示。力 $\boldsymbol{F}'$ 使柱子产生压缩变形，力偶 m 使柱子产生弯曲变形，由此可见力 $\boldsymbol{F}$ 使立柱牛腿以下部分产生压弯组合变形。

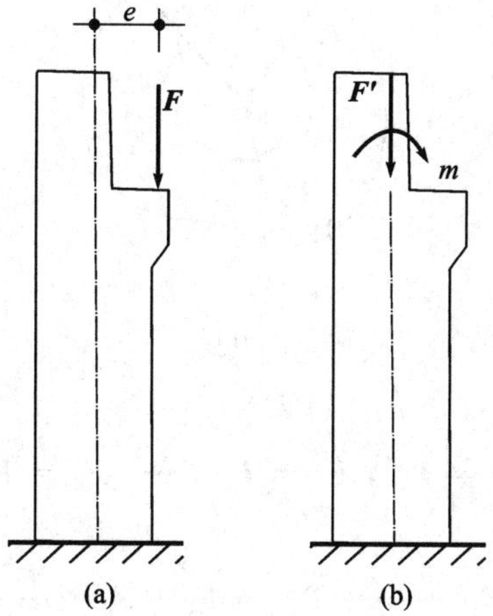

图 3-5

例如用扳手和丝锥攻丝，如图 3-6(a)所示。若只在扳手的一端加力 $\boldsymbol{F}$，由力线平移定理，将力 $\boldsymbol{F}$ 平移到 O 点，得到力 $\boldsymbol{F}'$ 和力偶 M，如图 3-6(b)所示。力偶 M 使丝锥转动，力 $\boldsymbol{F}'$ 使丝锥产生弯曲变形，从而影响加工精度。所以在攻丝时，需要用双手在扳手上反方向均匀加力，使工件仅受力偶的作用，这样可保证工件的加工精度。

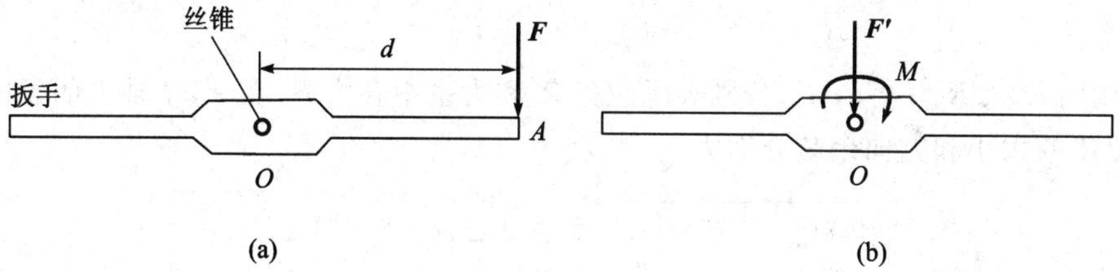

图 3-6

3.2 平面一般力系的简化 主矢和主矩

1. 平面力系的简化

在图 3-7(a)所示的刚体上的 A_1，A_2，…，A_n 点分别作用着力 $\boldsymbol{F}_1$，$\boldsymbol{F}_2$，…，$\boldsymbol{F}_n$。现将平面力系 $\boldsymbol{F}_1$，$\boldsymbol{F}_2$，…，$\boldsymbol{F}_n$ 中的各力向同平面内任一点 O 简化，O 点称为简化中心。依据力线平移定理，将各力分别平行移动到 O 点，得到一个作用于该点的平面汇交力系 $\boldsymbol{F}'_1$，$\boldsymbol{F}'_2$，…，$\boldsymbol{F}'_n$ 和一个附加的平面力偶系 m_1，m_2，…，m_n，如图 3-7(b)所示。这样，平面力系就简化为一个平面汇交力系和一个平面力偶系。

附加平面力偶系中各力偶矩分别为

$$m_1=m_O(\boldsymbol{F}_1),\ m_2=m_O(\boldsymbol{F}_2),\ \cdots,\ m_n=m_O(\boldsymbol{F}_n)$$

其中平面汇交力系合成为一个作用在点 O 的力 $\boldsymbol{R}'$，这个力的大小和方向等于作用在点 O 的各力矢量和。由于

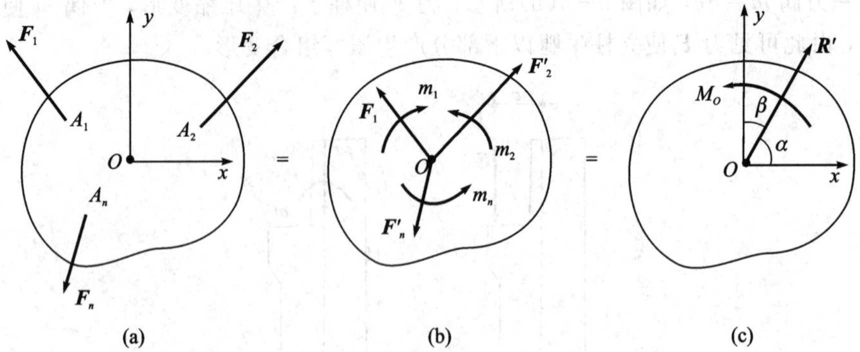

图 3－7

$$\boldsymbol{F}_1=\boldsymbol{F}_1{}',\ \boldsymbol{F}_2=\boldsymbol{F}_2{}',\ \cdots,\ \boldsymbol{F}_n=\boldsymbol{F}_n{}'$$

则有

$$\boldsymbol{R}'=\boldsymbol{F}_1{}'+\boldsymbol{F}_2{}'+\cdots+\boldsymbol{F}_n{}'=\boldsymbol{F}_1+\boldsymbol{F}_2+\cdots+\boldsymbol{F}_n=\sum\boldsymbol{F} \qquad (3-1)$$

平面力系中各力的矢量和 $\boldsymbol{R}'$ 称为该力系的主矢量，简称主矢。从式(3－1)可知，无论力系向哪一点简化，主矢都等于各力的矢量和。因此，它与简化中心的位置无关。

主矢 $\boldsymbol{R}'$ 的大小和方向可用平面汇交力系合成的方法即几何法或解析法求得。若用解析法，需要在图 3－7 中建立直角坐标系 Oxy，根据合力投影定理，由式(3－1)有

$$\left.\begin{aligned}R_x{}'&=F_{x1}+F_{x2}+\cdots+F_{xn}=\sum F_x\\R_y{}'&=F_{y1}+F_{y2}+\cdots+F_{yn}=\sum F_y\end{aligned}\right\} \qquad (3-2)$$

式(3－2)中，$R_x{}'$、$R_y{}'$，F_{xi}、F_{yi} 分别表示主矢 $\boldsymbol{R}'$ 和力系中各力 $\boldsymbol{F}_i$ 在 x、y 轴上的投影。

主矢 $\boldsymbol{R}'$ 的大小和方向余弦分别为

$$\left.\begin{aligned}R'&=\sqrt{(R_x{}')^2+(R_y{}')^2}=\sqrt{\left(\sum F_x\right)^2+\left(\sum F_y\right)^2}\\\cos\alpha&=\frac{R_x{}'}{R'}\\\cos\beta&=\frac{R_y{}'}{R'}\end{aligned}\right\} \qquad (3-3)$$

式(3－3)中，α、β 分别表示力 $\boldsymbol{R}'$ 与 x、y 轴的正向间的夹角，如图 3－7(c)所示。

附加力偶系可合成为一个合力偶，该合力偶之矩等于各附加力偶之矩的代数和，用 M_O 表示。注意到

$$m_1=m_O(\boldsymbol{F}_1),\ m_2=m_O(\boldsymbol{F}_2),\ \cdots,\ m_n=m_O(\boldsymbol{F}_n)$$

则有

$$M_O=m_1+m_2+\cdots+m_n=m_O(\boldsymbol{F}_1)+m_O(\boldsymbol{F}_2)+\cdots+m_O(\boldsymbol{F}_n)=\sum m_O(\boldsymbol{F}) \qquad (3-4)$$

M_O 称为该力系对简化中心 O 的主矩。由于主矩等于各力对简化中心之矩的代数和，当简化中心不同时，各力对简化中心之矩也就不同，因此主矩一般与简化中心位置有关。主矢和主矩如图 3－7(c)所示。

综上所述可得如下结论：平面力系向作用面内任一点简化可得到一个力和一个力偶。这个力作用于简化中心，其大小和方向等于该力系的主矢；这个力偶在该力系所在平面之内，

其力偶之矩等于该力系对简化中心的主矩。

图 3－8(a)所示的雨篷嵌入墙内的一端、图 3－8(b)所示的厂房立柱固定在基础内的端部、图 3－8(c)所示的车刀固定于刀架部分，都构成了固定端约束，图 3－9(a)为固定端约束简图。下面应用平面力系简化的方法来分析工程中常见的固定端(也称插入端)支座的约束反力。

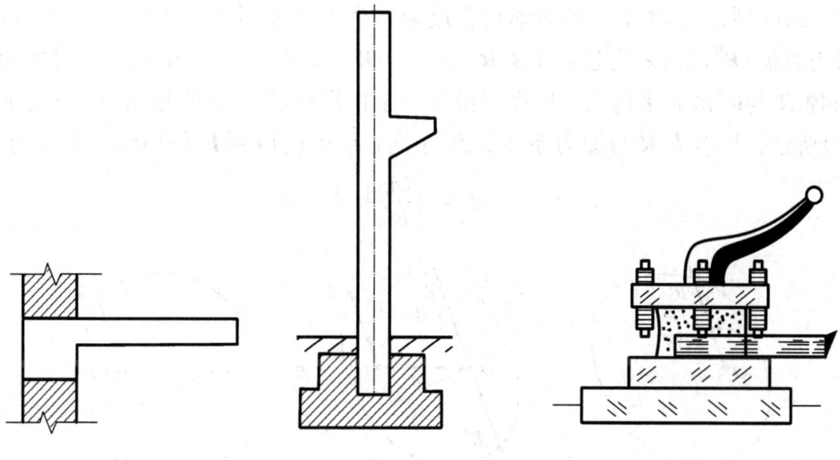

图 3－8

固定端约束对被约束构件的作用是一种与主动力有关且在接触面处分布复杂的力系。在平面问题中，构件所受约束反力为平面力系(见图 3－9(b))。将这些约束反力向构件端部截面中心点 A 处简化，得到一个力 $\boldsymbol{R}_A$ 和一个力偶 m_A(见图 3－9(c))，$\boldsymbol{R}_A$ 和 m_A 分别称为固定端支座在点 A 处对物体的约束反力和约束反力偶。通常情况下未知反力 $\boldsymbol{R}_A$ 可用两个相互垂直的分力 $\boldsymbol{X}_A$ 和 $\boldsymbol{Y}_A$ 来代替(见图 3－9(d))。显然反力 $\boldsymbol{X}_A$、$\boldsymbol{Y}_A$ 分别限制物体在水平方向和铅垂方向移动，反力偶 m_A 限制物体绕 A 点转动。

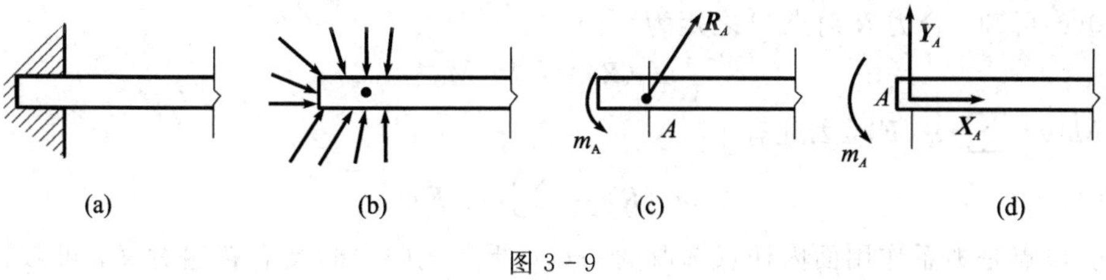

图 3－9

2. 平面力系的简化结果分析

平面力系向作用面内任一点简化，一般可得到一个力 $\boldsymbol{R}'$ 和一个矩为 M_O 的力偶。根据力系的主矢 $\boldsymbol{R}'$ 和主矩 M_O 可能出现的几种情况作进一步讨论，讨论如下。

1) 力系简化为力偶

若 $\boldsymbol{R}'=0$，$M_O\neq 0$，则力系简化为一个力偶，该力偶矩等于原力系对简化中心的主矩，即 $M_O=\sum m_O(\boldsymbol{F})$。由于力偶可以在其作用面内任意地移转，所以原力系无论向哪一点简化，其结果都等于该力偶矩(主矩)。这种情况与简化中心位置的选择无关。

2）力系简化为合力

(1) 若 $\boldsymbol{R}' \neq 0$，$M_O = 0$，则力系简化为一个作用线过简化中心的合力，合力矢等于力系的主矢 $\boldsymbol{R}'$，即 $\boldsymbol{R}' = \sum \boldsymbol{F}$。由于 $M_O = \sum m_O(\boldsymbol{F})$，不同的简化中心 O，主矩 M_O 也各不相同。这种情况与简化中心位置的选择有关。

(2) 若 $\boldsymbol{R}' \neq 0$，$M_O \neq 0$，则力系向点 O 简化得到一个作用线过简化中心 O 的力和一个力偶，如图 3-10(a)所示。这个力和力偶可合成为一个作用线不过简化中心的力：将力偶矩为 M_O 的力偶用力偶($\boldsymbol{R}''$，$\boldsymbol{R}$)来代替，且令 $\boldsymbol{R}'=\boldsymbol{R}=-\boldsymbol{R}''$，如图 3-10(b)所示。根据加减平衡力系公理，去掉 $\boldsymbol{R}'$ 与 $\boldsymbol{R}''$ 这对平衡力，这样就得到一个作用线过 O' 点的与原力系等效的力 $\boldsymbol{R}$，如图 3-10(c)所示。显然力 $\boldsymbol{R}$ 与原力系主矢 $\boldsymbol{R}'$ 相同，且从点 O 到 $\boldsymbol{R}$ 作用线的距离为

$$d = \frac{|M_O|}{R'} \tag{3-5}$$

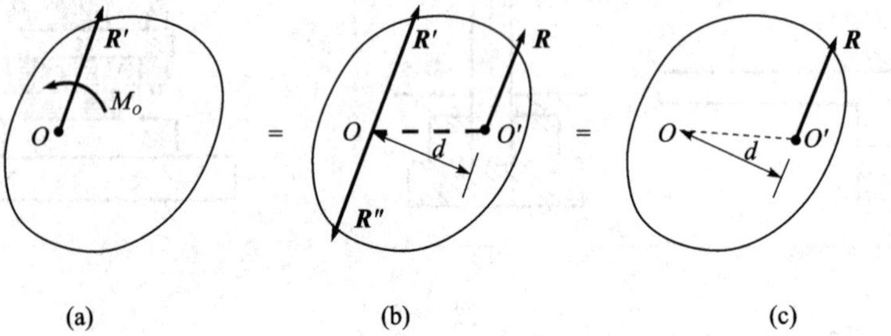

图 3-10

3）力系平衡

若 $\boldsymbol{R}'=0$，$M_O=0$，简化后的平面汇交力系和平面力偶系都处于平衡状态，则原力系也处于平衡状态，这种情形将在 3.3 节中讨论。

3. 合力矩定理

在力系向作用面内任一点简化时，只要所得主矢 $\boldsymbol{R}'$ 不为零，就有合力 $\boldsymbol{R}=\boldsymbol{R}' = \sum \boldsymbol{F}$。由图 3-10(c)可知，合力 $\boldsymbol{R}$ 对点 O 之矩为

$$m_O(\boldsymbol{R})=Rd=M_O$$

而主矩 $M_O = \sum m_O(\boldsymbol{F})$，因此有

$$m_O(\boldsymbol{R}) = \sum m_O(\boldsymbol{F}) \tag{3-6}$$

由于 O 点是力系作用面内任意选取的一点，所以式(3-6)具有普遍意义，可叙述如下：**平面力系如果有合力，则合力对力系所在平面内任一点的矩，等于力系中各力对同一点之矩的代数和**。此即平面力系的**合力矩定理**。该定理在理论推导和实际应用方面具有重要意义。

【例 3-1】 图 3-11 所示的简支梁 AB 受三角形分布荷载的作用，梁长为 l，设分布荷载集度的最大值为 q_0(N/m)，试求该分布荷载的合力大小及作用线位置。

解 图 3-11 所示的三角形分布荷载为一平行分布力系。现欲求该荷载的合力大小和作用线的位置，需要建立坐标系 Axy。在距点 A 为 x 处取一微段 $\mathrm{d}x$，由几何关系可知，x 处荷载集度为

$$q_x = \frac{x}{l} q_0$$

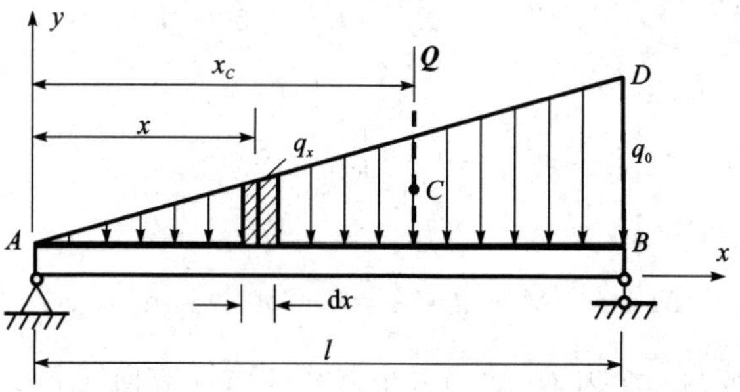

图 3-11

微段 $\mathrm{d}x$ 上的荷载集度 q_x 可视为常量，则作用在 $\mathrm{d}x$ 上的荷载大小为 $q_x\mathrm{d}x$，作用在整个梁上的三角形分布荷载的合力 $\boldsymbol{Q}$ 的大小为

$$Q=\int_0^l q_x\mathrm{d}x=\int_0^l \frac{x}{l}q_0\mathrm{d}x=\frac{1}{2}q_0 l$$

这个结果正好等于荷载集度作用的面积△ABD。合力 $\boldsymbol{Q}$ 的方向与分布力相同。

设合力 $\boldsymbol{Q}$ 的作用线到点 A 的距离为 x_C，由合力矩定理有

$$Qx_C=\int_0^l (q_x\mathrm{d}x)x=\int_0^l \frac{q_0}{l}x^2\mathrm{d}x$$

所以

$$x_C=\frac{\int_0^l \frac{q_0}{l}x^2\mathrm{d}x}{Q}=\frac{\frac{1}{3}q_0 l^2}{\frac{1}{2}q_0 l}=\frac{2}{3}l$$

$x_C=\frac{2}{3}l$ 是△ABD 的形心 C 到点 A 的距离，即合力 $\boldsymbol{Q}$ 的作用线通过荷载图形的形心。

【例 3-2】 图 3-12 所示的正方形的边长为 2 m，其上有均布荷载 $q=50$ N/m，集中力 $P=400\sqrt{2}$ N，集中力偶 $M=150$ N·m。试求该力系简化的结果。

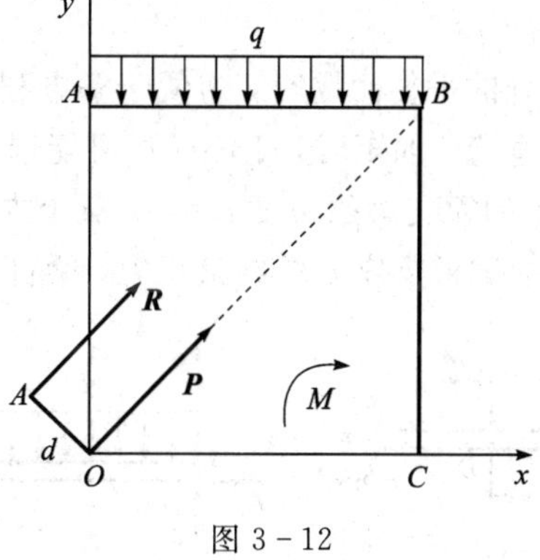

图 3-12

解 首先将力系向 O 点简化，主矢在坐标轴上的分量的大小为

$$R'_x=P\cos 45°=400\ \text{N};\ R'_y=P-ql=300\ \text{N}$$

主矢大小为

$$R' = \sqrt{R_x'^2 + R_y'^2} = 500\ \text{N}$$

主矢方向为

$$\theta = \arctan \frac{R'_x}{R'_y} = 36°52'$$

主矩为

$$M_O = -M - ql \cdot \frac{l}{2} = -250\ \text{N} \cdot \text{m} \quad (\downarrow)$$

主矢与主矩可合成为一个力 $\boldsymbol{R}$，合力大小 $R=500$ N，方向同 $\boldsymbol{R}'$。

合力 $\boldsymbol{R}$ 的作用线到 O 点距离为

$$d = \frac{|M_O|}{R'} = 0.5\ \text{m}$$

3.3 平面一般力系的平衡条件 平衡方程

将平面力系向作用面内任一点简化得到一个汇交力系和一个力偶系，其中汇交力系的合力就是主矢 $\boldsymbol{R}'$，而主矩 M_O 则为力偶系的合力偶。由汇交力系、力偶系平衡的充要条件可知，**平面一般力系平衡的充要条件：**

$$\boldsymbol{R}' = 0,\ M_O = 0 \tag{3-7}$$

由式(3-3)、(3-4)和式(3-7)有

$$\left.\begin{aligned} \sum F_x &= 0 \\ \sum F_y &= 0 \\ \sum m_O(\boldsymbol{F}) &= 0 \end{aligned}\right\} \tag{3-8}$$

式(3-8)称为平面力系平衡方程的基本形式，它是式(3-7)的解析表示式。当物体处于平衡状态时，作用于物体上的各力在其作用面内的两相交坐标轴(不一定正交)上的投影的代数和均等于零，所有各力对其平面内任一点的矩的代数和也等于零。三个独立的平衡方程可以求解三个未知量。

在用式(3-8)求解平面力系的平衡问题时，为便于解方程组，投影轴的选取应尽可能与力系中多数力的作用线平行或垂直。取矩时，矩心应尽可能选在未知力的交点上。

【例 3-3】 图 3-13 所示的简支梁的跨度 $l=4a$，梁上左半部分受均布载荷 q 作用，截面 D 处有矩为 M_e 的力偶作用。试求支座处的约束反力，梁自重及各处的摩擦均不计。

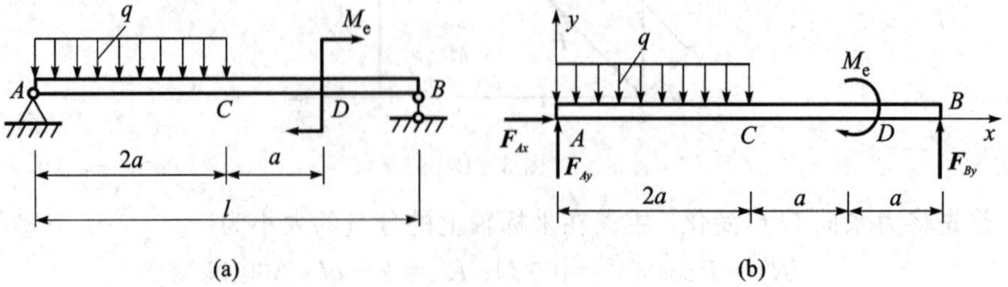

图 3-13

解　以梁 AB 为研究对象，其上受力有：均布载荷 q，力偶 M_e，固定铰链支座 A 处的约束反力 $\boldsymbol{F}_{Ax}$、$\boldsymbol{F}_{Ay}$ 以及可动铰链支座 B 处的约束反力 $\boldsymbol{F}_{By}$，如图 3-13(b)所示。

建立如图 3-13(b)所示的坐标系 xAy，列平衡方程：

$$\left.\begin{aligned}&\sum F_x = 0 \qquad F_{Ax} = 0\\&\sum F_y = 0 \qquad F_{Ay} + F_{By} - 2aq = 0\\&\sum m_A(\boldsymbol{F}) = 0 \quad 2qa^2 + M_e - 4aF_{By} = 0\end{aligned}\right\}$$

解方程组，得

$$F_{Ax}=0,\ F_{Ay}=\frac{3}{2}qa-\frac{M_e}{4a},\ F_{By}=\frac{1}{2}qa+\frac{M_e}{4a}$$

所求结果为正，表明反力的假设方向与实际的方向相同。

【例 3-4】　求图 3-14 所示的钢架的支座反力。

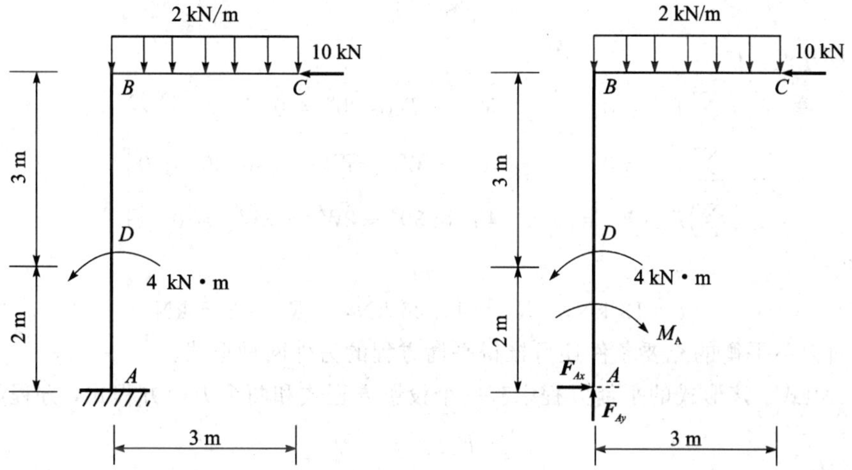

图 3-14

解　以钢架 ABC 为研究对象，钢架 ABC 上受力有：集中力 10 kN，均布载荷 2 kN/m，集中力偶 4 kN·m，固定端约束处的反力 $\boldsymbol{F}_{Ax}$、$\boldsymbol{F}_{Ay}$ 和 M_A，如图 3-14(b)所示。

平衡方程为

$$\left.\begin{aligned}&\sum F_x = 0 \qquad F_{Ax} - 10 = 0\\&\sum F_y = 0 \qquad F_{Ay} - 3\times 2 = 0\\&\sum m_A(\boldsymbol{F}) = 0 \quad M_A - 4 + 2\times 3\times 1.5 - 10\times 5 = 0\end{aligned}\right\}$$

解得

$$F_{Ax}=10\ \text{kN},\quad F_{Ay}=10\ \text{kN},\quad M_A=45\ \text{kN}\cdot\text{m}$$

【例 3-5】　图 3-15(a)所示为悬臂式起重机，A、B、C 处均为铰接。已知横梁 AB 自重 $W_1=1$ kN，起吊重物 $W_2=8$ kN，杆 BC 重量不计。试求 BC 杆所受的力及支座 A 的约束反力。

解　取横梁 AB 为研究对象，其受力如图 3-15(b)所示。由于 BC 杆为二力杆，其约束反力 $\boldsymbol{T}$ 沿 BC 杆的轴线。约束反力 $\boldsymbol{R}_{Ax}$、$\boldsymbol{R}_{Ay}$、$\boldsymbol{T}$ 及主动力 $\boldsymbol{W}_1$、$\boldsymbol{W}_2$ 形成一平面力系。对图示坐

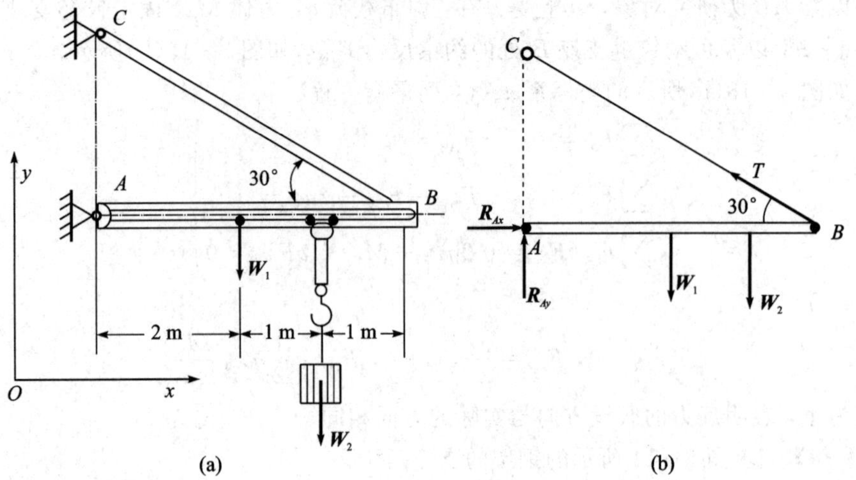

图 3-15

标系列平衡方程，有

$$\left.\begin{aligned} &\sum F_x = 0 && R_{Ax} - T\cos 30^\circ = 0 \\ &\sum F_y = 0 && R_{Ay} - W_1 - W_2 - T\sin 30^\circ = 0 \\ &\sum m_A(\boldsymbol{F}) = 0 && 4T\sin 30^\circ - 2W_1 - 3W_2 = 0 \end{aligned}\right\}$$

解方程，得

$$T = 13\ \text{kN}, \quad R_{Ax} = 11.26\ \text{kN}, \quad R_{Ay} = 2.5\ \text{kN}$$

由平面力系平衡的充要条件还可推得平衡方程的另外两种形式：

(1) 二矩式。该形式的平衡方程中有一个投影方程式和两个力矩方程式，方程如下：

$$\left.\begin{aligned} &\sum F_x = 0 \\ &\sum m_A(\boldsymbol{F}) = 0 \\ &\sum m_B(\boldsymbol{F}) = 0 \end{aligned}\right\} \tag{3-9}$$

该平衡方程要求投影轴 x 不垂直于 A、B 两点的连线。

二矩式是平面力系平衡的充要条件，其证明如下：

力系平衡时，主矢 $\boldsymbol{R} = \sum \boldsymbol{F} = 0$、主矩 $\sum m_O(\boldsymbol{F}) = 0$，显然式(3-9)满足此条件，即必要性得到满足。反过来，如果 $\sum m_A(\boldsymbol{F}) = 0$，$\boldsymbol{R} = 0$，则力系平衡，否则力系简化为作用线过 A 点的一个合力 $\boldsymbol{R}$。如果力系还满足 $\sum m_B(\boldsymbol{F}) = 0$，则力系平衡可简化为作用线过 A、B 两点的合力 $\boldsymbol{R}$，如图 3-16 所示。式(3-9)要求投影轴 x 不垂直于 A、B 两点的连线，即 $\theta \neq \frac{\pi}{2}$。由 $\sum F_x = R\cos\theta = 0$ 就推得 $R = 0$，即力系平衡。这样充分性得到了证明。

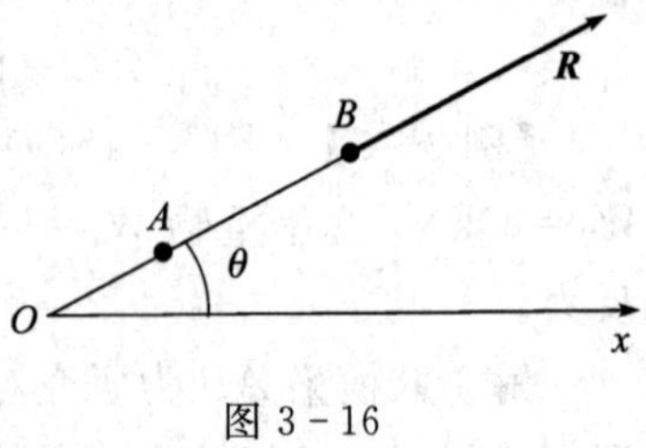

图 3-16

(2) 三矩式。该平衡方程形式为

$$\left.\begin{aligned}\sum m_A(\boldsymbol{F})=0\\ \sum m_B(\boldsymbol{F})=0\\ \sum m_C(\boldsymbol{F})=0\end{aligned}\right\}\qquad(3-10)$$

该平衡方程式要求 A、B、C 三点不共线。

力系平衡时，显然有式(3-10)。反之，当 $\sum m_A(\boldsymbol{F})=0$、$\sum m_B(\boldsymbol{F})=0$ 时，力系可以简化为一个过 A、B 两点的合力 $\boldsymbol{R}$ 或力系平衡，如图 3-17 所示。由于 $\sum m_C(\boldsymbol{F})=Rd=0$，$d\neq 0$，故 $R=0$，即力系为平衡力系，平衡的充分性满足。

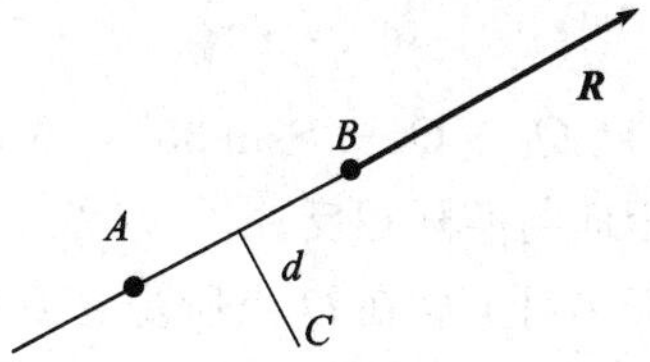

图 3-17

必须指出，在上述三种形式的平衡方程中，每种形式只有三个独立的平衡方程，任何第四个平衡方程都是不独立的，而是前三个独立平衡方程的线性组合。因此，研究物体在平面力系作用下的平衡问题时，不论采用哪种形式的平衡方程，都只能求解三个未知量。究竟采用哪种形式较为方便，应视问题的具体条件决定。

【例 3-6】 用平衡方程的二力矩式求解图 3-13 所示简支梁的支座反力。

解 根据图 3-13(b)所示的受力图，列出平衡方程：

$$\left.\begin{aligned}&\sum F_x=0 && F_{Ax}=0\\ &\sum m_A(\boldsymbol{F})=0 && 2qa^2+M_e-4aF_{By}=0\\ &\sum m_B(\boldsymbol{F})=0 && F_{Ay}\cdot 4a-2aq\cdot 3a+M_e=0\end{aligned}\right\}$$

解得

$$F_{Ax}=0,\ F_{Ay}=\frac{3}{2}qa-\frac{M_e}{4a},\ F_{By}=\frac{1}{2}qa+\frac{M_e}{4a}$$

【例 3-7】 图 3-18(a)所示为一管道支架，设每一支架所承受的管重 $Q_1=12$ kN，$Q_2=7$ kN，且支架重量不计。求支座 A 和 C 处的约束反力，尺寸如图 3-18(a)所示。

解 以 AB 梁为研究对象，其上作用有主动力 $\boldsymbol{Q}_1$、$\boldsymbol{Q}_2$，支座 A 的约束反力 $\boldsymbol{F}_{Ax}$、$\boldsymbol{F}_{Ay}$，及二力杆 CD 的作用力 $\boldsymbol{S}$，如图 3-18(b)所示。在图示坐标系中列平衡方程：

$$\left.\begin{aligned}&\sum F_x=0 && F_{Ax}+S\cos 30^\circ=0\\ &\sum m_A(\boldsymbol{F})=0 && 60\sin 30^\circ S-30Q_1-60Q_2=0\\ &\sum m_D(\boldsymbol{F})=0 && -60F_{Ay}+30Q_1=0\end{aligned}\right\}$$

解得

$$S=Q_1+2Q_2=26\ \text{kN}$$
$$F_{Ax}=-S\cos 30^\circ=-22.5\ \text{kN}$$

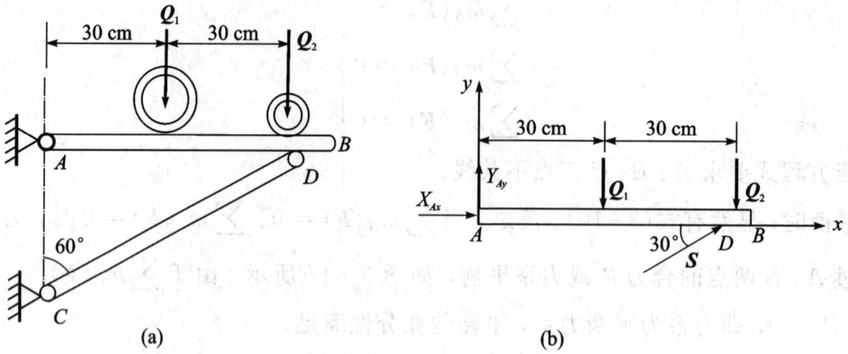

图 3－18

$$F_{Ay} = Q_1 + Q_2 - S\sin 30^\circ = 6\ \text{kN}$$

式中的“－”说明图中所设 F_{Ax} 的指向与实际相反。

由作用力与反作用力定律，二力杆 CD 在 D 点所受之力 $\boldsymbol{S}'$ 与 $\boldsymbol{S}$ 等值、反向。支座 C 的约束反力 $\boldsymbol{R}_C$ 应沿 CD 杆并与 $\boldsymbol{S}$ 同向，且大小为

$$R_C = S' = S = 26\ \text{kN}$$

同样，该题也可采用三矩式形式的平衡方程求解，即保留上面的平衡方程 $\sum m_A(\boldsymbol{F}) = 0$ 和 $\sum m_B(\boldsymbol{F}) = 0$，并列出平衡方程 $\sum m_C(\boldsymbol{F}) = 0$，即

$$F_{Ax} \cdot AC + 30Q_1 + 60Q_2 = 0$$

同样解得上述结果。

实际上，平面力系平衡时，可列出对任意轴的投影式和对任意点的力矩式，即可列出无限多个平衡方程式，这些平衡方程式都应该成立。但就充分性来说，其独立的平衡方程只有三个。

各力的作用线在同一平面内且相互平行的力系称为**平面平行力系**，如图 3－19 所示。该力系是平面力系的一种特殊情形。因此，它的平衡方程可由平面力系的平衡方程导出。

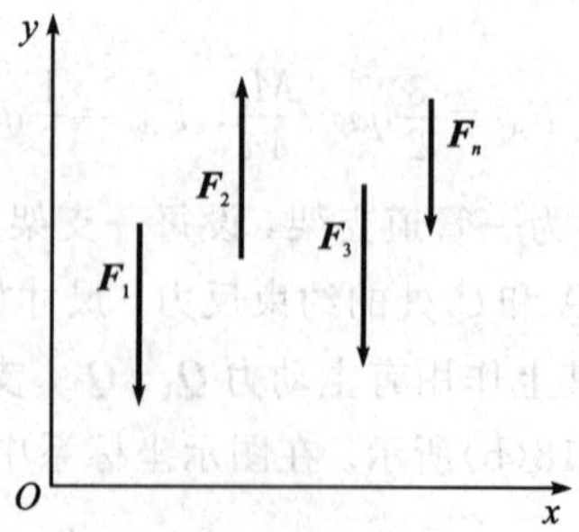

图 3－19

在图 3－19 所示的平面平行力系的作用面内取直角坐标系 Oxy，若 y 轴与该力系中各力的作用线平行，则 $\sum F_x \equiv 0$ 恒成立。由式(3－8)得平衡方程基本形式：

$$\left.\begin{aligned} \sum F_y &= 0 \\ \sum m_O(\boldsymbol{F}) &= 0 \end{aligned}\right\} \qquad (3-11)$$

由式(3-9)得平衡方程二矩式：

$$\left.\begin{aligned}\sum m_A(\boldsymbol{F}) = 0\\ \sum m_B(\boldsymbol{F}) = 0\end{aligned}\right\} \tag{3-12}$$

这里的限制条件是 A、B 两点的连线不能与各力平行。由式(3-11)和式(3-12)可求解两个未知量。

【例 3-8】　图 3-20 所示的塔式起重机，悬臂长 12 m，机身重 G=220 kN，其最大起吊重量 P=50 kN。起重机两轨道 A、B 间距为 4 m，平衡重 Q 到机身中心线的距离为 6 m。试求：

(1) 当起重机满载时，要保持机身平衡，平衡重 Q 之值？

(2) 当起重机空载时，要保持机身平衡，平衡重 Q 之值？

(3) 当 Q=30 kN，且起重机满载时，轨道 A、B 作用于起重机轮子的反力？

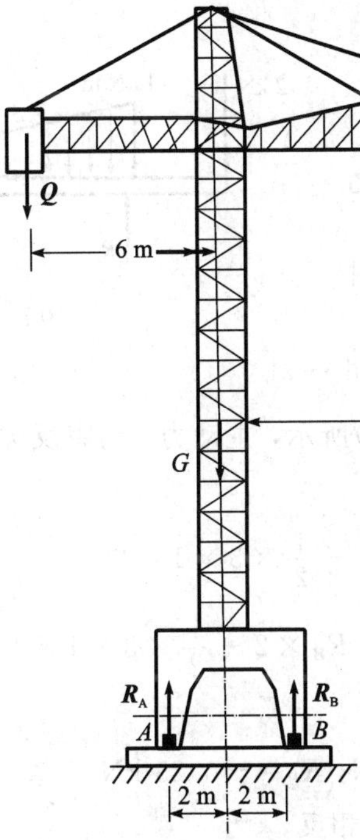

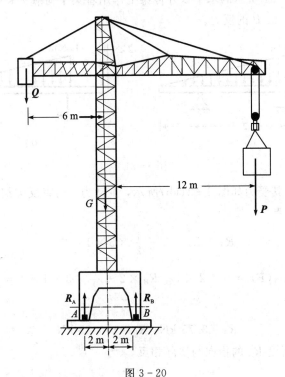

图 3-20

解　以起重机为研究对象，对其进行受力分析，作用在它上面的主动力有 $\boldsymbol{G}$、$\boldsymbol{P}$、$\boldsymbol{Q}$ 以及轨道 A、B 对轮子的反力 $\boldsymbol{R}_A$、$\boldsymbol{R}_B$，这些力组成平行力系，如图 3-20 所示。

(1) 当起重机满载时，要使其能正常的工作而不向右倾倒，需要满足平衡方程：

$$\sum m_B(\boldsymbol{F}) = 0 \quad Q_{\min}(6+2)+G\cdot 2-P\cdot(12-2)-4\cdot R_A = 0$$

在临界平衡状态下，$R_A=0$，由此解得

$$Q_{\min}=\frac{1}{8}(10P-2G)=7.5\ \text{kN}$$

(2) 当起重机空载时，即 $P=0$，要保证其能正常的工作而不向左倾倒，需要满足平衡方程：

$$\sum m_A(\boldsymbol{F})=0 \quad Q_{\max}\cdot(6-2)-G\cdot 2-4\cdot R_B=0$$

在临界平衡状态下，$R_B=0$，由此解得

$$Q_{\max}=110\ \mathrm{kN}$$

因此起重机要正常的工作，Q 的取值范围应为

$$7.5\ \mathrm{kN}\leqslant Q\leqslant 110\ \mathrm{kN}$$

(3) 当 $Q=30$ kN 且满载时，由平衡方程的二力矩式有

$$\sum m_A(\boldsymbol{F})=0 \quad Q\cdot(6-2)-G\cdot 2-P\cdot(12+2)+R_B\cdot 4=0$$

$$\sum m_B(\boldsymbol{F})=0 \quad Q\cdot(6+2)+G\cdot 2-P\cdot(12-2)-R_A\cdot 4=0$$

解得

$$R_A=45\ \mathrm{kN},\ R_B=225\ \mathrm{kN}$$

【例 3-9】 图 3-21 所示的水平双外伸梁上作用着集中荷载 2 kN，分布荷载 q 的最大值为 1 kN/m，求支座 A、B 的反力。

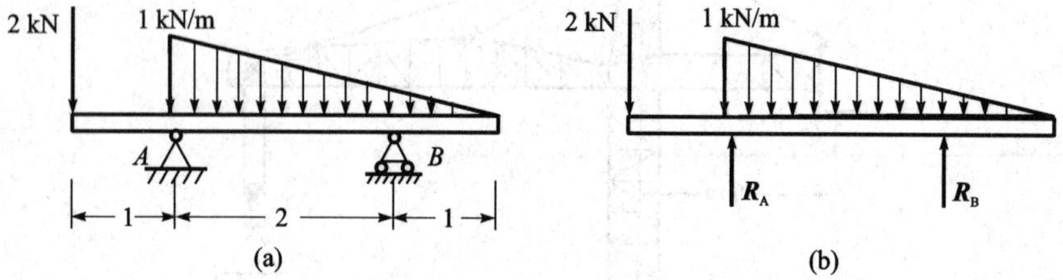

图 3-21

解 研究 AB 梁，其受力如图 3-21(b)所示，主动力、约束反力组成一平行力系。列平衡方程：

$$\left.\begin{aligned}&\sum F_y=0 \quad R_A+R_B-2-\frac{1}{2}\times 3\times 1=0\\&\sum m_A(\boldsymbol{F})=0 \quad 2\times 1+R_B\times 2-\frac{1}{2}\times 3\times 1\times 1=0\end{aligned}\right\}$$

解得

$$R_A=3.75\ \mathrm{kN},\ R_B=-0.25\ \mathrm{kN}$$

式中，"−"说明图中所设 R_B 的指向与实际相反。

3.4 物体系统的平衡 静定与超静定问题的概念

由若干个物体(零件、构件或部件)用某些约束方式连接而成的系统称为物体系统，简称为物系。

研究物体系统的平衡问题比研究单个物体的平衡问题要复杂得多。当物体系统处于平衡时，组成该系统的每个物体或由系统内若干物体组成的某一部分也都处于平衡。求解物体系统的平衡问题时，既可选系统整体为研究对象，也可选系统中由若干物体组成的某一部分或单个物体为研究对象，然后列出相应的平衡方程以解出所需的未知量。

研究物体系统的平衡问题时，除了要分析系统以外的物体对物系的作用力，还要分析系

统内部各物体之间的相互作用力。系统外物体对所选研究对象的作用力称为外力，而系统内部各物体间的相互作用力称为内力。由于内力总是成对的出现，且每对内力中的两力大小相等、共线、反向，所以对于物体系统其内力矢量和为零。因此，当选取系统为研究对象探究其平衡问题时，内力不应出现在受力图和平衡方程中。

内力和外力是相对于所选研究对象而言的。当选整个物体系统为研究对象时，系统内各物体间的相互作用力均为内力。但当只取系统内某部分物体为研究对象时，其余部分对该部分的作用力就属外力了。由此可见，如需要求出系统内某两物体间的相互作用力，则应将系统自两物体的连接处拆开使其成为两部分，并取其中任一部分为研究对象。这样，两物体间的相互作用力就成为作用于所选研究对象上的外力，且应出现在它的受力图和相应的平衡方程中。

在静力学中，由 n 个物体组成的系统在平面力系作用下可列出 $3n$ 个独立的平衡方程，亦可解出 $3n$ 个未知量。当然，若系统中某些物体受平面汇交力系或平面平行力系的作用，则系统的独立平衡方程数以及所能求出的未知量数均应相应减少。当系统中未知量的数目多于独立平衡方程数 $3n$ 时，未知量数不能全部由 $3n$ 个独立的平衡方程求出，这样的问题称为超静定问题(或静不定问题)，反之称为静定问题。未知量的数目与 $3n$ 个独立平衡方程数之差称为超静定次数或静不定次数。如图 3－22 所示的 AB 梁和图 3－23 所示的两铰刚架的平衡问题都是静不定问题，且超静定次数均为 1 次。

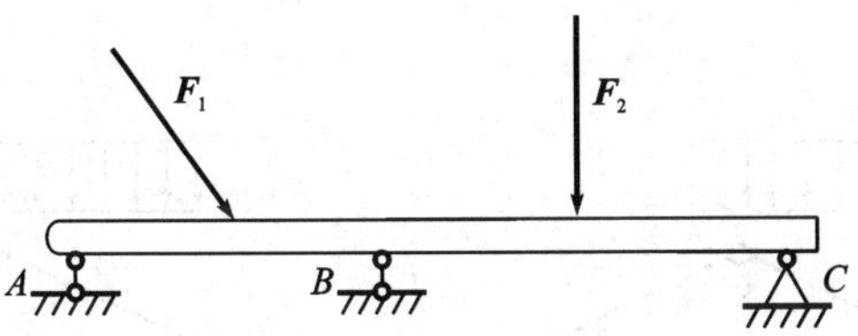

图 3－22

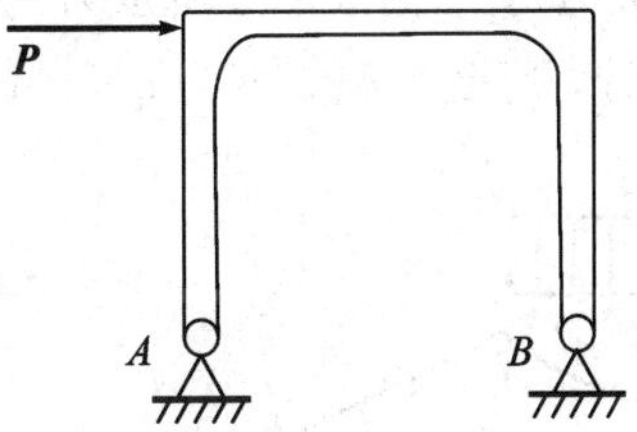

图 3－23

下面结合实例说明物体系统平衡问题的求解方法。

【例 3－10】　图 3－24(a)所示为多跨静定梁 ABC，其中 A 端为固定端约束，C 处为可动铰支座，B 处是连接 AB、BC 梁的中间铰。已知 $P=20$ kN，$q=5$ kN/m，$\alpha=45°$，求支座 A、C 的反力和中间铰 B 处的压力。

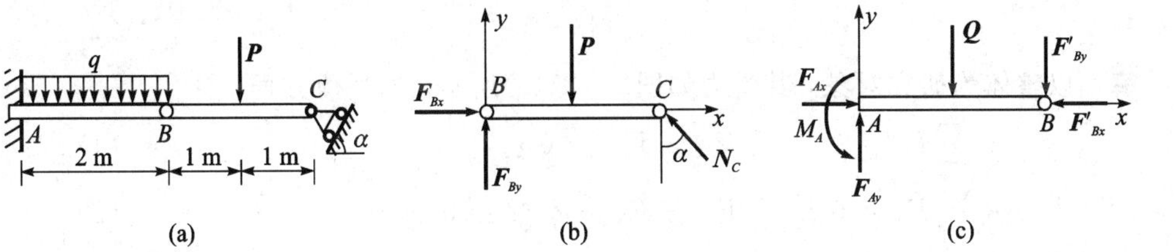

图 3－24

解　该多跨静定梁 ABC 由基本部分 AB 和附属部分 BC 组成。对这种结构通常先研究附属部分，然后计算基本部分。

以 BC 梁为研究对象，其受力如图 3－24(b)所示，列平衡方程：

$$\left.\begin{aligned}&\sum m_B(\boldsymbol{F})=0 \quad -P\cdot 1+N_C\cos\alpha\cdot 2=0\\&\sum F_x=0 \qquad F_{Bx}-N_C\sin\alpha=0\\&\sum F_y=0 \qquad F_{By}-P+N_C\cos\alpha=0\end{aligned}\right\}$$

解得

$$N_C=14.14\ \text{kN},\ F_{Bx}=10\ \text{kN},\ F_{By}=10\ \text{kN}$$

再取 AB 梁为研究对象，受力如图 3-24(c)所示，列平衡方程：

$$\left.\begin{aligned}&\sum F_x=0 \qquad F_{Ax}-F'_{Bx}=0\\&\sum F_y=0 \qquad F_{Ay}-Q-F'_{By}=0\\&\sum m_A(\boldsymbol{F})=0 \quad M_A-Q\cdot 1-F'_{By}\cdot 2=0\end{aligned}\right\}$$

其中

$$Q=q\cdot 2=5\times 2=10\ \text{kN},\ Y_{By}=F'_{By}=10\ \text{kN},\ F_{Bx}=F'_{Bx}=10\ \text{kN}$$

解得

$$M_A=30\ \text{kN}\cdot\text{m},\ F_{Ax}=F'_{Bx}=10\ \text{kN}$$

本题在以 BC 为研究对象求得 B、C 处的反力后，也可再以整体 ABC 为研究对象求得 A 端的反力。

【例 3-11】 图 3-25 所示为三铰钢架，求 A、B 支座处的约束反力及 C 处的压力。刚架自重不计，所受荷载集度为 q(N/m)。

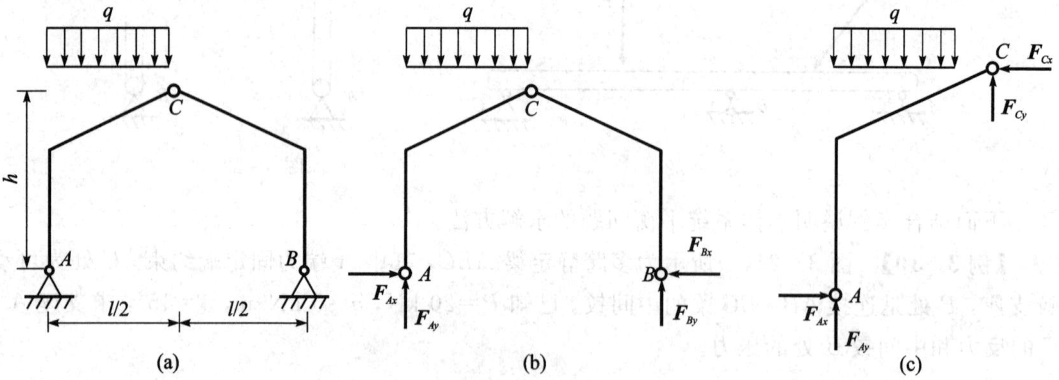

图 3-25

解 以整体为研究对象，其受力如图 3-25(a)所示。列平衡方程：

$$\left.\begin{aligned}&\sum F_x=0 \qquad F_{Ax}-F_{Bx}=0 &(1)\\&\sum F_y=0 \qquad F_{Ay}+F_{By}-ql/2=0 &(2)\\&\sum m_A(\boldsymbol{F})=0 \quad F_{By}\cdot l-q\cdot l/2\cdot l/4=0 &(3)\end{aligned}\right\}$$

由(3)、(2)式解得

$$F_{Ay}=\frac{3}{8}ql,\ F_{By}=\frac{1}{8}ql$$

再以 AC 为研究对象，其受力如图 3-25(c)所示。列平衡方程：

$$\sum m_C(\boldsymbol{F}) = 0 \quad F_{Ax} \cdot h - F_{Ay} \cdot l/2 + q \cdot l/2 \cdot l/4 = 0 \qquad (4)$$

由(1)、(4)式解得

$$F_{Ax} = \frac{1}{16}\frac{l^2}{h}q, \quad F_{Bx} = \frac{1}{16}\frac{l^2}{h}q$$

$$\left.\begin{aligned} &\sum F_x = 0 \quad F_{Ax} - F_{Cx} = 0 &(5)\\ &\sum F_y = 0 \quad F_{Ay} - F_{Cy} - q \cdot l/2 = 0 &(6)\end{aligned}\right\}$$

由(5)、(6)式解得

$$F_{Cx} = \frac{1}{16}\frac{l^2}{h}q, \quad F_{Cy} = -\frac{1}{8}ql$$

【例 3-12】 在图 3-26(a)所示结构中，已知 $l=2R$，$BD=2l$，重物的重量为 $\boldsymbol{P}$，各杆及滑轮重量不计，铰链处均为光滑，绳子不可伸长，试求构架的约束反力。

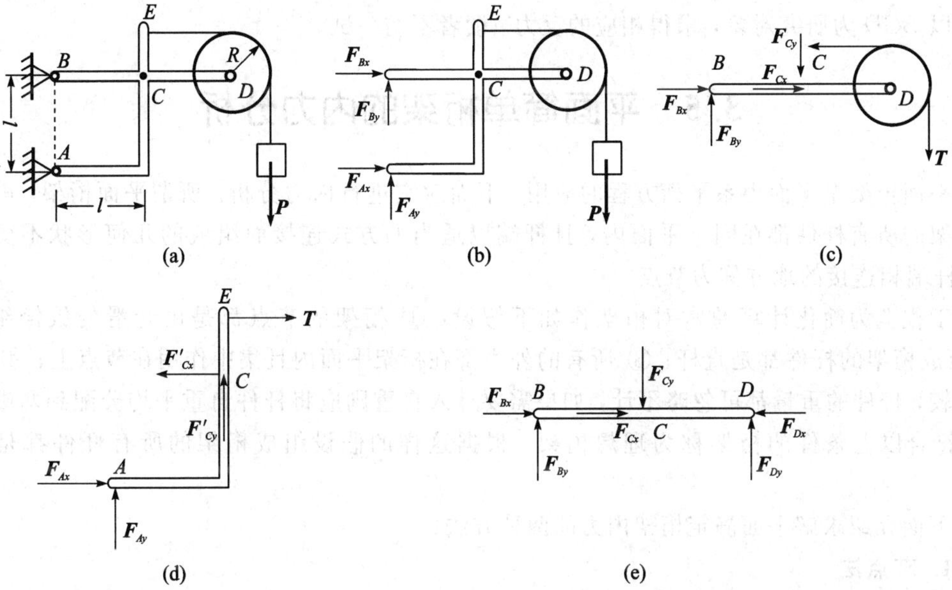

图 3-26

解 取整个构架为研究对象，画出其受力图如图 3-26(b)所示。列平衡方程：

$$\left.\begin{aligned} &\sum m_A(\boldsymbol{F}) = 0 \quad F_{Bx} \cdot l - P(2l+R) = 0 &(1)\\ &\sum m_B(\boldsymbol{F}) = 0 \quad F_{Ax} \cdot l - P(2l+R) = 0 &(2)\\ &\sum F_y = 0 \quad F_{Ay} + F_{By} - P = 0 &(3)\end{aligned}\right\}$$

解得

$$F_{Ax} = \frac{5}{2}P, \; F_{Bx} = -\frac{5}{2}P$$

以 BCD 杆、滑轮和部分绳索组成的局部为研究对象，其受力如图 3-26(c)、(d)、(e)所示。列平衡方程

$$\sum m_C(\boldsymbol{F}) = 0 \quad -F_{By} \cdot l + T \cdot R - T(l+R) = 0$$

其中：

$$T=P$$

解得

$$F_{By}=-P$$

将 $F_{By}=-P$ 代入式(3)得

$$F_{Ay}=2P$$

另外，在求得 F_{Ax}，F_{Bx} 后，也可以 ACE 为研究对象列平衡方程求出反力 F_{Ay}。

$$\sum m_C(\boldsymbol{F})=0 \qquad T\cdot R+F_{Ay}\cdot l-F_{Ax}\cdot l=0$$

解得

$$F_{Ay}=2P$$

代入式(3)可求得

$$F_{By}=-P$$

也可以 BCD 为研究对象，求得相应的反力。读者不妨一试。

3.5 平面简单桁架的内力分析

平面桁架是平面力系平衡方程的应用，下面对它进行内力分析。所谓平面桁架，就是组成桁架的所有杆件都在同一平面内，且杆端以适当的方式连接而组成的几何形状不变的结构。杆端相连接的地方称为节点。

工程上为简化计算通常对桁架作如下假设：① 桁架的节点都是由光滑的铰链组成；② 组成桁架的杆件都是直杆；③ 所有的外力都在桁架平面内且集中作用在节点上；④ 与荷载比较，杆件的重量都可忽略不计，如果需要计入自重则应将杆件自重平均分配到两端节点上。符合以上条件的桁架称为理想桁架。根据这样的假设组成桁架的所有杆件都是二力杆件。

下面介绍求解平面静定桁架内力的两种方法：

1. 节点法

若平面桁架在外力作用下处于平衡状态，则组成桁架的每个节点也处于平衡状态。把截取桁架上某一节点作为研究对象并考虑其平衡问题求出桁架各杆内力的方法称为节点法。由于节点为杆件的铰接点，所以作用在节点上的力为一平面汇交力系，且可求解两个未知量。

【例 3-13】 试求图 3-27(a)所示桁架的各杆内力。

解 以桁架整体为研究对象，受力如图 3-27(b)所示。列平衡方程：

$$\left.\begin{aligned}&\sum F_x=0 &&F_{Bx}=0\\&\sum m_A(\boldsymbol{F})=0 &&4F_{By}-2P=0\\&\sum m_B(\boldsymbol{F})=0 &&2P-4N_A=0\end{aligned}\right\}$$

解得

$$F_{Bx}=0,\quad N_A=F_{By}=5\ \mathrm{kN}$$

分别以 A、C 节点为研究对象，受力如图 3-27(c)、(d)所示。根据平面汇交力系平衡方程，对 A 节点有

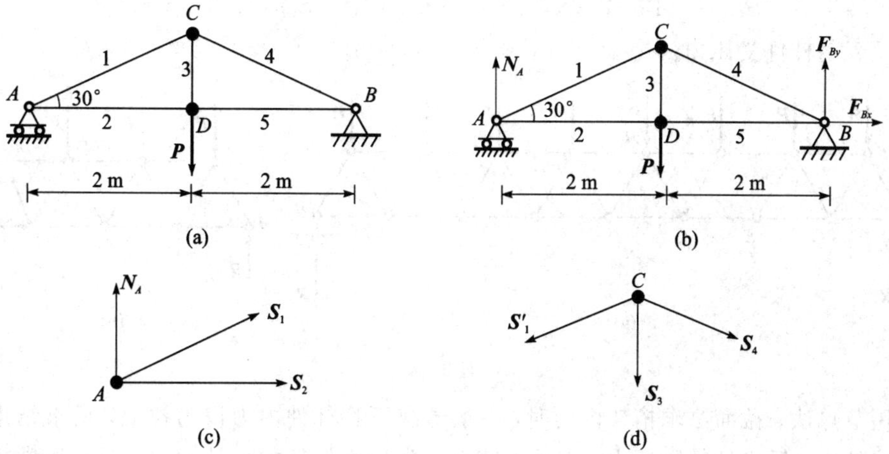

图 3-27

$$\left.\begin{array}{ll}\sum F_x = 0 & S_2 + S_1\cos 30^\circ = 0 \\ \sum F_y = 0 & N_A + S_1\sin 30^\circ = 0\end{array}\right\}$$

对 C 节点有

$$\left.\begin{array}{ll}\sum F_x = 0 & S_4\cos30^\circ - S'_1\cos30^\circ = 0 \\ \sum F_y = 0 & -S_3 - S'_1\sin30^\circ - S_4\sin30^\circ = 0\end{array}\right\}$$

解得

$$S_1 = -10\ \text{kN},\ S_2 = 8.66\ \text{kN},\ S_3 = 10\ \text{kN},\ S_4 = -10\ \text{kN}$$

由于对称性，有

$$S_5 = S_2 = 8.66\ \text{kN}$$

式中，“－”表示杆件受压力。

2. 截面法

当只需要求桁架中某些杆件的内力时，可用截面法。所谓截面法，就是假想用一截面将桁架在适当部位截开(包含欲求内力的杆件)，取其中一部分为研究对象，再根据平面一般力系平衡方程，求出某些杆件的内力(可求出三个未知量)。

【例 3-14】　在图 3-28(a)所示的理想桁架中，每个三角形均为等边三角形，边长为 4 m。作用在桁结点上的荷载 $P=2$ kN。试求 FH、GH、GI 各杆所受的力。

解　以整个桁架为研究对象，受力如图 3-28(a)所示。由于荷载及结构的对称性，求得支座反力 $R_A=R_B=7$ kN。

假想用截面 $n-n$ 将桁架分割为两部分，取截面 $n-n$ 左侧(或右侧)为研究对象，受力如图 3-28(b)所示。由平面力系的平衡方程有

$$\left.\begin{array}{ll}\sum F_x = 0 & S_{GI} - S_{GH}\cos60^\circ + S_{FH} = 0 \\ \sum F_y = 0 & R_A - 3P + S_{GH}\sin 60^\circ = 0 \\ \sum M_G(\boldsymbol{F}) = 0 & 12R_A + 4S_{FH}\sin 60^\circ - 2P - 6P - 10P = 0\end{array}\right\}$$

解得

$$S_{FH}=-13.88\ \text{kN},\quad S_{GI}=14.4\ \text{kN},\quad S_{GH}=-1.15\ \text{kN}$$

式中“－”表示杆件受压力。

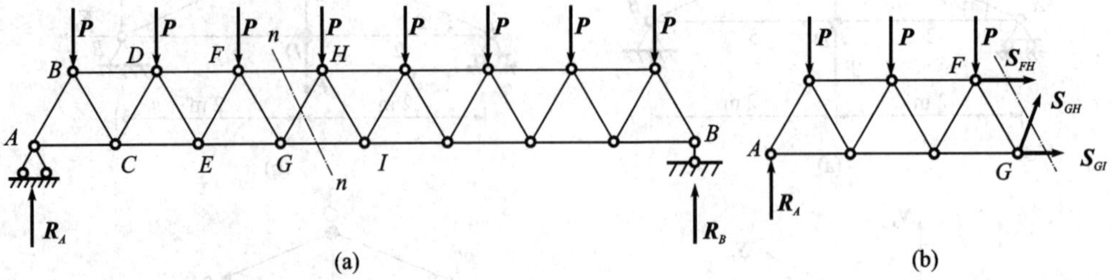

图 3－28

在用节点法、截面法求桁架内力时，一般情况下将杆件内力设为拉力，所求结果为正表示杆件受拉力，反之杆件受压力。工程上节点法常用于桁架的设计问题，截面法常用于某些杆件内力的校核。

关于桁架内力的进一步讨论可参看结构力学教材。

3.6 摩　　擦

在前面所讨论的平衡问题中，忽略了物体接触面间的摩擦，把接触面看作是绝对光滑的。事实上，任何两物体间的接触面上都存在不同程度的摩擦，只不过有的接触面比较光滑，摩擦力很小，因而不考虑其对平衡问题的影响。但工程中的某些问题，必须考虑摩擦力对平衡问题的影响，例如重力式挡土墙就是依靠地基与基础之间的摩擦来阻止其滑动的。

按照接触物体间相对运动的情况，通常把摩擦分为滑动摩擦和滚动摩擦两类。当两物体接触处有相对滑动或相对滑动的趋势时，在接触处的公切面内将受到一定的阻力阻碍其滑动，这种现象称为滑动摩擦。当两物体间有相对滚动或滚动的趋势时，在接触处产生的对滚动的阻碍称为滚动摩阻(或滚动摩擦)。

1. 静滑动摩擦

在图 3－29 中将一重 $\boldsymbol{W}$ 的物块放置在水平粗糙的支承面上。在物块上作用一水平力 $\boldsymbol{P}$，当 $\boldsymbol{P}$ 逐渐增大且不超过一定的限度时，物块仍然保持静止。这说明除了在竖直方向有支承平面对物块的约束反力 $\boldsymbol{N}$ 与重量 $\boldsymbol{W}$ 平衡外，一定有一个与物块运动趋势方向相反且与 $\boldsymbol{P}$ 大小相等的沿接触面的力 $\boldsymbol{F}$ 来阻止物块的滑动。力 $\boldsymbol{F}$ 就是两接触面间产生的切向阻力即静滑动摩擦力，简称静摩擦力。

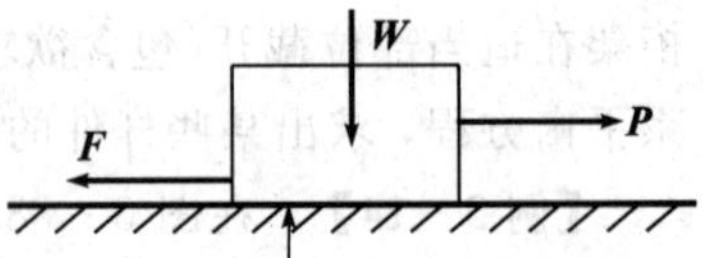

图 3－29

由静力学平衡方程有

$$\sum F_x=0\quad \boldsymbol{F}-\boldsymbol{P}=0$$

即 $\boldsymbol{F}=\boldsymbol{P}$。由此可见，当物块静止时，静摩擦力 $\boldsymbol{F}$ 的大小随着水平力 $\boldsymbol{P}$ 的变化而变化。这是静摩擦力与一般约束反力的共同点。

但是静摩擦力 $\boldsymbol{F}$ 并不能随水平力 $\boldsymbol{P}$ 的增大而无限增大。当水平力 $\boldsymbol{P}$ 的大小达到某一特定值时，物块处于即将开始滑动但仍保持静止的平衡状态，即临界平衡状态。当力 $\boldsymbol{P}$ 超过某一特定值时，物块就开始滑动。这说明当物块处于临界平衡状态时，静摩擦力 $\boldsymbol{F}$ 达到了最大值 $\boldsymbol{F}_{max}$，$\boldsymbol{F}_{max}$ 称为最大静摩擦力或极限摩擦力。此后水平力 $\boldsymbol{P}$ 再增大，静摩擦力则不再随之增大，这是静摩擦力与一般约束反力不同之处。

综上所述可得静滑动摩擦力的概念：静滑动摩擦力是一种约束反力，它的方向与物体相对运动趋势的方向相反；它的大小随主动力的变化而变化由静力平衡来确定，其大小的变化范围为

$$0 \leqslant F \leqslant F_{max}$$

$\boldsymbol{F}_{max}$ 可由实验来测定，实验结果表明，最大静摩擦力 $\boldsymbol{F}_{max}$ 的方向与物体相对滑动趋势的方向相反，其大小与接触面的正压力 $\boldsymbol{N}$（即法向反力）的大小成正比，即

$$F_{max} = fN \tag{3-13}$$

式(3－13)称为库伦定律或静摩擦定律。

式中无量纲的比例系数 f 称为静滑动摩擦系数，简称静摩擦系数。它的大小主要与接触物体的材料和接触面的表面状况（粗糙度、湿度、温度等）有关。表 3－1 给出了工程上常见的几种材料的静滑动摩擦系数。

表 3－1　几种常用工程材料的静滑动摩擦系数

材料名称	静摩擦系数	材料名称	静摩擦系数
钢与钢	0.16～0.30	砖与混凝土	0.76
土与混凝土	0.30～0.40	土与木材	0.35～0.65
皮革与金属	0.30～0.60	木材与木材	0.30～0.60

实际上，影响摩擦系数 f 的因素很复杂。现代摩擦理论表明，摩擦系数 f 不仅与物体的材料和接触面状况有关，而且还与正压力的大小、正压力作用时间的长短等因素有关。也就是说，对于确定的材料而言，摩擦系数 f 并不是常数。但在许多情况下，与常数相近。在这里只讨论 f 是常数的情况。因此，公式 $F_{max} = fN$ 也远不能反映出静滑动摩擦现象的复杂性，它是近似的。

值得注意，式(3－13)中正压力（即法向反力）$\boldsymbol{N}$ 的大小，一般不等于物体的重量，也不一定等于物体的重力在接触面法线方向的分力，其值需要由平衡方程确定。例如，在图 3－30 中重为 $\boldsymbol{W}$ 的物块放置在倾角为 α 的斜面上，受一水平力 $\boldsymbol{P}$ 作用，则物块与斜面间的正压力 $\boldsymbol{N}$（也就是物块所受的法向反力）可以由沿斜面法线方向的平衡方程求出。

$$\sum F_y = 0 \qquad N - W\cos\alpha - P\sin\alpha = 0$$

即

$$N = W\cos\alpha + P\sin\alpha$$

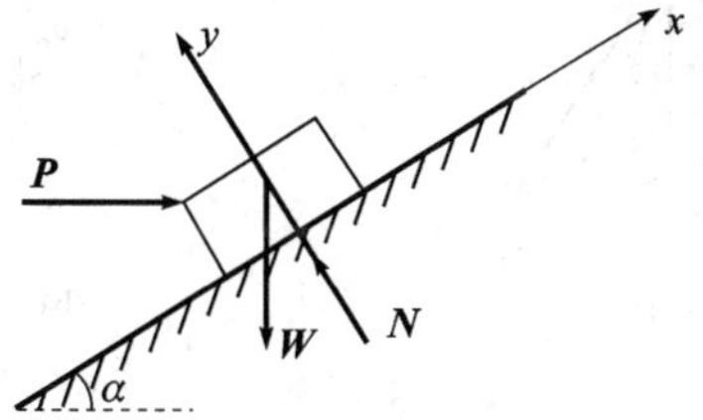

图 3－30

下面介绍摩擦角及自锁的概念。

在图 3-31(a)中，把法向反力 $\boldsymbol{N}$ 和静摩擦力 $\boldsymbol{F}$ 的合力 $\boldsymbol{R}$ 称为支承面对物体的全约束反力，合力 $\boldsymbol{R}$ 的作用线与接触面公法线的夹角为 φ。显然，角度 φ 随静摩擦力的变化而变化，当物体处于临界平衡状态时，静摩擦力达到最大值 $F_{\max}$，角度 φ 也相应达到最大值 φ_m，如图 3-31(b)所示。全约束反力与法线间的夹角的最大值 φ_m 称为摩擦角。显然有

$$\tan\varphi_m = \frac{F_{\max}}{N} = \frac{fN}{N} = f \tag{3-14}$$

即摩擦角的正切等于静摩擦系数。

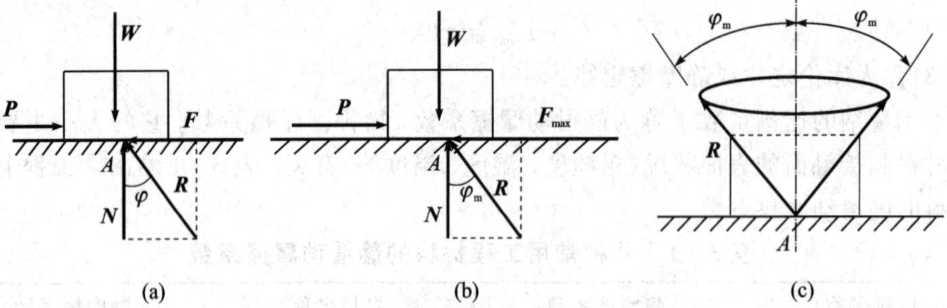

图 3-31

可见，摩擦角与静摩擦系数一样，也是表征材料摩擦性质的重要参数。摩擦角与摩擦系数间的数值关系又为几何法求解考虑摩擦的平衡问题提供了可能性。

当物块滑动趋势的方向改变时，全约束反力 $\boldsymbol{R}$ 的方位也随之改变，从而使得 $\boldsymbol{R}$ 的作用线在空间画出一个以接触点 A 为顶点的圆锥面，称为摩擦锥，如图 3-31(c)所示。若各个方向的摩擦系数都相同，即各方向的摩擦角都相等，则摩擦锥将是一个顶角为 $2\varphi_m$ 的正圆锥。

物体平衡时，静摩擦力在 $0 \leqslant F \leqslant F_{\max}$ 范围内变化，因而全约束反力 $\boldsymbol{R}$ 与法线间的夹角 φ 也在 $0 \leqslant \varphi \leqslant \varphi_m$ 之间变化。因此，在物体平衡时全约束反力 $\boldsymbol{R}$ 的作用线只能位于摩擦角(锥)之内。

把重力 $\boldsymbol{W}$ 与主动力 $\boldsymbol{P}$ 的合力称为全主动力 $\boldsymbol{Q}$。如果全主动力 $\boldsymbol{Q}$ 的作用线位于摩擦角(锥)之内，那么无论力 $\boldsymbol{Q}$ 的数值有多大，其水平分力 $\boldsymbol{P}$ 的值小于等于摩擦力 $\boldsymbol{F}_{\max}$ 的值，物体总是处于平衡状态，这种现象称为自锁，如图 3-32(a)所示。如果全主动力 $\boldsymbol{Q}$ 的作用线位于

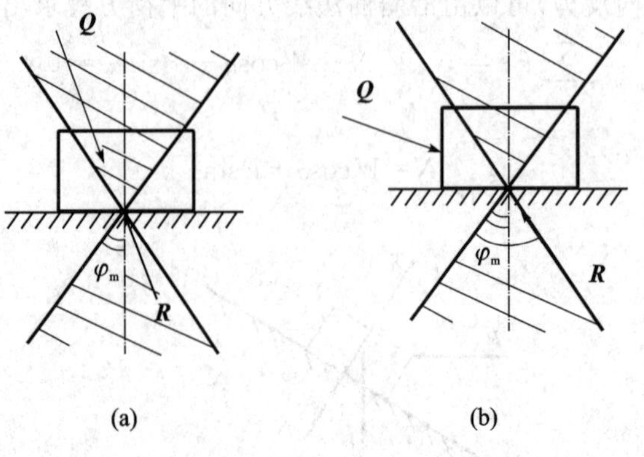

图 3-32

摩擦角(锥)之外，那么无论力 $\boldsymbol{Q}$ 的数值有多小，其水平分力 $\boldsymbol{P}$ 的值都大于摩擦力 $\boldsymbol{F}_{\max}$ 的值，物体发生滑动，如图 3-32(b)所示。工程上自锁原理应用很广泛，例如螺旋千斤顶、螺钉、楔块以及机械中的夹具等都是依据自锁原理设计的。

通过测定摩擦角，可确定物体接触面间的摩擦系数。在图 3-33 所示的机构中，把要测定的两种材料分别做成物块和斜面。斜面 OA 可绕 O 轴转动，物块置于该斜面上。转动斜面 OA，倾角 α 由零开始逐渐增大，当物块开始从支承面上下滑时测得的角度 α 即为所测材料间的摩擦角 φ_m，由 $f=\tan\varphi_m$ 可获得测定的摩擦系数。其原理是物块处于平衡时，仅受到重力 $\boldsymbol{G}$ 和全约束反力 $\boldsymbol{R}$ 的作用，$\boldsymbol{R}$ 与法向反力 $\boldsymbol{N}$ 的夹角为 φ。由二力平衡公理可知，$\boldsymbol{R}$ 与 $\boldsymbol{G}$ 大小相等、方向相反、共线。当这种平衡达到临界状态时，全约束反力达到 $\boldsymbol{R}_{\max}$，$\boldsymbol{R}_{\max}$ 与 $\boldsymbol{N}$ 间的夹角 φ_m 就是摩擦角，这时斜面倾角 $\alpha=\varphi_m$。

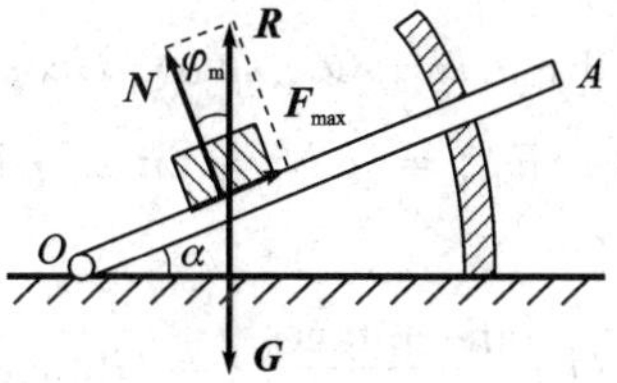

图 3-33

2. 动滑动摩擦

在图 3-31 中，如果主动力 $\boldsymbol{P}$ 的值大于静滑动摩擦力 $\boldsymbol{F}_{\max}$ 的值，物体相对于支承面发生滑动，这时接触面之间产生的阻碍滑动的摩擦力称为动滑动摩擦力，简称动摩擦力。

实验证明，动摩擦力的方向与物体运动的方向相反，其大小与两物体间的正压力 $\boldsymbol{N}$ 成正比，即

$$F' = f'N \tag{3-15}$$

式(3-15)称为动滑动摩擦定律，f' 称为动摩擦系数。动摩擦系数除与接触物体的材料性质和表面状况有关外，还与物体运动的速度大小有关。在大多数情况下，f' 随物体相对滑动速度的增大而减小。一般情况下动摩擦系数小于静摩擦系数，即 $f'<f$。

3. 考虑摩擦时物体的平衡问题

带有与不带有摩擦的平衡问题的共性是作用在物体或物体系统上的力系必须满足平衡条件。然而考虑摩擦时的平衡问题还有其自身特点：① 受力图中多了摩擦力，列平衡方程时也必须考虑摩擦力。摩擦力除了满足平衡方程外，还必须满足方程 $F\leqslant F_{\max}$；② 由于 $0\leqslant F\leqslant F_{\max}$，因而考虑摩擦时平衡问题的解答往往是一个范围，即可能是力、尺寸或角度的一个平衡范围值。

带有摩擦的平衡问题的解题方法和步骤与前面章节所讲述的基本相同。

【例 3-15】　在图 3-34 中，重为 $\boldsymbol{G}$ 的物块 A 置于倾角为 α 的斜面上。物块与斜面间的摩擦角为 φ_m，且 $\alpha>\varphi_m$，试求维持物块 A 静止于斜面上的水平力 $\boldsymbol{Q}$ 的大小。

解　由于 $\alpha>\varphi_m$，若不加适当的水平力 $\boldsymbol{Q}$ 物块将向下滑动，加上水平推力 $\boldsymbol{Q}$ 可维持物块 A 的平衡。

取物块 A 为研究对象。设物块 A 有向上滑动的趋势且处于临界平衡状态，其受力如图 3-34(b)所示。在图示坐标系下列出平衡方程：

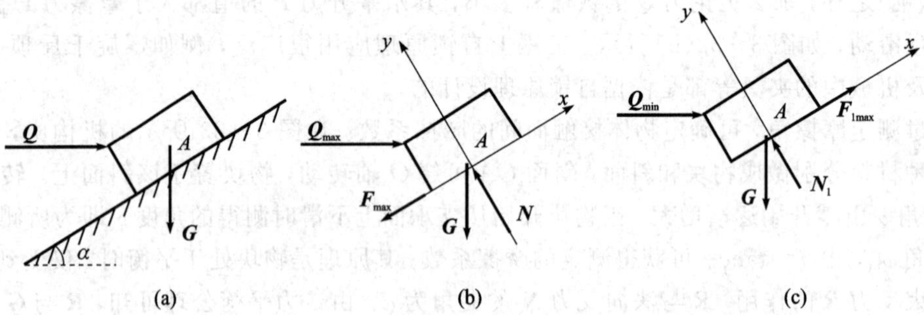

(a) (b) (c)

图 3-34

$$\left.\begin{aligned}&\sum F_x = 0 \qquad Q_{max}\cos\alpha - G\sin\alpha - F_{max} = 0\\&\sum F_y = 0 \qquad N - Q_{max}\sin\alpha - G\cos\alpha = 0\\&\text{补充方程} \quad F_{max} = fN = \tan\varphi_m \cdot N\end{aligned}\right\}$$

解方程，得力 **Q** 的最大值为

$$Q_{max} = G\frac{\tan\alpha + \tan\varphi_m}{1 - \tan\alpha\tan\varphi_m} = G\tan(\alpha + \varphi_m)$$

再设物块 A 有向下滑动的趋势且处于临界平衡状态，其受力如图 3-34(c)所示。列出平衡方程：

$$\left.\begin{aligned}&\sum F_x = 0 \qquad Q_{min}\cos\alpha - G\sin\alpha + F_{1max} = 0\\&\sum F_y = 0 \qquad N_1 - Q_{min}\sin\alpha - G\cos\alpha = 0\\&\text{补充方程} \quad F_{1max} = FN_1 = \tan\varphi_m \cdot N_1\end{aligned}\right\}$$

解方程，得力 **Q** 的最小值为

$$Q_{min} = G\frac{\tan\alpha - \tan\varphi_m}{1 + \tan\alpha\tan\varphi_m} = G\tan(\alpha - \varphi_m)$$

所以，使物块 A 平衡的水平力 **Q** 的取值范围为

$$G \cdot \tan(\alpha - \varphi_m) \leqslant Q \leqslant G \cdot \tan(\alpha + \varphi_m)$$

由本题解答可看出：

① 若斜面光滑，即 $f=0$，则 $Q=Q_{min}=Q_{max}=G \cdot \tan\alpha$。这说明不考虑摩擦时使物块静止的力 **Q** 的大小只有一个值，考虑摩擦时使物块平衡的力 **Q** 的大小可在一定范围内变化。

② 计算 Q_{max}、Q_{min} 是根据物体的运动趋势及临界平衡状态进行的，因此受力图中摩擦力的指向不能任意假定，一定要按与物体运动趋势相反的方向画出。

【例 3-16】 在图 3-35 所示的结构中，构件 1、2 用楔块 3 联结，已知楔块与构件间的摩擦系数 $f=0.1$，求结构平衡时楔块 3 的倾斜角 α。

解 研究楔块 3，其受力如图 3-35(b)所示。其中 $\boldsymbol{R}=\boldsymbol{F}_{max}+\boldsymbol{N}$，$\boldsymbol{R}_1=\boldsymbol{F}_{1max}+\boldsymbol{N}_1$，在平衡状态下由二力平衡公理有 $\boldsymbol{R}=\boldsymbol{R}_1$。

在水平方向列投影方程：

$$\sum F_x = 0 \qquad R\cos(\alpha - \varphi) - R_1\cos\varphi = 0$$

显然有

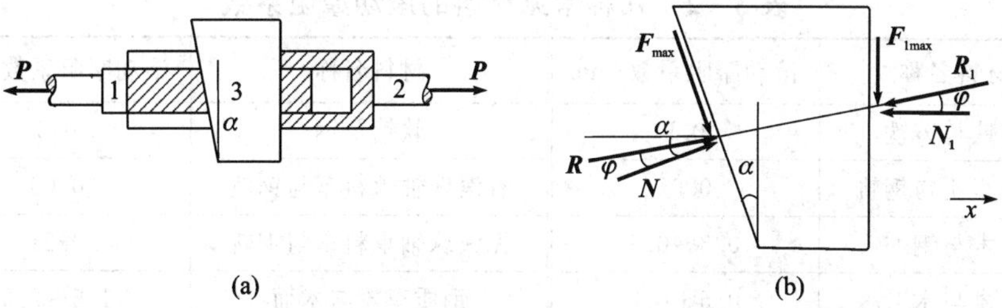

图 3-35

$$\alpha-\varphi=\varphi$$

由此解得

$$\alpha=2\varphi=11°26'$$

所以结构平衡时楔块 3 的倾斜角 $\alpha\leqslant11°26'$，即结构自锁。

4. 滚动摩阻的概念

将一半径为 r，重为 $\boldsymbol{P}$ 的轮子放在固定的水平面上，圆轮在重力 $\boldsymbol{P}$ 和支承反力 $\boldsymbol{N}$ 的作用下处于平衡状态，由平衡条件有 $\boldsymbol{N}=-\boldsymbol{P}$。现在圆轮的中心点 O 加一水平力 $\boldsymbol{Q}$，当 $\boldsymbol{Q}$ 值不超过某一特定值时，圆轮仍保持静止状态，既不滑动也不滚动。由静力平衡条件可知，在水平方向一定存在一个力 $\boldsymbol{F}$，使得 $\boldsymbol{F}=-\boldsymbol{Q}$，而力 $\boldsymbol{F}$ 只能是由圆轮与地面之间产生，即为静滑动摩擦力。显然力 $\boldsymbol{F}$、$\boldsymbol{Q}$ 形成一力偶($\boldsymbol{F}$, $\boldsymbol{Q}$)，其力偶矩的大小为 Qr。由于圆轮处于静止状态，所以一定存在一个阻碍圆轮滚动的反力偶 M 与力偶($\boldsymbol{F}$, $\boldsymbol{Q}$)平衡，该反力偶 M 称为静滚动摩擦力偶，其力偶矩的大小为 $M=Qr$，转向与圆轮滚动的趋势相反，如图 3-36 所示。

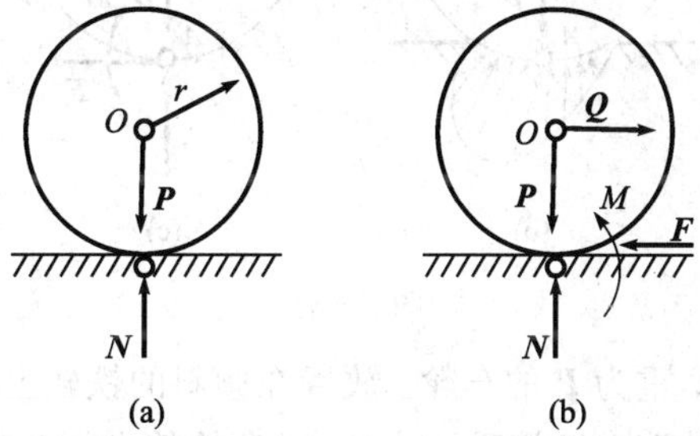

图 3-36

与静滑动摩擦力相似，静滚动摩擦力偶矩 M 随着力 $\boldsymbol{Q}$ 的增大而增大。当 $\boldsymbol{Q}$ 增加到某个值时，轮子处于将滚未滚的临界平衡状态，此时静滚动摩擦力偶矩 M 达到最大值 M_{max}。若 $\boldsymbol{Q}$ 再增大一点，轮子就会滚动。由此可知，静滚动摩擦力偶矩 M 的大小应介于零与最大值之间，即

$$0\leqslant M\leqslant M_{max} \tag{3-16}$$

实验证明，最大静滚动摩擦力偶矩 M_{max} 与支承面的法向反力 $\boldsymbol{N}$ 的大小成正比，即

$$M_{max}=\delta N \tag{3-17}$$

式(3-17)称为滚动摩阻定律。其中 δ 称为滚动摩阻系数，显然它具有长度的量纲，单位是 mm 或 cm。

滚动摩阻系数的大小与接触物体材料性质有关，可由实验测定。表 3-2 给出了几种常见材料的滚动摩阻系数。

表 3-2　几种常见材料的滚动摩阻系数

材料名称	滚动摩阻系数/mm	材料名称	滚动摩阻系数/mm
铸铁与铸铁	0.5	软钢与钢	0.5
钢质车轮与钢轨	0.05	有滚珠轴承料车与钢轨	0.09
木与钢	0.3～0.4	无滚珠轴承料车与钢轨	0.21
木与木	0.5～0.8	钢质车轮与木面	1.5～2.5
软木与软木	1.5	轮胎与路面	2～10
淬火钢珠与钢	0.01		

滚动摩擦力偶的产生，主要是由于接触物体并非刚体，它们在力的作用下发生了形变，如图 3-37(a)、3-37(b)所示。轮子在接触面上受分布力作用，将这些力向 A 点简化，可得到作用于 A 点的一个力($\boldsymbol{F}$ 和 $\boldsymbol{N}$ 的合力)和一力偶——滚动摩擦力偶 M，如图 3-37(c)所示。

滚动摩阻系数具有力偶臂的物理意义。由图 3-37(d)容易得出

$$\delta=\frac{M_{\max}}{N}$$

由于滚动摩阻系数较小，因此工程上大多数情况下滚动摩擦力偶忽略不计。

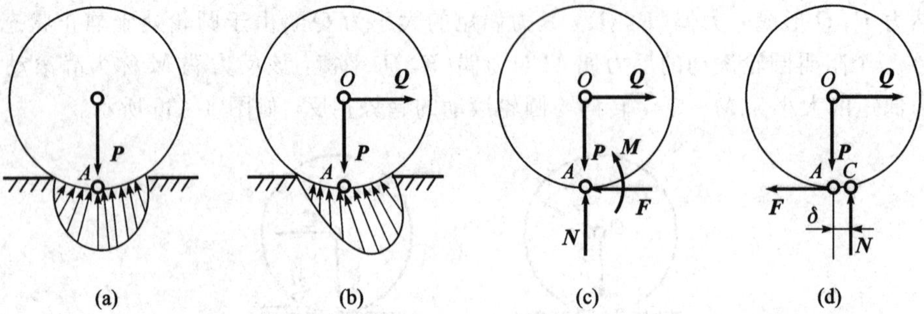

图 3-37

【例 3-17】　半径为 r、重为 $\boldsymbol{P}$ 的车轮，放置在倾斜的铁轨上，如图 3-38 所示。已知铁轨倾角为 α，车轮与铁轨间的滚动摩擦系数为 δ，求车轮的平衡条件。

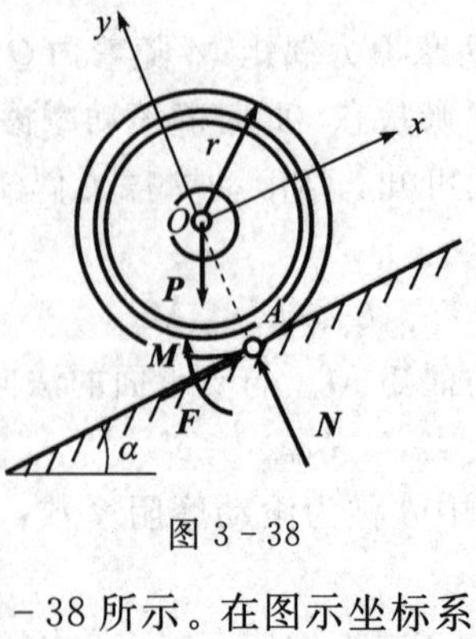

图 3-38

解　研究车轮，其受力如图 3-38 所示。在图示坐标系下列平衡方程：

$$\left.\begin{aligned}\sum F_y = 0 \quad N - P\cos\alpha = 0 \\ \sum m_A(F) = 0 \quad Pr\sin\alpha - M = 0\end{aligned}\right\}$$

解得

$$M = Pr\sin\alpha,\quad N = P\cos\alpha$$

由于

$$M_{max} = \delta N = \delta P\cos\alpha$$

则平衡条件为

$$Pr\sin\alpha \leqslant \delta P\cos\alpha$$

即

$$\tan\alpha \leqslant \frac{\delta}{r}$$

思　考　题

3-1　设一平面力系向某点简化得到一合力。如另选一点为简化中心，问力系能否简化为一合力？为什么？

3-2　当平面力系向某点简化的结果为一力偶时，主矩与简化中心的位置有无关系？为什么？

3-3　主矢与力系合力的联系与区别是什么？

3-4　对于平衡方程的三力矩式，如果三矩心共线，那么这三个平衡方程中有几个平衡方程是独立的？

3-5　思考题3-5图所示平面力系由 n 个力组成，若该力系满足方程式 $\sum m_A(\boldsymbol{F}) = 0$，$\sum m_B(\boldsymbol{F}) = 0$，$\sum Y = 0$。试问该力系一定是平衡力系吗？为什么？

3-6　如思考题3-6图所示，刚体在 A、B、C、D 四点各作用一力，其力多边形组成一个封闭的矩形，试问刚体是否平衡？为什么？

3-7　力系如思考题3-7图所示，且 $\boldsymbol{F}_1 = \boldsymbol{F}_2 = \boldsymbol{F}_3 = \boldsymbol{F}_4$，力系分别向点 A、点 B 简化的结果是什么？二者是否等效？

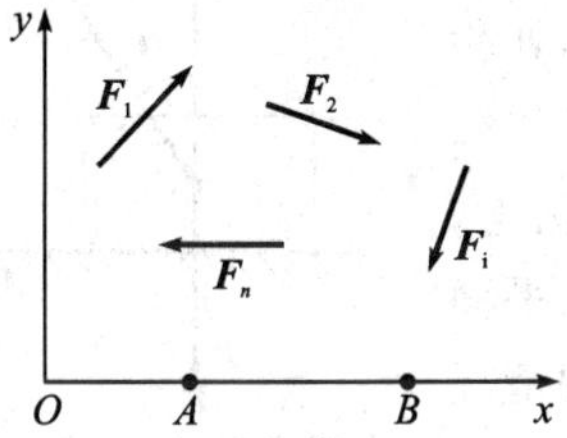

思考题3-5图

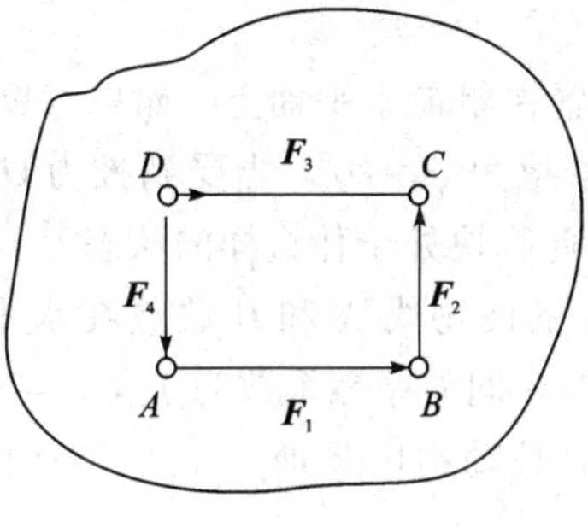

思考题3-6图

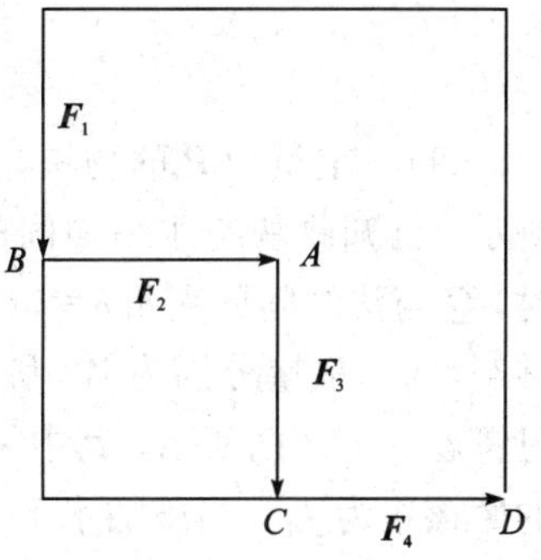

思考题3-7图

3-8　思考题3-8图所示三铰拱，在 CB 上分别作用一力偶 m 和力 $\boldsymbol{F}$。试问在求铰链

A、B、C 的约束反力时，能否将力偶或力分别移到构件 AC 上？为什么？

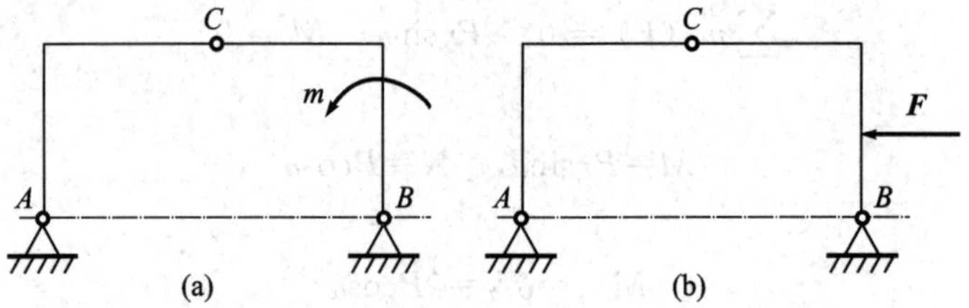

思考题 3-8 图

3-9　试用简便的方法确定思考题 3-9 图所示各结构 A 处的约束反力方向。

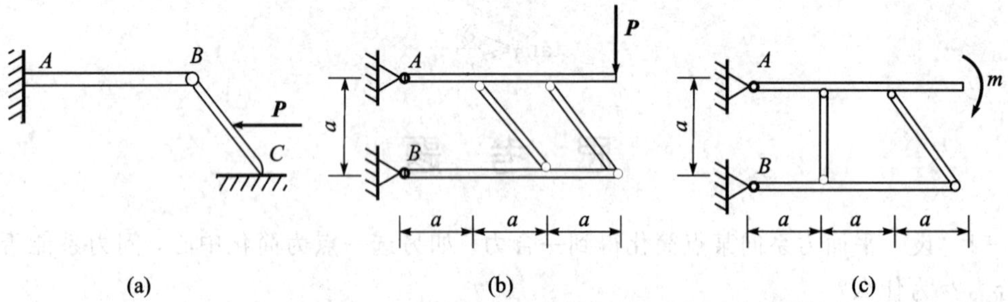

思考题 3-9 图

3-10　试判断思考题 3-10 图所示各结构是静定的还是静不定的？

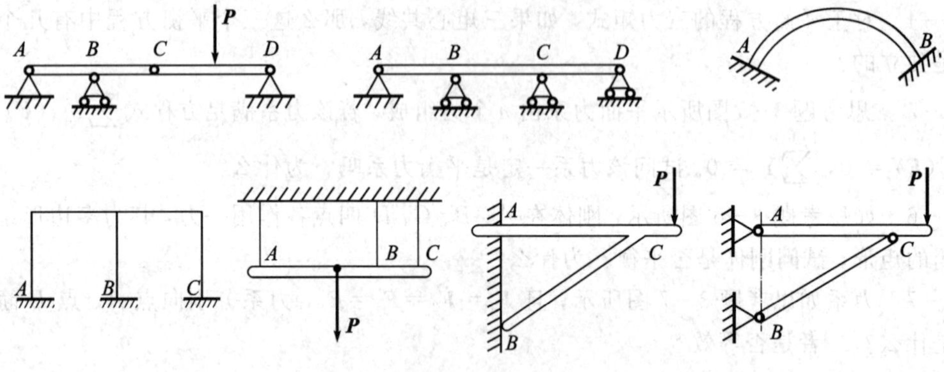

思考题 3-10 图

3-11　重量为 $\boldsymbol{P}$ 的物块，搁置在粗糙水平面上，如思考题 3-11 图所示。已知物块与水平面间的摩擦角 $\varphi=20°$，当受到推力 $\boldsymbol{Q}=\boldsymbol{P}$ 作用时，$\boldsymbol{Q}$ 与法线间的夹角 $\alpha=30°$，此物块处于什么样的状态？

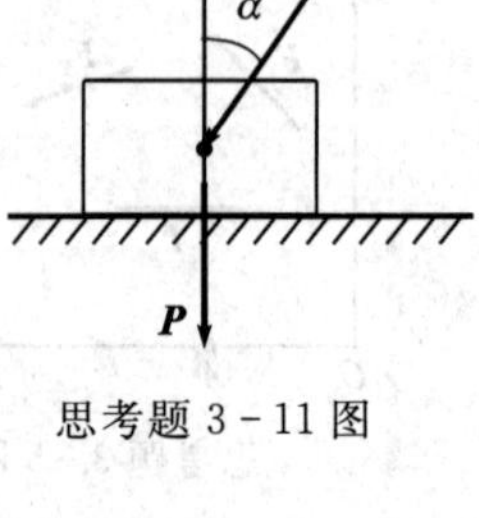

思考题 3-11 图

3-12　重量分别为 $\boldsymbol{W}_A$ 和 $\boldsymbol{W}_B$ 的两物块 A 和 B 叠放在水平面上，如思考题 3-12 图所示，其中 A 和 B 间的摩擦系数为 f_1，B 与水平面间的摩擦系为 f_2，当施加水平力 $\boldsymbol{P}$ 拉动物块 B 时，(a)、(b)两种情况哪一种省力？

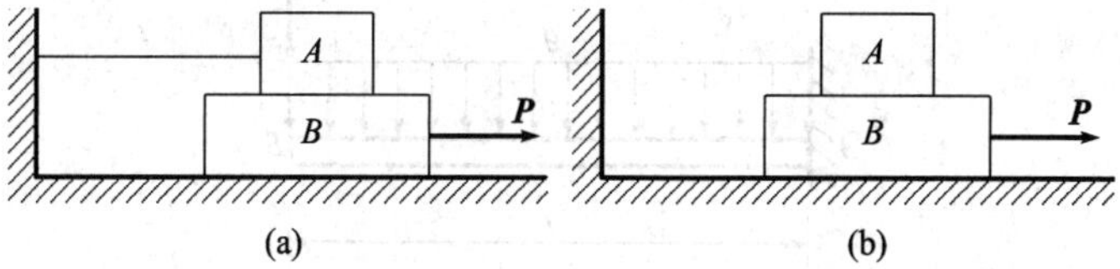

思考题 3-12 图

3-13　找出思考题 3-13 图所示桁架中内力为零的杆件。

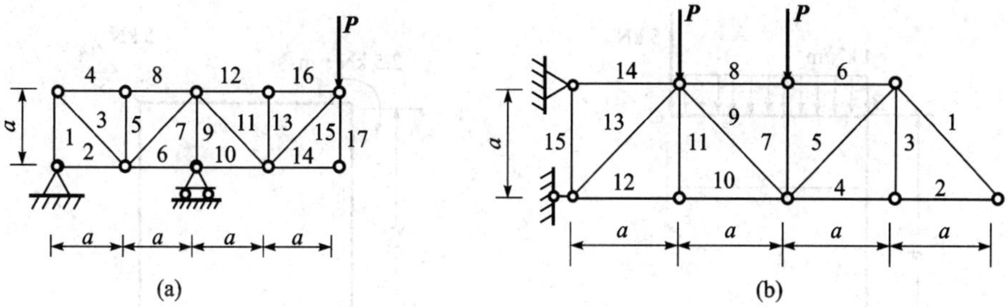

思考题 3-13 图

习　题

3-1　求题 3-1 图中梁 AB 的支座反力。梁重及摩擦均不计。

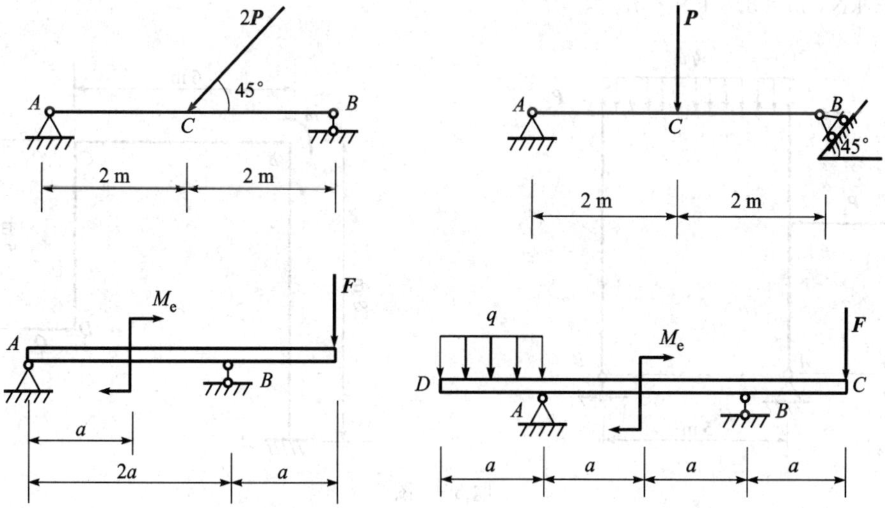

题 3-1 图

3-2　试求题 3-2 图所示悬臂梁固定端 A 的约束反力。梁的自重不计。

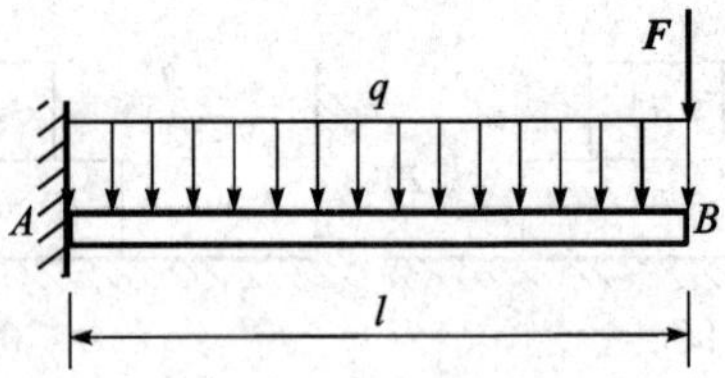

题 3-2 图

3-3　求题 3-3 图所示刚架的支座反力，长度单位为 m。

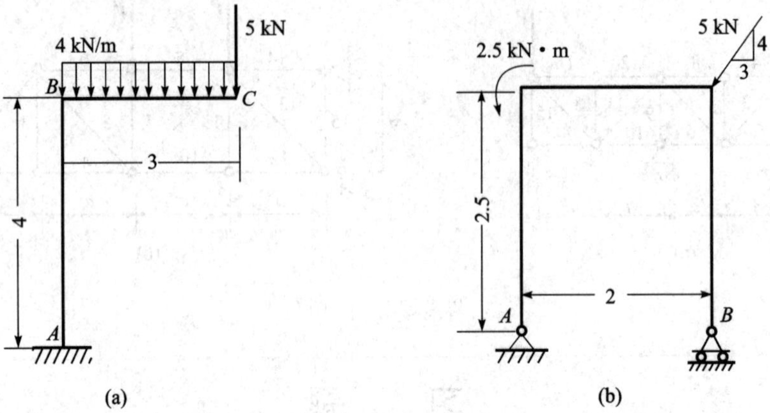

题 3-3 图

3-4　求题 3-4 图所示各刚架的支座反力。已知：(1) $P_1=4$ kN，$P_2=3$ kN，$q=2$ kN/m；(2) $Q=3$ kN，$m=3.5$ kN · m。

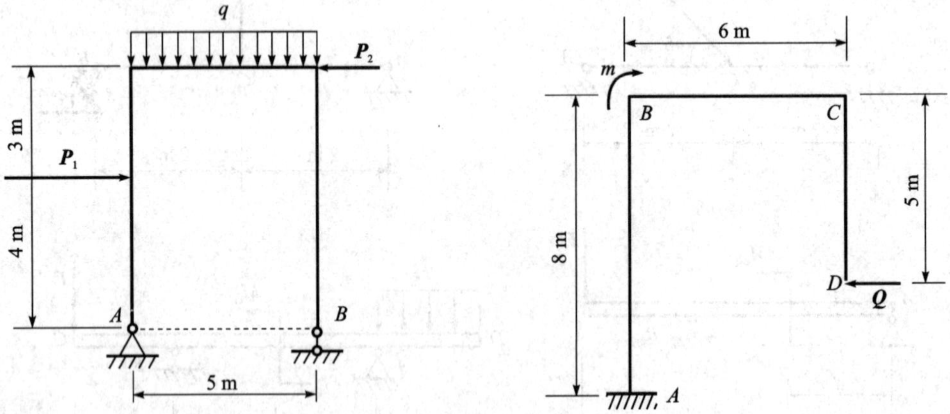

题 3-4 图

3-5　两端具有辊轮的均质杆，重为 500 N，一端靠在光滑的铅直墙上，另一端搁在光滑的水平地面上，并用一水平绳 CD 维持平衡，如题 3-5 图所示。试求绳的张力及墙和地面的反力。

3-6　在题 3-6 图所示结构中，A、B、C 处均为光滑铰链。已知 $F=400$ N，杆重不计，尺寸如题 3-6 图所示。试求 C 点处的约束反力。

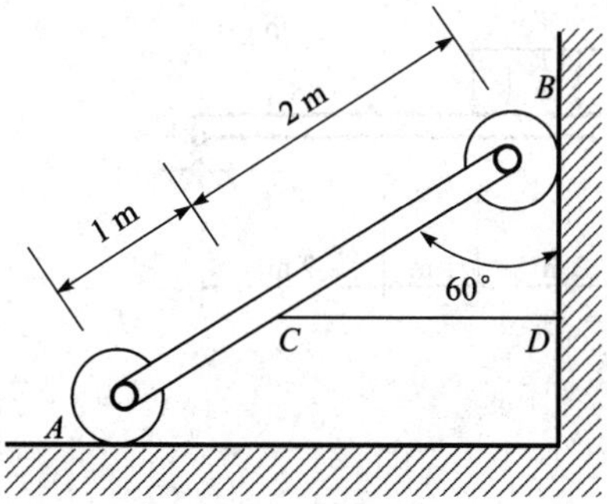

题 3-5 图

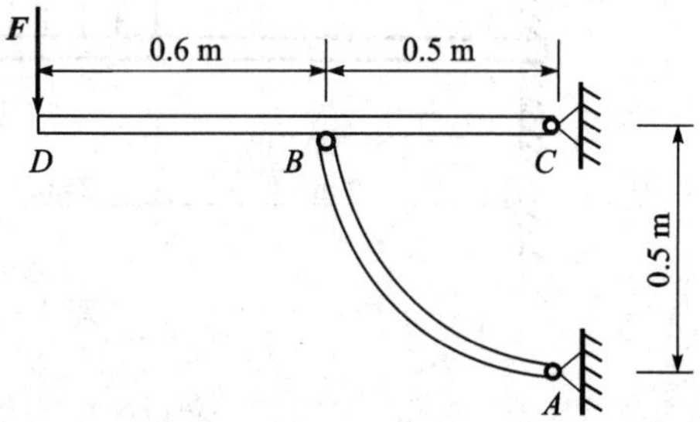

题 3-6 图

3-7　梁 AB 一端砌在墙内，在自由端装有滑轮用以匀速吊起重物 D。设重物的重量是 $\boldsymbol{G}$，AB 长度为 b，斜绳与铅直线成 α 角，如题 3-7 图所示。求固定端的反作用力。

3-8　起重车和起重动臂共重 W=490 kN，尺寸如题 3-8 图所示。问欲使起重车不致翻倒，在 C 处能够起吊重物的最大重量 $\boldsymbol{P}$ 应是多少？

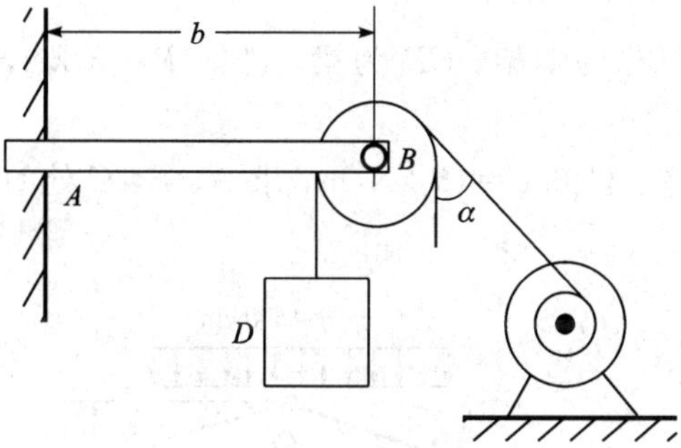

题 3-7 图

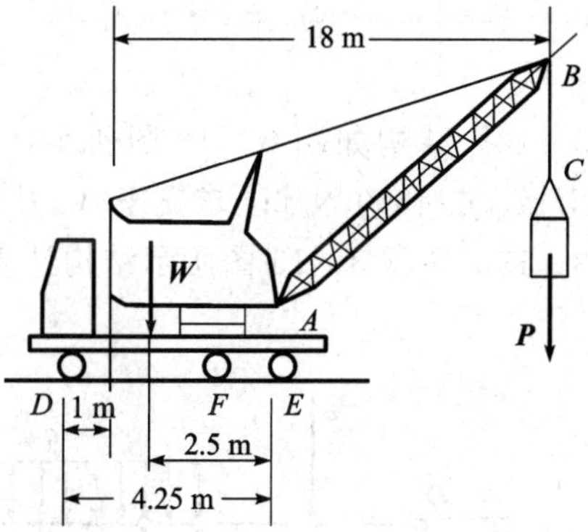

题 3-8 图

3-9　求题 3-9 图所示静定多跨梁的支座反力和中间铰处的压力。梁重及摩擦均不计。

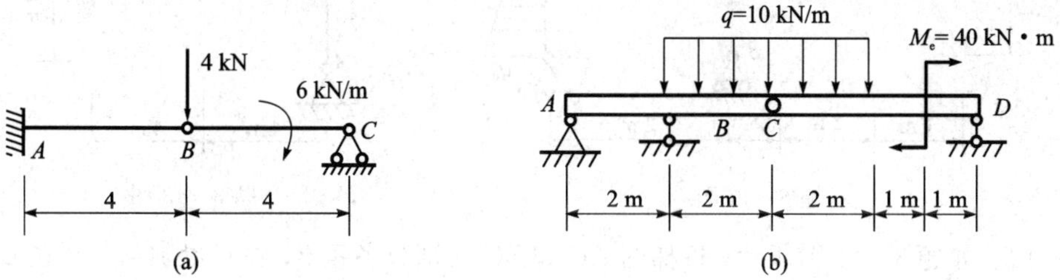

题 3-9 图

3-10　如题 3-10 图所示水平梁由 AB 与 BC 两部分组成，A 端为固定端约束，C 处为活动铰支座，B 处是中间铰。求 A、C 处的约束反力。不计梁重及摩擦。

3-11　题 3-11 图所示结构由折梁 AC 和直梁 CD 构成，已知 q=1 kN/m，P=12 kN，M=27 kN·m，β=30°，L=4 m。梁的自重不计，试求：

(1) 支座 A 的反力；

(2) 铰链 C 的约束反力。

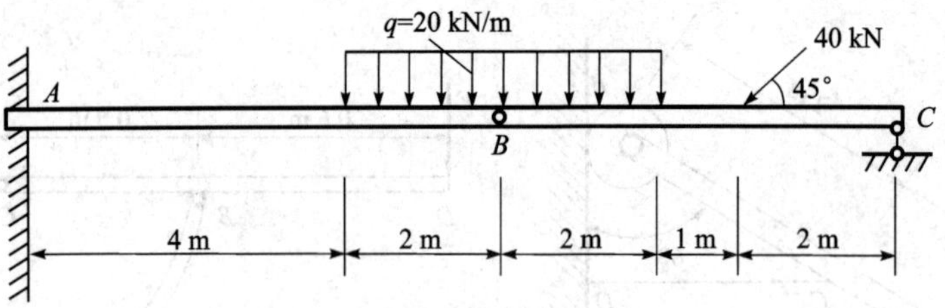

题 3-10 图

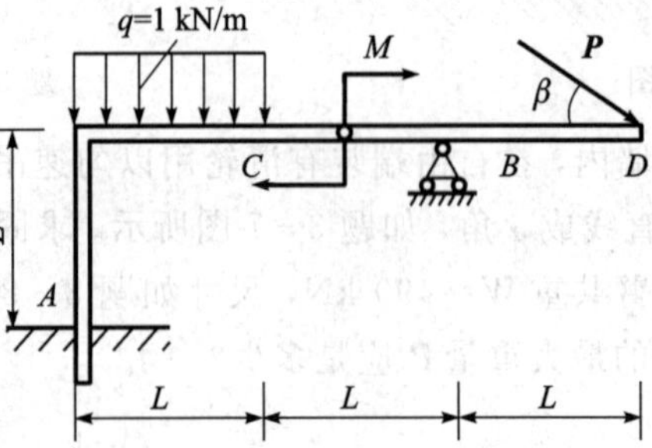

题 3-11 图

3-12　结构如题 3-12 图所示，其中 ABC 为钢架、CD 为梁。已知 $P=5$ kN，$q=200$ N/m，$q_0=300$ N/m，求支座 A、B 的反力。

3-13　在题 3-13 图所示结构计算简图中，已知 $q=15$ kN/m，求 A、B、C 处的约束反力。

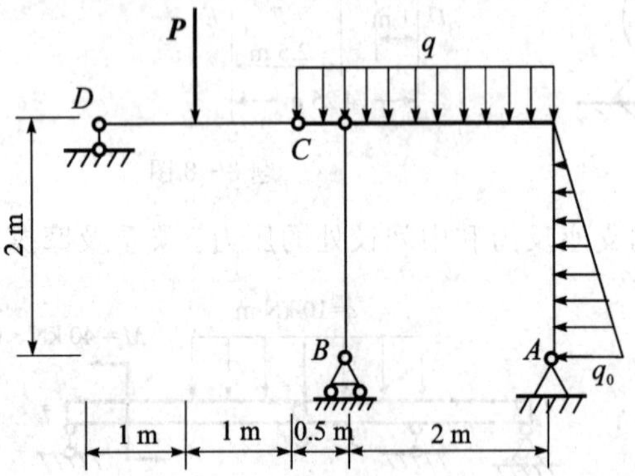

题 3-12 图

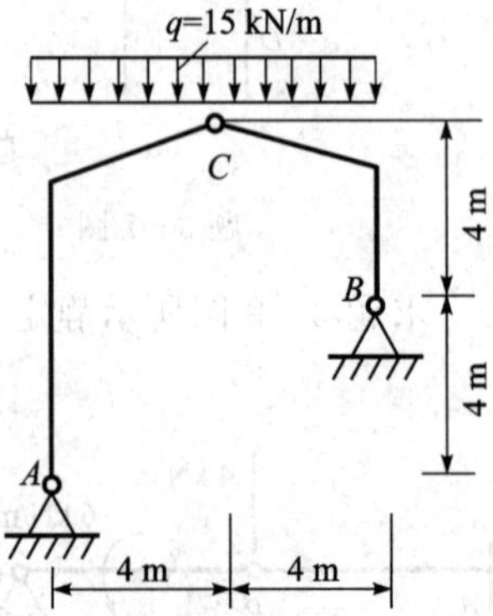

题 3-13 图

3-14　如题 3-14 图所示，折梯的 AC 和 BC 两部分各重 $\boldsymbol{P}$，在 C 处铰接，并在 D、E 两点处用水平绳连接。梯子放在光滑的水平地板上，在梯子的点 K 处站一重为 $\boldsymbol{Q}$ 的人。已知 $AC=BC=2l$，$DC=EC=a$，$BK=b$，$\angle CAB=\angle CBA=\alpha$。求当梯子处于平衡时绳 DE 的张力 $\boldsymbol{T}$。

3-15　连接在绳子两端的小车各重 $\boldsymbol{P}_1$、$\boldsymbol{P}_2$，分别放在倾角为 α，β 的两斜面上，绳子绕过定滑轮与一动滑轮相连，动滑轮的轴上挂一重物，如题 3-15 图所示。如不计摩擦，试求平衡时力 $\boldsymbol{P}_1$ 与 $\boldsymbol{P}_2$ 之间的关系。

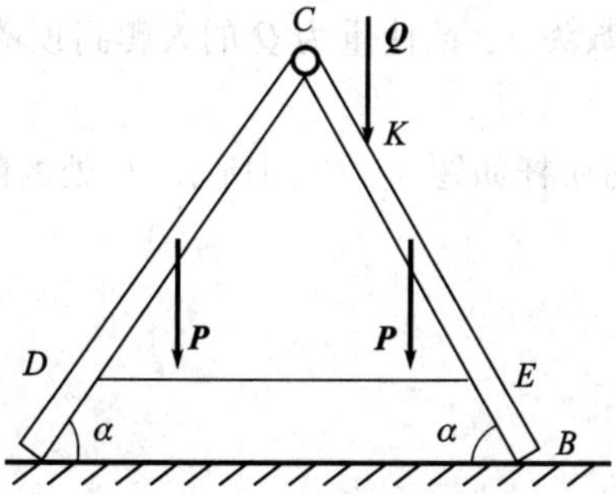

题 3－14 图

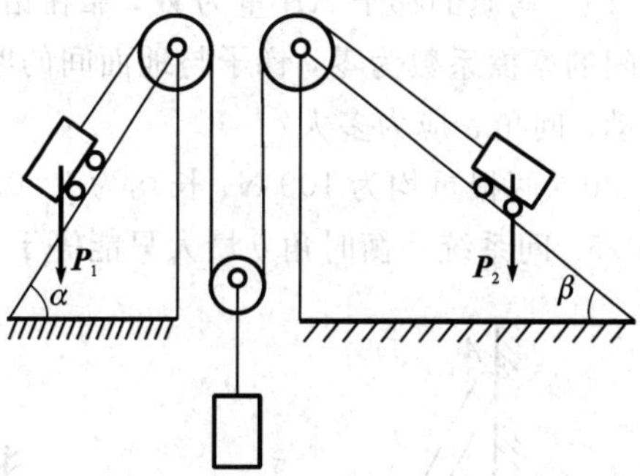

题 3－15 图

3－16　题 3－16 图所示结构中，杆 A、E、F、G 处均为铰接，B 处为光滑接触。在 C、D 处分别有作用力 $\boldsymbol{P}_1$ 和 $\boldsymbol{P}_2$，且 $P_1=P_2=500$ N，各杆自重不计。求 $\boldsymbol{F}$ 处的约束反力。

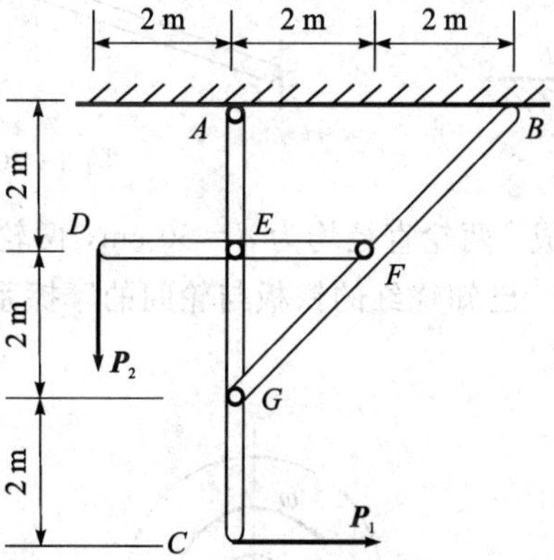

题 3－16 图

3－17　两物块 A 和 B 重叠地放在水平面上，如题 3－17 图所示。已知物块 A 重 $W=500$ N，物块 B 重 $Q=200$ N，物块 A 与 B 之间的静摩擦系数 $f_1=0.25$，物块 B 与水平面间的静摩擦系数 $f_2=0.20$，求拉动物块 B 的最小水平力 $\boldsymbol{P}$ 的大小。

3－18　如题 3－18 图所示，球重 $W=400$ N，折杆自重不计，所有接触面间的摩擦系数均为 $f=0.2$，铅直力 $P=500$ N，$a=20$ cm。问力 $\boldsymbol{P}$ 应作用在何处(即 x 为多大)时，球才不致下落？

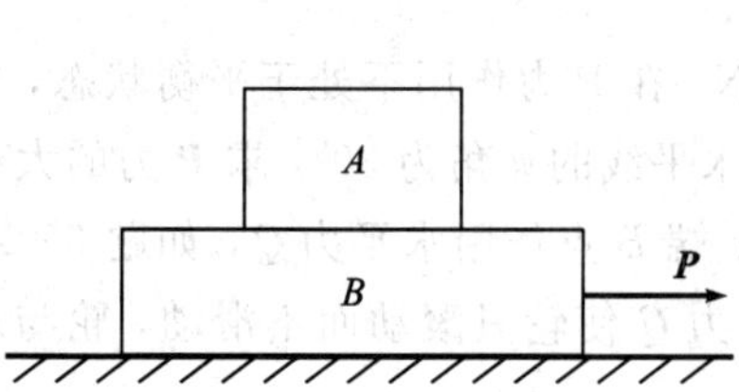

题 3－17 图

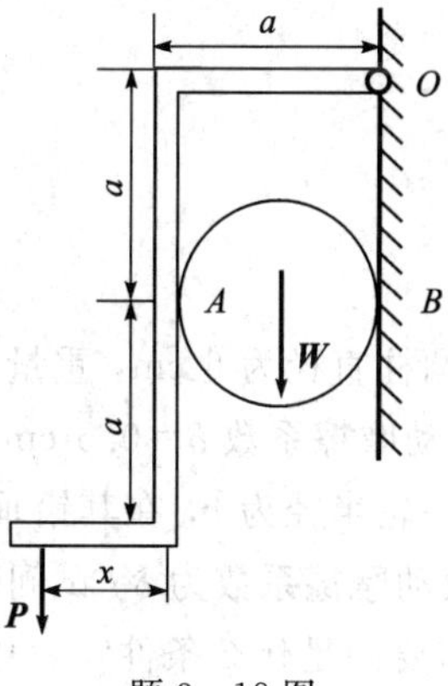

题 3－18 图

3-19　均质的梯子 AB 重为 $\boldsymbol{W}$，靠在铅直墙壁和水平地面上，如题 3-19 图所示。梯子与墙壁间的摩擦系数为零，梯子与地面间的摩擦系数为 f。欲使重为 $\boldsymbol{Q}$ 的人爬到顶端 A 而梯子不滑动，问角 α 应为多大？

3-20　两根重均为 100 N、长均为 $l=0.5$ 的均质杆如题 3-20 图所示，C 处的静摩擦系数 $f=0.5$。问系统平衡时角 θ 最大只能等于多少？

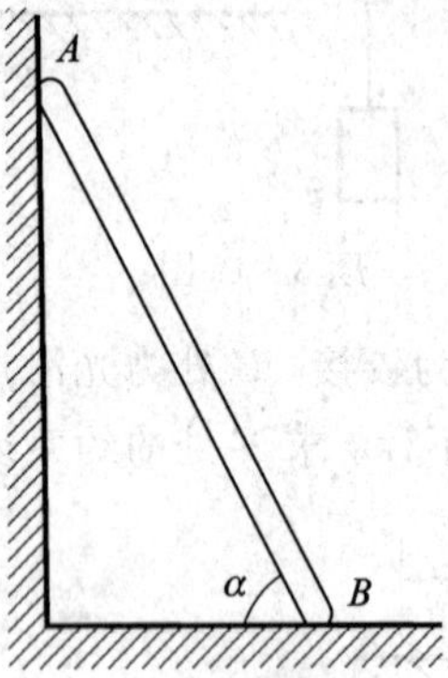

题 3-19 图

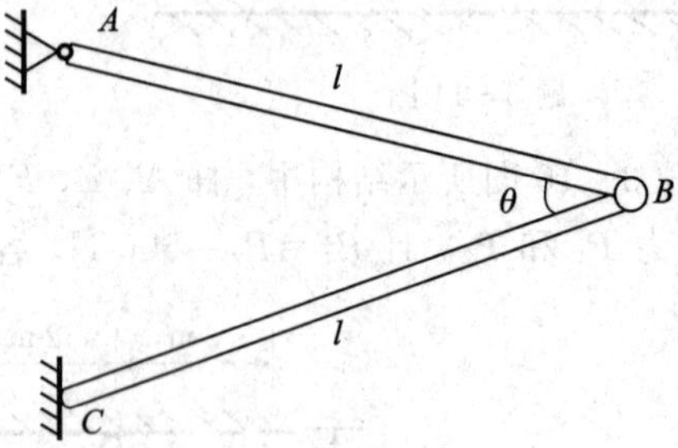

题 3-20 图

3-21　压延机由两轮构成，两轮直径均为 $d=50$ cm，两轮间的间隙为 $a=0.5$ cm，两轮反向转动，如题 3-21 图所示。已知烧红的铁板与轮间的摩擦系数为 $f=0.1$。问能压延的铁板厚度 b 是多少？

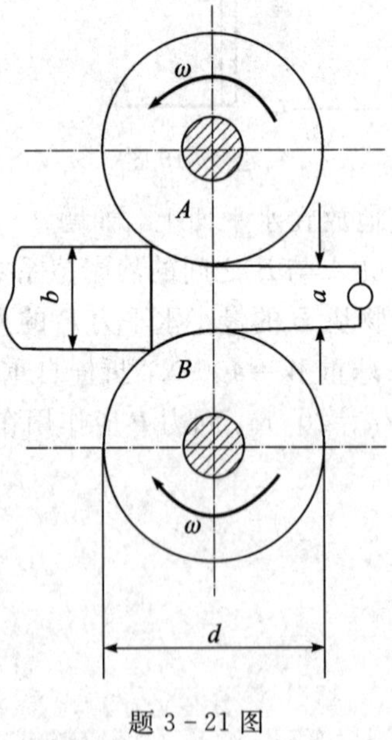

题 3-21 图

3-22　圆柱直径为 6 cm，重量为 300 kN，在 $\boldsymbol{P}$ 力作用下处于平衡状态，如题 3-22 图所示。已知滚动摩擦系数 $\delta=0.5$ cm，$\boldsymbol{P}$ 力与水平线的夹角为 30°，求 $\boldsymbol{P}$ 力的大小。

3-23　一轮半径为 r，在其铅垂直径的上端 B 点作用水平力 $\boldsymbol{Q}$，如题 3-23 图所示。轴与水平面的滚动摩擦系数为 δ。试问若要水平力 $\boldsymbol{Q}$ 使轮只滚动而不滑动，轮与水平面的滑动摩擦系数 f 需要满足什么条件？

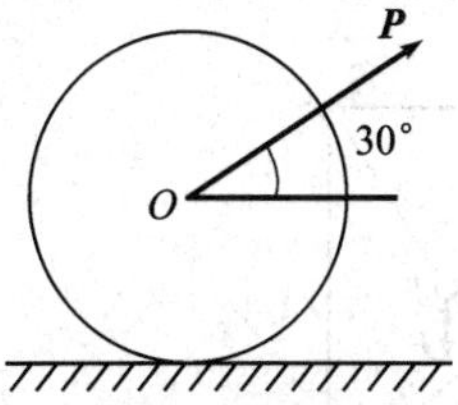

题 3-22 图

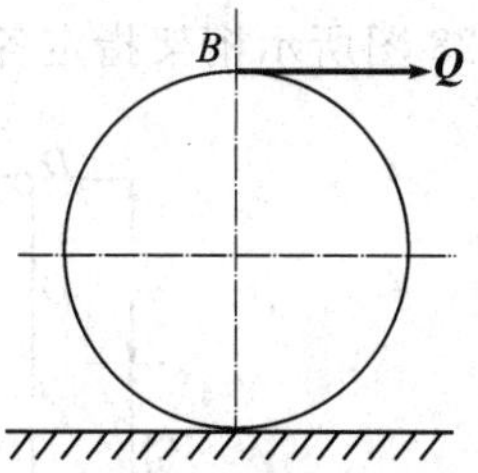

题 3-23 图

3-24 物块 A 和 B，用铰链与无重水平杆 CD 连接，如题 3-24 图所示。物块 B 重 200 kN，斜面的摩擦角 $\varphi_m=15°$，斜面与铅垂面之间的夹角为 30°。物块 A 与水平面的摩擦系数为 $f=0.4$。不计杆重，求欲使物块 B 不下滑，物块 A 的最小重量。

3-25 尖劈顶重装置如题 3-25 图所示，尖劈 A 的顶角为 α，在 B 块上受重物 $\boldsymbol{Q}$ 的作用，A、B 块之间的摩擦系数为 f（其他有辊轴处表示光滑）。如不计 A、B 块的重量，求使系统保持平衡的力 $\boldsymbol{P}$ 之值。

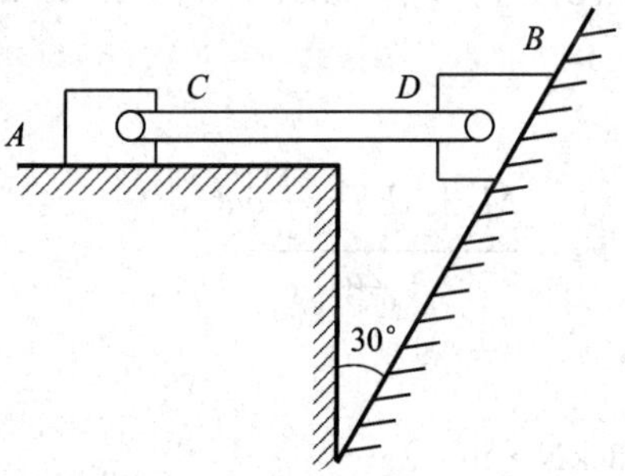

题 3-24 图

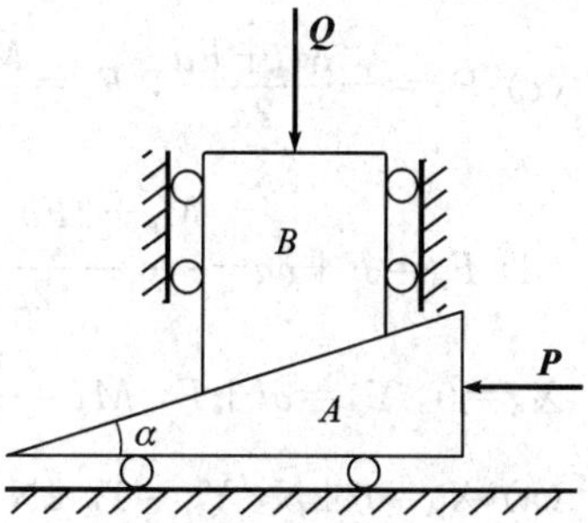

题 3-25 图

3-26 求题 3-26 图所示桁架各杆的内力。已知 $P_1=40$ kN，$P_2=10$ kN。

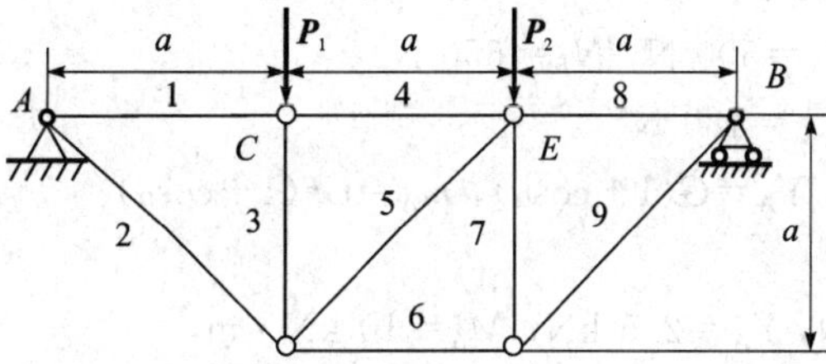

题 3-26 图

3-27 求题 3-27 图所示桁架指定各杆的内力。图中长度单位为 m，力的单位为 kN。

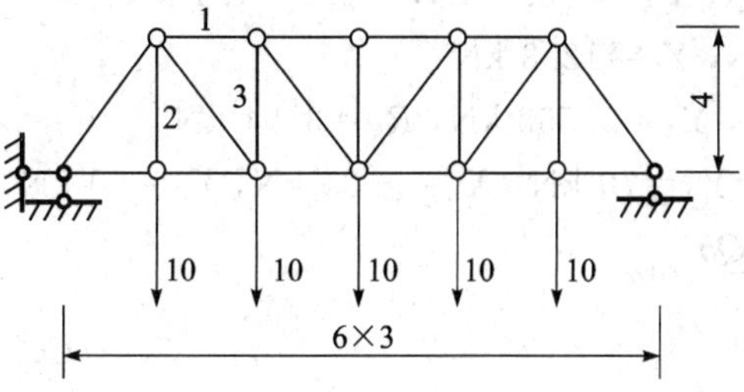

题 3-27 图

3-28　求题 3-28 图所示桁架指定各杆的内力。

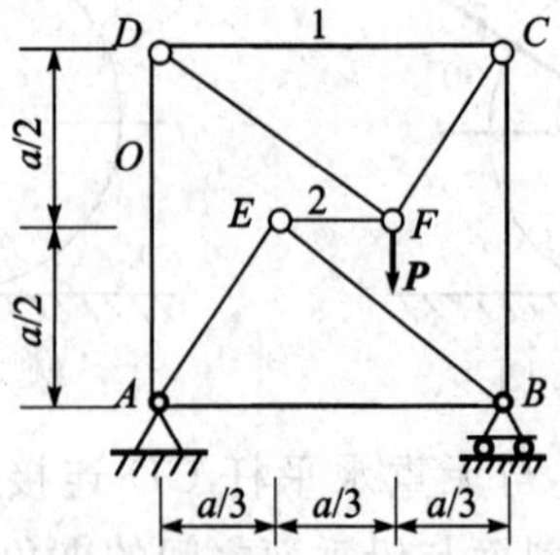

题 3-28 图

习题参考答案

3-1　(a) $X_A=1.414P$，$Y_A=R_B=0.707P$ (b) $X_A=Y_A=0.5P$，$R_B=0.707P$

(c) $F_A=-\dfrac{M_e+Fa}{2a}$，$F_B=\dfrac{M_e+3Fa}{2a}$

(d) $F_A=F+qa-\dfrac{M_e+3Fa-\frac{1}{2}qa^2}{2a}$，$F_B=\dfrac{M_e+3Fa-\frac{1}{2}qa^2}{2a}$

3-2　$X_A=0$，$Y_A=ql+F$，$M_A=\dfrac{1}{2}ql^2+Fl$

3-3　(a) $X_A=0$ kN，$Y_A=17$ kN，$M_A=33$ kN·m

(b) $X_A=3$ kN，$Y_A=5$ kN，$N_B=-1$ kN

3-4　(a) $X_A=-1$ kN，$Y_A=6$ kN，$R_B=4$ kN

(b) $X_A=3$ kN，$Y_A=0$，$m_A=-5.5$ kN·m

3-5　$T=650$ N，$N_A=500$ N，$N_B=650$ N

3-6　$X_C=880$ N，$Y_C=480$ N

3-7　$X_A=-G\sin\alpha$，$Y_A=G(1+\cos\alpha)$，$m_A=Gb(1+\cos\alpha)$

3-8　$P=83$ kN

3-9　(a) $X_A=0$ kN，$Y_A=2.5$ kN，$M_A=10$ kN·m，

$X_B=0$ kN，$Y_B=2.5$ kN，$N_C=1.5$ kN

(b) $X_A=0$ kN，$Y_A=-15$ kN，$F_B=40$ kN，$X_C=0$ kN，$Y_C=5$ kN，$F_D=15$ kN

3-10　$X_A=28.3$ kN，$Y_A=83.3$ kN，$M_A=459.9$ kN·m，$F_C=24.97$ kN

3-11　$X_A=10.4$ kN，$Y_A=-8.6$ kN，$M_A=-1.4$ kN·m，

$X_C=10.4$ kN，$Y_C=12.8$ kN

3-12　$X_A=0.3$ kN，$Y_A=0.533$ kN，$R_B=3.54$ kN

3-13　$X_A=20$ kN，$Y_A=70$ kN，$X_B=-20$ kN，$Y_B=50$ kN，$X_C=20$ kN，$Y_C=10$ kN

3-14　$T=\dfrac{Pl+0.5Qb}{a}\cot\alpha$

3-15　$\dfrac{P_1}{P_2}=\dfrac{\sin\beta}{\sin\alpha}$

3-16　$X_F=-1500\ \text{N}$，$Y_F=500\ \text{N}$

3-17　$P=140\ \text{N}$

3-18　$X\geqslant 12\ \text{cm}$

3-19　$\tan\alpha\geqslant\dfrac{W+2Q}{2f(W+Q)}$

3-20　$\theta_{\max}=28.07^\circ$

3-21　$b\leqslant 0.75\ \text{cm}$

3-22　5.7 kN

3-23　$f\geqslant\dfrac{\delta}{2R}$

3-24　500 kN

3-25　$\dfrac{\sin\alpha-f\cos\alpha}{\cos\alpha+f\sin\alpha}Q\leqslant P\leqslant\dfrac{\sin\alpha+f\cos\alpha}{\cos\alpha-f\sin\alpha}Q$

3-26　$s_1=s_4=-20\ \text{kN}$，$s_2=42.4\ \text{kN}$，$s_3=40\ \text{kN}$，$s_5=s_9=14.14\ \text{kN}$，$s_6=20\ \text{kN}$，$s_7=s_8=-10\ \text{kN}$

3-27　$s_1=-30\ \text{kN}$，$s_2=-18.75\ \text{kN}$，$s_3=-5\ \text{kN}$

3-28　$s_1=-\dfrac{4}{9}P$，$s_2=0$

第4章　空间力系

当力系中各力的作用线不完全在同一平面内时，该力系称为空间力系。工程中，空间力系的实例很多，如起重设备、铰车、高压输线塔和飞机的起落架、房屋结构等都承受空间力系的作用。

本章将研究空间力系的简化及平衡问题，并介绍重心的概念及确定重心位置的方法。

4.1　空间汇交力系

1. 力在直角坐标轴上的投影与分解

1）直接投影法（一次投影法）

在图4-1所示的直角坐标系中，已知力 $\boldsymbol{F}$ 与 x 轴、y 轴、z 轴间的方向角为 α、β、γ，则 $\boldsymbol{F}$ 在三个坐标轴上的投影为

$$F_x = F\cos\alpha,\ F_y = F\cos\beta,\ F_z = F\cos\gamma \qquad (4-1)$$

这种投影的方法称为直接投影法，也称为一次投影法。

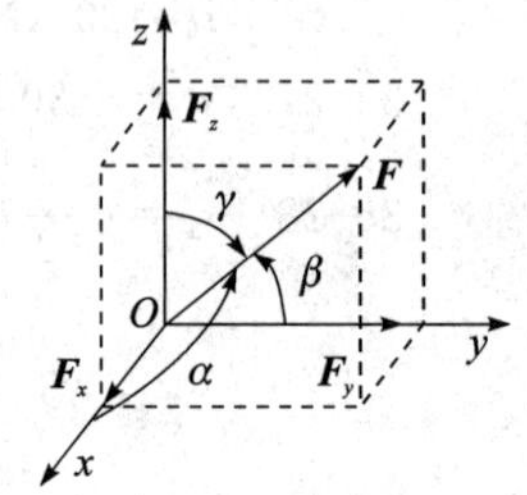

图4-1

2）间接投影法（二次投影法）

若将力 $\boldsymbol{F}$ 先投影到 xy 平面上得 $\boldsymbol{F}_{xy}$，然后再将 $\boldsymbol{F}_{xy}$ 分别投影到 x、y 轴上，则 $\boldsymbol{F}$ 在三个坐标轴上的投影分别为

$$\left.\begin{aligned} F_x &= F\sin\gamma\cos\varphi \\ F_y &= F\sin\gamma\sin\varphi \\ F_z &= F\cos\gamma \end{aligned}\right\} \qquad (4-2)$$

这种投影方法称为间接投影法或二次投影法，如图4-2所示。

在此应注意力在坐标轴上的投影为代数量，而在 xy 平面上的投影 $\boldsymbol{F}_{xy}$ 是矢量，因为它有大小和方向。

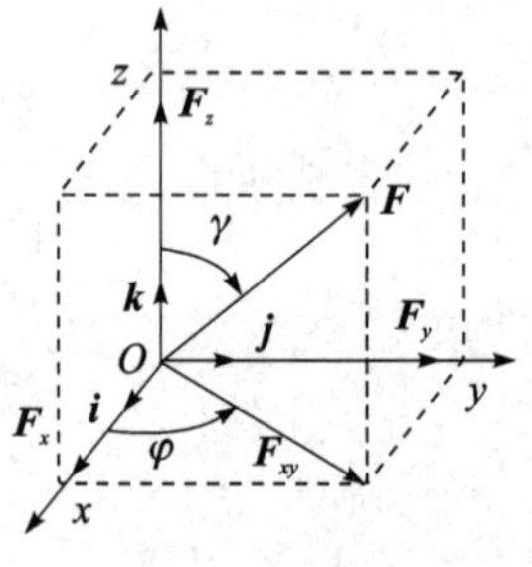

图4-2

3）力沿坐标轴分解

设力 $\boldsymbol{F}$ 在 x 轴、y 轴、z 轴的正交分量为 $\boldsymbol{F}_x$，$\boldsymbol{F}_y$，$\boldsymbol{F}_z$，则 $\boldsymbol{F}$ 为

$$\boldsymbol{F} = \boldsymbol{F}_x + \boldsymbol{F}_y + \boldsymbol{F}_z \qquad (4-3)$$

力在坐标轴上的投影与力的正交分量的关系是

$$\boldsymbol{F}_x = F_x\boldsymbol{i},\quad \boldsymbol{F}_y = F_y\boldsymbol{j},\quad \boldsymbol{F}_z = F_z\boldsymbol{k} \qquad (4-4)$$

式(4-4)中 $\boldsymbol{i}$、$\boldsymbol{j}$、$\boldsymbol{k}$ 分别表示沿坐标轴方向的单位矢量。

由 $\boldsymbol{F}$ 在 x 轴、y 轴、z 轴上的投影可求出 $\boldsymbol{F}$ 的大小和方向：

$$F = \sqrt{F_x^2 + F_y^2 + F_z^2}$$

$$\cos\alpha = \frac{F_x}{F},\ \cos\beta = \frac{F_y}{F},\ \cos\gamma = \frac{F_z}{F} \qquad (4-5)$$

式(4-5)中，α、β、γ 为力 $\boldsymbol{F}$ 在 xyz 坐标系的方向角。

2. 空间汇交力系的合成

同平面汇交力系一样，空间汇交力系合成的方法也有几何法和解析法。

1）几何法

对于空间汇交力系应用力多边形法则求其合力，合力的作用线过各力的汇交点。合力 $\boldsymbol{F}_{\mathrm{R}}$ 为

$$\boldsymbol{F}_{\mathrm{R}}=\boldsymbol{F}_1+\boldsymbol{F}_2+\cdots+\boldsymbol{F}_n=\sum \boldsymbol{F} \tag{4-6}$$

由于空间汇交力系的力多边形是空间的，求解问题时多有不便。一般情况下采用解析法。

2）解析法

将 $\boldsymbol{F}_i=F_{ix}\boldsymbol{i}+F_{iy}\boldsymbol{j}+F_{iz}\boldsymbol{k}$ 代入式(4-6)有

$$\boldsymbol{F}_{\mathrm{R}}=\sum F_{ix}\boldsymbol{i}+\sum F_{iy}\boldsymbol{j}+\sum F_{iz}\boldsymbol{k}$$

由于 $\boldsymbol{F}_{\mathrm{R}}=F_{\mathrm{R}x}\boldsymbol{i}+F_{\mathrm{R}y}\boldsymbol{j}+F_{\mathrm{R}z}\boldsymbol{k}$，所以有

$$F_{\mathrm{R}x}=\sum F_{ix},\ F_{\mathrm{R}y}=\sum F_{iy},\ F_{\mathrm{R}z}=\sum F_{iz} \tag{4-7}$$

通常式(4-7)可简写成：

$$F_{\mathrm{R}x}=\sum F_x,\ F_{\mathrm{R}y}=\sum F_y,\ F_{\mathrm{R}z}=\sum F_z$$

这就是空间汇交力系的合力投影定理。即合力在任一轴上的投影，等于力系中各力在同一轴上投影的代数和。

合力的大小为

$$F_{\mathrm{R}}=\sqrt{\left(\sum F_x\right)^2+\left(\sum F_y\right)^2+\left(\sum F_z\right)^2} \tag{4-8}$$

合力的方向为

$$\cos(\boldsymbol{F}_{\mathrm{R}},\ \boldsymbol{i})=\frac{\sum F_x}{F_{\mathrm{R}}},\quad \cos(\boldsymbol{F}_{\mathrm{R}},\ \boldsymbol{j})=\frac{\sum F_y}{F_{\mathrm{R}}},\quad \cos(\boldsymbol{F}_{\mathrm{R}},\ \boldsymbol{k})=\frac{\sum F_z}{F_{\mathrm{R}}}$$

3. 空间汇交力系的平衡

由于空间汇交力系的合成结果为一合力，因此空间汇交力系平衡的充要条件是该力系的合力为零，即

$$\boldsymbol{F}_{\mathrm{R}}=\sum \boldsymbol{F}=0$$

由此可知空间汇交力系平衡的充要条件是其力多边形自行封闭。

由式(4-8)，有

$$\sum F_x=0,\ \sum F_y=0,\ \sum F_z=0 \tag{4-9}$$

由此可得**空间汇交力系平衡的充要条件是力系中各力在三个坐标轴上投影的代数和分别等于零**。式(4-9)称为空间汇交力系的平衡方程。三个独立的平衡方程可求解三个未知数。

求解空间汇交力系平衡问题的步骤与求解平面汇交力系平衡问题相同。

【例 4-1】 图 4-3 所示的圆柱斜齿轮，其上受啮合力 $\boldsymbol{F}_{\mathrm{n}}$ 的作用。已知斜齿轮的齿倾角(螺旋角)β和压力角α，试求力 $\boldsymbol{F}_{\mathrm{n}}$ 沿 x、y 和 z 轴的分力。

解 先将力 $\boldsymbol{F}_{\mathrm{n}}$ 向 z 轴和 Oxy 平面投影，得

$$F_z=F_{\mathrm{n}}\sin\alpha,\ F_{xy}=F_{\mathrm{n}}\cos\alpha$$

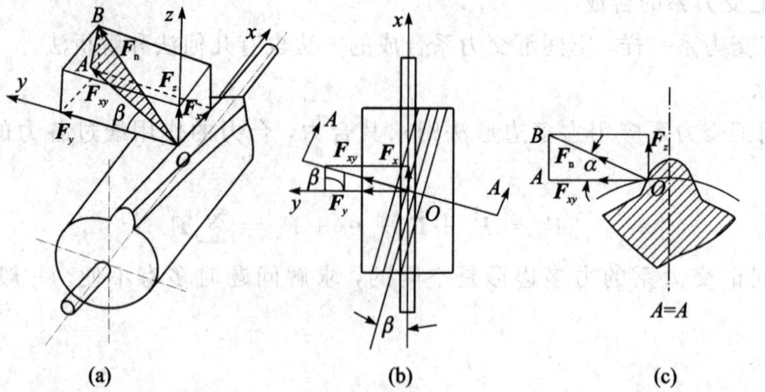

图 4-3

再将力 F_{xy} 向 x、y 轴投影，得

$$F_x=F_{xy}\sin\beta=F_n\cos\alpha\sin\beta,\ F_y=F_{xy}\cos\beta=F_n\cos\cos\beta$$

则 F_n 沿各轴的分力为

$$\boldsymbol{F}_x=F_n\cos\alpha\sin\beta\boldsymbol{i},\ \boldsymbol{F}_y=F_n\cos\alpha\cos\beta\boldsymbol{j},\ \boldsymbol{F}_z=F_n\sin\alpha\boldsymbol{k}$$

【例 4-2】 简易起重机如图 4-4 所示，吊起重物 Q=20 kN。已知：AB=3 m，AE=AF=4 m，不计杆重，求绳子 BF、BE 的拉力及 AB 杆的支承力。

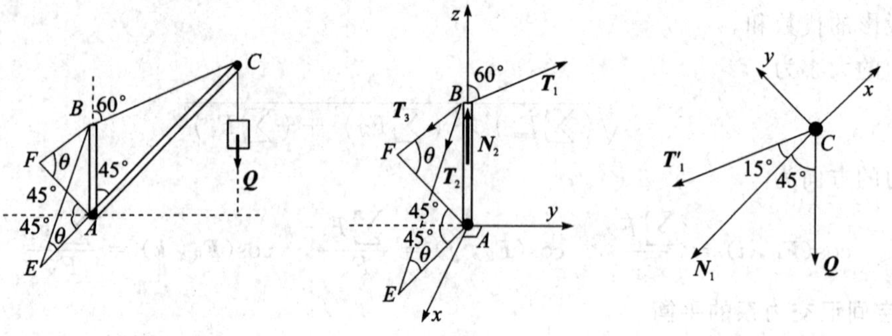

图 4-4

解 以 C 点为研究对象，受力如图 4-4(c)所示，其中 N_1 为 AC 杆的作用力，T'_1 为绳子 BC 的拉力。

列平衡方程

$$\sum F_y=0\quad T'_1\sin15^\circ-Q\sin45^\circ=0$$

解得

$$T'_1=546\ \text{N}$$

以 B 点为研究对象，受力有绳子 BE、BF、BC 的拉力 T'_2、T'_3、T'_1 及杆 AB 的支承力 N_2，如图 4-4(b)所示。

列平衡方程：

$$\left.\begin{aligned}&\sum F_x = 0 \quad T_2\cos\theta\cos45° - T_3\cos\theta\cdot\cos45° = 0\\&\sum F_y = 0 \quad T_1\sin60° - T_2\cos\theta\cos45° - T_3\cos\theta\cos45° = 0\\&\sum F_z = 0 \quad N_2 + T_1\cos60° - T_2\sin\theta - T_3\sin\theta = 0\end{aligned}\right\}$$

$$\cos\theta = \frac{4}{5},\ \sin\theta = \frac{3}{\sqrt{3^2+4^2}} = \frac{3}{5}$$

解得

$$T_2 = T_3 = 419\ \text{kN},\ N_2 = 230\ \text{N}$$

4.2 力对点之矩及力对轴之矩

1. 力对点之矩

力对刚体的作用效应有移动和转动两方面。其中力对刚体移动效应用力矢量来度量；而力对刚体的转动效应可用力对点之矩(简称力矩)来表示，即力矩是度量力对刚体转动效应的物理量。

在图 4-5 中，力 $\boldsymbol{F}$ 的作用点 A 可用矢量 $\boldsymbol{r}$ 确定，在矢量 $\boldsymbol{r}$ 与力 $\boldsymbol{F}$ 构成力矩的作用面 OAB 内，力矩使刚体产生转动效应，由右手螺旋法则(见图 4-6)可确定矢量$\boldsymbol{M}_O(\boldsymbol{F})$，该矢量大小为

$$|\boldsymbol{M}_O(\boldsymbol{F})| = |\boldsymbol{r}\times\boldsymbol{F}| = r\cdot F\sin\theta = F\cdot h = 2\triangle AOB\ \text{面积}$$

式中 θ 为矢量 $\boldsymbol{r}$ 与力 $\boldsymbol{F}$ 的夹角，h 为点 O 到力 $\boldsymbol{F}$ 的作用线的垂直距离。

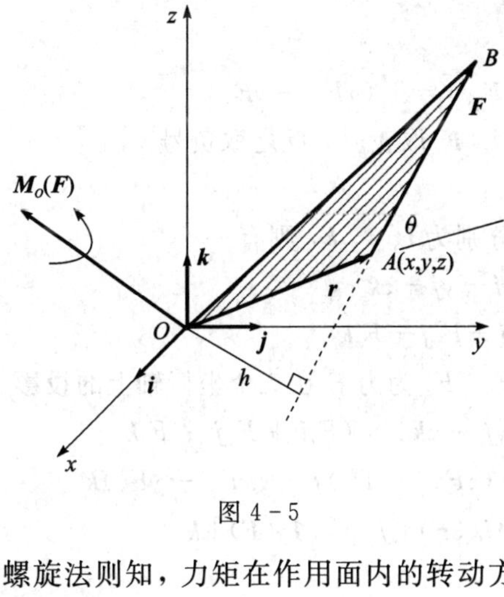

图 4-5

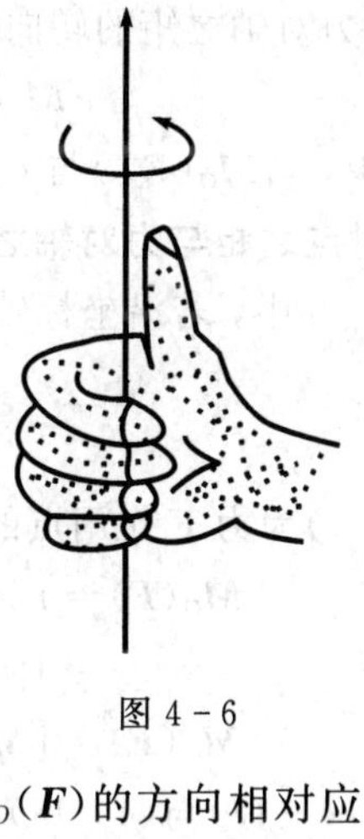

图 4-6

由右手螺旋法则知，力矩在作用面内的转动方向与矢量$\boldsymbol{M}_O(\boldsymbol{F})$的方向相对应。这样力 $\boldsymbol{F}$ 对点 O 之矩可表示为

$$\boldsymbol{M}_O(\boldsymbol{F}) = \boldsymbol{r}\times\boldsymbol{F} \tag{4-10}$$

即力对点之矩等于矢径 $\boldsymbol{r}$ 与该力矢 $\boldsymbol{F}$ 的矢量积，其单位为 N·m。

2. 力对轴之矩

在图 4-7 中，作用在刚体上 A 点的力为 $\boldsymbol{F}$，z 为过点 O 的转轴。力 $\boldsymbol{F}$ 对 z 轴之矩定义为

$$M_z(\boldsymbol{F}) = \pm F_{xy}\cdot h = M_O(\boldsymbol{F}_{xy}) \tag{4-11}$$

式中，$\boldsymbol{F}_{xy}$为力$\boldsymbol{F}$在xy平面上的分量，h为z轴到力$\boldsymbol{F}_{xy}$作用线的距离，O点为z轴与平面xy的交点。从z轴的正方向向下看去，$M_O(\boldsymbol{F}_{xy})$逆时针转动取“+”，顺时针转动取“−”。

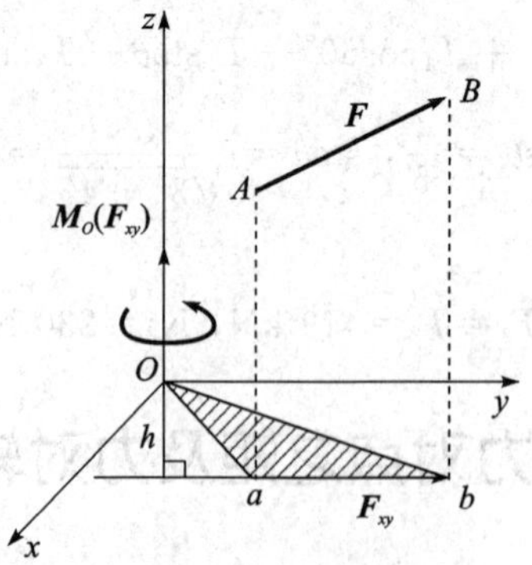

图 4-7

由式(4-11)可以看出：① 力$\boldsymbol{F}$与z轴平行或力$\boldsymbol{F}$的作用线过z轴，即$M_z(\boldsymbol{F})$等于零；② 当$\boldsymbol{F}$沿其作用线移动时，$M_z(\boldsymbol{F})$值不变；③ $M_z(\boldsymbol{F})$是代数量。

力对轴之矩也可用解析式来表示，力$\boldsymbol{F}$在垂直于z轴的平面xOy上的分力为

$$\boldsymbol{F}_{xy}=F_x\boldsymbol{i}+F_y\boldsymbol{j}$$

力$\boldsymbol{F}_{xy}$对平面xOy与z轴的交点O之矩为

$$\boldsymbol{M}_O(\boldsymbol{F}_{xy})=\overrightarrow{oa}\times\boldsymbol{F}_{xy}=(x\boldsymbol{i}+y\boldsymbol{j})\times(F_x\boldsymbol{i}+F_y\boldsymbol{j})=(xF_y-yF_x)\boldsymbol{k}$$

其大小为$M_O(\boldsymbol{F}_{xy})=(xF_y-yF_x)$，方向为$\boldsymbol{k}$方向即沿$z$轴方向。其中$F_x$、$F_y$为力$\boldsymbol{F}_{xy}$在$x$、$y$轴上的投影，$x$、$y$为$a$点的坐标。

考虑到力对轴之矩的转向，取

$$M_z(\boldsymbol{F})=\pm M_O(\boldsymbol{F}_{xy})=\pm(xF_y-yF_x) \tag{4-12}$$

式(4-12)中，若$\boldsymbol{M}_O(\boldsymbol{F}_{xy})$与$z$轴同向，则$M_z(\boldsymbol{F})$取正号；反之取负号。

3. 力对点之矩与力对轴之矩的关系

在图 4-5 中，若沿坐标轴的单位向量分别为$\boldsymbol{i}$、$\boldsymbol{j}$、$\boldsymbol{k}$，则有

$$\boldsymbol{r}=x\boldsymbol{i}+y\boldsymbol{j}+z\boldsymbol{k}$$

$$\boldsymbol{F}=F_x\boldsymbol{i}+F_y\boldsymbol{j}+F_z\boldsymbol{k}$$

其中(x,y,z)为力$\boldsymbol{F}$作用点的坐标，F_x、F_y、F_z为力$\boldsymbol{F}$在三个坐标轴上的投影。

$$\begin{aligned}\boldsymbol{M}_O(\boldsymbol{F})&=\boldsymbol{r}\times\boldsymbol{F}=(x\boldsymbol{i}+y\boldsymbol{j}+z\boldsymbol{k})\times(F_x\boldsymbol{i}+F_y\boldsymbol{j}+F_z\boldsymbol{k})\\&=(yF_z-zF_y)\boldsymbol{i}+(zF_x-xF_z)\boldsymbol{j}+(xF_y-yF_x)\boldsymbol{k}\end{aligned} \tag{4-13}$$

$$\boldsymbol{M}_O(\boldsymbol{F})=[\boldsymbol{M}_O(\boldsymbol{F})]_x\boldsymbol{i}+[\boldsymbol{M}_O(\boldsymbol{F})]_y\boldsymbol{j}+[\boldsymbol{M}_O(\boldsymbol{F})]_z\boldsymbol{k} \tag{4-14}$$

比较式(4-13)与(4-14)有

$$[\boldsymbol{M}_O(\boldsymbol{F})]_z=(xF_y-yF_x)=M_z(\boldsymbol{F}) \tag{4-15a}$$

$$[\boldsymbol{M}_O(\boldsymbol{F})]_x=(yF_z-zF_y)=M_x(\boldsymbol{F}) \tag{4-15b}$$

$$[\boldsymbol{M}_O(\boldsymbol{F})]_y=(zF_x-xF_z)=M_y(\boldsymbol{F}) \tag{4-15c}$$

式(4-15)表明：**力对点之矩在过该点的任意轴上的投影等于力对该轴之矩。**

【例 4-3】 机构如图 4-8 所示，已知$P=2000$ N，力作用点C在Oxy平面内。求：

① 力$\boldsymbol{P}$对三个坐标轴之矩；

② 力 $\boldsymbol{P}$ 对 O 点之矩。

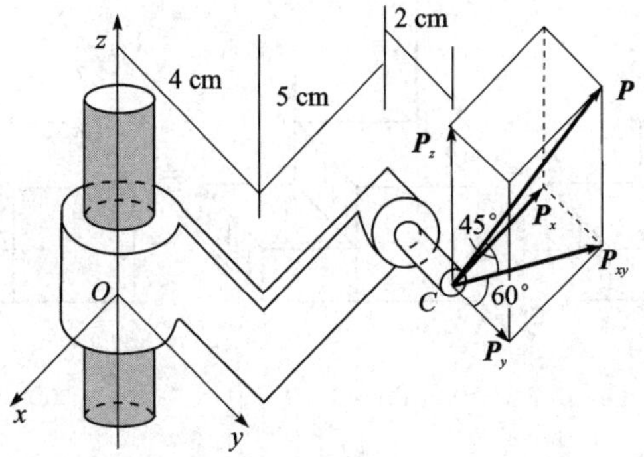

图 4-8

解　将力 $\boldsymbol{P}$ 向三个坐标轴上投影有

$$P_x = P\cos 45°\sin 60°,\ P_y = P\cos 45° \cdot \cos 60°,\ P_z = P\cos 45°$$

由合力矩定理得，力对三个坐标轴之矩为

$$\begin{aligned} m_x(\boldsymbol{P}) &= m_x(\boldsymbol{P}_x) + m_x(\boldsymbol{P}_y) + m_x(\boldsymbol{P}_z) = 0 + 0 + 6P_z \\ &= 6P\sin 45° = 84.8\ \text{N} \cdot \text{m} \end{aligned}$$

$$\begin{aligned} m_y(\boldsymbol{P}) &= m_y(\boldsymbol{P}_x) + m_y(\boldsymbol{P}_y) + m_y(\boldsymbol{P}_z) = 0 + 0 + 5P_z \\ &= 5P\sin 45° = 70.7\ \text{N} \cdot \text{m} \end{aligned}$$

$$\begin{aligned} m_z(\boldsymbol{P}) &= m_z(\boldsymbol{P}_x) + m_z(\boldsymbol{P}_y) + m_z(\boldsymbol{P}_z) = 6 \times P_x + (-5 \times P_y) + 0 \\ &= 6P\cos 45°\sin 60° - 5P\cos 45°\cos 60° = 38.2\ \text{N} \cdot \text{m} \end{aligned}$$

力 P 对 O 点之矩为

$$\boldsymbol{m}_O(\boldsymbol{P}) = m_x(\boldsymbol{P})\boldsymbol{i} + m_y(\boldsymbol{P})\boldsymbol{j} + m_z(\boldsymbol{P})\boldsymbol{k} = 84.8\boldsymbol{i} + 70.7\boldsymbol{j} + 38.2\boldsymbol{k}$$

$$|\boldsymbol{m}_O(\boldsymbol{P})| = \sqrt{84.8^2 + 70.7^2 + 38.2^2} = 116.83$$

$$\cos\alpha = \frac{m_x(\boldsymbol{P})}{|\boldsymbol{m}_O(\boldsymbol{P})|} = \frac{84.8}{116.83} = 0.7258$$

$$\cos\beta = \frac{m_y(\boldsymbol{P})}{|\boldsymbol{m}_O(\boldsymbol{P})|} = \frac{70.7}{116.83} = 0.6052$$

$$\cos\gamma = \frac{m_z(\boldsymbol{P})}{|\boldsymbol{m}_O(\boldsymbol{P})|} = \frac{38.2}{116.83} = 0.3270$$

4.3　空间力偶系

1. 空间力偶矩矢

图 4-9 所示的三个力偶，分别作用在三个同样的物块上，力偶矩都等于 200 N·m。因为前两个力偶的转向相同，作用面又相互平行，因此这两个力偶对物块的作用效果相同。第三个力偶作用在平面Ⅱ上，虽然力偶矩的大小相同，但其与前两个力偶对物块的作用效果不同。前者使静止物块绕平行于 x 轴的轴转动，而后者则使物块绕平行于 y 轴的轴转动。

由此可见，力偶对刚体的作用除了与力偶矩大小有关外，还与其作用面的方位及力偶的转向有关。所以，空间力偶对刚体的作用效果取决于下列三要素：

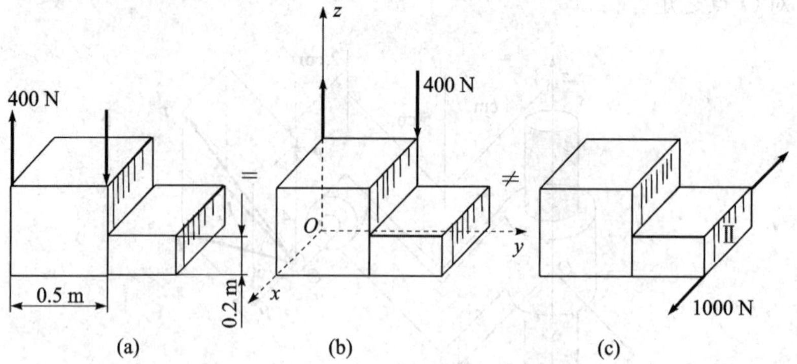

图 4-9

（1）力偶矩的大小。

（2）力偶作用面的方位。

（3）力偶的转向。

据此可得，空间力偶可用矢量表示，矢量的长度表示力偶矩的大小，矢量的方位与力偶作用面的法线方位相同，矢量的指向与力偶转向的关系服从右手螺旋法则。即如以力偶的转向为右手螺旋的转动方向，则拇指的方向为矢量的指向；或从矢量的末端看去，应看到力偶的转向是逆时针转向。这样，该矢量包括了上述力偶三个要素，称其为力偶矩矢，记作 $\boldsymbol{M}$，如图 4-10 所示。**由此可知，空间力偶对刚体的作用完全由力偶矩矢 $\boldsymbol{M}$ 所决定。**

在图 4-11，中组成力偶的两个力 $\boldsymbol{F}$ 和 $\boldsymbol{F}'$ 对空间任一点 O 之矩的矢量和为

$$\boldsymbol{M}_O(\boldsymbol{F},\ \boldsymbol{F}')=\boldsymbol{M}_O(\boldsymbol{F})+\boldsymbol{M}_O(\boldsymbol{F}')=\boldsymbol{r}_A\times\boldsymbol{F}+\boldsymbol{r}_B\times\boldsymbol{F}'$$

式中 $\boldsymbol{r}_A$ 与 $\boldsymbol{r}_B$ 分别为由点 O 到二力作用点 A、B 的矢径。

因 $\boldsymbol{F}'=-\boldsymbol{F}$，故上式可写为

$$\boldsymbol{M}_O(\boldsymbol{F},\ \boldsymbol{F}')=\boldsymbol{r}_A\times\boldsymbol{F}+\boldsymbol{r}_B\times\boldsymbol{F}'=(\boldsymbol{r}_A-\boldsymbol{r}_B)\times\boldsymbol{F}=\boldsymbol{r}_{BA}\times\boldsymbol{F}$$

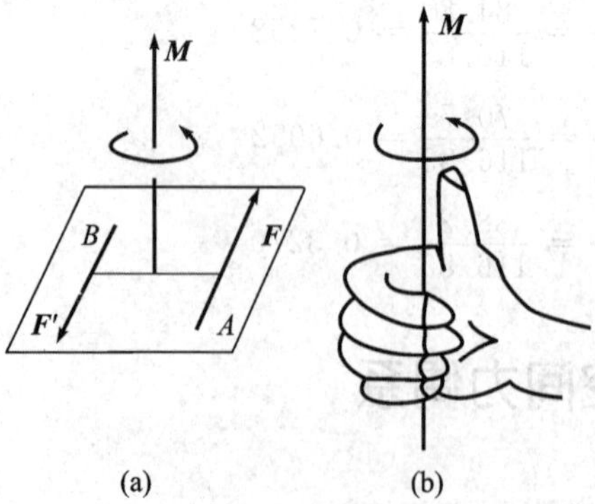

图 4-10

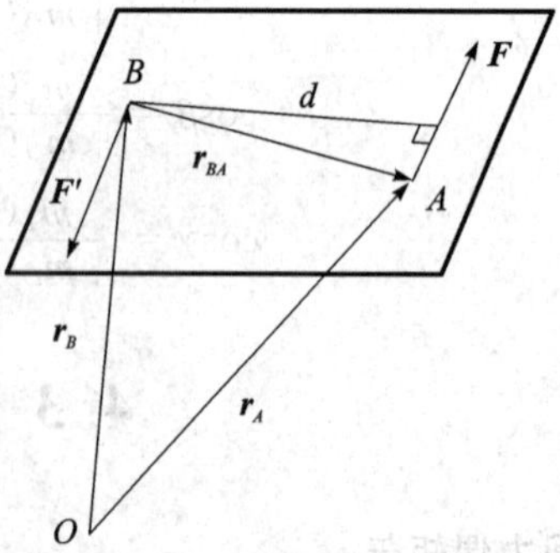

图 4-11

显而易见，$\boldsymbol{r}_{BA}\times\boldsymbol{F}$ 的大小等于 Fd，方向与力偶($\boldsymbol{F}$，$\boldsymbol{F}'$)的力偶矩矢 $\boldsymbol{M}$ 方向一致。计算表明，力偶对空间任一点的矩矢都等于力偶矩矢，且与矩心位置无关。即

$$\boldsymbol{M}(\boldsymbol{F},\ \boldsymbol{F}')=\boldsymbol{M}=\boldsymbol{r}_{BA}\times\boldsymbol{F}$$

由于力偶可在其作用面内任意移转，并可移到与其作用面平行的平面内，故力偶 $\boldsymbol{M}$ 为自由矢量。显然，两个空间力偶等效的条件是两个力偶的力偶矩矢相等，这就是空间力偶等效

定理。

2. 空间力偶系的合成

作用面不共面的力偶系称为空间力偶系。由于力偶矩矢是自由矢量，故空间力偶系合成的方法与空间汇交力系相同。即空间力偶系合成的结果是一个合力偶，合力偶矩等于各分力矩的矢量和，即

$$\boldsymbol{M} = \boldsymbol{M}_1 + \boldsymbol{M}_2 + \cdots + \boldsymbol{M}_n = \sum_i^n \boldsymbol{M}_i \qquad (4-16)$$

将式(4-16)中的矩矢分别向 x，y，z 上投影，有

$$\left.\begin{aligned} M_x &= M_{1x} + M_{2x} + \cdots + M_{nx} = \sum_i^n M_{ix} \\ M_y &= M_{1y} + M_{2y} + \cdots + M_{ny} = \sum_i^n M_{iy} \\ M_z &= M_{1z} + M_{2z} + \cdots + M_{nz} = \sum_i^n M_{iz} \end{aligned}\right\} \qquad (4-17)$$

即合力偶矩矢在 x，y，z 轴上投影等于各分力偶矩矢在相应轴上投影的代数和。

合力偶矩矢的大小和方向为

$$\begin{aligned} &M = \sqrt{M_x^2 + M_y^2 + M_z^2} \\ &\cos\alpha = \frac{M_x}{M}, \quad \cos\beta = \frac{M_y}{M}, \quad \cos\gamma = \frac{M_z}{M} \end{aligned} \qquad (4-18)$$

式(4-18)中，α、β、γ 为 $\boldsymbol{M}$ 在 xyz 坐标系中的方向角。

【例 4-4】　在图 4-12 所示的直角三棱柱上，作用着力 $F_1=F'_1=400$ N，$F_2=F'_2=200$ N，力的方向如图 4-12 示，其中($\boldsymbol{F}_1$，$\boldsymbol{F}'_1$)、($\boldsymbol{F}_2$，$\boldsymbol{F}'_2$)分别构成两个力偶，试求它们的合成结果在 x、y、z 轴上的投影。

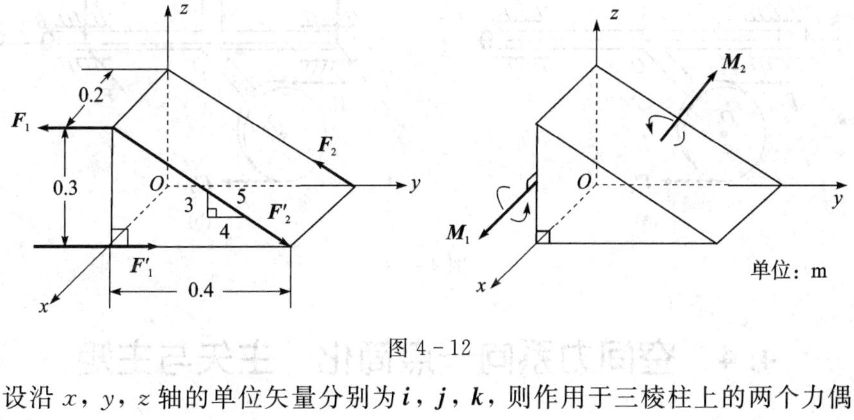

图 4-12

解　设沿 x，y，z 轴的单位矢量分别为 $\boldsymbol{i}$，$\boldsymbol{j}$，$\boldsymbol{k}$，则作用于三棱柱上的两个力偶其力偶矩矢为

$$\boldsymbol{M}_1 = \boldsymbol{F}_1 \cdot 0.3\boldsymbol{i} = 120\boldsymbol{i}\ \text{N}\cdot\text{m}$$

$$\boldsymbol{M}_2 = \frac{3}{5}\boldsymbol{F}_2 \cdot 0.2\boldsymbol{j} + \frac{4}{5}F_2 \cdot 0.2\boldsymbol{k} = 24\boldsymbol{j} + 32\boldsymbol{k}\ \text{N}\cdot\text{m}$$

其合力偶矩矢为

$$\boldsymbol{M} = \boldsymbol{M}_1 + \boldsymbol{M}_2 = 120\boldsymbol{i} + 24\boldsymbol{j} + 32\boldsymbol{k}\ \text{N}\cdot\text{m}$$

合力偶矩矢在坐标轴上的投影分别为

$$M_x=120\ \mathrm{N\cdot m},\ M_y=24\ \mathrm{N\cdot m},\ M_z=32\ \mathrm{N\cdot m}$$

3. 空间力偶系的平衡

由于空间力偶系可用一个合力偶来等效，空间力偶系平衡的必要和充分条件是该力偶系的合力偶矩等于零，即

$$\sum \boldsymbol{M}_i = 0 \tag{4-19}$$

由式(4-18)知，要使式(4-19)成立，必须同时满足

$$\sum M_{xi} = 0,\ \sum M_{yi} = 0,\ \sum M_{zi} = 0 \tag{4-20}$$

上式称为空间力偶系的平衡方程，即空间力偶系平衡的必要和充分条件是各力偶矩矢在三个坐标轴上投影的代数和分别等于零。三个平衡方程可求解三个未知量。

【例 4-5】 机构如图 4-13 所示，圆盘 O_1、O_2 上分别作用有力偶($\boldsymbol{F}_1$，$\boldsymbol{F}'_1$)、($\boldsymbol{F}_2$，$\boldsymbol{F}'_2$)。两圆盘半径均为 200 mm，$F_1=3$ N，$F_2=5$ N，$AB=800$ mm，不计构件自重。求轴承 A 和 B 处的约束反力。

解 取整体为研究对象，作用在其上的力有($\boldsymbol{F}_1$，$\boldsymbol{F}'_1$)，($\boldsymbol{F}_2$，$\boldsymbol{F}'_2$)，轴承 A、B 处的约束反力偶($\boldsymbol{F}_{Ax}$，$\boldsymbol{F}_{Bx}$)、($\boldsymbol{F}_{Az}$，$\boldsymbol{F}_{Bz}$)，如图 4-13(b)所示。由平衡方程式(4-20)有

$$\left.\begin{aligned}\sum M_x = 0 \quad 400F_2 - 800F_{Az} = 0\\ \sum M_z = 0 \quad 400F_1 + 800F_{Ax} = 0\end{aligned}\right\}$$

解得

$$F_{Ax}=F_{Bx}=-1.5\ \mathrm{N},\quad F_{Az}=F_{Bz}=2.5\ \mathrm{N}$$

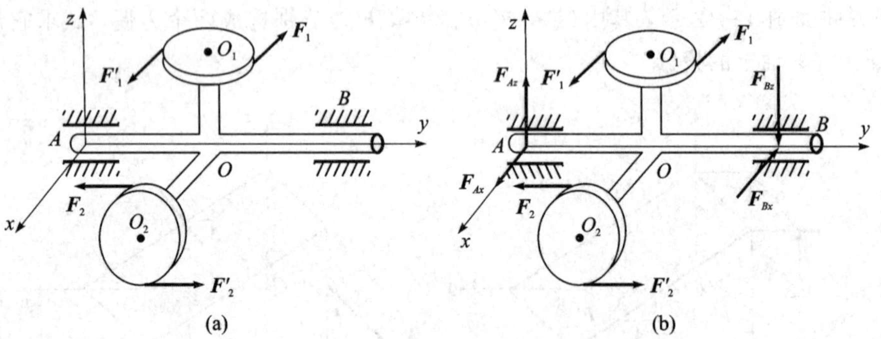

图 4-13

4.4 空间力系向一点简化 主矢与主矩

1. 空间力系向一点简化及主矢与主矩

空间力系的简化与平面力系的简化方法相同。在图 4-14(a)所示刚体上作用着空间力系 $\boldsymbol{F}_1$，$\boldsymbol{F}_2$，…，$\boldsymbol{F}_n$，应用力线平移定理，依次将力系中各力向任选的一点 O 简化(O 点称为简化中心)，同时附加一个相应的力偶，这样就得到等效替换空间力系，即一个空间汇交力系 $\boldsymbol{F}'_1$，$\boldsymbol{F}'_2$，…，$\boldsymbol{F}'_n$ 和一个力偶系($\boldsymbol{m}_1$，$\boldsymbol{m}_2$，…，$\boldsymbol{m}_n$)，如图 4-14(b)所示。

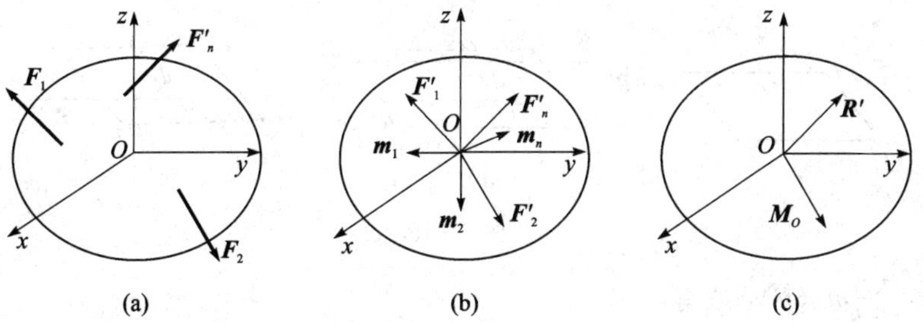

图 4-14

汇交力系合成的结果为作用于简化中心 O 的力 $\boldsymbol{R}'$，且 $\boldsymbol{R}'=\sum\boldsymbol{F}'_i=\sum\boldsymbol{F}_i$。$\boldsymbol{R}'$ 称为力系的主矢，它与简化中心的位置无关。

力偶系合成的结果为一力偶，其力偶矩矢为 $\boldsymbol{M}_O$，且 $\boldsymbol{M}_O=\sum\boldsymbol{M}_i=\sum\boldsymbol{m}_O(\boldsymbol{F})$。$\boldsymbol{M}_O$ 称为力系的主矩，它一般与简化中心的位置有关。

由于主矢 $\boldsymbol{R}'$是汇交力系的合力，其大小和方向为

$$R'=\sqrt{\left(\sum F_x\right)^2+\left(\sum F_y\right)^2+\left(\sum F_z\right)^2}$$

$$\cos(\boldsymbol{F},\ \boldsymbol{x})=\frac{\sum F_x}{R'},\ \cos(\boldsymbol{F},\ \boldsymbol{y})=\frac{\sum F_y}{R'},\ \cos(\boldsymbol{F},\ \boldsymbol{z})=\frac{\sum F_z}{R'}$$

而主矩 $\boldsymbol{M}_O$ 的大小和方向为

$$M_O=\sqrt{\left(\sum M_x\right)^2+\left(\sum M_y\right)^2+\left(\sum M_z\right)^2}$$

$$\cos(\boldsymbol{M}_O,\ \boldsymbol{x})=\frac{\sum M_x}{M_O},\ \cos(\boldsymbol{M}_O,\ \boldsymbol{y})=\frac{\sum M_y}{M_O},\ \cos(\boldsymbol{M}_O,\ \boldsymbol{z})=\frac{\sum M_z}{M_O}$$

综上所述，可得如下结论：空间力系向一点简化，一般可得到一个力和一个力偶。这个力等于原力系的主矢，其作用线过简化中心 O。这力偶矩矢等于力系对简化中心的主矩。

2. 空间力系简化结果分析

空间力系向一点简化可能出现下列几种情况：

1）力系平衡

主矢 $\boldsymbol{R}'=0$、主矩 $\boldsymbol{M}_O=0$ 是空间力系平衡的情形，将在下一节讨论。

2）空间力系简化为一合力偶

当力系的主矢 $\boldsymbol{R}'=0$，而主矩 $\boldsymbol{M}_O\neq0$ 时，原力系与一力偶等效。此时空间力系简化为一合力偶，合力偶矩矢等于原力系对简化中心的主矩 $\boldsymbol{M}_O$，这种情况下主矩与简化中心的位置无关。

3）空间力系简化为一合力

（1）当主矢 $\boldsymbol{R}'\neq0$，而主矩 $\boldsymbol{M}_O=0$ 时，原力系与一个力等效。此时空间力系简化为过 O 点的一合力，合力的大小和方向与原力系的主矢相同。当简化中心位于合力作用线上时就会出现这种情况。

（2）当主矢 $\boldsymbol{R}'\neq0$，主矩 $\boldsymbol{M}_O\neq0$，且 $\boldsymbol{R}'\perp\boldsymbol{M}_O$ 时，一个力和一个力偶共面，此种情况可进一步合成为一个力，如图 4-15 所示。合力 $\boldsymbol{R}$ 的作用线过 O'点，大小和方向与主矢相同，其作用线到 O 点的距离 $d=|\boldsymbol{M}_O|/R$。

由图 4-15(b)可知，力偶$(\boldsymbol{R},\ \boldsymbol{R}'')$的矩矢 $\boldsymbol{M}_O$ 等于合力 $\boldsymbol{R}$ 对点 O 的矩矢，即 $\boldsymbol{M}_O=\boldsymbol{m}_O(\boldsymbol{R})$。

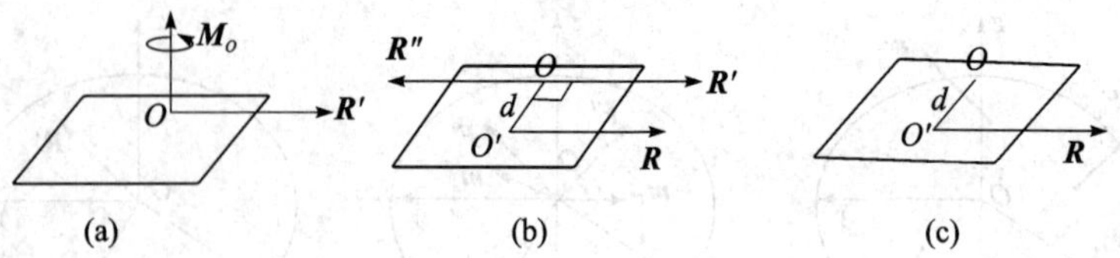

(a) (b) (c)

图 4-15

而 $M_O = \sum m_O(F)$，故有

$$m_O(R) = \sum m_O(F) \tag{4-21}$$

由于 $R = R' = \sum F$，根据式(4-21)知，**空间力系的合力对任一点之矩等于力系中各分力对同一点之矩的矢量和 —— 对点的合力矩定理。**

将式(4-21)向过点 O 的任一轴 z 投影，有

$$m_z(R) = \sum m_z(F) \tag{4-22}$$

即合力对任一轴之矩等于力系中各力对同一轴之矩的代数和。式(4-21)、(4-22)称为空间力系的合力矩定理。

4) 空间力系简化为力螺旋

当力系向一点简化时，$R' \neq 0$，$M_O \neq 0$，且 R' 与 M_O 不垂直而成任一角 α，这是最一般的情形。将 M_O 分解为分别与 R' 平行、垂直的两个分量 $M_{O//}$、$M_{O\perp}$，如图 4-16(a)所示。其中，$M_{O//} = M_O\cos\alpha$、$M_{O\perp} = M_O\sin\alpha$。

$M_{O\perp}$ 与 R' 进一步合成为作用在 A 点的一个力 R，$OA = M_O\sin\alpha / R$。由于力偶矩为自由矢量，将 $M_{O//}$ 平移到 A 点与 R 重合，如图 4-16(c)所示。最终的简化结果为一个力 R 和一个力偶 $M_{O//}$。这种由一个力和在与之垂直平面内的一力偶所组成的力系称为力螺旋。

例如，钻孔时的钻头对工件的作用以及拧木螺钉时螺丝刀对螺钉的作用都是力螺旋。

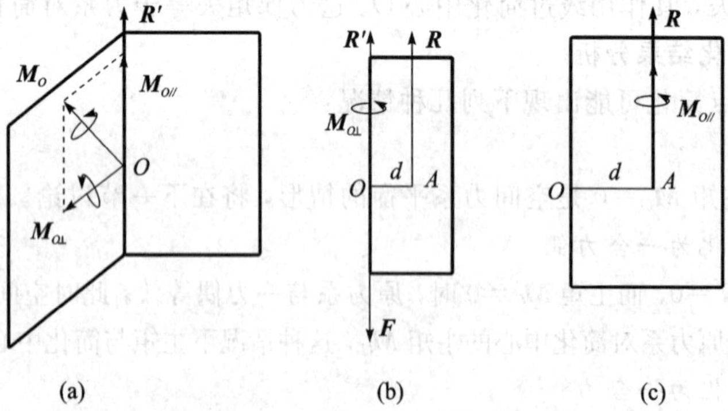

(a) (b) (c)

图 4-16

4.5 空间力系的平衡方程及应用

1. 空间力系的平衡方程

空间力系向任一点简化可得到一个作用于简化中心的力 R'(主矢)和一个力偶 M_O(主矩)。其中主矢是空间汇交力系的合力，使刚体产生移动效应；主矩为空间力偶系的合成结

果，使刚体产生转动效应。当主矢、主矩都等于零时，原力系是平衡的，即刚体处于平衡状态。反之若刚体处于平衡状态，即作用于刚体上的力系是平衡的，则主矢、主矩都等于零。因此，**空间力系平衡的必要和充分条件是力系的主矢和对任一点的主矩都等于零，即**

$$\boldsymbol{R}' = 0,\quad \boldsymbol{M}_O = 0 \tag{4-23}$$

由式(4-8)、(4-18)可知，为满足式(4-23)必有

$$\left.\begin{aligned}&\sum F_x = 0,\ \sum F_y = 0,\ \sum F_z = 0\\&\sum m_x(\boldsymbol{F}) = 0,\ \sum m_y(\boldsymbol{F}) = 0,\ \sum m_z(\boldsymbol{F}) = 0\end{aligned}\right\} \tag{4-24}$$

上式称为空间力系的平衡方程。其中，前三式是投影方程，后三式是力矩方程。利用这六个彼此独立的平衡方程可以解出六个未知量。

由此可得，空间力系平衡的解析条件：**力系中所有各力在同一坐标轴上投影的代数和为零，且各力对同一轴之矩的代数和也为零。**

空间力系是最普遍的力系，其他力系如平面力系、空间汇交力系、力偶系、平行力系等均属空间力系的特殊情形。因此，其他力系的平衡方程均可由式(4-24)导出。

对于空间平行力系，设 z 轴与力系中各力的作用线平行，由于各力在 x、y 上的投影等于零，且对 z 轴的力矩等于零恒成立，故由式(4-24)有平行力系的平衡方程

$$\sum F_z = 0,\ \sum m_x(\boldsymbol{F}) = 0,\ \sum m_y(\boldsymbol{F}) = 0 \tag{4-25}$$

由式(4-25)可求出 3 个未知量。

空间力系平衡问题的解题方法和步骤与平面力系完全相同。

2. 空间约束

一般情况下，当刚体受空间任意力系作用且处于平衡状态时，在每个约束处，未知的约束力可能有 1 个到 6 个。确定每种约束的约束力个数的基本方法是观察被约束物体在空间可能的 6 种独立的位移中(沿 x，y，z 轴的移动和绕此三轴的转动)，有哪几种位移被约束所阻碍。阻碍移动的是约束力，阻碍转动的是约束力偶。现将几种常见的约束及其相应的约束力综合列表，如表 4-1 所示。

表 4-1　空间约束的类型及其约束力

	约束力未知量	约束类型
1	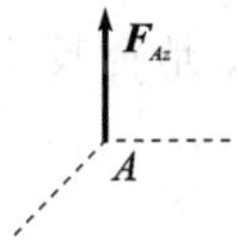	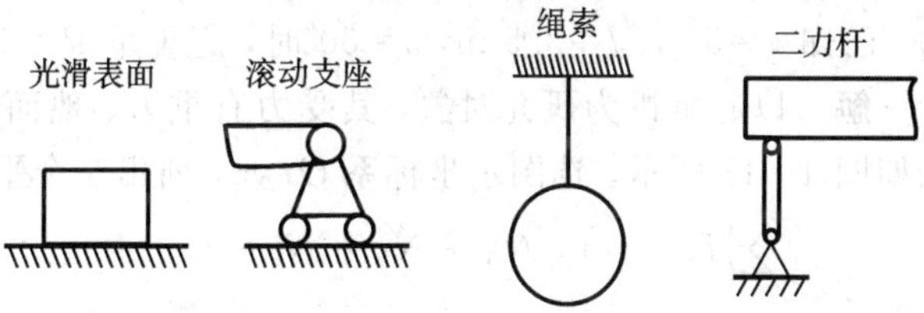
2	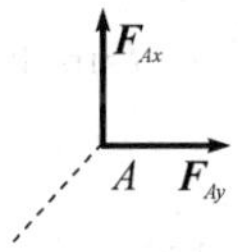	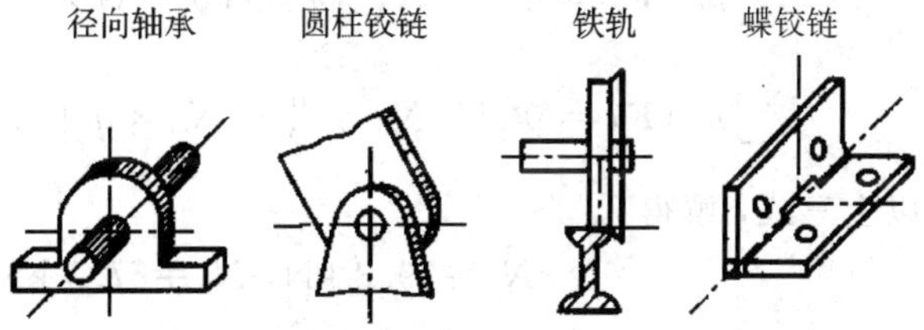

续表

	约束力未知量	约束类型
3	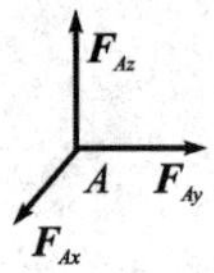	球形铰链  止推轴承 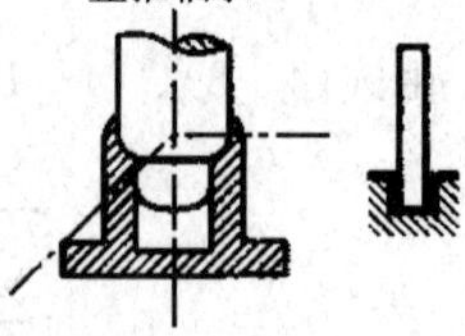
4	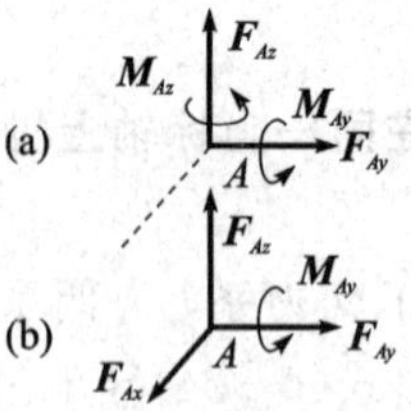	导向轴承  (a) 万向接头 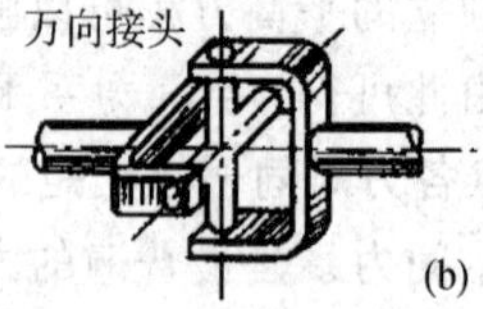 (b)
5	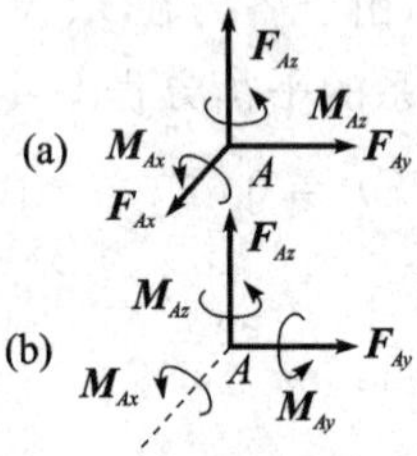	带有销子的夹板  (a) 导轨  (b)
6	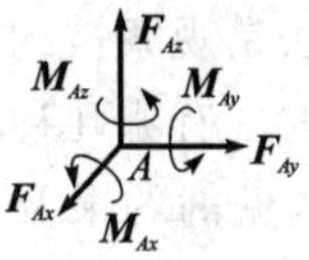	空间的固定端支座 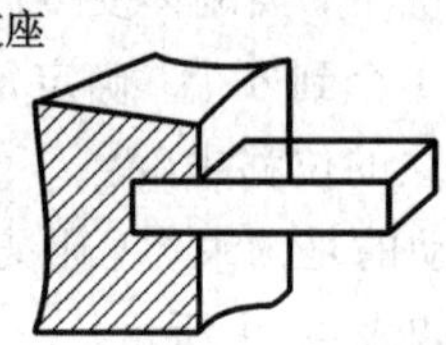

【例 4-6】 简易起重机如图 4-17 所示，自重 $G=100$ kN，轮 A、B、C 与地面为光滑接触且构成一等边三角形，重力过等边三角形的形心 E 点。起重臂 FHD 可绕铅直轴 HD 转动。已知 $a=5$ m，$l=3.5$ m，$\alpha=30°$时，起重量 $P=20$ kN。求地面作用于三个车轮的反力。

解 以起重机为研究对象，其受力有重力、地面反力。重力、地面反力形成空间平行力系如图 4-17 所示。选图示坐标系 $Oxyz$，列出三个平衡方程

$$\left.\begin{aligned}&\sum F_z=0 \quad N_A+N_B+N_C-G-P=0\\&\sum m_x(\boldsymbol{F})=0 \quad -N_A\times a\sin 60°+G\times\frac{a\sin 60°}{3}-P\times l\cos 30°=0\\&\sum m_y(\boldsymbol{F})=0 \quad -N_A\times\frac{a}{2}-N_B\times a+G\times\frac{a}{2}+P\left(\frac{a}{2}+l\sin 30°\right)=0\end{aligned}\right\}$$

由以上三式，解得

$$N_A=19.3\ \text{kN},\ N_B=57.3\ \text{kN},\ N_C=43.4\ \text{kN}$$

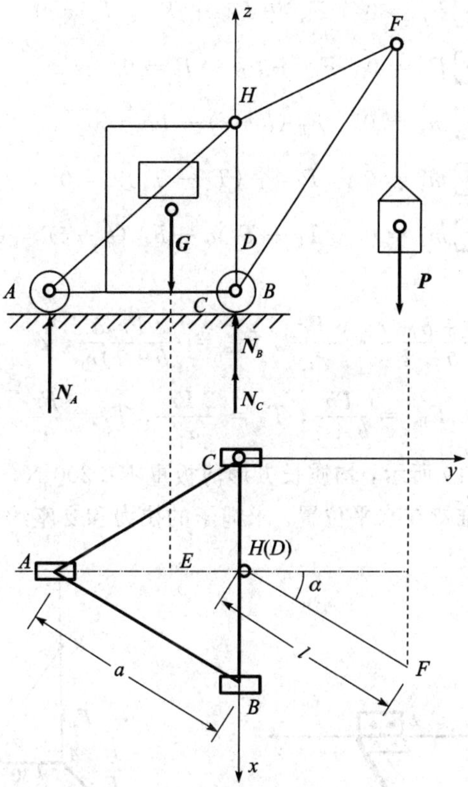

图 4－17

【例 4－7】　如图 4－18 所示的铰车结构，其皮带拉力 $\boldsymbol{T}_1$ 为 $\boldsymbol{T}_2$ 的两倍，皮带轮半径为 r_1、鼓轮半径为 r_2，提升重物的重量为 $\boldsymbol{P}$。不计铰车自重，求匀速提升重物时，皮带的拉力以及轴承 A、B 处的反力。

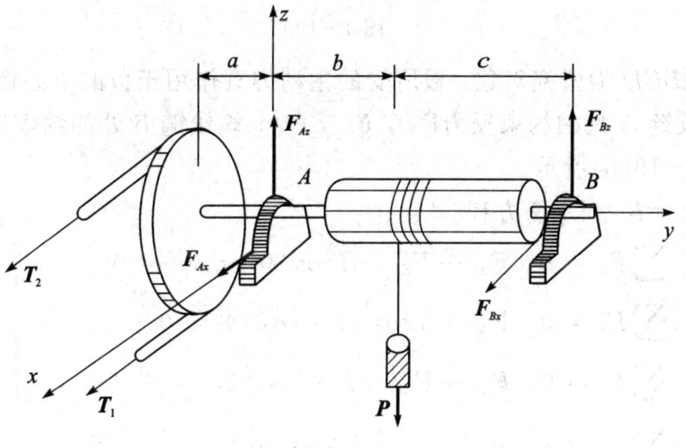

图 4－18

解　以铰车结构为研究对象，受力如图 4－18 所示。对于图示坐标系，可列出结构动平衡时的平衡方程

$$\left.\begin{aligned}
&\sum F_x = 0 \quad F_{Ax} + F_{Bx} + T_1 + T_2 = 0 \\
&\sum F_z = 0 \quad F_{Az} + F_{Bz} - P = 0 \\
&\sum m_x = 0 \quad F_{Bz}(b+c) - Pb = 0 \\
&\sum m_y = 0 \quad Pr_2 + (T_2 - T_1)r = 0 \\
&\sum m_z = 0 \quad (T_2 + T_1)a - F_{Bx}(b+c) = 0
\end{aligned}\right\}$$

解上面方程组，得

$$F_{Ax} = \frac{a+b+c}{b+c} \cdot \frac{3\,Pr_2}{r_1},\ F_{Bx} = \frac{3\,Pr_2 a}{(b+c)r_1},\ Z_{Az} = \frac{Pc}{b+c},$$

$$F_{Bz} = \frac{Pb}{b+c},\ T_1 = \frac{2\,Pr_2}{r_1},\ T_2 = \frac{Pr_2}{r_1}$$

【例 4-8】 如图 4-19 所示，均质长方形薄板重 $P=200$ N，用球铰链 A 和蝶铰链 B 固定在墙上，并用绳子 CE 维持在水平位置。求绳子的拉力和支座约束力。

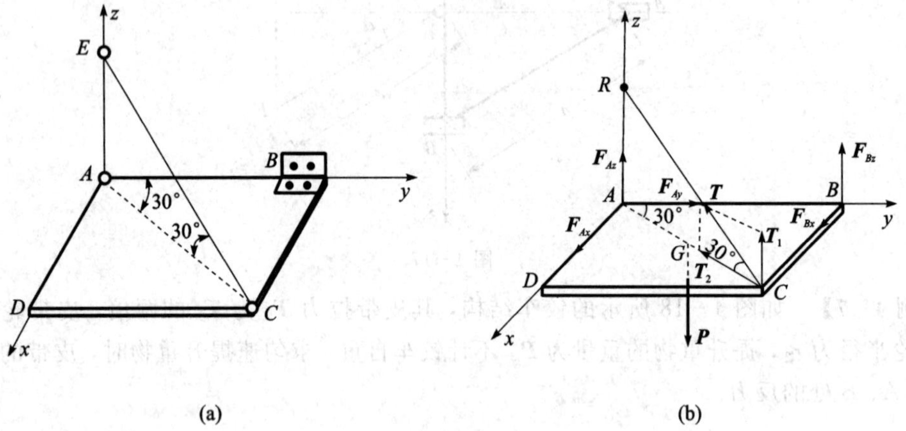

图 4-19

解 取薄板 $ABCD$ 为研究对象。板所受的主动力有作用于板的重心点 G 的重力 $\boldsymbol{P}$；绳索 CE 的拉力 $\boldsymbol{T}$；球铰链 A 处的约束反力 $\boldsymbol{F}_{Ax}$，$\boldsymbol{F}_{Ay}$，$\boldsymbol{F}_{Az}$；蝶铰链 B 处的约束反力 $\boldsymbol{F}_{Bx}$，$\boldsymbol{F}_{Bz}$。矩形板的受力图如图 4-19(b)所示。

设 $CD=a$，$BC=b$，列平衡方程

$$\left.\begin{aligned}
&\sum F_x = 0 \quad F_{Ax} + F_{Bx} - T\cos 30^\circ \sin 30^\circ = 0 \\
&\sum F_y = 0 \quad F_{Ay} - T\cos 30^\circ \cdot \cos 30^\circ = 0 \\
&\sum F_z = 0 \quad F_{Az} + F_{Bz} - P + T\sin 30^\circ = 0 \\
&\sum m_x(\boldsymbol{F}) = 0 \quad F_{Bz} \cdot a + T\sin 30^\circ \cdot a - P \cdot \frac{a}{2} = 0 \\
&\sum m_y(\boldsymbol{F}) = 0 \quad P \cdot \frac{b}{2} - T\sin 30^\circ \cdot b = 0 \\
&\sum m_Z(\boldsymbol{F}) = 0 \quad -F_{Bx} \cdot a = 0
\end{aligned}\right\}$$

解得

$T=200\ \text{N}$，$F_{Bz}=0\ \text{N}$，$F_{Bx}=0\ \text{N}$，$F_{Ax}=86.6\ \text{N}$，$F_{Ay}=150\ \text{N}$，$F_{Az}=100\ \text{N}$

4.6 物体的重心

1. 平行力系中心

平行力系中心就是平行力系合力通过的点。在图 4-20 中，作用在刚体 A、B 两点处的两平行力 $\boldsymbol{F}_1$ 和 $\boldsymbol{F}_2$ 可以简化为一合力 $\boldsymbol{F}_R$，即

$$\boldsymbol{F}_R=\boldsymbol{F}_1+\boldsymbol{F}_2$$

合力作用点 C 把线段 AB 分成为与两分力大小成反比的两段，即

$$\frac{AC}{BC}=\frac{F_2}{F_1}$$

上式与平行力的方位无关。这就是说，若力$\boldsymbol{F}_1$、$\boldsymbol{F}_2$ 的作用点的位置保持不变，将这两个力的作用线分别绕 A、B 两点按相同方向转过相同角度α，则合力 $\boldsymbol{F}_R$ 的作用线也将转过同一角度α，但合力作用线仍通过 C 点。这样确定的点 C 就是该两平行力的中心。

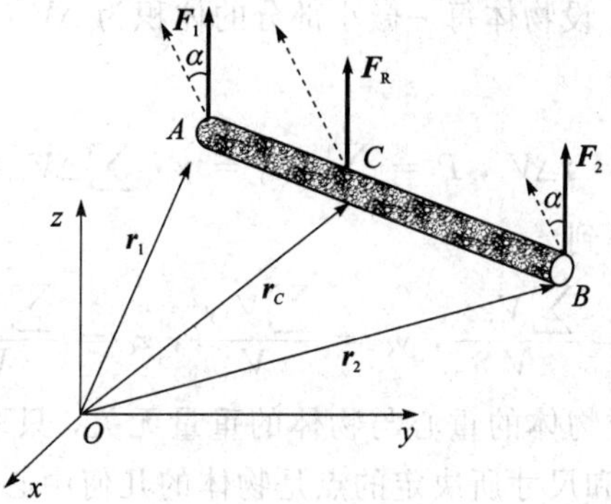

图 4-20

上述讨论的结论可推广到由任意多个力组成的空间平行力系。具体的作法是可以将力系中各力逐个地顺次合成，最终求得力系的合力 $\boldsymbol{F}_R$，它的作用线必通过一确定的点 C。

对于 n 个力组成的空间平行力系，合力$\boldsymbol{F}_R=\sum\boldsymbol{F}_i$，由合力矩定理有

$$\boldsymbol{r}_C\times\boldsymbol{F}_R=\sum\boldsymbol{r}_i\times\boldsymbol{F}_i$$

由此推得

$$\boldsymbol{r}_C=\frac{\sum F_i\boldsymbol{r}_i}{F_R}=\frac{\sum F_i\boldsymbol{r}_i}{\sum F_i} \tag{4-26}$$

上式表明，平行力系中心的位置与各力的方向无关，这样就可以通过平行力系中各力的大小和作用点来确定平行力系中心的位置。

2. 物体的重心

在重力场中，组成物体的质点所受重力可近似看作平行力系，此时平行力系的中心即为物体的重心。

假设组成物体的质点所受重力为 $\boldsymbol{P}_i$，位置为$\boldsymbol{r}_i$，则由式(4-26)可求得物体的重心位置

$$\boldsymbol{r}_C = \frac{\sum P_i \boldsymbol{r}_i}{\sum P_i} \tag{4-27}$$

在直角坐标系下式(4-27)的投影式为

$$x_C = \frac{\sum P_i x_i}{\sum P_i}$$

$$y_C = \frac{\sum P_i y_i}{\sum P_i} \tag{4-28}$$

$$z_C = \frac{\sum P_i z_i}{\sum P_i}$$

若物体是均质的，由式(4-27)有质心位置为

$$\boldsymbol{r}_C = \frac{\sum mg\boldsymbol{r}}{\sum mg} = \frac{\sum m\boldsymbol{r}}{M} \tag{4-29}$$

设单位体积的重量为 γ。设物体每一微小部分的体积为 $\Delta V_i (i = 1, 2, \cdots)$，整个物体的体积为 $V = \sum \Delta V_i$，于是有

$$\Delta P_i = \gamma \Delta V_i, \ P = \sum \Delta P_i = \gamma \cdot \sum \Delta V_i = \gamma V$$

代入式(4-28)，消去 γ 后得到

$$x_C = \frac{\sum V_i x_i}{V}, \ y_C = \frac{\sum V_i y_i}{V}, \ z_C = \frac{\sum V_i z_i}{V} \tag{4-30}$$

由式(4-30)可知，均质物体的重心与物体的重量无关，只取决于物体的几何形状和尺寸。这个由物体的几何形状和尺寸所决定的点是物体的几何中心，也叫做物体的几何形体的形心。物体的重心和形心是两个不同的概念，重心是物理概念，形心是几何概念。非均质物体的重心和它的形心并不在同一点上，只有均质物体的重心和形心才重合于同一点。

在工程实际中往往需要计算平面图形的形心。在图形所在的平面内建立坐标系 Oxy，则平面图形形心的坐标为

$$\left.\begin{aligned} x_C &= \frac{\sum x_i \Delta A_i}{A} \\ y_C &= \frac{\sum y_i \Delta A_i}{A} \end{aligned}\right\} \tag{4-31}$$

式中，ΔA_i 是图形微小部分的面积，$A = \sum \Delta A_i$ 是图形的总面积。

对于不能由简单图形组合而成的几何体的形心可采用积分法来求。将微单元上的力看作集中力，微单元的位置即为集中力的位置，则该几何体的形心为

$$\boldsymbol{r}_C = \frac{\int_V \boldsymbol{r} \mathrm{d}V}{V} \tag{4-32}$$

投影式为

$$x_C=\frac{\int_V x\,\mathrm{d}V}{V},\ y_C=\frac{\int_V y\,\mathrm{d}V}{V},\ z_C=\frac{\int_V z\,\mathrm{d}V}{V} \tag{4-33}$$

而式(4-31)变为

$$x_C=\frac{\int_A x\,\mathrm{d}A}{A},\ y_C=\frac{\int_A y\,\mathrm{d}A}{A} \tag{4-34}$$

凡具有对称面、对称轴或对称中心的简单形状的均质物体，其重心(形心)一定在它的对称面、对称轴或对称中心上。表 4-2 列出了几种常用的简单图形的重心。

表 4-2 几种常用的简单图形的重心

图 形	重心位置	图 形	重心位置
三角形 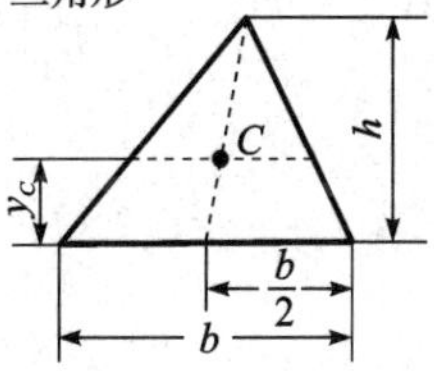	在中线的交点 $y_C=\frac{1}{3}h$	梯形 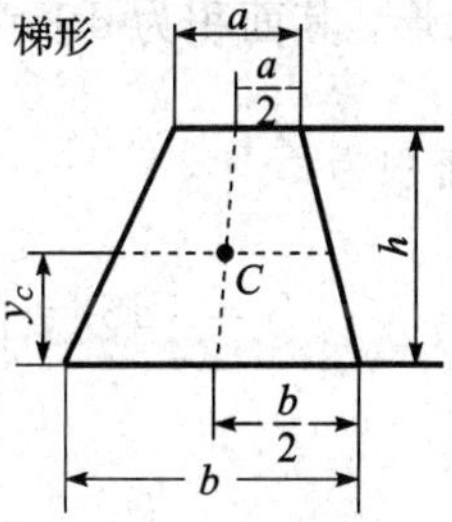	$y_C=\frac{h(2a+b)}{3(a+b)}$
圆弧 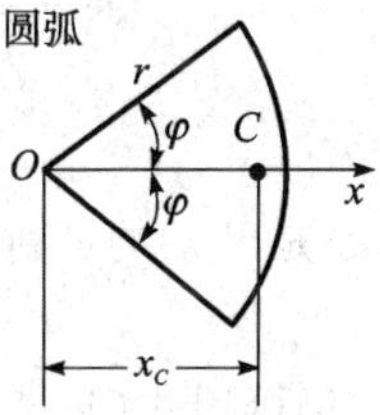	$x_C=\frac{r\sin\varphi}{\varphi}$ 对于半圆弧 $x_C=\frac{2r}{\pi}$	弓形 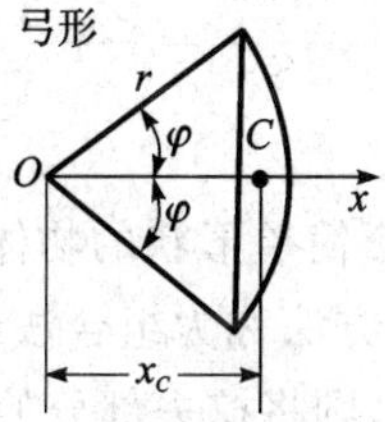	$x_C=\frac{2}{3}\frac{r^3\sin^3\varphi}{A}$ 面积 $A=\frac{r^2(2\varphi-\sin2\varphi)}{2}$
扇形 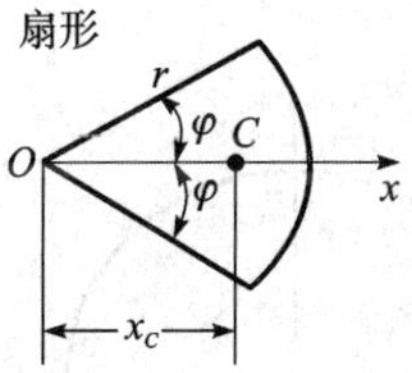	$x_C=\frac{2}{3}\frac{r\sin\varphi}{\varphi}$ 对于半圆 $x_C=\frac{4r}{3\pi}$	部分圆环 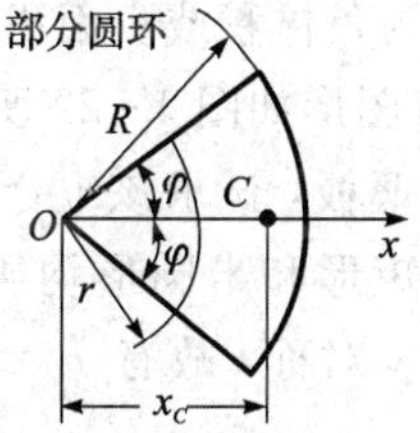	$x_C=\frac{2}{3}\frac{R^3-r^3}{R^2-r^2}\frac{\sin\varphi}{\varphi}$
正圆锥体 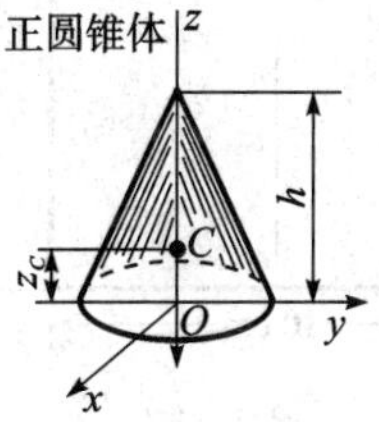	$z_C=\frac{1}{4}h$	半圆球 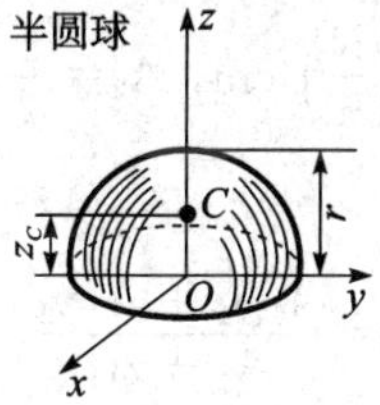	$z_C=\frac{3}{8}r$

3. 求形心的几种方法

1) 积分法

【例 4-9】 试求图 4-21 所示半径为 R、圆心角为 2α 的扇形面积的重心。

解 建立图 4-21 所示坐标系。由于对称性，重心必在 y 轴上，即 $x_C=0$，下面求形心坐标 y_C。

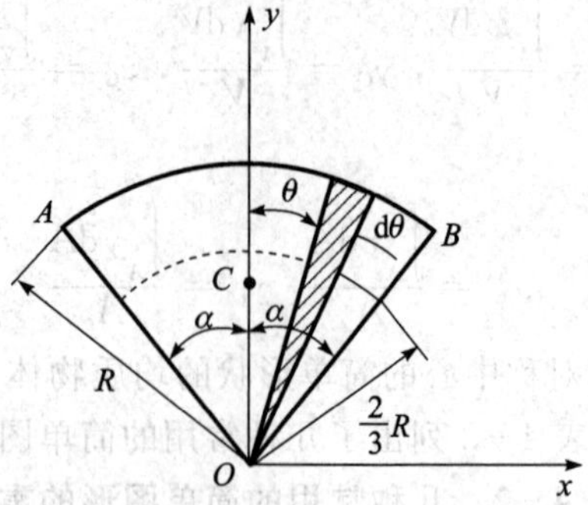

图 4－21

在 θ 位置处取一微扇形，其面积为 $dS=\frac{1}{2}R^2d\theta$，微扇形重心距点 O 为 $\frac{2}{3}R$。重心 y 坐标为 $y=\frac{2}{3}R\cos\theta$。扇形总面积为

$$S=\int dS=\int_{-\alpha}^{\alpha}\frac{1}{2}R^2d\theta=R^2\alpha$$

由式(4－34)有

$$y_C=\frac{\int ydS}{S}=\frac{\int_{-\alpha}^{\alpha}\frac{2}{3}R\cos\theta\cdot\frac{1}{2}R^2d\theta}{R^2\alpha}=\frac{2}{3}R\frac{\sin\alpha}{\alpha}$$

2）组合法

将一物体分割成若干个简单形状的物体，而这些简单形状物体的重心是已知的，利用式(4－28)求物体重心位置的方法称为组合法或分割法。

若物体被挖去一部分，则将挖去部分的重量(体积、面积)取为负值，仍可用式(4－28)求物体的重心，这种方法称为负体积或负面积法。

【例 4－10】 组合体图形如图 4－22 所示，其中 S_1 和 S_2 分别是长方形和半圆形均质薄板，试求该组合体图形的形心。

解：该组合体图形由矩形和半圆形均质薄板组成。对于图示坐标系，由于图形关于 y 对称，故有 $x_C=0$，下面求 y_C。

对于 S_1 有，$y_1=4\ \text{cm}$，$A_1=80\ \text{cm}^2$

对于 S_2 有，$y_2=\left(8+\frac{4R}{3\pi}\right)\ \text{cm}$，$A_2=\frac{1}{2}\pi R^2\ \text{cm}^2$

由形心公式有

$$y_C=\frac{\sum\Delta Ay}{A}=\frac{A_1y_1+A_2y_2}{A_1+A_2}=9.4\ \text{cm}$$

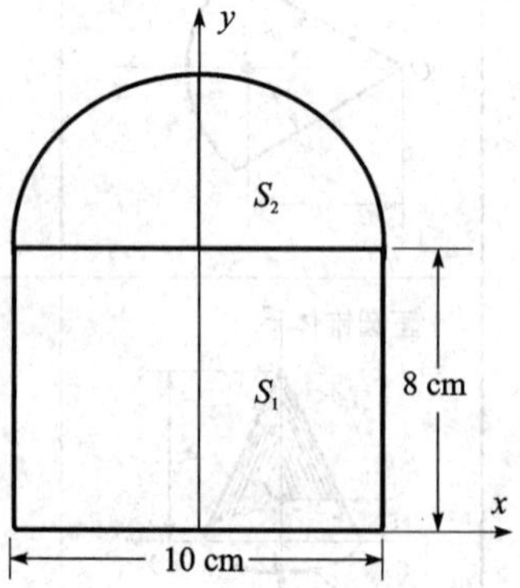

图 4－22

所以组合图形的形心位置在(0，9.4 cm)处。

【例 4－11】 求图 4－23 所示振动沉桩器中的偏心块的重心。已知：$R=100\ \text{mm}$，$r=17\ \text{mm}$，$b=13\ \text{mm}$。

解 将偏心块看成是由三部分组成，包括半径为 R 的半圆 S_1，半径为 $r+b$ 的半圆 S_2 和半径为 r 的小圆 S_3。建立图示坐标系，由于对称性，有 $x_C=0$。在此要注意到 S_3 应取负值。

由式(4－31)有

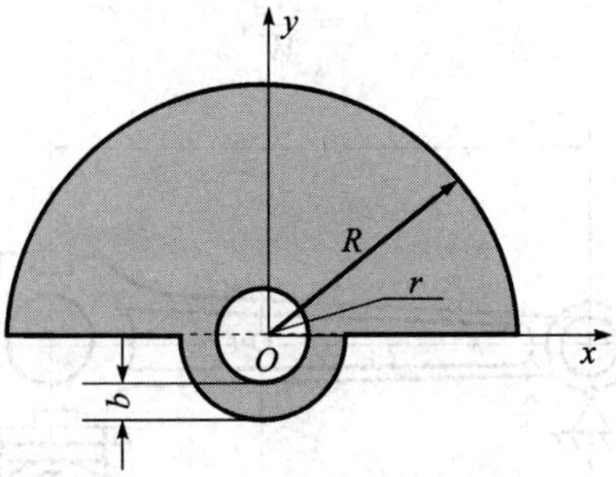

图 4-23

$$y_C=\frac{S_1y_1+S_2y_2+S_3y_3}{S_1+S_2+S_3}$$

$$=\frac{\frac{\pi}{2}\times100^2\times\frac{400}{3\pi}+\frac{\pi}{2}\times(17+13)^2\times\left(\frac{-40}{\pi}\right)-(17^2\pi)\times0}{\frac{\pi}{2}\times100^2+\frac{\pi}{2}(17+13)^2+(-17^2\pi)}=39.95\ \text{mm}$$

3）实验方法

工程上对外形比较复杂或质量分布不均的物体常用实验的方法测定其重心位置。

(1) 悬挂法。如果需求出图 4-24 所示的薄板的重心，可先将板悬挂于任一点，根据二力平衡条件，重心必在过悬挂点的铅直线上，于是可在板上画出此线。然后再将板悬挂于另一点，同样可画出另一直线，两直线交点 C 就是重心。

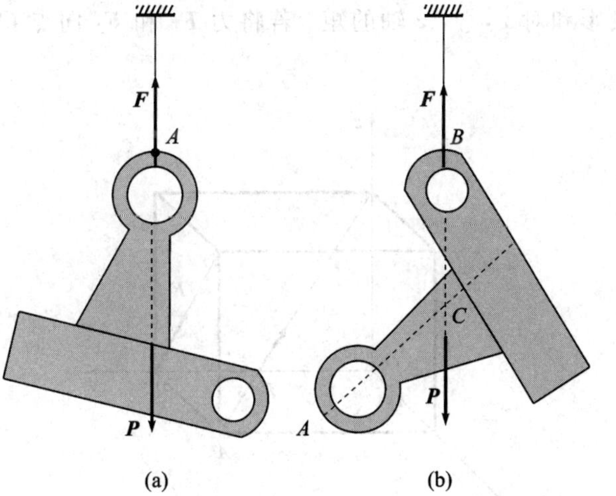

图 4-24

(2) 称重法。对于形状复杂体积较大的物体常用称重法确定其重心的位置。图 4-25 所示的具有对称轴的连杆，只需要确定重心在此轴上的位置 h 处。杆重 $\boldsymbol{W}$，杆长为 l，将杆的 B 端放在台称上，A 端搁在水平面或刀口上，使中心线 AB 处于水平位置，测得 B 端反力 $\boldsymbol{N}_B$ 的大小，然后由平衡方程

$$\sum m_A(\boldsymbol{F})=0,\ N_Bl-Wh=0$$

即可求得

$$h=\frac{N_B}{W}l$$

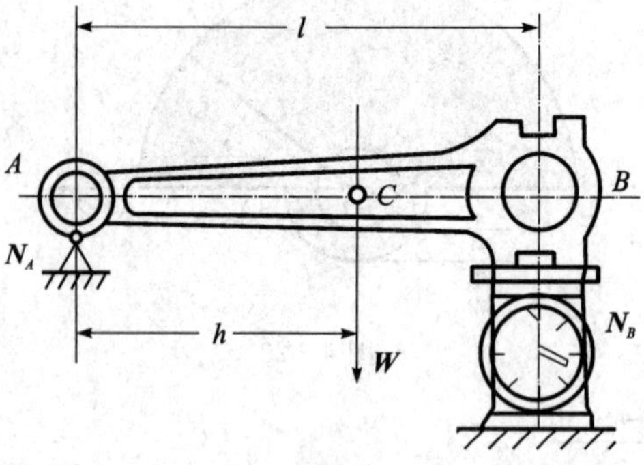

图 4-25

思 考 题

4-1　一个力和一个力偶能否合成一个力？如果能，是什么情况？

4-2　一个空间力系向不同的点简化，简化的两种结果之间有什么关系？

4-3　若空间力系中各力的作用线都平行于同一固定平面，则该力系的独立的平衡方程有几个？

4-4　对于思考题 4-4 图示的正方体，若在其顶角 A、B 处分别作用力 $\boldsymbol{F}_1$、$\boldsymbol{F}_2$。求两力在 x，y，z 轴上的投影和对 x，y，z 轴的矩。若将力 $\boldsymbol{F}_1$ 和 $\boldsymbol{F}_2$ 向点 O 简化，分析其简化的结果。

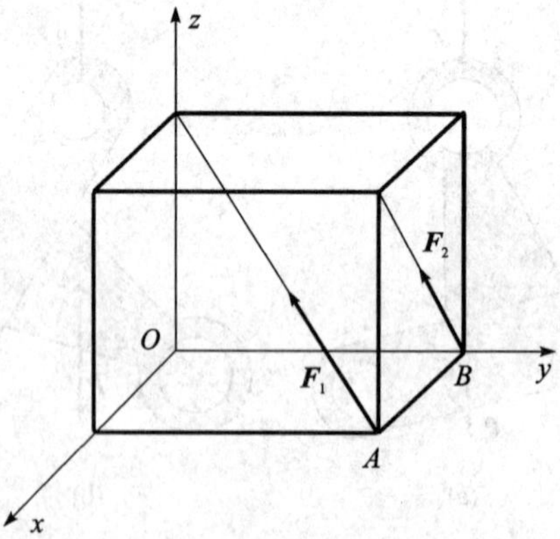

思考题 4-4 图

4-5　试证明力偶对某轴之矩等于力偶矩矢在此轴上的投影。

4-6　若某一空间力系对不共线的三个点的主矩都等于零，此力系是否一定平衡？

习　　题

4-1　半径 r 的斜齿轮，其上作用力 $\boldsymbol{F}$，如题 4-1 图所示。求力 $\boldsymbol{F}$ 在坐标轴上的投影。

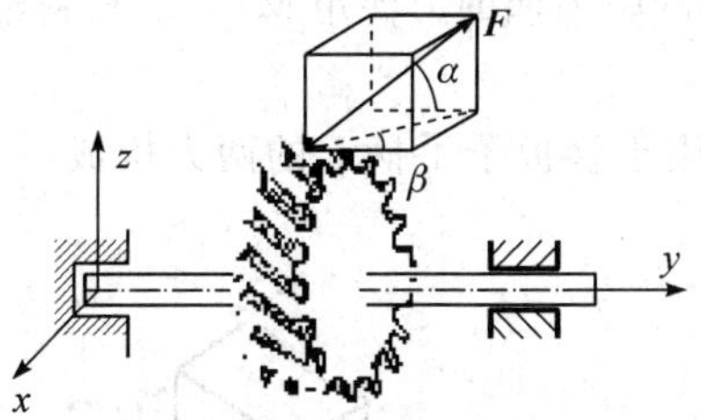

题 4-1 图

4-2　题 4-2 图所示的正方体边长为 a，在右侧面作用已知力 $\boldsymbol{F}$，在顶面作用矩为 $\boldsymbol{M}$ 的已知力偶矩，求力系对 x，y，z 轴的力矩。

4-3　正方体边长为 $a=0.2$ m，在顶点 A 和 B 处沿各棱边分别作用有 6 个大小都等于 100 N 的力，其方向如题 4-3 图所示。求向点 O 简化此力系。

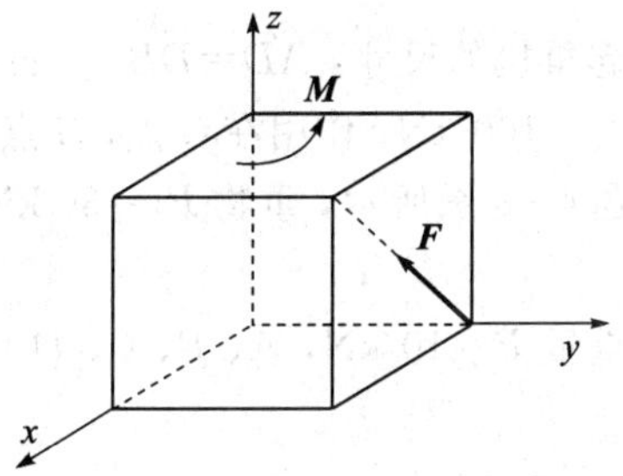

题 4-2 图

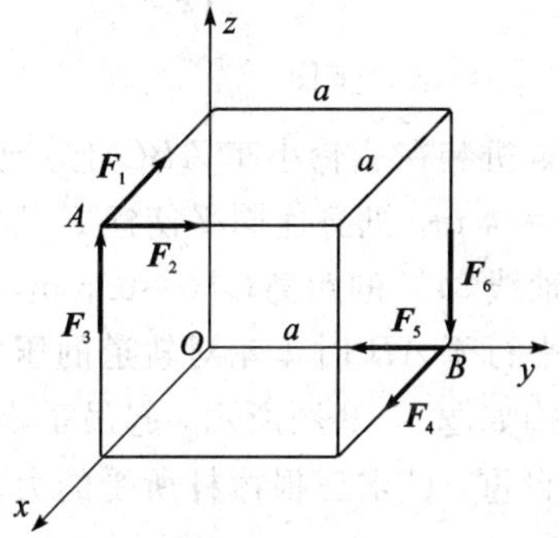

题 4-3 图

4-4　力系中，$F_1=100$ N，$F_2=300$ N，$F_3=200$ N，各力作用线的位置如题 4-4 图所示。将力系向原点 O 简化。

4-5　手柄 $ABCE$ 在平面 Axy 内，在 D 处作用一个力 $\boldsymbol{F}$，如题 4-5 图所示，它在垂直于 y 轴的平面内，偏离铅直线的角度为 α。如果 $CD=a$，杆 BC 平行于 x 轴，杆 CE 平行于 y 轴，AB 和 BC 的长度都等于 l。试求力 $\boldsymbol{F}$ 对 x、y 和 z 轴的矩。

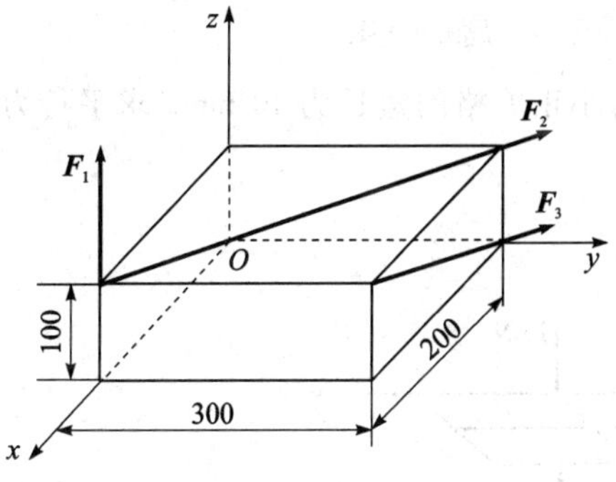

题 4-4 图

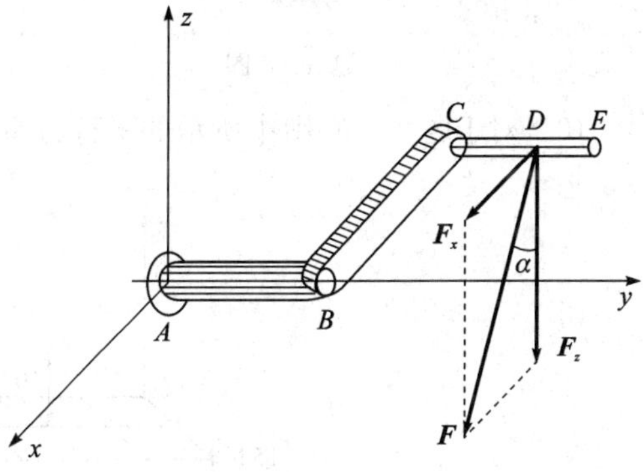

题 4-5 图

4-6　题 4-6 图所示手摇钻由支点 B、钻头 A 和弯曲的手柄组成。当支点 B 处加压力 $\boldsymbol{F}_x$、$\boldsymbol{F}_y$ 和 $\boldsymbol{F}_z$ 以及手柄上加力 $\boldsymbol{F}$ 后，即可带动钻头绕轴 AB 转动而钻孔。已知 $F_z=50$ N，

$F=150$ N。求：(1) 钻头受到的阻力偶的力偶矩 M；(2) 材料给钻头的反力 $\boldsymbol{F}_{Ax}$、$\boldsymbol{F}_{Ay}$ 和 $\boldsymbol{F}_{Az}$ 的值；(3) 压力 $\boldsymbol{F}_x$ 和 $\boldsymbol{F}_y$ 的值。

4-7　题 4-7 图所示作用于管扳子手柄上的两力构成一力偶，试求此力偶矩矢的大小和方向。

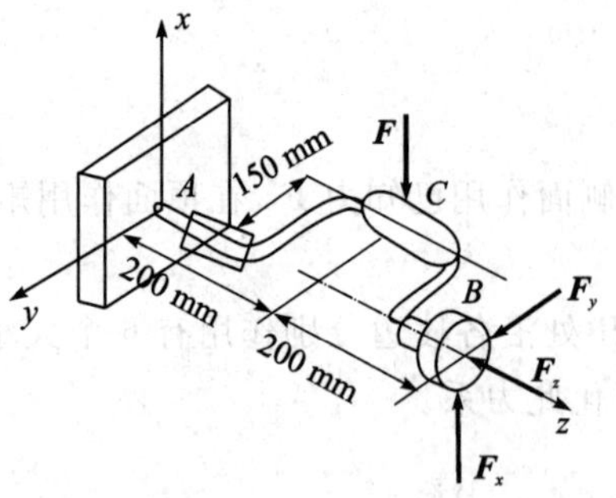

题 4-6 图

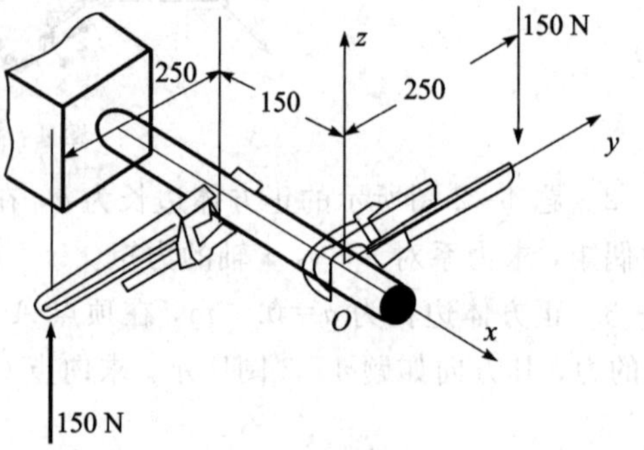

题 4-7 图

4-8　起重机装在三轮小车 ABC 上。已知起重机的尺寸：$AD=DB=1$ m，$CD=1.5$ m，$CM=1$ m，$KL=4$ m。机身连同平衡锤 F 共重 $P_1=100$ kN，作用在 G 点，G 点在平面 $LMNF$ 之内，到机身轴线 MN 的距离 $GH=0.5$ m，如题 4-8 图所示，重物 $P_2=30$ kN，求当起重机的平面 LMN 平行于 AB 时车轮对轨道的压力。

4-9　机构如题 4-9 图所示，起吊重物的重量 $P=10$ kN，A、B、C、D 均为球形铰链。若不计各杆的自重，试求三根撑杆所受的力。

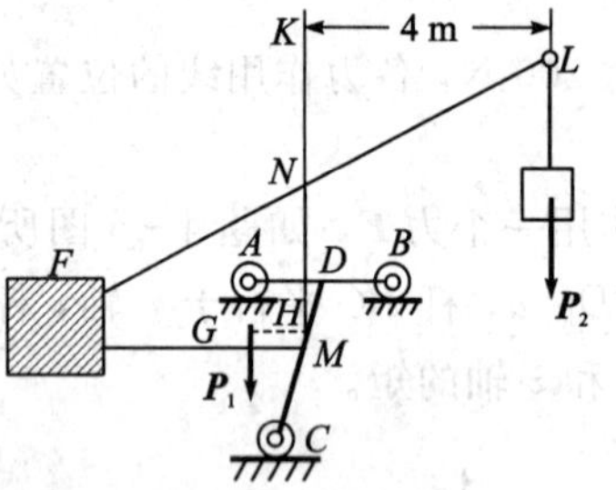

题 4-8 图

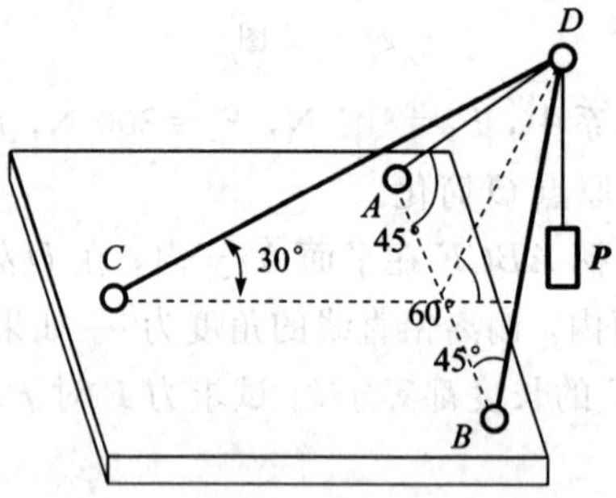

题 4-9 图

4-10　对于题 4-10 图中所示的平行力系，若小正方格的边长为 10 mm。求平行力系的合力。

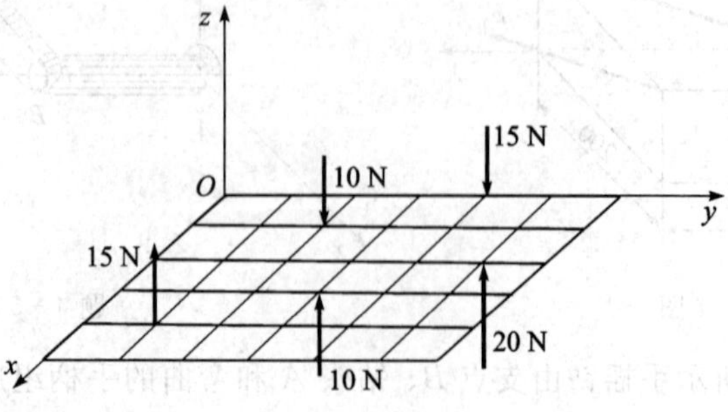

题 4-10 图

4－11　在题4－11图中，半径为r的水平圆盘的外沿C处作用着力$\boldsymbol{F}$。力$\boldsymbol{F}$位于圆盘C处的切平面内，且与C处圆盘切线夹角为60°。求力$\boldsymbol{F}$对x，y和z轴之矩。

4－12　题4－12图所示的半径为r($r=500$ mm)的三脚圆桌，其三脚A、B和C形成一等边三角形。圆桌重$P=600$ N，若在中线CD上距圆心为a的点M处作用铅直力$F=1500$ N，求使圆桌不致翻倒的最大距离a。

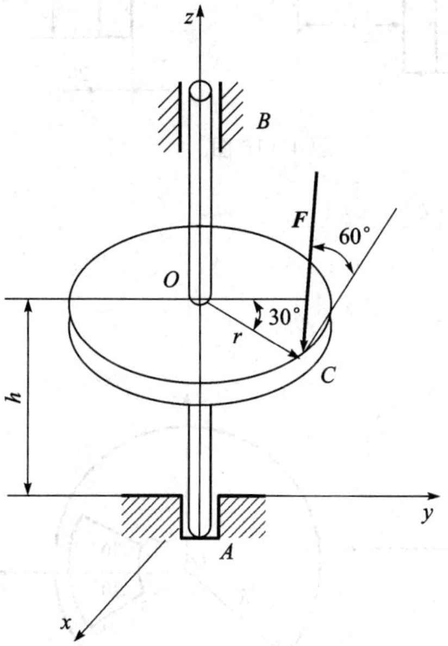

题4－11图

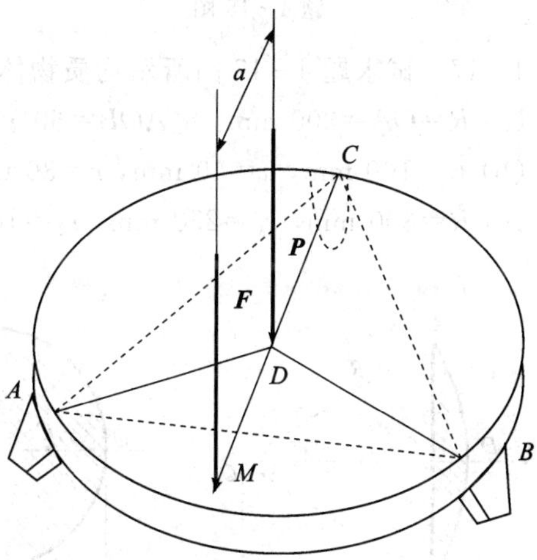

题4－12图

4－13　在题4－13图中的板角处受铅直力$\boldsymbol{F}$作用。设板和杆自重不计，求各杆的内力。

4－14　在题4－14图中均质杆AB和BC重分别为$\boldsymbol{P}_1$和$\boldsymbol{P}_2$，杆端A和C处分别用球铰固定在水平面，杆端B用铰链连接且靠在光滑的铅直墙上，墙面与AC平行，角$\angle OAB=45°$、$\angle BAC=90°$，求支座A、C处的约束力，墙上B点处所受的压力。

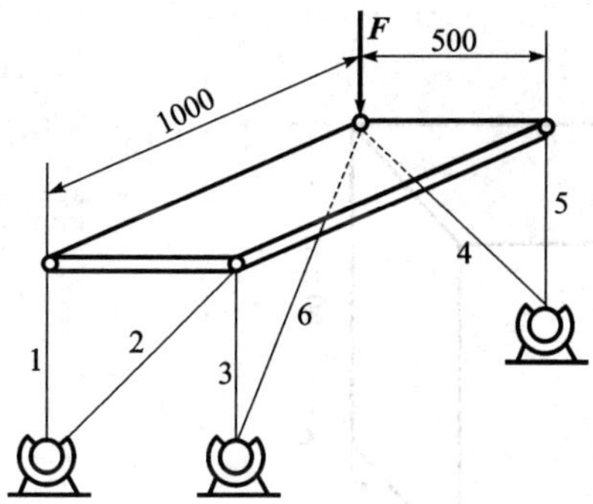

题4－13图

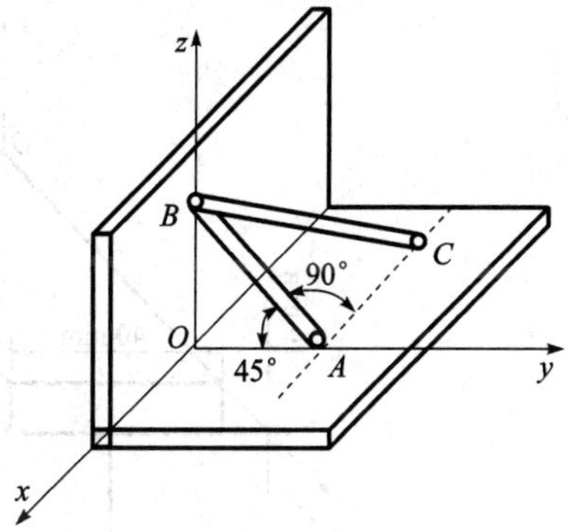

题4－14图

4－15　题4－15图所示薄板由形状为矩形、三角形和四分之一的圆形的三块等厚薄板组成，尺寸如图示。求此薄板重心的位置。

4－16　试求题4－16图所示平面图形的形心C的位置。

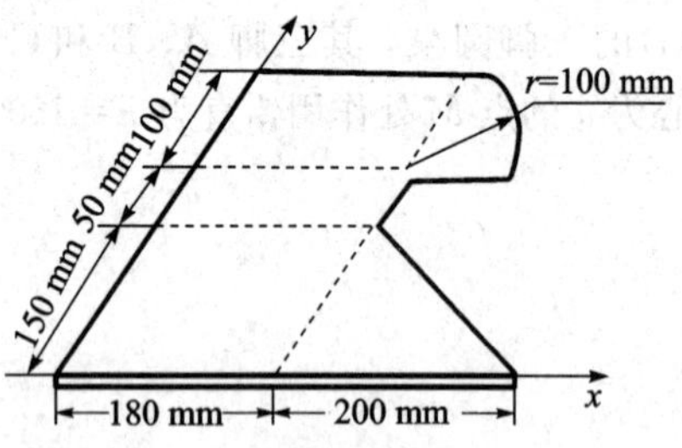

题 4-15 图

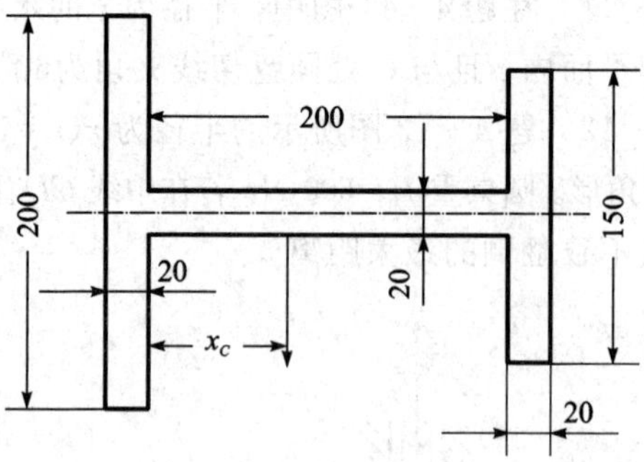

题 4-16 图

4-17 试求题 4-17 图所示均质物体的重心：

(a) $R=OA=300$ mm，$\angle AOB=60°$；

(b) $R=100$ mm，$a=40$ mm，$r=30$ mm；

(c) $R=300$ mm，$r_1=250$ mm，$r_2=100$ mm。

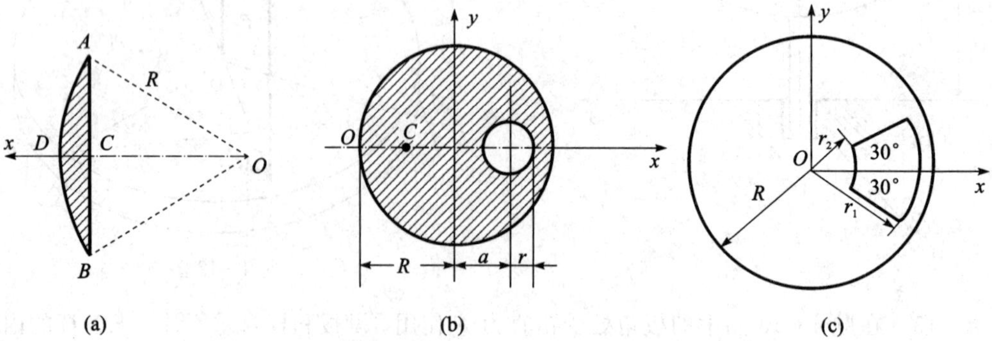

题 4-17 图

4-18 均质物块尺寸如题 4-18 图所示，求其重心的位置。

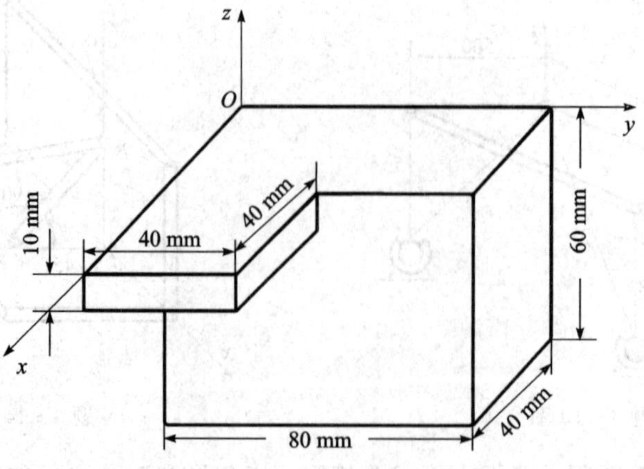

题 4-18 图

习题参考答案

4-1 $X=F_t=F\cos\alpha\sin\beta$，$Y=F_a=-F\cos\alpha\cos\beta$，$Z=F_r=-F\sin\alpha$

4-2 $\frac{\sqrt{2}}{2}Fa$ ，0，$M-\frac{\sqrt{2}}{2}Fa$

4-3 $\boldsymbol{M}=40(-\boldsymbol{i}-\boldsymbol{j})$ N·m

4-4 $F_{Rx}=-345.4$ N，$F_{Ry}=249.6$ N，$F_{Rz}=10.56$ N，
$M_x=-51.78$ N·m，$M_y=-36.65$ N·m，$M_z=103.6$ N·m

4-5 $-F(l+a)\cos\theta$，$F\cos\theta$，$-F(l+a)\sin\theta$

4-6 $M=2aF$ N·m；$F_{Ax}=75$ N，$F_{Ay}=0$ N，$F_{Az}=50$ N；$F_x=75$ N，$F_y=0$ N

4-7 $M=78.3$ N·m，$\boldsymbol{M}=-75.0\boldsymbol{i}+22.5\boldsymbol{j}$(N·m)

4-8 $F_A=8.33$ kN，$F_B=78.3$ kN，$F_C=43.3$ kN

4-9 $F_{AD}=F_{BD}=-12.25$ kN(压)，$F_{CD}=10.0$ kN(拉)

4-10 $F_R=20$ N，沿 z 轴正向，作用线的位置由 $x_C=60$ mm 和 $y_C=32.5$ mm 来确定

4-11 $M_x=\frac{F}{4}(h-3r)$，$M_y=\frac{\sqrt{3}}{4}F(h+r)$，$M_z=-\frac{Fr}{2}$

4-12 $a=350$ mm

4-13 $F_1=F_2=-F$(压)，$F_3=F$(拉)，$F_2=F_4=F_6=0$

4-14 $F_B=\frac{P_1-P_2}{2}$，$F_{Ax}=0$，$F_{Ay}=-\frac{P_1+P_2}{2}$，$F_{Az}=P_1+\frac{P_2}{2}$，$F_{Cx}=F_{Cy}=0$，$F_{Cz}=\frac{P_2}{2}$

4-15 $x_C=135$ mm，$y_C=140$ mm

4-16 $x_C=90$ mm

4-17 (a) $x_C=27.6$ cm；(b) $x_C=-0.4$ cm；(c) $x_C=-19.1$ cm

4-18 $x_C=23.1$ mm，$y_C=38.5$ mm，$z_C=-28.1$ mm

第二篇 运 动 学

引 言

静力学研究物体在力系作用下的平衡条件。如果作用在物体上的力系不平衡，物体便要改变其原有的静止状态或运动状态。物体运动变化的规律是一个比较复杂的问题，不仅与受力情况有关，也与物体本身的惯性和原有的运动状态有关。运动学只从几何学的角度来描述物体的机械运动，即研究物体在空间的位置随时间的变化规律，如运动轨迹、速度、加速度等，而不涉及力和质量等与运动变化有关的物理因素。

运动是指物体的空间的位置随时间变化。“世界上除了运动着的物质以外没有别的东西，而运动着的物质除了在空间与时间之内就不能运动。”因此，在哲学范畴中，运动是绝对的。一切运动都在空间和时间之中进行，空间和时间是与运动不可分割的，它们是物质存在的形式。

要描述一个物体的机械运动，必须选定另一物体作为参考体，固定在参考体上的坐标系称为参考系，物体在空间的位置由其所在参考系中的坐标来确定。可想而知，如果所选参考体不同，那么物体相对于不同参考体的运动也就各异。例如，一艘轮船在行驶，对于站在地面上的观察者来说是向前的，但对于站在这艘船上的观察者来说却是静止的，而对于站在追赶这艘船的快艇上的观察者来说，轮船却在后退。如果物体在所选参考系中的位置不发生变化，我们说该物体处于静止状态，否则，该物体处于运动状态。在运动学中，所谓运动和静止都只有在指明了参考系的情况下才有意义。在一般的工程问题中，取与地面固定相连的坐标系为参考系。

在运动学中，要区分瞬时 t 和时间 Δt 这两个概念。瞬时是指物体运动到某一位置所对应的时刻。两个瞬时之间的间隔称为时间。例如，设火车从甲站开动的瞬时是 t_1，到乙站停止的瞬时是 t_2，则火车由甲站到乙站的时间是 $\Delta t = t_1 - t_2$。

点和刚体是运动学中的两种力学模型。一个物体抽象为点还是刚体主要取决于所讨论问题的性质。例如在讨论地球绕太阳公转问题时可将其看成一个点，而考察它的自转时，则将它抽象为刚体。运动学的内容分为点的运动学和刚体的运动学，其中点的运动学是刚体运动学的基础。

第5章 点的运动学

本章介绍三种不同坐标系下点的运动方程、速度及加速度的描述方法。

5.1 点的运动的矢量表示法

1. 运动方程、轨迹

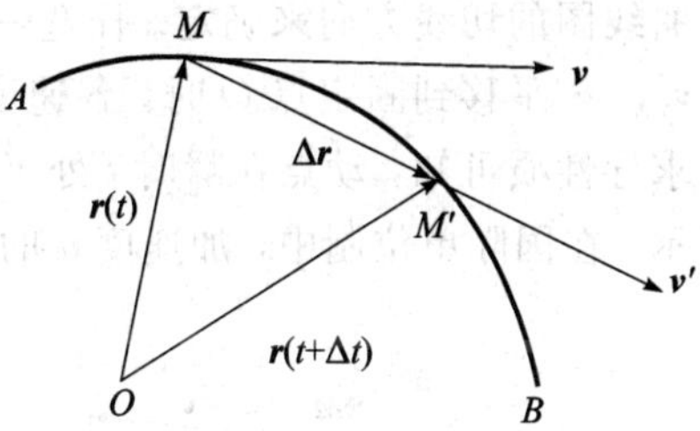

图 5-1

设一动点 M 在空间做曲线运动，为确定该点在任一瞬时 t 的位置，可选取参考系中某一固定点 O 为参考点，则动点 M 在空间的位置可用矢径 $\boldsymbol{r}=\overrightarrow{OM}$ 表示，如图5-1所示。当点 M 运动时，矢径 $\boldsymbol{r}$ 的大小和方向是随时间而变化的，是时间 t 的单值连续函数，即

$$\boldsymbol{r}=\boldsymbol{r}(t) \tag{5-1}$$

式(5-1)是以矢量表示的点的运动方程。当动点运动时其矢径 $\boldsymbol{r}$ 的端点在空间所描绘的曲线就是动点的运动轨迹。

2. 速度

在图 5-1 中，设动点沿着空间曲线 AB 运动，在瞬时 t，动点 M 位置由矢径 $\boldsymbol{r}(t)$ 确定，经过 Δt 时间后，动点运动到 M' 位置，其矢径为 $\boldsymbol{r}'(t+\Delta t)$。$\Delta t$ 内，矢径改变量为

$$\Delta\boldsymbol{r}=\boldsymbol{r}'(t+\Delta t)-\boldsymbol{r}(t)$$

$\Delta\boldsymbol{r}$ 称为动点在 Δt 时间内的位移矢量，简称位移。位移 $\Delta\boldsymbol{r}$ 与之相应的时间间隔 Δt 的比值 $\dfrac{\Delta\boldsymbol{r}}{\Delta t}$ 称为动点 M 在该时间段内的平均速度，记为 $\boldsymbol{v}^*$，即

$$\boldsymbol{v}^*=\frac{\Delta\boldsymbol{r}}{\Delta t}=\frac{\boldsymbol{r}'(t+\Delta t)-\boldsymbol{r}(t)}{\Delta t} \tag{5-2}$$

其大小由 $|\Delta\boldsymbol{r}|$ 与 Δt 的比值决定，方向与 $\Delta\boldsymbol{r}$ 的方向相同。

当 $\Delta t\to 0$ 时，动点 M 在瞬时 t 的速度为

$$\boldsymbol{v}=\lim_{\Delta t\to 0}\frac{\Delta\boldsymbol{r}}{\Delta t}=\frac{\mathrm{d}\boldsymbol{r}}{\mathrm{d}t}=\dot{\boldsymbol{r}} \tag{5-3}$$

即动点的速度 $\boldsymbol{v}$ 等于矢径对时间的一阶导。速度大小为 $\left|\dfrac{\mathrm{d}\boldsymbol{r}}{\mathrm{d}t}\right|$，速度方向沿轨迹上点所在位置的切线并指向点的运动方向。在国际单位制中，速度 $\boldsymbol{v}$ 的单位为 m/s。

3. 加速度

点在运动过程中，其速度 $\boldsymbol{v}$ 的大小和方向往往都随着时间而变化，速度对时间的变化率称为加速度。

设在瞬时 t，动点在 M 处速度为 $\boldsymbol{v}$，经过 Δt 时间后，动点运动到 M' 点，速度为 $\boldsymbol{v}'$，如图5-2所示。在 Δt 时间内动点速度的改变量为 $\Delta\boldsymbol{v}$，$\Delta\boldsymbol{v}$ 与之对应的 Δt 的比值 $\dfrac{\Delta v}{\Delta t}$ 称为平均加速

度，用 $\boldsymbol{a}^*$ 表示，即

$$\boldsymbol{a}^* = \frac{\Delta \boldsymbol{v}}{\Delta t} \tag{5-4}$$

$\boldsymbol{a}^*$ 的方向与 $\Delta \boldsymbol{v}$ 方向一致。

当 $\Delta t \to 0$ 时，动点 $\boldsymbol{M}$ 在瞬时 t 的加速度为

$$\boldsymbol{a} = \lim_{\Delta t \to 0} \frac{\Delta \boldsymbol{v}}{\Delta t} = \frac{\mathrm{d}\boldsymbol{v}}{\mathrm{d}t} = \dot{\boldsymbol{v}} = \ddot{\boldsymbol{r}} \tag{5-5}$$

式(5-5)表明点的加速度 $\boldsymbol{a}$ 等于速度对时间的一阶导数，也等于矢径对时间的二阶导数。其大小等于 $\left|\frac{\mathrm{d}\boldsymbol{v}}{\mathrm{d}t}\right|$，方向与 Δt 趋近零时 $\Delta \boldsymbol{v}$ 的极限方向相同。加速度方向也可由速度矢端曲线图的切线方向来确定。任选一固定点 O，将动点各瞬时 t_1，t_2，t_3，… 的速度矢量 $\boldsymbol{v}_1$，$\boldsymbol{v}_2$，$\boldsymbol{v}_3$，… 平移到固定点 O 时，各速度矢量的末端所描绘的曲线，就是速度矢端曲线图。由矢量求导性质可知，动点在瞬时 t 处于 M 点的切线方向即为该瞬时点的加速度方向，如图5-3所示。在国际单位制中，加速度 a 的单位是 $\mathrm{m/s^2}$。

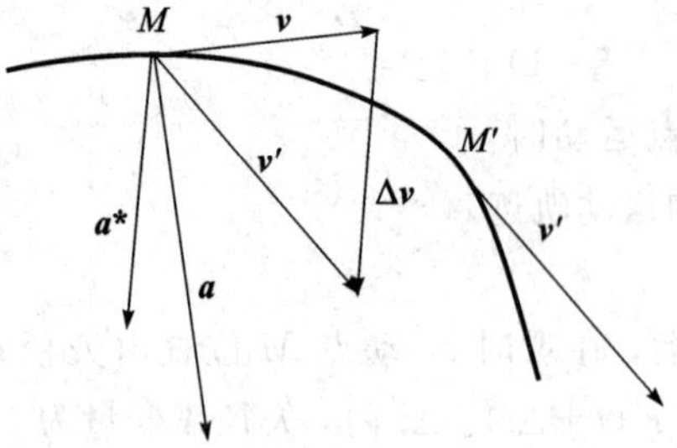

图 5-2

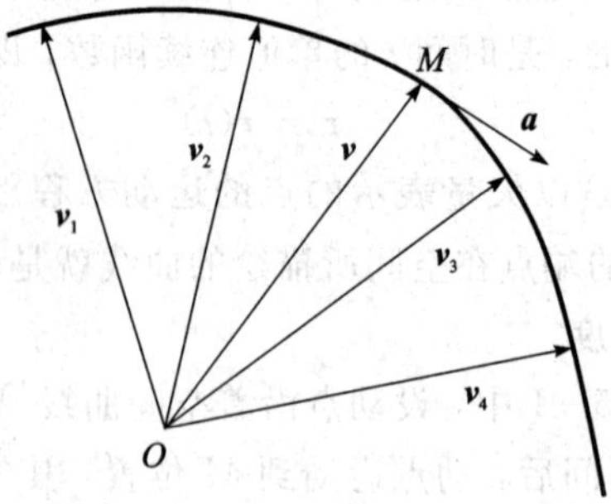

图 5-3

5.2　点的运动的直角坐标表示法

1. 运动方程、轨迹方程

取一固定的直角坐标系 $Oxyz$，动点 M 相对于此坐标系做曲线运动，如图 5-4 所示。确定点在空间的位置除矢径外，也可用直角坐标系下 x，y，z 的值来确定。

这种由直角坐标系下对应的 x，y，z 值描述点的位置的方法称为直角坐标法。点运动时，对应坐标 x，y，z 都是随时间变化的，并且它们都是时间 t 的单值连续函数，即

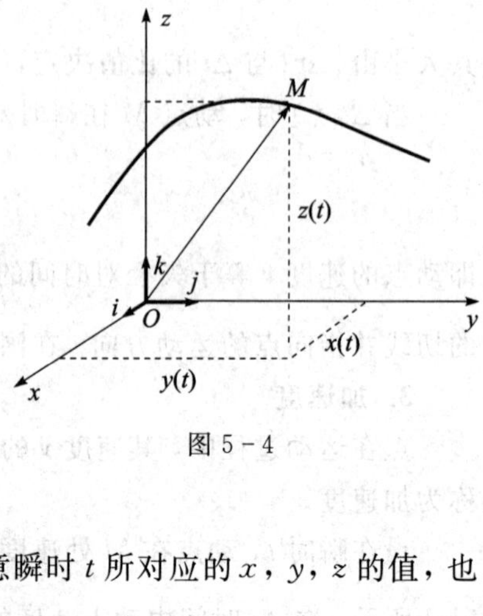

图 5-4

$$\left.\begin{aligned} x &= f_1(t) \\ y &= f_2(t) \\ z &= f_3(t) \end{aligned}\right\} \tag{5-6}$$

上式称为直角坐标下点的运动方程。据此，可求出任意瞬时 t 所对应的 x，y，z 的值，也就完全确定了该瞬时动点的位置。

点的运动方程反映了点的运动规律，进而也可求点的轨迹方程。由式(5-6)，消去参数 t 即得到点的轨迹方程：

$$F(x,\ y,\ z)=0 \tag{5-7}$$

2. 速度

设某瞬时 t，动点 M 对应的坐标为$(x,\ y,\ z)$，则其位置矢径为

$$\boldsymbol{r}=x\boldsymbol{i}+y\boldsymbol{j}+z\boldsymbol{k} \tag{5-8}$$

式中 $\boldsymbol{i}$, $\boldsymbol{j}$, $\boldsymbol{k}$ 分别为沿着坐标轴 x，y，z 正向的单位矢量，如图 5-4 所示。将式(5-8)代入式(5-3)，并注意 $\boldsymbol{i}$, $\boldsymbol{j}$, $\boldsymbol{k}$ 为单位常矢量，得到

$$\boldsymbol{v}=\frac{\mathrm{d}\boldsymbol{r}}{\mathrm{d}t}=\frac{\mathrm{d}x}{\mathrm{d}t}\boldsymbol{i}+\frac{\mathrm{d}y}{\mathrm{d}t}\boldsymbol{j}+\frac{\mathrm{d}z}{\mathrm{d}t}\boldsymbol{k} \tag{5-9a}$$

设速度 $\boldsymbol{v}$ 在三个坐标轴上的投影为 v_x，v_y，v_z，则速度 $\boldsymbol{v}$ 为

$$\boldsymbol{v}=v_x\boldsymbol{i}+v_y\boldsymbol{j}+v_z\boldsymbol{k} \tag{5-9b}$$

比较式(5-9a)、(5-9b)，得到速度在各坐标上的投影为

$$\left.\begin{aligned} v_x&=\frac{\mathrm{d}x}{\mathrm{d}t}=\dot{x}\\ v_y&=\frac{\mathrm{d}y}{\mathrm{d}t}=\dot{y}\\ v_z&=\frac{\mathrm{d}z}{\mathrm{d}t}=\dot{z}\end{aligned}\right\} \tag{5-10}$$

上式表明**动点 M 的速度 $\boldsymbol{v}$ 在直角坐标轴上的投影等于该点相应坐标对时间的一阶导数。**

速度大小为

$$v=\sqrt{v_x^2+v_y^2+v_z^2} \tag{5-11}$$

其方向由方向余弦来确定：

$$\left.\begin{aligned} \cos(\boldsymbol{v},\ \boldsymbol{i})&=\frac{v_x}{v}\\ \cos(\boldsymbol{v},\ \boldsymbol{j})&=\frac{v_y}{v}\\ \cos(\boldsymbol{v},\ \boldsymbol{k})&=\frac{v_z}{v}\end{aligned}\right\} \tag{5-12}$$

3. 加速度

设动点 M 的加速度在直角坐标轴上的投影为 a_x、a_y、a_z，则有

$$\boldsymbol{a}=a_x\boldsymbol{i}+a_y\boldsymbol{j}+a_z\boldsymbol{k} \tag{5-13a}$$

由式(5-5)，有

$$\boldsymbol{a}=\frac{\mathrm{d}\boldsymbol{v}}{\mathrm{d}t}=\frac{\mathrm{d}v_x}{\mathrm{d}t}\boldsymbol{i}+\frac{\mathrm{d}v_y}{\mathrm{d}t}\boldsymbol{j}+\frac{\mathrm{d}v_z}{\mathrm{d}t}\boldsymbol{k}=\frac{\mathrm{d}^2x}{\mathrm{d}t^2}\boldsymbol{i}+\frac{\mathrm{d}^2y}{\mathrm{d}t^2}\boldsymbol{j}+\frac{\mathrm{d}^2z}{\mathrm{d}t^2}\boldsymbol{k} \tag{5-13b}$$

比较式(5-13a)、(5-13b)，则有

$$\left.\begin{aligned} a_x&=\frac{\mathrm{d}v_x}{\mathrm{d}t}=\frac{\mathrm{d}^2x}{\mathrm{d}t^2}=\ddot{x}\\ a_y&=\frac{\mathrm{d}v_y}{\mathrm{d}t}=\frac{\mathrm{d}^2y}{\mathrm{d}t^2}=\ddot{y}\\ a_z&=\frac{\mathrm{d}v_z}{\mathrm{d}t}=\frac{\mathrm{d}^2z}{\mathrm{d}t^2}=\ddot{z}\end{aligned}\right\} \tag{5-14}$$

因此，**动点的加速度 a 在直角坐标轴上的投影等于速度在相应坐标轴上的投影对时间的一阶导数，也等于其相应坐标对时间的二阶导数。**

加速度 $\boldsymbol{a}$ 的大小为

$$a = \sqrt{a_x^2 + a_y^2 + a_z^2} \tag{5-15}$$

$\boldsymbol{a}$ 的方向余弦为

$$\left.\begin{aligned} \cos(\boldsymbol{a}, \boldsymbol{i}) &= \frac{a_x}{a} \\ \cos(\boldsymbol{a}, \boldsymbol{j}) &= \frac{a_y}{a} \\ \cos(\boldsymbol{a}, \boldsymbol{k}) &= \frac{a_z}{a} \end{aligned}\right\} \tag{5-16}$$

【例 5-1】 一动点在 Oxy 平面上运动，运动方程为 $x=3t+5$，$y=\frac{1}{2}t^2+3t-4$。式中 t 以 s 计，x，y 以 m 计。

(1) 以时间 t 为变量，写出动点位置矢量的表示式，分别求出第 1 s 和第 2 s 内动点的位移；

(2) 求出动点速度矢量的表示式，计算 $t=4$ s 时动点的瞬时速度；

(3) 求出动点加速度矢量的表示式，并计算 $t=0$ s 到 $t=4$ s 内动点的平均加速度。

解 (1) 根据 $\boldsymbol{r}$ 与 x，y 之间的投影关系，得到

$$\boldsymbol{r}=(3t+5)\boldsymbol{i}+\left(\frac{1}{2}t^2+3t-4\right)\boldsymbol{j} \text{ (m)}$$

将 $t=0$ s，$t=1$ s，$t=2$ s 分别代入上式，即可求出瞬时矢量为

$$\boldsymbol{r}\Big|_{t=0\text{ s}} = 5\boldsymbol{i} - 4\boldsymbol{j} \text{ (m)}$$

$$\boldsymbol{r}\Big|_{t=1\text{ s}} = 8\boldsymbol{i} - 0.5\boldsymbol{j} \text{ (m)}$$

$$\boldsymbol{r}\Big|_{t=2\text{ s}} = 11\boldsymbol{i} + 4\boldsymbol{j} \text{ (m)}$$

第 1 s 内动点的位移为

$$\Delta\boldsymbol{r}=\boldsymbol{r}\Big|_{t=1\text{ s}}-\boldsymbol{r}\Big|_{t=0\text{ s}}=3\boldsymbol{i}+3.5\boldsymbol{j} \text{ (m)}$$

第 2 s 内动点的位移为

$$\Delta\boldsymbol{r}=\boldsymbol{r}\Big|_{t=2\text{ s}}-\boldsymbol{r}\Big|_{t=1\text{ s}}=3\boldsymbol{i}+4.5\boldsymbol{j} \text{ (m)}$$

(2) $\boldsymbol{r}$ 对时间求导即可得加速度矢量表达式，即

$$\boldsymbol{v}=\frac{\mathrm{d}\boldsymbol{r}}{\mathrm{d}t}=3\boldsymbol{i}+(t+3)\boldsymbol{j} \text{ (m/s)}$$

$$\boldsymbol{v}\Big|_{t=4\text{ s}}=3\boldsymbol{i}+7\boldsymbol{j} \text{ (m/s)}$$

(3) $\boldsymbol{v}$ 对时间求导即可得加速度矢量表达式：

$$\boldsymbol{a}=\frac{\mathrm{d}\boldsymbol{v}}{\mathrm{d}t}=1\boldsymbol{j} \text{ (m/s}^2\text{)}$$

平均加速度为

$$a^* = \frac{v\big|_{t=4\ \mathrm{s}} - v\big|_{t=0\ \mathrm{s}}}{4-0} = \frac{(3i+7j)-(3i+3j)}{4} = 1j\ (\mathrm{m/s^2})$$

【例 5-2】 椭圆规的曲柄 OC 可绕定轴 O 转动，其端点 C 与规尺 AB 的中点由铰链连接，规尺两端 A、B 可分别沿互相垂直的两直槽滑动。已知 OC 的转角为 $\varphi=\omega t$，ω 为常量，$OC=AC=BC=l$，$CM=a$，如图 5-5 所示。试求规尺上 M 点的运动方程、轨迹、速度和加速度。

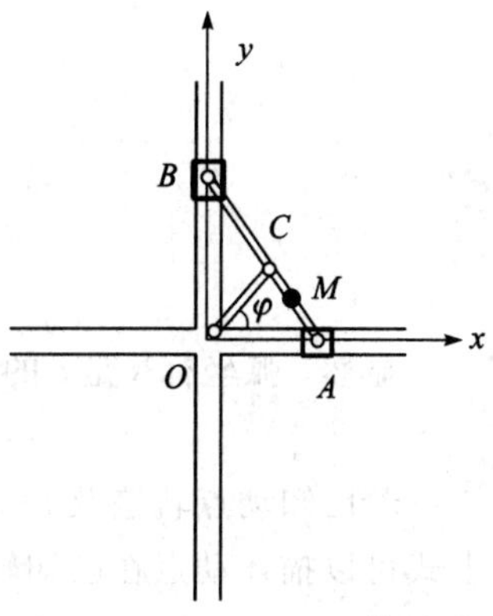

图 5-5

解 首先建立 M 点的运动方程，为此，取直角坐标系 Oxy，如图 5-5 所示。任一瞬时动点的位置可用 x、y 表示为

$$x=(BC+CM)\cos\varphi=(l+a)\cos\omega t$$
$$y=AM\sin\varphi=(l-a)\sin\omega t$$

这就是动点 M 的运动方程。从运动方程中消去时间 t，即得轨迹方程：

$$\frac{x^2}{(l+a)^2}+\frac{y^2}{(l-a)^2}=1$$

可见，动点 M 的轨迹为一椭圆，其长轴与 x 轴重合，短轴与 y 轴重合。当 M 点在 BC 段上时，椭圆的长轴将与 y 轴重合，短轴将与 x 轴重合。

M 点的速度在坐标轴上的投影为

$$v_x=\frac{\mathrm{d}x}{\mathrm{d}t}=-\omega(l+a)\sin\omega t,\quad v_y=\frac{\mathrm{d}y}{\mathrm{d}t}=\omega(l-a)\cos\omega t$$

速度的大小为

$$v=\sqrt{v_x^2+v_y^2}=\omega\sqrt{(l+a)^2\sin^2\omega t+(l-a)^2\cos^2\omega t}=\omega\sqrt{l^2+a^2-2al\cos 2\omega t}$$

速度的方向余弦为

$$\cos(v,\ i)=\frac{v_x}{v}=\frac{-(l+a)\sin\omega t}{\sqrt{l^2+a^2-2al\cos 2\omega t}},\quad \cos(v,\ j)=\frac{v_y}{v}=\frac{(l-a)\cos\omega t}{\sqrt{l^2+a^2-2al\cos 2\omega t}}$$

M 点的加速度在坐标轴上的投影为

$$a_x=\frac{\mathrm{d}v_x}{\mathrm{d}t}=-\omega^2(l+a)\cos\omega t,\quad a_y=\frac{\mathrm{d}v_y}{\mathrm{d}t}=-\omega^2(l-a)\sin\omega t$$

加速度的大小为

$$a=\sqrt{a_x^2+a_y^2}=\omega^2\sqrt{(l+a)^2\cos^2\omega t+(l-a)^2\sin^2\omega t}=\omega^2\sqrt{l^2+a^2+2al\cos 2\omega t}$$

加速度的方向余弦为

$$\cos(a,\ i)=\frac{a_x}{a}=\frac{-(l+a)\cos\omega t}{\sqrt{l^2+a^2-2al\cos 2\omega t}},\ \cos(a,\ j)=\frac{a_y}{a}=\frac{-(l-a)\sin\omega t}{\sqrt{l^2+a^2-2al\cos 2\omega t}}$$

5.3 点的运动的自然坐标表示法

1. 运动方程

当动点相对参照系的运动轨迹已知时，比如以地面为参照系，火车的运动轨迹是已知的，要描述其运动，最常用自然坐标来确定动点的位置、速度和加速度。

在动点运动曲线上任取一固定点 O 作为参考点(坐标原点)，并取一侧为正方向，则动点 M 的位置可由弧长 s 确定。弧长 s 称为动点 M 在轨迹曲线上的弧坐标，如图 5-6 所示。

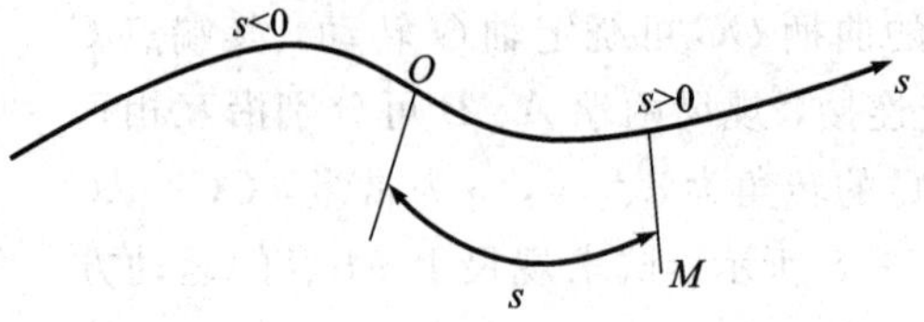

图 5-6

显然，弧坐标 s 是 t 的单值连续函数，即

$$s = f(t) \tag{5-17}$$

若已知动点轨迹及 $s=f(t)$ 的函数关系式，则动点在任意时刻的位置即可完全确定下来，上式可以描述动点在已知轨迹曲线上的位置随时间的变化规律，称为用弧坐标表示的点的运动方程。

2. 速度

当点沿已知曲线轨迹运动时，由于每一瞬时动点所处轨迹的位置对应的曲率一般不同，因而速度方向随时间的变化率也各有不同。为描述自然坐标系下点的速度、加速度，先引入与点的运动轨迹相关的坐标系——自然轴系。

设动点运动的轨迹为一空间曲线，以 MT 和 $M'T'$ 分别表示曲线在 M 处和 M' 处的切线。一般情况下，两条切线既不平行也不相交。现过点 M 作 MT_1 平行于 $M'T'$，则 MT 与 MT_1 可构成一平面。动点从 M' 点运动到 M 点的过程中，所构成的平面围绕 MT 不停转动，当点 M' 无限趋近点 M 时，这个极限位置所构成的平面称为曲线在点 M 的密切面，如图 5-7 所示。可知，空间曲线每一点都有密切面，且是唯一的。过点 M 作垂直于 MT 的一平面，称为曲线上点 M 处的法面，法面上由点 M 作出的所有直线都与 MT 垂直称为法线。可以看出，曲线一点对应的切线有一条，而法线有无数条。将密切面与法面相交的法线称为主法线，法面内与密切面垂直的直线称为曲线在点 M 处的副法线。在切线上取单位矢量为 $\boldsymbol{\tau}$，其方向与 s 的正负规定一致，主法线取单位矢量为 $\boldsymbol{n}$，正向沿着该点对应曲线凹侧，副法线取单位矢量为 $\boldsymbol{b}$。三个单位矢量相互垂直，且满足右手法则：$\boldsymbol{b}=\boldsymbol{\tau}\times\boldsymbol{n}$。

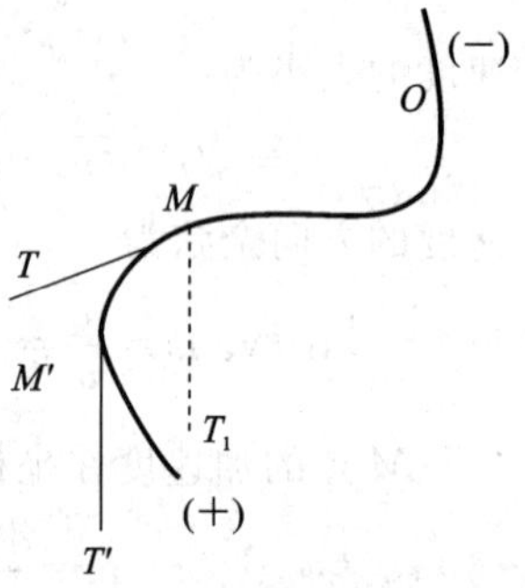

图 5-7

由 $\boldsymbol{\tau}$、$\boldsymbol{n}$、$\boldsymbol{b}$ 构成的正交轴系称为曲线的自然轴系，如图 5-8 所示。动点沿着曲线运动时，$\boldsymbol{\tau}$、$\boldsymbol{n}$、$\boldsymbol{b}$ 的大小不变，但方向时刻改变。由此可见，自然轴系是随动点一起运动的正交轴系，其单位矢量 $\boldsymbol{\tau}$、$\boldsymbol{n}$、$\boldsymbol{b}$ 是变矢量，而直角坐标系对应的三个单位矢量 $\boldsymbol{i}$、$\boldsymbol{j}$、$\boldsymbol{k}$ 是常矢量。

图 5-9 所示动点在空间曲线上运动。瞬时 t，动点位于 M 点，其弧坐标为 s，位置矢径为 $\boldsymbol{r}$，经 Δt 时间后，弧坐标为 $s+\Delta s$，矢径变为 $\boldsymbol{r}'$，根据点的速度公式有

$$\boldsymbol{v} = \frac{\mathrm{d}\boldsymbol{r}}{\mathrm{d}t} = \frac{\mathrm{d}\boldsymbol{r}}{\mathrm{d}s} \cdot \frac{\mathrm{d}s}{\mathrm{d}t} \tag{5-18}$$

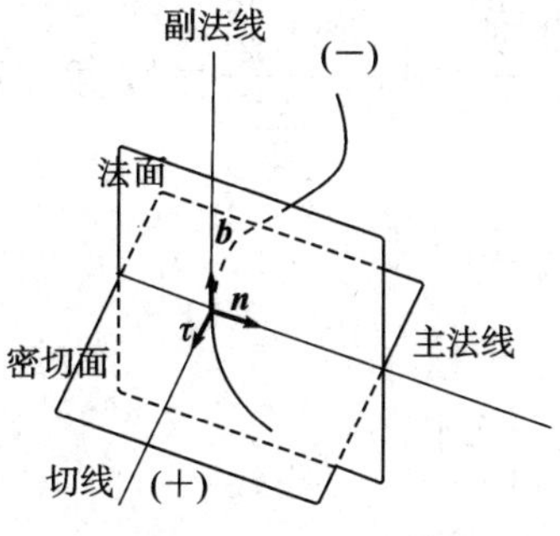

图 5-8

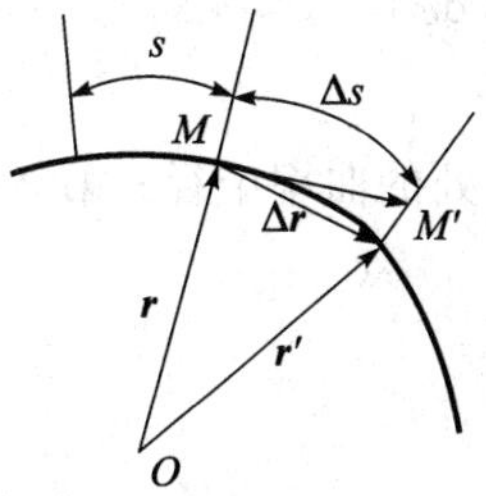

图 5-9

首先确定矢量$\frac{\mathrm{d}\boldsymbol{r}}{\mathrm{d}s}$的大小和方向。由于$\frac{\mathrm{d}\boldsymbol{r}}{\mathrm{d}s}=\lim\limits_{\Delta t\to 0}\frac{\Delta\boldsymbol{r}}{\Delta s}$，当 Δt 无限趋近 0 时，$\Delta\boldsymbol{r}$ 的大小趋近于 Δs，$\left|\frac{\mathrm{d}\boldsymbol{r}}{\mathrm{d}s}\right|=\lim\limits_{\Delta s\to 0}\left|\frac{\Delta\boldsymbol{r}}{\Delta s}\right|=1$，$\frac{\mathrm{d}\boldsymbol{r}}{\mathrm{d}s}$的方向是矢径增量 $\Delta\boldsymbol{r}$ 在 Δs 趋近 0 时的极限方向，即沿轨迹曲线上点 M 处的切线方向，与切向单位矢量 $\boldsymbol{\tau}$ 同向。

由此推知

$$\boldsymbol{v}=\frac{\mathrm{d}\boldsymbol{r}}{\mathrm{d}t}=\frac{\mathrm{d}\boldsymbol{r}}{\mathrm{d}s}\cdot\frac{\mathrm{d}s}{\mathrm{d}t}=\boldsymbol{\tau}\cdot\frac{\mathrm{d}s}{\mathrm{d}t} \tag{5-19}$$

由点的运动的矢量表示法可知，动点 M 的速度方向沿着点 M 处的切线方向，并指向点运动一侧，即 $\boldsymbol{v}=v\boldsymbol{\tau}$。式中，$v$ 为代数量，表示速度的大小。与式(5-19)对比，有 $v=\frac{\mathrm{d}s}{\mathrm{d}t}$，即速度的大小等于弧坐标对时间的一阶导。当 v 为正值，即$\frac{\mathrm{d}s}{\mathrm{d}t}>0$ 时，动点沿着弧坐标正向运动；当 v 为负值，即$\frac{\mathrm{d}s}{\mathrm{d}t}<0$ 时，动点沿着弧坐标负向运动。

3. 加速度

将 $\boldsymbol{v}=v\boldsymbol{\tau}$ 代入式(5-5)，得

$$\boldsymbol{a}=\frac{\mathrm{d}\boldsymbol{v}}{\mathrm{d}t}=\frac{\mathrm{d}v}{\mathrm{d}t}\boldsymbol{\tau}+v\frac{\mathrm{d}\boldsymbol{\tau}}{\mathrm{d}t} \tag{5-20}$$

可看出上式第一项中$\frac{\mathrm{d}v}{\mathrm{d}t}$为代数量，且$\frac{\mathrm{d}v}{\mathrm{d}t}=\frac{\mathrm{d}^2 s}{\mathrm{d}t^2}$，第二项中$\frac{\mathrm{d}\boldsymbol{\tau}}{\mathrm{d}t}$为矢量，需确定其大小和方向。

(1) $\frac{\mathrm{d}\boldsymbol{\tau}}{\mathrm{d}t}$的大小。设瞬时 t，动点 M 处对应的切线单位矢量为 $\boldsymbol{\tau}$，经过时间 Δt，动点运动到 M'，其切线单位矢量为 $\boldsymbol{\tau}'$。Δt 时间内，弧长增量为 Δs，单位矢量的增量为 $\Delta\boldsymbol{\tau}$，作矢量三角形，$\Delta\varphi$ 为邻角，则等腰三角形的底边即为 $\Delta\boldsymbol{\tau}$，如图 5-10 所示。

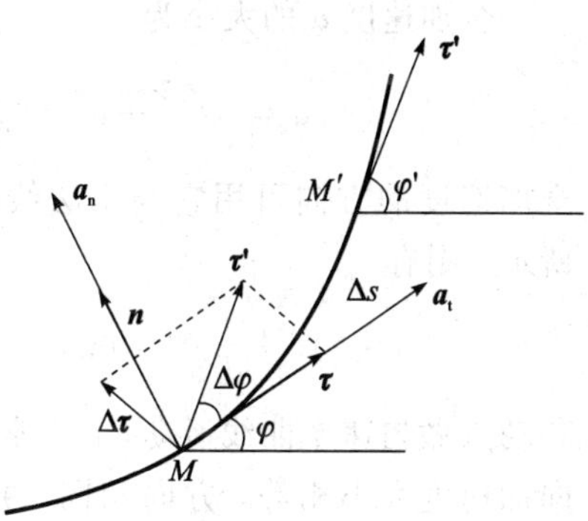

图 5-10

由于

$$\frac{\mathrm{d}\boldsymbol{\tau}}{\mathrm{d}t}=\dot{\boldsymbol{\tau}}=\frac{\mathrm{d}\boldsymbol{\tau}}{\mathrm{d}\varphi}\cdot\frac{\mathrm{d}\varphi}{\mathrm{d}s}\cdot\frac{\mathrm{d}s}{\mathrm{d}t} \tag{5-21}$$

其大小为

$$\left|\frac{\mathrm{d}\boldsymbol{\tau}}{\mathrm{d}t}\right|=\left|\frac{\mathrm{d}\boldsymbol{\tau}}{\mathrm{d}\varphi}\right|\cdot\left|\frac{\mathrm{d}\varphi}{\mathrm{d}s}\right|\cdot\left|\frac{\mathrm{d}s}{\mathrm{d}t}\right|$$

上式第一项 $\left|\frac{d\boldsymbol{\tau}}{d\varphi}\right|=\lim\limits_{\Delta\varphi\to 0}\left|\frac{\Delta\boldsymbol{\tau}}{\Delta\varphi}\right|=\lim\limits_{\Delta\varphi\to 0}\frac{2|\boldsymbol{\tau}|\sin\frac{\Delta\varphi}{2}}{\Delta\varphi}=\lim\limits_{\Delta\varphi\to 0}\frac{\sin\frac{\Delta\varphi}{2}}{\frac{\Delta\varphi}{2}}=1$；第二项 $\left|\frac{d\varphi}{ds}\right|=\left|\frac{1}{\rho}\right|$，$\rho$ 为轨迹曲线在 M 处的曲率半径；第三项 $\left|\frac{ds}{dt}\right|=|\dot{s}|=|v|$。

整理可得

$$\left|\frac{d\boldsymbol{\tau}}{dt}\right|=\left|\frac{v}{\rho}\right| \tag{5-22}$$

(2) $\frac{d\boldsymbol{\tau}}{dt}$的方向。$\frac{d\boldsymbol{\tau}}{dt}$的方向是当 Δt 趋近于 0 时$\frac{\Delta\boldsymbol{\tau}}{\Delta t}$的极限方向，结合图 5-11 进行分析。

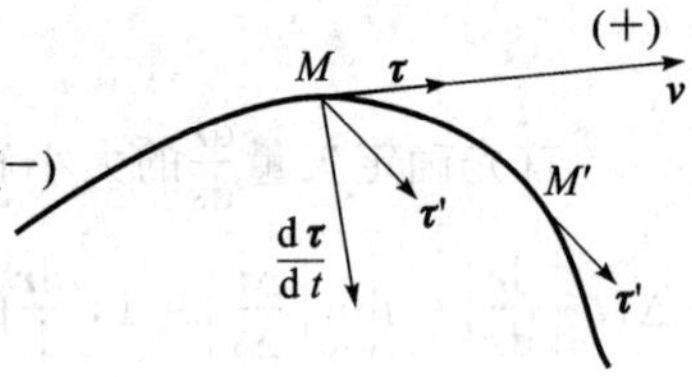

图 5-11

当 $\Delta\varphi\to 0$ 时，$\boldsymbol{\tau}$ 和 $\boldsymbol{\tau}'$ 以及 $\Delta\boldsymbol{\tau}$ 同处于 M 点的密切面内，这时，$\Delta\boldsymbol{\tau}$ 的极限方向垂直于$\boldsymbol{\tau}$，即 $\boldsymbol{n}$ 方向。

分析 $\frac{d\boldsymbol{\tau}}{dt}$ 的大小及方向后，得到 $\frac{d\boldsymbol{\tau}}{dt}=\frac{v}{\rho}\boldsymbol{n}$，代入式(5-21)得

$$\boldsymbol{a}=\frac{d(v\boldsymbol{\tau})}{dt}=\frac{dv}{dt}\boldsymbol{\tau}+\frac{v^2}{\rho}\boldsymbol{n} \tag{5-23}$$

将加速度 $\boldsymbol{a}$ 沿着自然轴系分解，可得

$$\left.\begin{aligned}\boldsymbol{a}_t&=\frac{dv}{dt}\boldsymbol{\tau}\\ \boldsymbol{a}_n&=\frac{v^2}{\rho}\boldsymbol{n}\\ \boldsymbol{a}_b&=0\end{aligned}\right\} \tag{5-24}$$

$\boldsymbol{a}_t=\frac{dv}{dt}\boldsymbol{\tau}$ 称为切向加速度，是反映速度大小变化的加速度，其方向沿轨迹的切线方向。当$\frac{dv}{dt}>0$时，$\boldsymbol{a}_t$ 与 $\boldsymbol{\tau}$ 同向；当$\frac{dv}{dt}<0$ 时，$\boldsymbol{a}_t$ 与 $\boldsymbol{\tau}$ 反向。当$\frac{dv}{dt}$与 v 的符号相同时，动点做加速运动；当$\frac{dv}{dt}$与 v 的符号相反时，动点做减速运动。$\boldsymbol{a}_n=\frac{v^2}{\rho}\boldsymbol{n}$ 称为法向加速度，它表示由速度方向改变所引起的加速度，其方向沿主法线方向。$\boldsymbol{a}_b=0$ 表示点的加速度在副法线上的投影恒为零。

全加速度 $\boldsymbol{a}$ 的大小为

$$a=\sqrt{a_t^2+a_n^2}=\sqrt{\left(\frac{dv}{dt}\right)^2+\left(\frac{v^2}{\rho}\right)^2} \tag{5-25}$$

全加速度的方向可用它与主法线的夹角 α 进行表示，如图 5-12 所示，则有

$$\tan\alpha=\left|\frac{a_t}{a_n}\right| \tag{5-26}$$

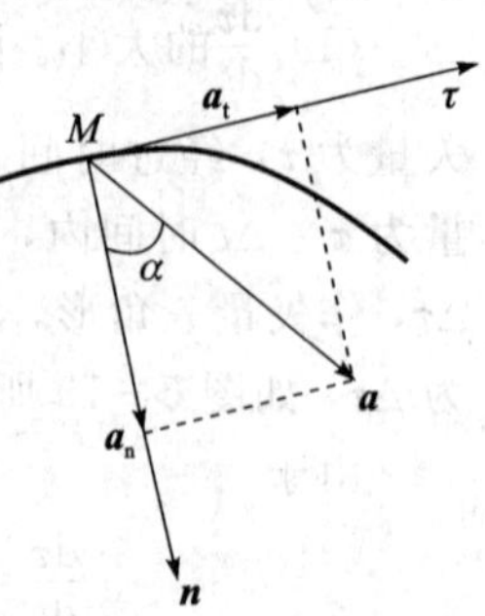

图 5-12

若动点做匀速率曲线运动，v 为常数，a_t 等于零，则全加速度与法向加速度大小相等，方向相同，并沿着主法线方向，指向曲线凹侧。其运动方程可通过对速度方程求积分得到

$$s = s_0 + vt \tag{5-27}$$

若动点做匀变速率曲线运动，则 $a_t = \frac{dv}{dt}$ = 常量。其速度方程和运动方程分别为

$$v = v_0 + a_t t \tag{5-28}$$

$$s = s_0 + v_0 t + \frac{1}{2} a_t t^2 \tag{5-29}$$

从上两式中消去时间 t，得

$$v^2 - v_0^2 = 2a_t(s - s_0) \tag{5-30}$$

式中，v_0 和 s_0 分别为 $t_0=0$ 时点的速度和弧坐标。

【例 5-3】　图 5-13 所示的固定圆圈的半径为 R，摇杆 O_1A 绕 O_1 轴以匀角速度 ω 转动。小环 M 同时套在摇杆和圆圈上。运动开始时，$\varphi=0$，摇杆 O_1A 在水平位置。试分别用直角坐标法和自然法写出小环 M 的运动方程，并求其速度和加速度。

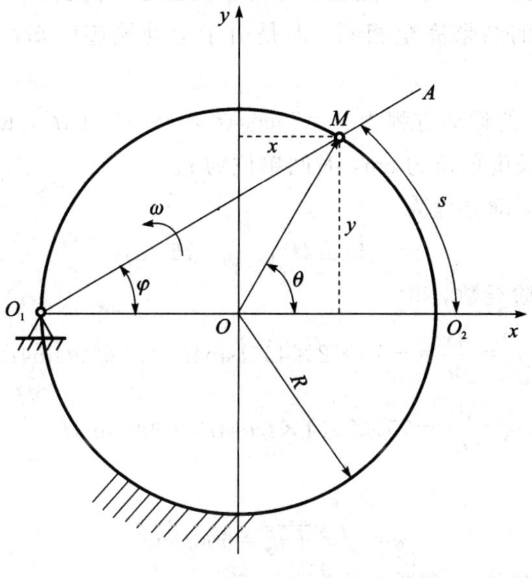

图 5-13

解　(1) 直角坐标法。以圆心 O 为原点建立直角坐标系。任一瞬时动点 M 的位置用 坐标 x、y 表示，如图 5-13 所示。由于 $\varphi=\omega t$，而圆心角 $\theta=2\varphi=2\omega t$，于是有小环 M 的运动方程为

$$x = R\cos 2\omega t,\quad y = R\sin 2\omega t$$

上式分别对时间求一阶导数和二阶导数，可得速度和加速度在直角坐标轴上的投影：

$$v_x = \frac{dx}{dt} = -2R\omega\sin 2\omega t,\quad v_y = \frac{dy}{dt} = 2R\omega\cos 2\omega t$$

$$a_x = \frac{d^2x}{dt^2} = -4R\omega^2\cos 2\omega t,\quad a_y = \frac{d^2y}{dt^2} = -4R\omega^2\sin 2\omega t$$

速度大小及方向为

$$v = \sqrt{v_x^2 + v_y^2} = 2R\omega,\quad \cos(\boldsymbol{v}, \boldsymbol{i}) = \frac{v_x}{v} = -\sin 2\omega t,\quad \cos(\boldsymbol{v}, \boldsymbol{j}) = \frac{v_y}{v} = \cos 2\omega t$$

加速度大小及方向为

$$a=\sqrt{a_x^2+a_y^2}=4R\omega^2,\quad \cos(\boldsymbol{a},\ \boldsymbol{i})=\frac{a_x}{a}=-\cos2\omega t,\quad \cos(\boldsymbol{a},\ \boldsymbol{j})=\frac{a_y}{a}=-\sin2\omega t$$

(2) 自然坐标法。动点 M 的运动轨迹是圆弧，在轨迹上取水平直径的端点 O_2 为弧坐标的原点，并规定逆时针方向形成的弧坐标为正，则任一瞬时动点 M 的位置可用弧坐标 s 表示。显然，M 的运动方程为

$$s=R\theta=2R\varphi=2R\omega t$$

上式分别对时间求一阶和二阶导数，得速度与切向加速度的大小为

$$v=\frac{\mathrm{d}s}{\mathrm{d}t}=2R\omega,\quad a_{\mathrm{t}}=\frac{\mathrm{d}^2s}{\mathrm{d}t^2}=0$$

因为切向加速度等于零，所以全加速度即为法向加速度，其大小为

$$a_{\mathrm{n}}=\frac{v^2}{\rho}=4R\omega^2$$

速度方向与 $\boldsymbol{\tau}$ 相同(与矢径 $\boldsymbol{r}$ 垂直)，加速度方向指向圆心(与矢径 $\boldsymbol{r}$ 反向)。

以上两种方法求得的结果完全相同。但是由于运动轨迹已知，用自然法求解显然更加方便。

【例 5-4】 已知点的运动方程为 $x=75\cos4t^2$，$y=75\sin4t^2$，试求点的速度、切向加速度和法向加速度。式中长度单位为 cm，时间单位为 s。

解 由题知，点的运动方程为

$$x=75\cos4t^2,\quad y=75\sin4t^2$$

将上式对时间求一阶导数，得

$$v_x=\frac{\mathrm{d}x}{\mathrm{d}t}=-75\times2\times4\times t\sin4t^2=-600t\sin4t^2$$

$$v_y=\frac{\mathrm{d}y}{\mathrm{d}t}=75\times2\times4\times t\cos4t^2=600t\sin4t^2$$

速度的大小为

$$v=\sqrt{v_x^2+v_y^2}=600t\ \mathrm{cm/s}$$

从运动方程中消去参数 t，得轨迹方程为

$$x^2+y^2=75^2$$

可看出轨迹为半径 $r=75$ cm 的圆。

点的切向加速度、法向加速度的大小分别为

$$a_{\mathrm{t}}=\frac{\mathrm{d}v}{\mathrm{d}t}=\frac{\mathrm{d}(600t)}{\mathrm{d}t}=600\ \mathrm{cm/s^2}$$

$$a_{\mathrm{n}}=\frac{v^2}{\rho}=\frac{600t^2}{75}=4800t^2\ \mathrm{cm/s^2}$$

思 考 题

5-1 $|\Delta\boldsymbol{r}|$ 和 $\Delta\boldsymbol{r}$，$\left|\frac{\mathrm{d}\boldsymbol{r}}{\mathrm{d}t}\right|$ 和 $\frac{\mathrm{d}\boldsymbol{r}}{\mathrm{d}t}$，$\left|\frac{\mathrm{d}\boldsymbol{v}}{\mathrm{d}t}\right|$ 和 $\frac{\mathrm{d}v}{\mathrm{d}t}$ 有何不同。

5-2 结合 $v-t$ 图，说明平均加速度和瞬时加速度的几何意义。

5-3　运动物体的加速度随时间减小而速度却增加，是可能的吗？

5-4　动点做直线运动，某瞬时速度 $v=c$（某一定值），则该瞬时的加速度 $a=\frac{\mathrm{d}v}{\mathrm{d}t}=\frac{\mathrm{d}c}{\mathrm{d}t}=0$，这个结果对吗？为什么？

5-5　若已知点的直线运动方程为 $x=f(t)$，试分析在下列几种情况下点做何种运动：① $\frac{\mathrm{d}x}{\mathrm{d}t}=$常数；② $\frac{\mathrm{d}x}{\mathrm{d}t}\neq$常数；③ $\frac{\mathrm{d}^2x}{\mathrm{d}t^2}=0$；④ $\frac{\mathrm{d}^2x}{\mathrm{d}t^2}=$常数。

5-6　试分析下述四种情况下点做何种运动，同时说明切向加速度和法向加速度的物理意义有何不同：① $a_t=0$，$a_n=0$；② $a_t\neq0$，$a_n=0$；③ $a_t=0$，$a_n\neq0$；④ $a_t\neq0$，$a_n\neq0$。

习　题

5-1　已知点的运动方程：① $x=4t-2t^2$，$y=3t-1.5t^2$；② $x=4\cos^2t$，$y=3\sin^2t$；③ $x=5\cos5t^2$，$x=5\sin5t^2$。分别求其运动轨迹方程。

5-2　已知动点的运动方程为 $\boldsymbol{r}=R(\cos\omega t\boldsymbol{i}+\sin\omega t\boldsymbol{j})$。其中，$\omega$ 为常量，$\boldsymbol{i}$、$\boldsymbol{j}$ 为沿 x，y 轴的单位矢量，t 的单位为 s。求：

（1）动点的轨迹；

（2）速度和速率。

5-3　已知动点的运动方程为 $\boldsymbol{r}=4t^2\boldsymbol{i}+(3+2t)\boldsymbol{j}$，式中，$\boldsymbol{r}$ 的单位为 m，$\boldsymbol{i}$、$\boldsymbol{j}$ 为沿 x、y 轴的单位矢量，t 的单位为 s。求：

（1）动点的轨迹；

（2）从 $t=0$ 到 $t=1$ s 的位移；

（3）$t=0$ 和 $t=1$ s 两时刻的速度。

5-4　已知动点的运动方程为 $\boldsymbol{r}=t^2\boldsymbol{i}+2t\boldsymbol{j}$，式中，$\boldsymbol{r}$ 的单位为 m，$\boldsymbol{i}$、$\boldsymbol{j}$ 为沿 x、y 轴的单位矢量，t 的单位为 s。求：

（1）任一时刻的速度和加速度；

（2）任一时刻的切向加速度和法向加速度。

5-5　一物体做直线运动，运动方程为 $x=6t-3t^2$，式中各量均采用国际单位制。求：

（1）第二秒内的平均速度；

（2）第三秒末的速度；

（3）第一秒末的加速度；

（4）物体运动的类型。

5-6　题 5-6 图所示曲柄连杆机构的曲柄 OB 做逆时针方向转动，角 $\varphi=\omega t$，其中 ω 为常数。已知 $AB=OB=R$，$BC=L$，且 $L>R$。试确定杆上点 C 的运动方程和轨迹方程。

5-7　如题 5-7 图所示点 M 以匀速率 $\boldsymbol{v}$ 在直管 OA 内运动，直管 OA 又按 $\varphi=\omega t$ 的规律绕 O 轴转动。当 $t=0$ 时，M 在点 O 处，求其在任一瞬时的速度和加速度的大小。

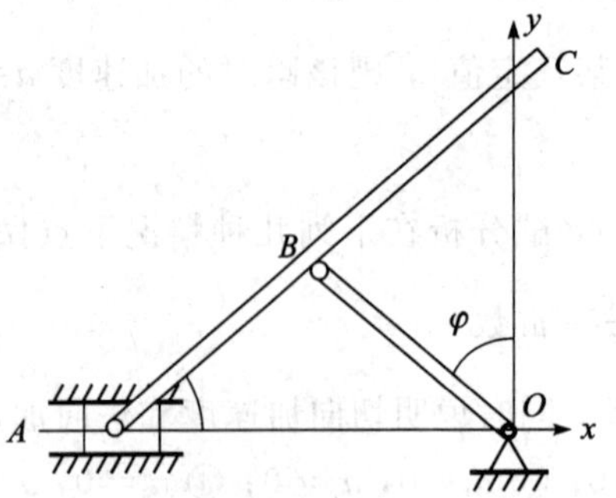

题 5－6 图

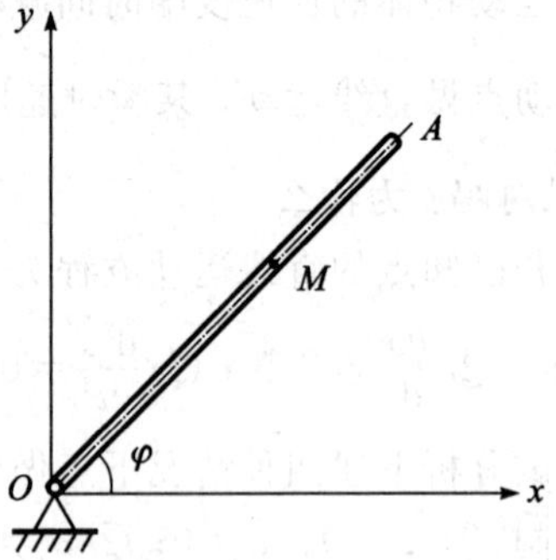

题 5－7 图

5－8　一动点的加速度在直角坐标系上的投影：$a_x = -16\cos 2t$，$a_y = -20\sin 2t$。已知当 $t=0$ 时，$x_0 = 4$ cm，$y_0 = 5$ cm，$v_{ax} = 0$，$v_{ay} = 10$ cm/s，试求其运动方程和轨迹方程。

5－9　一点沿半径为 R 的圆周按 $s = v_0 t - \frac{1}{2}bt^2$ 轨迹运动，其中 b 为常数。则此点的加速度的大小等于多少？在什么时候加速度等于 b？这时该点共走了多少圈？

5－10　在题 5－10 图所示机构中，摇杆 OB 绕 O 轴转动，带动销子 A 在固定的圆弧槽内运动，设杆 OB 的角速度为 ω rad/s，图中长度单位是 cm，试求销子 A 的速度和加速度。

5－11　题 5－11 图所示偏心凸轮半径为 R，绕 O 轴转动，转角 $\varphi = \omega t$（ω 为常数），偏心距 $OC = e$，凸轮带动顶杆 AB 沿铅垂直线做往复运动。求顶杆的运动方程和速度。

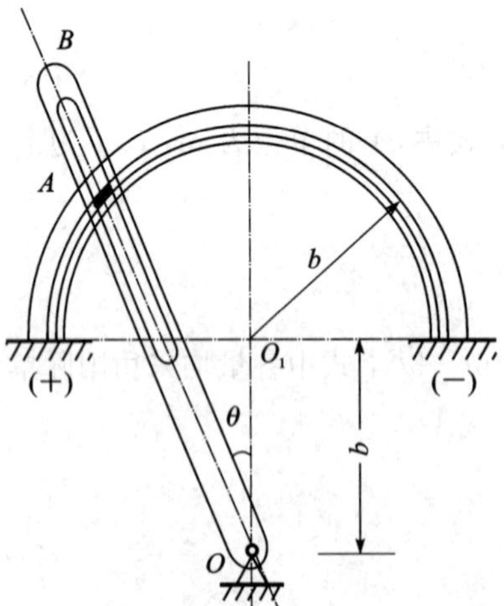

题 5－10 图

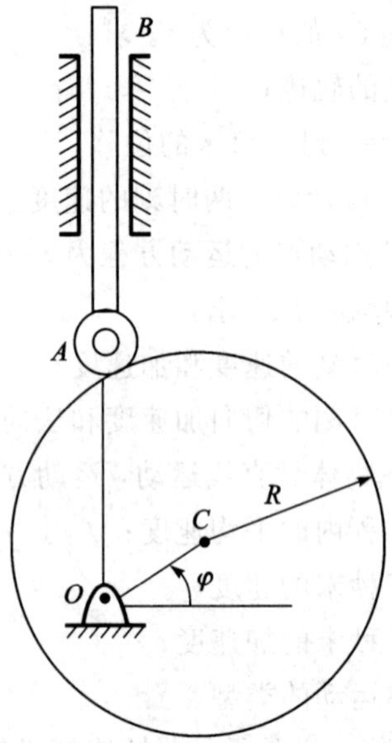

题 5－11 图

5－12　题 5－12 图所示机构，杆 AB 长 l，以等角速度 ω 绕点 B 转动，其转动方程为 $\varphi = \omega t$。而与杆连接的滑块 B 按规律 $s = a + b\sin\omega t$ 沿水平线做谐振动，其中 a 和 b 均为常数。求点 A 的轨迹。

5－13　曲柄 OA 长 r，在平面内绕 O 轴转动，如题 5－13 图所示。杆 AB 通过固定于点 N 的套筒与曲柄 OA 铰接于 A 点。设 $\varphi = \omega t$，杆 AB 长 $l = 2r$，求点 B 的运动方程、速度和加速度。

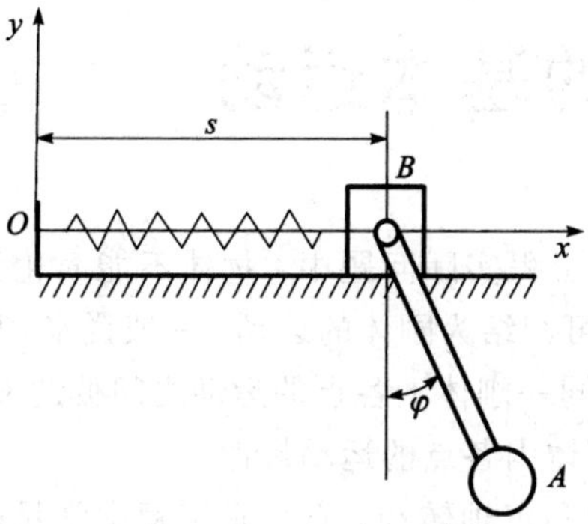

题 5-12 图

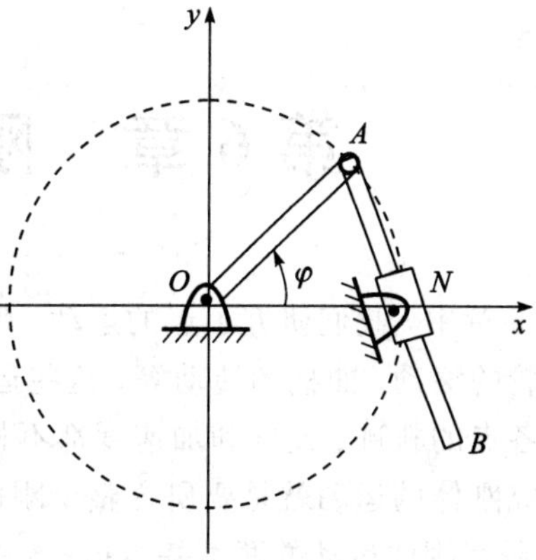

题 5-13 图

习题参考答案

5-1 ① $3x-4y=0(x\leqslant 2,\ y\leqslant 1.5)$，$s=5t-2.5t^2$；

② $\frac{x}{4}+\frac{y}{3}=1(0\leqslant x\leqslant 4,\ 0\leqslant y\leqslant 3)$，$s=5\sin^2 t$；

③ $x^2+y^2=25$，$s=25t^2$

5-2 (1) $x^2+y^2=R^2$；(2) $\boldsymbol{v}=-\omega R\sin\omega t\boldsymbol{i}+\omega R\cos\omega t\boldsymbol{j}$，$v=\omega R$

5-3 (1) $x=(y-3)^2$；(2) $\Delta\boldsymbol{r}=4\boldsymbol{i}+2\boldsymbol{j}$，$v=\omega R$；(3) $\boldsymbol{v}(0)=2\boldsymbol{j}$，$v(1)=8\boldsymbol{i}+2\boldsymbol{j}$

5-4 (1) $\boldsymbol{v}=2t\boldsymbol{i}+2\boldsymbol{j}$，$\boldsymbol{a}=2\boldsymbol{i}$；(2) $a_t=\frac{2t}{\sqrt{t^2+1}}$， $a_n=\frac{2}{\sqrt{t^2+1}}$

5-5 (1) $v=4$ m/s；(2) $v(3)=-18$ m/s；(3) $a(1)=0$ m/s^2；

(4) 物体运动的类型为变速直线运动。

5-6 $x_C=(l-R)\sin\omega t$，$y_C=(l+R)\cos\omega t$，$\frac{x_C}{(l-R)^2}+\frac{y_C}{(l+R)^2}=1$

5-7 $v=u\sqrt{(\omega t)^2+1}$， $a=u\omega\sqrt{(\omega t)^2+4}$

5-8 $x=4\cos 2t$，$y=5+5\sin 2t$，$\left(\frac{x}{4}\right)^2+\left(\frac{y-5}{5}\right)^2=1$

5-9 $a=\sqrt{\frac{(v_0-bt)^2}{R^2}+b^2}$，$t=\frac{v_0}{b}$，$n=\frac{{v_0}^2}{4\pi Rb}$

5-10 $v=2b\omega$，$a_t=0$，$a_n=4b\omega^2$

5-11 $y=e\sin\omega t+\sqrt{R^2-e^2\cos^2\omega t}$，$v=e\omega\left(\cos\omega t+\frac{e\sin 2\omega t}{2\sqrt{R^2-e^2\cos^2\omega t}}\right)$

5-12 $\frac{(x-a)^2}{(b+l)^2}+\frac{y^2}{l^2}=1$

5-13 $x=r\cos\omega t+l\sin\frac{\omega t}{2}$，$y=r\sin\omega t-l\cos\frac{\omega t}{2}$，

$v=\omega\sqrt{r^2+\frac{l^2}{4}-rl\sin\frac{\omega t}{2}}a=\omega^2\sqrt{r^2+\frac{l^2}{16}-\frac{rl}{2}\sin\frac{\omega t}{2}}$

第6章 刚体的基本运动

在第5章中，我们研究了点的运动。但在许多工程实际问题中，物体不能简化为点的运动，如车轮的滚动、曲柄的转动等，这些运动形式可归结为刚体的运动。一般说来，刚体运动时，其上各点的轨迹、速度和加速度都不相同，但同一刚体上各点的运动之间彼此又有联系。因此，研究刚体的运动就是要研究整个刚体以及刚体内各点的运动规律。

本章研究刚体运动的两种基本形式：平行移动和定轴转动。它们是工程中常见的最简单的运动形式，也是研究刚体复杂运动形式的基础。

6.1 刚体的平行移动

工程中某些物体的运动，例如，图6-1所示的沿直线轨道行驶车辆的车厢运动、摆式选矿筛的运动等，都有一个共同的特点，即如果在物体内任取一直线段，在运动过程中这条直线段始终与它的最初位置平行。刚体的这种运动称为平行移动，简称平动或平移。

刚体平动时，若刚体内任一点的轨迹是直线，则称为直线平动；若任一点的轨迹是曲线，则称为曲线平动。图6-1(a)所示的车厢做直线平动，而图6-1(b)所示的筛体做曲线平动。

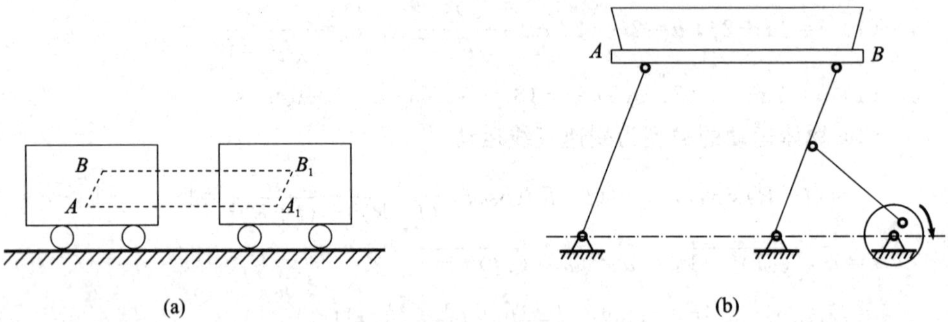

图6-1

设刚体做平动。如图6-2所示，在刚体内任选两点A和B，令点A的矢径为$\boldsymbol{r}_A$，点B的矢径为$\boldsymbol{r}_B$，则两条矢端曲线就是两点的轨迹。由图可知

$$\boldsymbol{r}_B = \boldsymbol{r}_A + \boldsymbol{r}_{AB} \tag{6-1}$$

当刚体平动时，A、B两点连线的距离和方向均不改变，所以$\boldsymbol{r}_{AB}$为常矢量。因此，刚体上各点的运动轨迹是形状完全相同的平行曲线。刚体平动时，其上各点的轨迹不一定是直线，也可能是曲线，但是它们的形状是完全相同的。

式(6-1)两边对时间t求导数，因为常矢量$\boldsymbol{r}_{AB}$的导数等于零，于是有

$$\frac{\mathrm{d}\boldsymbol{r}_B}{\mathrm{d}t} = \frac{\mathrm{d}\boldsymbol{r}_A}{\mathrm{d}t},\ \frac{\mathrm{d}\boldsymbol{v}_B}{\mathrm{d}t} = \frac{\mathrm{d}\boldsymbol{v}_A}{\mathrm{d}t} \tag{6-2}$$

即

$$\boldsymbol{v}_A = \boldsymbol{v}_B,\ \boldsymbol{a}_A = \boldsymbol{a}_B \tag{6-3}$$

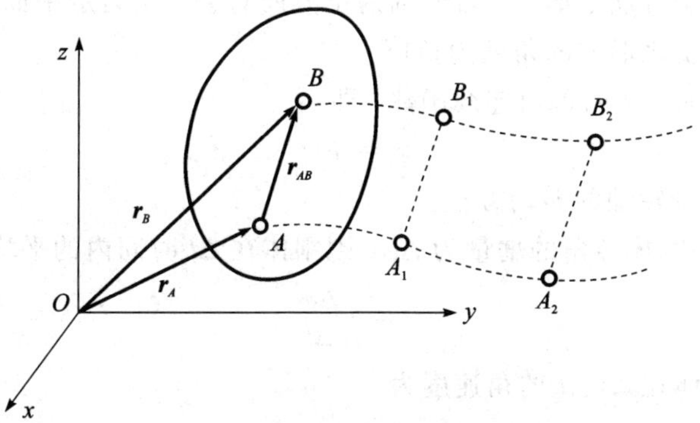

图 6－2

式(6－3)中，$\boldsymbol{v}_A$ 和 $\boldsymbol{v}_B$ 分别表示点 A 和点 B 的速度，$\boldsymbol{a}_A$ 和 $\boldsymbol{a}_B$ 分别表示它们的加速度。由于点 A、B 是任意选取的，所以可得结论：刚体平行移动时，其上各点的轨迹形状相同；在同一瞬时，各点的速度、加速度也相同。

由于刚体平动时，其内各点的运动规律相同，因此，研究刚体的平动，可以归结为研究刚体内任一点(如质心)的运动，即刚体平动的运动学问题可归结为点的运动学问题来研究。

6.2　刚体的定轴转动

工程中常见的齿轮、机床的主轴、电机的转子等运动都有这样的一个共同特点，即它们运动时，在其体内(或体外)有一条直线始终保持不动，这种运动称为刚体的定轴转动，这条固定不动的直线称为转轴。显然，刚体内不在转轴上的各点都在垂直于转轴的平面内做圆周运动。

下面研究定轴转动刚体的运动规律。设有一刚体绕 z 轴转动，要确定转动刚体在任一瞬时的位置，过 z 轴作固定的半平面Ⅰ、半平面Ⅱ固结在转动刚体上，如图 6－3 所示。刚体在任一瞬时的位置可用Ⅰ、Ⅱ平面间的夹角 φ 来确定，φ 称为刚体的转角，以弧度(rad)表示。

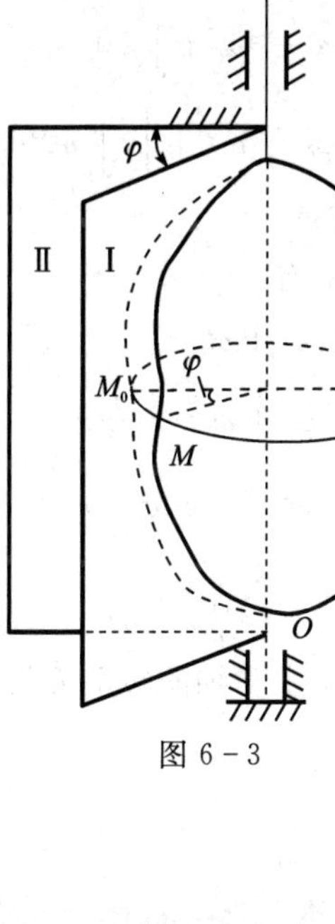

图 6－3

转角 φ 是代数量，其符号规定如下：自 z 轴的正方向看去，从固定平面Ⅰ起按逆时针转向形成的角度 φ 为正值，反之形成的角度为负值。

显然，转角 φ 是时间 t 的单值连续函数，即

$$\varphi = f(t) \tag{6-4}$$

式(6-4)称为刚体定轴转动的转动方程。

设在 Δt 时间内，刚体转角的增量为 $\Delta\varphi$，则刚体在 Δt 时间内的平均角速度为

$$\bar{\omega}=\frac{\Delta\varphi}{\Delta t}$$

当 $\Delta t\to 0$ 时，刚体在瞬时 t 的角速度为

$$\omega = \lim_{\Delta t\to 0}\frac{\Delta\varphi}{\Delta t} = \frac{d\varphi}{dt} = \dot{\varphi} \tag{6-5}$$

即刚体的角速度等于转角对时间的一阶导数。

角速度是代数量，自转轴 z 的正方向看去，刚体逆时针转动时，角速度取正值，反之取负值。$\omega>0$ 时，φ 随时间增加而增大；反之 φ 减小。角速度的单位为 rad/s(弧度/秒)。

刚体匀速转动时，若转速为 n(r/min)，则有

$$\omega = \frac{2\pi n}{60} = \frac{\pi n}{30} \tag{6-6}$$

为了描述角速度的变化，引入角加速度的概念。设在 Δt 时间内，刚体的角速度的增量为 $\Delta\omega$，则刚体的平均角加速度为

$$\alpha^* = \Delta\omega/\Delta t$$

在 $\Delta t\to 0$ 时，刚体在瞬时 t 的角加速度为

$$\alpha = \frac{d\omega}{dt} = \frac{d^2\varphi}{dt^2} = \ddot{\varphi} \tag{6-7}$$

即刚体的角加速度等于角速度对时间的一阶导数或转角对时间的二阶导数。

角加速度也是代数量。$\alpha>0$，与转角的正向一致；$\alpha<0$ 则相反。角加速度的单位为 rad/s²。如果 ω 与 α 同号，则转动是加速的；如果 ω 与 α 异号，则转动是减速的。

利用刚体绕定轴转动时 α、ω、φ 与 t 之间的关系，可得关于转动的公式

$$\omega = \omega_0 + \int_0^t \alpha dt \tag{6-8}$$

$$\varphi = \varphi_0 + \omega_0 t + \int_0^t \int_0^t \alpha dt dt \tag{6-9}$$

其中 φ_0 和 ω_0 分别为初位置角和初角速度。

当刚体做匀变速转动(α=常数)时，有

$$\left.\begin{aligned}\omega &= \omega_0 + \alpha t\\ \varphi &= \varphi_0 + \omega_0 t + \frac{1}{2}\alpha t^2\\ \omega^2 - \omega_0^2 &= 2\alpha(\varphi - \varphi_0)\end{aligned}\right\} \tag{6-10}$$

匀速转动(ω=常数)时，有

$$\varphi = \varphi_0 + \omega t \tag{6-11}$$

【例 6-1】 已知汽轮机在启动时，主动轴的转动方程为 $\varphi=\pi t^3$，式中 φ 以 rad 计，t 以 s 计。求 t=3 s 时的角速度和角加速度。

解 因转动方程已知，将它对时间 t 求导即可求出角速度和角加速度，即

$$\omega=\frac{d\varphi}{dt}=3\pi t^2,\ \alpha=\frac{d\omega}{dt}=6\pi t$$

将 $t=3$ s 代入，得

$$\omega=84.8\ \text{rad/s},\ \alpha=56.5\ \text{rad/s}^2$$

【例 6-2】 机器启动时，飞轮做匀加速转动，转过 20 s 后，转速从 0 增至 150 r/min。求飞轮的角加速度及它在 20 s 内转过多少转？

解 飞轮的初角速度 $\omega_0=0$，经过 20 s 后，其角速度

$$\omega=\frac{\pi n}{30}=\frac{150\pi}{30}=5\pi\ \text{rad/s}$$

已知飞轮做匀变速转动，由式(6-10)有

$$5\pi=0+20\alpha$$

所以

$$\alpha=\frac{\pi}{4}=0.785\ \text{rad/s}^2$$

飞轮转过的角度：

$$\varphi-\varphi_0=0+\frac{1}{2}\times\frac{\pi}{4}\times20^2=50\pi$$

飞轮在 20 s 内转过的转数：

$$\frac{50\pi}{2\pi}=25\ 圈$$

6.3 转动刚体内各点的速度和加速度

前面研究了刚体的转动规律，以及角速度和角加速度。但在工程实际中，还常常需要知道转动刚体内某些点的速度和加速度。例如，带式运输机的传递速度就是带轮边缘上一点的速度；又如，在齿轮传动中，要利用啮合点的速度来计算两个啮合齿轮的角速度之间的关系。

当刚体绕定轴转动时，其上任一点 M 在垂直于转轴的平面内做圆周运动，圆心在转轴上，转动半径 R 为点 M 到转轴的距离。由于运动轨迹已知，可采用自然法来研究 M 点的运动。

取固定平面 Ⅰ 与该圆周的交点 O' 为弧坐标的原点，以 φ 角增加方向为正，如图 6-4 所示。

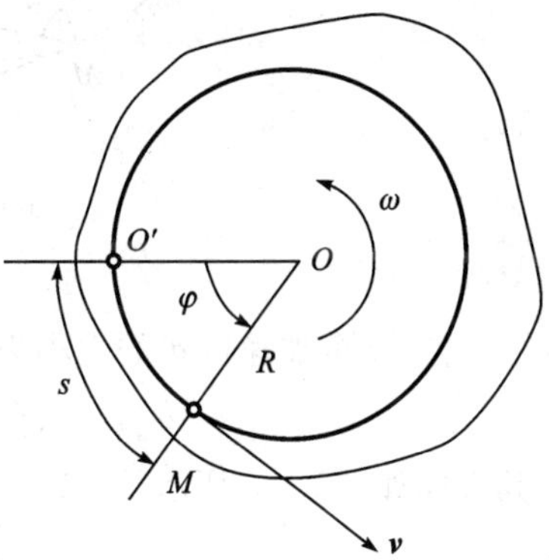

图 6-4

在任一瞬时 t，点 M 的位置用弧坐标来确定

$$s=R\varphi \tag{6-12}$$

式中，R 为点 M 到轴心 O 的距离。

点 M 的速度大小为

$$v=\frac{ds}{dt}=R\frac{d\varphi}{dt}=R\omega \tag{6-13}$$

即刚体转动时，其上任一点的速度大小等于刚体的角速度与该点到转轴线的距离的乘积，速度的方向沿该点圆周的切线方向并指向转动的一方。

由式(6-13)可知，同一瞬时刚体内各点速度分布规律如图6-5所示。

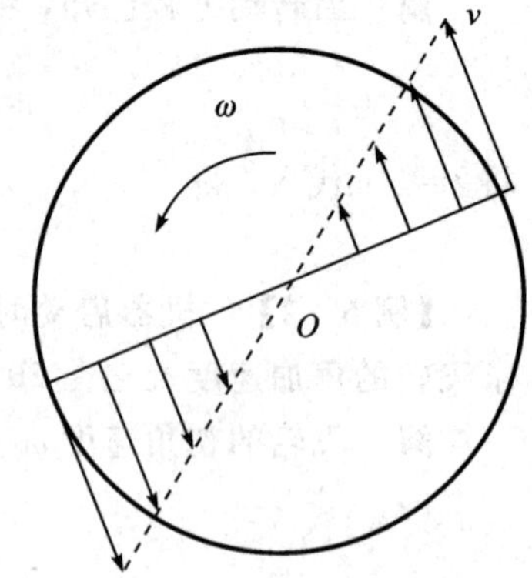

图 6-5

由于点 M 做圆周运动，其切向加速度为

$$\boldsymbol{a}_t = \frac{dv}{dt} = \frac{d(R\omega)}{dt} = R\frac{d\omega}{dt} = R\alpha \qquad (6-14a)$$

即转动刚体内任一点 M 的切向加速度的大小等于刚体的角加速度与该点到转轴距离的乘积，其方向与角加速度的转向一致。

法向加速度为

$$\boldsymbol{a}_n = \frac{v^2}{\rho} = \frac{(R\omega)^2}{\rho}$$

式中，ρ 是曲率半径。对于圆，$\rho=R$，因此有

$$\boldsymbol{a}_n = R\omega^2 \qquad (6-14b)$$

即转动刚体内任一点 M 的法向加速度的大小，等于刚体角速度的平方与该点到转轴的距离的乘积，其方向指向轴线。

当 ω 与 α 转向相同时，刚体做加速转动，点的切向加速度 $\boldsymbol{a}_t$ 与速度 $\boldsymbol{v}$ 的指向相同；当 ω 与 α 转向相反时，刚体做减速转动，$\boldsymbol{a}_t$ 与 $\boldsymbol{v}$ 的指向相反，如图 6-6 所示。

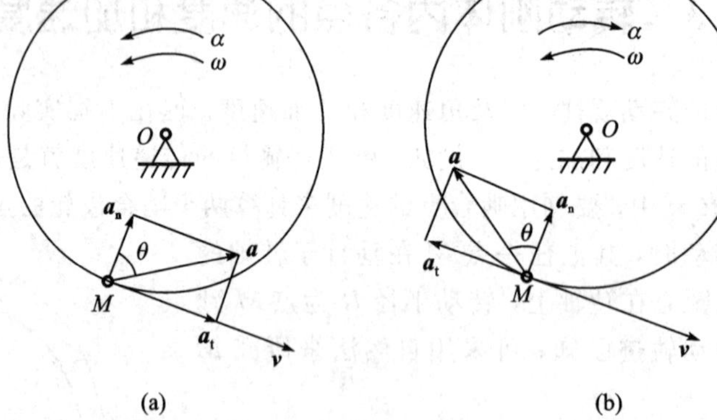

图 6-6

点 M 全加速度 $\boldsymbol{a}$ 的大小为

$$\boldsymbol{a} = \sqrt{a_t^2 + a_n^2} = \sqrt{R^2\alpha^2 + R^2\omega^4} = R\sqrt{\alpha^2 + \omega^4} \qquad (6-15a)$$

其方向如图 6-6 所示。

$$\theta = \arctan\frac{|a_t|}{a_n} = \frac{R|\alpha|}{R\omega^2} = \frac{|\alpha|}{\omega^2} \qquad (6-15b)$$

由于刚体转动的 α、ω 的瞬时值为一定值，由式(6-15)可知任一瞬时转动刚体内点的加速度的大小按线性规律分布，即点的加速度的大小与该点到转轴的距离成正比，如图 6-7 所示。

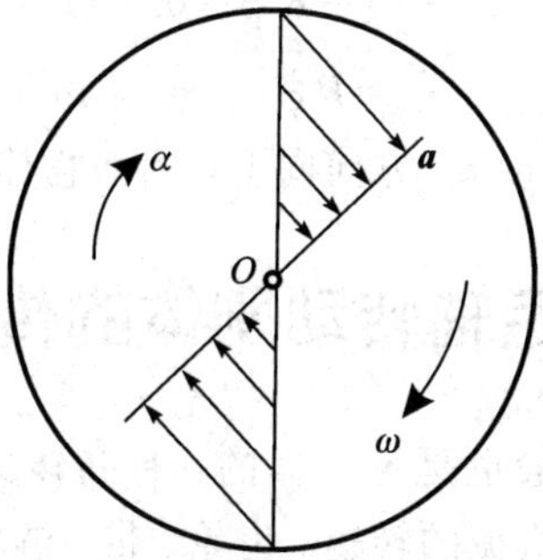

图 6-7

【例 6-3】 一半径 $R=0.2$ m 的圆轮绕定轴 O 沿逆时针方向转动，如图 6-8 所示。轮的转动方程 $\varphi=-t^2+4t$（φ 以 rad 计，t 以 s 计）。该轮缘上绕有一柔软的绳索（伸长量忽略不计），绳索端部挂一重物 A。试求当 $t=1$ s 时，轮缘上任一点 M 和重物 A 的速度与加速度。

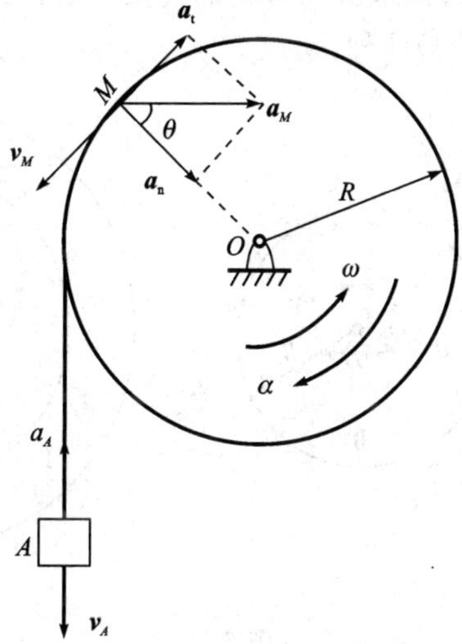

图 6-8

解 M 点的速度 $\boldsymbol{v}_M$ 和加速度 $\boldsymbol{a}_M$ 与圆轮的角速度 ω 和角加速度 α 有关。由转动方程，有

$$\omega = \dot{\varphi} = -2t + 4 \text{ rad/s}$$

$$\alpha = \omega = -2 \text{ rad/s}^2$$

当 $t=1$ s 时，$\omega=2$ rad/s，且与 α 异号，故轮做减速转动，则

$$v_M = R\omega = 0.4 \text{ m/s}$$

$\boldsymbol{v}_M$ 的方向如图 6-8 所示。

又因为 $a_t = R\alpha = -0.4 \text{ m/s}^2$，$a_n = R\omega^2 = 0.8 \text{ m/s}^2$，则 M 点加速度 $\boldsymbol{a}_M$ 为

$$a_M = \sqrt{(a_t)^2 + (a_n)^2} = 0.894 \text{ m/s}^2$$

$$\theta = (a_t, a_n) = \arctan\frac{\alpha}{\omega^2} = 26°34'$$

因绳的伸长量不计，物体 A 下降的距离

$$s_A = s_M = R\varphi$$

故
$$v_A=\dot{s}_A=R\dot{\varphi}=0.4\ \text{m/s}$$
$$a_A=\ddot{s}_A=R\ddot{\varphi}=-0.4\ \text{m/s}^2$$

由于速度 $\boldsymbol{v}_A$ 方向向下，加速度 $\boldsymbol{a}_A$ 方向向上，因而物体做减速运动。

6.4 定轴转动刚体的传动问题

不同的机器，其工作转速一般也是不一样的，有高转速的，也有低转速的。在工程实践中，常利用轮系传动提高或降低机械的转速。齿轮、带、链轮所组成的传动系统，就是用来实现这种减速或增速的。

1. 齿轮传动

齿轮作为传动部件在机械中常被使用。例如，使用齿轮将电动机的转动传到机床的主轴，齿轮传动带动表针的转动等。

现以一对啮合的圆柱齿轮为例来研究齿轮的传动问题。圆柱齿轮传动分为外啮合(见图 6-9(a))和内啮合(见图 6-9(b))两种。

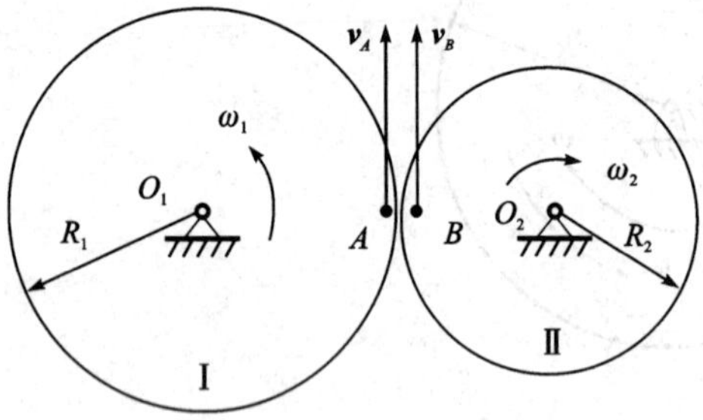

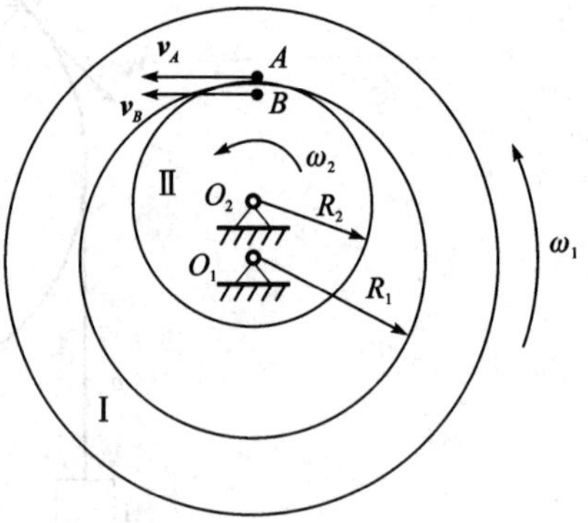

图 6-9

已知两个齿轮的转轴分别为 O_1 和 O_2，其节圆半径各为 R_1、R_2，齿数各为 z_1、z_2，角速度各为 ω_1、ω_2(或转速各为 n_1、n_2)。设 A、B 分别是两个齿轮节圆的接触点，因两圆之间没有相对滑动，故

$$v_B=v_A$$

即
$$R_2\omega_2=R_1\omega_1$$
$$\frac{\pi n_1}{30}R_1=\frac{\pi n_2}{30}R_2$$

或
$$\frac{\omega_1}{\omega_2}=\frac{R_2}{R_1}=\frac{n_1}{n_2}$$

齿轮啮合时，两轮的齿距应相等，它们的齿数与半径成正比，即

$$\frac{z_1}{z_2}=\frac{2\pi R_1}{2\pi R_2}=\frac{R_1}{R_2}\qquad(6-16)$$

设轮Ⅰ是主动轮，轮Ⅱ是从动轮。在工程中，通常把主动轮的角速度与从动轮的角速度的比值称为传动比，以 i_{12} 表示

$$i_{12}=\pm\frac{\omega_1}{\omega_2}=\frac{R_2}{R_1}=\frac{z_2}{z_1}=\frac{n_1}{n_2} \tag{6-17a}$$

式(6-17a)是计算传动比的基本公式，其中正号表示内啮合，负号表示外啮合。

由此可见，**互相啮合的两齿轮的角速度与其齿数成反比**。

事实上，两齿轮啮合时，接触点处的切向加速度也相等，即

$$R_1\alpha_1=R_2\alpha_2$$

所以，有

$$i_{12}=\pm\frac{\omega_1}{\omega_2}=\frac{R_2}{R_1}=\frac{\alpha_1}{\alpha_2} \tag{6-17b}$$

式(6-17b)也适用于传动轴成任意角度的圆锥齿轮传动、摩擦轮传动等情况。

2. 皮带轮传动

在工程中，常见到电动机通过皮带使变速箱的轴转动的例子，如图6-10所示。设主动轮、从动轮的半径分别为r_1、r_2，角速度分别为ω_1、ω_2。

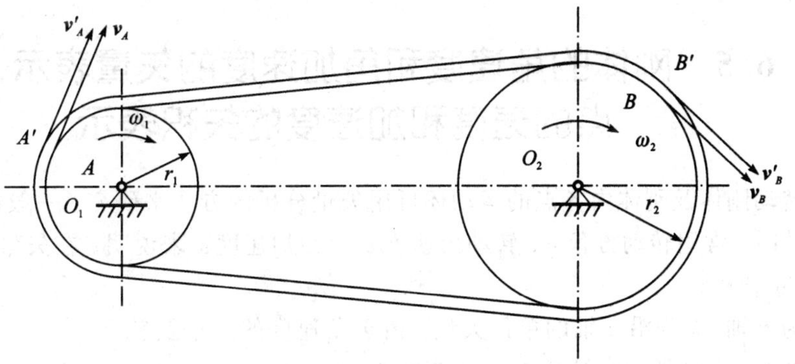

图6-10

在传动过程中，如不考虑胶带的厚度，设皮带不可伸长且无相对滑动，则有下列关系式：

$$r_1\omega_1=r_2\omega_2$$

于是皮带轮的传动比公式为

$$i_{12}=\frac{\omega_1}{\omega_2}=\frac{r_2}{r_1} \tag{6-18}$$

即**两轮的角速度与其半径成反比**。这个结论与圆柱齿轮传动完全一致。

【例6-4】　卷扬机传动机构如图6-11所示。已知电机转速$n=985$ r/min，各齿轮齿数分别为$z_1=17$，$z_2=80$，$z_3=19$，$z_4=81$。求齿轮4的角速度。

解　电动机的角速度为

$$\omega_1=\frac{\pi n}{30}=\frac{985\pi}{30}=100.3\ \text{rad/s}$$

齿轮间的传动比分别为

$$i_{12}=-\frac{z_2}{z_1}=-\frac{80}{17},\ i_{23}=1,\ i_{34}=-\frac{z_4}{z_3}=-\frac{81}{19}$$

总传动比

$$i_{14}=i_{12}\cdot i_{23}\cdot i_{34}=\left(-\frac{80}{17}\right)\times1\times\left(-\frac{81}{19}\right)=20.06$$

所以齿轮 4 的角速度：

$$\omega_4=\frac{\omega_1}{i_{14}}=\frac{100.3}{20.06}=5\ \mathrm{rad/s}$$

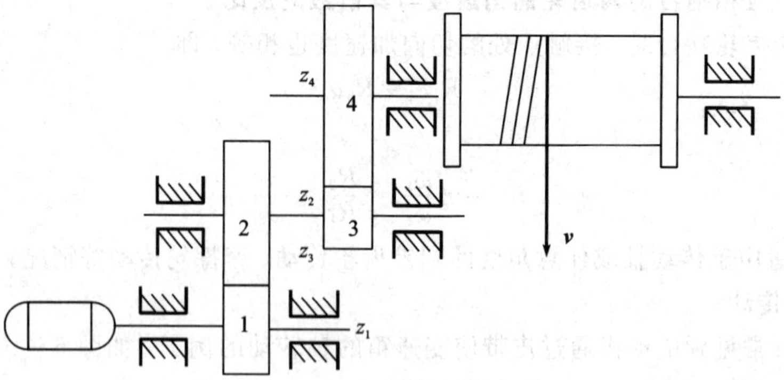

图 6-11

6.5 刚体的角速度和角加速度的矢量表示 点的速度和加速度的矢积表示

绕定轴转动刚体及刚体内各点的运动还可用矢量分析的方法来研究。一般情况下，描述刚体定轴转动时，常用转动方程 φ、转动角速度 ω 及角加速度 α 来说明。在矢量分析方法中，$\boldsymbol{\omega}$、$\boldsymbol{\alpha}$ 可用向量来表示。

设转轴为 z 轴，$\boldsymbol{k}$ 为沿 z 轴的单位矢量。由于角速度的大小及转向符合右手螺旋法则，所以角速度矢 $\boldsymbol{\omega}$ 可表示为

$$\boldsymbol{\omega}=\omega\boldsymbol{k} \tag{6-19}$$

当 $\omega>0$ 时，$\boldsymbol{\omega}$ 与 $\boldsymbol{k}$ 同向；当 $\omega<0$ 时，$\boldsymbol{\omega}$ 与 $\boldsymbol{k}$ 反向。由式(6-19)并注意到单位矢量 $\boldsymbol{k}$ 是常矢量，故有

$$\boldsymbol{\alpha}=\frac{\mathrm{d}\boldsymbol{\omega}}{\mathrm{d}t}=\frac{\mathrm{d}}{\mathrm{d}t}(\omega\boldsymbol{k})=\frac{\mathrm{d}\omega}{\mathrm{d}t}\boldsymbol{k}=\alpha\boldsymbol{k} \tag{6-20}$$

$\boldsymbol{\omega}$、$\boldsymbol{\alpha}$ 如图 6-12 所示。

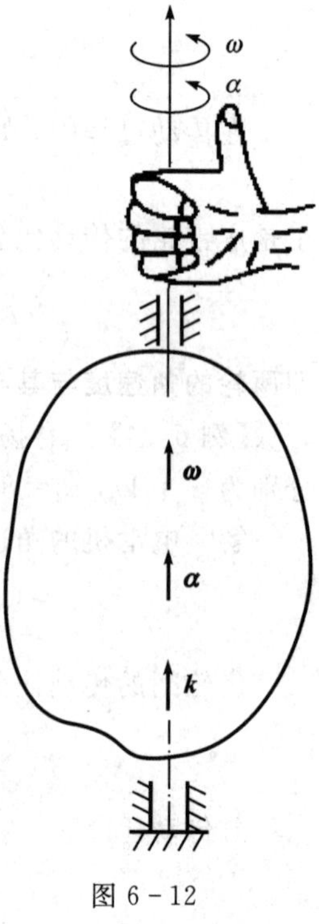

图 6-12

有了角速度和角加速度的矢量表示后，刚体上任一点的速度、加速度也都可用矢量积来表示。

图 6-13 所示为一转动刚体，在其轴线上任选一点 O 为原点，并自点 O 作矢量 $\boldsymbol{\omega}$，则点 M 的矢径为 $\boldsymbol{r}$。那么，点 M 的速度大小为

$$v=R\omega=\omega r\sin\theta$$

速度方向沿过 M 点的切线方向且垂直于 r、ω 所确定的平面。由于矢量积 $\boldsymbol{\omega}\times\boldsymbol{r}$ 的大小及方向与速度 $\boldsymbol{v}$ 的大小及方向相同，故有

$$\boldsymbol{v}=\boldsymbol{\omega}\times\boldsymbol{r} \tag{6-21}$$

于是有结论：绕定轴转动刚体上任一点的速度，可用刚体的角速度矢量与该点矢径的矢量积来表示。

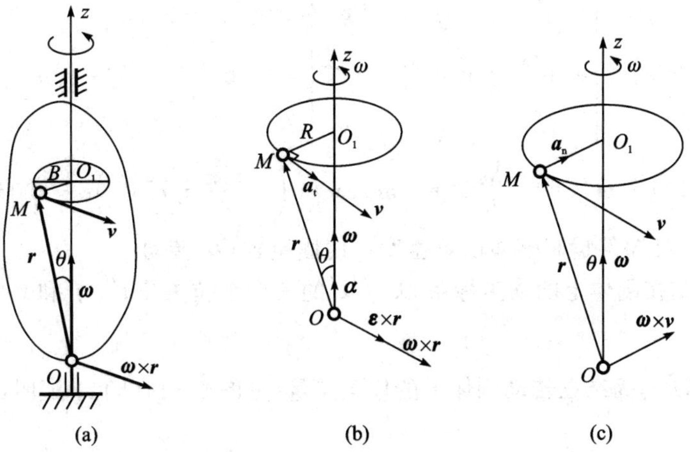

图 6－13

点 M 的加速度为

$$\boldsymbol{a}=\frac{\mathrm{d}\boldsymbol{v}}{\mathrm{d}t}$$

将式(6－21)代入上式，有

$$\boldsymbol{a}=\frac{\mathrm{d}}{\mathrm{d}t}(\boldsymbol{\omega}\times\boldsymbol{r})=\frac{\mathrm{d}\boldsymbol{\omega}}{\mathrm{d}t}\times\boldsymbol{r}+\boldsymbol{\omega}\times\frac{\mathrm{d}\boldsymbol{r}}{\mathrm{d}t}$$

已知$\frac{\mathrm{d}\boldsymbol{\omega}}{\mathrm{d}t}=\boldsymbol{\alpha}$，$\frac{\mathrm{d}\boldsymbol{r}}{\mathrm{d}t}=\boldsymbol{v}$，因此得

$$\boldsymbol{a}=\boldsymbol{\alpha}\times\boldsymbol{r}+\boldsymbol{\omega}\times\boldsymbol{v}\tag{6-22}$$

上式右边第一项的大小为

$$|\boldsymbol{\alpha}\times\boldsymbol{r}|=\alpha r\sin\theta=R\alpha$$

$\boldsymbol{\alpha}\times\boldsymbol{r}$ 的大小等于点 M 的切向加速度 $\boldsymbol{a}_t$ 的大小。按右手螺旋法则 $\boldsymbol{\alpha}\times\boldsymbol{r}$ 的方向也与 $\boldsymbol{a}_t$ 方向相同。如图 6－13(b)所示。因此切向加速度 $\boldsymbol{a}_t$ 为

$$\boldsymbol{a}_t=\boldsymbol{\alpha}\times\boldsymbol{r}\tag{6-23}$$

式(6－22)右端的第二项的大小

$$|\boldsymbol{\omega}\times\boldsymbol{v}|=\omega v=R\omega^2=a_n$$

由右手螺旋法则得知，其方向与法向加速度 $\boldsymbol{a}_n$ 的方向相同，如图 6－13(c)所示。即

$$\boldsymbol{a}_n=\boldsymbol{\omega}\times\boldsymbol{v}\tag{6-24}$$

于是有结论：转动刚体内任一点的加速度等于其切向加速度与法向加速度的矢量和，其中切向加速度等于刚体的角加速度矢与该点矢径的矢量积，而法向加速度等于刚体的角速度矢与该点的速度矢的矢量积。

【例 6－5】　刚体绕定轴转动，已知转轴通过坐标原点 O，角速度矢为 $\boldsymbol{\omega}=5\sin\frac{\pi t}{2}\boldsymbol{i}+5\cos\frac{\pi t}{2}\boldsymbol{j}+5\sqrt{3}\boldsymbol{k}$。求 $t=1$ s 时，刚体上点 $M(0,2,3)$的速度矢及加速度矢。

解

$$v=\omega\times r=\begin{vmatrix} i & j & k \\ 5\sin\frac{\pi t}{2} & 5\cos\frac{\pi t}{2} & 5\sqrt{3} \\ 0 & 2 & 3 \end{vmatrix}=-10\sqrt{3}i-15j+10k$$

$$a=\alpha\times r+\omega\times v=\frac{d\omega}{dt}\times r+\omega\times v=\left(-\frac{15\pi}{2}+75\sqrt{3}\right)i-200j-75k$$

【例 6-6】 已知某瞬时刚体以角速度 ω 绕固定轴 Oz 转动。

(1) 试求固结在刚体上的动坐标系 $Ox'y'z'$ 的三个单位矢量 i'、j' 和 k' 端点的速度(见图 6-14(a))。

(2) 若 $b=\overrightarrow{AB}$ 为固结在转动刚体上的任意矢量(见图 6-14(b)),证明:$\frac{db}{dt}=\omega\times b$。

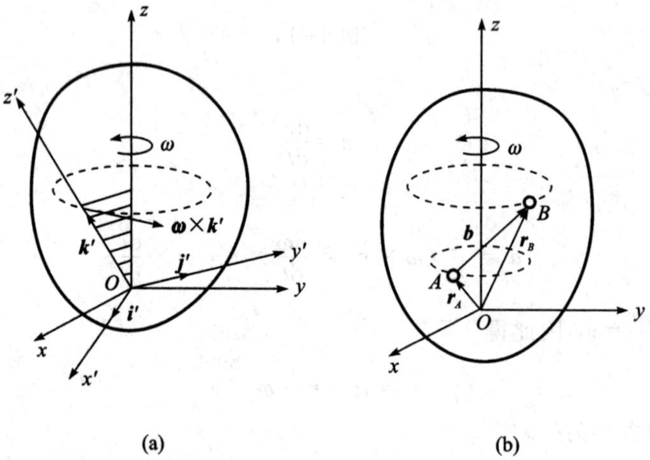

图 6-14

解 (1) 由于刚体的运动,固结在其上的动坐标系的单位矢量 i'、j' 和 k' 的大小不变,但其方向在变化。由式(6-21)有其端点的速度为

$$v_i{}'=\frac{di'}{dt}=\omega\times i',\ v_j{}'=\frac{dj'}{dt}=\omega\times j',\ v_k{}'=\frac{dk'}{dt}=\omega\times k'$$

以上三式也称为泊松公式,图 6-14(a)中只画出了矢量 k' 端点的速度 $v_k{}'$。

(2) 自坐标原点 O 分别作矢量 b 的始端 A 和末端 B 的矢径 r_A 及 r_B,则可得

$$\overrightarrow{AB}=b=r_B-r_A$$

上式关于时间 t 求一阶导数,得

$$\frac{db}{dt}=\frac{d(r_B-r_A)}{dt}=\frac{dr_B}{dt}-\frac{dr_A}{dt}$$

由式(6-21),分别有

$$\frac{dr_B}{dt}=\omega\times r_B$$

$$\frac{dr_A}{dt}=\omega\times r_A$$

代入上式后得

$$\frac{\mathrm{d}\boldsymbol{b}}{\mathrm{d}t}=\boldsymbol{\omega}\times\boldsymbol{r}_B-\boldsymbol{\omega}\times\boldsymbol{r}_A=\boldsymbol{\omega}\times(\boldsymbol{r}_B-\boldsymbol{r}_A)=\boldsymbol{\omega}\times\boldsymbol{b}$$

此结果表明转动刚体上任一矢量 $\boldsymbol{b}$ 随时间的变化率，等于刚体角速度 $\boldsymbol{\omega}$ 与矢量 $\boldsymbol{b}$ 的矢量积。

思　考　题

6-1　点做直线运动与刚体的平动有无区别？

6-2　如果刚体上每一点轨迹都是圆，则刚体一定做定轴转动。这句话对吗？

6-3　以 ω 表示定轴转动刚体的角速度，则它在 t 秒内的转角为 $\varphi=\omega t$。这一公式是否正确？在什么条件下才是正确的？

6-4　有人说："刚体绕定轴转动时，角加速度为正表示加速转动，角加速度为负表示减速转动。"对吗？为什么？

6-5　飞轮做匀速转动，若其直径增大一倍，轮缘上点的速度和加速度是否都增大一倍？若飞轮角速度增大一倍，轮缘上点的速度和加速度是否也增大一倍？

6-6　如思考题 6-6 图所示，绕在鼓轮上的绳子的一端系一重物 M，当重物下降时，问绳上的两点 A 和 B 与轮缘上对应的两点 C 和 D 的速度和加速度是否相同？

6-7　如思考题 6-7 图所示，用绳子提物块使其上 P 点沿一圆周路径运动。问物块整体的运动是平动还是转动？

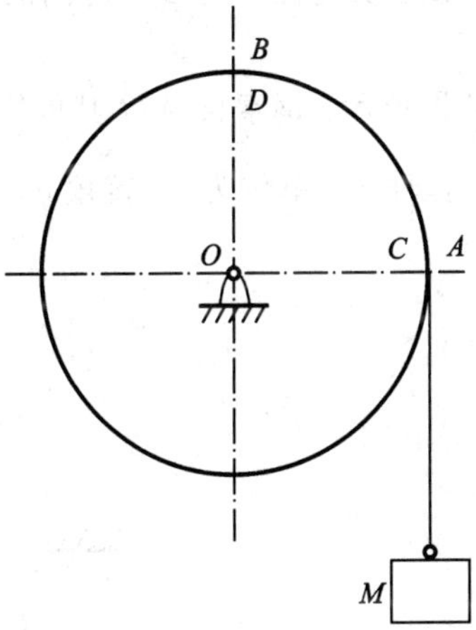

思考题 6-6 图

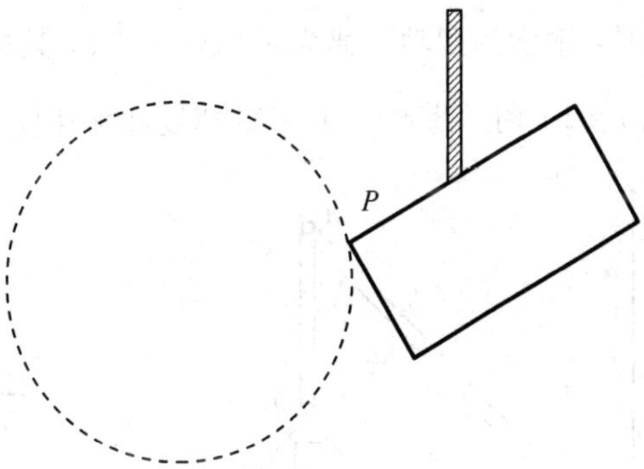

思考题 6-7 图

6-8　刚体绕定轴转动，已知刚体上任意两点的速度的方位，问能不能确定转轴的位置？

6-9　定轴转动刚体上，哪些点的加速度大小相等？哪些点的加速度方向相同？哪些点的加速度大小、方向都相同？

习　　题

6-1　如题 6-1 图所示机构中，O_1A 平行且等于 O_2B，O_2C 平行且等于 O_3D，$O_1A=$

0.4 m，$O_2C=0.8$ m，已知 O_1A 以转速 $n=30$ r/min 做匀速转动，试画出点 M 的轨迹，并求其在图示位置的速度和加速度。

6-2　如题 6-2 图所示，电动机轴上的小齿轮 A 驱动连接在提升铰盘上的齿轮 B。物块 M 从其静止位置被提升，以匀加速度升高到 1.2 m 时获得速度 0.9 m/s。试求当物块经过该位置时：(1) 绳子上与鼓轮相接触的一点 C 的加速度；(2) 小齿轮 A 的角速度。

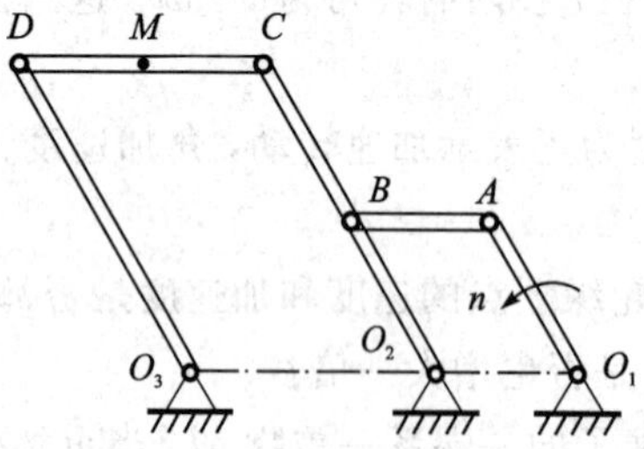

题 6-1 图

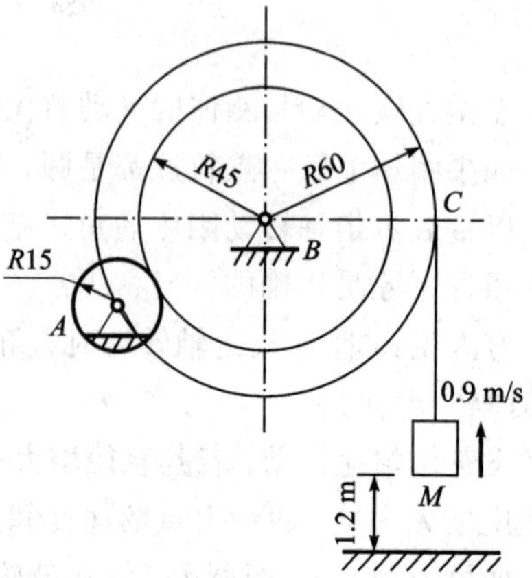

题 6-2 图

6-3　题 6-3 图所示为把工件送入干燥炉内的机构，杆 $OA=1.5$ m 在铅垂面内转动，杆 $AB=0.8$ m，A 端为铰链，B 端有放置工件的框架。在机构运动时，工件的速度恒为 0.05 m/s，AB 杆始终铅垂。设运动开始时，角 $\varphi=0°$。求运动过程中角 φ 与时间的关系。同时，求点 B 的轨迹方程。

6-4　荡木用两条等长的钢索平行吊起，如题 6-4 图所示。钢索长为 l，其单位为 m。当荡木摆动时，钢索的摆动规律为 $\varphi=\varphi_0\sin\frac{\pi}{4}t$，其中，$t$ 为时间，单位为 s；转角 φ_0 的单位为 rad。试求 $t=2$ s 时，荡木中点 M 的速度和加速度。

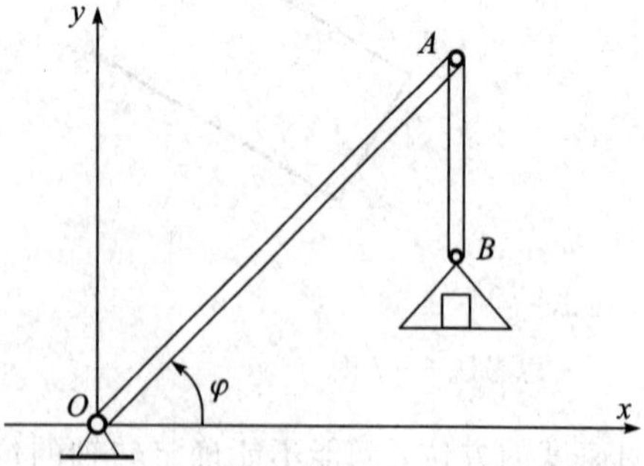

题 6-3 图

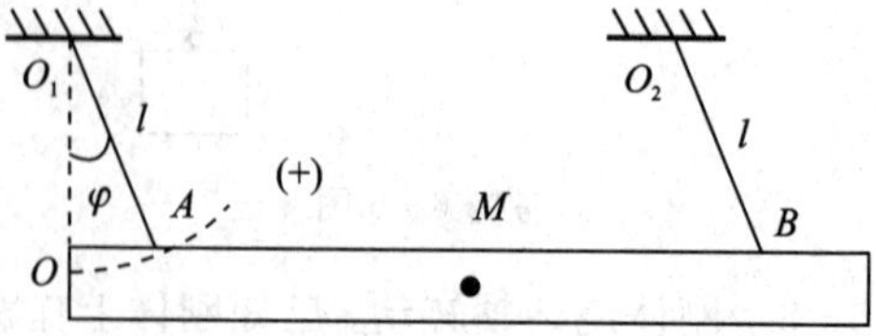

题 6-4 图

6-5　如题 6-5 图所示，齿条 1 沿水平方向按规律 $s=bt^3$ 由静止开始运动，并带动齿轮 2 和齿轮 3 转动。齿轮 3 上有一鼓轮，其上缠一根下端吊有重物 B 的不可伸长的绳子，若齿轮 3 与鼓轮半径相等，求重物的速度与加速度。

6-6　揉茶机的揉桶由三个曲柄支持，曲柄的支座 A、B、C 与支轴 a、b、c 都恰好成等边三角形，如题 6-6 图所示。三个曲柄长度相等，均为 $l=150$ mm，并以相同的转速 $n=$

45 r/min分别绕其支座在图示平面内转动。求揉桶中心点 O 的速度和加速度。

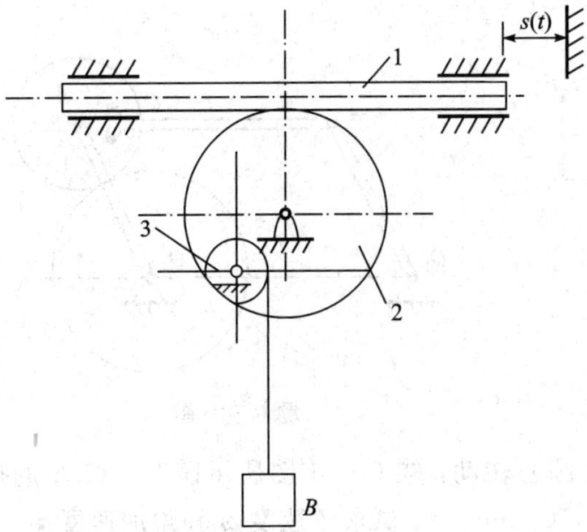

题 6 - 5 图

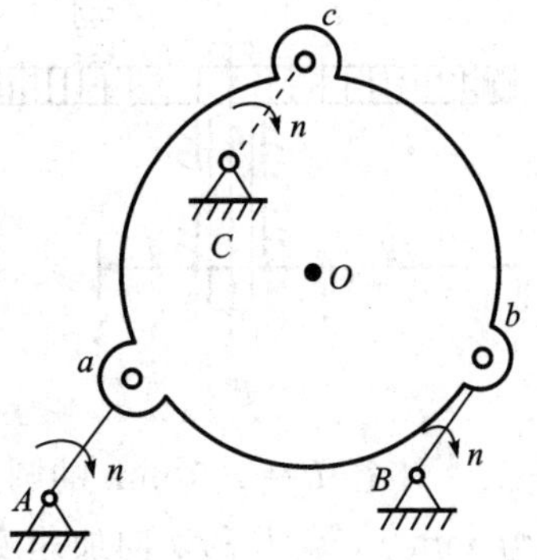

题 6 - 6 图

6 - 7　已知搅拌机的主动齿轮 O_1 以 $n=950$ r/min 的转速转动。搅杆 ABC 用销钉 A、B 与齿轮 O_2、O_3 相连，如题 6 - 7 图所示。且 $AB=O_2O_3$，$O_3A=O_2B=0.25$ m，各齿轮齿数为 $z_1=20$，$z_2=50$，$z_3=50$，求搅杆端点 C 的速度和轨迹。

6 - 8　电动绞车由皮带轮Ⅰ、Ⅱ以及鼓轮Ⅲ组成，鼓轮Ⅲ和皮带轮Ⅱ刚性地固定在同一轴上，如题 6 - 8 图所示。各轮的半径分别为 $r_1=0.3$ m，$r_2=0.75$ m，$r_3=0.4$ m，轮Ⅰ的转速为 $n_1=100$ r/min。设皮带轮与皮带之间无滑动，求重物 P 上升的速度和皮带各段上点的加速度。

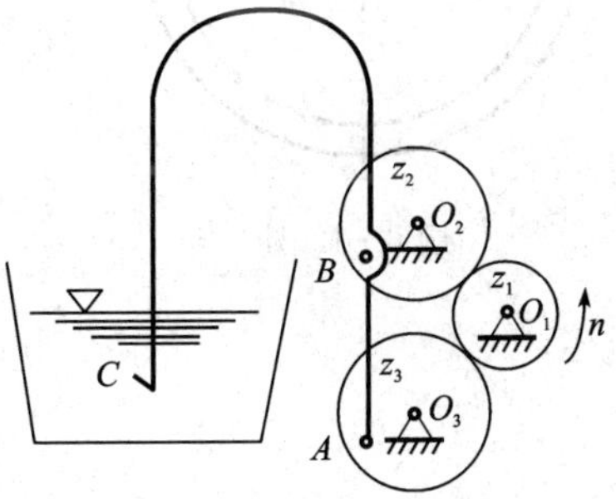

题 6 - 7 图

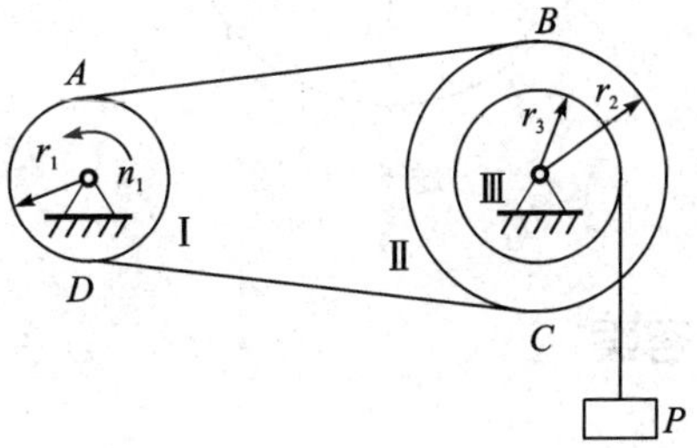

题 6 - 8 图

6 - 9　如题 6 - 9 图所示，摩擦传动机构的主动轴Ⅰ的转速为 $n=600$ r/min。轴Ⅰ的轮盘与轴Ⅱ的轮盘接触，接触点按箭头 A 所示的方向移动，距离 d 的变化规律为 $d=100-5t$，其中 d 以 mm 计，t 以 s 计。已知 $r=50$ mm，$R=150$ mm，求：(1) 以距离 d 表示轴Ⅱ的角加速度；(2) 当 $d=r$ 时，轮 B 边缘上某点的全加速度。

6 - 10　题 6 - 10 图所示机构中齿轮 1 紧固在杆 AC 上，$AB=O_1O_2$，齿轮 1 和半径为 r_2 的齿轮 2 啮合，齿轮 2 可绕 O_2 轴转动且和曲柄 O_2B 没有联系。设 $O_1A=O_2B=l$，$\varphi=b\sin\omega t$，试确定 $t=\dfrac{\pi}{2\omega}$ s 时，轮 2 的角速度和角加速度。

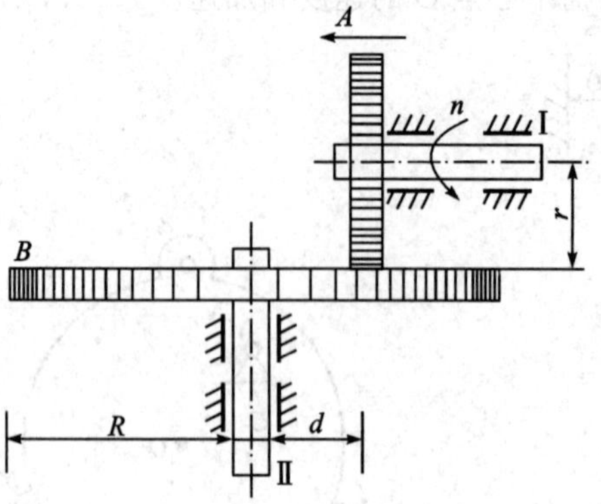

题 6-9 图

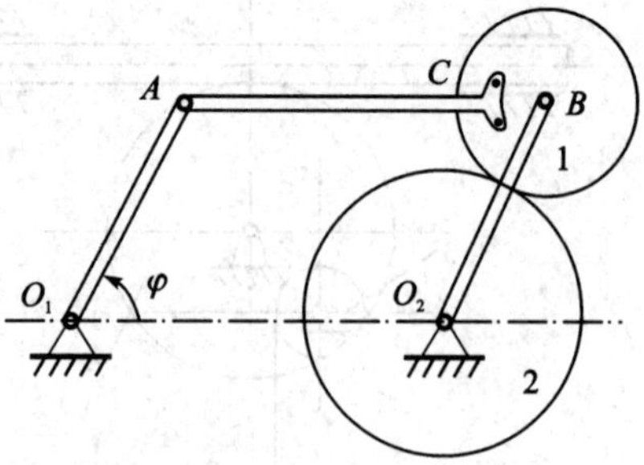

题 6-10 图

6-11 半径 $R=100$ mm 的圆盘绕其圆心转动，题 6-11 图所示瞬时，点 A 的速度为 $\boldsymbol{v}_A=200\boldsymbol{j}$ mm/s，点 B 的切向加速度 $\boldsymbol{a}_B^{\mathrm{t}}=150\boldsymbol{j}$ mm/s^2。试求角速度 $\boldsymbol{\omega}$ 和角加速度 $\boldsymbol{\alpha}$，并进一步写出点 C 的加速度的矢量表达式。

6-12 如题 6-12 图所示，一飞轮绕固定轴 O 转动，其轮缘上任一点的全加速度在某段运动过程中与轮半径的交角恒为 60°。当运动开始时，其转角 φ_0 等于零，角速度为 ω_0，求飞轮的运动方程及角速度与转角的关系。

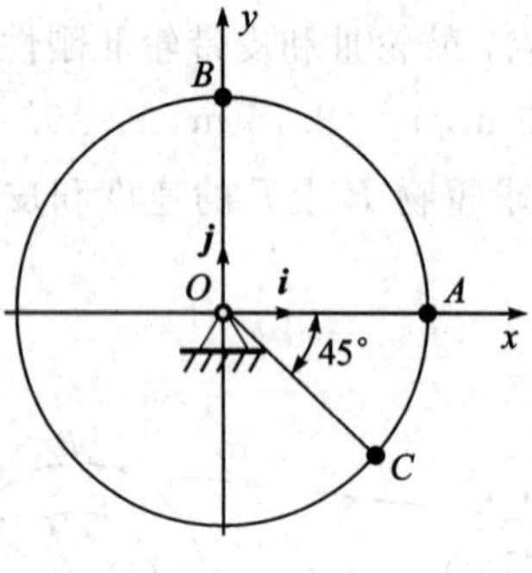

题 6-11 图

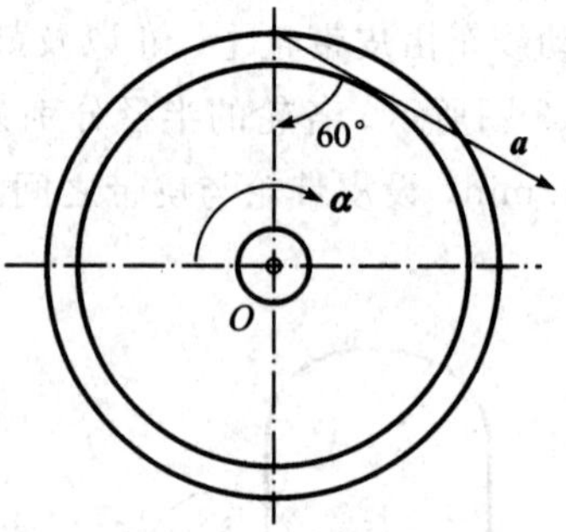

题 6-12 图

习题参考答案

6-1 $v=2.51$ m/s，$a=7.9$ m/s^2

6-2 $a_C=13.504$ m/s^2，$\omega_A=45$ rad/s

6-3 $\varphi=\dfrac{1}{30}t$ rad，$x^2+(y+0.8)^2=1.5^2$

6-4 $v=0$ m/s，$a_{\mathrm{t}}=-\dfrac{\pi^2}{16}l\varphi_0$ m/s^2，$a_{\mathrm{n}}=0$ m/s^2

6-5 $v=3bt^2$，$a=6bt$

6-6 $v_O=0.707$ m/s，$a_O=3.331$ m/s^2

6-7 $v_C=9.948$ m/s，轨迹为以半径为 0.25 m 的圆

6-8 $v=1.676$ m/s，$a_{AB}=a_{CD}=0$，$a_{AD}=32.9$ m/s^2，$a_{BC}=13.16$ m/s^2

6-9 (1) $\alpha_2=\frac{5000\pi}{d^2}\text{rad/s}^2$, (2) $a=592.2\ \text{m/s}^2$

6-10 $\omega_2=0$, $\alpha_2=-\frac{lb\omega^2}{r_2}$

6-11 $\boldsymbol{\omega}=2\boldsymbol{k}$, $\boldsymbol{\alpha}=-1.5\boldsymbol{k}$, $\boldsymbol{a}_C=(-388.9\boldsymbol{i}+176.8\boldsymbol{j})\ \text{mm/s}^2$

6-12 $\varphi=\frac{\sqrt{3}}{3}\ln\left(\frac{1}{1-\sqrt{3}\omega_0 t}\right)$, $\omega=\omega_0 e^{\sqrt{3}\varphi}$

第 7 章　点的复合运动

前面我们研究点的运动和刚体的基本运动时，都是把参考系固结在地面或其他不动的物体上。然而，在日常生活或工程实际中，有时需要同时在两个不同的参考系中来描述同一点的运动，且其中一个参考系相对于另一个参考系也在运动。显然，在这两个参考系中所观察到的点的运动是不相同的。本章将讨论点相对于不同参考系的运动，分析点相对于不同参考系运动之间的关系。

7.1　复合运动的概念

工程实际中常遇到这样的情况：点相对于某一参考系运动，而此参考系又相对于另一参考系运动，则点相对于第二参考系就做复合运动。

设某汽车相对于地面匀速直线行驶，如图 7-1 所示。对于车上(即以汽车为参考系)的观察者来说，车轮的运动是转动，而相对于站在路旁(即以地面为参考系)的观察者来说，车轮的运动属于复杂运动。显然，车轮的复杂运动是由汽车的直线运动和车轮相对于汽车的转动合成的结果。如果再研究车轮上面一点 M 的运动，车上的观察者看到其做圆周运动，地面上的观察者看到其运动轨迹是旋轮线，而旋轮线的产生显然是由于汽车做直线运动的同时，车轮又相对于汽车在转动。汽车的直线运动是简单运动，车轮相对于汽车的转动也是简单运动。这样，车轮上点 M 的运动就是两个简单运动的合成。

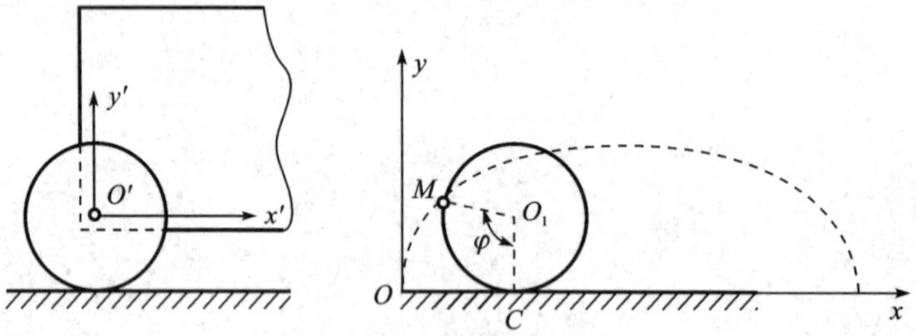

图 7-1

再如，塔式起重机起吊重物 A 的运动(见图 7-2)，起重臂绕铅直轴转动，重物 A 沿钢丝绳方向上升。在起重臂上观察到重物 A 做直线运动，而在地面上看到 A 做螺旋线运动。可以看出，重物 A 对地面的螺旋线运动是由其相对于起重臂的直线运动与随起重臂转动的圆周运动合成的。

点的运动既可合成，也可分解。点的复杂运动往往可看成几个简单运动的合成。运用运动的分解与合成的方法分析点的运动时，需确定两个参考系，区分三种运动、速度和加速度。

为研究方便起见，通常将固结于地面或相对地面静止的物体上的坐标系称为静坐标系，简称静系，用 $Oxyz$ 表示；而把固结于相对静系有运动的物体上的坐标系称为动坐标系，简称动系，用 $O'x'y'z'$表示。

动点相对于静系的运动，称为绝对运动；动点相对于动系的运动，称为相对运动；动系相对于静系的运动，称为牵连运动。仍以图 7-1 所示的滚动的车轮为例，取轮缘上的一点 M 为动点，固结于车厢的坐标系为动参考系，则车厢相对于地面的平移是牵连运动；在车厢上看到点做圆周运动，这是相对运动；在地面上观看到点沿旋轮线运动，则是绝对运动。又如图 7-2 所示，取重物 A 为动点，静系固结于地面(或塔身)，动系固结于起重臂，则重物 A 相对于地面的运动是绝对运动，重物 A 相对于起重臂的运动是相对运动，而起重臂绕 z 轴的转动为牵连运动。由此可见，动点的绝对运动是它的相对运动和牵连运动的合成运动。

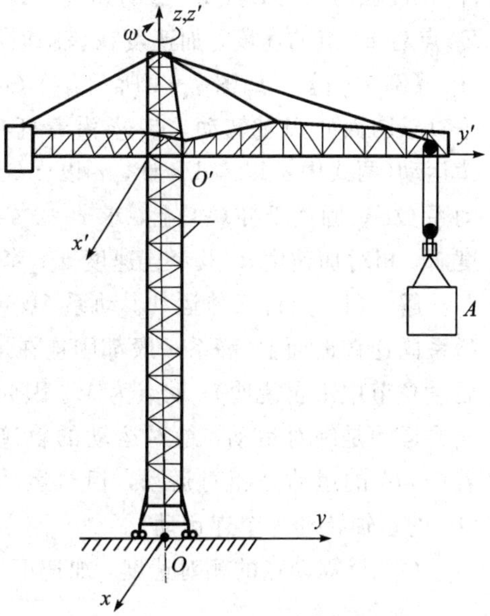

图 7-2

从上述定义可知，绝对运动和相对运动都是指动点的运动，而其牵连运动则是指动系的运动。由于动系固结于运动的物体上，因此，牵连运动就是固结动系的刚体的运动。它可能是平动、定轴转动或其他较复杂的刚体运动。

对应于三种运动，动点有三种速度和加速度。**把动点相对于静系运动的速度和加速度分别称为动点的绝对速度和绝对加速度**，分别用 $\boldsymbol{v}_a$ 和 $\boldsymbol{a}_a$ 表示；**把动点相对于动系运动的速度和加速度分别称为动点的相对速度和相对加速度，分别用** $\boldsymbol{v}_r$ 和 $\boldsymbol{a}_r$ **表示**。对点的相对运动的描述，仍采用第 5 章所述的方法，因为那里所述的点的运动理论适用于一切坐标系，但要注意，这时的矢径、坐标等都是相对于动系的。**至于动点的牵连速度和牵连加速度，是指某瞬时动系上与动点相重合的点(称为牵连点)相对静系运动的速度和加速度**，分别用 $\boldsymbol{v}_e$ 和 $\boldsymbol{a}_e$ 表示。由于动点相对于动系运动，因此，不同瞬时动点与动系上不同的点重合，即有不同的牵连点。

牵连运动为平动时，在同一瞬时动系上各点具有相同的速度和加速度，即动点具有相同的牵连速度和牵连加速度。当牵连运动为转动时，在同一瞬时动系上各点的速度和加速度各不相同，即动点具有不同的牵连速度和牵连加速度。例如，一乘客在运行的火车车厢内走动，取车厢为动系，乘客为动点，地面为静系，乘客与车厢重合的点即为牵连点。由于车厢做平动，在同一瞬时无论乘客(动点)在车厢上什么位置都具有相同的牵连速度、牵连加速度。当然在不同的瞬时，牵连速度、牵连加速度一般各不相同。再如图 7-3所示的 AB 杆以匀角速度 ω 绕 A 点转动，小环 M 在 AB 杆上滑动。取 AB 杆为动系，M 为动点，地面为静系。在同一瞬时，小环在杆上的位置不同，其牵连速度、牵连加速度就会各不相同。某瞬时 t，杆上与小环接触的点 E_1 就是小环的牵连点，E_1 点的速度、加速度就是该瞬时小环的牵连速度、牵连加速度。若该瞬时与小

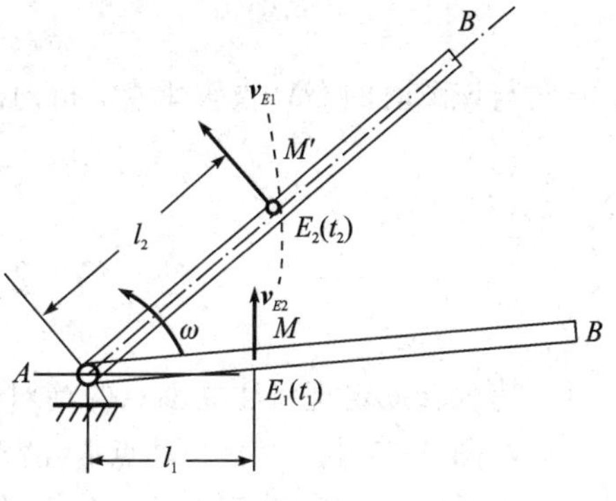

图 7-3

环 M 接触的点为 E_2，E_2 点的速度、加速度就是该瞬时小环的牵连速度、牵连加速度。显然，E_1 点与 E_2 点的速度、加速度在该瞬时各不相同。

【例 7-1】 如图 7-4 所示，杆 OA 以角速度 $\omega=t^2$ 绕垂直于图面的 O 轴转动，点 M 沿着杆 OA 按 $x'=3t^2$ 的规律运动(两式中 ω 以 rad/s 计，x' 以 cm 计，t 以 s 计)。如将动系 $Ox'y'$ 固连于杆 OA 上，求 $t=2$ s 时，点 M 的相对速度 $\boldsymbol{v}_r$、相对加速度 $\boldsymbol{a}_r$ 及牵连速度 $\boldsymbol{v}_e$、牵连加速度 $\boldsymbol{a}_e$。

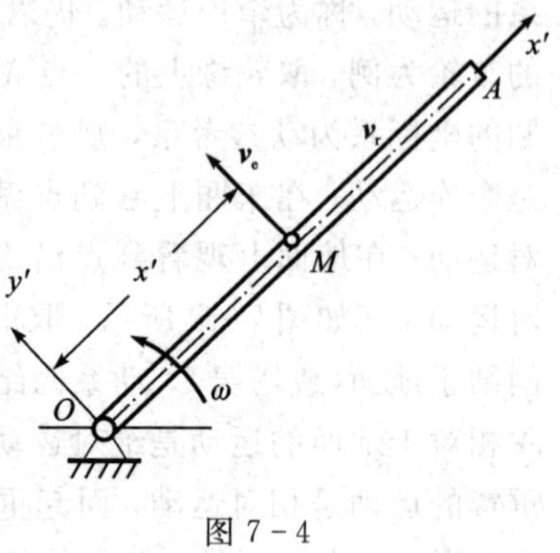

图 7-4

解 (1) 分析三种运动。动系 $Ox'y'$ 固连于杆 OA 上，静系固连在地面上(静系一般都固连在地面上，故在本书的后续章节中不再说明)，动点为 M。因此，动点 M 相对于地面的运动是绝对运动，绝对运动的轨迹为螺旋线；动点沿着杆 OA 的运动是相对运动，相对运动的轨迹为直线；杆 OA 的定轴转动为牵连运动。

(2) 计算动点的相对速度、加速度。因为相对运动是直线运动，故有

$$v_r=v_{rx'}=\frac{dx'}{dt}=6t,\quad a_r=\frac{dv_r}{dt}=6$$

当 $t=2$ s 时，$v_r=6t=6\times2=12$ cm/s，$a_r=6$ cm/s²，方向沿 x' 轴的正向。

(3) 计算动点的牵连速度、加速度。$t=2$ s 时，动点 M 在杆 OA 上的位置：

$$OM'=OM=x'=3t^2=3\times2^2=12\ \text{cm}$$

$t=2$ s 时，角速度 $\omega=t^2=2^2=4$ rad/s，角加速度 $\alpha=2t=4$ rad/s²，则 $t=2$ s 时的牵连速度的大小为

$$v_e=OM\cdot\omega=12\times4=48\ \text{cm/s}$$

方向与该瞬时的 OM 位置垂直，指向沿杆的转动方向。

牵连法向加速度的大小为

$$a_e^n=r\omega^2=12\times4^2=192\ \text{cm/s}^2$$

方向由 M 点指向 O 点。牵连切向加速度的大小为

$$a_e^t=r\varepsilon=12\times4=48\ \text{cm/s}^2$$

方向与该瞬时的 OM 位置垂直，指向沿杆的转动方向。由此可得，牵连加速度大小为

$$a_e=\sqrt{192^2+48^2}=198\ \text{cm/s}^2$$

7.2 速度合成定理

速度合成定理将建立动点的绝对速度、相对速度和牵连速度之间的关系。

在图 7-5 中，设有一动点 M 沿动系上的曲线 AB 运动。

在瞬时 t，动点位于曲线 AB 上的 M 点，经过时间间隔 Δt 后，曲线 AB 运动到新的位置 $A'B'$；同时，动点沿 AB 曲线运动到 M'，曲线 $\overset{\frown}{MM'}$ 为动点的绝对轨迹，其绝对位移为矢量 $\overrightarrow{MM'}$。动点的相对轨迹为 $\overset{\frown}{M_1M'}$，其相对位移为矢量 $\overrightarrow{M_1M'}$。在瞬时 t，曲线 AB 上与动点重合的那一点运动到点 M_1，曲线 $\overset{\frown}{MM_1}$ 为牵连轨迹，矢量 $\overrightarrow{MM_1}$ 为牵连位移。

由图中矢量关系可得

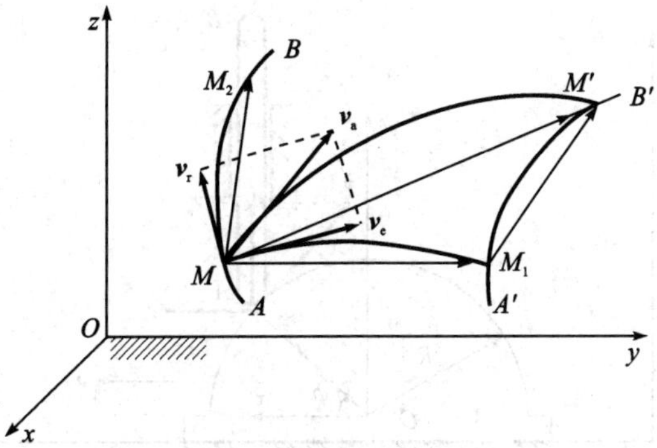

图 7-5

$$\overrightarrow{MM'}=\overrightarrow{MM_1}+\overrightarrow{M_1M'}$$

上式两端除以 Δt，并令 $\Delta t\to 0$，取极限，得

$$\lim_{\Delta t\to 0}\frac{\overrightarrow{MM'}}{\Delta t}=\lim_{\Delta t\to 0}\frac{\overrightarrow{MM_1}}{\Delta t}+\lim_{\Delta t\to 0}\frac{\overrightarrow{M_1M'}}{\Delta t}$$

上式中，$\lim\frac{\overrightarrow{MM'}}{\Delta t}$称为瞬时 t 动点的绝对速度，用 $\boldsymbol{v}_a$ 表示，其方向是沿绝对轨迹$\widehat{MM'}$上 M 点处的切线方向。

$\lim\frac{\overrightarrow{M_1M'}}{\Delta t}$称为瞬时 t 动点的相对速度，用 $\boldsymbol{v}_r$ 表示，其方向是沿相对轨迹上 M 点处的切线方向。

$\lim\frac{\overrightarrow{MM_1}}{\Delta t}$称为瞬时 t 动点的牵连速度，用 $\boldsymbol{v}_e$ 表示，其方向是沿牵连轨迹上 M 点处的切线方向。

于是，上面的等式可写成

$$\boldsymbol{v}_a=\boldsymbol{v}_e+\boldsymbol{v}_r \tag{7-1}$$

由此得到了点的速度合成定理：动点在任一瞬时的绝对速度等于它在该瞬时的牵连速度与相对速度的矢量和，即动点的绝对速度可以由牵连速度与相对速度所构成的平行四边形的对角线来确定，如图 7-5 所示。此定理也称为速度平行四边形定理。

在式(7-1)这个平面矢量方程中，$\boldsymbol{v}_a$、$\boldsymbol{v}_e$ 与 $\boldsymbol{v}_r$ 三个矢量的大小、方向共有六个未知量。在这六个量中，若已知其中四个，便可求出另外两个未知量。

应该指出，在推导速度合成定理时，并未限制动系做什么样的运动，即牵连运动可以是平动、转动或其他任何复杂的运动。

下面通过例题说明速度合成定理的应用。

【例 7-2】 凸轮机构如图 7-6 所示。当半径为 R 的半圆形平板凸轮沿水平直线轨道平动时，可推动顶杆沿铅垂直线轨道滑动。在图示瞬时，已知凸轮的速度为 $\boldsymbol{v}$，方向向右，A 点和凸轮中心 O'的连线与水平线间的夹角为 φ，求此瞬时杆的速度。

解　(1) 运动分析。AB 杆做平动，若求得其上任一点的速度即为 AB 杆的速度。因 AB 杆的 A 点相对凸轮的运动容易分析，故取 AB 杆端点 A 为动点，动系固连于凸轮上，静系固连于地面，分析 A 点的复合运动。

绝对运动：A 点铅垂直线运动；

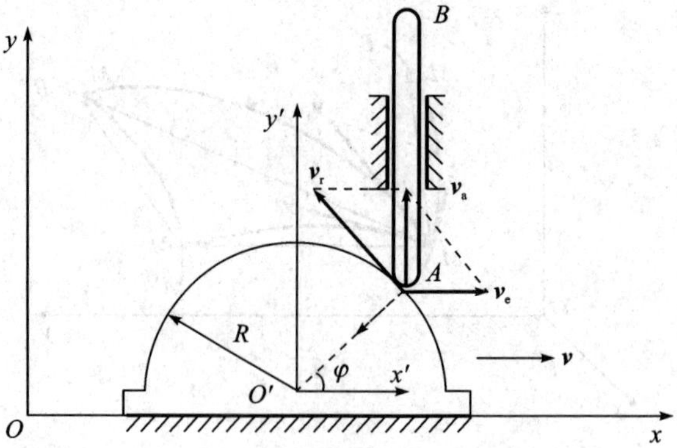

图 7-6

相对运动：A 点沿凸轮表面做曲线运动；

牵连运动：凸轮沿水平面做直线平动。

(2) 速度分析如表 7-1 所示。

表 7-1

	$\boldsymbol{v}_a$	$\boldsymbol{v}_e$	$\boldsymbol{v}_r$
大小	未知	v	未知
方向	竖直向上	水平向右	沿圆弧 A 点切线方向

因未知量不超过两个，故可由速度合成定理求解。根据 $\boldsymbol{v}_a=\boldsymbol{v}_e+\boldsymbol{v}_r$ 做速度平行四边形，如图 7-6 所示。

由几何关系可得

$$v_a = v_e\cot\varphi = v\cot\varphi$$

$$v_r = \frac{v_e}{\sin\varphi} = \frac{v}{\sin\varphi}$$

A 点的速度 v_a 即为杆的速度。

【例 7-3】 刨床急回机构如图 7-7 所示。已知曲柄 OA 的角速度 ω 为常量，OA 长 r，$OO_1=2r$，求当曲柄的转角 $\varphi=\pi/2$ 时，摇杆 O_1B 的角速度 ω_1。

解 (1) 运动分析。因套筒 A 相对于摇杆 O_1B 的运动容易分析，故选 A 为动点。动系固连于摇杆 O_1B 上，静系固连于地面，分析动点 A 的复合运动。

绝对运动：动点 A 以 O 为圆心，做半径为 r 的圆周运动；

相对运动：动点 A 沿摇杆 O_1B 做直线运动；

牵连运动：O_1B 杆绕 O_1 轴做定轴转动。

(2) 速度分析如表 7-2 所示。

表 7-2

	$\boldsymbol{v}_a$	$\boldsymbol{v}_e$	$\boldsymbol{v}_r$
大小	$r\omega$	未知	未知
方向	竖直向上	垂直于 O_1B	沿 O_1B

因未知量不超过两个，故可由速度合成定理求解。根据 $\boldsymbol{v}_a=\boldsymbol{v}_e+\boldsymbol{v}_r$ 做速度平行四边形，如图 7-7 所示。

由几何关系可得

$$v_e=v_a\sin\theta$$

因 $v_e=O_1A\cdot\omega_1$ 代入上式得

$$\omega_1=\frac{v_e}{O_1A}=\frac{v_a\sin\theta}{O_1A}$$

将 $v_a=r\omega$，$O_1A=\sqrt{5}r$，$\sin\theta=\frac{r}{O_1A}=\frac{1}{\sqrt{5}}$代入，得

$$\omega_1=\frac{1}{5}\omega$$

ω_1 的转向由 $\boldsymbol{v}_e$ 的指向确定如图 7-7 所示，为逆时针方向。

若需求 $\boldsymbol{v}_r$，则由速度平行四边形得

$$v_r=v_a\cos\theta$$

将 $v_a=r\omega$，$\cos\theta=OO_1/O_1A=2r/\sqrt{5}r=2/\sqrt{5}$代入上式得

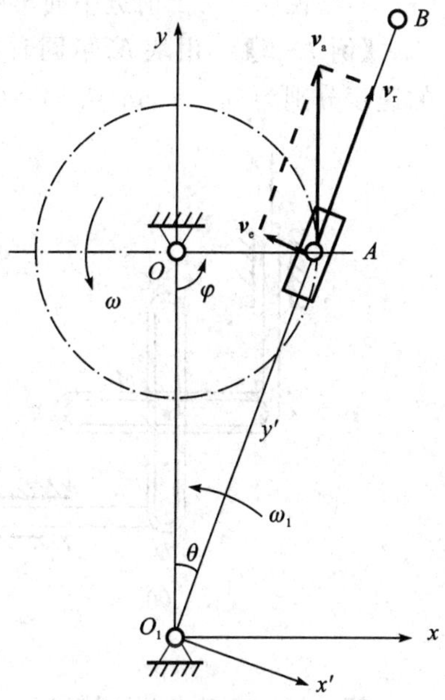

图 7-7

$$v_r=2\frac{\sqrt{5}}{5}\omega r$$

方向如图 7-7 所示。

【例 7-4】　如图 7-8 所示，车厢以速度 $\boldsymbol{v}$ 沿水平直线轨道行驶，雨点铅直落下，其速度为 $\boldsymbol{v}_1$。试求雨点相对于车厢的速度。

解　(1) 运动分析。本题是求雨点相对于车厢的速度。故选取雨点为动点，动系固结于车厢上，静系固结于地面。

绝对运动：雨点做铅直直线运动；

相对运动：雨点相对车厢做斜直线运动；

牵连运动：车厢沿水平直线轨道做平动。

(2) 速度分析如表 7-3 所示。

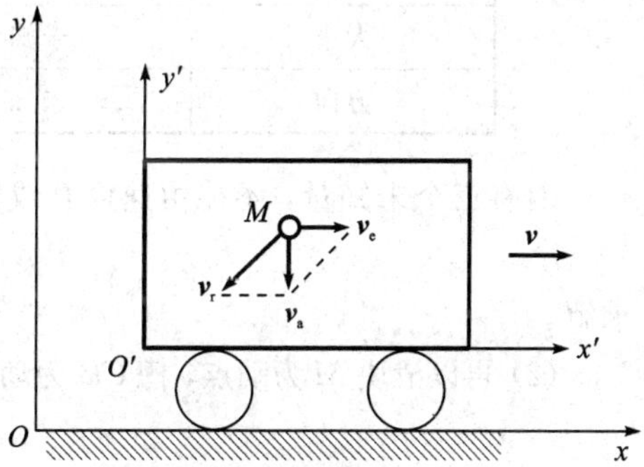

图 7-8

表 7-3

	$\boldsymbol{v}_a$	$\boldsymbol{v}_e$	$\boldsymbol{v}_r$
大小	v_1	v	未知
方向	铅垂向下	水平向右	未知

根据 $\boldsymbol{v}_a=\boldsymbol{v}_e+\boldsymbol{v}_r$ 做速度平行四边形，如图 7-8 所示。由直角三角形可求得相对速度的大小和方向为

$$v_r=\sqrt{v_a^2+v_e^2}=\sqrt{v_1^2+v^2},\quad \tan\alpha=\frac{v_e}{v_a}=\frac{v}{v_1}$$

本题说明，对于前进中的车厢里的乘客看来，铅垂下落的雨点总是向后倾斜的。

【例 7－5】 滑块 M 可同时在槽 AB 和 CD 中滑动，在图 7－9(a)所示瞬时，槽 AB、CD 的速度分别为 $v_1=8$ cm/s、$v_2=6$ cm/s。求该瞬时滑块 M 的速度。

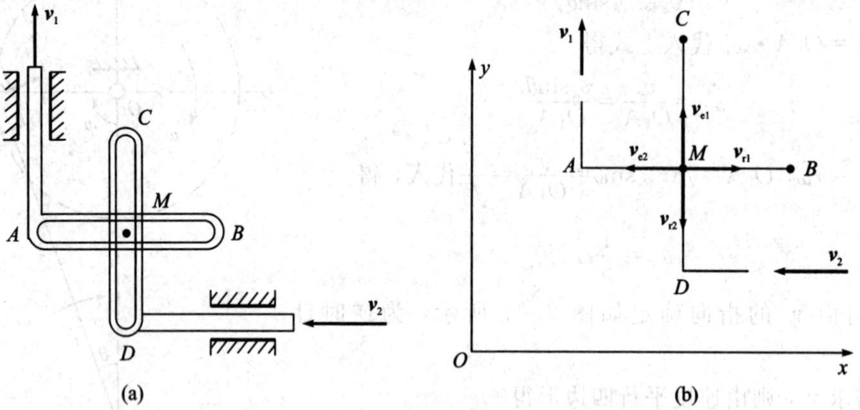

图 7－9

解 (1) 运动分析。槽 AB 和 CD 做直线平动，滑块做平面曲线运动，而滑块相对于槽 AB、CD 都是做直线运动。取滑块 M 为动点，槽 AB 为动系，地面为静系。

速度分析如表 7－4 所示。

表 7－4

	$\boldsymbol{v}_a$	$\boldsymbol{v}_{e1}$	$\boldsymbol{v}_{r1}$
大小	未知	v_1	未知
方向	未知	$\perp AB$	$/\!/AB$

因有三个未知量，不能由速度合成定理

$$\boldsymbol{v}_a=\boldsymbol{v}_{e1}+\boldsymbol{v}_{r1} \tag{1}$$

求解。

(2) 再以滑块 M 为动点，槽 CD 为动系，地面为静系进行分析。速度分析如表 7－5 所示。

表 7－5

	$\boldsymbol{v}_a$	$\boldsymbol{v}_{e2}$	$\boldsymbol{v}_{r2}$
大小	未知	v_2	未知
方向	未知	$\perp CD$	$/\!/CD$

由于也是三个未知量，因此不能用

$$\boldsymbol{v}_a=\boldsymbol{v}_{e2}+\boldsymbol{v}_{r2} \tag{2}$$

求解。但注意到式(1)、式(2)中 $\boldsymbol{v}_a$ 指的是同一点 M 相对地面的速度，故有

$$\boldsymbol{v}_{e1}+\boldsymbol{v}_{r1}=\boldsymbol{v}_{e2}+\boldsymbol{v}_{r2} \tag{3}$$

上式中只有两个未知量 $\boldsymbol{v}_{r1}$ 和 $\boldsymbol{v}_{r2}$。设 $\boldsymbol{v}_{r1}$ 和 $\boldsymbol{v}_{r2}$ 的方向如图 7－9(b)所示。将式(3)投影于 x 轴，有

$$v_{r1}=-v_{e2}=-v_2$$

式中负号说明滑块 M 相对槽的运动方向应朝左。

所以，滑块 M 的速度为

$$\boldsymbol{v}_a=\boldsymbol{v}_{e1}+\boldsymbol{v}_{r1}=-6\boldsymbol{i}+8\boldsymbol{j}\ (\mathrm{cm/s})$$

由上述例题，可将应用速度合成定理求解问题的大致步骤总结如下：

(1) 选取动点、动系和静系。动点、动系和静系的正确选取是求解点的复合运动问题的关键。在选取时必须注意：动点、动系和静系必须分属三个不同的物体，否则三种运动(绝对、相对、牵连运动)就会缺少一种运动，而不能称其为复合运动。此外，动点、动系和静系的选取，应使相对运动比较明显、简单。

(2) 分析三种运动。对于绝对、相对运动，主要是分析其轨迹的具体形状；而对于牵连运动，则是分析其刚体运动的具体形式。分析三种运动的目的是确定三种运动速度的方位线，以便画出速度平行四边形。

(3) 画速度平行四边形，分析问题的可解性。三种运动速度 $\boldsymbol{v}_a$、$\boldsymbol{v}_e$ 和 $\boldsymbol{v}_r$ 的大小、方向共有六个量，要明确知道其中哪些是已知的，哪些是未知的，其未知量不超过两个时问题可解。必须注意，画图时要使绝对速度成为平行四边形的对角线。

(4) 根据速度平行四边形的几何关系求解未知量。

7.3 牵连运动为平动时的加速度合成定理

7.2 节介绍了合成运动中点的速度合成定理，在此基础上本节介绍牵连运动为平动时，点的加速度合成定理。

在图 7-10 中，设动系 $O'x'y'z'$ 相对于静系 $Oxyz$ 平动，其原点 O' 的速度、加速度分别为 $\boldsymbol{v}_{O'}$ 和 $\boldsymbol{a}_{O'}$，动系上的三个单位矢量分别为 $\boldsymbol{i}'$、$\boldsymbol{j}'$、$\boldsymbol{k}'$。点 M 对于动系的坐标为 x'、y'、z'，则其相对速度、加速度分别为

$$\boldsymbol{v}_r=\frac{\mathrm{d}x'}{\mathrm{d}t}\boldsymbol{i}'+\frac{\mathrm{d}y'}{\mathrm{d}t}\boldsymbol{j}'+\frac{\mathrm{d}z'}{\mathrm{d}t}\boldsymbol{k}' \tag{7-2}$$

$$\boldsymbol{a}_r=\frac{\mathrm{d}^2x'}{\mathrm{d}t^2}\boldsymbol{i}'+\frac{\mathrm{d}^2y'}{\mathrm{d}t^2}\boldsymbol{j}'+\frac{\mathrm{d}^2z'}{\mathrm{d}t^2}\boldsymbol{k}' \tag{7-3}$$

由于牵连运动为平动，任一瞬时动系上各点的速度相同，因而牵连速度等于动系原点 O'

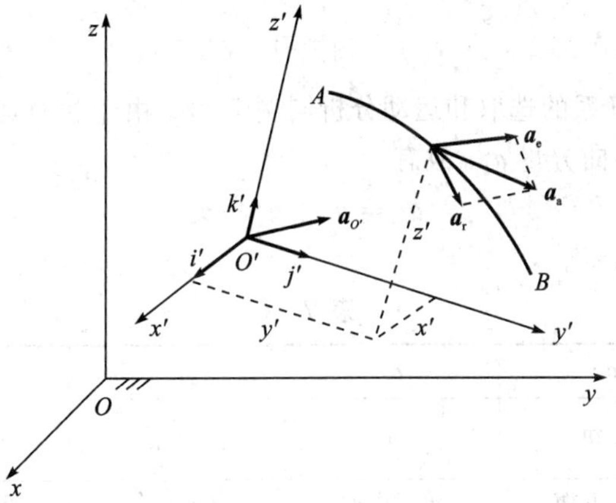

图 7-10

的速度，即

$$\boldsymbol{v}_e = \boldsymbol{v}_{O'} \tag{7-4}$$

由点的速度合成定理，有

$$\boldsymbol{v}_a = \boldsymbol{v}_e + \boldsymbol{v}_r = \boldsymbol{v}_{O'} + \frac{dx'}{dt}\boldsymbol{i}' + \frac{dy'}{dt}\boldsymbol{j}' + \frac{dz'}{dt}\boldsymbol{k}' \tag{7-5}$$

将式(7-5)关于时间 t 求导数，并注意动系做平动，单位矢量 $\boldsymbol{i}'$、$\boldsymbol{j}'$ 和 $\boldsymbol{k}'$ 的大小、方向不变，其对时间的导数等于零。于是有

$$\boldsymbol{a}_a = \frac{d\boldsymbol{v}_a}{dt} = \frac{d\boldsymbol{v}_{O'}}{dt} + \frac{d^2x'}{dt^2}\boldsymbol{i}' + \frac{d^2y'}{dt^2}\boldsymbol{j}' + \frac{d^2z'}{dt^2}\boldsymbol{k}' \tag{7-6}$$

其中 $d\boldsymbol{v}_{O'}/dt$ 是动系原点 O' 的加速度 $\boldsymbol{a}_{O'}$。由于动系平动，于是有

$$\frac{d\boldsymbol{v}_{O'}}{dt} = \boldsymbol{a}_{O'} = \boldsymbol{a}_e \tag{7-7}$$

将式(7-7)代入式(7-6)，并注意到式(7-3)有

$$\boldsymbol{a}_a = \boldsymbol{a}_e + \boldsymbol{a}_r \tag{7-8}$$

上式表明：**当牵连运动为平动时，任一瞬时，动点的绝对加速度等于其牵连加速度与相对加速度的矢量和**。这就是牵连运动为平动时的加速度合成定量。

【例 7-6】 例 7-2 中，若已知凸轮在图示位置时的加速度 $\boldsymbol{a}$，试求此瞬时顶杆 AB 的加速度。

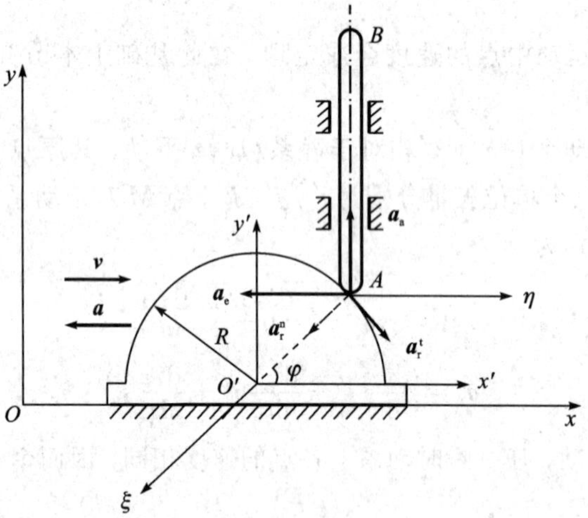

图 7-11

解 动点、动系、静系的选取和运动分析同例 7-2。由于相对运动为圆周运动，相对加速度有法向分量 $\boldsymbol{a}_r^n$ 与切向分量 $\boldsymbol{a}_r^t$，故有

$$\boldsymbol{a}_a = \boldsymbol{a}_e + \boldsymbol{a}_r^n + \boldsymbol{a}_r^t \tag{1}$$

加速度分析如表 7-6 所示。

表 7-6

	$\boldsymbol{a}_a$	$\boldsymbol{a}_e$	$\boldsymbol{a}_r^n$	$\boldsymbol{a}_r^t$
大小	未知	a	$\dfrac{v_r^2}{R}$	未知
方向	垂直方向	水平向左	沿 AO'	沿圆弧 A 点切线方向

式(1)有两个独立的投影式，式中未知量仅有两个，可以求解。

将式(1)两端同时投影于与未知量 $\boldsymbol{a}_r^t$ 相垂直的 $A\xi$ 轴，得到

$$-a_a\cos(90°-\varphi)=a_e\cos\varphi+a_r^n$$

将 $a_e=a$ 及 $a_r^n=\dfrac{v_r^2}{R}=\dfrac{v^2}{R\sin^2\varphi}$ 代入上式，解得

$$a_a=-\frac{1}{\sin\varphi}\left(a\cos\varphi+\frac{v^2}{R\sin^2\varphi}\right)$$

在 $\varphi<90°$，所得 a_a 值为负值，这说明所设 a_a 的指向与真实情况相反。

如欲求 $\boldsymbol{a}_r^t$，则将式(1)投影于与绝对加速度 a_a 相垂直的 $A\eta$ 轴，得到

$$0=-a_e-a_r^n\cos\varphi+a_r^t\cos(90°-\varphi)$$

将 a_e、a_r^n 之值代入，解得

$$a_r^t=\frac{1}{\sin\varphi}\left(a+\frac{v^2\cos\varphi}{R\sin^2\varphi}\right)$$

所得结果为正值，说明所设 $\boldsymbol{a}_r^n$ 的指向与真实情况相同。

【例 7-7】　在图 7-12 所示的曲柄导杆机构中，曲柄 OA 转动的角速度是 ω_0，角加速度是 α_0(转向如图所示)。设曲柄的长度是 r，试求当曲柄与导杆中线的夹角 $\theta<\pi/2$ 时导杆的加速度。

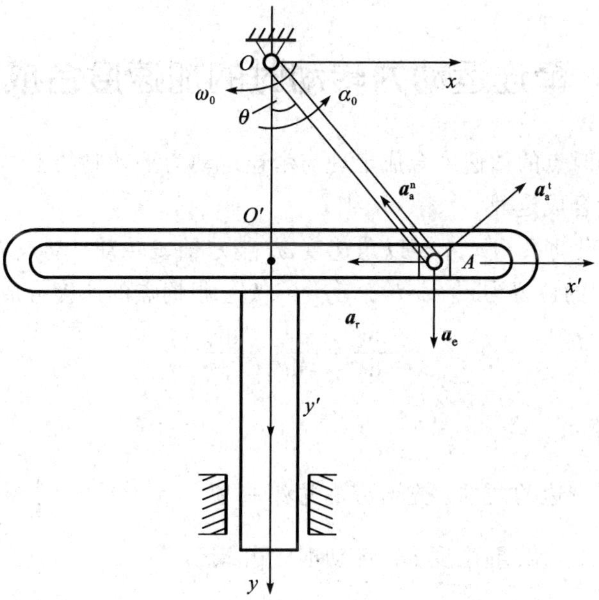

图 7-12

解　(1) 运动分析。当曲柄 OA 转动时，通过滑块 A 带动导杆做铅直平动，在滑块与平动的导杆之间存在着相对运动。故选滑块 A 作为动点，并将动系固连于导杆上，静系固连于机构的基座上。运动分析如下：

绝对运动：动点 A 绕点 O 的圆周运动；

相对运动：动点 A 沿导杆滑槽的水平直线运动；

牵连运动：导杆的铅直平动，它“携带”着滑块 A 运动。

(2) 加速度分析。点 A 的加速度 $\boldsymbol{a}_a$ 有切向分量 $\boldsymbol{a}_a^t$ 和法向分量 $\boldsymbol{a}_a^n$。各加速度分量如图 7-12所示，加速度的分析如表 7-7 所示。

表 7-7

	$\boldsymbol{a}_a^t$	$\boldsymbol{a}_a^n$	$\boldsymbol{a}_e$	$\boldsymbol{a}_r$
大小	$r\alpha_0$	$r\omega_0^2$	未知	未知
方向	$\perp OA$ 而偏向上方	由 A 指向 O	竖直方向	水平方向

(3) 求加速度。由式(7-8)，有

$$\boldsymbol{a}_a^n+\boldsymbol{a}_a^t=\boldsymbol{a}_e+\boldsymbol{a}_r$$

将上式向 Oy 轴投影，有

$$-a_a^t\sin\theta-a_a^n\cos\theta=a_e$$

即

$$a_e=-r(\alpha_0\sin\theta+\omega_0^2\cos\theta)$$

可见，当 θ 在第一象限内时，$\boldsymbol{a}_e$ 为负值，负号表示 $\boldsymbol{a}_e$ 的实际指向与图中假设指向相反。由于导杆做平动，点 A 的牵连加速度就是导杆的加速度。

通过上述例题可以看出，求解牵连运动为平动时点的加速度问题的方法和步骤与求解点的速度问题相似。

7.4 牵连运动为转动时的加速度合成定理

牵连运动为转动时点的加速度合成定理与牵连运动为平动时的不同。下面介绍牵连运动为转动时点的加速度合成定理。

在图 7-13 中，设动系 $O'x'y'z'$ 以角速度 ω_e 绕定轴 z 转动，动点 M 的位置用矢径 $\boldsymbol{r}$ 确定，动点 M 在动系中的位置为 $\boldsymbol{r}'=x'\boldsymbol{i}'+y'\boldsymbol{j}'+z'\boldsymbol{k}'$。根据点的速度合成定理有

$$\frac{\mathrm{d}\boldsymbol{v}_a}{\mathrm{d}t}=\frac{\mathrm{d}\boldsymbol{v}_e}{\mathrm{d}t}+\frac{\mathrm{d}\boldsymbol{v}_r}{\mathrm{d}t} \tag{7-9}$$

其中$\frac{\mathrm{d}\boldsymbol{v}_a}{\mathrm{d}t}$为绝对加速度 $\boldsymbol{a}_a$。

现分别研究等式右边的两项。先研究右边第一项 $\frac{\mathrm{d}\boldsymbol{v}_e}{\mathrm{d}t}$，当 $O'x'y'z'$ 绕轴 z 以角速度 $\boldsymbol{\omega}_e$ 转动时，由式(6-21)有牵连速度：

$$\boldsymbol{v}_e=\boldsymbol{\omega}_e\times\boldsymbol{r}$$

于是，有

$$\frac{\mathrm{d}\boldsymbol{v}_e}{\mathrm{d}t}=\frac{\mathrm{d}\boldsymbol{\omega}_e}{\mathrm{d}t}\times\boldsymbol{r}+\boldsymbol{\omega}_e\times\frac{\mathrm{d}\boldsymbol{r}}{\mathrm{d}t} \tag{7-10}$$

式中，$\frac{\mathrm{d}\boldsymbol{\omega}_e}{\mathrm{d}t}=\boldsymbol{\alpha}_e$ 为动系绕 z 轴转动的角加速度。而动点 M 的矢径 $\boldsymbol{r}$ 对时间的一阶导数 $\mathrm{d}\boldsymbol{r}/\mathrm{d}t$ 为绝对速度，即

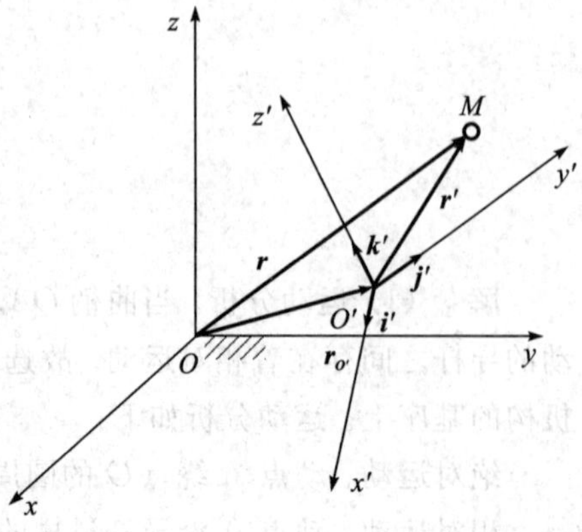

图 7-13

$$\frac{\mathrm{d}\boldsymbol{r}}{\mathrm{d}t}=\boldsymbol{v}_a=\boldsymbol{v}_e+\boldsymbol{v}_r$$

代入式(7-10)有

$$\frac{\mathrm{d}\boldsymbol{v}_e}{\mathrm{d}t}=\boldsymbol{\alpha}_e\times\boldsymbol{r}+\boldsymbol{\omega}_e\times(\boldsymbol{v}_e+\boldsymbol{v}_r)$$

由式(6-22)知，牵连加速度 $\boldsymbol{a}_e=\boldsymbol{\alpha}_e\times\boldsymbol{r}+\boldsymbol{\omega}_e\times\boldsymbol{v}_e$，于是得

$$\frac{\mathrm{d}\boldsymbol{v}_e}{\mathrm{d}t}=\boldsymbol{a}_e+\boldsymbol{\omega}_e\times\boldsymbol{v}_r \tag{7-11}$$

再研究第二项 $\mathrm{d}\boldsymbol{v}_r/\mathrm{d}t$，动点的相对速度为

$$\boldsymbol{v}_r=\frac{\mathrm{d}\boldsymbol{r}'}{\mathrm{d}t}=\frac{\mathrm{d}x'}{\mathrm{d}t}\boldsymbol{i}'+\frac{\mathrm{d}y'}{\mathrm{d}t}\boldsymbol{j}'+\frac{\mathrm{d}z'}{\mathrm{d}t}\boldsymbol{k}'$$

由于单位矢量 $\boldsymbol{i}'$、$\boldsymbol{j}'$ 和 $\boldsymbol{k}'$ 的方向随时间而变化，所以有

$$\frac{\mathrm{d}\boldsymbol{v}_r}{\mathrm{d}t}=\frac{\mathrm{d}^2x'}{\mathrm{d}t^2}\boldsymbol{i}'+\frac{\mathrm{d}^2y'}{\mathrm{d}t^2}\boldsymbol{j}'+\frac{\mathrm{d}^2z'}{\mathrm{d}t^2}\boldsymbol{k}'+\frac{\mathrm{d}x'}{\mathrm{d}t}\frac{\mathrm{d}\boldsymbol{i}'}{\mathrm{d}t}+\frac{\mathrm{d}y'}{\mathrm{d}t}\frac{\mathrm{d}\boldsymbol{j}'}{\mathrm{d}t}+\frac{\mathrm{d}z'}{\mathrm{d}t}\frac{\mathrm{d}\boldsymbol{k}'}{\mathrm{d}t} \tag{7-12}$$

式(7-12)右边的前三项为

$$\frac{\mathrm{d}^2x'}{\mathrm{d}t^2}\boldsymbol{i}'+\frac{\mathrm{d}^2y'}{\mathrm{d}t^2}\boldsymbol{j}'+\frac{\mathrm{d}^2z'}{\mathrm{d}t^2}\boldsymbol{k}'=\boldsymbol{a}_r$$

由式(6-21)有

$$\frac{\mathrm{d}\boldsymbol{i}'}{\mathrm{d}t}=\boldsymbol{\omega}_e\times\boldsymbol{i}',\ \frac{\mathrm{d}\boldsymbol{j}'}{\mathrm{d}t}=\boldsymbol{\omega}_e\times\boldsymbol{j}',\ \frac{\mathrm{d}\boldsymbol{k}'}{\mathrm{d}t}=\boldsymbol{\omega}_e\times\boldsymbol{k}'$$

将上式代入式(7-12)，有

$$\frac{\mathrm{d}\boldsymbol{v}_r}{\mathrm{d}t}=\boldsymbol{a}_r+\frac{\mathrm{d}x'}{\mathrm{d}t}(\boldsymbol{\omega}_e\times\boldsymbol{i}')+\frac{\mathrm{d}y'}{\mathrm{d}t}(\boldsymbol{\omega}_e\times\boldsymbol{j}')+\frac{\mathrm{d}z'}{\mathrm{d}t}(\boldsymbol{\omega}_e\times\boldsymbol{k}') \tag{7-13}$$

式(7-13)整理后，有

$$\frac{\mathrm{d}\boldsymbol{v}_r}{\mathrm{d}t}=\boldsymbol{a}_r+\boldsymbol{\omega}_e\times\left(\frac{\mathrm{d}x'}{\mathrm{d}t}\boldsymbol{i}'+\frac{\mathrm{d}y'}{\mathrm{d}t}\boldsymbol{j}'+\frac{\mathrm{d}z'}{\mathrm{d}t}\boldsymbol{k}'\right)=\boldsymbol{a}_r+\boldsymbol{\omega}_e\times\boldsymbol{v}_r \tag{7-14}$$

将式(7-11)、式(7-14)代入式(7-9)，得

$$\boldsymbol{a}_a=\boldsymbol{a}_e+\boldsymbol{a}_r+2\boldsymbol{\omega}_e\times\boldsymbol{v}_r \tag{7-15}$$

令

$$\boldsymbol{a}_C=2\boldsymbol{\omega}_e\times\boldsymbol{v}_r \tag{7-16}$$

$\boldsymbol{a}_C$ 称为科氏加速度。于是有

$$\boldsymbol{a}_a=\boldsymbol{a}_e+\boldsymbol{a}_r+\boldsymbol{a}_C \tag{7-17a}$$

式(7-17a)为牵连运动是定轴转动时的点的加速度合成定理，即当牵连运动为定轴转动时，某瞬时动点的绝对加速度等于它的牵连加速度、相对加速度和科氏加速度的矢量和。式(7-17a)还可写成一般形式

$$\boldsymbol{a}_a^n+\boldsymbol{a}_a^t=\boldsymbol{a}_e^n+\boldsymbol{a}_e^t+\boldsymbol{a}_r^n+\boldsymbol{a}_r^t+\boldsymbol{a}_C \tag{7-17b}$$

式(7-17b)虽然是在牵连运动为定轴转动的情况下导出的，但对牵连运动为任意运动的情况也适用，它是点的加速度合成定理的普遍式。当动系做平动时，其角速度 $\boldsymbol{\omega}_e=\boldsymbol{0}$，科氏加速度 $\boldsymbol{a}_C=\boldsymbol{0}$，式(7-17b)就简化为式(7-8)。

根据矢量积运算规则，$\boldsymbol{a}_C$ 的大小为

$$a_C = 2\omega_e v_r \sin\theta$$

式中，θ 为 $\boldsymbol{\omega}_e$ 与 $\boldsymbol{v}_r$ 两矢量间的最小夹角。矢量 $\boldsymbol{a}_C$ 垂直于 $\boldsymbol{\omega}_e$ 和 $\boldsymbol{v}_r$，指向由右手螺旋法则确定，如图 7-14 所示。

科氏加速度在自然界中是有所表现的。例如，在北半球，河水向北流动时，河水的科氏加速度方向向西，即指向左侧，如图 7-15 所示。由动力学可知，有向左的加速度，河水必受到河右岸对水的向左的作用力。根据作用与反作用定律，河水对河右岸有反作用力。因此，在北半球南北走向的江河的右岸都受到较明显的冲刷，这是地理学中的一项规律。

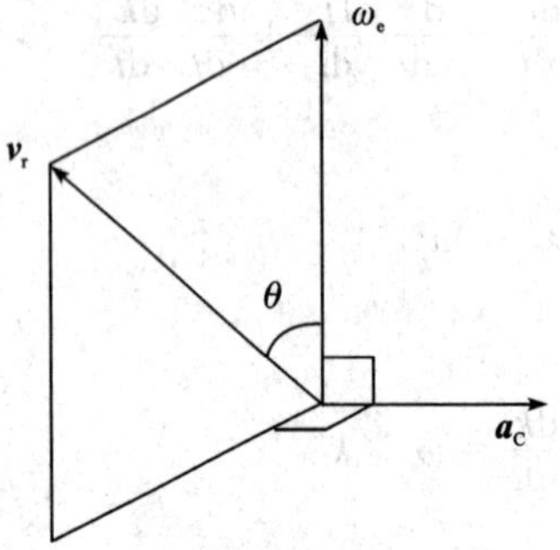

图 7-14

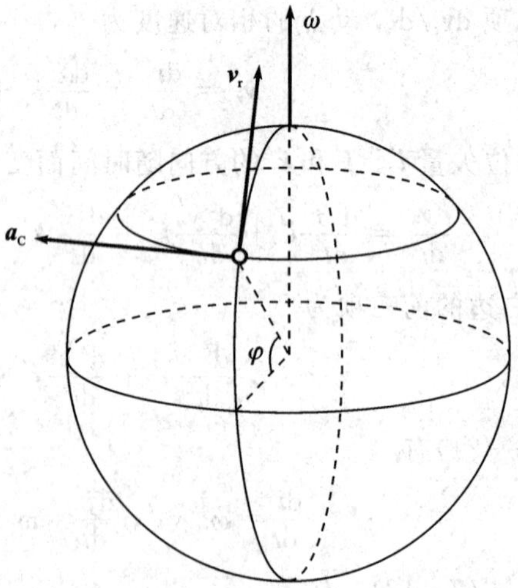

图 7-15

下面举例说明牵连运动是定轴转动时点的加速度合成定理的应用。

【例 7-8】 试求例 7-3 中摇杆 O_1B 在图示位置时的角加速度 $\boldsymbol{\alpha}_1$（见图 7-16）。

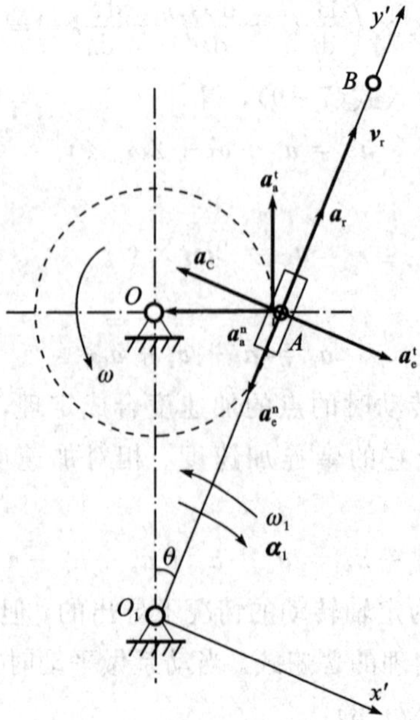

图 7-16

解 动点、动系的选择及运动分析同例 7-3。下面进行加速度分析。因动点的绝对运动为圆周运动，$\boldsymbol{a}_a$ 可用其法向与切向分量表示，即 $\boldsymbol{a}_a=\boldsymbol{a}_a^n+\boldsymbol{a}_a^t$；又由于牵连运动为定轴转动，$\boldsymbol{a}_e$ 可用其法向与切向分量表示，即 $\boldsymbol{a}_e=\boldsymbol{a}_e^n+\boldsymbol{a}_e^t$。故加速度合成定理可写成如下形式

$$\boldsymbol{a}_a^n+\boldsymbol{a}_a^t=\boldsymbol{a}_e^n+\boldsymbol{a}_e^t+\boldsymbol{a}_r+\boldsymbol{a}_C$$

上式中各项的方向与大小分析如表 7-8 所示。

表 7-8

	$\boldsymbol{a}_a^t$	$\boldsymbol{a}_a^n$	$\boldsymbol{a}_e^t$	$\boldsymbol{a}_e^n$	$\boldsymbol{a}_r$	$\boldsymbol{a}_C$
大小	0	$r\omega^2$	未知	$O_1A\omega_1^2$	未知	$2\omega_1 v_r$
方向	$\perp OA$	沿 AO	$\perp O_1B$	沿 AO_1	沿 O_1B	$\perp O_1B$

因在例 7-3 中已求得 $v_r=\dfrac{2}{5}\sqrt{5}r\omega$，$\omega_1=\dfrac{1}{5}\omega$，而 $O_1A=\sqrt{5}r$，故表中 $\boldsymbol{a}_e^n$、$\boldsymbol{a}_C$ 的大小均为已知量：

$$a_e^n=O_1A\times\omega_1^2=\frac{\sqrt{5}}{25}r\omega^2$$

$$a_C=2\omega_1 v_r\sin 90^\circ=2\times\frac{\omega}{5}\times\frac{2\sqrt{5}}{5}r\omega=\frac{4\sqrt{5}}{25}r\omega^2$$

因此，未知量只有两个，故可以求解。为求 $\boldsymbol{a}_e^t$ 可将加速度公式两端同时投影于与 $\boldsymbol{a}_r$ 相垂直的 x' 轴，得到

$$-a_a^n\cos\theta=a_e^t-a_C$$

将 a_e^n 与 a_C 代入后解得

$$a_e^t=a_C-a_a^n\cos\theta=\frac{4\sqrt{5}}{25}r\omega^2-r\omega^2\ \frac{2}{\sqrt{5}}=-\frac{6\sqrt{5}}{25}r\omega^2$$

于是得摇杆的角加速度 α_1 为

$$\alpha_1=\frac{a_e^t}{O_1A}=-\frac{6\sqrt{5}}{25}\frac{r\omega^2}{\sqrt{5}r}=-\frac{6}{25}\omega^2$$

a_e^t、α_1 均为负值，说明图设方向与真实情况相反。

【例 7-9】 偏心凸轮以匀角速度 ω 绕过点 O 的固定轴逆时针方向转动，如图 7-17(a) 所示，使顶杆 AB 沿铅直槽上下移动，点 O 在滑槽的轴线上，偏心距 $OC=e$，凸轮半径 $r=\sqrt{3}e$。试求在 $\angle OCA=\dfrac{\pi}{2}$ 的图示位置时，顶杆 AB 的速度和加速度。

解 (1) 运动分析。在机构运动过程中，顶杆上的端点 A 恒为接触点，凸轮上与杆端 A 的接触点在不断变化。因此，可选杆端 A 为动点，动系 $Ox'y'$ 与凸轮固连，静系与固定支座固连。因而有

绝对运动：点 A 沿铅直导轨的直线运动；

相对运动：点 A 沿凸轮表面的曲线运动；

牵连运动：随凸轮绕过点 O 的固定轴的定轴转动。

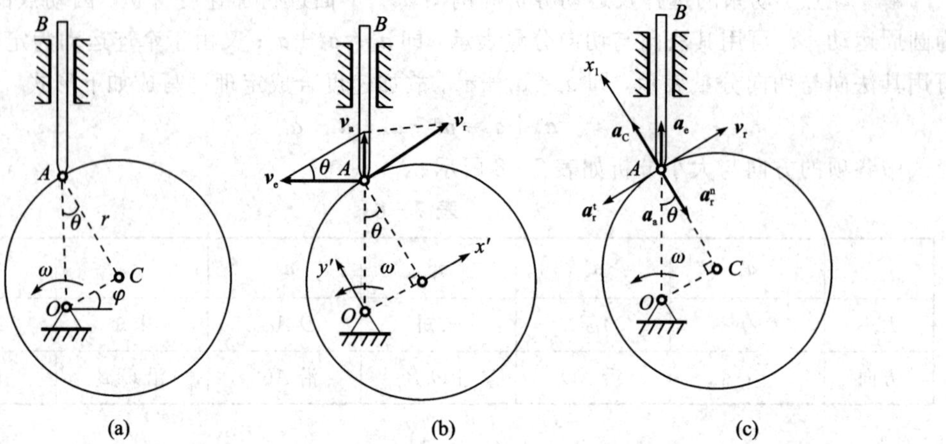

图 7－17

(2) 速度分析和计算。根据速度合成定理，动点 A 的绝对速度为

$$\boldsymbol{v}_a=\boldsymbol{v}_e+\boldsymbol{v}_r$$

式中各参数的大小和方向如表 7－9 所示。

表 7－9

	$\boldsymbol{v}_a$	$\boldsymbol{v}_e$	$\boldsymbol{v}_r$
大小	未知	$OA\cdot\omega$	未知
方向	铅直	水平向左	$\perp AC$

作出速度平行四边形如图 7－17(b)所示，可得顶杆的速度大小为

$$v_a=v_e\tan\theta=2\sqrt{3}e\omega/3$$

其方向为铅直向上。相对速度的大小为

$$v_r=\frac{v_e}{\cos\theta}=4\sqrt{3}e\omega/3$$

其方向如图 7－17(b)所示。

(3) 加速度分析和计算。根据牵连运动是定轴转动的加速度合成定理，有

$$\boldsymbol{a}_a=\boldsymbol{a}_e+\boldsymbol{a}_r^t+\boldsymbol{a}_r^n+\boldsymbol{a}_C \tag{1}$$

式中各参数的大小和方向如表 7－10 所示。

表 7－10

	$\boldsymbol{a}_a$	$\boldsymbol{a}_e$	$\boldsymbol{a}_r^t$	$\boldsymbol{a}_r^n$	$\boldsymbol{a}_C$
大小	未知	$OA\cdot\omega^2$	未知	v_r^2/r	$2\omega v_r$
方向	铅直	铅直	$\perp AC$	$A\to C$	沿 CA

把式(1)投影到与不需要求解出的未知量 $\boldsymbol{a}_r^t$ 相垂直的轴 x_1 上，如图 7－17(c)所示，得

$$a_a\cos\theta=-a_e\cos\theta-a_r^n+a_C$$

故顶杆 AB 的加速度为

$$a_a=\frac{-a_e\cos\theta-a_r^n+a_C}{\cos\theta}=-\frac{2e\omega^2}{9}$$

可见，$\boldsymbol{a}_a$ 的真实方向是铅直向下。

从上两节的例题可知，应用加速度合成定理求解点的加速度，其步骤基本上与应用速度合成定理求解点的速度相同，但要注意以下几点：

(1) 选取动点和动系后，应根据动系做平动还是转动，确定加速度合成定理中是否含有科氏加速度。

(2) 分析三种加速度和科氏加速度。先求出科氏加速度的大小和方向(科氏加速度的方向是确定的)，再求解加速度未知量，切向加速度如果是未知量，其指向可以预先假设。由于加速度合成定理的矢量表达式中一般都包含四个以上的矢量，通常采用矢量投影法求解未知量。但投影时要注意：

① 选择合适的投影轴，使投影轴与其中一个未知量的方向垂直，这样可使投影后得到的方程中只包含一个未知数。

② 矢量方程向坐标轴上投影时，要注意矢量投影的正确应用，即要将表达式两边的矢量同时向投影轴投影。投影与坐标轴方向一致时为正，反之为负。

思　考　题

7-1　何谓点的牵连速度和牵连加速度？有人说："由于牵连运动是动系相对静系的运动，因此牵连速度、牵连加速度就是动系相对静系的速度和加速度"。对吗？为什么？

7-2　曲柄 OA 以匀角速度转动，如思考题 7-2 图所示。(a)、(b)两图中哪一种分析正确？

(1) 以 OA 上的点 A 为动点，以 BC 为动参考体。

(2) 以 BC 上的点 A 为动点，以 OA 为动参考体。

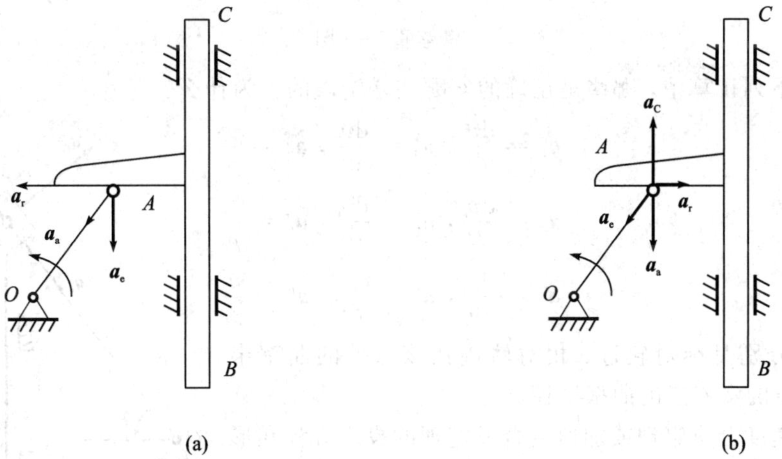

思考题 7-2 图

7-3　在思考题 7-3 图所示的摇杆机构中，选滑块 A 为动点，摇杆 O_1B 为动系。有人说"牵连运动为圆周运动"。对吗？为什么？若选摇杆 O_1B 上一点为动点，曲柄 OA 为动系，能否

求出 O_1B 杆的角速度、角加速度？为什么？

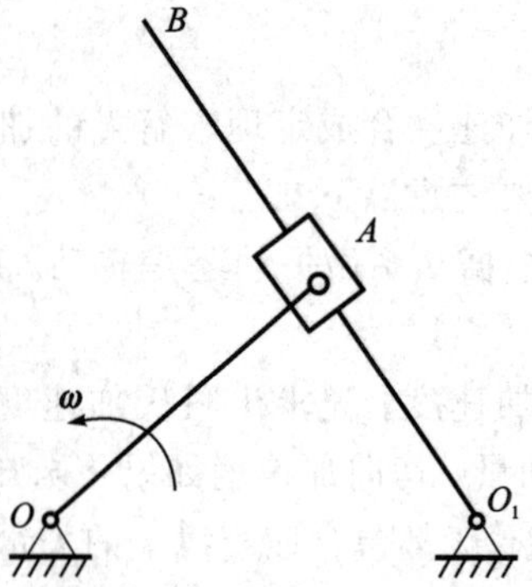

思考题 7-3 图

7-4 在求解复合运动问题时，应如何选择动点、动系？

7-5 在思考题 7-5 图中的速度平行四边形有无错误？错在哪里？

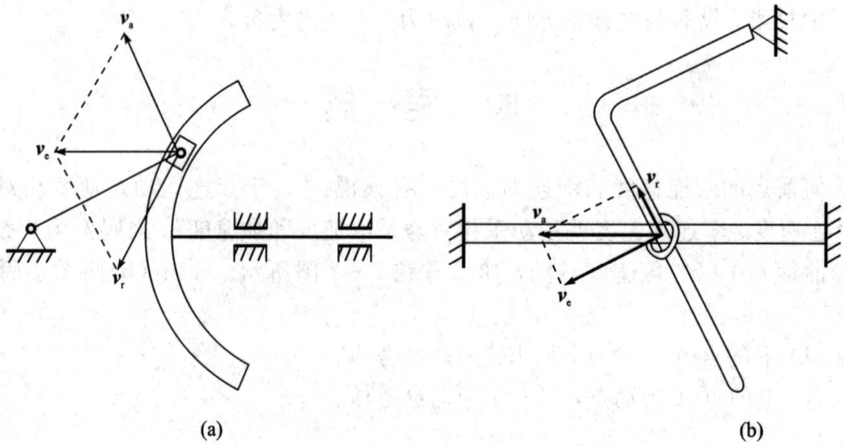

思考题 7-5 图

7-6 下列计算中，哪些是正确的？哪些是错误的？为什么？

$$a_a = \frac{dv_a}{dt},\ a_a^t = \frac{dv_a}{dt},\ a_a^n = \frac{v_a^2}{\rho_a}$$

$$a_e = \frac{dv_e}{dt},\ a_e^t = \frac{dv_e}{dt},\ a_e^n = \frac{v_e^2}{\rho_e}$$

$$a_r = \frac{dv_r}{dt},\ a_r^t = \frac{dv_r}{dt},\ a_r^n = \frac{v_r^2}{\rho_r}$$

式中 ρ_a，ρ_r 分别是绝对轨迹、相对轨迹在该点处的曲率半径，ρ_e 为动点的牵连点的曲率半径。

7-7 速度合成定理或加速度合成定理的投影方程在形式上与静力学中的平衡方程有何不同？

7-8 在思考题 7-8 图中，为了求 $\boldsymbol{a}_a$ 的大小，取加速度在 η 轴上的投影式：$a_a\cos\varphi - a_C = 0$，所以 $a_a = a_C/\cos\varphi$。上面的计算是否正确？若有误，错在哪里？

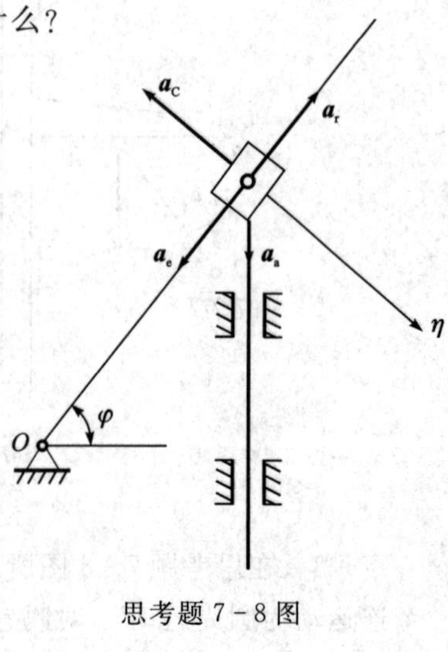

思考题 7-8 图

7-9　判断下列结论是否正确。

(1) 某瞬时动点的绝对速度 $v_a=0$，则动点的牵连速度 v_e 和相对速度 v_r 也都等于零。

(2) $\boldsymbol{v}_a$、$\boldsymbol{v}_e$、$\boldsymbol{v}_r$ 三种速度的大小之间不可能有这样的关系，此关系式为 $v_r=\sqrt{v_a^2+v_e^2}$。

(3) 由速度合成定理公式 $\boldsymbol{v}_a=\boldsymbol{v}_e+\boldsymbol{v}_r$ 可知，绝对速度的绝对值一定比相对速度绝对值大，也比牵连速度绝对值大。

(4) 当牵连运动为平动时，一定没有科氏加速度 $\boldsymbol{a}_C$；当牵连运动为转动时，一定有科氏加速度 $\boldsymbol{a}_C$。

(5) 有一小甲虫沿着转动的圆柱体母线向上(或向下)爬行时，一定有科氏加速度 $\boldsymbol{a}_C$。

7-10　点的速度合成定理 $\boldsymbol{v}_a=\boldsymbol{v}_e+\boldsymbol{v}_r$，对牵连运动是平动或转动都成立，将其两端对时间求导，得

$$\frac{d\boldsymbol{v}_a}{dt}=\frac{d\boldsymbol{v}_e}{dt}+\frac{d\boldsymbol{v}_r}{dt}$$

从而有

$$\boldsymbol{a}_a=\boldsymbol{a}_e+\boldsymbol{a}_r$$

因而此式对牵连运动是平动或转动都应该成立。试指出上面的推导错在哪里？

习　题

7-1　试用合成运动的概念分析题 7-1 图所指定动点 M 的运动。确定动系，并说明其绝对运动、相对运动和牵连运动。

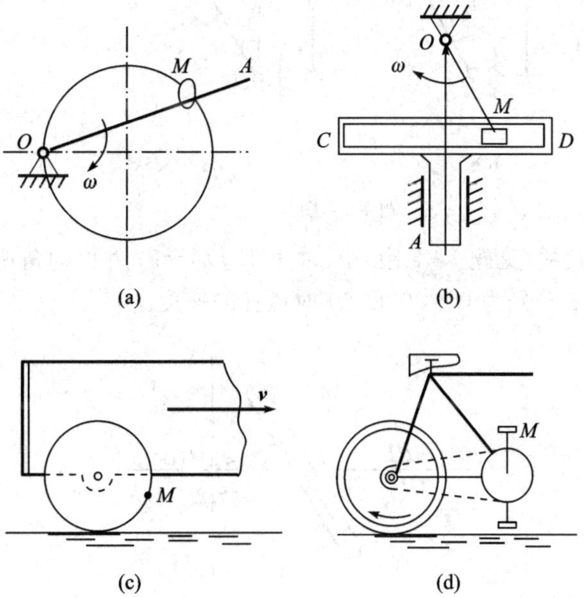

题 7-1 图

7-2　在题 7-2 图所示的坐标系中，点 M 在平面 $Ox'y'$ 中运动，运动方程为

$$x'=4(1-\cos t)$$

$$y'=4\sin t$$

式中，t 以 s 计，x'和 y'以 cm 计。平面 $Ox'y'$绕垂直于该平面的 O 轴转动，转动方程为 $\varphi = t$ rad，式中角 φ 为动系的 x'轴与定系的 x 轴间的夹角。求点 M 的相对轨迹和绝对轨迹。

7-3　汽车 A 以 $v_1 = 45$ km/h 沿直线道路行驶，汽车 B 以 $v_2 = 40\sqrt{2}$ km/h 沿另一岔道行驶，如题 7-3 图所示。求在 B 车上观察到的 A 车的速度。

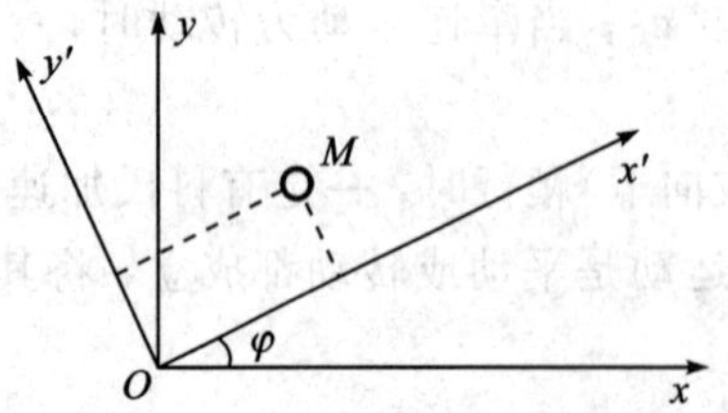

题 7-2 图

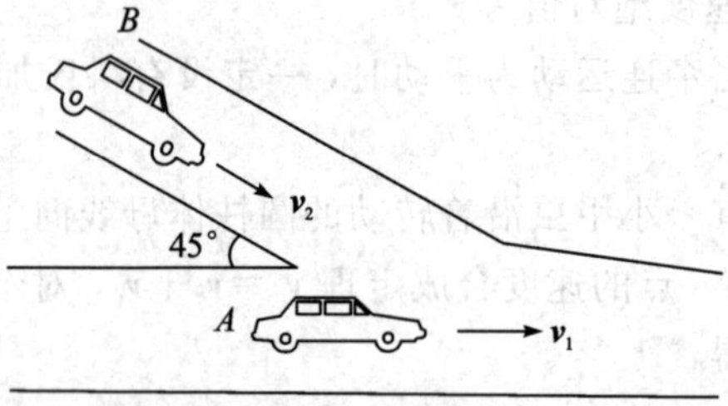

题 7-3 图

7-4　题 7-4 图所示的两种机构中，已知 $O_1O_2 = d = 20$ cm，$\omega_1 = 3$ rad/s。求图示位置时，杆 O_2A 的角速度。

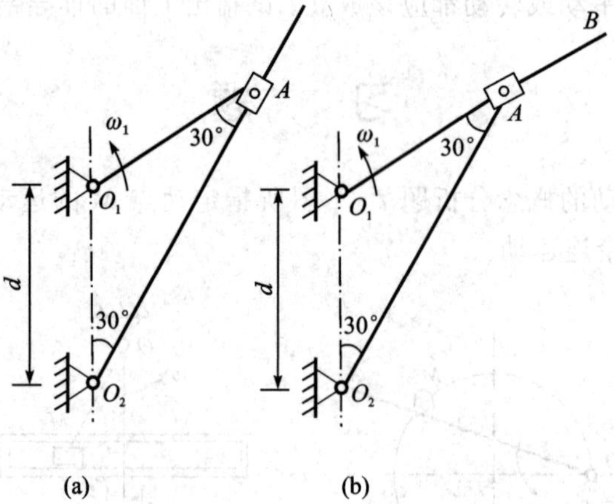

题 7-4 图

7-5　曲柄滑道机构(见题 7-5 图)中，曲柄长 $OA = r$，并以匀角速 ω 绕 O 轴转动，求当曲柄与水平线的交角 φ 分别为 0°、30°和 60°时道杆的速度。

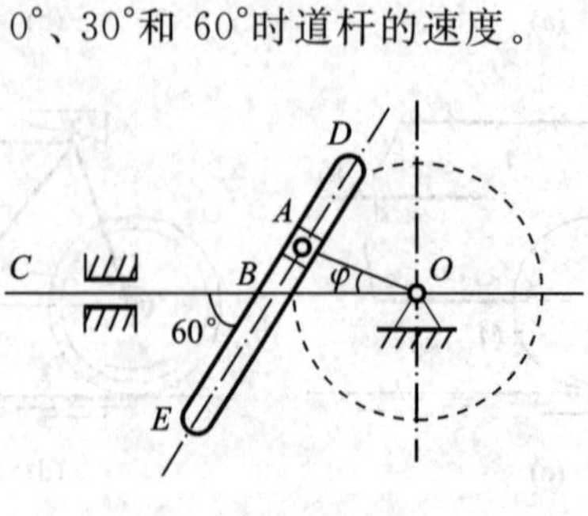

题 7-5 图

7-6　题 7-6 图所示机构中，摇杆 OC 绕 O 轴转动，经过固定在齿条 AB 上的销子 K 带动齿条上下运动，而齿条又带动半径为 $r = 10$ cm 的齿轮 D 绕定轴转动。如 $d = 40$ cm，摇杆的角速度 $\omega = 0.5$ rad/s，$\varphi = 30°$。求齿轮 D 的角速度。

7-7　摆杆机构(见题 7-7 图)中，滑杆 AB 以匀速 v 向上运动，初瞬时摇杆 OC 水平。已知 $OC=d_1$，$OD=d_2$。求 $\varphi=45°$时，点 C 的速度。

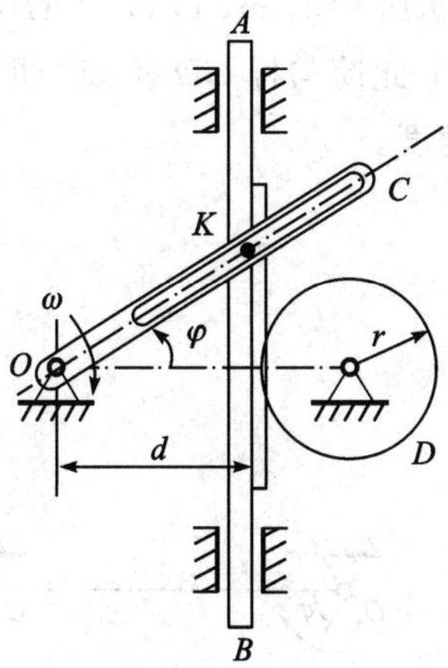

题 7-6 图

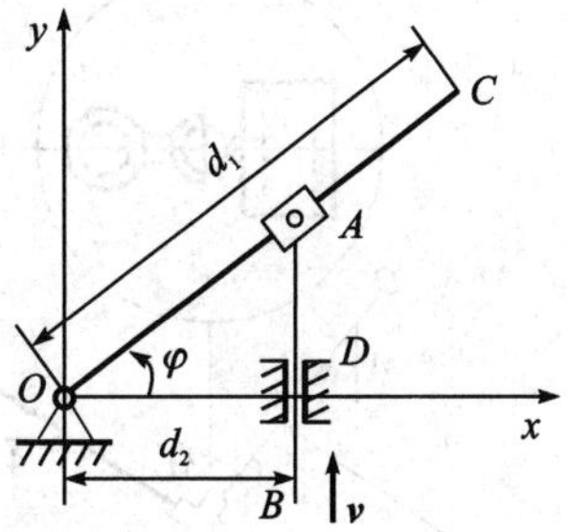

题 7-7 图

7-8　车床主轴转速 $n=30$ r/min，工件的直径 $d=4$ cm，车刀横向走刀速度 $v=1$ cm/s，如题 7-8 图所示。求车刀对工件的相对速度。

7-9　题 7-9 图所示牛头刨床机构，已知 $O_1A=20$ cm，$\omega=2$ rad/s。求图示位置滑枕 CD 的速度。

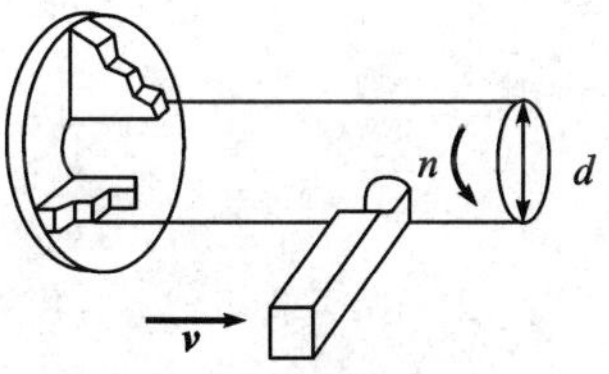

题 7-8 图

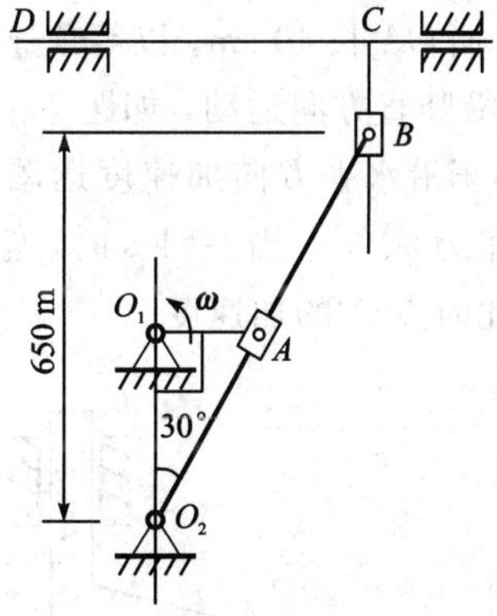

题 7-9 图

7-10　半径为 r 的两圆以相同的角速度 ω 分别绕其圆周上一点 A 及 B 反向转动，如题 7-10 图所示。求当点 A、O、O'及 B 位于一直线时，两圆交点 M 的速度。(提示：可设想两圆在交点 M 处套有一小环)。

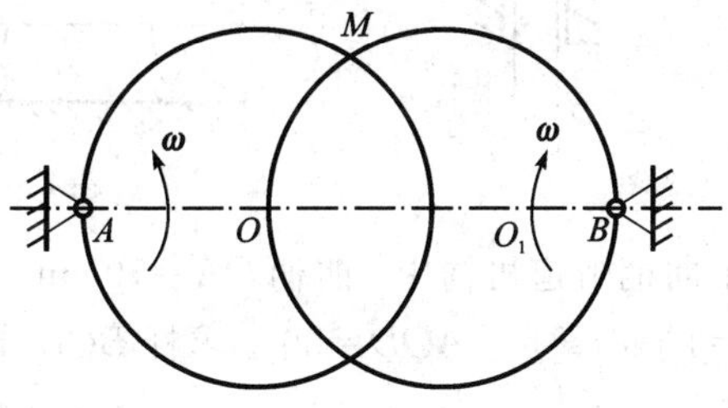

题 7-10 图

7－11　题7－11图所示机构中，杆 AB 和 CD 分别绕轴 A 和 C 转动。若在图示位置，杆 AB、CD 的角速度分别为 $\omega_1=0.4$ rad/s 和 $\omega_2=0.2$ rad/s，求滑块的速度。

7－12　题7－12图所示四边形机构中，$O_1A=O_2B=10$ cm，$O_1O_2=AB$，杆 O_1A 以匀角速度 $\omega=2$ rad/s 绕 O_1 轴转动，杆 AB 上有一套筒 C，此筒与杆 CD 铰接。机构中各构件都在同一铅垂面内。求当 $\varphi=60°$时，杆 CD 的速度和加速度。

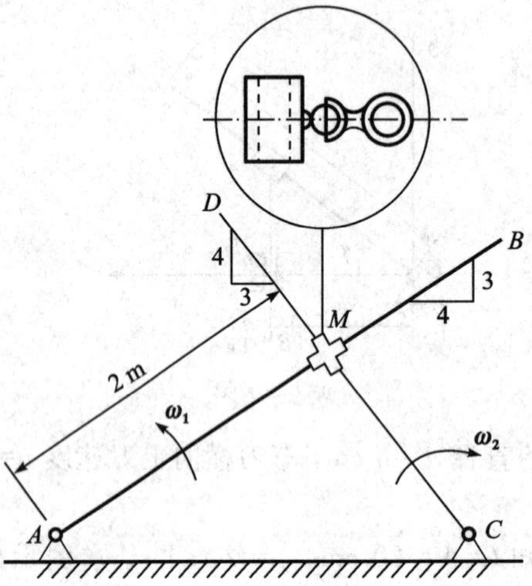

题7－11图

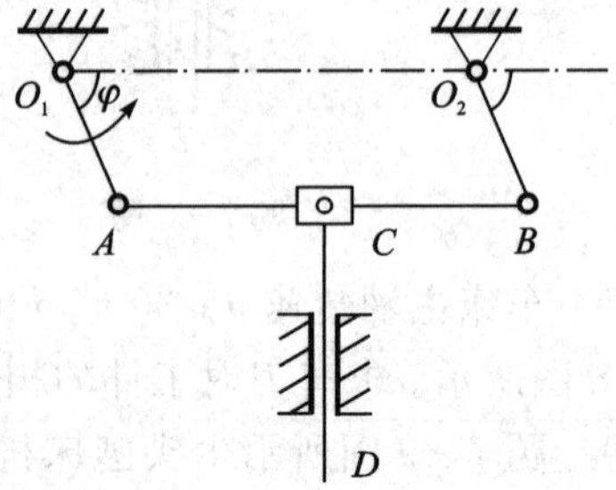

题7－12图

7－13　曲柄 OA 长 40 cm，以等角速度 $\omega=0.5$ rad/s 绕轴 O 逆时针转动。曲柄 A 端推动杆 BCD，使其沿竖直方向运动，如题7－13图所示。求 $\theta=30°$时，杆 BCD 的速度和加速度。

7－14　小车沿水平方向加速度运动，其加速度 $a=49.2$ cm/s^2。车上有一轮绕 O 轴转动，其转动规律为 $\varphi=t^2$。当 $t=1$ s 时，轮缘上点 A 的位置如题7－14图所示。如果轮的半径 $r=20$ cm，求此时点 A 的加速度。

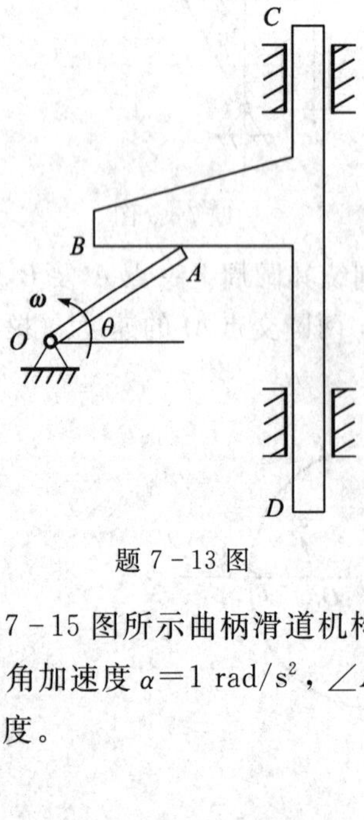

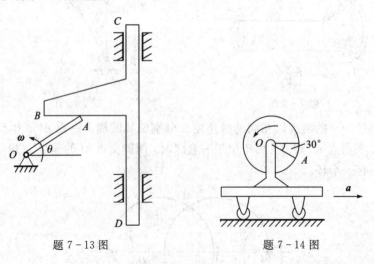

题7－13图

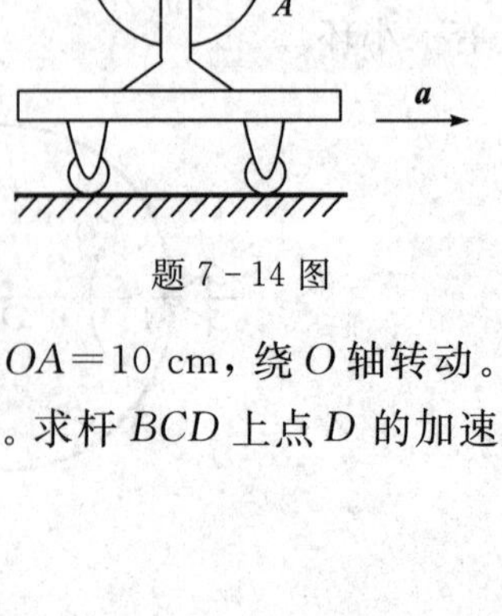

题7－14图

7－15　题7－15图所示曲柄滑道机构中，曲柄 $OA=10$ cm，绕 O 轴转动。某瞬时其角速度 $\omega=1$ rad/s，角加速度 $\alpha=1$ rad/s^2，$\angle AOD=30°$。求杆 BCD 上点 D 的加速度和滑块 A 相对 BCD 的加速度。

7－16 具有圆弧形滑道的曲柄滑道机构，用来使滑道 CD 获得间歇往复运动，如题7－16图所示。若已知曲柄 OA 做匀速转动，其角速度 $\omega=4\pi$ rad/s，又 $OA=r=10$ cm，求当 OA 与水平轴成 $\varphi=30°$时，滑道 CD 的速度和加速度。

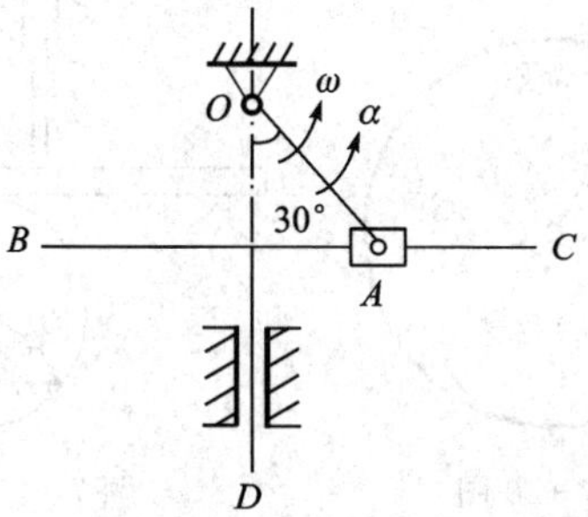

题 7－15 图

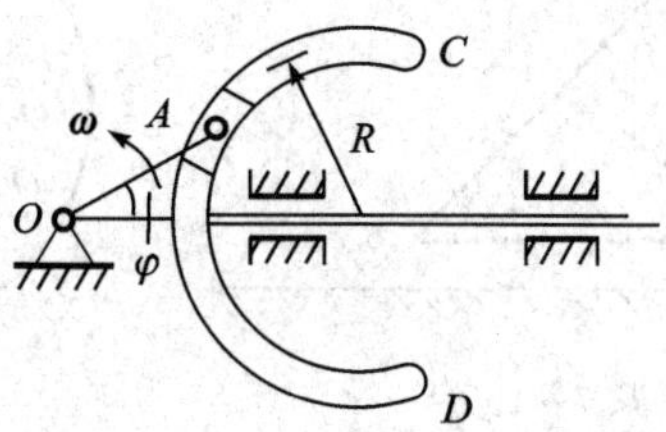

题 7－16 图

7－17 直线 AB 以大小为 v_1 的速度沿垂直于 AB 的方向向上移动，而直线 CD 以大小为 v_2 的速度沿垂直于 CD 的方向向左上方移动，如题 7－17 图所示。设两直线间的夹角为 α，试求两直线的交点 M 的速度。

7－18 销钉 A 被限制在固定平面内的抛物线 $y^2=20x$ 的槽内运动，此销钉又装置在垂直的导向槽内，导向槽以速度 $v=40$ mm/s 向右匀速运动，如题 7－18 图所示。试求：$x=40$ mm时销钉 A 的速度和加速度。

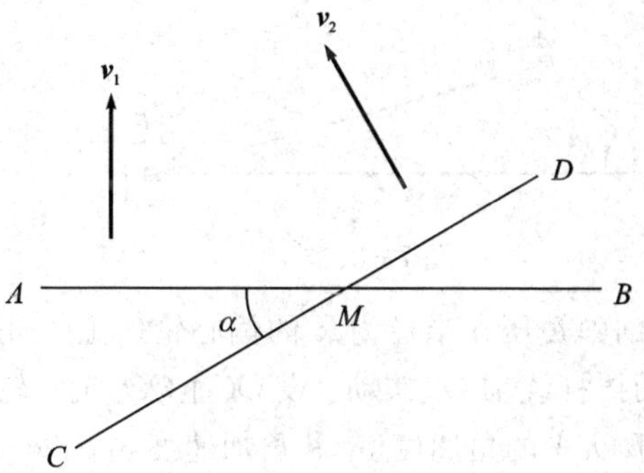

题 7－17 图

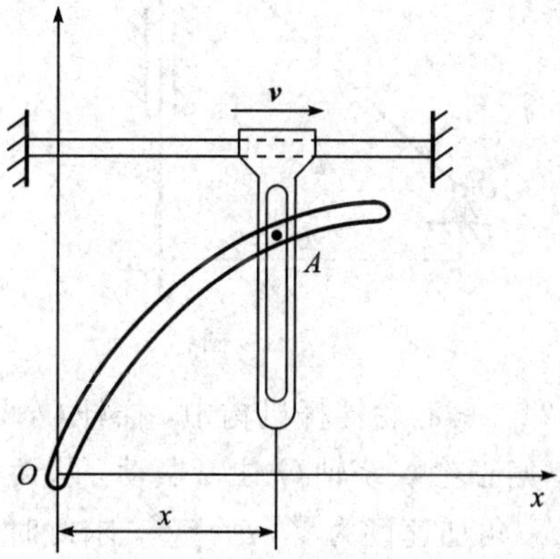

题 7－18 图

7－19 斜面 AB 与水平面间成 45°角，以 10 cm/s² 的加速度沿 Ox 轴方向向右运动，如题 7－19 图所示。物块 M 以匀相对加速度 $10\sqrt{2}$ cm/s² 沿斜面滑下；斜面与物块的初速都是零。物块的初位置的坐标：$x=0$、$y=h$。求物块的绝对运动方程、运动轨迹、速度和加速度。

7－20 偏心凸轮的偏心矩 $OC=d$，轮半径为 $r=\sqrt{3}d$，以匀角速度 ω_0 绕 O 轴转动，在某瞬时 $OC\perp AC$，如题 7－20 图所示，试求此时杆 AB 的速度和加速度。

7－21 偏心凸轮半径为 $R=20$ cm，偏心距 $OC=10$ cm，在题 7－21 图所示位置时凸轮角速度 $\omega=4$ rad/s，角加速度 $\alpha=-2$ rad/s²，试求此时导板 AB 的速度和加速度。

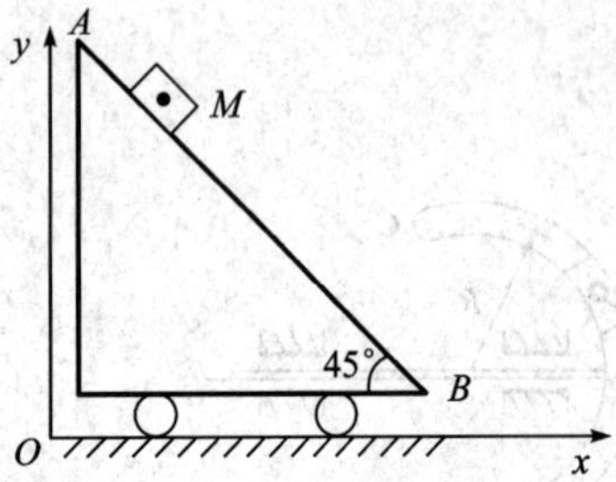

题 7-19 图

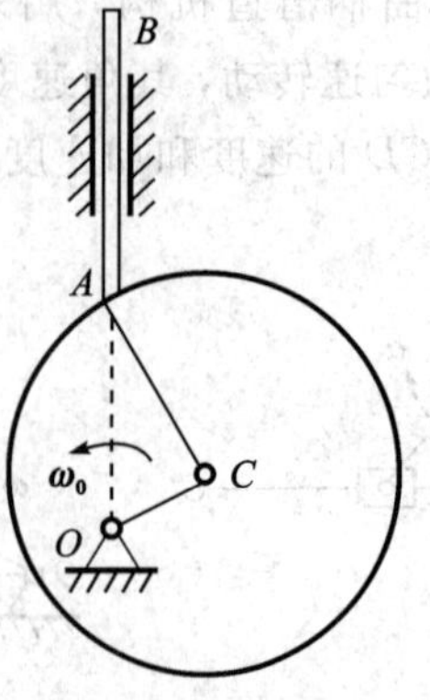

题 7-20 图

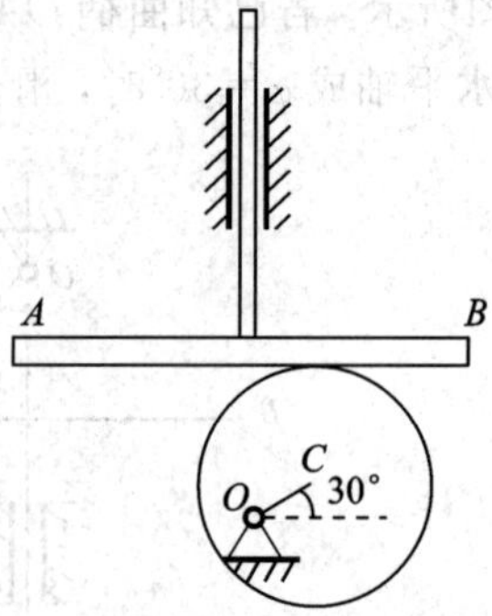

题 7-21 图

7-22　在题 7-22 图所示机构中，当 $\varphi=45°$ 时推杆有向上的速度 v，加速度为零，试求此摇杆 OC 的角速度和角加速度。

7-23　在曲柄滑块机构(见题 7-23 图)中，曲柄长 R，以匀角速度 ω_0 转动，当 $\varphi=45°$，$\psi=15°$时，试取曲柄为动系，求此时滑块 B 的速度与加速度。

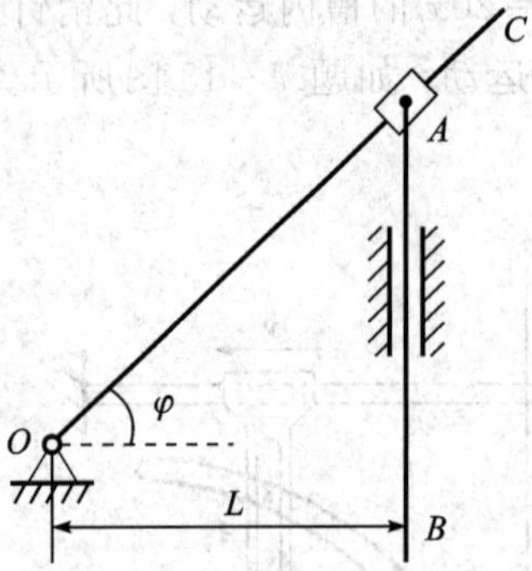

题 7-22 图

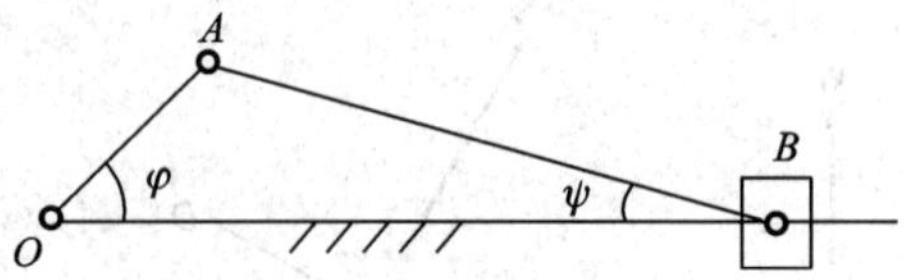

题 7-23 图

7-24　偏心轮摇杆机构中，摇杆 O_1A 借助弹簧压在半径为 R 的偏心轮 C 上，如题 7-24 图所示。偏心轮 C 绕轴 O 往复摆动，从而带动摇杆绕轴 O_1 摆动。设 $OC\perp OO_1$ 时，轮 C 的角速度为 ω，角加速度为零，$\theta=60°$。求此时摇杆 O_1A 的角速度 ω_1 和角加速度 α_1。

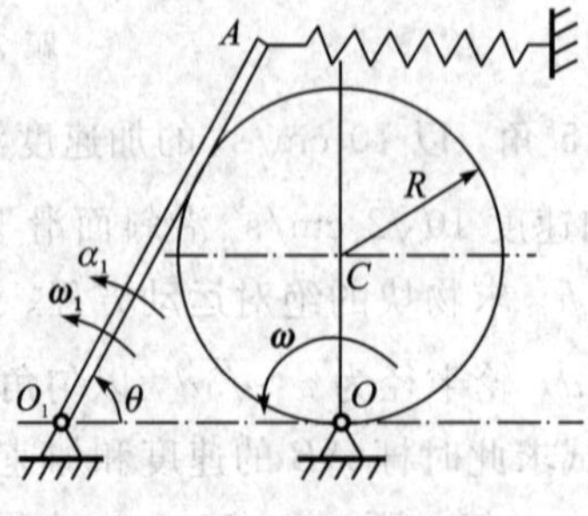

题 7-24 图

7-25　半径为 r 的圆环内充满液体，液体按箭头方向以相对速度 v 在环内做匀速运动。如圆环以等角速度 ω 绕 O 轴转动，如题 7-25 图所示。求在圆环内点 1 和 2 处液体的绝对加速度的大小。

7-26 曲柄 OBC 绕 O 轴转动，使套在其上的小环 M 沿固定直杆 OA 滑动，如题 7-26 图所示。已知曲杆的角速度 $\omega=0.5$ rad/s，$OB=10$ cm，且 OB 与 BC 垂直。求 $\varphi=60°$时小环 M 的速度和加速度。

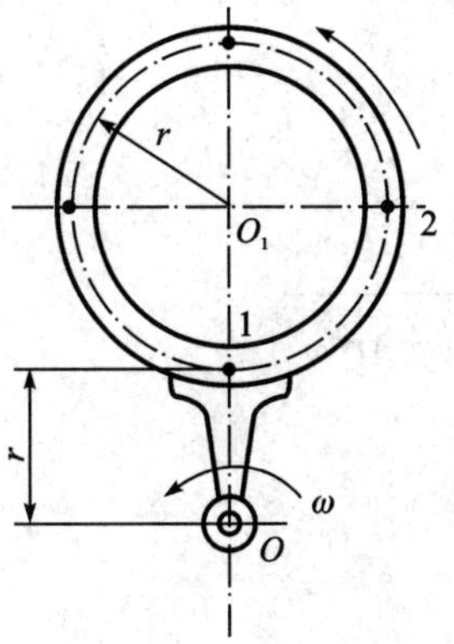

题 7-25 图

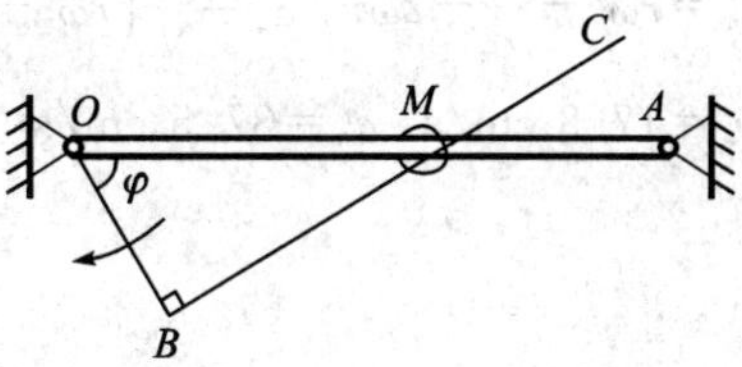

题 7-26 图

习题参考答案

7-2 相对轨迹为圆：$(x'-4)^2+y'^2=16$，绝对轨迹为圆：$(x+4)^2+y^2=16$

7-3 A 车相对 B 车的速度 $v_r=40$ km/h

7-4 (a) $\omega=1.5$ rad/s(↖)，(b) $\omega=2$ rad/s(↖)

7-5 $\varphi=0°$时，$v_a=\frac{\sqrt{3}}{3}r\omega$(←)；$\varphi=30°$时，$v_a=0$；$\varphi=60°$时，$v_a=\frac{\sqrt{3}}{3}r\omega$(←)

7-6 $\omega=2.67$ rad/s

7-7 $v_a=\frac{au}{2l}$

7-8 $v_r=6.36$ cm/s

7-9 $v_a=6.36$ cm/s(←)

7-10 $v_a=r\omega$

7-11 相对 AB 杆：$v_{r1}=0.3$ m/s；相对 CD 杆：$v_{r2}=0.8$ m/s

7-12 $v=10$ cm/s，$a=34.6$ cm/s^2

7-13 $v=17.3$ cm/s(↑)，$a=5$ cm/s^2(↓)

7-14 $a_a=74.6$ cm/s^2

7-15 $a_{a,D}=13.66$ cm/s^2，$a_r=3.66$ cm/s^2

7-16 $v=1.26$ m/s，$a=27.4$ m/s^2

7-17 $v=\frac{1}{\sin\alpha}\sqrt{v_1^2+v_2^2-2v_1v_2\cos\alpha}$

7-18 $v=42.4$ mm/s，$a_n=6.66$ mm/s^2，$a_t=-2.35$ mm/s^2

7-19 $x=10t^2$，$y=h-5t^2$，$y=h-\frac{x}{2}$；$v=10\sqrt{5}t$ (cm/s)，$a=10\sqrt{5}$ cm/s^2

7-20 $v=2\omega_0 r/3$，$a=-\dfrac{2}{9}d\omega_0^2$

7-21 $v=34.64$ cm/s，$a=-97.32$ cm/s^2

7-22 $\omega=\dfrac{v}{2L}$，$\alpha=-\dfrac{v^2}{(2L)^2}$

7-23 $v=0.897\omega_0 R$，$a=0.72\omega_0^2 R$

7-24 $\omega_1=\dfrac{\omega}{2}$，$\alpha_1=\dfrac{\sqrt{3}}{12}\omega^2$

7-25 $\alpha_1=r\omega^2-\dfrac{v^2}{r}-2\omega v$，$\alpha_2=\sqrt{\left(r\omega^2+\dfrac{v^2}{r}+2\omega v\right)^2+4r^2\omega^4}$

7-26 $v_a=17.3$ cm/s，$a_a=37.5$ cm/s^2

第 8 章　刚体的平面运动

前面研究了刚体的简单运动即平行移动与定轴转动，在此基础上本章介绍刚体的平面运动。

8.1　刚体平面运动的概述

前面我们讨论了刚体的基本运动——平行移动和定轴转动，而实际工程中常常遇到刚体做一种比较复杂的运动——平面运动。例如，车轮沿直线轨道的滚动(见图 8-1(a))，曲柄连杆机构中连杆 AB 的运动(见图 8-1(b))等，这些刚体的运动既不是平动，也不是定轴转动，但它们运动时有一个共同的特征，即其上任意一点与某固定平面的距离始终保持不变。换句话说，**刚体内各点都在与这固定平面平行的各平面内运动**，刚体的这种运动称为**平面运动。**

对图 8-2 所示的做平面运动的刚体，作与固定平面Ⅰ平行的平面Ⅱ，平面Ⅱ与刚体相交截得一平面图形 S。刚体运动时，平面图形 S 将始终在平面Ⅱ内运动。在刚体内任取一垂直于平面图形 S 的线段 A_1A_2，显然线段 A_1A_2 做平动。这样，线段 A_1A_2 与平面图形 S 的交点 A 的运动就代表线段 A_1A_2 的运动。同理，图形 S 内点 B 的运动就代表了直线 B_1B_2 的运动。因而图形 S 内各点的运动就分别代表了刚体内各相应直线的运动，即图形 S 的运动就代表了整个刚体的运动。所以**刚体的平面运动可简化为平面图形 S 在其自身平面内的运动。**

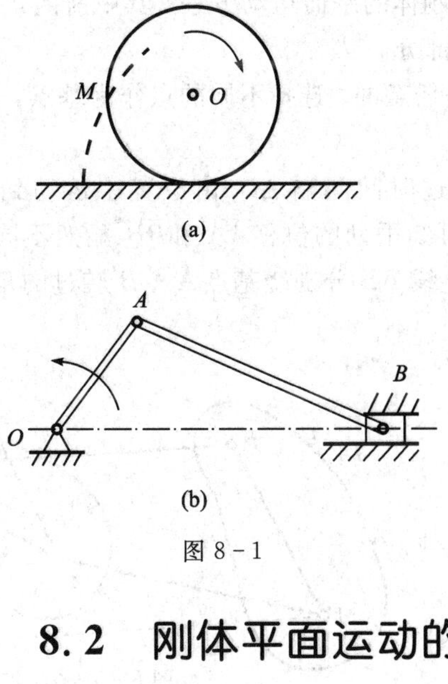

图 8-1

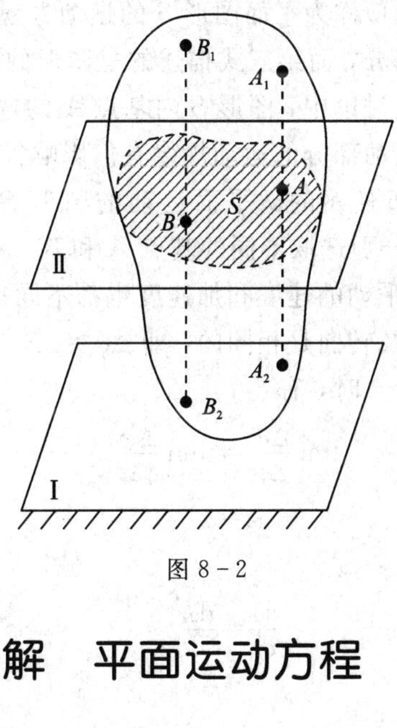

图 8-2

8.2　刚体平面运动的分解　平面运动方程

在平面图形 S 上任取两点 A、B，其位置可由连线 AB 来确定，如图 8-3 所示。图形 S 从初始位置Ⅰ运动到位置Ⅱ(位置Ⅰ、Ⅱ分别用 AB、A_1B_1 确定)，可分两步完成：先使线段

AB 平移至 A_1B_2，再使 A_1B_2 绕 A_1 点转过角度 $\Delta\varphi$ 后到 A_1B_1 位置。此过程表明**平面运动可分解为平动和转动**，也就是说，**平面运动是平动和转动的合成运动**。

为描述平面图形 S 在其自身平面内的运动，可在固定平面内选取静坐标系 Oxy，在 S 上的 A 点(基点)处取坐标系 $Ax'y'$，如图 8－4 所示。这样图形 S 的运动可看成是随基点 A(动系)的平动(牵连运动)与绕基点 A 的转动(相对运动)的合成运动。

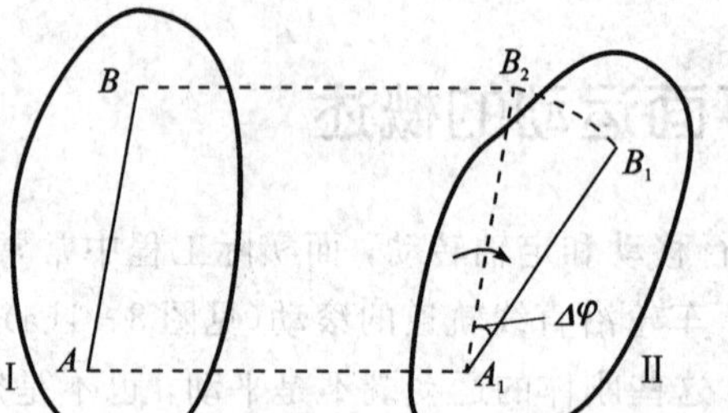

图 8－3

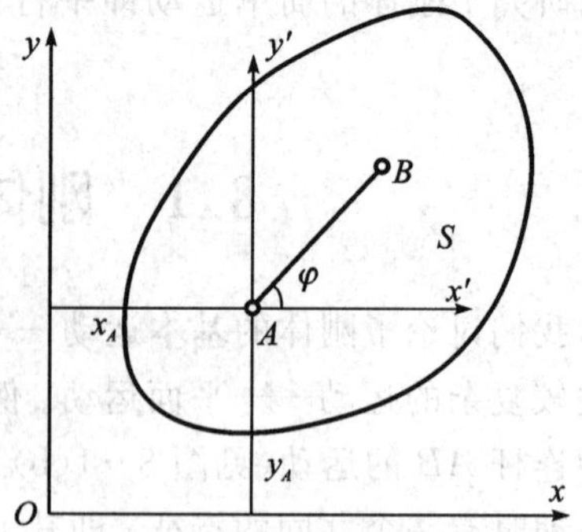

图 8－4

由于平面图形在其自身平面内的位置完全可由图形上任意直线段 AB 的位置来确定，而此直线 AB 的位置可由点 A 的两个坐标 x_A、y_A 和线段 AB 与 x 轴的夹角 φ 来确定。当图形 S 运动时，x_A、y_A 和 φ 都随时间而变化，且是时间 t 的单值连续函数，即

$$\left.\begin{aligned} x_A &= f_1(t) \\ y_A &= f_2(t) \\ \varphi &= f_3(t) \end{aligned}\right\} \tag{8-1}$$

式(8－1)称为平面图形 S 的运动方程，即刚体的平面运动方程。其中前两式描述的是图形的平动部分，而第三式描述的是图形的转动部分。

在上述讨论中，图形 S 内基点 A 的选取是任意的。选择不同的点作为基点，对平面运动的平动和转动部分的运动规律有何影响？

图 8－5 所示的做平面运动的图形 S，经过时间间隔 Δt，由位置Ⅰ运动到位置Ⅱ(即 $A'B'$)。若分别选取不同的基点 A 和 B，由图可知平动的位移 $\overrightarrow{AA'}$ 和 $\overrightarrow{BB'}$ 显然不同，即 $\overrightarrow{AA'} \neq \overrightarrow{BB'}$，所以平动的速度和加速度也都不同；但直线 AB 分别绕基点 A'、B' 转过的角位移 $\Delta\varphi$ 和 $\Delta\varphi'$ 的大小及转向是相同的，即 $\Delta\varphi = \Delta\varphi'$。

当 $\Delta t \to 0$ 时，有

$$\lim_{\Delta t \to 0} \frac{\Delta\varphi}{\Delta t} = \lim_{\Delta t \to 0} \frac{\Delta\varphi'}{\Delta t}$$

即

$$\omega = \omega'$$

又因

$$\frac{d\omega}{dt} = \frac{d\omega'}{dt}$$

所以

$$\alpha = \alpha'$$

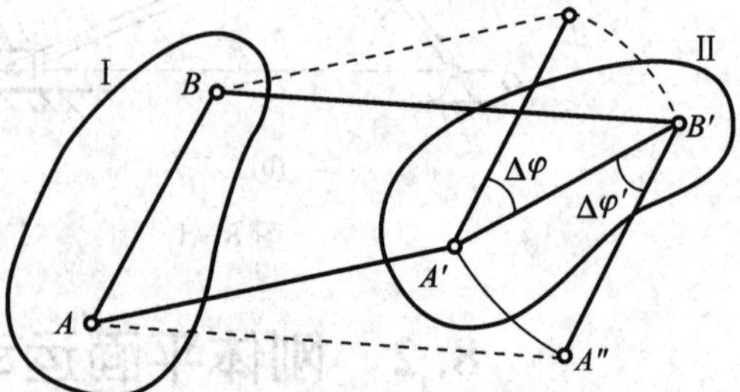

图 8－5

顺便指出，图 8－5 中的点 A 和点 B 都是任意选取的。由此可知，在同一瞬时，图形 S 无

论绕基点 A 还是绕基点 B 转动，其角速度、角加速度都是相等的。因此，对于角速度及角加速度今后只说“图形的角速度和角加速度”，无需指明它们是相对于哪个基点的。

另外，在讲到角速度和角加速度这些量时，也应该指明它是相对于哪个坐标系而言的。但是由于平动坐标系对静系不存在转动，因此上式的角速度和角加速度实质上就是对静系的角速度和角加速度。

综上所述可得结论：**平面图形的运动可分解为平面图形随基点的平动和平面图形绕基点的转动，其中平动的速度和加速度与基点的选择有关，而转动的角速度和角加速度与基点的选择无关。**

8.3　平面图形上各点的速度

平面图形上任一点速度的求解方法有基点法(速度合成法)、速度投影法和速度瞬心法，其中基点法是另两种方法的基础。

1. 基点法(速度合成法)

由于平面图形 S 的运动可分解为随基点的平动(牵连运动)和绕基点的转动(相对运动)，因此，图形 S 内任一点的速度可根据点的速度合成定理来确定。

设图形 S 在某瞬时的位置如图 8-6 所示。已知此瞬时图形上点 A 的速度为 $\boldsymbol{v}_A$，图形的角速度为 ω，根据点的速度合成定理，图形上任一点 B 的速度为

$$\boldsymbol{v}_B=\boldsymbol{v}_e+\boldsymbol{v}_r$$

由于图形的牵连运动是随基点 A 的平动，而相对运动是绕基点 A 的转动，因此图形上任一点 B 的牵连速度 $\boldsymbol{v}_e$ 就等于基点 A 的速度 $\boldsymbol{v}_A$(见图 8-7(a)示)，即

$$\boldsymbol{v}_e=\boldsymbol{v}_A$$

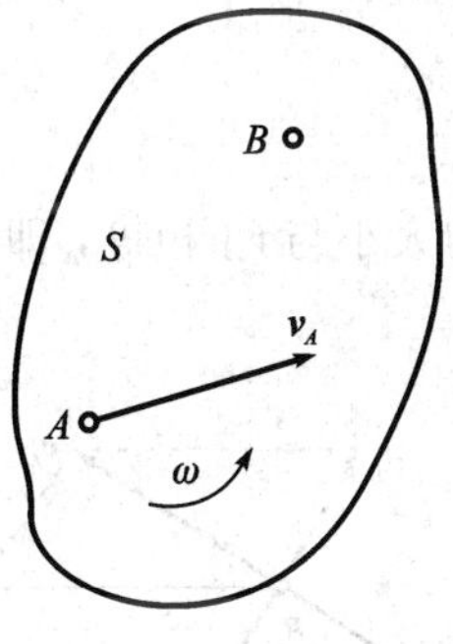

图 8-6

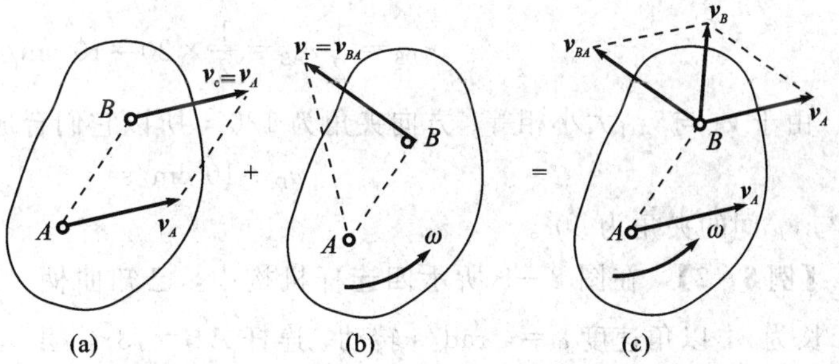

图 8-7

而点 B 的相对速度 $\boldsymbol{v}_r$ 等于以 AB 为半径、绕点 A 做圆周运动时的速度 $\boldsymbol{v}_{BA}$，即 $\boldsymbol{v}_r=\boldsymbol{v}_{BA}$，其大小 $v_{BA}=AB\cdot\omega$，方向垂直于转动半径 AB，指向由 ω 的转向确定，如图 8-7(b)所示。将 $\boldsymbol{v}_e=\boldsymbol{v}_A$、$\boldsymbol{v}_r=\boldsymbol{v}_{BA}$ 代入上式，有

$$\boldsymbol{v}_B=\boldsymbol{v}_A+\boldsymbol{v}_{BA} \tag{8-2}$$

式(8-2)表明：**平面图形上任一点的速度等于基点的速度与该点绕基点转动的速度的矢量和**。这种求图形上任一点速度的方法，称为合成法，又称基点法。

式(8-2)为一平面矢量式，由此可得到两个独立的投影方程式，即可求解两个未知量。

【例 8－1】 图 8－8 所示的 AB 杆，A 端沿墙面下滑，B 端沿地面向右运动。在图示位置，杆与地面间的夹角为 30°，这时 B 点的速度 $v_B=10$ cm/s，试求该瞬时端点 A 的速度 $\boldsymbol{v}_A$ 和杆中点 D 的速度 $\boldsymbol{v}_D$。

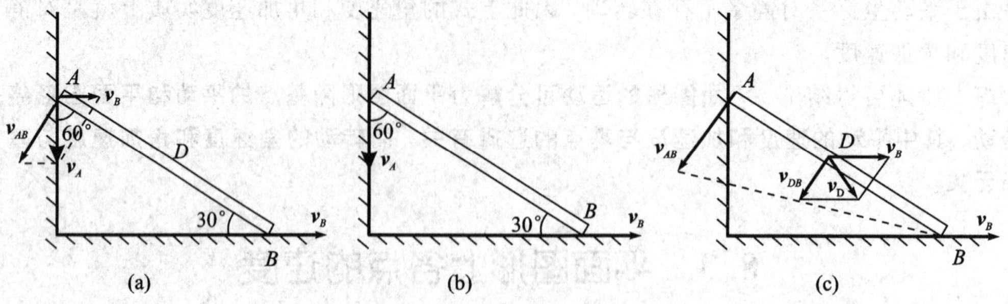

图 8－8

解 AB 杆做平面运动，取速度已知的 B 点为基点，有

$$\boldsymbol{v}_A=\boldsymbol{v}_B+\boldsymbol{v}_{AB}$$

式中，$\boldsymbol{v}_{AB}$ 为 A 点绕 B 点的相对转动速度，其方向垂直 AB。点 A 沿墙面滑动，其速度的方向是已知的。速度矢量关系图如图 8－8(a)所示，由几何关系有

$$v_A=v_B\cot30°=10\times\sqrt{3}=17.3\ \text{cm/s}$$

$\boldsymbol{v}_A$ 指向沿墙面向下。由图中各矢量的关系还可求出 A 点绕 B 点的相对转动速度：

$$v_{BA}=\frac{v_B}{\sin30°}=20\ \text{cm/s}$$

仍然取点 B 为基点，则杆中点 D 的速度 $\boldsymbol{v}_D$ 为

$$\boldsymbol{v}_D=\boldsymbol{v}_B+\boldsymbol{v}_{DB}$$

式中，速度 $\boldsymbol{v}_{DB}$ 的方向垂直 BD，其大小为 $v_{DB}=\frac{1}{2}v_{AB}$，如图 8－8(c)所示。

$$v_{DB}=\frac{1}{2}v_{AB}=\frac{1}{2}\times20=10\ \text{cm/s}$$

由于 $\boldsymbol{v}_B$ 与 $\boldsymbol{v}_{DB}$ 大小相等、方向夹角为 120°，所以它们合成的 $\boldsymbol{v}_D$ 的大小与 $\boldsymbol{v}_B$ 相等，即

$$v_D=10\ \text{cm/s}$$

$\boldsymbol{v}_D$ 与 $\boldsymbol{v}_B$ 间的夹角为 60°。

【例 8－2】 在图 8－9 所示四连杆机构中，已知曲柄 OA 长为 r，以角速度 $\omega=4$ rad/s 转动，连杆 $AB=\sqrt{3}r$，摆杆 $BC=2r$。当 OA 杆铅直时，$\angle OAB=120°$，且 $AB\perp BC$。试求该瞬时 ω_{BC} 和 ω_{AB}。

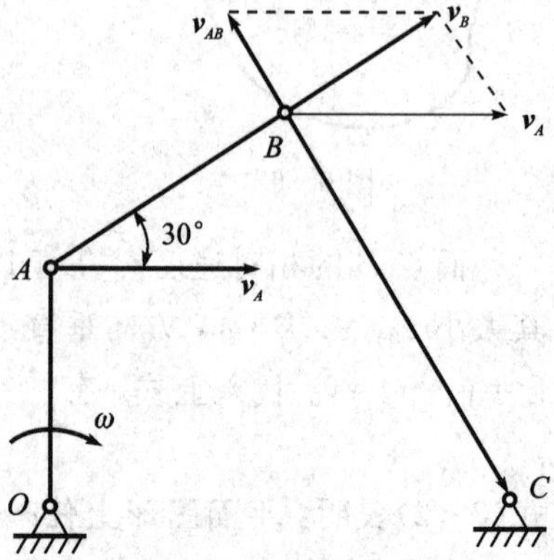

图 8－9

解 在图示机构中，AB 杆做平面运动，而曲柄 OA、摆杆 BC 做定轴转动。以 A 点为基点，则 B 点速度：

$$\boldsymbol{v}_B=\boldsymbol{v}_A+\boldsymbol{v}_{BA}$$

基点 A 的速度大小 $v_A=r\omega=4r\omega$，B 点速度矢量图如图 8－9 所示。由几何关系，得

$$v_B=v_A\cos30°=\frac{\sqrt{3}}{2}r\omega,\quad v_{BA}=v_A\sin30°=\frac{1}{2}r\omega$$

于是，AB 杆、BC 杆的角速度为

$$\omega_{BC}=\frac{v_B}{BC}=\frac{\sqrt{3}}{2}r\omega/2r=\sqrt{3}\ \text{rad/s}$$

$$\omega_{AB}=\frac{v_{AB}}{AB}=\frac{1}{2}r\omega/\sqrt{3}r=\frac{2}{3}\sqrt{3}\ \text{rad/s}$$

2. 速度投影法

式(8－2)表明了平面图形上任意两点速度的关系，将其等式两端向 A、B 两点连线上投影有

$$\boldsymbol{v}_B\big|_{AB}=\boldsymbol{v}_A\big|_{AB}+\boldsymbol{v}_{BA}\big|_{AB}$$

由于 $\boldsymbol{v}_{BA}$ 垂直于 AB，所以 $\boldsymbol{v}_{AB}\big|_{AB}=0$，则有

$$\boldsymbol{v}_B\big|_{AB}=\boldsymbol{v}_A\big|_{AB} \tag{8-3}$$

式(8－3)表明：**平面图形上任意两点的速度在这两点连线上的投影相等**。这个规律称为速度投影定理，应用此定理分析平面图形上点的速度的方法称为速度投影法。式(8－3)为投影方程式，可求解一个未知量。如果已知图形上一点 A 的速度，又知另一点 B 的速度方向，则 B 点速度大小应用此定理求解非常方便。

【例 8－3】 求例 8－1 题中 AB 杆 A 端的速度。

解　速度分析如图 8－8 所示，将 $\boldsymbol{v}_A$、$\boldsymbol{v}_B$ 投影到 AB 线上，由速度投影定理，得

$$v_A\cos 60^\circ=v_B\cos 30^\circ$$

解得

$$v_A=\frac{\cos 30^\circ}{\cos 60^\circ}v_B=\sqrt{3}\times 10=17.3\ \text{cm/s}$$

此方法与基点法求得的结果相同。

3. 速度瞬心法

用合成法求平面图形上任一点速度时，若选取速度为零的点作为基点，则图形上任一点的速度就等于该图形绕基点转动的速度，这样可使计算简化。

一般情况下，**每一瞬时，平面图形上(或其延伸部分)都唯一地存在一个速度为零的点。** 设某瞬时图形上某一点 A 的速度为 $\boldsymbol{v}_A$，图形的角速度为 ω，如图 8－10 所示。取点 A 为基点，使 $\boldsymbol{v}_A$ 顺着 ω 的转动方向绕点 A 转过一直角并作出一条半直线。该半直线上各点的牵连速度都等于基点 A 的速度，而相对速度的大小与直线上各点至基点的转动半径成正比，方向与牵连速度的方向相反。因此在半直线上必有一点 C 其速度等于零，即

$$\boldsymbol{v}_C=\boldsymbol{v}_A+\boldsymbol{v}_{CA}=0$$

于是有

$$\boldsymbol{v}_{CA}=-\boldsymbol{v}_A$$

点 C 的位置可由下式确定

$$AC=\frac{v_A}{\omega}$$

式中，$AC\perp\boldsymbol{v}_A$。可见，任一瞬时在图形上(或其延伸部分上)总可以找到速度为零的点 C。这个速度为零的点称为图形在该瞬时的瞬时速度中心，简称速度瞬心。

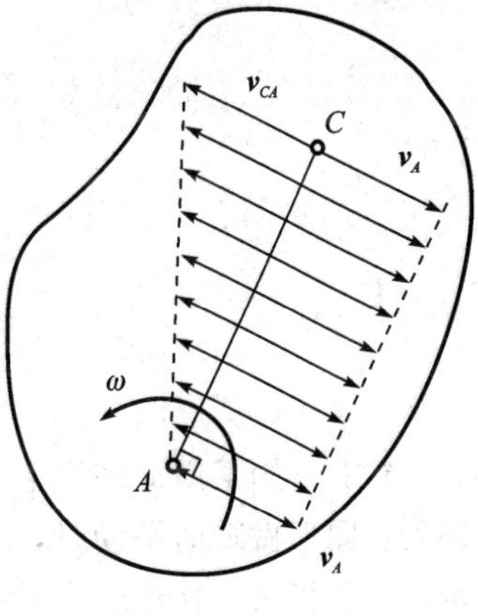

图 8－10

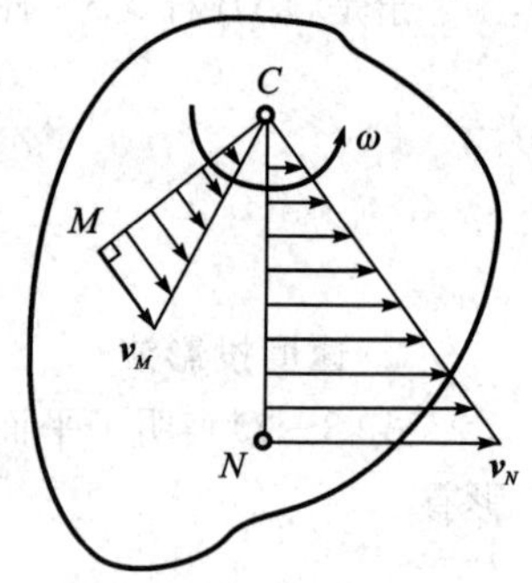

图 8－11

在图 8－11 中，若已知某瞬时图形的瞬心 C，则图形上任一点 M 的速度等于该点绕瞬心 C 转动的速度

$$v_M = MC \cdot \omega$$

这种利用速度瞬心来求平面图形上各点速度的方法称为速度瞬心法。

在图 8－11 所示的瞬时，尽管图形上各点的速度分布规律与刚体绕定轴转动时各点速度分布规律相同，但图形的瞬时转动与刚体的定轴转动并不相同，因为瞬心 C 具有瞬时性，图形的运动可看成是绕一系列瞬心的瞬时转动。因此速度瞬心又称为速度瞬时转动中心。

速度瞬心法是求解平面图形上任意点速度的常用方法。应用此方法应先确定瞬心的位置，下面介绍几种确定速度瞬心位置的方法。

(1) 已知某瞬时图形上 A、B 两点速度方向。由于图形上各点的速度应垂直于各点至瞬心的连线，所以过 A、B 两点分别作速度方向的垂线，两直线的交点 C 就是图形的瞬心，如图 8－12 所示。

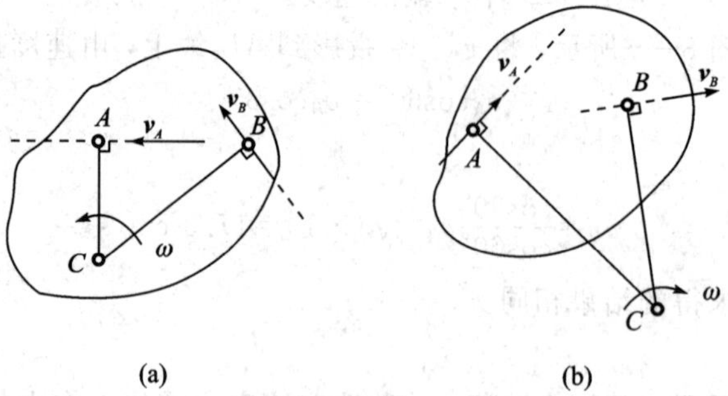

图 8－12

(2) 已知某瞬时图形上 A、B 两点的速度 $\boldsymbol{v}_A$、$\boldsymbol{v}_B$，速度方向均垂直于连线 AB，大小不等。不论 $\boldsymbol{v}_A$、$\boldsymbol{v}_B$ 的指向相同(见图 8－13(a))或相反(见图 8－13(b))，图形的瞬心 C 都在连线 AB 的延长线和速度 $\boldsymbol{v}_A$、$\boldsymbol{v}_B$ 两矢端连线的交点上。

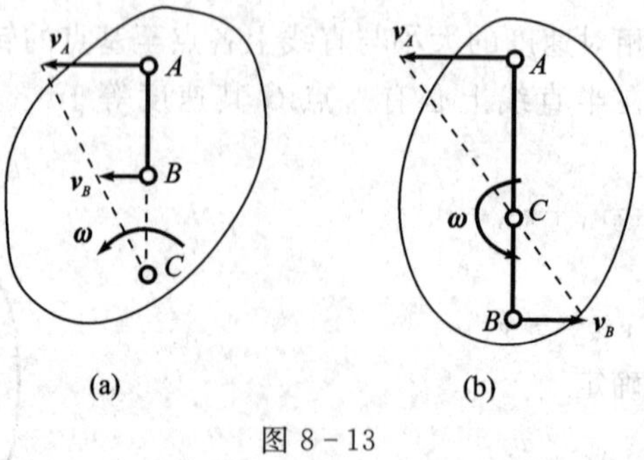

图 8－13

(3) 已知某瞬时图形上 A、B 两点的速度相同，即 $\boldsymbol{v}_A = \boldsymbol{v}_B$。显然图形的速度瞬心在无穷远处。图形做瞬时平动时，在该瞬时图形上各点的速度都相等，角速度 $\omega = 0$，如图 8－14 所示。需要指出，瞬时平动不同于前面所讲的刚体的平动，瞬时平动只表明该瞬时图形上各点

的速度相等。

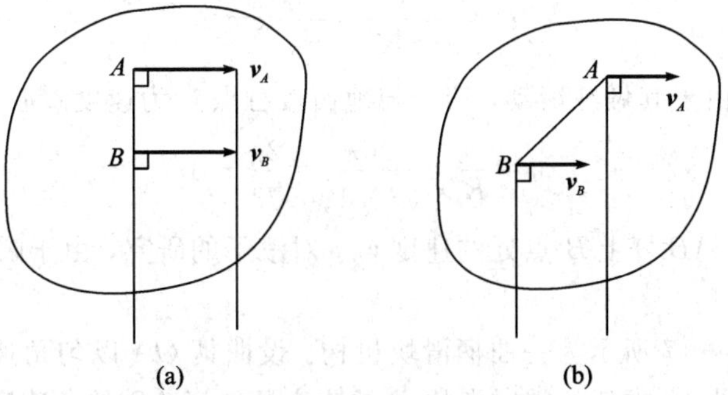

图 8－14

（4）平面图形沿另一固定面上做纯滚动时，因接触点的速度为零，故接触点就是图形的速度瞬心，如图 8－15 所示。

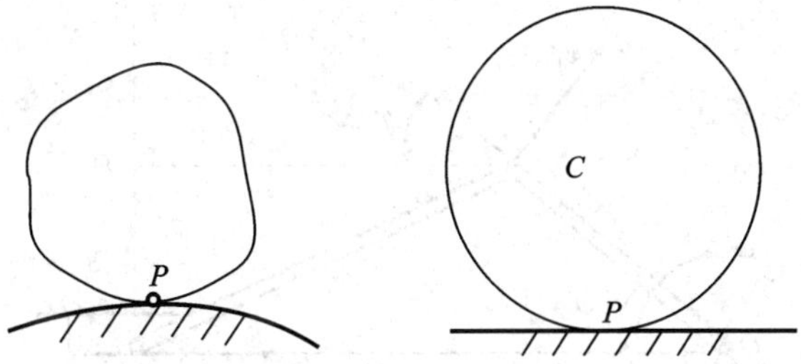

图 8－15

【例 8－4】 图 8－16 所示的滚压机构的滚子沿水平面做纯滚动。曲柄 OA 长 $r=10$ cm，以 $n=30$ r/min 等转速绕 O 轴转动。滚子半径 $R=10$ cm，连杆 AB 长为 17.32 cm。求当曲柄与水平面夹角 $\alpha=60°$，且连杆 AB 与曲柄垂直时，滚子的角速度。

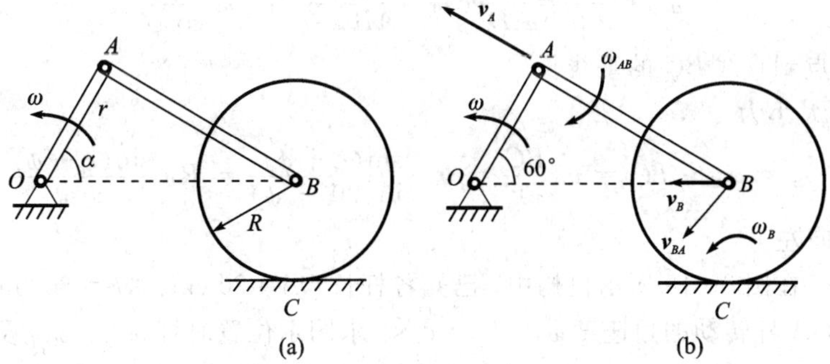

图 8－16

解　机构中曲柄 OA 做定轴转动，连杆 AB 和滚子 B 做平面运动。

（1）研究曲柄 OA，则 A 点的速度为

$$v_A=OA\cdot\omega=r\cdot\frac{\pi n}{30}=10\times\frac{\pi\times 30}{30}=10\pi\ \text{cm/s}$$

$\boldsymbol{v}_A$ 垂直于 OA，顺着 ω 转向，如图 8－16(b)所示。

（2）研究连杆 AB。已知 $\boldsymbol{v}_A$ 及 $\boldsymbol{v}_B$ 的方向（水平向左），并向 AB 轴上投影，得

$$v_B\cos 30^\circ = v_A + 0$$

$$v_B = \frac{v_A}{\cos 30^\circ} = \frac{20\pi}{\sqrt{3}}\ \text{cm/s}$$

(3) 研究滚子。由于其做纯滚动，滚子与地面接触点 C 为速度瞬心。滚子的角速度为

$$\omega_B = \frac{v_B}{R} = \frac{20\pi}{\sqrt{3}\times 10} = \frac{2\pi}{\sqrt{3}}\ \text{rad/s}$$

也可用速度瞬心法求 AB 杆上 B 点处的速度 $\boldsymbol{v}_B$。对滚子的研究，由于瞬心很明显，故采用速度瞬心法最方便。

【例 8-5】 图 8-17 所示为一曲柄滑块机构。设曲柄 OA 以匀角速度 ω 转动，曲柄 OA 长为 R，连杆 AB 长为 l。求任意瞬时滑块 B 的速度及连杆 AB 的角速度。

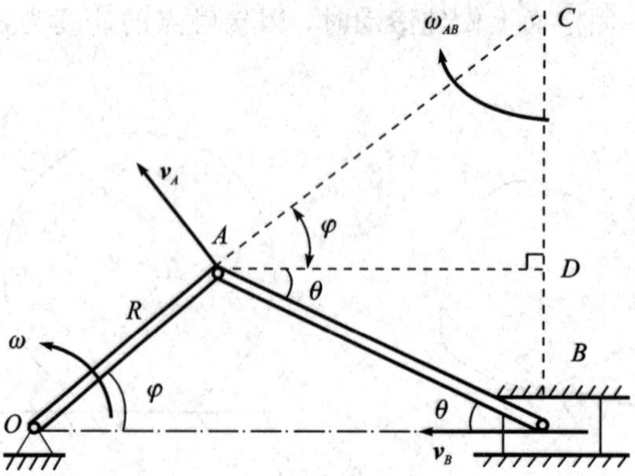

图 8-17

解 曲柄 OA 做定轴转动，连杆 AB 做平面运动。过 A、B 点分别作 $\boldsymbol{v}_A$ 和 $\boldsymbol{v}_B$ 的垂线，C 点为连杆 AB 的速度瞬心。连杆 AB 的角速度为

$$\omega_{AB} = \frac{v_A}{AC} = \frac{v_A}{AD}\cos\varphi = \frac{v_A\cos\varphi}{AB\cos\psi} = \frac{R}{l}\omega\ \frac{\cos\varphi}{\cos\psi}$$

式中 AD 为 A 点到直线 BC 的垂线长。

速度 $\boldsymbol{v}_B$ 的大小为

$$v_B = \omega_{AB}\cdot BC = v_A\frac{BC}{AC} = v_A\ \frac{\sin(\varphi+\psi)}{\sin(90^\circ-\psi)} = R\omega\ \frac{\sin(\varphi+\psi)}{\cos\psi}$$

$\boldsymbol{v}_B$ 的方向水平向左。

【例 8-6】 在图 8-18 所示机构中，已知各杆长 $OA=20$ cm、$AB=80$ cm、$DB=60$ cm、$O_1D=40$ cm，OA 杆转动的角速度 $\omega_0=10$ rad/s。求图示位置时杆 ω_{BD}、ω_{O_1D}及杆 BD 的中点 M 的速度。

解 图示机构中，杆 AB 和杆 BD 做平面运动。AB 杆段 A 点的速度为 $v_A=OA\omega_0^2$，由速度投影定理，有

$$v_A = v_B\cos\theta$$

在△OAB 中，$\cos\theta=\dfrac{AB}{OB}=\dfrac{4}{\sqrt{17}}$，于是

$$v_B = \frac{v_A}{\cos\theta} = \frac{OA\omega_0^2}{4/\sqrt{17}} = 206\ \text{cm/s}$$

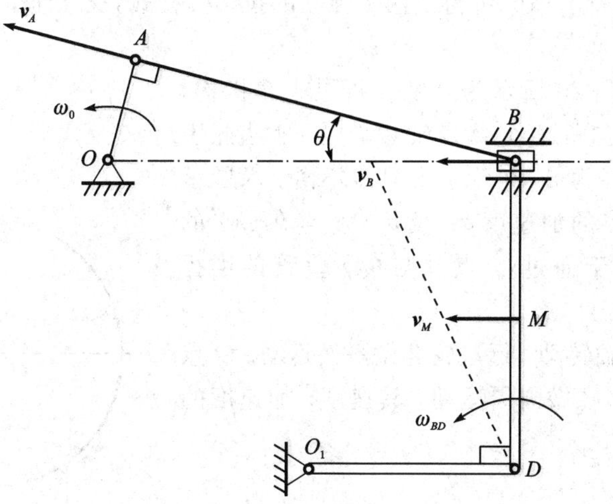

图 8-18

D 点为 BD 杆的瞬心，故

$$v_D = 0$$

由瞬心法有

$$\omega_{BD} = \frac{v_B}{BD} = \frac{206}{60} = 3.43\ \text{rad/s}$$

杆 BD 中点 M 的速度：

$$v_M = MD \cdot \omega_{BD} = 30 \times 3.43 = 103\ \text{cm/s}$$

杆 O_1D 做定轴转动，该瞬时转动的角速度为

$$\omega_{O_1D} = \frac{v_D}{O_1D} = 0$$

8.4　平面图形上各点的加速度

下面介绍用基点法求平面图形内各点加速度的方法。图 8-19 所示的平面图形在做平面运动，其上 O 点的加速度为 $\boldsymbol{a}_O$，图形转动的角速度、角加速度分别为 ω、α。选点 O 为基点，则其上任一点 M 的加速度可由牵连运动为平动时点的加速度合成定理求得。图形上 M 点的绝对加速度为

$$\boldsymbol{a}_M = \boldsymbol{a}_O + \boldsymbol{a}_{OM} \tag{8-4a}$$

式(8-4a)中，牵连加速度 $\boldsymbol{a}_O$ 是图形上基点 O 的加速度，而相对加速度 $\boldsymbol{a}_{OM}$ 由切向加速度分量 $\boldsymbol{a}_{OM}^{t}$ 和法向加速度分量 $\boldsymbol{a}_{OM}^{n}$ 组成，其值的大小分别是 $a_{OM}^{t} = OM \cdot \alpha$、$a_{OM}^{n} = OM \cdot \omega^2$，于是有

$$\boldsymbol{a}_M = \boldsymbol{a}_O + \boldsymbol{a}_{OM}^{t} + \boldsymbol{a}_{OM}^{n} \tag{8-4b}$$

式(8-4b)表明，平面图形上任一点的加速度等于基点的加速度与该点绕基点转动的切向加速度和法向加速度的矢量和。

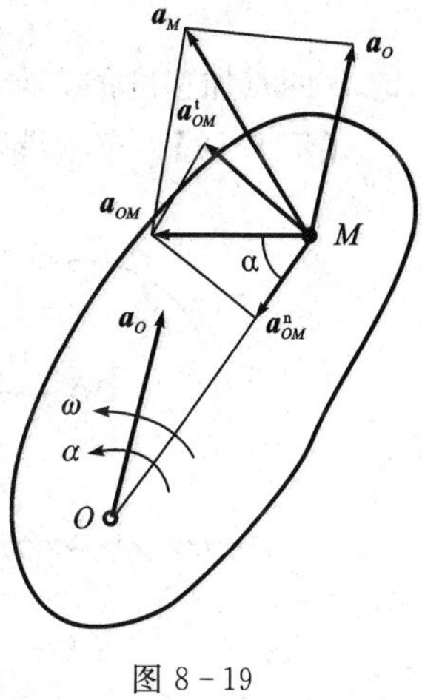

图 8-19

在式(8-4b)中，每个矢量都有大小、方向两个要素，四个矢

量共有八个要素，由式(8-4b)可得出两个独立的投影方程式，若知道其中六个要素，便可求出其余两个要素。

【例 8-7】 图 8-20 所示为外啮合行星齿轮机构，其中曲柄 $OO'=l$，以匀角速 ω_1 绕定轴 O 转动，大齿轮Ⅰ固定，行星轮Ⅱ的半径为 r，在轮Ⅰ上只滚不滑。求图示位置轮缘上 A、B 两点的加速度 $\boldsymbol{a}_A$ 及 $\boldsymbol{a}_B$（A 点在 OO' 的延长线上，而 B 点位于通过 O' 点并与 OO' 垂直的半径上）。

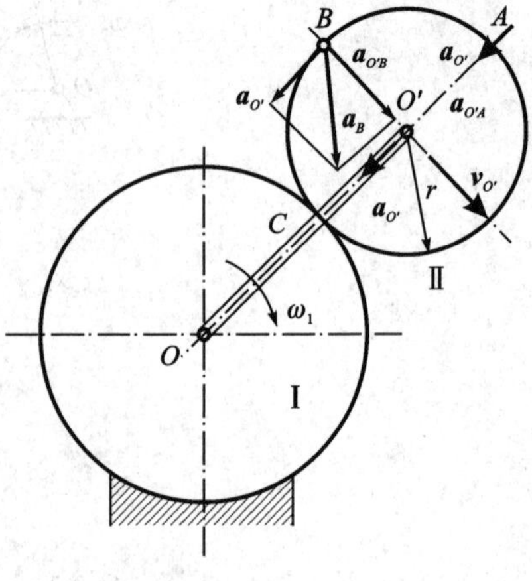

图 8-20

解 杆 OO' 做定轴转动，行星轮Ⅱ做平面运动。O' 点以 O 点为圆心、l 为半径做圆周运动，其速度、加速度的大小分别为

$$v_{O}=l\omega_1,\ a_{O'}=l\omega_1^2$$

由于轮Ⅱ做纯滚动，C 点为Ⅱ轮的速度瞬心，则有

$$\omega_{\text{Ⅱ}}=\frac{v_O{}'}{r}=\frac{l}{r}\omega_{\text{Ⅰ}}$$

由于 $\omega_{\text{Ⅰ}}$ 为常数，则 $\omega_{\text{Ⅱ}}$ 也是常数。若选 O' 点为基点，则 A、B 两点绕 O' 点转动的加速度法向分量的大小：

$$a_{O'A}=a_{O'B}=r\omega_{\text{Ⅱ}}^2=\frac{l^2}{r}\omega_1^2$$

其方向则由 A、B 两点分别指向圆心 O。由式(8-4)有 A 点加速度：

$$\boldsymbol{a}_A=\boldsymbol{a}_{O'}+\boldsymbol{a}_{O'A}$$

其大小为

$$a_A=a_{O'}+a_{O'A}=\left(1+\frac{l}{r}\right)l\omega_1^2$$

B 点加速度：

$$\boldsymbol{a}_B=\boldsymbol{a}_{O'}+\boldsymbol{a}_{O'B}$$

其大小为

$$a_B=\sqrt{a_{O'}^2+a_{O'B}^2}=l\omega_{\text{Ⅰ}}^2\sqrt{1+\frac{l^2}{r^2}}$$

A、B 两点加速度的方向如图 8-20 所示。

【例 8-8】 车轮沿直线做纯滚动，如图 8-21 所示。已知轮心的速度为 $\boldsymbol{v}_O$、加速度 $\boldsymbol{a}_O$，

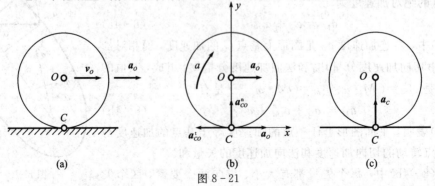

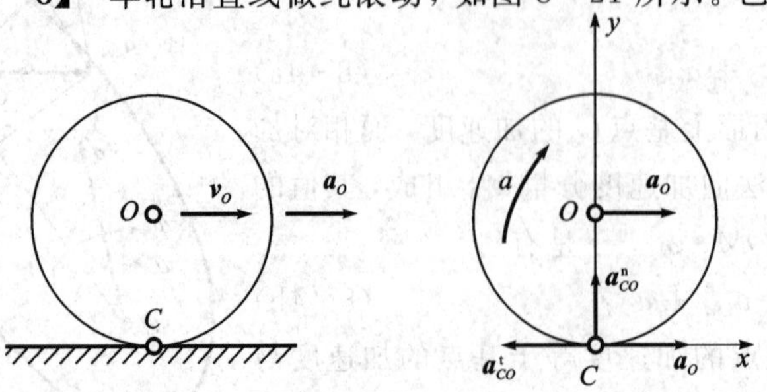

图 8-21

轮子半径 R。求车轮上速度瞬心的加速度。

解　车轮做纯滚动时，瞬心为车轮与地面的接触点 C，所以车轮的角速度为

$$\omega=\frac{v_O}{R}$$

车轮的角加速度为

$$\alpha=\frac{\mathrm{d}\omega}{\mathrm{d}t}=\frac{1}{R}\frac{\mathrm{d}v_O}{\mathrm{d}t}=\frac{a_O}{R}$$

取轮心 O 为基点，则瞬心 C 点的加速度为

$$\boldsymbol{a}_C=\boldsymbol{a}_O+\boldsymbol{a}_{CO}^{\mathrm{t}}+\boldsymbol{a}_{CO}^{\mathrm{n}}$$

式中，$a_{CO}^{\mathrm{t}}=R\alpha=a_O$，$a_{CO}^{\mathrm{n}}=R\omega^2=\dfrac{v_O^2}{R}$，如图 8-21(b)所示。将上式两边分别在水平方向、竖直方向投影有

$$a_{Cx}=a_O-a_{CO}^{\mathrm{t}}=a_O-a_O=0,\quad a_{Cy}=a_{CO}^{\mathrm{n}}=\frac{v_O^2}{R}$$

所以瞬心 C 点的加速度 $a_C=a_{Cy}=\dfrac{v_O^2}{R}$，方向向上，如图 8-21(c)所示。此例表明，瞬心的速度等于零，但加速度不等于零。

【例 8-9】　在图 8-22 所示的四连杆机构中，曲柄 OA 长 r，摇杆 O_1B 长 $2\sqrt{3}r$，连杆 AB 长 $2r$。图示位置点 O_1、B、O 位于同一水平线上，曲柄 OA 位于铅直位置。若曲柄的角速度为 ω_0，角加速度 $\alpha_0=\sqrt{3}\omega_0^2$，求点 B 的速度和加速度、AB 杆的角加速度 α_{AB}。

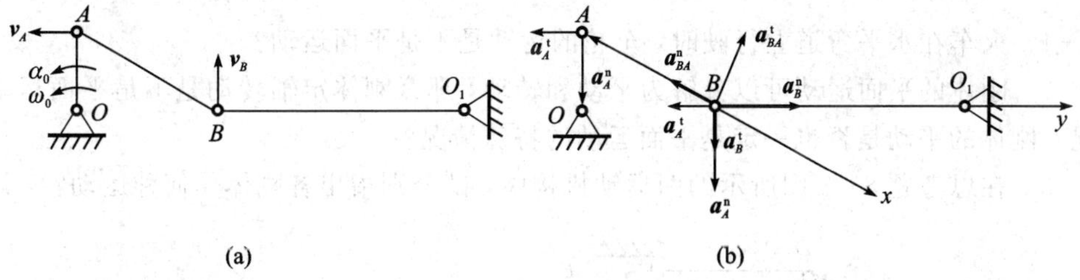

图 8-22

解　图示机构中，AB 杆做平面运动，曲柄 OA、摇杆 O_1B 做定轴转动，O 点为 AB 杆的瞬心。于是有

$$\frac{v_A}{r}=\frac{v_B}{\sqrt{3}r}$$

其中 $v_A=r\omega_0$。

所以有

$$v_B=\sqrt{3}r\omega_0$$

由已知条件求得 A 点的加速度为

$$\boldsymbol{a}_A=\boldsymbol{a}_A^{\mathrm{t}}+\boldsymbol{a}_A^{\mathrm{n}}$$

式中，$a_A^{\mathrm{t}}=r\alpha_0=\sqrt{3}r\omega_0^2$，$a_A^n=r\omega^2$，方向如图 8-22(b)所示。

以 A 点为基点，则 B 点的加速度为

$$\boldsymbol{a}_B^{\mathrm{t}}+\boldsymbol{a}_B^{\mathrm{n}}=\boldsymbol{a}_A^{\mathrm{t}}+\boldsymbol{a}_A^{\mathrm{n}}+\boldsymbol{a}_{BA}^{\mathrm{t}}+\boldsymbol{a}_{BA}^{\mathrm{n}}\tag{1}$$

其中，$a_B^n=v_B^2/OB=\frac{\sqrt{3}}{2}r\omega^2$，$a_{BA}^n=AB\cdot\omega_{AB}^2=2r\omega_0^2$，如图 8-22(b)所示。上式中仅有 a_B^t 和 a_{BA}^t 的大小是未知的。

建立与 a_{BA}^t 垂直的投影轴 x 轴，将式(1) 等式两边向 x 轴上投影，有

$$a_B^t\sin 30°+a_B^n\cos 30°=-a_A^t\cos 30°+a_A^n\sin 30°-a_{BA}^n$$

由此解得

$$a_B^t=-7.5r\omega_0^2$$

“-”表示切向加速度 a_B^t 的实际指向与假设方向相反。

B 点的加速度的大小为

$$a_B=\sqrt{(a_B^t)^2+(a_B^n)^2}=\sqrt{57}r\omega_0^2$$

方向为

$$\tan\alpha=\frac{|a_B^t|}{a_B^n}=8.66$$

将式(1) 两边向 y 轴上投影，有

$$a_B^n=-a_A^t-a_A^n\cos 30°+a_{BA}^t\cos 60°$$

求得 $a_{BA}^t=5\sqrt{3}r\omega_0^2$，方向如图所示。

于是连杆 AB 的角加速度为 $\alpha_{AB}=a_{BA}^t/AB=4.33\omega_0^2$，其转向为逆时针。

思 考 题

8-1 火车在水平弯道上行驶时，车轮的运动是不是平面运动？

8-2 刚体的平面运动可以分解为平动和转动，那么刚体定轴转动是不是平面运动的特殊情况？刚体的平动是否也一定是平面运动的特殊情况？

8-3 在思考题 8-3 图所示的两运动机构中，试分别指出各刚体作何种运动？

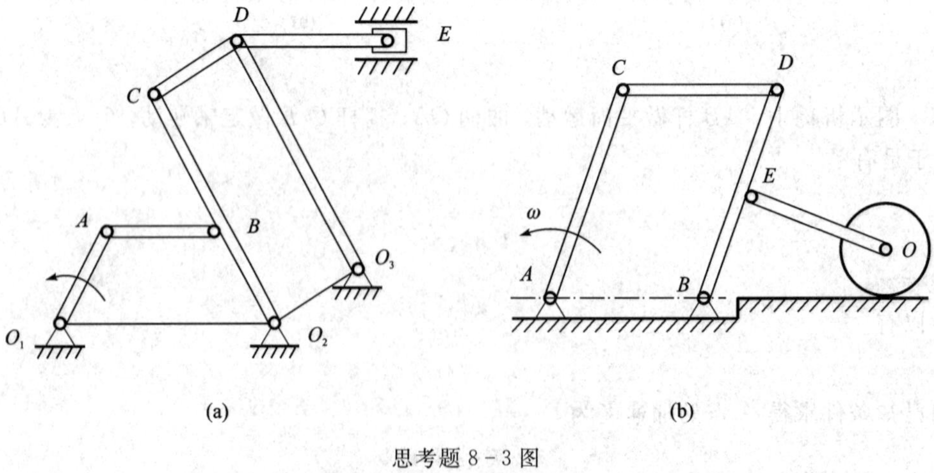

思考题 8-3 图

8-4 已知 $O_1A=O_2B$，机构在思考题 8-4 图所示瞬时，ω_1 和 ω_2、α_1 和 α_2 是否相等？

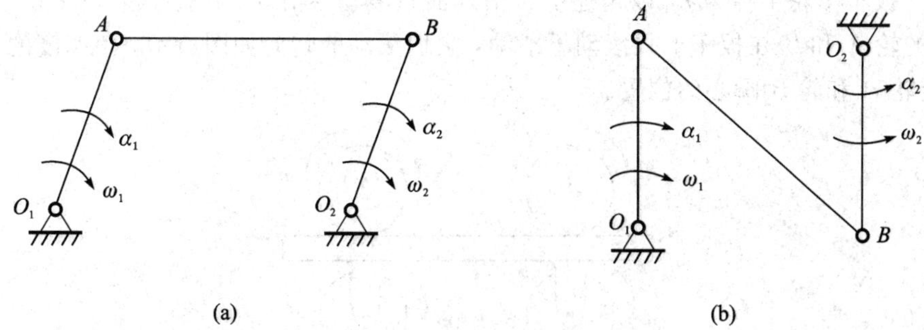

思考题 8 - 4 图

8 - 5　已知某瞬时图形上 O 点的加速度为 $\boldsymbol{a}_0$，图形的角速度 $\omega=0$，角加速度为 α_0，如思考题 8 - 5 图所示，试指出图形上过 O 点并垂直于 $\boldsymbol{a}_0$ 的直线 mn 上各点加速度的方向。

8 - 6　正方形平面图形 $ABCD$ 在自身平面内运动，A、B、C、D 四点速度大小相等，方向如思考题 8 - 6 图所示。问这两种情况的速度分布是否可能。

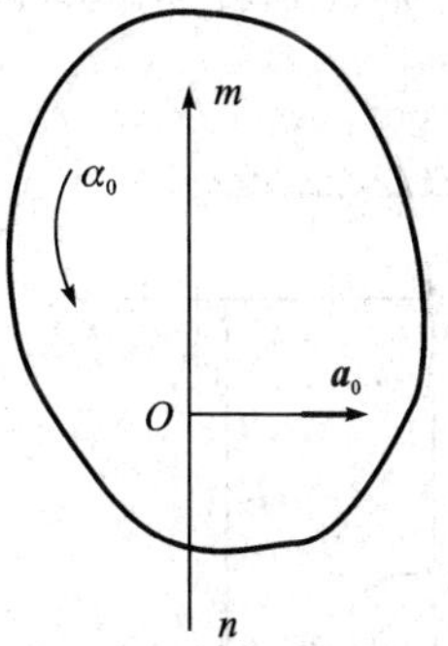

思考题 8 - 5 图

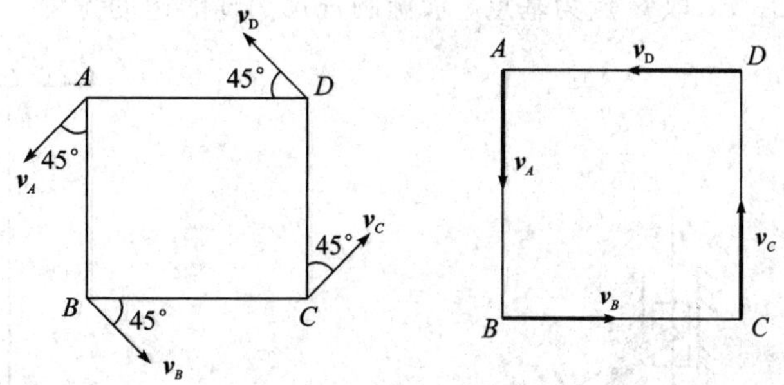

思考题 8 - 6 图

8 - 7　如果图形上点 A 和点 B 的速度分布如思考题 8 - 7 图所示，$\boldsymbol{v}_A$ 和 $\boldsymbol{v}_B$ 均不等于零。试判断下面哪种情况是可能的？哪种情况是不可能的？

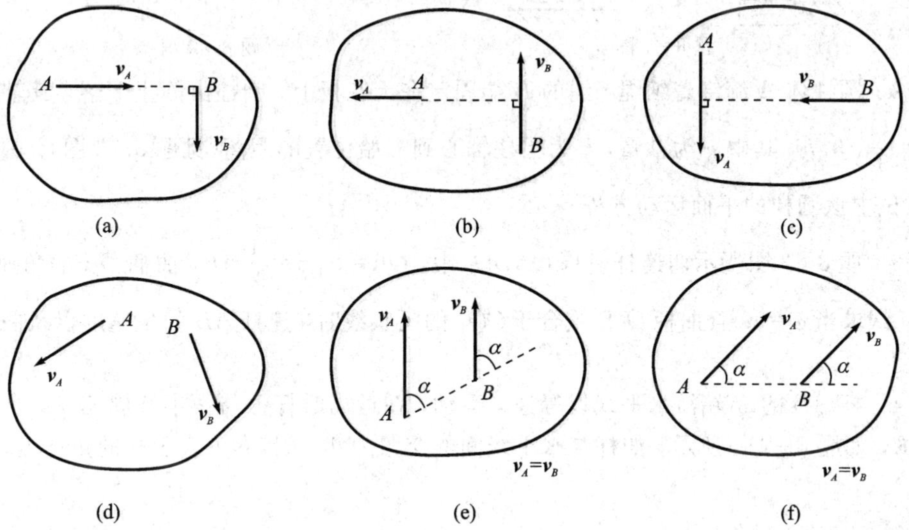

思考题 8 - 7 图

8-8　板车车轮半径为 r，以角速度 ω 沿地面只滚动不滑动(见思考题 8-8 图)，另有半径同为 $\boldsymbol{r}$ 的轮 A 和 B 在板车上只滚动不滑动，它们滚动的转向如图所示，角速度的大小同为 ω，试确定轮 A 和轮 B 瞬心的位置。

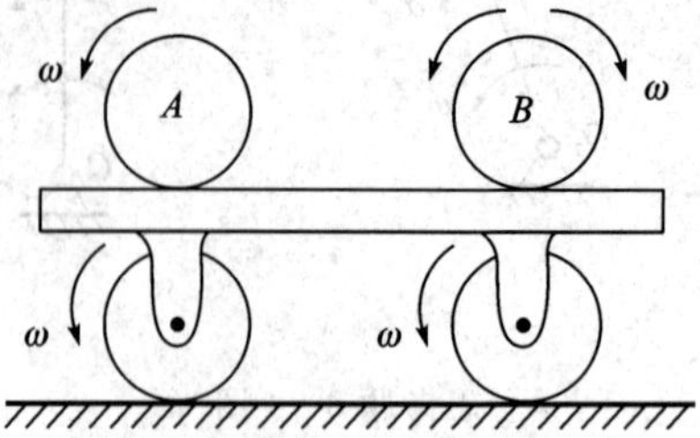

思考题 8-8 图

习　题

8-1　椭圆规尺如题 8-1 图所示，曲柄 OC 以匀角速度 ω_0 绕 O 轴转动。其中，$OC=BC=AC=r$，取 C 点为基点，求椭圆规尺 AB 的运动方程。

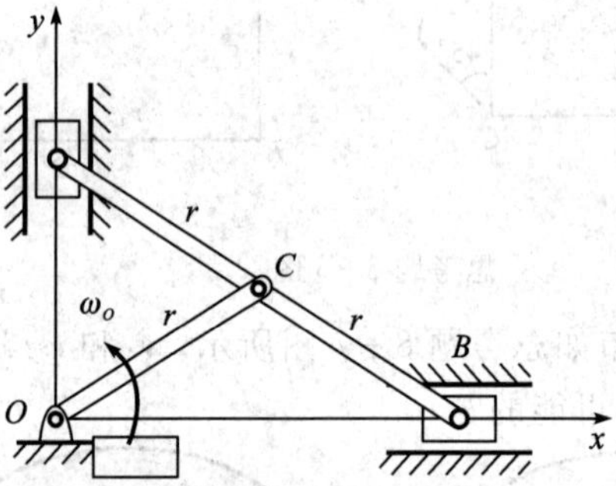

题 8-1 图

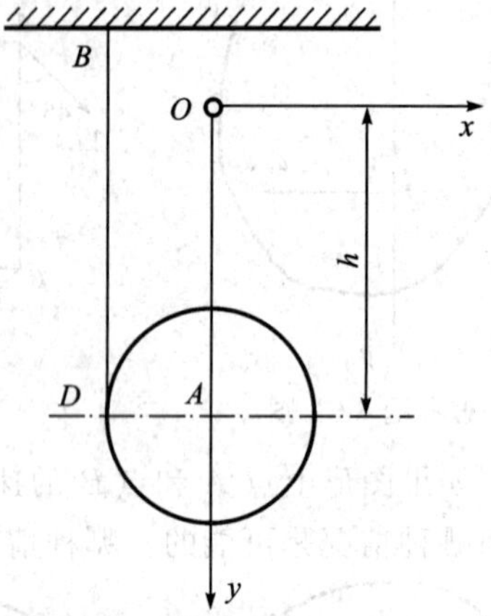

题 8-2 图

8-2　圆柱体 A 缠绕着细绳，绳的 B 端固定在天花板上，圆柱由静止下落，其轴心的速度为 $v=\frac{2}{3}\sqrt{3gh}$，其中 g 为常量，h 为圆柱轴心到初始位置的距离(见题 8-2 图)。圆柱的半径为 r，试求该圆柱的平面运动方程。

8-3　题 8-3 图所示四连杆机构 $OABO_1$ 中，$OA=O_1B=\frac{1}{2}AB$，曲柄 OA 的角速度 $\omega=3$ rad/s。试求当 $\varphi=90°$ 且曲柄 O_1B 重合于 OO_1 的延长线时，连杆 AB 的角速度以及曲柄 O_1B 的角速度。

8-4　杆 AB 的 A 端沿水平线以等速 $\boldsymbol{v}$ 运动，在运动时杆恒与一半圆周相切，半圆周的半径为 R，如题 8-4 图所示。如杆与水平线间的交角为 θ，试以角 θ 表示杆的角速度。

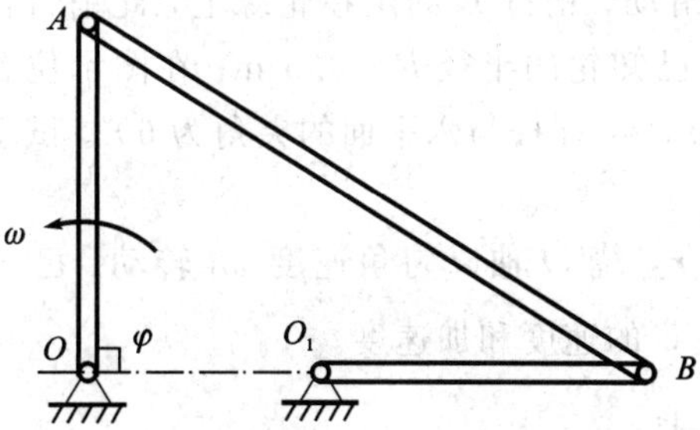

题 8－3 图

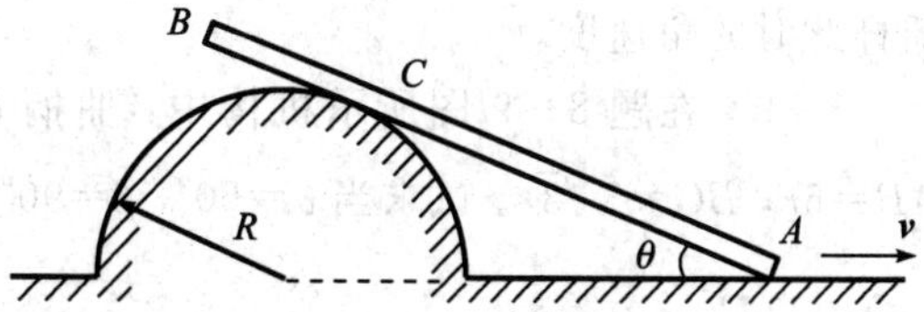

题 8－4 图

8－5　四连杆机构中，连杆 AB 上固连一块三角板 ABD，如题 8－5 图所示，机构由曲柄 O_1A 带动。已知曲柄的角速度 $\omega_{O_1A}=2\text{rad/s}$，曲柄 $O_1A=10$ cm，水平距离 $O_1O_2=5$ cm，$AD=5$ cm；当 O_1A 铅直时，AB 平行于 O_1O_2，且 AD 与 AO_1 在同一直线上，角 $\varphi=30°$。试求三角板 ABD 的角速度和点 D 的速度。

8－6　题 8－6 图所示机构中，已知：$OA=10$ cm，$BD=10$ cm，$DE=10$ cm，$EF=10\sqrt{3}$ cm，$\omega_{OA}=4$ rad/s。在图示位置时，曲柄 OA 与水平线 OB 垂直，且 B、D 和 F 在同一铅直线上，同时又有 DE 垂直于 EF。试求杆 EF 的角速度和点 F 的速度。

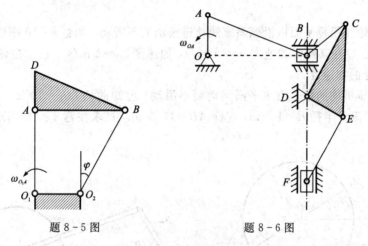

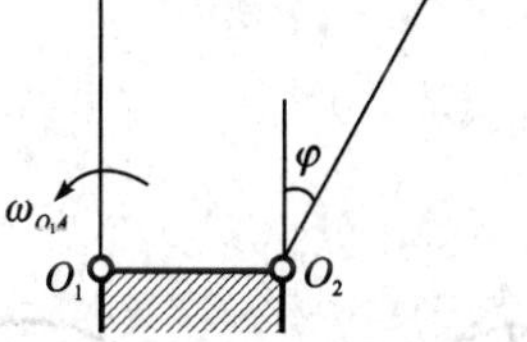

题 8－5 图

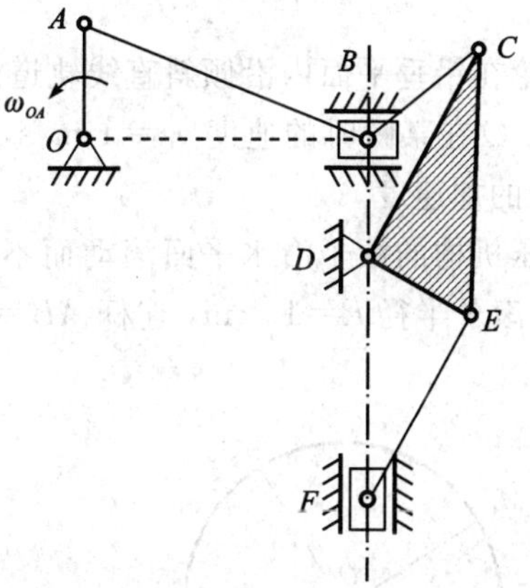

题 8－6 图

8－7　题 8－7 图所示四连杆机构中，曲柄 OA 以匀角速度 ω_O 绕 O 轴转动，且 $OA=O_1B=r$。试求当 $\angle AOO_1=90°$，$\angle BAO=\angle BO_1O=45°$时，曲柄 O_1B 的角速度。

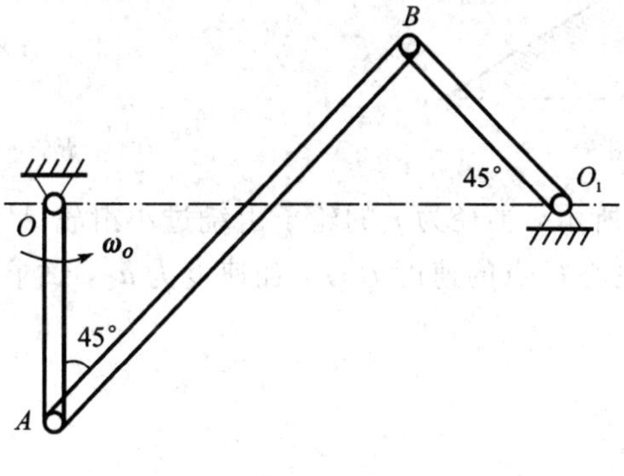

题 8－7 图

8-8 题8-8图所示轮 O 在水平面上滚动而不滑动，销钉 B 固定在轮缘上，此销钉在摇杆 O_1A 的直槽内滑动，并带动摇杆绕 O_1 轴转动。已知轮的半径 $R=0.5$ m；在图示位置时，O_1A 是轮缘在点 B 的切线；轮心的速度 $v_O=20$ cm/s，摇杆与水平面的夹角为60°。试求摇杆此时的角速度。

8-9 在题8-9图所示机构中，曲柄 OA 长为 r，绕 O 轴以匀角速度 ω_O 转动。已知 $AB=6r$，$BC=3\sqrt{3}r$。试求当 $\alpha=60°$，$\beta=90°$时，滑块 C 的速度和加速度。

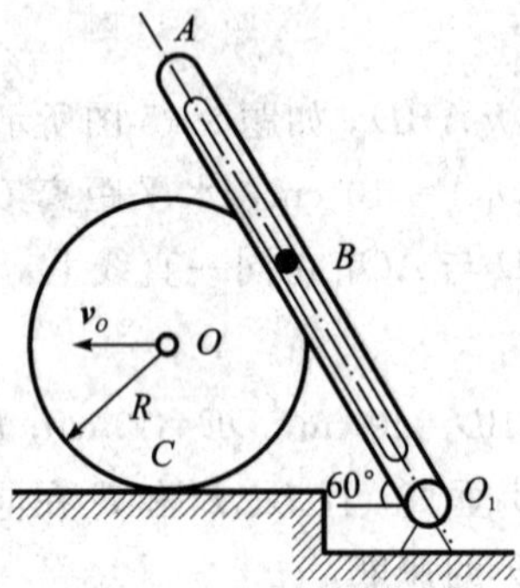

题8-8图

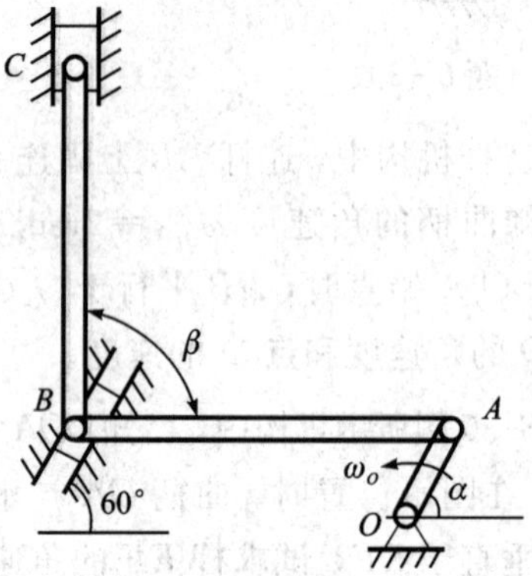

题8-9图

8-10 车轮在铅垂平面内沿倾斜直线轨道滚动而不滑动，如题8-10图所示。轮的半径 $R=0.5$ m，轮心 O 在某瞬时的速度 $v_O=1$ m/s，加速度 $a_O=3$ m/s^2。试求在轮上两相互垂直的直径的端点处的加速度。

8-11 滚压机构的滚子沿水平面滚动而不滑动。已知曲柄 $OA=10$ cm，以匀转速 $n=30$ r/min 转动。滚子半径 $R=10$ cm，连杆 $AB=17.3$ cm，试求在题8-11图所示位置时滚子的角加速度。

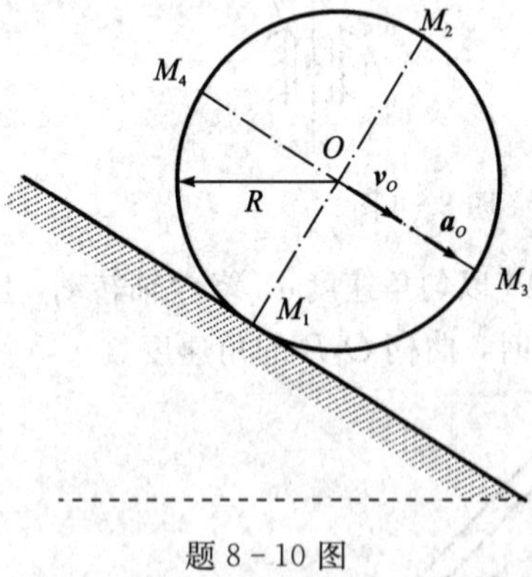

题8-10图

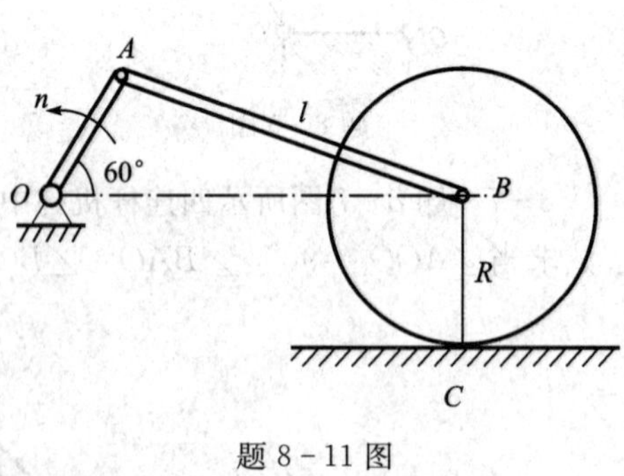

题8-11图

8-12 如题8-12图所示，半径为 r 的轮子由绕过小滑轮 A 的重物 B 牵引在固定直线轨道上做纯滚动，某瞬时轮心 C 点的速度为 $\boldsymbol{v}_C$，加速度为 $\boldsymbol{a}_C$，试求该瞬时轮缘上 D 点的速度和加速度。

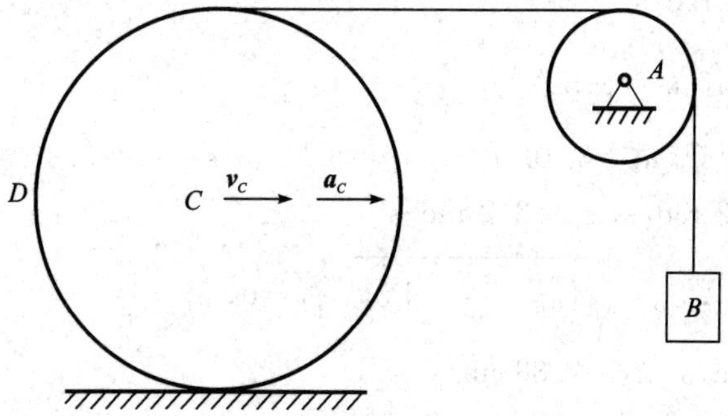

题 8-12 图

8-13　圆盘轮心 A 以匀速 $\boldsymbol{v}_A$ 沿水平直线轨道做纯滚动，杆 AB 套在可绕 O 点转动的套筒内，A 点与圆盘中心铰链连接，已知 $OD=10$ cm，$v_A=5$ cm/s，试求题 8-13 图所示瞬时 D 点的速度和加速度。

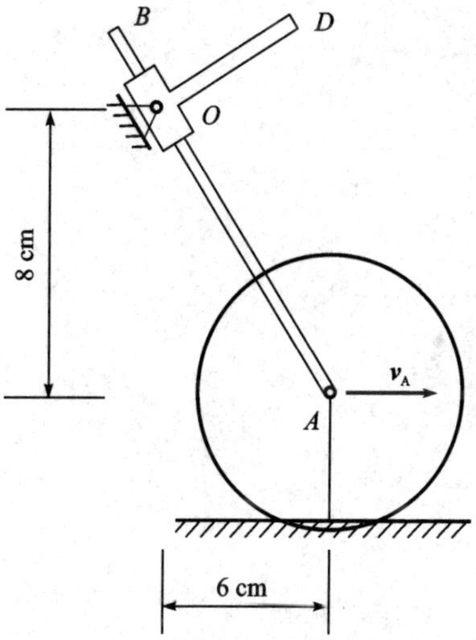

题 8-13 图

习题参考答案

8-1　$x_C=r\cos\omega_0 t$，$y_C=r\sin\omega_0 t$，$\varphi=\omega_0 t$

8-2　$x_A=0$，$y_A=\dfrac{1}{3}gt^2$，$\varphi=\dfrac{1}{3r}gt^2$

8-3　$\omega_{AB}=3$ rad/s，$\omega_{O_1B}=5.2$ rad/s

8-4　$\omega=\dfrac{v\sin^2\theta}{R\cos\theta}$

8-5　$\omega_{AB}=1.07$ rad/s，$v_D=25.35$ cm/s

8-6　$v_F=46.19$ cm/s，$\omega_{EF}=1.33$ rad/s

8-7　$\omega_{O_1B}=\dfrac{1+\sqrt{2}}{2+\sqrt{2}}\omega_0$

8-8 $\omega_{O_1A}=0.2\ \text{rad/s}$

8-9 $v_C=1.5r\omega$，$a_C=\dfrac{\sqrt{3}}{12}r\omega_0^2$

8-10 $a_1=2\ \text{m/s}^2$，$a_2=3.16\ \text{m/s}^2$，$a_3=6.32\ \text{m/s}^2$，$a_4=5.83\ \text{m/s}^2$

8-11 $\omega_B=3.62\ \text{rad/s}$，$\varepsilon_B=2.2\ \text{rad/s}^2$

8-12 $v_D=\sqrt{2}v_C$，$a_D=\sqrt{\left(a_C+\dfrac{v_C^2}{r}\right)^2+a_C^2}$，$v_P=0$，$a_P=\dfrac{v_C^2}{r}$

8-13 $v_D=4\ \text{cm/s}$，$a_A=2.88\ \text{cm/s}^2$

第三篇　动　力　学

引　　言

在静力学中，当作用在物体上的力满足一定的条件时，该物体处于平衡状态。力系的简化与合成、力系的平衡条件及应用是静力学研究的主要内容。运动学中只研究了物体运动的几何性质即运动的轨迹、速度和加速度，而不涉及产生运动的原因，动力学则全面地分析了物体的机械运动，研究物体运动的变化和作用于物体上的力之间的关系，从而建立物体机械运动的普遍规律。

在动力学中，要将实际物体抽象为理想的力学模型，常用到的力学模型有质点和质点系。所谓质点是指具有一定质量的几何点，而所谓质点系是许多(有限多的或无限多的)相互联系着的质点所组成的系统。一个物体能否抽象为质点，要看在所研究的问题中，物体的形状和大小是否可以忽略不计。例如，沿直线运动的列车，其上各点的加速度相同，在研究列车的加速度和它所受的牵引力的关系时，就可以将列车看作质点。在研究传动轮上各点的速度、加速度时，必须考虑到传动轮的形状和大小，而不能看作是一个质点。当物体不能被抽象为质点时，可将其看成是由许多质点所组成的系统。刚体可以看作是由无限多的质点所组成的、其中任意两点间的距离都保持不变的系统，这样的系统称为不变质点系。流体(包括液体和气体)等则称为可变质点系。质点系又可划分为自由质点系和非自由质点系。自由质点系是指质点系中质点的运动不受约束的限制，而非自由质点系是指质点系中质点的运动受约束的限制。

动力学的内容有质点动力学和质点系动力学两部分，其中质点动力学是质点系动力学的基础。

第9章 质点运动微分方程

9.1 动力学的基本定律

动力学的基础是牛顿三定律，称之为牛顿定律或动力学基本定律。这三条定律描述了质点运动的最基本的规律。

1. 牛顿第一定律

质点如果不受力的作用，将保持原来静止或匀速直线运动状态。该定律也称为惯性定律，质点具有的保持原有状态不变的属性称为惯性。

物体的惯性在生产和生活中会经常遇到，例如大货车下坡遇紧急情况刹车时，由于强大的惯性会驶出很长一段距离才能停下；飞机在投掷救灾物资时，由于惯性应在到达目标前一定距离内投放，才能保证投放的准确；又如子弹离开枪口后，子弹由于惯性还会继续向前运动等。

该定律还表明若要改变物体的运动状态，必须有力的作用，即力是改变物体运动状态的原因。

2. 牛顿第二定律

质点在力的作用下所获得的加速度的大小与力的大小成正比，与质点的质量成反比，方向与力的方向相同。用方程表示为

$$\boldsymbol{a}=\frac{\boldsymbol{F}}{m}$$

或

$$\boldsymbol{F} = m\boldsymbol{a} \tag{9-1}$$

式中，$\boldsymbol{F}$ 表示作用在质点上的合力，m 为质点的质量，$\boldsymbol{a}$ 为质点的加速度。此定律反应了作用在质点上的力与质点运动状态变化的定量的关系，是其后动力学定理推导的依据，故称为动力学的基本方程。

式(9-1)表明在作用力相同的情况下，质点的质量愈大，获得的加速度愈小，惯性就愈大，反之亦然。质量是质点惯性的度量。

质量是物体的固有属性，质量和重量是两个不同的概念。质量是物体惯性的度量，而重量只有在地球的引力场内才有意义，它是指地球对物体引力的大小。如果我们说一个物体的重量为 $\boldsymbol{P}$，它的重力加速度为 $\boldsymbol{g}$，由公式(9-1)有

$$m = \frac{\boldsymbol{P}}{\boldsymbol{g}} \tag{9-2}$$

在古典力学中，质量被认为是常量，与质点的运动无关，即使脱离了地球的引力场，在重量不存在的情况下，质量还是存在的。而且物体重量在不同的地域有不同的值，因为在不同的地域重力加速度是不同的，但一般取重力加速度 $\boldsymbol{g}$ 值为 9.8 $\mathrm{m/s^2}$。

在国际单位制(SI)中，长度、质量和时间是基本单位，分别取为m(米)、kg(千克)和s(秒)；力的单位是导出单位。当质量为1 kg的质点获得1 m/s^{2}的加速度时，作用于该质点上的力为

$$1\ \mathrm{N}=1\ \mathrm{kg}\times 1\ \mathrm{m/s^2}$$

3. 牛顿第三定律

两个物体之间的作用力和反作用力总是大小相等，方向相反，沿同一条直线并且分别作用在两个物体上。此定律也称为作用与反作用定律，适用于静止的物体，同样也适用于运动的物体。

牛顿定理适用的参考系称为惯性坐标系。在一般工程问题中，将固定于地球表面的坐标系或相对于地面做匀速直线运动(平移运动)的坐标系作为惯性坐标系，可以得到符合实际的精确结果。在本书中，如无特别说明，均采用固定在地球表面坐标系。

动力学也称古典力学，只有当所研究的宏观物体的运动速度小于光速时，古典力学才适用。一般工程问题中所研究的是宏观物体的运动，且要求物体的运动速度远远小于光速。因此，应用古典力学所得到的结果都是精确的。

9.2　质点运动微分方程及应用

设质点M的质量为m，受n个力$\boldsymbol{F}_1$，$\boldsymbol{F}_2$，…，$\boldsymbol{F}_n$作用。由质点动力学的基本方程式(9-1)，有

$$m\frac{\mathrm{d}^2\boldsymbol{r}}{\mathrm{d}t^2}=\sum\boldsymbol{F} \tag{9-3}$$

该式是矢量形式的质点运动微分方程。在解决工程实际问题时，常将式(9-3)写成投影方程，以便应用。

1. 质点运动微分方程的直角坐标形式

取坐标系$Oxyz$，如图9-1所示。将式(9-3)分别向x，y，z轴投影，得

$$\left.\begin{aligned} m\frac{\mathrm{d}^2x}{\mathrm{d}t^2}&=\sum F_x\\ m\frac{\mathrm{d}^2y}{\mathrm{d}t^2}&=\sum F_y\\ m\frac{\mathrm{d}^2z}{\mathrm{d}t^2}&=\sum F_z\end{aligned}\right\} \tag{9-4}$$

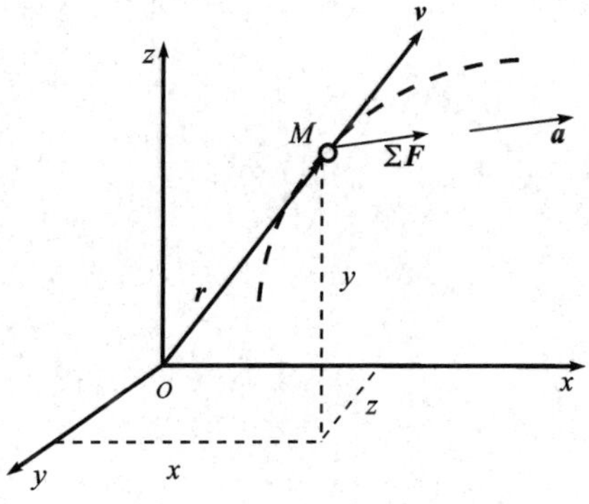

图9-1

此即质点运动微分方程的直角坐标形式。式中$\sum F_x$，$\sum F_y$，$\sum F_z$分别为作用在质点上的合力$\boldsymbol{F}$在x，y，z轴上的投影。

如果质点在Oxy平面内做曲线运动，式(9-4)中只有前两个方程；当质点做直线运动时，若将其直线轨迹选为x轴，则式(9-4)中仅有第一个方程。

2. 质点运动微分方程的自然坐标形式

由运动学可知，点的运动轨迹已知时，用弧坐标来描述质点的运动较为方便。设质点做

平面曲线运动，相应地把动力学基本方程向质点运动轨迹的切线与法线方向投影，即可得到质点运动微分方程的自然坐标形式：

$$\left.\begin{aligned} F_t &= ma_t = m\frac{d^2 s}{dt^2} \\ F_n &= ma_n = m\frac{v^2}{\rho} \end{aligned}\right\} \tag{9-5}$$

式中，F_t、F_n 为作用于质点的合力 $\boldsymbol{F}$ 在质点运动轨迹的切线与法线方向的投影；a_t，a_n 分别为质点的切向加速度和法向加速度；s 为质点沿已知轨迹的弧坐标；ρ 为运动轨迹在该点处的曲率半径，v 是质点的运动速度。

3. 质点动力学的两类基本问题

应用质点运动的微分方程，可以求解质点动力学的两类基本问题。

(1) 已知质点的运动，求作用于质点的力。对于这类基本问题，只需对质点已知的运动方程求两次导数，得到质点的运动加速度，代入质点的运动微分方程，即可求得作用力。

(2) 已知作用于质点的力，求质点的运动。此类问题中，已知的作用力可能表现为多种形式，如常量、变量、时间、位置、速度的函数等。这类问题归结为解运动微分方程问题，可用积分法求解。在解微分方程时，将出现积分常数，这些积分常数需根据质点运动的起始条件来确定。所以对于这一类问题，还必须知道质点运动的起始条件，即 $t=0$ 时质点的位置和速度。

【例 9-1】 如图 9-2 所示，桥式起重机上跑车悬吊一重为 $\boldsymbol{W}$ 的重物，以速度 $\boldsymbol{v}_0$ 做匀速直线运动。刹车后，重物的重心因惯性绕悬挂点 O 向前摆动，求钢绳的最大拉力。

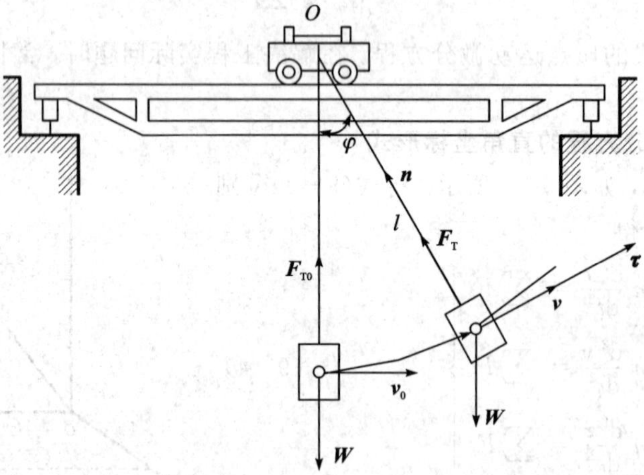

图 9-2

解 由题意可知，该问题属于动力学第一类基本问题。

(1) 选研究对象。取重物 W 为研究对象，画受力图如图 9-2 所示。

(2) 分析运动。刹车后，小车不动，但重物由于惯性，继续绕点 O 摆动，即在以 O 为圆心，l 为半径的一段弧上运动。

(3) 列运动微分方程，求未知量。列出自然坐标系下的运动微分方程：

$$a_n = \frac{W}{g}\frac{v^2}{l} = F_T - W\cos\varphi$$

因此可得到

$$F_{\mathrm{T}} = W\left(\cos\varphi + \frac{v^2}{gl}\right)$$

事实上摆角 φ 愈大，重物的速度就愈小，拉力 $\boldsymbol{F}_{\mathrm{T}}$ 也愈小。因此当 $\varphi=0$ 时，即刚开始刹车的瞬时，钢绳的拉力最大，这时重物的速度为 $\boldsymbol{v}_0$。由此求得钢绳最大的拉力为

$$F_{\mathrm{Tmax}} = W\left(1 + \frac{v_0^2}{gl}\right)$$

(4) 分析讨论。刹车前，小车做匀速平动，重物处于平衡状态，故 $\boldsymbol{F}_{\mathrm{T}}=\boldsymbol{W}=m\boldsymbol{g}$。于是

$$\frac{F_{\mathrm{Tmax}}}{F_{\mathrm{T}}} = \frac{m(g+v_0^2)}{mg} = 1+\frac{v_0^2}{gl} = K_{\mathrm{d}}$$

即

$$F_{\mathrm{Tmax}}=F_{\mathrm{T}}\left(1+\frac{v_0}{gl}\right)=F_{\mathrm{T}}K_{\mathrm{d}}$$

若 $v_0=5\ \mathrm{m/s}$，$l=5\ \mathrm{m}$，则 $K_{\mathrm{d}}=1+\frac{v_0^2}{gl}=1.51$。这时钢绳中的最大拉力是静载时拉力的 1.51 倍。因此，为了避免刹车时钢绳受的拉力过大，一般在操作规程中都规定吊车行走时速度不能太大。此外，在不影响吊装工作安全的条件下，钢绳应尽量长一些，以减小动荷系数。

【例 9-2】 曲柄连杆机构如图 9-3 所示。曲柄 OA 以匀角速度 ω 转动，$OA=r$，$AB=l$，当 $\lambda=r/l$ 比较小时，以 O 为坐标原点，滑块 B 的运动方程可近似写为

$$x=l\left(1-\frac{\lambda^2}{4}\right)+r\left(\cos\omega t+\frac{\lambda}{4}\cos 2\omega t\right)$$

如滑块的质量为 m，忽略摩擦及连杆 AB 的质量，求当 $\varphi=\omega t$ 的值分别为 0 和 $\pi/2$ 时，连杆 AB 所受的力。

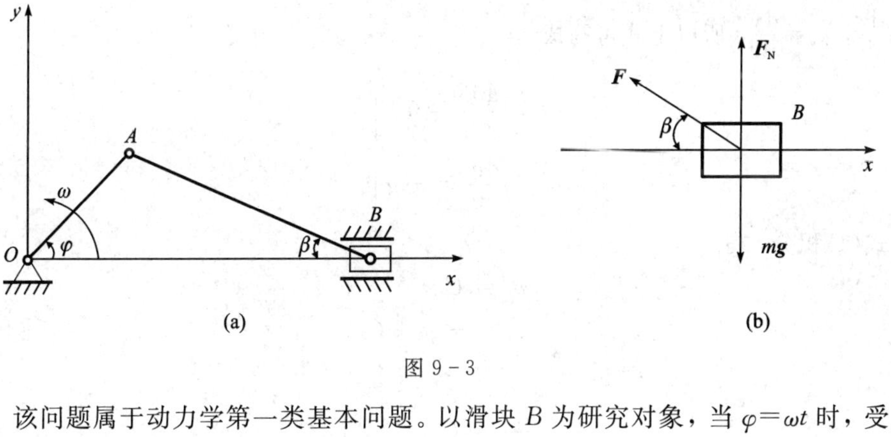

图 9-3

解 该问题属于动力学第一类基本问题。以滑块 B 为研究对象，当 $\varphi=\omega t$ 时，受力如图 9-3(b)所示。滑块 B 沿 x 轴的运动微分方程为

$$ma_x = -F\cos\beta$$

对滑块 B 的运动方程求微分可得

$$a_x=\frac{\mathrm{d}^2 x}{\mathrm{d}t^2}=-r\omega^2(\cos\omega t+\lambda\cos 2\omega t)$$

当 $\varphi=\omega t=0$ 时，$a_x=-r\omega^2(1+\lambda)$，且 $\beta=0$，可得

$$F=mr\omega^2(1+\lambda)$$

AB 杆受拉力。

当 $\omega t=\dfrac{\pi}{2}$ 时，$a_x=r\omega^2\lambda$，而 $\cos\beta=\dfrac{\sqrt{l^2-r^2}}{l}$，则有

$$mr\omega^2\lambda=-\frac{F\sqrt{l^2-r^2}}{l}$$

代入 $\lambda=\dfrac{r}{l}$，得

$$F=-\frac{mr^2\omega^2}{\sqrt{l^2-r^2}}$$

AB 杆受压力。

【例 9-3】 如图 9-4 所示，一物体重 $\boldsymbol{P}$，抛射角度为 α，抛射初速度为 $\boldsymbol{v}_0$，若不计空气阻力，求物体的运动轨迹。

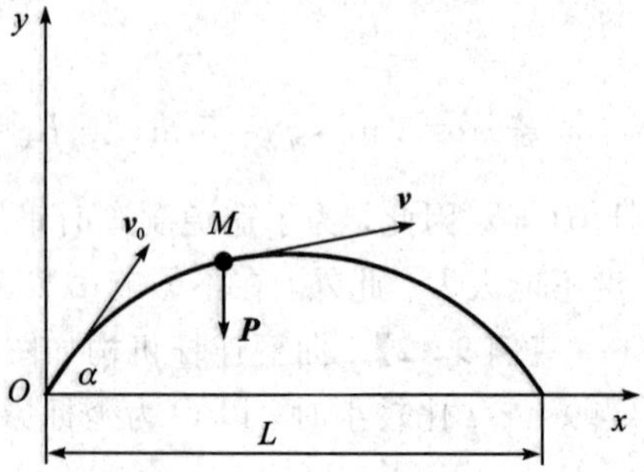

图 9-4

解 由题意可知，该问题属于动力学第二类基本问题。以抛射体为研究对象，它在被抛出后的全部运动过程中，仅受重力 $\boldsymbol{P}$ 的作用，如图 9-4 所示。

由于运动轨迹未知，可列出图 9-4 所示直角坐标系下的运动微分方程：

$$\left.\begin{aligned} m\frac{\mathrm{d}^2x}{\mathrm{d}t^2}&=0\\ m\frac{\mathrm{d}^2y}{\mathrm{d}t^2}&=-P=-mg\end{aligned}\right\}$$

因 $v_x=\dfrac{\mathrm{d}x}{\mathrm{d}t}$，$v_y=\dfrac{\mathrm{d}y}{\mathrm{d}t}$，所以上式可写成

$$\left.\begin{aligned} \frac{\mathrm{d}v_x}{\mathrm{d}t}&=0\\ \frac{\mathrm{d}v_y}{\mathrm{d}t}&=-g\end{aligned}\right\}\tag{1}$$

对式(1)积分，得

$$\left.\begin{aligned} v_x&=C_1\\ v_y&=-gt+C_2\end{aligned}\right\}\tag{2}$$

即

$$\left.\begin{aligned} \frac{\mathrm{d}x}{\mathrm{d}t}&=C_1\\ \frac{\mathrm{d}y}{\mathrm{d}t}&=-gt+C_2\end{aligned}\right\}\tag{3}$$

对式(3)再积分，得

$$\left.\begin{aligned} x&=C_1t+C_3\\ y&=-\frac{1}{2}gt^2+C_2t+C_4\end{aligned}\right\}\tag{4}$$

式中 C_1，C_2，C_3，C_4 为积分常数，可由运动的起始条件来确定。本题中运动的起始条件：当

$t=0$ 时，$x=0$，$y=0$；$v_x=v_0\cos\alpha$，$v_y=v_0\sin\alpha$。

将起始条件带入式(2)和式(4)中，得

$$C_1=v_0\cos\alpha,\ C_2=v_0\sin\alpha,\ C_3=0,\ C_4=0$$

最后得到抛射体的运动方程为

$$\left.\begin{aligned} x &= v_0 t\cos\alpha \\ y &= v_0 t\sin\alpha-\frac{1}{2}gt^2 \end{aligned}\right\} \tag{5}$$

消去时间 t，得抛射体轨迹方程

$$y = x\tan\alpha-\frac{1}{2}g\left(\frac{x}{v_0\cos\alpha}\right)^2$$

即运动轨迹为一抛物线。

现在来求抛物体的射程、最大高度和运行时间。

① 射程 L。当 $x=L$ 时，$y=0$，以此代入轨迹方程，解得

$$L=\frac{v_0^2}{g}\sin2\alpha \tag{6}$$

由式(6)可看出：初速度一定时，$\sin2\alpha=1$，即 $\alpha=45°$，此时射程最大，其值为

$$L_{\max}=\frac{v_0^2}{g} \tag{7}$$

② 最大高度。当抛射体到达最大高度时，速度在铅垂方向的投影 $v_y=\frac{\mathrm{d}y}{\mathrm{d}t}=0$，由式(3)的第二式，并注意到 $C_2=v_0\sin\alpha$，得

$$v_0\sin\alpha=gt$$

由此得抛射体到达最大高度的时间为

$$t=\frac{v_0\sin\alpha}{g} \tag{8}$$

代入式(7)中的第二式即得最大高度为

$$h_{\max}=\frac{v_0^2\sin^2\alpha}{2g}$$

③ 运行时间。抛射体完成其射程所经历的时间为运行时间 $t_{\max}$。将 $x=L$ 代入式(4)的第一式，并注意 $C_1=v_0\cos\alpha$，$C_3=0$，得

$$L=(v_0\cos\alpha)t_{\max} \tag{9}$$

由式(6)和式(9)得运行时间为

$$t_{\max}=\frac{2v_0\sin\alpha}{g} \tag{10}$$

将式(10)与式(8)比较可知，运行时间等于到达最高点所需时间的 2 倍。

由于计算中未考虑空气阻力，因此实际的射程与高度比用上述公式求得的数值要小。从此例可看出，质点的运动并不唯一确定于质点所受的力，还需知道运动的起始条件才能确定质点的运动。

【例 9-4】 图 9-5 所示为一圆锥摆。已知质量 $m=0.1$ kg 的小球系于长 $l=0.3$ m 的绳上，绳的另一端系在固定点 O，并与铅直线成 $\beta=60°$角。如小球在水平面内做匀速圆周运动，求小球的速度 $\boldsymbol{v}$ 与绳的张力 $\boldsymbol{F}$ 的大小。

解 这是一个既求作用力、也求运动的综合问题。以小球为研究对象，作用在其上的力有重力 $m\boldsymbol{g}$、绳的拉力 $\boldsymbol{F}$。

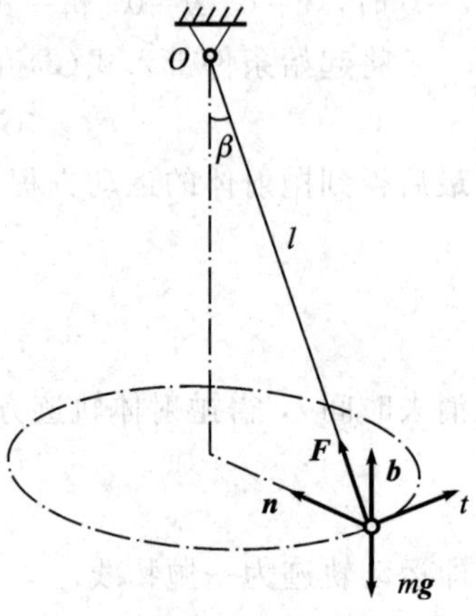

图 9-5

自然形式的质点运动微分方程式为

$$m\frac{v^2}{\rho}=F\sin\beta$$

$$0=F\cos\beta-mg$$

因为 $\rho=l\sin\beta$，于是解得

$$F=\frac{mg}{\cos\beta}=\frac{0.1\times 9.8}{0.5}=1.96\ \text{N}$$

$$v=\sqrt{\frac{Fl\sin^2\beta}{m}}=\sqrt{\frac{1.96\times 0.3\times\left(\frac{\sqrt{3}}{2}\right)^2}{0.1}}=2.1\ \text{m/s}$$

此例表明对某些综合问题，采用自然形式的运动方程可使动力学两类问题分开求解。

思 考 题

9-1　什么是质量？质量与重量在意义上有无区别？

9-2　什么是惯性？是否任何物体都有惯性？怎样比较两质点惯性的大小？

9-3　质点在空间运动，已知作用力。为求质点的运动方程需要几个运动初始条件？若质点在平面内运动，需要几个运动初始条件呢？若质点沿给定的轨道运动，又需要几个呢？

9-4　质点受力已知，则其运动微分方程的形式与下列哪些因素有关？

(1) 坐标原点的位置；

(2) 坐标轴的取向；

(3) 坐标系的形式；

(4) 初始条件。

9-5　判断下列说法是否正确：

(1) 质点运动的方向就是受力方向；

(2) 质点受到的力大则速度也大，受到的力小则速度也小。

习　　题

9-1　一根钢丝绳在 105 kN 的拉力下将会断裂，现在此绳正向上提升 35 kN 的物体，问加速度多大时绳将断裂？

9-2　列车以 72 km/h 的速度在水平轨道上行使，如制动后列车所受到的阻力等于列车重量的 0.2 倍，试求列车在制动后多长时间并经过多长距离会停止？

9-3　为了使列车对铁轨的压力垂直于路基，在铁道转弯部分，外轨要比内轨稍微提高。试就以下的数据求外轨高于内轨的高度 h。轨道的曲率半径为 $\rho=300$ m，列车的速度为 $v=12$ m/s，内、外轨道间的距离为 $b=1.6$ m。

9-4　一物体质量 $m=10$ kg，在变力 $F=100(1-t)$N 作用下运动。设物体初速度为 $v_0=$

0.2 m/s，开始时，力的方向与速度方向相同，问经过多长时间后物体速度为零，此前走了多少路程？

9－5　题 9－5 图所示升降机笼厢的质量 $m=3\times10^3$ kg，以速度 $v=0.3$ m/s 在矿井中下降。由于吊索上端突然嵌住，笼厢中止下降。如果吊索的刚度系数 $k=2.75$ kN/mm，忽略吊索质量，试求此后笼厢的运动规律。

9－6　题 9－6 图所示中，用两绳悬挂的质量为 m 的物体处于静止状态。试问：两绳中的张力各等于多少？若将绳 A 剪断，则绳 B 在该瞬时的张力又等于多少？

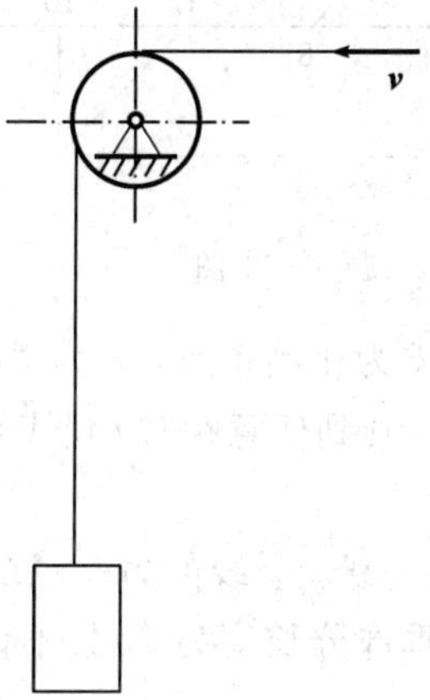

题 9－5 图

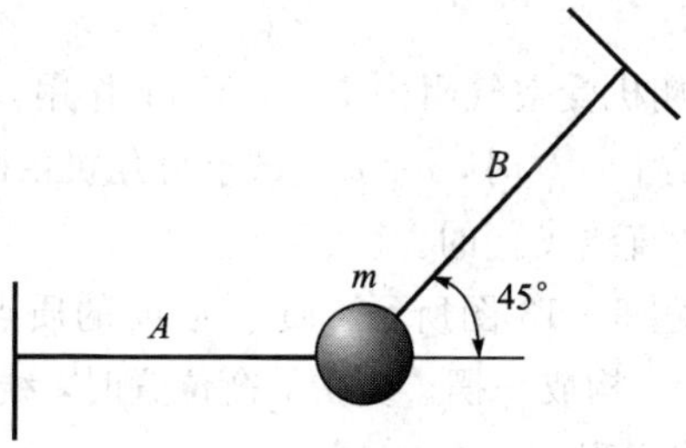

题 9－6 图

9－7　电车司机逐渐开启变阻器以增加电机的动力，使驱动力 $\boldsymbol{F}$ 从零开始与时间成正比地增加，每秒钟增加 1.2 kN。设电车质量 $m=10t$，初速度 $v_0=0$，运动时受到不变阻力 $F_1=2$ kN 作用。试求电车的运动规律。

9－8　地面上的物体以初速度 $\boldsymbol{v}_0$ 铅锤上抛。假设重力不变，空气阻力的大小与物体速度的平方成正比，即 $\boldsymbol{R}=km\boldsymbol{v}^2$，其中 k 为比例常数，m 为物体质量，试求该物体返回地面时的速度。

9－9　一个质量为 P 的质点，在光滑的固定斜面(倾角为 α)上以初速度 $\boldsymbol{v}_0$ 运动，$\boldsymbol{v}_0$ 的方向与斜面底边的水平线 AB 平行，如题 9－9 图所示，求这质点的运动轨道。

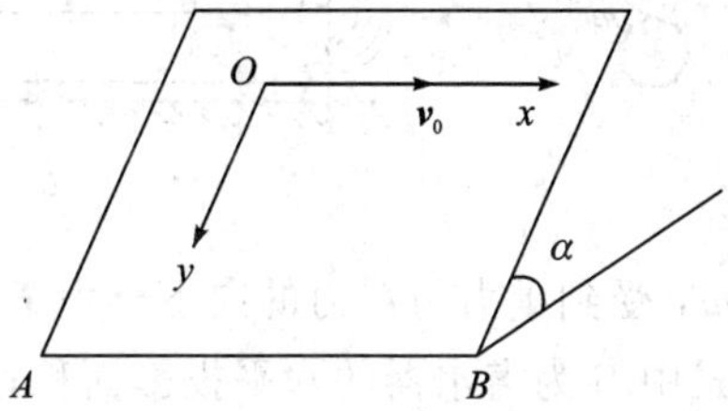

题 9－9 图

9－10　升降机内有两物体，质量分别为 m_1 和 m_2，且 $m_2=2m_1$，用细绳连接跨过滑轮，绳子不可伸长，滑轮质量及一切摩擦都忽略不计，如题 9－10 图所示。当升降机以匀加速 $\boldsymbol{a}=\frac{1}{2}\boldsymbol{g}$ 上升时，求 m_1 和 m_2 相对升降机的加速度。

9－11　质量为 10 kg 的物体做直线运动，受力与坐标关系如题 9－11 图所示。当 $x=0$

时，$v=1$ m/s，试求 $x=16$ m 时，$v=$？

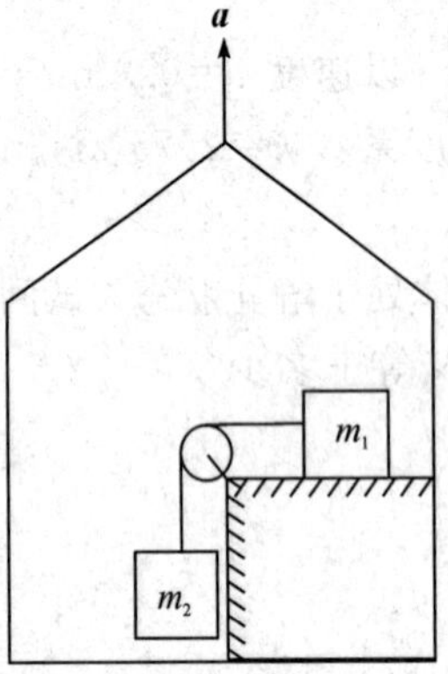

题 9 - 10 图

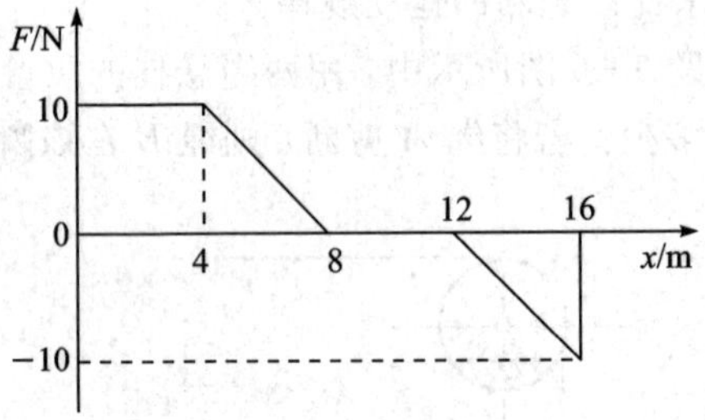

题 9 - 11 图

9 - 12　滑翔机受空气阻力 $\boldsymbol{F}_1=-km\boldsymbol{v}$ 作用，其中 k 为比例系数，m 为滑翔机质量，$\boldsymbol{v}$ 为滑翔机的速度。当 $t=0$ 时，$v=v_0$，试求滑翔机由瞬时 $t=0$ 到任意瞬时 t 所飞过的距离，假定滑翔机是沿水平直线飞行的。

9 - 13　如题 9 - 13 图所示，质量为 m 的质点悬在一线上，线的另一端绕在一半径为 R 的固定圆柱体上，构成一摆。设在平衡位置时，线的下垂部分长度为 l，且不计线的质量，试求摆的运动微分方程。

9 - 14　铅垂发射的火箭有一雷达跟踪，如题 9 - 14 图所示。当 $r=1$ km、$\theta=60°$、$\dot{\theta}=0.02$ rad/s 且 $\ddot{\theta}=0.003$ rad/s² 时，火箭的质量为 5000 kg。求此时的喷射反推力 $\boldsymbol{F}$。

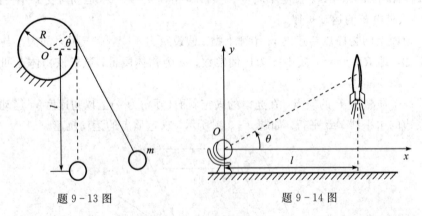

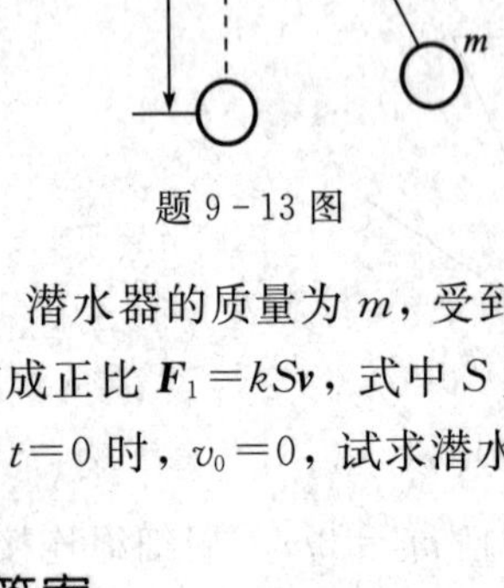

题 9 - 13 图

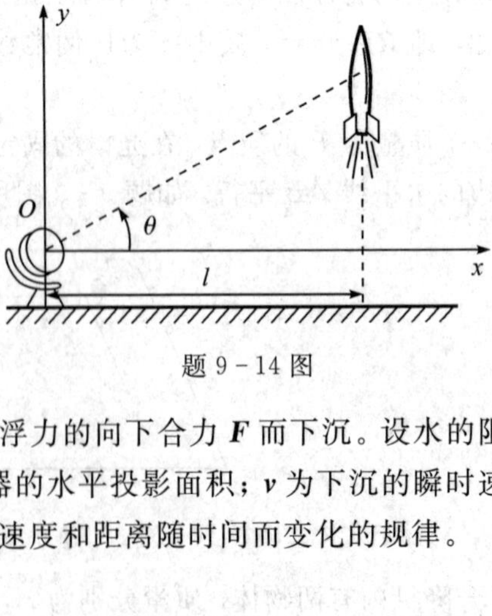

题 9 - 14 图

9 - 15　潜水器的质量为 m，受到重力与浮力的向下合力 $\boldsymbol{F}$ 而下沉。设水的阻力 $\boldsymbol{F}_1$ 与速度的一次方成正比 $\boldsymbol{F}_1=kS\boldsymbol{v}$，式中 S 为潜水器的水平投影面积；$\boldsymbol{v}$ 为下沉的瞬时速度；k 为比例常数。若 $t=0$ 时，$v_0=0$，试求潜水器下沉速度和距离随时间而变化的规律。

习题参考答案

9 - 1　$a=3$ m/s²

9 - 2　$t=10.2$ s，$s=102$ m

9-3 $h=78.4$ mm

9-4 $t=2.02$ s，$s=7.07$ m

9-5 $x=9.9\sin(30.3t)$

9-6 $F_A=mg$，$F_B=\sqrt{2}mg$；$F_B=\frac{\sqrt{2}}{2}mg$

9-7 $t\leqslant 5/3$ s时，$s=0$；$t>5/3$ s时，$s=0.02(t-5/3)^3$ m

9-8 $v_1=v_0/\sqrt{1+\frac{kv_0}{g}}$

9-9 $y=\frac{1}{2v_0^2}g\sin\alpha\cdot x^2$

9-10 $a'=g$，方向向下

9-11 $v=3$ m/s

9-12 $x=\frac{v_0}{k}(1-e^{-kt})$

9-13 $(l+R\theta)\ddot{\theta}+R\dot{\theta}^2+g\sin\theta=0$

9-14 $F=488.56$ kN

9-15 $v=F(1-e^{-\frac{ks}{m}t})/(kS)$ $x=F[t-m(1-e^{\frac{-ks}{m}t})/(kS)]/(kS)$

第10章　动量定理

质点动力学问题，可通过建立质点运动微分方程来求解。对于质点系动力学问题的求解，从理论上来讲，可列出质点系中每一个质点的运动微分方程，依据运动的初始条件、质点间的约束方程，通过求解运动微分方程组，得出每一个质点的运动。但在实际求解时，会遇到数学上的困难以致不能得到问题的解析解答。工程中的大量质点系的动力学问题，往往只需要知道质点系整体运动的特征，如刚体质心的运动和绕质心的转动，管道中单位质量流体运动速度的变化等，这些情况可用动力学普遍定理求解。

动力学普遍定理包括动量定理、动量矩定理和动能定理。这些定理从不同的侧面揭示了质点和质点系总体的运动变化与作用量之间的关系，对物体的机械运动进行深入的研究。本章介绍动量定理，该定理建立了质点、质点系的动量与作用于质点、质点系上力的冲量间的关系，并介绍动量定理的另一种形式——质点系质心运动定理。

10.1　动量和冲量

1. 动量

经验表明，物体在传递机械运动时产生的作用力的大小，既与物体的运动速度有关，也与其质量有关。例如，步枪子弹的质量小，但速度很大，这就足以穿透钢板；轮船靠岸时，速度虽小，但其质量很大，这就具有很大的撞击力。在力学中，把质点的质量 m 与其速度 $\boldsymbol{v}$ 的乘积称为质点的动量，并用以作为某瞬时其机械运动强弱的一种度量，以 $m\boldsymbol{v}$ 表示，它是一个矢量，其方向与质点的速度方向相同。在国际单位制中，动量的单位是 kg·m/s。

n 个质点组成的质点系中，若第 i 个质点的质量为 m_i、瞬时速度为$\boldsymbol{v}_i$，则质点系的动量为

$$\boldsymbol{p} = \sum_{i=1}^{n} m_i \boldsymbol{v}_i \tag{10-1}$$

若第 i 个质点的矢径为 $\boldsymbol{r}_i$，将其速度$\boldsymbol{v}_i=\dfrac{\mathrm{d}\boldsymbol{r}_i}{\mathrm{d}t}$代入式(10-1)，得

$$\boldsymbol{p} = \sum m_i \boldsymbol{v}_i = \sum m_i \frac{\mathrm{d}\boldsymbol{r}_i}{\mathrm{d}t} = \frac{\mathrm{d}}{\mathrm{d}t}\sum m_i \boldsymbol{r}_i$$

由式(4-27)有

$$\boldsymbol{p} = \frac{\mathrm{d}}{\mathrm{d}t}\sum m_i \boldsymbol{r}_i = \frac{\mathrm{d}}{\mathrm{d}t}(m\boldsymbol{r}_C) = m\boldsymbol{v}_C \tag{10-2}$$

式中，$\boldsymbol{v}_C$ 为质点系质心 C 的速度。由此可见，质点系的总质量与其质心速度的乘积等于质点系的动量。这也说明动量是描述质心运动的一个物理量。

在 $Oxyz$ 坐标系上，式(10-2)在各轴上的投影为

$$p_x = mv_{cx}, \quad p_y = mv_{cy}, \quad p_z = mv_{cz} \tag{10-3}$$

刚体是由无数个质点组成的质点系，其动量用式(10-2)计算是非常方便的。

对于 n 个刚体组成的刚体系统，若第 i 个刚体的质量为 m_i，其质心 C_i 的瞬时速度为 $\boldsymbol{v}_{ci}$，

则刚体系统的动量为

$$\boldsymbol{p} = \sum m_i \boldsymbol{v}_{ci} \tag{10-4}$$

式(10-4)的投影式为

$$p_x = \sum mv_{cx}, \quad p_y = \sum mv_{cy}, \quad p_z = \sum mv_{cz} \tag{10-5}$$

【例 10-1】 求图 10-1 所示的均质轮与均质杆的动量。已知各构件的质量分别为 m、质心速度大小为 $\boldsymbol{v}_C$。

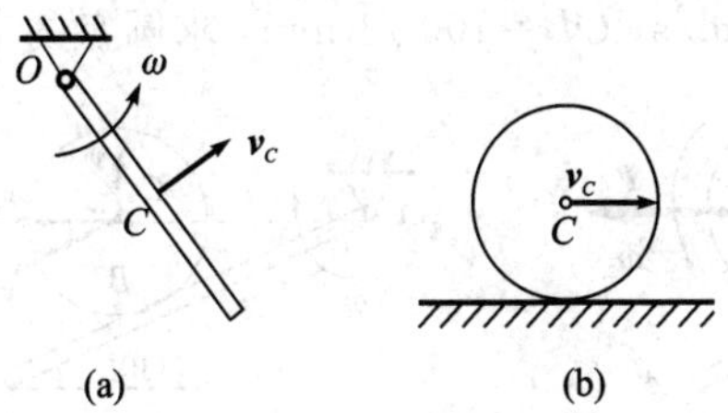

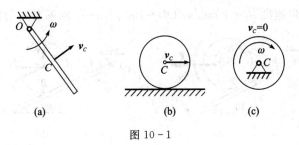

图 10-1

解 对于图 10-1 所示的构件，其动量分别为

(1) 细杆的质心速度为 $v_C=\frac{l}{2}\omega$，则其动量的大小为$\frac{l}{2}m\omega$，方向与 $\boldsymbol{v}_C$ 相同。

(2) 做平面运动的均质轮的质心速度为 $\boldsymbol{v}_C$，则其动量大小为 mv_C，方向与 $\boldsymbol{v}_C$ 相同。

(3) 做定轴转动的均质轮，由于其质心不动，其动量为零。

【例 10-2】 对于图 10-2 所示的系统，已知 $m_1=2m_2=4m_3=4m$，$\theta=45°$，求质点系的动量。

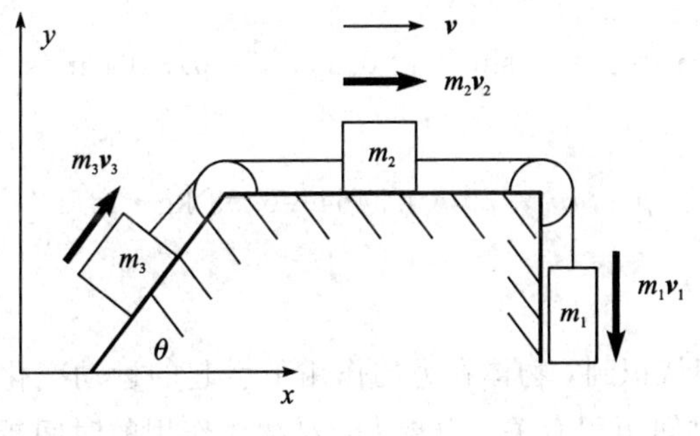

图 10-2

解 由式(10-4)有：

$$\boldsymbol{p} = \sum m_i \boldsymbol{v}_i = m_1 \boldsymbol{v}_1 + m_2 \boldsymbol{v}_2 + m_3 \boldsymbol{v}_3$$

上式分别在 x、y 轴上的投影为

$$p_x = m_2 v_2 + m_3 v_3 \cos\theta = 2mv + mv \times \frac{\sqrt{2}}{2} = 2.707mv$$

$$p_y = - m_1 v_1 + m_3 v_3 \sin\theta = - 4mv + mv \times \frac{\sqrt{2}}{2} = - 3.293mv$$

动量的大小：

$$p=\sqrt{p_x^2+p_y^2}=4.263mv$$

动量的方向：

$$\cos\alpha=\frac{p_x}{p}=0.635,\ \cos\beta=\frac{p_y}{p}=-0.7725$$

解得

$$\alpha=-50.58°,\ \beta=-140.58°$$

【例 10-3】 OA 杆绕 O 轴逆时针转动，均质圆盘沿 OA 杆做纯滚动。已知圆盘的质量 $m=20$ kg，半径 $R=100$ mm。在图示位置时，OA 杆的倾角为 30°，其角速度 $\omega_1=1$ rad/s，圆盘相对 OA 杆转动的角速度 $\omega_2=4$ rad/s，$OB=100\sqrt{3}$ mm，求圆盘的动量。

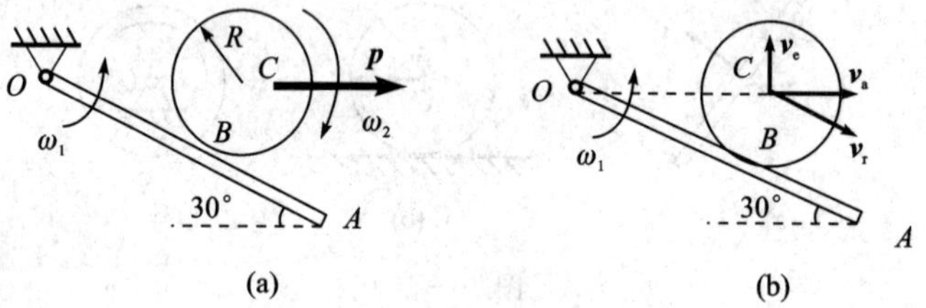

图 10-3

解 取 C 为动点，动系与 OA 固连，圆盘上 C 点的速度矢量图如图 10-3(b)所示。

C 点牵连速度的大小为

$$v_e=OC\cdot\omega_1=0.2\times1=0.2\ \text{m/s}$$

C 点相对速度的大小为

$$v_r=R\cdot\omega_2=0.1\times4=0.4\ \text{m/s}$$

于是，C 点绝对速度的大小为

$$v_C=v_a=v_r\sin 60°=0.4\times\frac{\sqrt{3}}{2}=0.3464\ \text{m/s}$$

所以圆盘动量的大小为

$$p=mv_C=20\times0.3464=6.93\ \text{kg}\cdot\text{m/s}$$

方向水平向右。

2. 冲量

在工程实践中，人们认识到，物体在力的作用下引起的运动变化，不仅与力的大小和方向有关，还与力作用的时间历程有关。力越大，对物体作用的时间越长，则物体的运动状态改变也越大。例如，用马车运送货物，经过一段时间后，才能使得车速达到一定值；若改用汽车运输，只需要很短的时间，便能达到同样的速度。力学中，将作用于物体上的力与其作用时间的累积效果，称为力的冲量。力的冲量是矢量。

(1) 力 $\boldsymbol{F}$ 是常矢量。若力作用的时间为 t，则力 $\boldsymbol{F}$ 的冲量为

$$\boldsymbol{I}=\boldsymbol{F}t \tag{10-6}$$

(2) 力 $\boldsymbol{F}$ 是变量。在微小时间间隔 $\mathrm{d}t$ 内，力 $\boldsymbol{F}$ 的冲量(元冲量)为

$$\mathrm{d}\boldsymbol{I}=\boldsymbol{F}\mathrm{d}t$$

力 $\boldsymbol{F}$ 在作用时间($t_2\sim t_1$)内的冲量应为

$$\boldsymbol{I}=\int_{t_1}^{t_2}\boldsymbol{F}\mathrm{d}t \tag{10-7}$$

(3) 合力的冲量。设有力 $\boldsymbol{F}_1$，$\boldsymbol{F}_2$，…，$\boldsymbol{F}_n$ 作用于质点，其合力为 $\boldsymbol{R}$，则合力 $\boldsymbol{R}$ 的冲量为

$$\boldsymbol{I}=\int_{t_1}^{t_2}\boldsymbol{R}\mathrm{d}t=\int_{t_1}^{t_2}\sum\boldsymbol{F}_i\mathrm{d}t=\sum\int_{t_1}^{t_2}\boldsymbol{F}_i\mathrm{d}t=\sum\boldsymbol{I}_i \tag{10-8}$$

即合力的冲量等于各分力冲量的矢量和。冲量也有投影式。

在国际单位制中，冲量的单位是力的单位与时间单位的乘积，即 $\mathrm{N\cdot s=kg\cdot m/s^2\cdot s=kg\cdot m/s}$，可见冲量与动量的单位相同。

10.2 质点、质点系的动量定理

1. 质点的动量定理

设质量为 m 的质点，在力 $\boldsymbol{F}$ 的作用下某瞬时速度为 $\boldsymbol{v}$，由牛顿第二定律，有

$$m\boldsymbol{a}=m\frac{\mathrm{d}\boldsymbol{v}}{\mathrm{d}t}=\frac{\mathrm{d}}{\mathrm{d}t}(m\boldsymbol{v})=\boldsymbol{F}$$

即

$$\mathrm{d}(m\boldsymbol{v})=\boldsymbol{F}\mathrm{d}t \tag{10-9}$$

上式是质点动量定理的微分形式，即质点动量的微分等于作用于质点上的力的元冲量。

设质点在时间 $\Delta t=t_2-t_1$，速度由 $\boldsymbol{v}_1$ 变到 $\boldsymbol{v}_2$，将上式积分得

$$m\boldsymbol{v}_2-m\boldsymbol{v}_1=\int_{t_1}^{t_2}\boldsymbol{F}\mathrm{d}t=\boldsymbol{I} \tag{10-10a}$$

式(10-10a)是质点动量定理的积分形式，**即在某一时间内，质点动量的变化等于作用于质点的力在此段时间内的冲量。**

在 $Oxyz$ 坐标系下，式(10-10a)的投影形式为

$$\left.\begin{aligned}mv_{2x}-mv_{1x}&=\int_{t_1}^{t_2}F_x\mathrm{d}t\\ mv_{2y}-mv_{1y}&=\int_{t_1}^{t_2}F_y\mathrm{d}t\\ mv_{2z}-mv_{1z}&=\int_{t_1}^{t_2}F_z\mathrm{d}t\end{aligned}\right\} \tag{10-10b}$$

由式(10-10a)有，若力 $\boldsymbol{F}=0$，则 $mv_2-mv_1=0$，即 $mv_2=mv_1$。这种情况称为质点的动量守恒。若力 $\boldsymbol{F}_x=0$，则有 $mv_{2x}-mv_{1x}=0$，即 $mv_{2x}=mv_{x1}$。该式表明质点的动量在 x 轴上的投影保持不变，也就是说质点沿 x 轴做惯性运动。

2. 质点系的动量定理

对 n 个质点组成的质点系，假设第 i 个质点的质量为 m_i，其瞬时速度为 $\boldsymbol{v}_i$；作用于该质点外力的合力为$\boldsymbol{F}_i^{(e)}$，内力的合力为$\boldsymbol{F}_i^{(i)}$。由质点动量定理，有

$$\frac{\mathrm{d}}{\mathrm{d}t}(m_i\boldsymbol{v}_i)=\boldsymbol{F}_i^{(e)}+\boldsymbol{F}_i^{(i)}\quad(i=1,\ \cdots,\ n)$$

将 n 个方程两端分别相加，并交换求和与求导的次序，得

$$\frac{\mathrm{d}}{\mathrm{d}t}\sum m\boldsymbol{v}=\sum\boldsymbol{F}_i^{(e)}+\sum\boldsymbol{F}_i^{(i)}$$

考虑到内力总是大小相等、方向相反成对出现的，即内力的和等于零，于是有

$$\frac{\mathrm{d}}{\mathrm{d}t}\sum m\boldsymbol{v} = \frac{\mathrm{d}\boldsymbol{p}}{\mathrm{d}t} = \sum \boldsymbol{F}_i^{(e)} \tag{10-11}$$

即质点系的动量对于时间的导数等于作用于该质点系所有外力的矢量和。该式为质点系动量定理的微分形式。

由式(10-11)有

$$\mathrm{d}\left(\sum m\boldsymbol{v}\right) = \mathrm{d}\boldsymbol{p} = \sum \boldsymbol{F}_i^{(e)}\,\mathrm{d}t = \sum \mathrm{d}\,\boldsymbol{I}_i^{(e)}$$

在时间间隔($t_2 \sim t_1$)内积分，得到积分形式的动量定理，即

$$\boldsymbol{p}_2 - \boldsymbol{p}_1 = \sum \boldsymbol{I}_i^{(e)} \tag{10-12}$$

式中，$\sum m\boldsymbol{v}_2 = \boldsymbol{p}_2$，$\sum m\boldsymbol{v}_1 = \boldsymbol{p}_1$，$\sum \boldsymbol{F}_i^{(e)}\,\mathrm{d}t = \sum \boldsymbol{I}_i^{(e)}$。

式(10-11)、式(10-12)在直角坐标系的投影式为。

$$\frac{\mathrm{d}p_x}{\mathrm{d}t} = \sum F_x^{(e)}，\frac{\mathrm{d}p_y}{\mathrm{d}t} = \sum F_y^{(e)}，\frac{\mathrm{d}p_z}{\mathrm{d}t} = \sum F_z^{(e)} \tag{10-13}$$

$$p_{2x} - p_{1x} = \sum I_x^{(e)}，p_{2y} - p_{1y} = \sum I_y^{(e)}，p_{2z} - p_{1z} = \sum I_z^{(e)} \tag{10-14}$$

由式(10-11)、式(10-12)可知，质点系的内力不影响质点系动量的变化。

【例 10-4】 锤的质量 $m=3000$ kg，从高度 $h=1.5$ m 处自由下落到受锻压的工件上(见图 10-4)，工件发生变形历时 $\tau=0.01$ s，求锤对工件的平均压力。

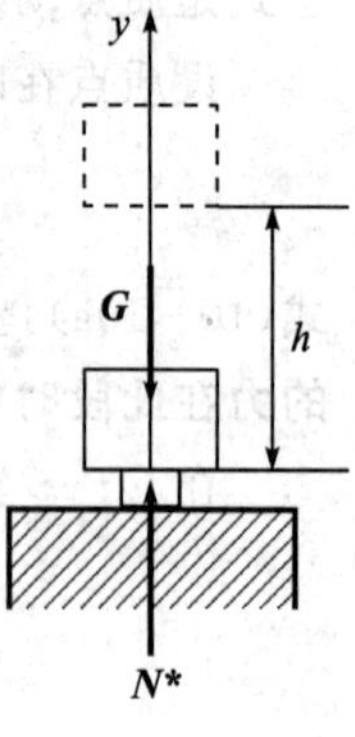

图 10-4

解 以锤为研究对象，锤和工件接触后受力如图 10-4 所示。工件反力是变力，在短暂时间迅速变化，用平均反力 $\boldsymbol{N}^*$ 表示，锤自由下落时间 $t=\sqrt{\dfrac{2h}{g}}$。

由于锤开始下落及接触工件后的速度均为零，在图示坐标系下，有

$$mv_{2y} - mv_{1y} = I_y$$

即

$$0-0=-G(t+\tau)+N^*\tau$$

$$N^* = G\left(\frac{t}{\tau}+1\right) = G\left(\frac{1}{\tau}\sqrt{\frac{2h}{g}}+1\right)$$

$$= 3000 \times 9.8\left(\frac{1}{0.01}\sqrt{\frac{2\times 1.5}{9.8}}+1\right) = 1656\ \mathrm{kN}$$

锤对工件的平均压力与平均反力 $\boldsymbol{N}^*$ 大小相等、方向相反，$\boldsymbol{N}^*$ 的大小是锤的重量 $\boldsymbol{G}=29.4$ kN 的 56 倍，可见这个力是相当大的。

【例 10-5】 电动机用螺栓固定在刚性基础上，设其外壳和定子的总质量为 m_1，质心位于转子转轴的中心 O_1；转子质量为 m_2，由于制造或安装的偏差，转子质心 O_2 不在转轴中心上，偏心距 $O_1O_2=e$，如图 10-5 所示。转子以等角速度 ω 转动，试求基础的约束力。

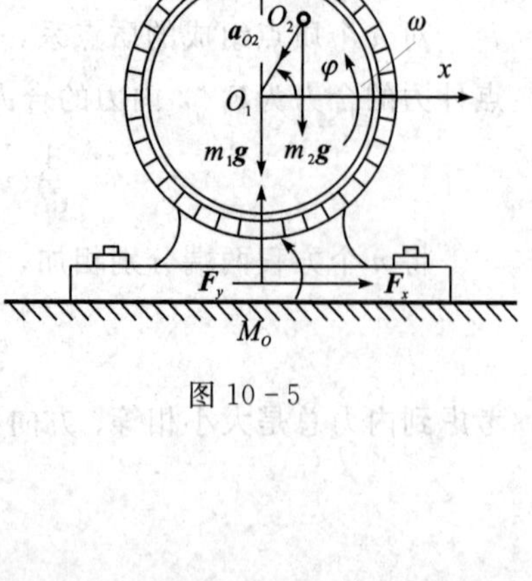

图 10-5

解 取电动机整体为研究对象，作用在其上的力有重力 $m_1\boldsymbol{g}$、$m_2\boldsymbol{g}$，基础的约束力$\boldsymbol{F}_x$、$\boldsymbol{F}_y$ 和M_O，如图 10-5 所

示。由于机壳不动，质点系的动量大小为

$$p=m_2\omega e$$

设 $t=0$ 时，O_1O_2 水平，对于图示坐标系有

$$\frac{\mathrm{d}p_x}{\mathrm{d}t}=F_x,\ \frac{\mathrm{d}p_y}{\mathrm{d}t}=F_y-m_1g-m_2g$$

将 $p_x=-m_2\omega e\sin\omega t$，$p_y=m_2\omega e\cos\omega t$ 代入上式，得到基础约束力为

$$F_x=-m_2e\omega^2\cos\omega t,\ F_y=(m_1+m_2)g-m_2e\omega^2\sin\omega t$$

电动机不工作时，基础力仅有向上的静反力 $(m_1+m_2)\boldsymbol{g}$，电机转动时的基础约束力称为动反力。动反力与静反力的差值是由于系统运动而产生的，可称为附加动反力。本例中，附加动反力均是随时间变化的周期函数，它们是由转子的偏心而产生的，是引起电动机和基础振动的一种干扰力，附加动反力的最大值为 $m_2e\omega^2$。

【例 10－6】 图 10－6 表示水流流经变截面弯管的示意图。设流体是不可压缩的理想流体，而且流动是定常的。求流体对管壁的作用力。

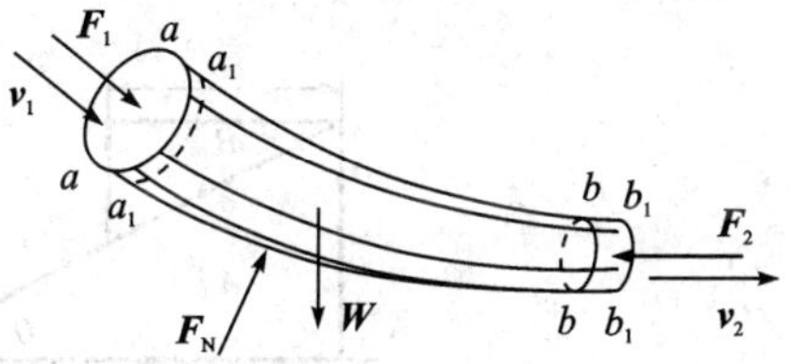

图 10－6

解 从管中任意取出两个截面 aa 和 bb 之间的流体为研究的质点系。作用于质点系的力有分布于体积 $aabb$ 内的重力 $\boldsymbol{W}$，管壁对于流体的作用力 $\boldsymbol{F}_N$ 以及两截面 aa 和 bb 上受到相邻流体的压力 $\boldsymbol{F}_1$ 和 $\boldsymbol{F}_2$。

设流量为 q_v（单位时间流进或流出管子的流体体积），流体密度为 ρ，经过时间 $\mathrm{d}t$ 后，这一部分流体流到截面 a_1a_1 和 b_1b_1 之间，流过截面的质量为 $dm=\rho q_v\mathrm{d}t$，质点系动量改变量为

$$\mathrm{d}\boldsymbol{p}=\boldsymbol{p}_{a_1b_1}-\boldsymbol{p}_{ab}=(\boldsymbol{p}_{a_1b}+\boldsymbol{p}_{bb_1})-(\boldsymbol{p}_{aa_1}+\boldsymbol{p}_{a_1b})$$

于是有

$$\mathrm{d}\boldsymbol{p}=\boldsymbol{p}_{bb_1}-\boldsymbol{p}_{aa_1}$$

将 $\boldsymbol{p}_{bb_1}=\rho q_v\boldsymbol{v}_2\mathrm{d}t$，$\boldsymbol{p}_{aa_1}=\rho q_v\boldsymbol{v}_1\mathrm{d}t$ 代入上式，有

$$\mathrm{d}\boldsymbol{p}=\rho q_v(\boldsymbol{v}_2-\boldsymbol{v}_1)\mathrm{d}t$$

由式(10－8)有

$$\rho q_v(\boldsymbol{v}_2-\boldsymbol{v}_1)=\boldsymbol{W}+\boldsymbol{F}_1+\boldsymbol{F}_2+\boldsymbol{F}_N$$

管壁的反力：

$$\boldsymbol{F}_N=-(\boldsymbol{W}+\boldsymbol{F}_1+\boldsymbol{F}_2)+\rho q_v(\boldsymbol{v}_2-\boldsymbol{v}_1)$$

流体对管壁的作用力与 $\boldsymbol{F}_N$ 的大小相等、方向相反。

管壁对流体的反力 $\boldsymbol{F}_N$ 分为两部分，其中 $\boldsymbol{W}+\boldsymbol{F}_1+\boldsymbol{F}_2$ 为静反力，而 $\rho q_v(\boldsymbol{v}_2-\boldsymbol{v}_1)$ 为附加的动反力。即

$$\boldsymbol{F}_{Nd}=\rho q_v(\boldsymbol{v}_2-\boldsymbol{v}_1)$$

对于不可压缩的定常流动的流体，其流量为

$$q_v=A_1v_1=A_2v_2$$

式中 A 和 v 分别表示曲管中任意截面的面积和流速。

可见只要知道流体的流速和弯管的尺寸，即可求得附加动反力。

3. 质点系动量守恒定律

如果作用于质点系的外力系的主矢等于零，即 $\sum F_i^{(e)}=0$，则质点系的动量保持不

变，即

$$p_2 = p_1 = \text{恒矢量}$$

如果作用于质点系的外力在某一坐标轴上的投影的代数和恒等于零，那么质点系的动量在该轴上的投影保持不变。例如$\sum F_x^{(e)} = 0$，则

$$p_{2x} = p_{1x} = \text{恒量}$$

以上结论称为质点系动量守恒定律。

自然界质点系动量守恒的现象很多，例如，子弹与枪体组成的质点系，射击前其动量等于零，射击时子弹获得向前的动量，而枪体则获得向后的动量(反座现象)；静水中有一不动的小船，人与船组成一质点系，当人从船头走向船尾时，船身则向船头方向移动等。

【例 10-7】 质量为 M 的大三角形柱体，放于光滑水平面上，斜面上另放一质量为 m 的小三角形柱体(见图 10-7 示)，求小三角形柱体滑到底时，大三角形柱体的位移。

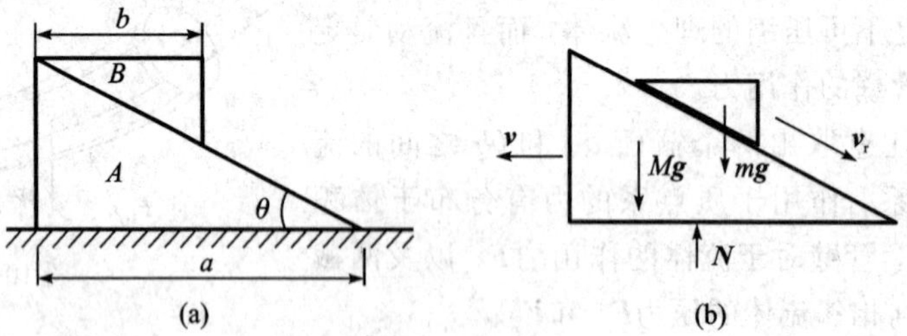

图 10-7

解 选两物体组成的系统为研究对象，受力如图 10-7(b)所示。由于$\sum \boldsymbol{F}_i^{(e)} = 0$，所以质点系动量在水平方向的投影守恒，即 p_x=常量。

设大三角块的速度为 $\boldsymbol{v}$，小三角块相对于大三角块的速度为 $\boldsymbol{v}_r$。由速度合成定理，小三角块的绝对速度为

$$\boldsymbol{v}_a = \boldsymbol{v}_e + \boldsymbol{v}_r$$

因初瞬时，物体系统处于静止状态，故有

$$M(-v) + m(v_{rx} - v) = 0$$

所以

$$\frac{v_{rx}}{v} = \frac{M+m}{m}, \quad \text{即} \ \frac{S_{rx}}{S} = \frac{M+m}{m}$$

大三角形柱体的位移：

$$S = \frac{m}{M+m} S_{rx} = \frac{m}{M+m}(a-b)$$

10.3 质点系的质心运动定理

n 个质点所组成的质点系，其质心的位置由式(4-29)来确定，质点系的动量可由式(10-2)来计算。

将式(10-2)代入式(10-11)有

$$\frac{\mathrm{d}}{\mathrm{d}t}(m\boldsymbol{v}_C)=\sum \boldsymbol{F}_i^{(e)}$$

上式可改写成

$$m\boldsymbol{a}_C=\sum \boldsymbol{F}^{(e)} \tag{10-15}$$

上式表明，质点系的质量与质心加速度的乘积等于作用在质点系上外力的矢量和。这种规律称为质心运动定理(或质心运动微分方程)。其形式与牛顿第二定律的形式完全相同，所以质心的运动可看成一个质点的运动，而这个质点集中了质点系的质量及其所受的外力。

将式(10-15)向直角坐标系 $Oxyz$ 的三坐标轴投影，有

$$ma_{Cx}=\sum F_x^{(e)},\ ma_{Cy}=\sum F_y^{(e)},\ ma_{Cz}=\sum F_z^{(e)} \tag{10-16}$$

由质心运动定理可知，质心的运动只与作用在质点系上的外力有关，与质点系的内力无关。如果外力的主矢恒等于零(或不受外力作用)即 $\sum \boldsymbol{F}^{(e)}\equiv 0$，则 $\boldsymbol{a}_C=0$、$\boldsymbol{v}_C=$ 常矢量，质点系的质心做匀速直线运动；若开始系统处于静止，即 $\boldsymbol{v}_C=0$，则 $\boldsymbol{r}_C=$ 常矢量，质心的位置始终保持不变；如果外力的主矢在某轴上(例如 x 轴)的投影等于零，即 $\sum F_x^{(e)}\equiv 0$，$v_{Cx}=$ 常量，质心沿 x 轴的速度保持不变；若开始时系统处于静止，即 $v_{Cx}=0$，则 $x_C=$ 常量，质心在 x 轴的位置坐标始终保持不变；以上情况称为质心运动守恒。

质心运动守恒的实例很多，例如，把一个站在完全光滑水平面上的人视为一质点系，外力只有人的重量和支承面的铅垂反作用力，即外力在水平方向的投影的代数和为零。因此，如果人开始时静止站着，则人的质心不可能有水平方向的运动，而只能有铅垂方向的运动(如人可以跳起来)。实际上，人的水平运动是靠支承面作用于脚上的摩擦力而产生的。炮弹飞行时，作用于其上的力只有重力(不计空气阻力)，因此炮弹质心的运动和受重力作用的自由质点的运动一样。显然，它的轨迹是抛物线。若炮弹在飞行中爆炸，则爆炸的作用力为炮弹的内力，这些力不会改变炮弹质心运动，炮弹的碎片运动方向可能各不相同，但它们的质心仍然会沿同一抛物线运动，直到有一碎片落地，受到地面的反力，炮弹碎片的质心才离开原抛物线轨迹。定向爆炸施工中，要求将某处的土石抛掷到指定区域，就是利用了这一原理。在爆破山石时，土石块看作质点系，不计空气的阻力，仅受重力作用，土石块的质心运动轨迹就与抛射质点的运动轨迹一样。只要控制好质心的初始速度的大小和方向，使质心的运动轨迹通过指定区域的适当位置，就可使大部分土石块堆落在预定的区域。

【例 10-8】 机构如图 10-8 所示，质量为 m_1 的均质曲柄 AB 长 r，受力偶作用以不变的角速度 ω 转动，并带动质量为 m_2 的滑槽、连杆及活塞 D 运动。活塞上作用一恒力 $\boldsymbol{F}$。若不计摩擦及滑块 B 的质量，求作用在 A 处的最大水平分力。

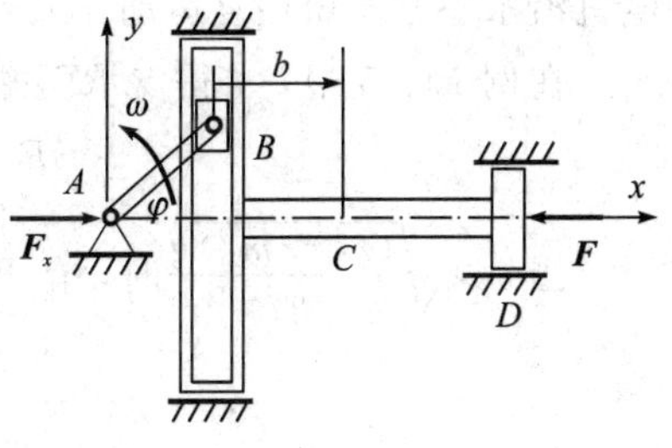

图 10-8

解　取整个机构系统为研究对象。系统受到水平方向的外力有主动力 $\boldsymbol{F}$ 和约束反力 $\boldsymbol{F}_x$。在图示的坐标系中，质心的坐标：

$$x_C=\left[m_1\frac{r}{2}\cos\varphi+m_2(r\cos\varphi+b)\right]\cdot\frac{1}{m_1+m_2}$$

质心在 x 方向的加速度：

$$a_{Cx}=\frac{d^2x_C}{dt^2}=\frac{-r\omega^2}{m_1+m_2}\left(\frac{m_1}{2}+m_2\right)\cos\omega t$$

由式(10－16)有：

$$(m_1+m_2)a_{Cx}=F_x-F$$

解得

$$F_x=F-r\omega^2\left(\frac{m_1}{2}+m_2\right)\cos\omega t$$

最大水平分力：

$$F_{\max}=F+r\omega^2\left(\frac{m_1}{2}+m_2\right)$$

【例 10－9】 在例 10－5 中，若电动机机座与基础之间无螺栓固定，且为光滑接触，初始时电动机静止。求转子以等角速度 ω 转动时电机外壳的运动。

解 取整个系统为研究对象，其受力如图 10－9 所示。电动机在水平方向没有受到外力的作用，即 $\sum F_x^{(e)}=0$，且初始处于静止状态。在图示坐标系中，系统质心的坐标 x_C 保持不变。设初瞬时转子的质心 O_2 处于水平位置，质心坐标为

$$x_{C_1}=\frac{m_2e}{m_1+m_2}$$

当转子转过角度 φ 时，定子应向右移动，设移动距离为 x，则质心坐标为

$$x_{C_2}=\frac{m_1x+m_2(x+e\cos\omega t)}{m_1+m_2}$$

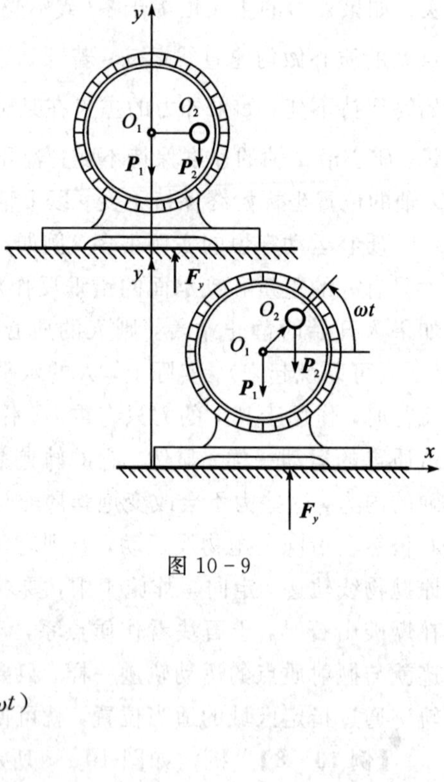

图 10－9

因为在水平方向质心守恒，所以有 $x_{C_1}=x_{C_2}$，解得

$$x=\frac{m_2e}{m_1+m_2}(1-\cos\omega t)$$

电机沿水平方向做往复运动。

在例 10－5 中，求得支承面的法向约束力为

$$F_y=(m_1+m_2)g-m_2e\omega^2\sin\omega t$$

当 $\omega>\sqrt{\dfrac{(m_1+m_2)g}{m_2e}}$ 时，有 $F_{y\min}<0$，如果电动机未用螺栓固定，将会产生跳跃运动。

思 考 题

10－1 下列说法是否正确？

(1) 动量是一个瞬时量，相应地冲量也是一个瞬时量。

(2) 当质点做匀速直线运动或变速曲线运动时，它的动量不变。

(3) 内力不能改变质点系的动量，也不能改变质点系中各质点的动量。

10-2 三角形板 ABD 搁置在光滑的水平面上，且从思考题 10-2 图所示位置由静止开始倒下，试问三角形板质心 C 将沿下列哪条曲线运动？

(1) 沿水平直线运动；

(2) 沿以点 D 为圆心，DC 为半径的圆周运动；

(3) 沿抛物线运动；

(4) 沿过点 C 的铅垂线运动。

10-3 两质量相等、半径相同的均质圆盘 A 和 B 放在光滑的水平面上，如思考题 10-3 图所示，在每个圆盘上都作用有大小相等、方向相同的力 $\boldsymbol{F}$，但作用点不同，两圆盘均由静止开始运动，试问两圆盘质心的运动是否相同？

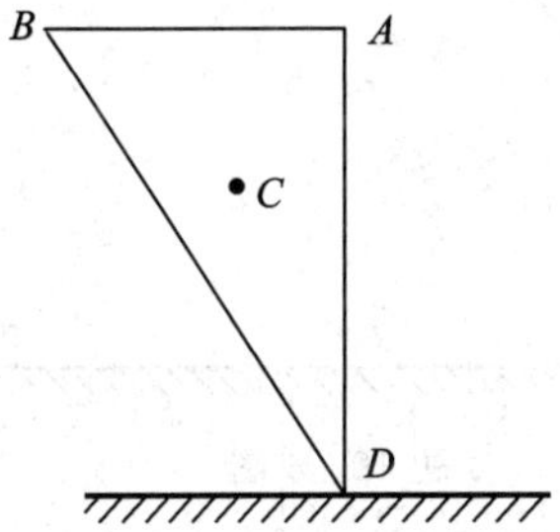

思考题 10-2 图

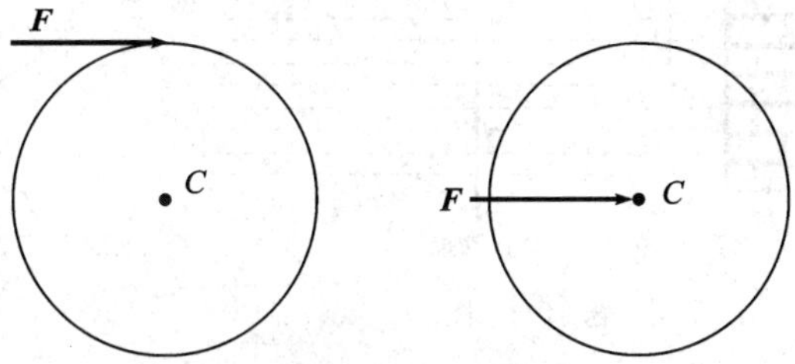

思考题 10-3 图

10-4 刚体受有一群力作用，不论各力作用点如何，此刚体质心的加速度都一样吗？

习 题

10-1 在如题 10-1 图所示的系统中，均质杆 OA、AB 与均质轮的质量均为 m，杆 OA 的长度为 l_1，杆 AB 的长度为 l_2，轮的半径为 R，轮沿水平面做纯滚动运动。在图示瞬时，杆 OA 的角速度为 ω，求整个系统的动量。

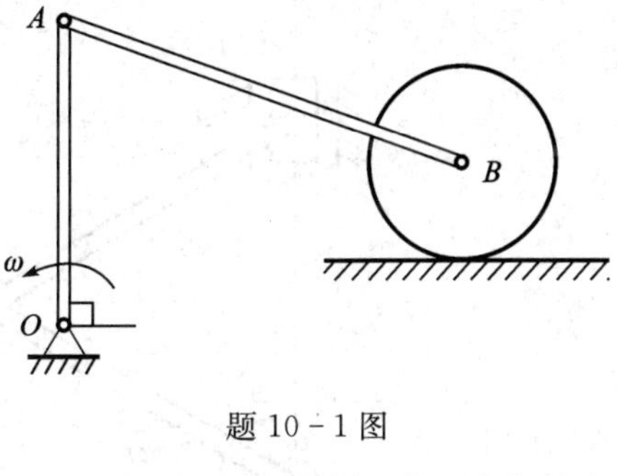

题 10-1 图

10-2 汽车以 36 km/h 的速度在平直道上行驶。设车轮在制动后立即停止转动，问车轮对地面的动摩擦因数 f 应为多大，才能使汽车在制动后 6 s 停止。

10-3 浮动起重机举起质量 $m_1=2000$ kg 的重物(见题 10-3 图)。设起重机质量 $m_2=$ 20 000 kg，杆长 $OA=8$ m；开始时杆与铅直位置成 60°角，水的阻力和杆重均略去不计。当起

重杆 OA 转到与铅直位置成 30°角时，求起重机的位移。

10-4　三个重物的质量分别为 $m_1=20$ kg、$m_2=15$ kg、$m_3=10$ kg，由一绕过两个定滑轮 M 和 N 的绳子相连接，如题 10-4 图所示。当重物 m_1 下降时，重物 m_2 在四棱柱 $ABCD$ 的上面向右移动，而重物 m_3 则沿侧面 AB 上升。四棱柱体的质量 $m=100$ kg。如略去一切摩擦和滑轮、绳子的质量，求当物块 m_1 下降 1 m 时，四棱柱体相对于地面的位移。

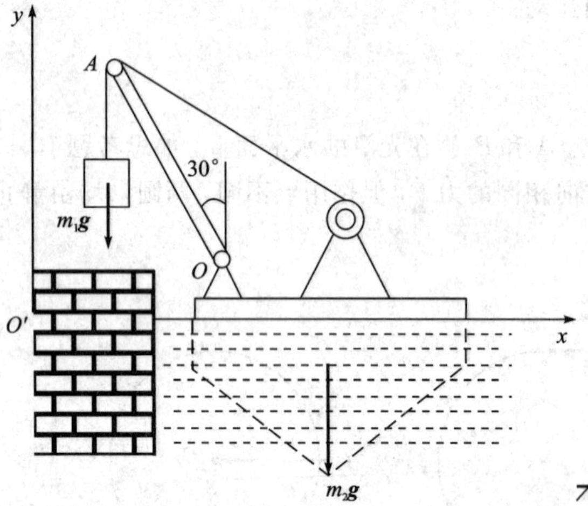

题 10-3 图

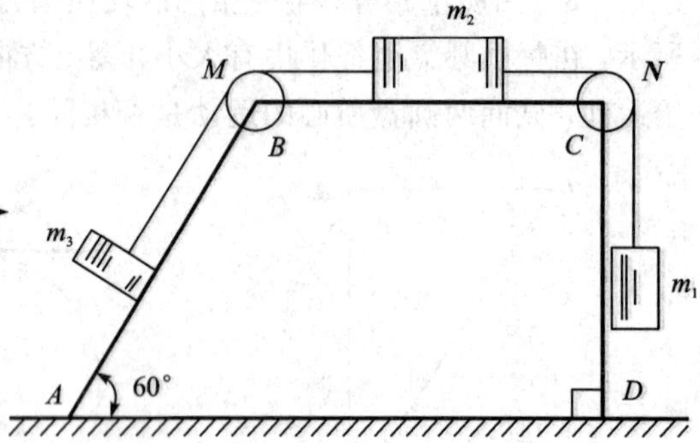

题 10-4 图

10-5　平台车质量 $m_1=500$ kg，可沿水平轨道运动。平台车上站有一人，质量 $m_2=70$ kg，车与人以共同速度 $\boldsymbol{v}_0$ 向右方运动。如果人相对平台车以速度 $v_r=2$ m/s 向左方跳出，不计平台车水平方向的阻力及摩擦，问平台车增加的速度为多少？

10-6　均质杆 AB 长为 l，直立在光滑的水平面上。求它从铅直位置无初速度地倒下时，端点 A 相对题 10-6 图所示坐标系的轨迹。

10-7　如题 10-7 图所示的椭圆规尺 AB 的质量为 $2m_1$，曲柄 OC 的质量为 m_1，而滑块 A 和 B 的质量均为 m_2。已知：$OC=AC=CB=l$；曲柄和尺的质心分别在它们的中点上；曲柄绕轴 O 转动的角速度 ω 为常数。开始时，曲柄水平向右，求此时质点系的动量。

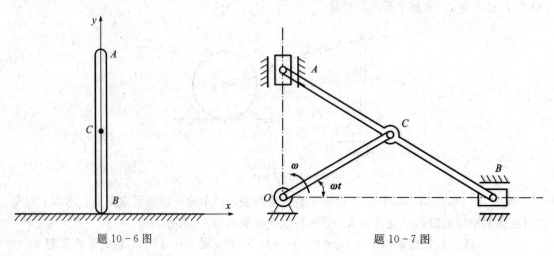

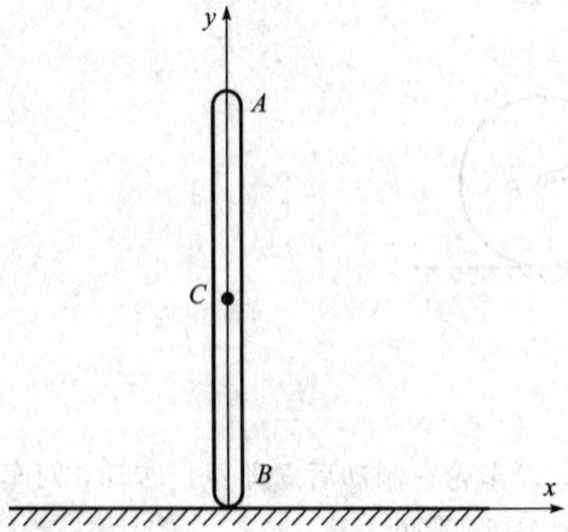

题 10-6 图

题 10-7 图

10-8 跳伞者质量为60 kg，自停留在高空中的直升机中跳出，下落100 m后，将降落伞打开。设开伞前的空气阻力略去不计，伞重不计，开伞后所受的阻力不变，经5 s后跳伞者的速度减为4.3 m/s。求阻力的大小。

10-9 质量为m_1的平台AB放于水平面上(见题10-9图)，平台与水平面间的动滑动摩擦因数为f。质量为m_2的小车D，由绞车拖动，其相对于平台的运动规律为$s=\frac{1}{2}bt^2$，其中b为已知常数。不计绞车的质量，求平台的加速度。

10-10 水流以速度$v_0=2$ m/s流入固定水道，速度方向与水平面成90°角，如题10-10图所示。水流进口截面积为0.02 m²，出口速度为$v_1=4$ m/s，它与水平面成30°角。求水作用在水道壁上的水平方向和铅直方向的附加压力。

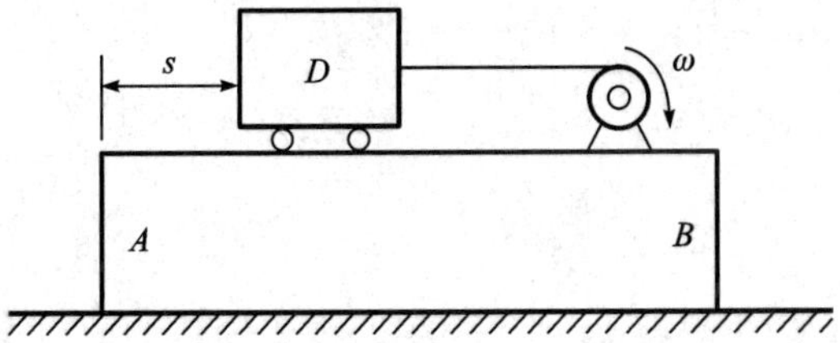

题10-9图

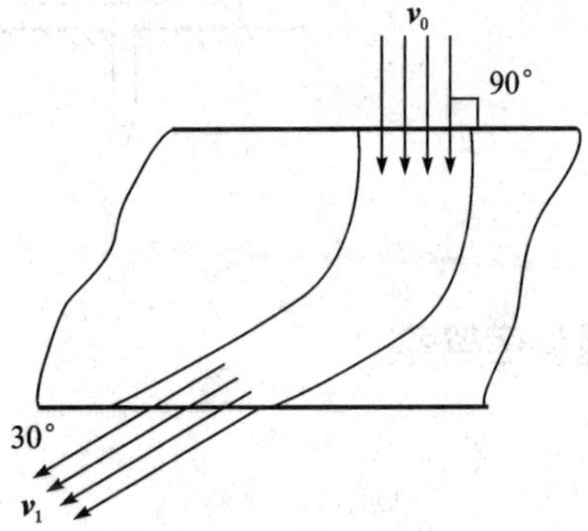

题10-10图

10-11 在题10-11图所示的曲柄滑杆机构中，曲柄以等角速度ω绕轴O转动。开始时，曲柄OA的方向水平向右。已知：曲柄的质量为m_1，滑块A的质量为m_2，滑杆的质量为m_3，曲柄的质心在OA的中点上，且$OA=l$；滑杆的质心在点C处，且$BC=\frac{l}{2}$。求作用点O的最大水平力及质心的运动。

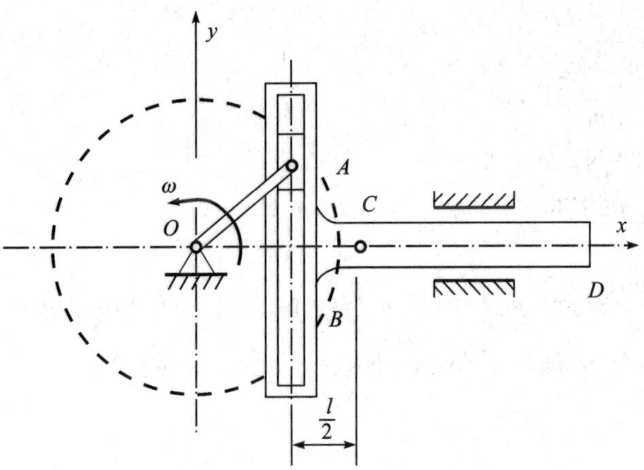

题10-11图

10-12 在如题10-12图所示的凸轮机构中，凸轮以等角速度ω绕定轴O转动。质量为

m_1 的滑杆Ⅰ借右端弹簧的推压而顶在凸轮上，当凸轮转动时，滑杆做往复运动。设凸轮为均质圆盘，质量为 m_2，半径为 r，偏心距为 e，求在任一瞬时机座螺钉的总动约束力。

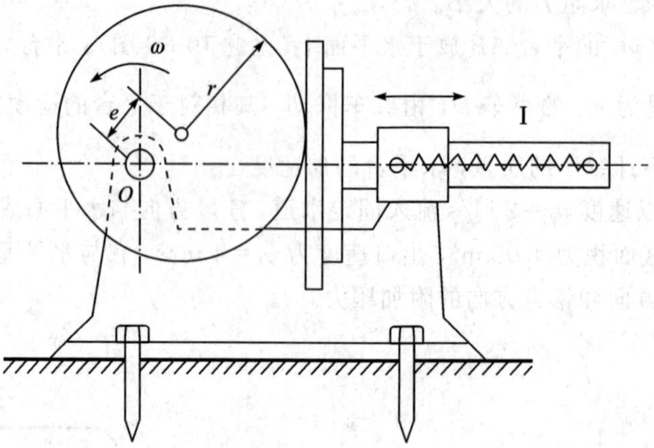

题 10-12 图

习题参考答案

10-1　$\frac{5}{2}ml_1\omega$

10-2　$f=0.17$

10-3　左移 0.266 m

10-4　$X=0.138$ m

10-5　$\Delta v=0.246$ m/s

10-6　$4x^2+y^2=l^2$

10-7　$p=\frac{l\omega}{2}(5m_1+4m_2)$

10-8　$F=1068$ N

10-9　$\alpha_{AB}=\frac{m_2}{m_1+m_2}b-fg$

10-10　$F'_x=139$ N，$F'_y=0$

10-11　$F_{O\max}=\frac{m_1+2m_2+2m_3}{2}l\omega^2$

$$x_c=\left[\frac{m_1 l}{2}\cos\phi+m_2 l\cos\phi+m_3\left(l\cos\phi+\frac{l}{2}\right)\right]/m_1+m_2+m_3$$

10-12　$F'_{Rx}=(m_1+m_2)e\omega^2\cos\omega t$，$F'_{Ry}=-m_2e\omega^2\sin\omega t$

第11章　动量矩定理

动量定理建立了质点和质点系动量变化与作用力之间的关系，只是从一个方面描述了质点系机械运动的状态。然而，动量只是描述物体运动状态的特征量之一，并不能完全描述物体运动的状态。例如，对于刚体绕通过其质心轴的定轴转动，由于其动量恒为零，动量定理无法描述其运动状态变化的情况。本章将介绍的动量矩定理是描述物体相对于某一定点(或定轴)或质心的运动状态的理论，从另一方面揭示了物体机械运动的规律。

11.1　质点和质点系的动量矩

动量矩是表征质点、质点系绕某点或某轴的运动强弱的一种物理量。

1. 质点的动量矩

设质点 M 的质量为 m、瞬时速度为 $\boldsymbol{v}$，相对于点 O 的矢径为 $\boldsymbol{r}$，其动量为 $m\boldsymbol{v}$。质点对于点 O 的动量矩为

$$\boldsymbol{M}_O(m\boldsymbol{v}) = \boldsymbol{r} \times m\boldsymbol{v} \tag{11-1}$$

质点对于点 O 的动量矩是矢量，它垂直于矢径 $\boldsymbol{r}$ 与动量 $m\boldsymbol{v}$ 所形成的平面，其指向按照右手螺旋法则确定，如图 11-1 所示。动量矩的大小为

$$|\boldsymbol{M}_O(m\boldsymbol{v})| = mvr\sin\varphi = 2\triangle OMA$$

式中，$\triangle OMA$ 为三角形 OMA 的面积。在国际单位制中，动量矩的单位为 $\mathrm{kg \cdot m^2/s}$。

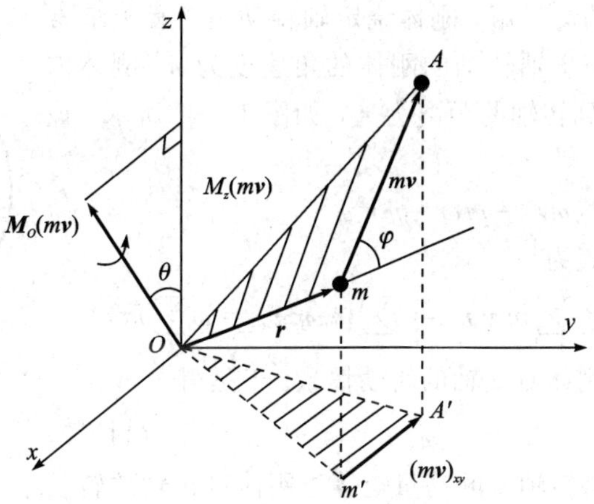

图 11-1

质点的动量 $m\boldsymbol{v}$ 在 Oxy 平面上的投影 $(m\boldsymbol{v})_{xy}$ 对于点 O 的矩定义为质点对于 z 轴的动量矩 $M_z(m\boldsymbol{v})$。质点对点的动量矩为矢量，质点对轴的动量矩是代数量，两者之间的关系如下：

$$M_z(m\boldsymbol{v}) = [\boldsymbol{M}_O(m\boldsymbol{v})]_z \tag{11-2}$$

2. 质点系的动量矩

设质点系由 n 个质点组成，第 i 个质点的动量矩可由式(11-1)确定，则质点系中各质点

对点 O 的动量矩的矢量和为

$$\boldsymbol{L}_O = \sum \boldsymbol{M}_O(m_i\boldsymbol{v}_i) = \sum \boldsymbol{r} \times m\boldsymbol{v} \tag{11-3}$$

若将动力学中某质点的动量 $m_i\boldsymbol{v}_i$ 与静力学空间力系中的 $\boldsymbol{F}_i$ 相对应，则不难发现，动力学中质点动量 $m_i\boldsymbol{v}_i$ 对某点 O 的动量矩 $\boldsymbol{M}_O(m_i\boldsymbol{v}_i)$ 与静力学中 $\boldsymbol{F}_i$ 对某点 O 的力矩 $\boldsymbol{M}_O(\boldsymbol{F}_i)$ 是相对应的。

质点系对 z 轴的动量矩等于各质点对同一 z 轴的动量矩的代数和，即

$$L_z = \sum M_z(m_i\boldsymbol{v}_i) \tag{11-4}$$

与静力学中的力对一点的矩和对经过该点的任一轴的矩的关系相似，质点系对 O 点的动量矩矢在经过 O 点的任一轴上的投影等于质点系对于该轴的动量矩。若过 O 点的为直角坐标系，则有

$$\left.\begin{aligned}
[\boldsymbol{L}_O]_x = L_x = \sum M_x(m_i\boldsymbol{v}_i) \\
[\boldsymbol{L}_O]_y = L_y = \sum M_y(m_i\boldsymbol{v}_i) \\
[\boldsymbol{L}_O]_z = L_z = \sum M_z(m_i\boldsymbol{v}_i)
\end{aligned}\right\} \tag{11-5}$$

下面介绍运动刚体动量矩的计算。

(1) 平动刚体的动量矩。刚体做平动时，每个质点的速度 $\boldsymbol{v}_i = \boldsymbol{v}_C$（质心的速度），即

$$\boldsymbol{L}_O = \sum \boldsymbol{M}_O(m_i\boldsymbol{v}_i) = \sum \boldsymbol{r}_i \times m_i\boldsymbol{v}_i = \left(\sum m_i\boldsymbol{r}_i\right) \times \boldsymbol{v}_C$$

由于 $m\boldsymbol{r}_C = \sum m_i\boldsymbol{r}_i$，所以有

$$\boldsymbol{L}_O = m\boldsymbol{r}_C \times \boldsymbol{v}_C = \boldsymbol{r}_C \times m\boldsymbol{v}_C \tag{11-6}$$

即平动刚体对任一固定点的动量矩等于将刚体全部质量集中于质心的质点对该固定点的动量矩。

(2) 定轴转动刚体的动量矩。刚体绕定轴转动是工程上最常见的一种运动情况。设绕 z 轴转动的刚体的角速度为 ω，刚体内任一质点的质量为 m_i，到转轴的距离为 r_i，如图 11-2 所示。该质点对 z 轴的动量矩为

$$M_z(m\boldsymbol{v}) = mvr = mr^2\omega$$

刚体对 z 轴的动量矩为

$$L_z = \sum M_z(m_i\boldsymbol{v}_i) = \sum m_i v_i r_i = \sum m_i \omega r_i r_i = \omega \sum m_i r_i^2$$

令 $\sum m_i r_i^2 = J_z$，称为刚体对 z 轴的转动惯量。于是得

$$L_z = J_z\omega \tag{11-7}$$

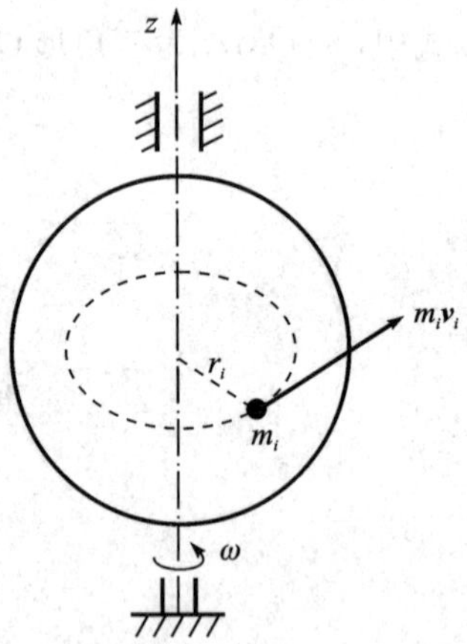

图 11-2

即刚体做定轴转动时，对转轴 z 的动量矩等于刚体对转轴的转动惯量与转动角速度的乘积。

3. 平面运动

由第 8 章可知，具有质量对称平面的平面运动刚体可简化为平面图形 S 在其自身平面内的运动。平面图形 S 的运动可分解为随质心 C 的平动与绕质心 C 的转动。设图 11-3 所示的刚体的质量为 m，转动角速度为 ω，图形质心的速度为 $\boldsymbol{v}_C$，绕过质心 C 且垂直于图形 S 的转轴的转动惯量为 J_C，则刚体对 z 轴的动量矩为

$$L_z = m_z(mv_C) + J_C\omega \tag{11-8}$$

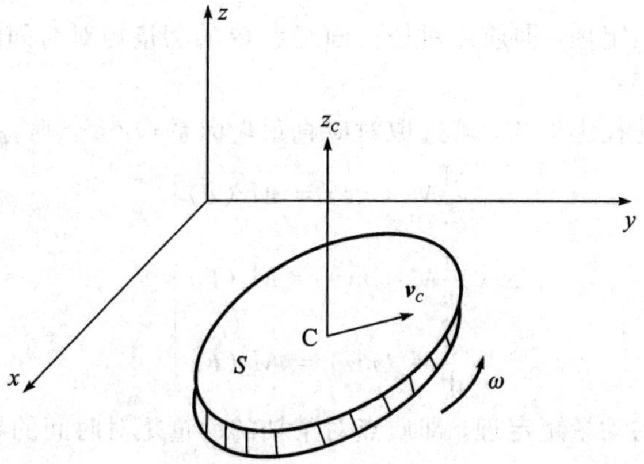

图 11-3

11.2　动量矩定理

动量矩定理建立了质点系(质点)的动量矩与作用于质点系(质点)上的力之矩的关系，用以描述其机械运动的另一形式。

1. 质点的动量矩定理

设质量为 m 的质点，在力 $\boldsymbol{F}$ 的作用下，以速度 $\boldsymbol{v}$ 在运动。质点对定点 O 的动量矩为 $\boldsymbol{M}_O(m\boldsymbol{v})$，力 $\boldsymbol{F}$ 对 O 的矩为 $\boldsymbol{M}_O(\boldsymbol{F})=\boldsymbol{r}\times\boldsymbol{F}$，如图 11-4 所示。

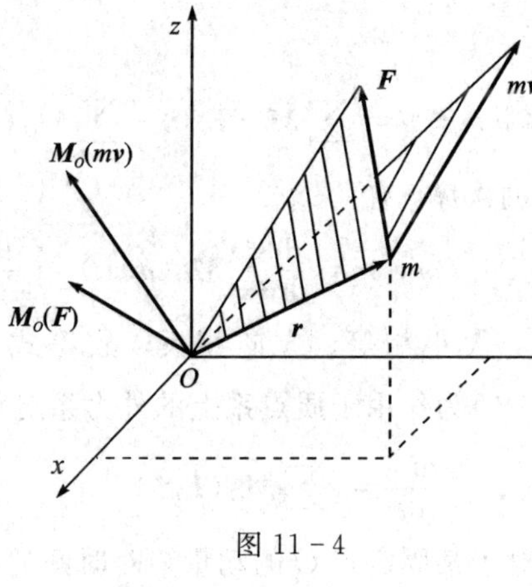

图 11-4

对动量矩求导，得

$$\frac{\mathrm{d}}{\mathrm{d}t}\boldsymbol{M}_O(m\boldsymbol{v}) = \frac{\mathrm{d}}{\mathrm{d}t}(\boldsymbol{r}\times m\boldsymbol{v}) = \frac{\mathrm{d}\boldsymbol{r}}{\mathrm{d}t}\times m\boldsymbol{v} + \boldsymbol{r}\times\frac{\mathrm{d}}{\mathrm{d}t}(m\boldsymbol{v})$$

根据式(10-9)，并注意到$\frac{\mathrm{d}\boldsymbol{r}}{\mathrm{d}t}=\boldsymbol{v}$，可将上式写为

$$\frac{\mathrm{d}}{\mathrm{d}t}\boldsymbol{M}_O(m\boldsymbol{v}) = \boldsymbol{v}\times m\boldsymbol{v} + \boldsymbol{r}\times\boldsymbol{F}$$

由于 $\boldsymbol{v}\times m\boldsymbol{v}=0$，于是有

$$\frac{\mathrm{d}}{\mathrm{d}t}\boldsymbol{M}_O(m\boldsymbol{v}) = \boldsymbol{M}_O(\boldsymbol{F}) \tag{11-9}$$

上式称为质点的动量矩定理，即质点对任一固定点 O 的动量矩对时间的导数等于作用在质点上的力对同一点的力矩。

在应用时常取它的投影形式，若选取对应直角坐标系 $Oxyz$，则有

$$\left.\begin{aligned}\frac{\mathrm{d}}{\mathrm{d}t}M_x(m\boldsymbol{v}) &= M_x(\boldsymbol{F})\\ \frac{\mathrm{d}}{\mathrm{d}t}M_y(m\boldsymbol{v}) &= M_y(\boldsymbol{F})\\ \frac{\mathrm{d}}{\mathrm{d}t}M_z(m\boldsymbol{v}) &= M_z(\boldsymbol{F})\end{aligned}\right\} \tag{11-10}$$

上式也称为对轴的动量矩定理，即质点对某轴的动量矩对时间的导数等于作用于质点上的力对同一轴之矩。

由式(11－9)可知，如果作用于质点上的力对某点 O 之矩恒等于零，则质点的动量对同一点之矩保持不变，即 $\boldsymbol{M}_O(m\boldsymbol{v})$为常矢量。

如果作用于质点上的力对 x 轴之矩恒等于零，则质点的动量对该轴的矩保持不变，即 $M_x(m\boldsymbol{v})=$常量。

以上两种情况均称为**质点的动量矩守恒**。

2. 质点系的动量矩定理

设质点系内有 n 个质点，第 i 个质点的质量为 m_i，速度为 $\boldsymbol{v}_i$，其上作用有内力 $\boldsymbol{F}_i^{(i)}$ 和外力 $\boldsymbol{F}_i^{(e)}$。由式(11－9)有

$$\frac{\mathrm{d}}{\mathrm{d}t}\boldsymbol{M}_O(m_i\boldsymbol{v}_i) = \boldsymbol{M}_O(\boldsymbol{F}) = \boldsymbol{M}_O(\boldsymbol{F}_i^{(i)}) + \boldsymbol{M}_O(\boldsymbol{F}_i^{(e)})\,(i = 1,\,2,\,\cdots,\,n)$$

求这 n 个方程的矢量和，得到

$$\sum \frac{\mathrm{d}}{\mathrm{d}t}\boldsymbol{M}_O(m_i\boldsymbol{v}_i) = \sum \boldsymbol{M}_O(\boldsymbol{F}_i^{(i)}) + \sum \boldsymbol{M}_O(\boldsymbol{F}_i^{(e)})$$

上式等式左边交换微分与求和的次序，有

$$\sum \frac{\mathrm{d}}{\mathrm{d}t}\boldsymbol{M}_O(m_i\boldsymbol{v}_i) = \frac{\mathrm{d}}{\mathrm{d}t}\sum \boldsymbol{M}_O(m_i\boldsymbol{v}_i) = \frac{\mathrm{d}\boldsymbol{L}_O}{\mathrm{d}t}$$

右边由于内力是成对的出现，大小相等、方向相反，故等式右边第一项的和为零，即 $\sum \boldsymbol{M}_O(\boldsymbol{F}_i^{(i)}) = 0$，而 $\sum \boldsymbol{M}_O(\boldsymbol{F}_i^{(e)})$为作用于质点系上的外力系对点 O 的主矩。于是有

$$\frac{\mathrm{d}\boldsymbol{L}_O}{\mathrm{d}t} = \sum \boldsymbol{M}_O(\boldsymbol{F}_i^{(e)}) \tag{11-11}$$

式(11－11)表明：质点系对于某固定点 O 的动量矩对时间的导数，等于作用在质点系上的所有外力对于同一点的矩的矢量和。式(11－11)称为质点系的动量矩定理。

将式(11－11)向通过 O 点的三个直角坐标轴上投影，得到对轴的动量矩定理：

$$\left.\begin{aligned}\frac{\mathrm{d}}{\mathrm{d}t}L_x &= \sum M_x(\boldsymbol{F}_i^{(e)})\\ \frac{\mathrm{d}}{\mathrm{d}t}L_y &= \sum M_y(\boldsymbol{F}_i^{(e)})\\ \frac{\mathrm{d}}{\mathrm{d}t}L_z &= \sum M_z(\boldsymbol{F}_i^{(e)})\end{aligned}\right\} \tag{11-12}$$

即质点系对于某定轴的动量矩对时间的导数，等于作用于质点系上的所有外力对同一轴之矩的代数和。

在此应指出，上述的动量矩定理是对固定点或固定轴而言的。对于一般的动点，动量矩定理有较为复杂的表达形式。

由式(11－11)可知，如果作用于质点系上的外力对某定点 O 的主矩等于零，即 $\sum \boldsymbol{M}_O(\boldsymbol{F}_i^{(e)})=0$，则质点系对该点的动量矩保持不变，即 $\boldsymbol{L}_O=$ 常矢量。

如果作用于质点系上的外力系对于某定轴力矩的代数和等于零，即 $\sum M_z(\boldsymbol{F}_i^{(e)})=0$，则质点系对该轴的动量矩保持不变，即 $L_z=$ 常量。

这两种情况称为**质点系的动量矩守恒**。

【例 11－1】 图 11－5 所示为高炉运送矿石所用的卷扬机。已知鼓轮的重量为 $\boldsymbol{P}_1$、半径为 R，小车和矿石总重量为 $\boldsymbol{P}$，轨道的倾角为 α。设作用在鼓轮上的力矩 M 为常量，不计摩擦和绳的质量，求小车的加速度 $\boldsymbol{a}$。

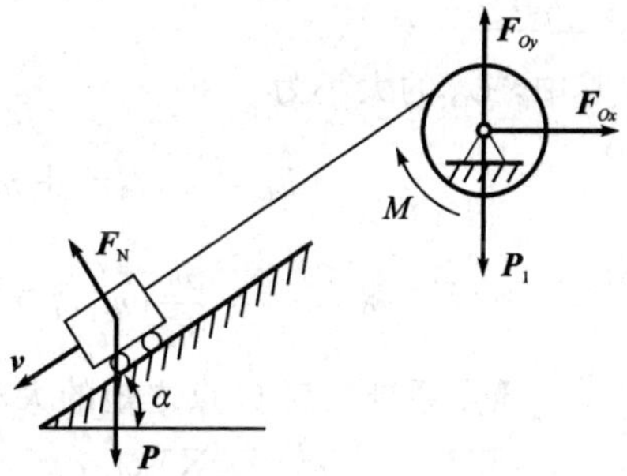

图 11－5

解　(1) 选取小车、鼓轮为研究对象。

(2) 受力分析如图 11－5 所示。不计摩擦，由于 $F_N=P\cos\alpha$，且两力的方向相反，故外力系对轴 O 的主矩大小为

$$M_O=\sum M_O(\boldsymbol{F}_i)=-M+PR\sin\alpha$$

(3) 运动分析。小车做直线运动，设其速度为 $\boldsymbol{v}$，则鼓轮的角速度 $\omega=\dfrac{v}{R}$，质点系对轴 O 的动量矩大小为

$$L_O=J_O\omega+\frac{P}{g}vr=\frac{P_1}{2g}R^2\omega+\frac{P}{g}vR=\frac{P_1+2P}{2g}Rv$$

(4) 求解。列出质点系动量矩方程：

$$\frac{P_1+2P}{2g}R\frac{\mathrm{d}v}{\mathrm{d}t}=-M+PR\sin\alpha$$

解得

$$a=\frac{\mathrm{d}v}{\mathrm{d}t}=\frac{-2(M-PR\sin\alpha)}{(P_1+2P)R}g$$

若 $M>P\sin\alpha$，则 $a<0$，小车的加速度沿斜坡向上。这是因为计算本题时，动量矩、力矩以逆时针转向为正，因此小车的加速度沿斜面向下为正。

【例 11－2】 塔轮分别由半径为 r_1 和 r_2 的两个匀质圆盘固连在一起组成，它的总质量为 m，对水平轴 O 的转动惯量为 J_O。两轮上各缠有绳索，并挂有重物 A 和 B，如图 11－6(a)所示。重物 A 和 B 的质量分别为 m_1 和 m_2。如果不计绳索质量和轴承 O 处的摩擦，求塔轮的角加速度 $\boldsymbol{\alpha}$。

解　取整个系统为研究对象，受力分析和运动分析如图 11－6(a)所示。根据质点系动量矩定理，有

$$\frac{\mathrm{d}\boldsymbol{L}_O}{\mathrm{d}t}=\sum M_O(\boldsymbol{F}_i) \tag{1}$$

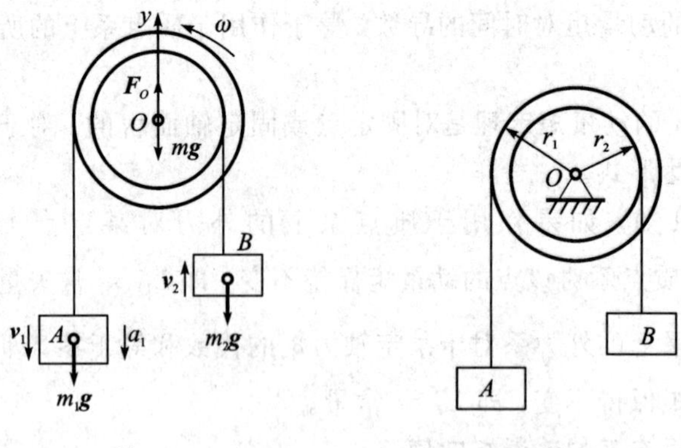

(a) (b)

图 11-6

其中，$\boldsymbol{L}_O$ 的大小为

$$L_O = m_1 v_1 r_1 + m_2 v_2 r_2 + J_O \omega = m_1 v_1 r_1 + m_2 v_1 \frac{r_2^2}{r_1} + J_O \frac{v_1}{r_1}$$

$$= \frac{v_1}{r_1}(m_1 r_1^2 + m_2 r_2^2 + J_O) = \omega(m_1 r_1^2 + m_2 r_2^2 + J_O) \tag{2}$$

质点系外力对 O 点之矩的大小为

$$\sum M_O(\boldsymbol{F}_i) = m_1 g r_1 - m_2 g r_2 = g(m_1 r_1 - m_2 r_2) \tag{3}$$

将式(2)、(3)代入式(1)，得

$$\frac{\mathrm{d}\omega}{\mathrm{d}t}(m_1 r_1^2 + m_2 r_2^2 + J_O) = g(m_1 r_1 - m_2 r_2)$$

式中，$\frac{\mathrm{d}\omega}{\mathrm{d}t} = \alpha$，则塔轮的角加速度为

$$\alpha = \frac{m_1 r_1 - m_2 r_2}{m_1 r_1^2 + m_2 r_2^2 + J_O} g \quad \text{（逆时针）}$$

说明：应用式(1) 时，等号两边动量矩和力矩转向的正负号应一致，本例题中都以逆时针方向为正，顺时针方向为负。

【例 11-3】 在调速器中，除小球 A、B 外，各杆重量可不计，如图 11-7 所示。设各杆铅直时，系统的角速度为 ω_0，求当各杆与铅直线成 α 角时系统的角速度 ω。

解 (1) 选取由小球 A、B 组成的调速器系统为研究对象。

(2) 调速器受到的外力有作用于小球 A、B 的重力和轴承的约束力(图中未画出)，这些力对转轴的矩都等于零。

(3) 小球 A、B 均做圆周运动，杆铅垂时速度为 $b\omega_0$，杆与铅垂线成 α 角时速度为 $(b + l\sin\alpha)\omega$。由于 $\sum M_z(\boldsymbol{F}_i) = 0$，故调速器对其转轴的动量矩守恒。

当 $\alpha = 0$ 时(见图 11-7(a))，$L_1 = \frac{2P}{g} b^2 \omega_0$；

当 $\alpha \neq 0$ 时(见图 11-7(b))，$L_2 = \frac{2P}{g}(b + l\sin\alpha)^2 \omega$；

上两式中 P 为小球的重量。由 $L_1 = L_2$，解得

$$\omega=\frac{b^2\omega_0}{(b+l\sin\alpha)^2}$$

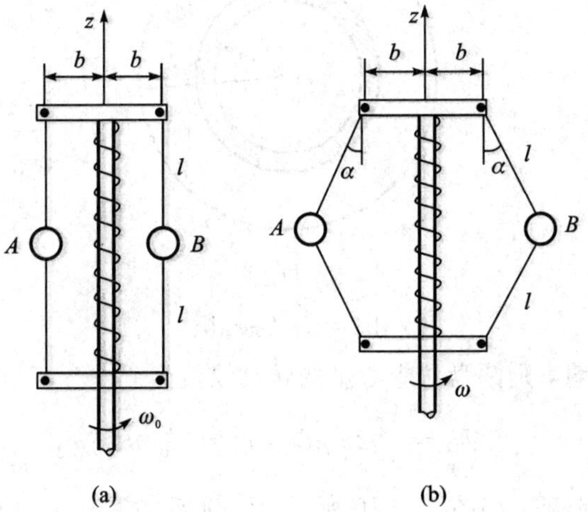

图 11－7

11.3　刚体对轴的转动惯量

刚体的转动惯量是度量刚体转动惯性的物理量。图 11－2 所示的转动刚体绕 z 轴的转动惯量为 $J_z=\sum m_i r_i^2$。可见，转动惯量的大小不仅与质量大小有关，而且与质量分布情况有关。

如果刚体的质量是连续分布的，则转动惯量为

$$J_z=\int_m r^2\,\mathrm{d}m \tag{11-13}$$

其单位为 $\mathrm{kg}\cdot\mathrm{m}^2$。

1. 简单形状物体的转动惯量

(1) 均质细长杆。均质细长杆如图 11－8 所示。设杆长为 l，单位长度质量为 ρ，微段 $\mathrm{d}x$ 的质量为 $\mathrm{d}m=\rho\mathrm{d}x$，则杆对 z 轴的转动惯量为

$$J_z=\int_0^l(\mathrm{d}m)\cdot x^2=\int_0^l\rho x^2\mathrm{d}x=\frac{1}{3}ml^2$$

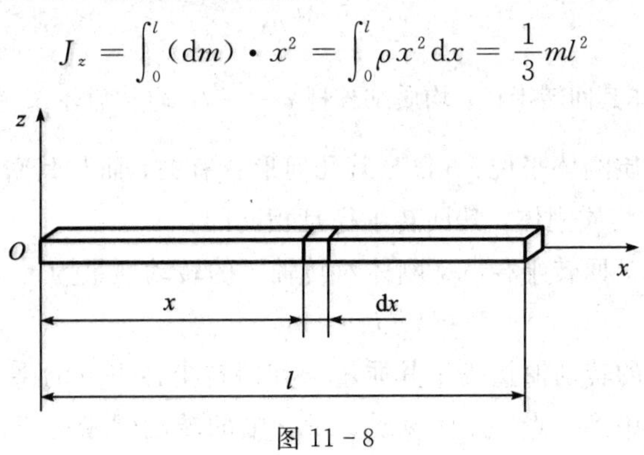

图 11－8

(2) 均质圆盘。均质圆盘如图 11－9 所示。设圆盘半径为 R，质量为 m。将圆盘分为无数同心的薄圆环，其质量为

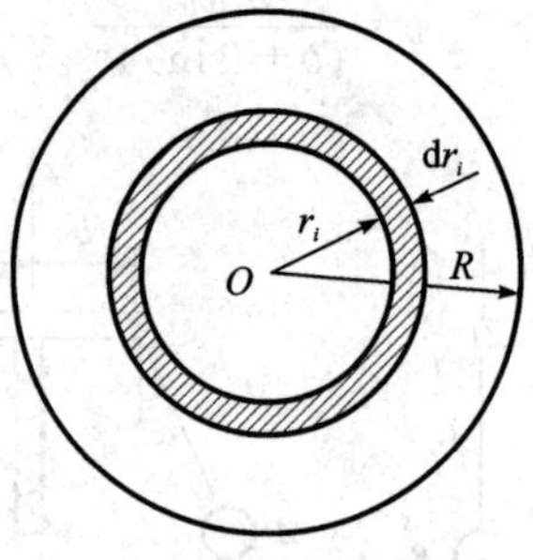

图 11－9

$$dm=\rho\cdot 2\pi r_i dr_i$$

式中 ρ 为单位面积的质量，则圆盘对中心轴的转动惯量为

$$J_O=\int_0^R 2\pi r\rho dr\cdot r^2=\frac{1}{2}mR^2$$

(3) 均质圆环。均质圆环如图 11－10 所示。设圆环半径为 R，质量为 m。圆环对中心轴的转动惯量为

$$J_z=\sum m_iR^2=mR^2$$

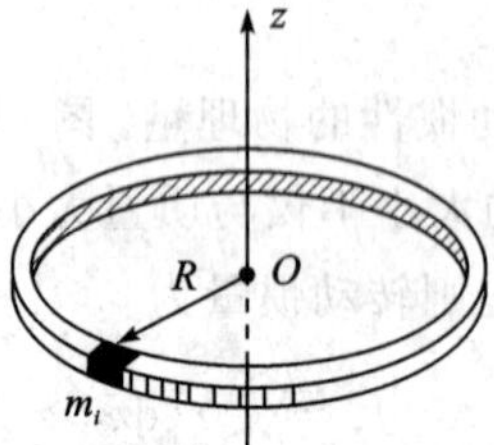

图 11－10

2. 回转半径

设刚体的质量为 m，对转轴 z 的转动惯量为 J_z，则刚体对 z 轴的回转半径 ρ_z 为

$$\rho_z=\sqrt{\frac{J_z}{m}} \tag{11-14}$$

常见的几种均质物体其回转半径：均质细长杆 $\rho_z=\frac{\sqrt{3}}{3}l$，均质圆环 $\rho_z=R$，均质圆盘 $\rho_z=\frac{\sqrt{2}}{2}R$。

由此可见，对于均质刚体来说，ρ 仅与其几何形状有关，而与其密度无关。由此可知几何形状相同而材料不同的均质刚体，其回转半径是相同的。

若已知刚体质量 m，回转半径 ρ_z，刚体对转轴 z 的转动惯量为

$$J_z=m\rho_z^2 \tag{11-15}$$

式(11－15)表明，刚体的转动惯量等于其质量与其回转半径平方的乘积。回转半径的物理意义：若把刚体的质量集中到一点，并使该质点对 z 轴的转动惯量等于原刚体的转动惯量，则该点到转轴 z 的距离就是回转半径。

几何形状规则的均质物体，其转动惯量可在工程手册上查得。而几何形状复杂的物体，工程上可用实验方法测定其转动惯量，常用的方法有复摆法、扭转振动法等，这里不再一一表述。

几种常见的简单形状的均质物体的转动惯量见表 11－1。

表 11－1　均质物体的转动惯量

物体的形状	简　图	转动惯量	惯性半径	体　积
细直杆	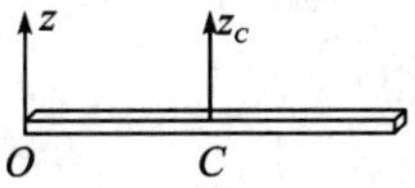	$J_{z_C}=\frac{m}{12}t^2$ $J_z=\frac{m}{3}t^2$	$\rho_{z_C}=\frac{l}{2\sqrt{3}}$ $\rho_z=\frac{l}{\sqrt{3}}$	
薄壁圆筒	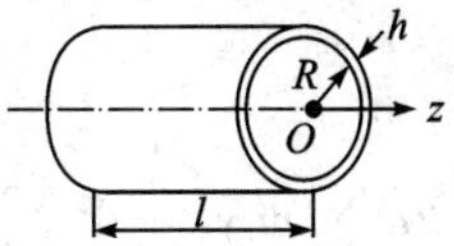	$J_z=mR^2$	$\rho_z=R$	$2\pi Rlh$
圆柱	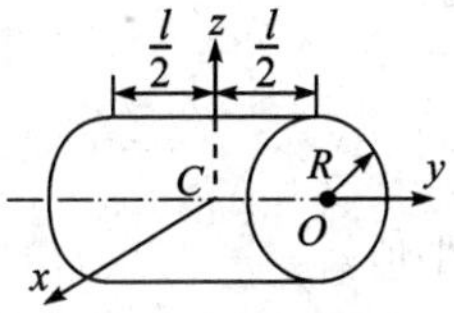	$J_y=\frac{1}{2}mR^2$ $J_x=J_z=\frac{m}{12}(3R^2+l^2)$	$\rho_z=\frac{R}{\sqrt{2}}$ $\rho_x=\rho_y$ $=\sqrt{(3R^2+l^2)/12}$	$\pi R^2 l$
空心圆柱	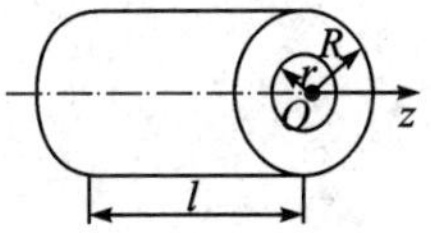	$J_z=\frac{m}{2}(R^2+r^2)$	$\rho_z=\sqrt{\frac{1}{2}(R^2+r^2)}$	$\pi(R^2-r^2)l$
薄壁空心球	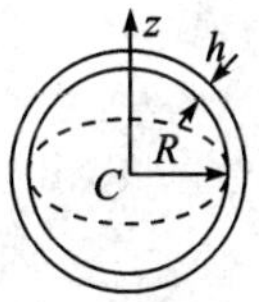	$J_z=\frac{2}{3}mR^2$	$\rho_z=\sqrt{\frac{2}{3}}R$	$\frac{3}{2}\pi Rh$

3. 平行移轴定理

同一刚体对不同轴的转动惯量一般是不同的。下面介绍转动惯量的平行移轴定理。

定理：刚体对任一转轴的转动惯量，等于刚体对过质心，并与该轴平行的轴的转动惯量加上刚体的质量与两轴间距离的平方，即

$$J_z = J_{z_C} + md^2 \tag{11-16}$$

证明　如图 11－11 所示，设点 C 为刚体的质心，分别以 C、O 为原点建立直角坐标系 $Cx_1y_1z_1$ 和 $Oxyz$，不失一般性，可令轴 y_1 与轴 y 重合，两轴间距离为 d。由图易见，刚体分别对过质心 C 的 z_1 轴、过 O 点的 z 轴的转动惯量为

$$J_{z_C} = J_{z_1} = \sum m_i(x_1^2 + y_1^2)$$

$$J_z = \sum m_i r^2 = \sum m_i(x^2 + y^2)$$

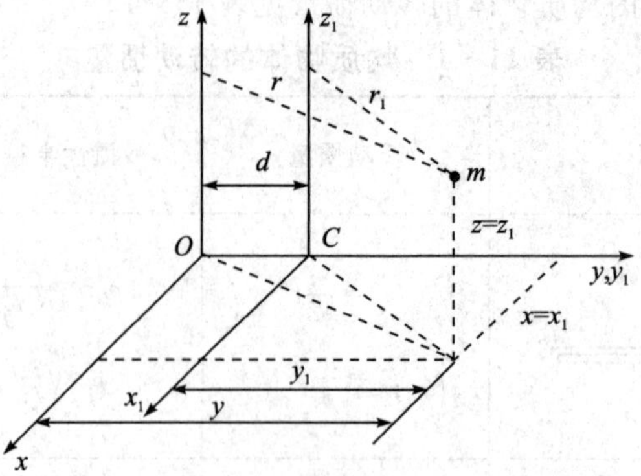

图 11-11

因为 $x=x_1$，$y=y_1+d$，于是有

$$J_z=\sum m_i[x_1^2+(y_1+d)^2]=\sum m_i(x_1^2+y_1^2)+2d\sum m_iy_1+\mathrm{d}^2\sum m_i$$

由于 $\sum m_iy_1=(\sum m_i)y_C=0$，且 $\sum m_i=m$，于是有

$$J_z=J_{z_C}+md^2$$

定理证明完毕。

从式(11-16)可知，刚体对通过质心轴的转动惯量有最小值。

【例 11-4】 图 11-12 所示的均质细杆质量为 m，长为 l。求此杆对于垂直于杆轴线的 z_C 轴的转动惯量。

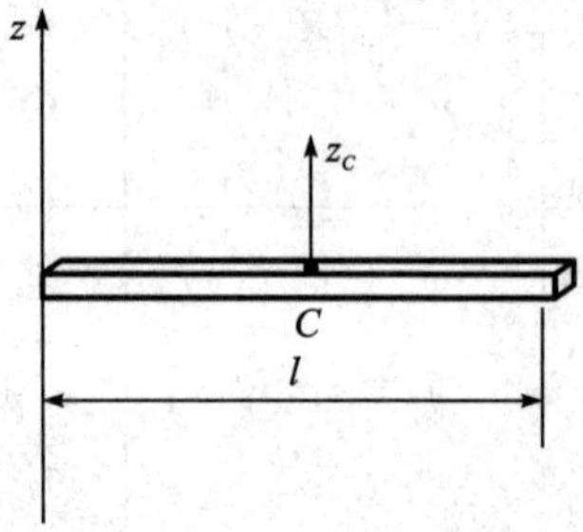

图 11-12

解 均质细直杆对 z 轴的转动惯量为

$$J_z=\frac{1}{3}ml^2$$

由平行移轴公式(11-16)有

$$J_{z_C}=J_z-m\left(\frac{l}{2}\right)^2=\frac{1}{12}ml^2$$

4. 组合物体的转动惯量

当物体由一些简单形状物体组合而成时，其对某轴的转动惯量等于每个简单形状物体对同一轴转动惯量的代数和。下面通过例题说明组合物体转动惯量的计算方式。

【例 11-5】 如图 11-13 所示的钟摆，已知均质细杆和均质圆盘的质量分别为 m_1 和 m_2，杆长为 l，圆盘直径为 d。试求钟摆对于通过 O 点的水平轴的转动惯量。

解　钟摆对于水平轴 O 的转动惯量为

$$J_O = J_{O杆} + J_{O盘}$$

其中，

$$J_{O杆} = \frac{1}{3} m_1 l^2$$

由式(11－16)得，圆盘的转动惯量为

$$\begin{aligned} J_{O盘} &= J_{C盘} + m_2 \left(l + \frac{d}{2}\right)^2 \\ &= \frac{1}{2} m_2 \left(\frac{d}{2}\right)^2 + m_2 \left(l + \frac{d}{2}\right)^2 \\ &= m_2 \left(\frac{3}{8} d^2 + l^2 + ld\right) \end{aligned}$$

于是有

$$J_O = \frac{1}{3} m_1 l^2 + m_2 \left(\frac{3}{8} d^2 + l^2 + ld\right)$$

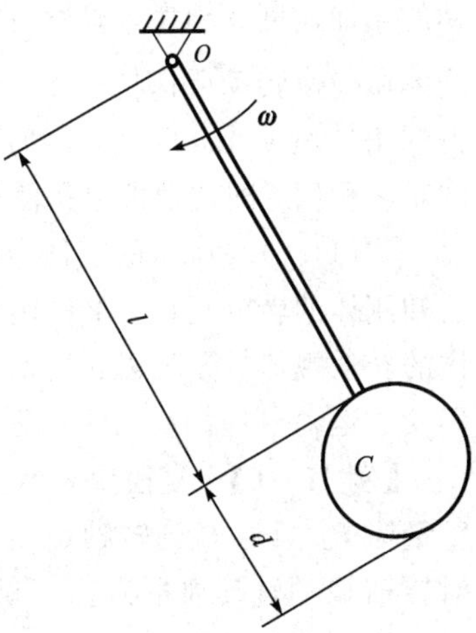

图 11－13

11.4　刚体的定轴转动微分方程

设有一定轴转动刚体，其上作用有主动力 $\boldsymbol{F}_1$，$\boldsymbol{F}_2$，…，$\boldsymbol{F}_n$ 及轴承的约束力 $\boldsymbol{F}_{N1}$，$\boldsymbol{F}_{N2}$，如图 11－14 所示。若某瞬时刚体的角速度为 ω，角加速度为 α，对 z 轴的转动惯量为 J_z，则刚体对于轴 z 的动量矩为

$$L_z = \sum m_i v_i r_i = \omega \sum m_i r_i^2 = J_z \omega$$

不计轴承中的摩擦，约束反力 $\boldsymbol{F}_{N1}$、$\boldsymbol{F}_{N2}$ 对于 z 轴的力矩等于零。由质点系动量矩定理有

$$\frac{\mathrm{d}}{\mathrm{d}t}(J_z \omega) = \sum M_z(\boldsymbol{F}_i)$$

因为 J_z 为常量，且 $\alpha = \frac{\mathrm{d}\omega}{\mathrm{d}t} = \frac{\mathrm{d}^2\varphi}{\mathrm{d}t^2}$，上式可写成

$$J_z \frac{\mathrm{d}\omega}{\mathrm{d}t} = \sum M_z(\boldsymbol{F}_i) \qquad (11-17\mathrm{a})$$

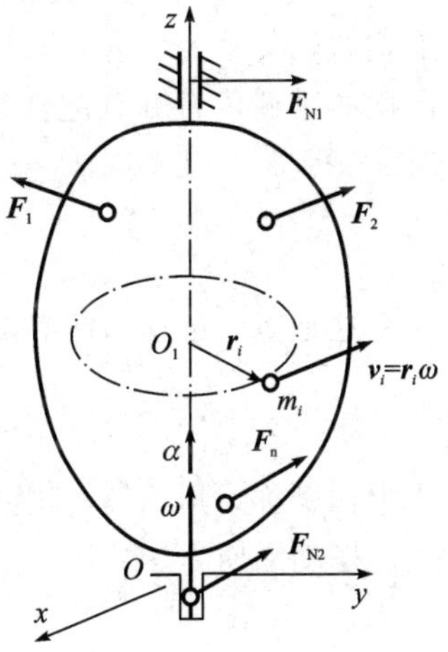

图 11－14

或

$$J_z \alpha = \sum M_z(\boldsymbol{F}_i) \qquad (11-17\mathrm{b})$$

或

$$J_z \frac{\mathrm{d}^2\varphi}{\mathrm{d}t^2} = \sum M_z(\boldsymbol{F}_i) \qquad (11-17\mathrm{c})$$

以上三式均称为刚体定轴转动微分方程。即定轴转动刚体的转动惯量与角加速度的乘积，等于作用于刚体上的外力对转轴之矩的代数和。

由式(11－17b)可以看出，作用于刚体上的外力对转轴之矩的代数和 $\sum M_z(\boldsymbol{F})$ 越大，转

动的角加速度 α 越大，即外力矩是使刚体转动状态改变的原因；若 $\sum M_z(\boldsymbol{F})=0$，则 $\alpha=0$，刚体做匀速转动或保持静止。如果作用在刚体上的外力矩相同，刚体的转动惯量越大，则获得的角加速度小，反之，角加速度大。可见，刚体转动惯量的大小体现了刚体转动状态改变的难易程度，即转动惯量是刚体转动惯性的度量。

式(11-17)所示的刚体定轴转动微分方程亦可求解刚体定轴转动的两类动力学问题：① 已知刚体的转动规律，求作用在刚体上的主动力矩；② 已知作用在刚体上的主动力矩，求刚体的转动规律。应注意的是，式(11-17)不能求轴承对转轴的约束力，求轴承的约束力需要用质心运动定理。

【例 11-6】 复摆由绕水平轴转动的刚体构成。已知复摆的重量为 $\boldsymbol{P}$，重心 C 到转轴 O 的距离为 d，如图 11-15 所示，复摆对转轴 O 的转动惯量为 J_O。试求复摆的微幅振动规律。

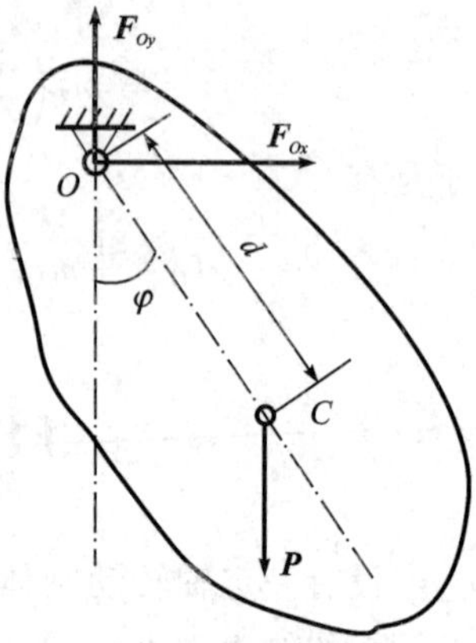

图 11-15

解 以复摆为研究对象，受力图如图 11-15 所示。复摆做定轴转动，其位置用 φ 来确定。

由

$$J_z\ddot{\varphi}=\sum M_z(\boldsymbol{F}_i)$$

有

$$J_O\ddot{\varphi}=-P\sin\varphi\cdot d$$

上式右端负号表示重力矩与转角 φ 总是异号，说明重力矩始终转向摆的平衡位置并且起恢复的作用。由题意可知，复摆微幅摆动时 $\sin\varphi\approx\varphi$。于是转动微分方程为

$$\ddot{\varphi}+\frac{Pd}{J_O}\varphi=0$$

这是简谐运动的标准微分方程。此方程的解为

$$\varphi=\varphi_0\sin\left(\sqrt{\frac{Pd}{J_O}}t+\alpha\right)=0$$

式中，φ_0 称为角振幅，α 为初相位，它们都由运动的初始条件确定。

摆动周期为

$$T=2\pi\sqrt{\frac{J_O}{Pd}}$$

在工程中常用上式，通过测定摆动周期，以计算构件的转动惯量。若测得周期 T，则刚体对转轴的转动惯量为

$$J_O=\frac{T^2Pd}{4\pi^2}$$

【例 11-7】 机器的飞轮由直流电动机带动，设电动机的转动力矩与角速度的关系(特性曲线)为

$$M=M_O\left(1-\frac{\omega}{\omega_1}\right)$$

其中，M_O 是启动($\omega=0$)时作用在电动机轴上的力矩，ω_1 是空转时($M=0$)的角速度，M_O 和 ω_1 均为已知量。又用 M_f 表示飞轮轴承的摩擦力矩，且将 M_f 视为常量，飞轮对转轴的转动惯

量为 J_O，求飞轮的角速度(见图 11-16)。

解 选取飞轮为研究对象，其受力如图 11-16 所示。列出飞轮做定轴转动的微分方程。

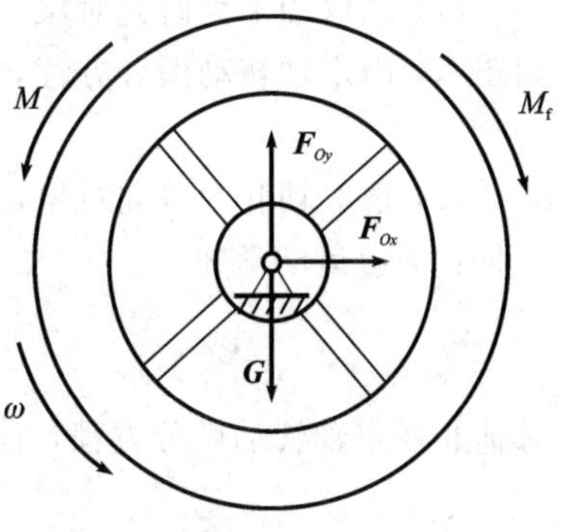

图 11-16

由 $J_z\alpha = \sum M_z(F_i)$ 可得

$$J_O\frac{d\omega}{dt} = M_O\left(1-\frac{\omega}{\omega_1}\right)-M_f$$

为简化计算，令 $a=M_O-M_f$，$b=\frac{M_O}{\omega_1}$，则有

$$J_O\frac{d\omega}{dt} = a-b\omega$$

分离变量为

$$\frac{d\omega}{a-b\omega}=\frac{dt}{J_O}$$

其积分为

$$\ln(a-b\omega)=-\frac{b}{J_O}t+C$$

将初始条件 $t=0$ 时 $\omega=0$ 代入上式，得 $C=\ln a$。于是任意瞬时的角速度为

$$\omega=\frac{a}{b}(1-e^{-\frac{b}{J_O}t})$$

此式说明飞轮角速度随时间按指数规律变化，当 t 较大时，$e^{-\frac{b}{J_O}t}\ll 1$，故可认为，在开动一定时间后，飞轮以匀角速度转动，角速度的值为

$$\omega_C=\frac{a}{b}=\frac{M_O-M_f}{M_O}\omega_1$$

这是飞轮的极限转速。

【例 11-8】 传动系统如图 11-17 所示。设轴Ⅰ和轴Ⅱ的转动惯量分别为 J_1 和 J_2，轮Ⅰ和轮Ⅱ的齿数分别为 z_1 和 z_2。今在轴Ⅰ上作用主动力矩 M_1，轴Ⅱ上有阻力矩 M_2，转向如图 11-17(a)所示。不计摩擦，求轴Ⅰ的角加速度。

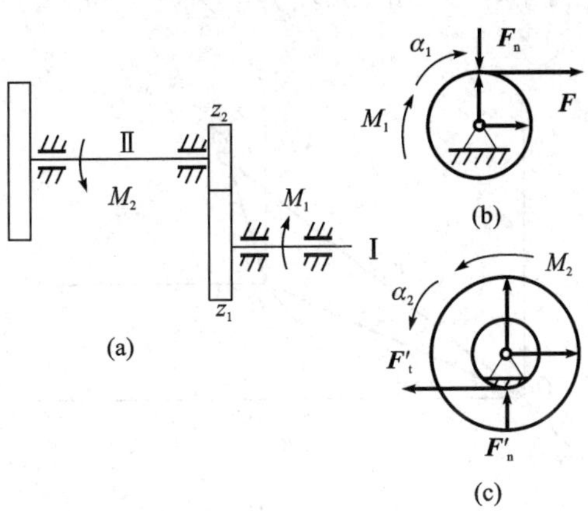

图 11-17

解 系统分别绕两个轴转动，为使未知的轴承约束力不在方程中出现，可分别取轴Ⅰ和轴Ⅱ为研究对象，应用定轴转动微分方程求解。

(1) 选取轴Ⅰ为研究对象，其受力图如图 11-17(b)所示，设轴Ⅰ的角加速度为 α_1，转向如图示，由定轴转动微分方程，有

$$J_1\alpha_1 = M_1 + FR_1 \tag{1}$$

(2) 选取轴Ⅱ为研究对象，其受力如图 11-17(c)所示，设轴Ⅱ的角加速度为 α_2，转向与 α_1 同向，由运动学知

$$\frac{\alpha_1}{\alpha_2} = -\frac{z_2}{z_1} \tag{2}$$

对轴Ⅱ列定轴转动微分方程，有

$$J_2\alpha_2 = M_2 - F'_tR_2 \tag{3}$$

式(1)、式(2)中的 R_1、R_2 分别为轮Ⅰ和轮Ⅱ的节圆半径，且 $\dfrac{R_2}{R_1}=\dfrac{z_2}{z_1}$，$F=F'_t$。

式(1)、式(2)、式(3)三式联列求解，并令 $i=\dfrac{z_2}{z_1}$，得

$$\alpha_1 = \frac{(iM_1 - M_2)i}{J_1 i^2 + J_2}$$

11.5 质点系相对质心的动量矩定理 刚体的平面运动微分方程

本节介绍质点系相对质心的动量矩定理，其形式与前述的适用于惯性参考系的对固定点或固定轴的动量矩定理形式相同。

1. 质点系对某固定点的动量矩与对质心动量矩的关系

质点系的动量矩与参考点的选择有关，因此讨论选择不同参考点的动量矩之间的关系具有重要意义。为了更具有普遍性，现讨论质点系对某一固定点 O 的动量矩与对质心 C 的动量矩之间的关系。

如图 11-18 所示，以质心 C 为原点，取一平移参考系 $Cx'y'z'$。在此平移参考系内，任取一质点 m_i，其相对矢径为 $\boldsymbol{r}'_i$，相对速度为 $\boldsymbol{v}'_{ir}$，令质点系相对于质心 C 的动量矩为

$$\boldsymbol{L}_C = \sum \boldsymbol{M}_C(m_i\boldsymbol{v}'_{ir}) = \sum \boldsymbol{r}'_i \times m_i\boldsymbol{v}'_{ir} \tag{11-18}$$

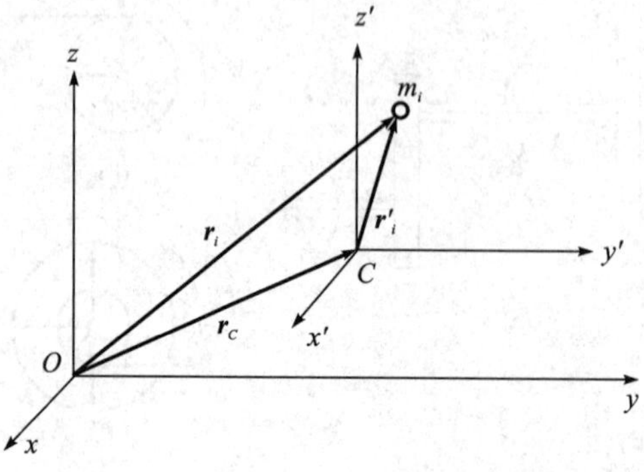

图 11-18

质点 m_i 对固定点 O 的矢径为 $\boldsymbol{r}_i$，绝对速度为 $\boldsymbol{v}_i$，则质点系对于定点 O 的动量矩为

$$\boldsymbol{L}_O = \sum \boldsymbol{M}_O(m_i\boldsymbol{v}_i) = \sum \boldsymbol{r}_i \times m_i\boldsymbol{v}_i$$

又因为 $\boldsymbol{r}_i=\boldsymbol{r}_C+\boldsymbol{r}'_i$，故有

$$\boldsymbol{L}_O=\sum(\boldsymbol{r}_C+\boldsymbol{r}'_i)\times m_i\boldsymbol{v}_i=\boldsymbol{r}_C\times\sum m_i\boldsymbol{v}_i+\sum\boldsymbol{r}'_i\times m_i\boldsymbol{v}_i$$

由速度合成定理知 $\boldsymbol{v}_i=\boldsymbol{v}_C+\boldsymbol{v}'_{ir}$，又 $\sum m_i\boldsymbol{v}_i=m\boldsymbol{v}_C$，代入上式得

$$\begin{aligned}\boldsymbol{L}_O&=\boldsymbol{r}_C\times\sum m_i\boldsymbol{v}_i+\sum\boldsymbol{r}'_i\times m_i\boldsymbol{v}_i\\&=\boldsymbol{r}_C\times m\boldsymbol{v}_C+\sum\boldsymbol{r}'_i\times m_i(\boldsymbol{v}_C+\boldsymbol{v}'_{ir})\\&=\boldsymbol{r}_C\times m\boldsymbol{v}_C+\sum m_i\boldsymbol{r}'_i\times\boldsymbol{v}_C+\sum\boldsymbol{r}'_i\times m_i\boldsymbol{v}'_{ir}\end{aligned}$$

由式(11－18)和 $\sum m_i\boldsymbol{r}'_i=m\boldsymbol{r}_C=0$，可得

$$\boldsymbol{L}_O=\boldsymbol{r}_C\times m\boldsymbol{v}_C+\boldsymbol{L}_C \tag{11－19}$$

式(11－19)表明质点系对于任一固定点 O 的动量矩，等于质心的动量对于点 O 的动量矩与质点系相对于质心动量矩的矢量和。

【例 11－9】 图 11－19 所示均质圆盘的半径为 R，质量为 m，在地面上沿直线做纯滚动运动，角速度为 ω。求圆盘对盘心 C 和盘上与水平线成 45°角的 A 点的动量矩。

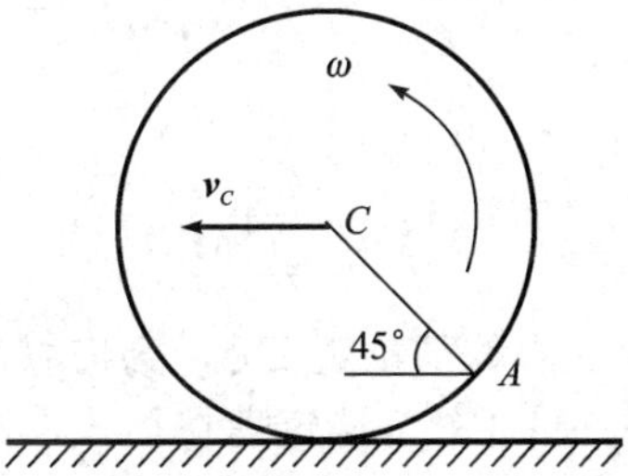

图 11－19

解　根据式(11－18)，计算圆盘相对于质心 C 的动量矩，得

$$\boldsymbol{L}_C=\sum\boldsymbol{r}'_i\times m_i\boldsymbol{v}'_{ir}=\sum\boldsymbol{r}'_i\cdot m_i\omega\boldsymbol{r}'_i=J_C\boldsymbol{\omega}=\frac{1}{2}mR^2\boldsymbol{\omega}$$

由式(11－19)可得 A 点的动量矩为

$$\boldsymbol{L}_A=\frac{\sqrt{2}}{2}R\cdot m\boldsymbol{v}_C+\boldsymbol{L}_C$$

将 $\boldsymbol{L}_C=J_C\boldsymbol{\omega}=\frac{1}{2}mR^2\boldsymbol{\omega}$ 和 $\boldsymbol{v}_C=R\boldsymbol{\omega}$ 代入上式，得

$$\boldsymbol{L}_A=\frac{\sqrt{2}+1}{2}mR^2\boldsymbol{\omega}$$

在以点 A 为基点的平移坐标系中，利用相对运动的动量对点 A 取矩，可得相对运动的动量矩为

$$\boldsymbol{L}'_A=J_A\boldsymbol{\omega}=(J_C+mR^2)\boldsymbol{\omega}=\frac{3}{2}mR^2\boldsymbol{\omega}$$

可见 $\boldsymbol{L}_A\neq\boldsymbol{L}'_A$，这表明绝对运动的动量和相对运动中动量对点 A 的动量矩是不同的。

如果过点 A 作一与质心速度 $\boldsymbol{v}_C$ 平行的直线，那么圆盘对该直线上所有点的动量矩是相同的。

2. 相对于质心的动量矩定理

如图 11－18 所示，在质心 C 建立平动坐标系 $Cx'y'z'$，质点系对任意固定点 O 的动量矩用式(11－19)来确定。该计算式对时间 t 求导数有

$$\frac{\mathrm{d}\boldsymbol{L}_O}{\mathrm{d}t}=\frac{\mathrm{d}\boldsymbol{r}_C}{\mathrm{d}t}\times m\boldsymbol{v}_C+\boldsymbol{r}_C\times m\frac{\mathrm{d}\boldsymbol{v}_C}{\mathrm{d}t}+\frac{\mathrm{d}\boldsymbol{L}_C}{\mathrm{d}t}=\boldsymbol{r}_C\times m\boldsymbol{a}_C+\frac{\mathrm{d}\boldsymbol{L}_C}{\mathrm{d}t}$$

又

$$\sum\boldsymbol{M}_O^{(e)}=\sum\boldsymbol{r}_i\times\boldsymbol{F}_i=\sum(\boldsymbol{r}_C+\boldsymbol{r}'_i)\times\boldsymbol{F}_i=\boldsymbol{r}_C\times\sum\boldsymbol{F}_i+\sum\boldsymbol{r}'_i\times\boldsymbol{F}_i \quad (11-20a)$$

其中，$\sum\boldsymbol{F}_i=\boldsymbol{F}_R^{(e)}$ 为外力系的主矢量，$\sum\boldsymbol{r}'_i\times\boldsymbol{F}_i$ 为外力系各力对质心矩的矢量和 $\sum\boldsymbol{M}_C^{(e)}$，即外力系对质心 C 的主矩。由式(11－20a) 可知

$$\sum\boldsymbol{M}_O^{(e)}=\boldsymbol{r}_C\times\boldsymbol{F}_R^{(e)}+\sum\boldsymbol{M}_C^{(e)} \quad (11-20b)$$

由式(11－11)可得

$$\frac{\mathrm{d}\boldsymbol{L}_O}{\mathrm{d}t}=\frac{\mathrm{d}\boldsymbol{L}_C}{\mathrm{d}t}+\boldsymbol{r}_C\times m\boldsymbol{a}_C=\sum\boldsymbol{M}_O^{(e)}$$

将式(11－20b)代入上式，可得

$$\frac{\mathrm{d}\boldsymbol{L}_C}{\mathrm{d}t}+\boldsymbol{r}_C\times m\boldsymbol{a}_C=\boldsymbol{r}_C\times\boldsymbol{F}_R^{(e)}+\sum\boldsymbol{M}_C^{(e)}$$

注意到 $m\boldsymbol{a}_C=\boldsymbol{F}_R^{(e)}$，并将其代入上式，得

$$\frac{\mathrm{d}\boldsymbol{L}_C}{\mathrm{d}t}=\sum\boldsymbol{M}_C^{(e)} \quad (11-21)$$

式(11－21)即为质点系相对质心的动量矩定理，其内容是质点系相对于质心 C 的动量矩对时间的导数，等于外力系对质心的主矩。该定理在形式上与质点系对于固定点的动量矩定理完全一样。

由式(11－21)可知：

(1) 质点系相对质心的运动只与外力系对质心的主矩有关，而与内力无关。

(2) 内力不能改变质点系相对于质心 C 的动量矩，只有作用于质点系的外力才能使质点系的动量矩发生变化。若外力系对质心的主矩为零，则质点系相对质心的动量矩守恒，质点系对质心的动量矩为一常矢量，即

$$\sum\boldsymbol{M}_C^{(e)}=0,\quad \boldsymbol{L}_C=\text{常矢量}$$

例如，飞机或轮船必须有舵才能转弯。当舵有偏角时，流体推力对质心的力矩，使飞机或轮船对质心的动量矩改变；又如跳水运动员跳水时，要想翻跟头，运动员就必须脚蹬跳板以获得初速度，因为在空中重力过质心，对质心的力矩为零，质点系对质心的动量矩守恒。

3. 刚体平面运动微分方程

刚体的平面运动分解为随质心的平动和绕质心的转动，可分别用质心运动定理和相对质心动量矩定理来建立这两种运动与外力系的关系。

设平面运动刚体瞬时角速度为 ω，对质心轴的转动惯量为 J_C，刚体对于质心轴的动量矩 $\boldsymbol{L}_C=J_C\omega$，质心的加速度 $\boldsymbol{a}_C$。刚体的平面运动可用运动微分方程来描述：

$$\left.\begin{aligned} m\frac{\mathrm{d}\boldsymbol{v}_C}{\mathrm{d}t}&=m\boldsymbol{a}_C=\sum\boldsymbol{F}^{(e)}\\ \frac{\mathrm{d}\boldsymbol{L}_C}{\mathrm{d}t}&=J_C\alpha=\sum m_C(\boldsymbol{F}^{(e)})\end{aligned}\right\} \quad (11-22a)$$

在直角坐标系下，有

$$\left.\begin{aligned} m\ddot{x}_C &= \sum F_x^{(e)} \\ m\ddot{y}_C &= \sum F_y^{(e)} \\ J_C\ddot{\varphi} &= \sum m_C(\boldsymbol{F}^{(e)}) \end{aligned}\right\} \tag{11-22b}$$

在自然坐标系下，有

$$\left.\begin{aligned} ma_C^{t} &= \sum F_t^{(e)} \\ ma_C^{n} &= \sum F_n^{(e)} \\ J_C\alpha &= \sum M_C(F^{(e)}) \end{aligned}\right\} \tag{11-22c}$$

式(11－22)称为刚体平面运动微分方程。

下面介绍平面运动微分方程的应用。

【例 11－10】 半径为 R、质量为 m 的均质圆轮沿水平直线做纯滚动，如图 11－20 所示。作用于圆轮的力偶矩为 M，求轮心 C 的加速度。如果圆轮与地面间的静摩擦因数为 f_s，不计滚动摩阻力偶，问力偶矩 M 满足什么条件方不致使圆轮滑动？

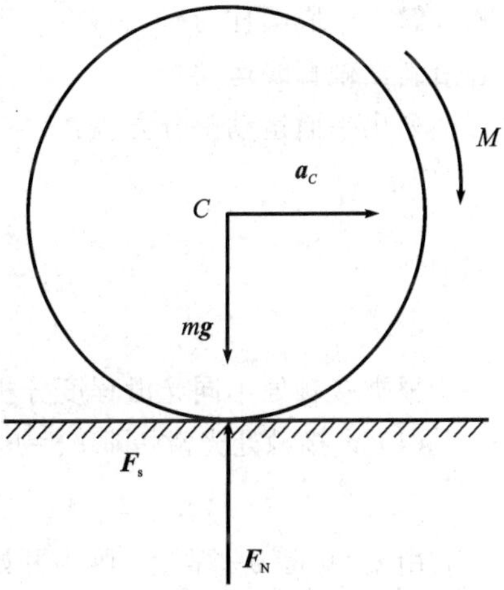

图 11－20

解　圆轮做平面运动。根据刚体的平面运动微分方程有

$$ma_{Cx} = F_s$$

$$ma_{Cy} = F_N - mg$$

$$\frac{1}{2}mR^2\frac{d\omega}{dt} = M - FR$$

其中，ω 为圆轮转动的角速度。

因 $a_{Cy}=0$，故 $a_{Cx}=a_C$。由运动学知

$$\frac{d\omega}{dt} = \alpha$$

$$a_C = R\alpha$$

以上四式联立求解得

$$a_C=\frac{2M}{3mR},\ F=\frac{2M}{3R}$$

欲使圆轮只滚不滑，必须有 $F_s\leqslant f_sF_N$，即 $F_s\leqslant f_smg$。于是得圆轮只滚不滑的条件为

$$\frac{2M}{3R}\leqslant f_smg$$

即

$$M\leqslant\frac{3}{2}f_smgR$$

【例 11－11】 质量为 m，半径为 R 的均质圆柱放在倾角为 θ 的斜面上，在重力作用下由静止开始运动，如图 11－21 所示。试根据接触处不同的光滑程度(不计滚动摩阻)分析圆柱的运动。

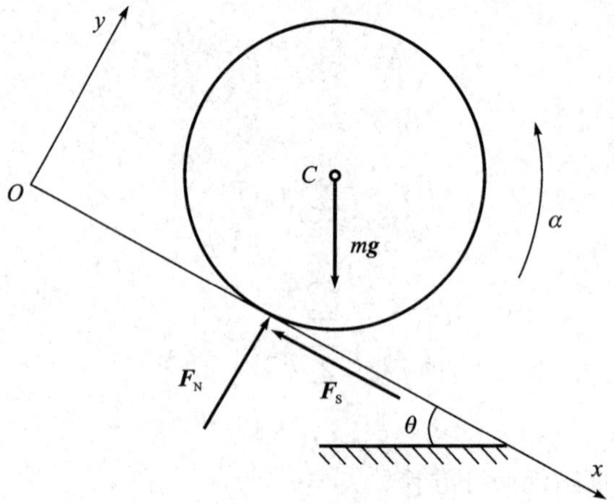

图 11-21

解 选取圆柱为研究对象，其受力如图 11-21 所示。一般情况下圆柱做平面运动，其质心沿斜面做直线运动。

列出平面运动微分方程：

$$m\ddot{x}_C = mg\sin\theta - F_s \tag{1}$$

$$0 = F_N - mg\cos\theta \tag{2}$$

$$\frac{1}{2}mR^2\alpha = -F_sR \tag{3}$$

根据接触处不同光滑程度分析圆柱体的运动：

(1) 设接触处光滑，即 $F_s=0$。分别由式(1)、式(3)得

$$\ddot{x}_C=g\sin\theta,\ \alpha=0$$

由 $\alpha=0$ 得 $\omega=$常量，因为开始时圆柱静止，故有 $\omega=0$，即接触处无摩擦时，圆柱平动下滑。这说明接触处的摩擦力是促使圆柱滚动的一个力。

(2) 设接触处相当粗糙，使圆柱纯滚动。圆柱纯滚动时，摩擦力 $F_s\leqslant f_sF_N$。上述三个方程中含有四个未知量，此时可以补充纯滚动时运动的关系式

$$\ddot{x}_C = -R\alpha \tag{4}$$

式中负号表示由质心加速度 $\ddot{x}_C$ 确定的角加速度 α 为顺时针转向，与图中所设逆时针转向相反。

由上述四式联立解之，得

$$\ddot{x}_C = \frac{2}{3}g\sin\theta,\ \alpha = -\frac{2}{3R}g\sin\theta$$

$$F_N = mg\cos\theta,\ F_s = \frac{1}{3}mg\sin\theta$$

由纯滚动的条件 $F_s\leqslant f_sF_N$，得

$$f_s\geqslant\frac{1}{3}\tan\theta$$

(3) 设接触处摩擦系数为

$$0<f_s<\frac{1}{3}\tan\theta$$

此时圆柱体仍做平面运动，但不是纯滚动，即与斜面接触点的速度不为零。故接触处的摩擦力为动摩擦力，有

$$F=f\cdot F_N \tag{5}$$

而纯滚动时的运动的关系式(4)不再成立。由式(1)、式(2)、式(3)、式(5)联立解之，可得

$$\ddot{x}_C=(\sin\theta-f\cos\theta)g,\ \alpha=-2fg\cos\theta/R$$

【例 11-12】 质量为 m、半径为 r 的均质圆柱，可以在半径为 R 的圆弧轨道中纯滚动，如图 11-22。当 $t=0$，$\varphi=60°$时，圆柱由静止释放，试求接触处的摩擦力和正压力。

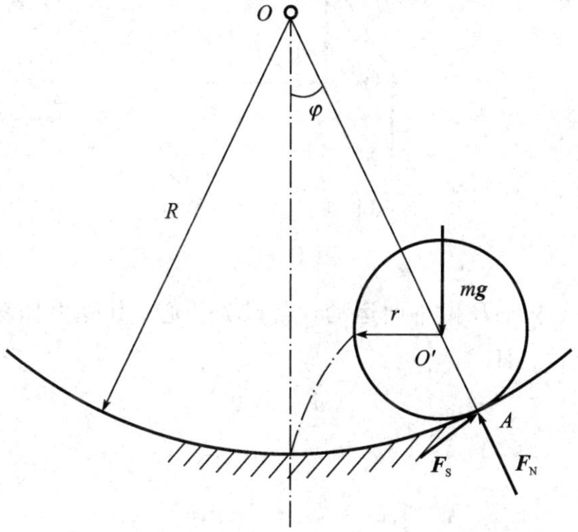

图 11-22

解 以圆柱体为研究对象，其受力如图 11-22 所示。圆柱体做平面运动，质心的加速度为

$$a_C^t=(R-r)\ddot{\varphi},\ a_C^n=(R-r)\dot{\varphi}^2$$

设圆柱的角加速度 α 为逆时针转向，由于做纯滚动运动，有

$$a_C^t=-r\alpha,\ \alpha=-\frac{R-r}{r}\ddot{\varphi} \tag{1}$$

由刚体平面运动微分方程，有

$$m(R-r)\ddot{\varphi}=-mg\sin\varphi+F_s \tag{2}$$

$$m(R-r)\dot{\varphi}^2=F_N-mg\cos\varphi$$

$$\frac{1}{2}mr^2\alpha=F_s r \tag{3}$$

由式(1)、式(2)、式(3)三式联立解得

$$\ddot{\varphi}=-\frac{2}{3}\frac{1}{R-r}g\sin\varphi$$

$$F_s = \frac{1}{3}mg\sin\varphi$$

可见摩擦力 F_s 随 φ 的增大而增大，当 $\varphi=0$(即圆柱在平衡位置)时，$F_s=0$；当 $\varphi=60°$ 时，$F_s=\frac{\sqrt{3}}{6}mg$，此时的摩擦力最大。

【例 11-13】 质量为 m、长为 l 的均质杆 AB，A 端置于光滑水平面上，B 端用竖直绳子 BD 连接，如图 11-23 所示，设 $\theta=60°$。试求绳子 BD 突然被剪断瞬间，杆 AB 的角加速度和 A 处的约束力。

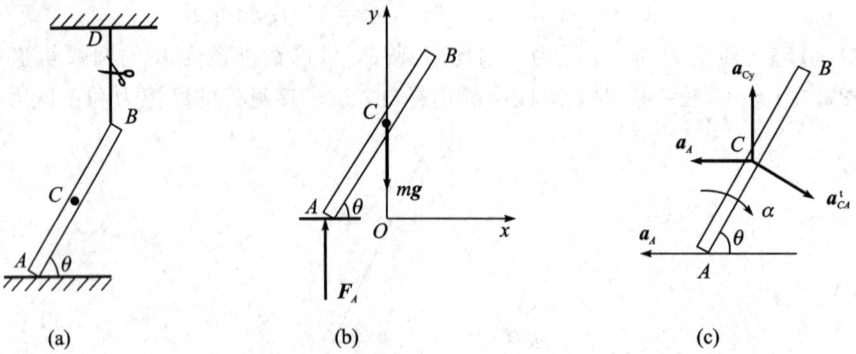

图 11-23

解 绳子被剪断后，杆 AB 做平面运动，点 C 为质心，其受力如图 11-23(b)所示，根据刚体的平面运动微分方程，有

$$ma_{Cx} = 0 \tag{1}$$

$$ma_{Cy} = F_A - mg \tag{2}$$

$$J_C\alpha = F_A \cdot \frac{l}{2}\cos 60° \tag{3}$$

由式(1)可知，$a_C=a_{Cy}$，但只有式(2)和式(3)两个方程式无法解得 a_C、F_A、α 三个未知量的大小，因此，需要补充运动学方程。

在绳子剪断瞬时，杆 AB 做平面运动，其角速度为零，但角加速度 α 不为零。选 A 为基点，设其加速度为 $\boldsymbol{a}_A$，由平面运动加速度合成定理，质心 C 点的加速度为

$$\boldsymbol{a}_C=\boldsymbol{a}_A+\boldsymbol{a}_{CA}^{t}+\boldsymbol{a}_{CA}^{n}$$

加速度矢量图如图 11-23(c)所示。

因为 $\omega=0$，所以 $\boldsymbol{a}_{CA}^{n}=\boldsymbol{0}$(图中未画出)，将上式向 y 轴投影，得

$$a_{Cy} = -a_{CA}^{t}\cos\theta = -\frac{l}{4}\alpha \tag{4}$$

联立式(2)、式(3)、式(4)，解得

$$\alpha=\frac{12g}{7l},\ F_A=\frac{4}{7}mg$$

应用平面运动微分方程解题时，动力学方程因为比较规范，所以容易列出，但往往需要附加运动学方程才能求解出答案。运动学方程即加速度方程，通常是求解问题的难点，因此需要对运动进行深入分析，并灵活运用运动学知识。

思　考　题

11-1　花样滑冰运动员利用手臂伸张和收拢来改变旋转速度，试说明其原因。

11-2　质点的动量矩是瞬时量吗？它是否为一个常数？

11-3　内力能否改变质点系的动量矩？又能否改变质点系中各质点的动量矩？

11-4　细绳绕过光滑的不计质量的定滑轮，一猴沿绳的一端向上爬，绳的另一端系一砝码，砝码与猴等重。开始时系统静止，砝码将如何运动？

11-5　因为质点系的动量按 $\boldsymbol{p}=\sum m_i\boldsymbol{v}_i=m\boldsymbol{v}_C$ 计算，所以质点系动量对轴之矩就可以按式 $\boldsymbol{L}_z=\sum \boldsymbol{M}_z(m_i\boldsymbol{v}_i)=\boldsymbol{M}_z(m\boldsymbol{v}_C)$ 来计算。对吗？为什么？

11-6　在什么条件下质点系的动量矩守恒？当质点系的动量矩守恒时，其中各质点的动量矩是否也守恒？

11-7　回转半径是否就是物体质心到转轴的距离？

11-8　如果保持物体的质量不变，要增大物体的转动惯量，有什么方法？

11-9　如思考题 11-9 图所示，定轴传动轮对其中心轴 O_1、O_2 的转动惯量分别为 J_1 和 J_2，角速度分别为 ω_1 和 ω_2，试问整个系统对固定轴 O_1 的动量矩是否等于 $L_{O_1}=J_1\omega_1-J_2\omega_2$？

11-10　如思考题 11-10 图所示，一细绳跨过滑轮，在绳的两端分别系有物块 A、B，设滑轮对 O 轴的转动惯量为 J，是否可根据定轴转动的微分方程建立关系式 $J\alpha=G_A\cdot r-G_B\cdot r$？

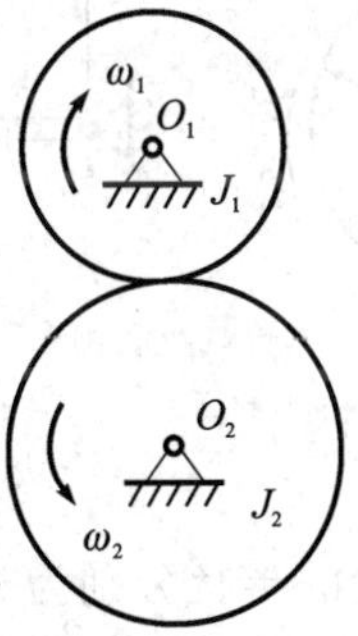

思考题 11-9 图

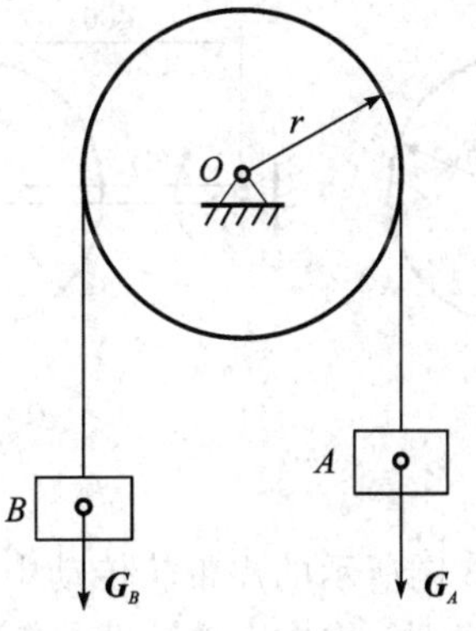

思考题 11-10 图

11-11　某质点系对空间任一固定点的动量矩都完全相同，且不等于零。这种运动情况可能吗？

11-12　均质圆轮沿水平面只滚动不滑动，如果在圆轮面内作用一水平力 $\boldsymbol{F}$，那么力作用于什么位置能使地面摩擦力等于零？在什么情况下，地面摩擦力能与力 $\boldsymbol{F}$ 同方向？

习　　题

11-1　求下列刚体对转轴 A 或瞬心轴 P 的动量矩。

(1) 匀质圆盘 A 质量为 m，半径为 R，以角速度 ω 绕 A 轴转动，如题 11-1(a)图所示；

(2) 均质杆 A 质量为 m，长度为 l，以角速度 ω 绕 A 轴转动，如题 11 - 1(b)图所示；

(3) 匀质圆盘 A 质量为 m，半径为 R，在地面上做纯滚动运动，轮心速度为 v_C，速度瞬心为 P，如题 11 - 1(c)图所示。

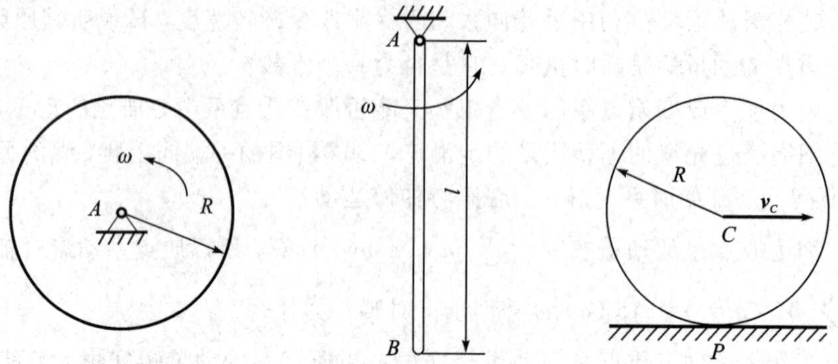

(a)　　(b)　　(c)

题 11 - 1 图

11 - 2　无重杆 OA 以角速度 ω_O 绕轴 O 转动，质量 $m=25$ kg、半径 $R=200$ mm 的均质圆盘以三种形式安装于杆 OA 的点 A，如题 11 - 2 图所示。在图(a)中，圆盘与杆 OA 焊在一起；在图(b)中，圆盘与杆 OA 在 A 点铰接，且相对于杆 OA 以角速度 ω_r 逆时针转动；在图(c)中，圆盘相对于杆 OA 以角速度 ω_r 顺时针转动。已知 $\omega_O=\omega_r=4$ rad/s，试计算在此三种情况下，圆盘对轴 O 的动量矩。

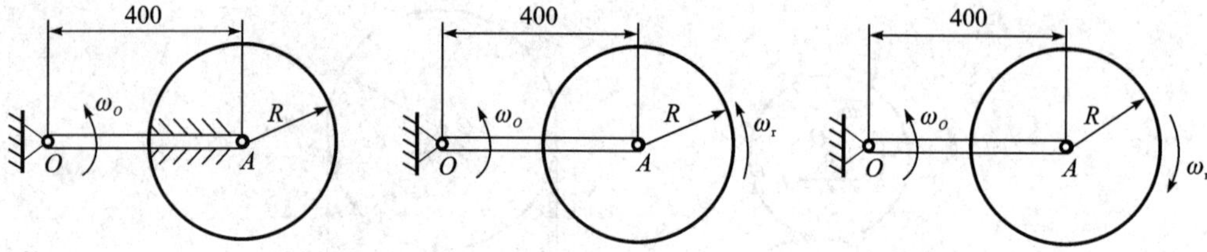

(a)　　(b)　　(c)

题 11 - 2 图

11 - 3　在题 11 - 3 图所示的皮带轮传动中，两轮的半径分别为 R_1 和 R_2，其质量分别为 m_1 和 m_2，都视为均质圆盘，均作定轴转动。在第一个轮子上作用有主动力偶 M，从动轮上有阻力偶 M'。不计皮带重量，试求主动轮的角加速度。

11 - 4　均质细杆 AB 长 l，重量为 $\boldsymbol{P}$，离 B 端 $\dfrac{l}{3}$ 处通过销钉 O 与固定面铰接，A 端用细绳悬挂使杆水平(见题 11 - 4 图)。试求剪断 AE 绳时，O 处的约束力。

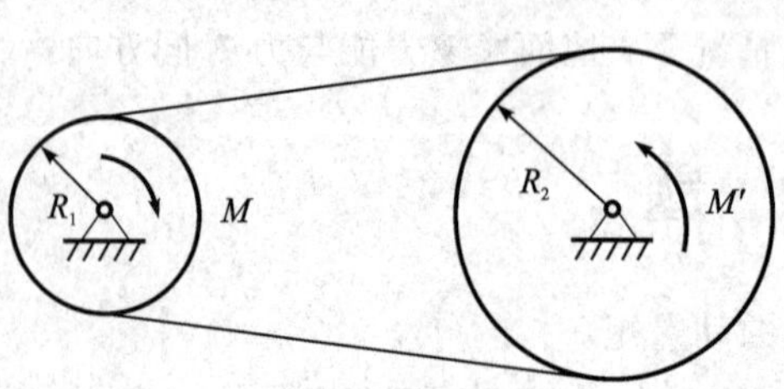

题 11 - 3 图

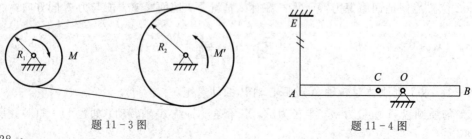

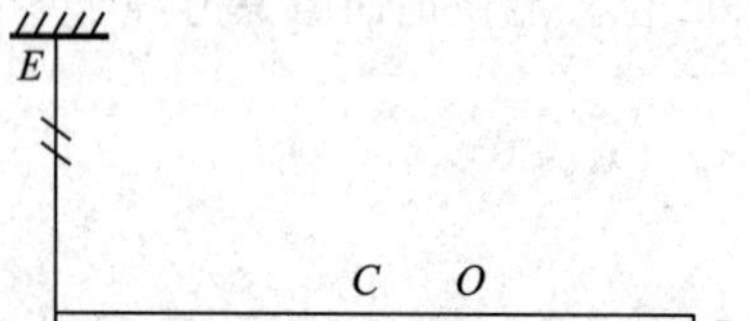

题 11 - 4 图

11－5　如题 11－5 图所示，卷扬机的轮 B、轮 C 半径分别为 R、r，对各自转轴的转动惯量分别为 J_1、J_2，物体 A 重为 $\boldsymbol{P}$。设在轮 C 上作用一常力偶 M，求物体 A 上升的加速度。

11－6　如题 11－6 图所示，质量为 m_1 的重物 A 系在绳子上，绳子跨过不计质量的固定滑轮 D，并绕在鼓轮 B 上，重物下降带动轮 C 沿水平轨道纯滚动。设鼓轮半径为 r，轮 C 半径为 R，两者固接在一起，总质量为 m_2，对 O 轴的回转半径为 ρ，试求重物 A 的加速度。

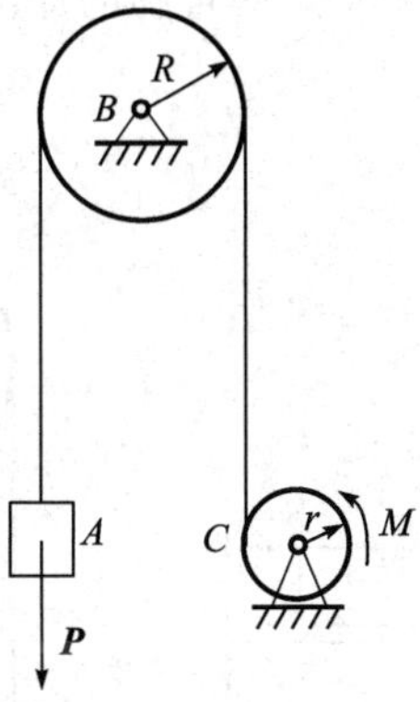

题 11－5 图

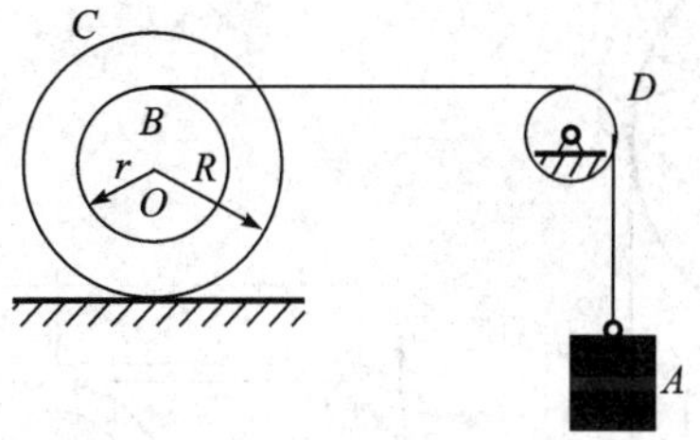

题 11－6 图

11－7　如题 11－7 图所示，两球 C 和 D 各重 $\boldsymbol{G}$，用直杆连接，并将其中点 O 固结在铅垂轴 AB 上，杆与轴的交角为 α，若此杆绕 AB 杆以匀角速度 ω 转动，试求下列情况的质点系对 AB 轴的动量矩：

(1) 杆重忽略不计；

(2) 杆被视为匀质的，重 $2\boldsymbol{Q}$。

11－8　如题 11－8 图所示，质量为 m 的质点 P 在向心力 $\boldsymbol{F}$ 作用下作椭圆周运动，$\boldsymbol{F}$ 指向椭圆中心。已知 $r_2=5r_1$，P 在最近点的速度为 $\boldsymbol{v}_1=30$ cm/s，求 P 在最远点的速度 $\boldsymbol{v}_2$。

11－9　如题 11－9 图所示，小球系于细绳 MOA 的一端，此线穿过一铅垂管，小球绕管轴沿半径 $MC=R$ 做圆周运动，转速为 120 r/min，今将线段 OA 慢慢向下拉使外面线段缩短到长度 OM_1，此时小球沿半径 $M_1C_1=\dfrac{1}{2}R$ 做圆周运动，求这时小球的转速。

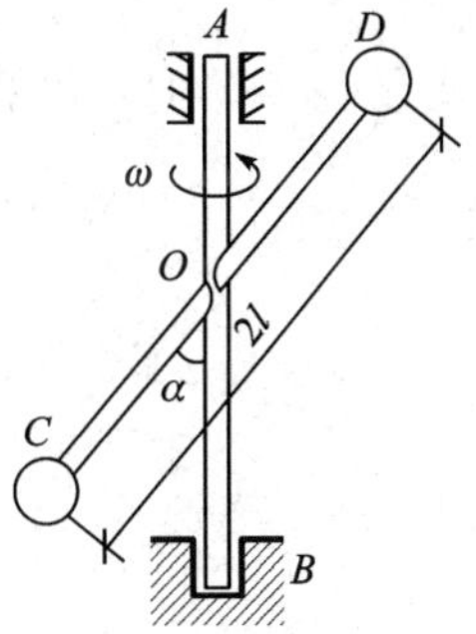

题 11－7 图

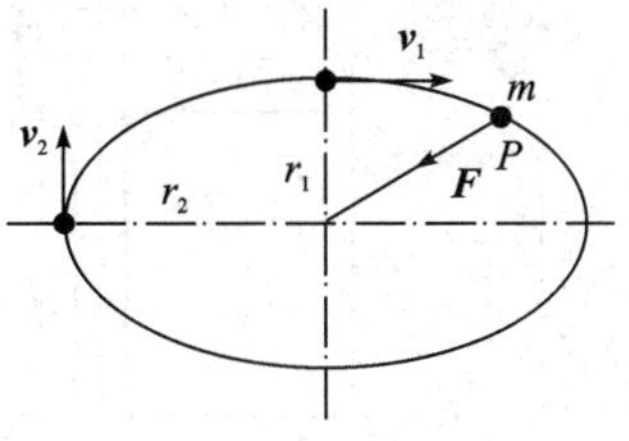

题 11－8 图

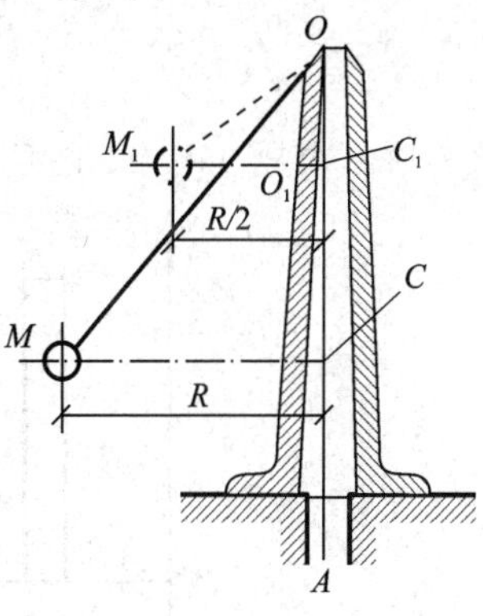

题 11－9 图

11－10　如题 11－10 图所示，相互固连并具有共同转轴的两个滑轮，其上绕绳子，重为 $\boldsymbol{G}_1$、$\boldsymbol{G}_2$ 的重物 P_1、P_2 挂在绳子的一端，略去绳子的重量，且把滑轮看成半径为 r_1、r_2（$r_2>$

r_1)的匀质圆盘，其相应重量为 $\boldsymbol{Q}_1$、$\boldsymbol{Q}_2$，求滑轮的角加速度。

11-11　如题 11-11 图所示，质量为 100 kg、半径为 1 m 的匀质制动轮以转速 $n=120$ r/min绕 O_1 轴转动，设有一常力 $\boldsymbol{P}$ 作用于闸杆，使制动轮经 10 s 后停止转动。已知动摩擦系数 $f'=0.1$，求 $\boldsymbol{P}$ 的大小。

11-12　在一定滑轮的两侧用细绳连接重物 A 和 B(见题 11-12 图)，设 A 重 $\boldsymbol{W}_1$，B 重 $\boldsymbol{W}_2$，且它们的大小关系为 $W_1>W_2$。试求 A 下降，B 上升时，两重物的加速度大小。(滑轮和绳的自重略去不计)

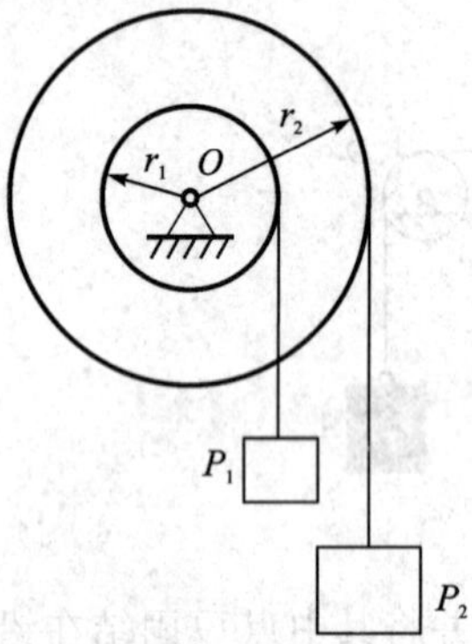

题 11-10 图

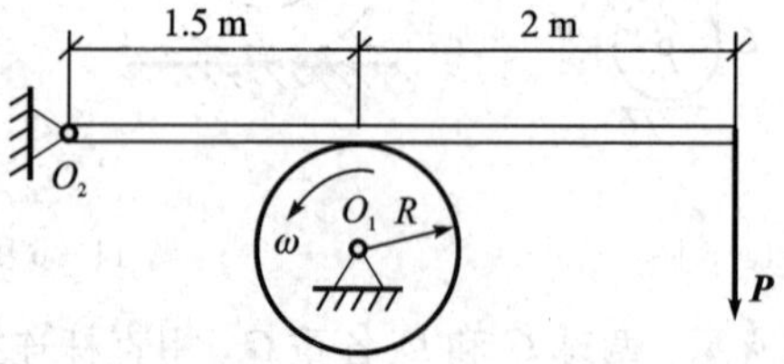

题 11-11 图

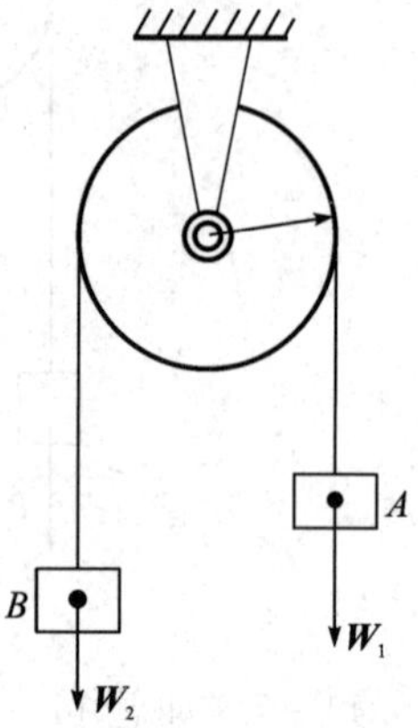

题 11-12 图

11-13　轴 1 与轴 2 共线，转子 A 对轴 1 的转动惯量为 $J_A=4\ \text{kg}\cdot\text{m}^2$，角速度 $\omega_A=10$ rad/s；转子 B 对轴 2 的转动惯量 $J_B=1\ \text{kg}\cdot\text{m}^2$，角速度为 $\omega_B=15$ rad/s，且 ω_B 的转向与 ω_A 的转向相反，现由轴端的摩擦离合器 C 把两轴突然接合(见题 11-13 图)，试求离合器不打滑后两轴的共同角速度 ω。

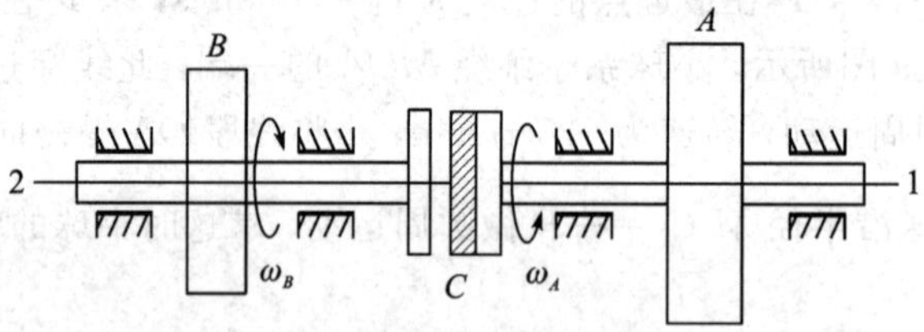

题 11-13 图

11-14　求题 11-14 图所示的匀质薄板(其中面积为 ab 的质量为 m)对 x 轴的转动

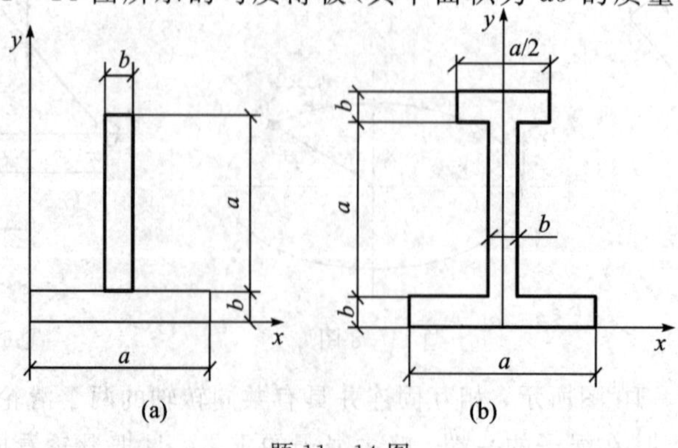

题 11-14 图

惯量。

11 - 15　通风机的转动部分(在动力停止后)以初速度 ω_0 绕其轴转动，如题 11 - 15 图所示，空气的阻力矩与角速度成正比，即 $M=\alpha\omega$，其中 α 为常数。若转动部分对其轴的转动惯量为 J_O，问：(1) 经过多少时间后，其转动角速度为初角速度的一半？(2) 在此时间内共转过了多少转？

11 - 16　轮 A 的质量为 m_1，半径为 r_1，可绕 OA 杆的 A 端转动，若将轮 A 放置在质量为 m_2 的 B 轮上，B 轮的半径为 r_2，可绕其转动轴自由转动，两轮接触的初瞬时，A 轮的角速度为 ω_1，B 轮处于静止，A 轮放在 B 轮上之后，其重量由 B 轮支持，如题 11 - 16 图所示，略去轴承摩擦和杆 OA 的重量，并设两轮间的动摩擦系数为 f，且两轮都可看作匀质圆盘。问从 A 轮放在 B 轮之上起到两轮没有相对滑动时为止，经过多少时间？

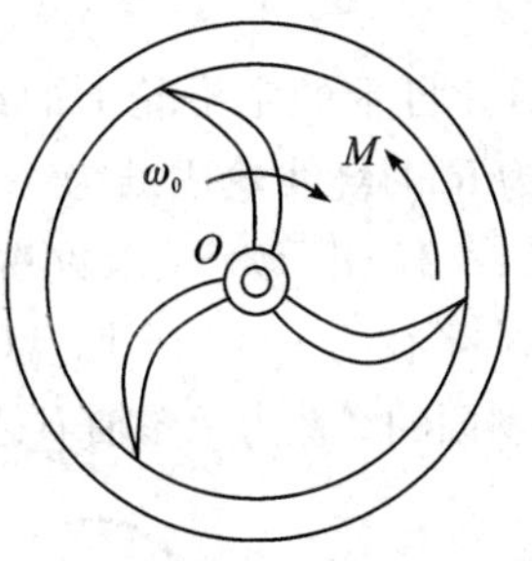

题 11 - 15 图

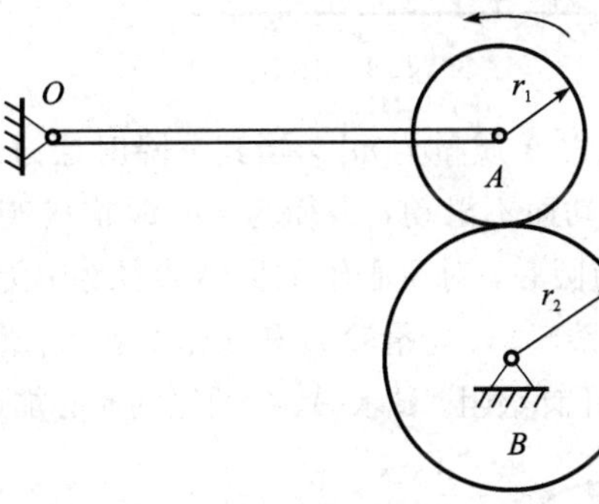

题 11 - 16 图

11 - 17　均质圆柱体 A 的质量为 m，在外圆上绕一细绳，绳的一端固定不动，如题 11 - 17图所示。当 BC 铅垂时圆柱下降，其初速度为 0。试求轴心下降 h 时，其速度和绳子的张力。

11 - 18　均质杆 AB 长为 l，放在铅垂平面内，一端 A 靠在光滑的铅垂墙面上，另一端 B 置于光滑水平面上，杆与水平面成 φ_0 角，如题 11 - 18 图所示。此时，杆由静止开始运动。试求：

(1) 杆在任意位置的角加速度和角速度；

(2) 当杆与铅垂墙面脱离时，杆与水平面的夹角。

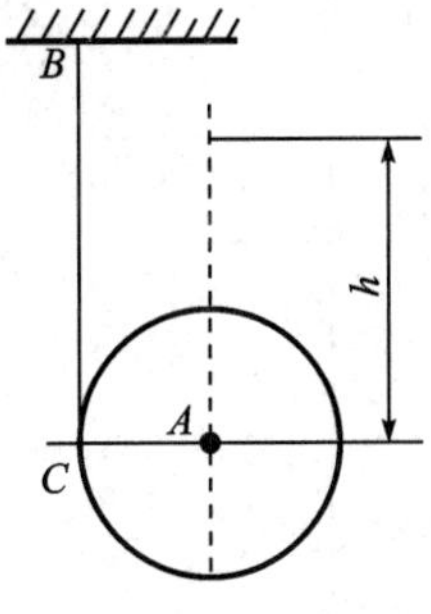

题 11 - 17 图

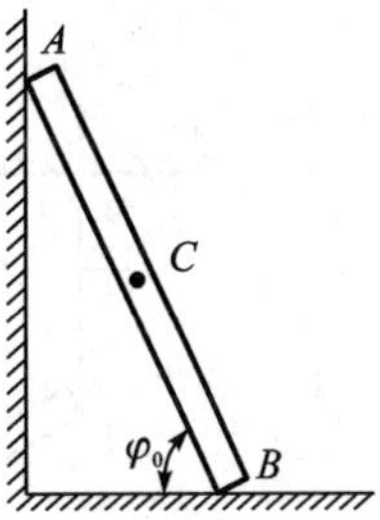

题 11 - 18 图

11 - 19　均质实心圆柱体 A 和薄铁环 B 的质量均为 m，半径均为 r，两者用无重杆 AB 铰接，并无滑动，且沿倾角为 θ 的斜面向下滚动，如题 11 - 19 图所示。求杆 AB 的加速度以及杆的内力。

11-20　匀质圆柱质量为 m，半径为 r，绕以软绳，放在倾角为 60°的斜面上，如题11-20图所示，摩擦因数 $f=1/3$，试求柱心的加速度。

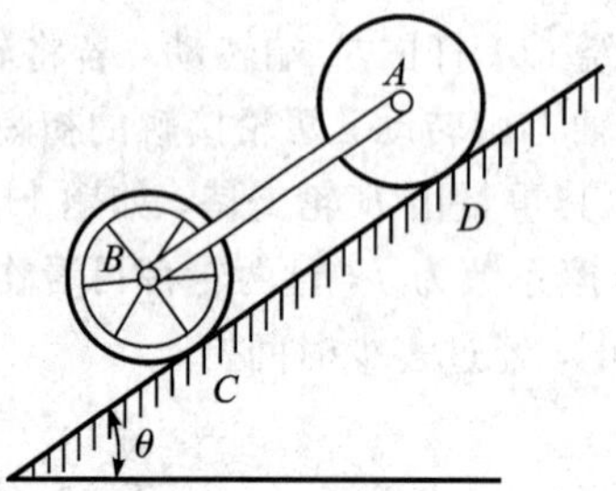

题 11-19 图

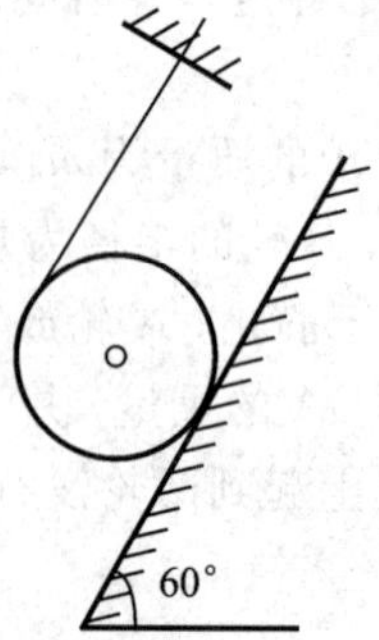

题 11-20 图

11-21　重物 A 质量为 m_1，当其下降时通过跨在不计自重的定滑轮上的细绳拉动滚轮 C 在水平板上滚动而不滑动，半径为 r 的滚轮 C 与半径为 R 的绕线轮固结为一个整体，其质量为 m_2，质心为圆心，对质心轴的回转半径为 ρ_C（见题 11-21 图示）。试求重物 A 的加速度。

11-22　绕线轮 A、定滑轮 B 和滚轮 C 都是质量为 m、半径为 r 的均质圆盘（见题11-22图示）。斜面粗糙，不计滚阻。试求 A、C 两轮的质心加速度，斜面的摩擦力及轮轴 B 之约束力。

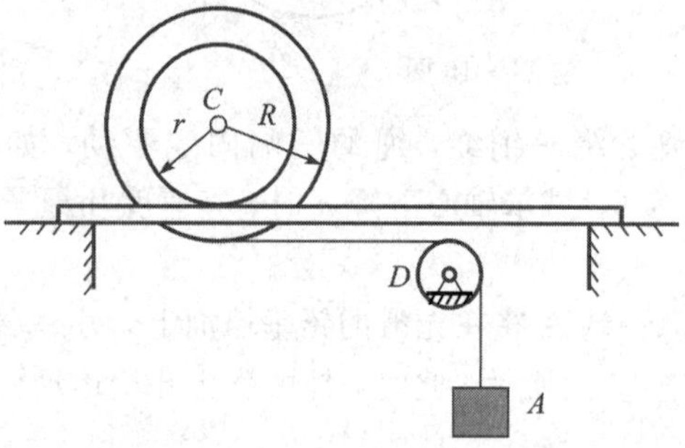

题 11-21 图

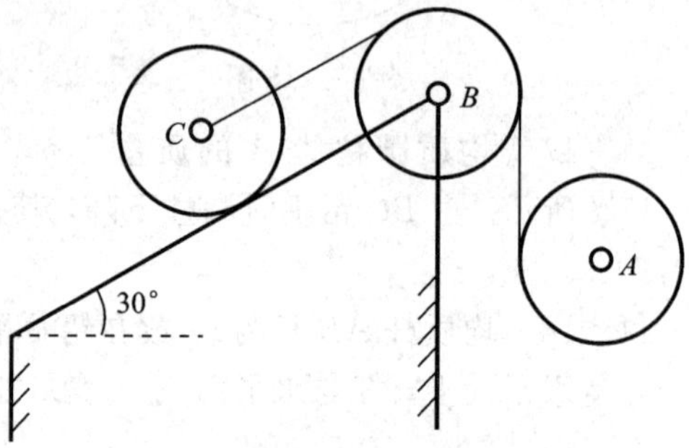

题 11-22 图

11-23　均质杆 AB，质量为 m，长度为 l，用软绳 AD，BE 悬吊。今突然剪断 AD 绳，如题 11-23 图所示，试求 AB 杆的角加速度。

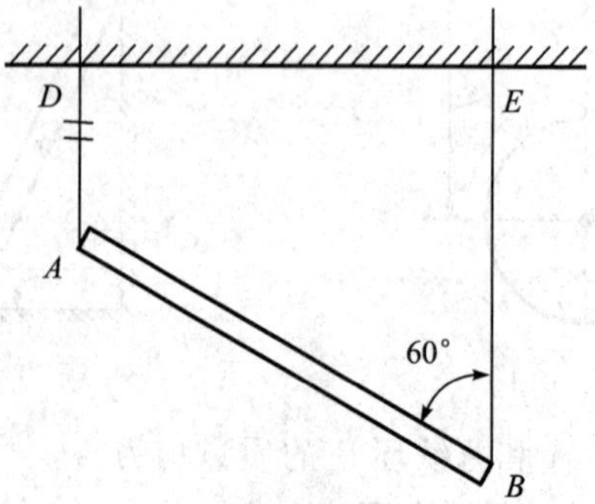

题 11-23 图

习题参考答案

11-1 (1) $L_A=\frac{mR^2\omega}{2}$；(2) $L_A=\frac{ml^2\omega}{3}$；(3) $L_P=-\frac{3}{2}mRv_C$

11-2 图(a) 18 kg·m²/s；图(b) 20 kg·m²/s；图(c) 16 kg·m²/s

11-3 $\alpha=\frac{2(R_2M-R_1M')}{(m_1+m_2)R_1^2R_2}$

11-4 $F_O=\frac{3}{4}P$

11-5 $\alpha=\frac{(M-Pr)R^2rg}{(J_1r^2+J_2R^2)g+PR^2r^2}$

11-6 $a_A=\frac{m_1g\ (r+R)^2}{m_1\ (r+R)^2+m_2(\rho^2+R^2)}$

11-7 $L_{AB}=2\ \frac{G}{g}\omega l^2\ \sin^2\alpha$；$L_{AB}=\frac{2}{3}\left(\frac{3G+Q}{g}\right)\omega l^2\ \sin^2\alpha$

11-8 $v_2=6$ cm/s

11-9 $\omega_1=480$ r/min

11-10 $\alpha=\frac{2g(G_1r_1+G_2r_2)}{(2G_1+Q_1)r_1^2+(2G_2+Q_2)r_2^2}$

11-11 $P=269$ N

11-12 $\alpha=\frac{W_1-W_2}{W_1+W_2}g$

11-13 $\omega=5$ rad/s，转向与 ω_A 相同

11-14 (a) $J_x=\frac{m}{3}(a^2+3ab+4b^2)$；(b) $J_x=\frac{5m}{6}(a^2+3ab+3b^2)$

11-15 (1) $t=\frac{J_O}{\alpha}\ln2$；(2) $N=\frac{J_O\omega_0}{4\pi\alpha}$

11-16 $t=r_1\omega_1/2gf\left(1+\frac{m_1}{m_2}\right)$

11-17 $v=\frac{2}{3}\sqrt{3gh}$，$F=\frac{1}{3}mg$

11-18 (1) $\alpha=\frac{3g}{2l}\cos\varphi$，$\omega=\sqrt{\frac{3g}{l}(\sin\varphi_0-\sin\varphi)}$；(2) $\varphi_1=\arcsin\left(\frac{2}{3}\sin\varphi_0\right)$

11-19 $a=\frac{4}{7}g\sin\theta$，$F=-\frac{1}{7}mg\sin\theta$

11-20 $a_C=3.48\ \mathrm{m/s^2}$

11-21 $a_A=\frac{m_1g\ (R-r)^2}{m_2(\rho_C^2+r^2)+m_1\ (R-r)^2}$

11-22 $a_A=\frac{9}{14}g$，$a_C=-\frac{1}{14}g$，$F_s=\frac{1}{28}mg$，$F_{Bx}=\frac{11}{56}\sqrt{3}mg$，$F_{By}=\frac{87}{56}mg$

11-23 $\alpha=1.6\ \frac{g}{l}$

第12章 动能定理

动量定理和动量矩定理分别建立了质点或质点系运动特征量(动量、动量矩)的变化与作用于质点或质点系的外力、冲量、外力矩间的关系。本章所述的动能定理研究的是物体动能的变化与作用于物体上的力的功之间的关系。该定理为求解动力问题提供了另一条有效的途径。

12.1 力的功

工程实际中，一物体受力的作用所引起运动状态的变化，不仅取决于力的大小和方向，而且与物体在力的作用下经过的路程有关。我们把**力在一段路程上的累积效应，称为力的功**。

1. 功的计算

1）常力的功

设一物体在常力 $\boldsymbol{F}$ 的作用下做直线运动，如图 12-1 所示。α 表示力和运动方向间的夹角，S 表示力作用点走过的路程。则力 $\boldsymbol{F}$ 在路程 S 上所作的功为

$$W = F\cos\alpha \cdot S \tag{12-1a}$$

或

$$W = \boldsymbol{F} \cdot \boldsymbol{S} \tag{12-1b}$$

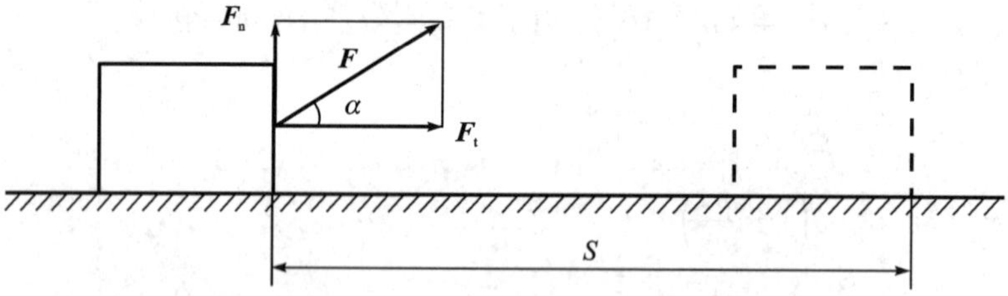

图 12-1

显然，当 $\alpha<\frac{\pi}{2}$ 时，力做的功为正功；当 $\alpha>\frac{\pi}{2}$ 时，力做的功为负功；当 α 角等于 $\frac{\pi}{2}$ 时，力不做功，即力的功为零。可见力的功是**代数量**。

在国际单位制中，功的单位是焦耳(J)。

$$1\ \text{J}=1\ \text{N}\times1\ \text{m}=1\ \text{N}\cdot\text{m}=1\ \text{kg}\cdot\text{m}^2\cdot\text{s}^{-1}$$

即 1 J 的功等于用 1 N 的力使物体沿力的方向移动 1 m 路程所做的功。

2）变力的功

设质点 M 在变力 $\boldsymbol{F}$ 作用下沿曲线运动，如图 12-2 所示。把位移 $\boldsymbol{S}$ 分割成许多微段 $\mathrm{d}\boldsymbol{S}$，当微段 $\mathrm{d}\boldsymbol{S}$ 足够小时，可把 $\mathrm{d}\boldsymbol{S}$ 近似地看成直线，而这一微段上的力可近似地看作常力，由式(12-1)，得

$$\delta W = F\cos\alpha \mathrm{d}\boldsymbol{S} \tag{12-2a}$$

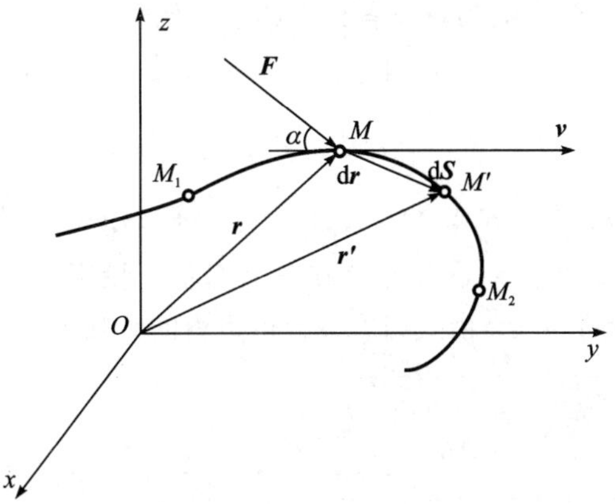

图 12-2

式中，α 为力 $\boldsymbol{F}$ 与轨迹切线方向的夹角，δW 称为力 $\boldsymbol{F}$ 在 $\mathrm{d}\boldsymbol{S}$ 上的元功。对于足够小的 $\mathrm{d}\boldsymbol{S}$，有 $\mathrm{d}S=|\mathrm{d}\boldsymbol{r}|$，$\mathrm{d}\boldsymbol{r}$ 为 M 点的位移增量，由式(12-1b)有关

$$\delta W = \boldsymbol{F}\cdot\mathrm{d}\boldsymbol{r} \tag{12-2b}$$

由于

$$\boldsymbol{F}=X\boldsymbol{i}+Y\boldsymbol{j}+Z\boldsymbol{k},\quad \mathrm{d}\boldsymbol{r}=\mathrm{d}x\boldsymbol{i}+\mathrm{d}y\boldsymbol{j}+\mathrm{d}z\boldsymbol{k}$$

故有

$$\delta W = X\mathrm{d}x+Y\mathrm{d}y+Z\mathrm{d}z \tag{12-2c}$$

力 $\boldsymbol{F}$ 在曲线路程 $\overset{\frown}{M_1M_2}$ 上所做的功为

$$W=\int_{M_1}^{M_2}\delta W=\int_{M_1}^{M_2}\boldsymbol{F}\cdot\mathrm{d}\boldsymbol{r} \tag{12-2d}$$

或

$$W=\int_{M_1}^{M_2}(X\mathrm{d}x+Y\mathrm{d}y+Z\mathrm{d}z)$$

由式(12-2a)，有

$$W=\int_{M_1}^{M_2}F_\tau\mathrm{d}\boldsymbol{S} \tag{12-2e}$$

即 **变力在某一曲线路程上所做的功，等于这个力的切向分力沿这段曲线路程的积分。**

3) 合力的功

若质点 M 受力 $\boldsymbol{F}_1$，$\boldsymbol{F}_2$，…，$\boldsymbol{F}_n$ 的作用，其合力为

$$\boldsymbol{R}=\boldsymbol{F}_1+\boldsymbol{F}_2+\cdots+\boldsymbol{F}_n$$

质点 M 在合力 $\boldsymbol{R}$ 作用下沿曲线 M_1M_2 所做的功为

$$\begin{aligned}W&=\int_{M_1}^{M_2}\boldsymbol{R}\cdot\mathrm{d}\boldsymbol{r}=\int_{M_1}^{M_2}(\boldsymbol{F}_1+\boldsymbol{F}_2+\cdots+\boldsymbol{F}_n)\cdot\mathrm{d}\boldsymbol{r}\\&=\int_{M_1}^{M_2}\boldsymbol{F}_1\cdot\mathrm{d}\boldsymbol{r}+\int_{M_1}^{M_2}\boldsymbol{F}_2\cdot\mathrm{d}\boldsymbol{r}+\cdots+\int_{M_1}^{M_2}\boldsymbol{F}_n\cdot\mathrm{d}\boldsymbol{r}\\&=W_1+W_2+\cdots+W_n\end{aligned}$$

即

$$W = \sum W_i \tag{12-3}$$

上式表明：**在任一路程中，合力的功等于各分力的功的代数和。**

以上是功的一般计算公式，下面介绍工程上几种常见的力的功。

2. 常见的力的功

1）重力的功

设重量为 $\boldsymbol{P}$ 的质点 M，沿曲线由 $M_1(x_1, y_1, z_1)$ 处运动到 $M_2(x_2, y_2, z_2)$ 处，如图12－3所示。重力 $\boldsymbol{P}$ 在三坐标轴上投影为 $X=0$，$Y=0$，$Z=-P=-mg$，由式(12－2c)得重力的元功

$$\delta W = -P\mathrm{d}z = -mg\mathrm{d}z$$

代入式(12－2d)，得

$$W = \int_{z_1}^{z_2} -mg\,\mathrm{d}z = mg(z_1 - z_2) \tag{12-4a}$$

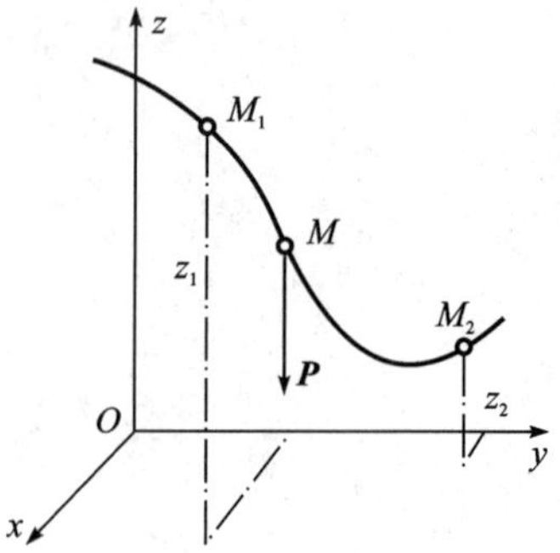

图 12－3

若为一质点系，则在路程 M_1M_2 上重力所做功为

$$W = \sum m_k g(z_{k1} - z_{k2}) = g\left(\sum m_k z_{k1} - \sum m_k z_{k2}\right)$$

由质心坐标公式可知 $\sum m_k z_{k1} = mz_{c1}$，$\sum m_k z_{k2} = mz_{c2}$，故

$$W = mg(z_{c1} - z_{c2}) \tag{12-4b}$$

式中，$m = \sum m_k$，z_{c1}、z_{c2} 分别代表质点系在位置 M_1 处和 M_2 处时质心的坐标。

当 $z_{c1} > z_{c2}$，即重心降低时，重力的功为正；反之为负。

可见，质点系重力的功等于质点系的重量与其重心在运动始末位置的高度差的乘积，与质心的运动路径无关。

2）弹性力的功

一端固定，另一端与质点 M 相联结的弹簧如图 12－4 所示。设弹簧原长为 l_0，刚性系数为 k(N/m)，质点 M 从位置 $M_1(\boldsymbol{r}_1)$ 运动到 $M_2(\boldsymbol{r}_2)$，弹簧始终保持直线状态。弹性力所做的功计算如下：

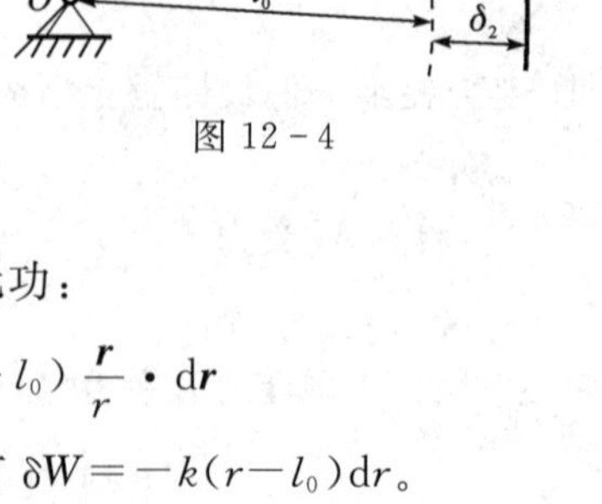

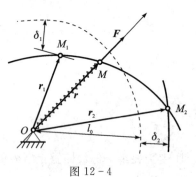

图 12－4

在任意位置，质点 M 矢径为 $\boldsymbol{r}$，弹簧的变形为 $r-l_0$，作用于质点 M 的弹性力为

$$\boldsymbol{F} = -k(r-l_0)\boldsymbol{r}_0$$

式中，$\boldsymbol{r}_0 = \dfrac{\boldsymbol{r}}{r}$ 为矢径 $\boldsymbol{r}$ 方向的单位矢量。当 $r<l_0$，即弹簧被压缩时，$\boldsymbol{F}$ 指向与 $\boldsymbol{r}_0$ 相同；当 $r>l_0$，$\boldsymbol{F}$ 指向与 $\boldsymbol{r}_0$ 相反。$\boldsymbol{F}$ 的元功：

$$\delta W = \boldsymbol{F}\cdot\mathrm{d}\boldsymbol{r} = -k(r-l_0)\,\boldsymbol{r}_0\cdot\mathrm{d}\boldsymbol{r} = -k(r-l_0)\,\frac{\boldsymbol{r}}{r}\cdot\mathrm{d}\boldsymbol{r}$$

由于 $2r\cdot\mathrm{d}\boldsymbol{r} = \mathrm{d}\boldsymbol{r}\cdot r + r\cdot\mathrm{d}\boldsymbol{r} = d(\boldsymbol{r}\cdot\boldsymbol{r}) = \mathrm{d}(r^2) = 2r\mathrm{d}r$，则有 $\delta W = -k(r-l_0)\mathrm{d}r$。

由式(12－2d)，有

$$W = \int_{r_1}^{r_2} -k(r-l_0)\mathrm{d}r = -\int_{r_1}^{r_2} k(r-l_0)\mathrm{d}(r-l_0)$$

$$= \frac{1}{2}k\left[(r_1-l_0)^2 - (r_2-l_0)^2\right]$$

即

$$W = \frac{1}{2}k(\delta_1^2 - \delta_2^2) \tag{12-5}$$

式中 $\delta_1 = r_1 - l_0$、$\delta_2 = r_2 - l_0$ 分别为质点 M 在开始、终止位置时弹簧的变形量。

由此可见：**弹性力的功只与弹簧的起始、终了变形有关，而与质点运动的路径无关。**

3）作用在定轴转动刚体上力的功

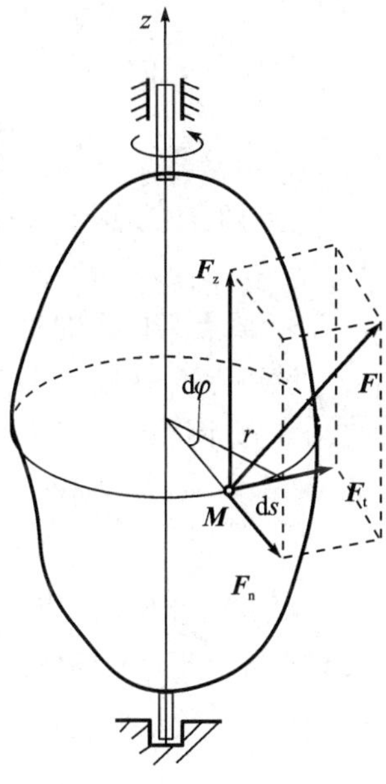

图 12-5

图 12-5 所示的物体在力 $\boldsymbol{F}$ 作用下做定轴转动。将 $\boldsymbol{F}$ 分解为正交的三个分力 $\boldsymbol{F}_t$、$\boldsymbol{F}_n$、$\boldsymbol{F}_z$。由于 $\boldsymbol{F}_z$、$\boldsymbol{F}_n$ 对 z 轴的矩为零，故力 $\boldsymbol{F}$ 对 z 轴的矩为 $M_z(\boldsymbol{F}) = F_t \boldsymbol{r}$。当物体绕转轴 Oz 转过角度 $d\varphi$ 时，力 $\boldsymbol{F}$ 所作的元功

$$\delta W = F_t ds = F_t r d\varphi = M_z(\boldsymbol{F}) d\varphi$$

当物体转过角度 $\varphi = \varphi_2 - \varphi_1$ 时，力所做的功为

$$W = \int_{\varphi_1}^{\varphi_2} M_z(\boldsymbol{F}) d\varphi \tag{12-6a}$$

即：**作用在绕定轴转动物体上的力所做的功，等于力对转轴之矩对物体转角的积分。**

如果力偶 m 作用在转动刚体上，其作用面与转轴 z 垂直时，则力偶的功为

$$W = \int_{\varphi_1}^{\varphi_2} m d\varphi \tag{12-6b}$$

若力偶 m 为常量，则有

$$W = m(\varphi_2 - \varphi_1)$$

4）摩擦力的功

物体运动时，因其所受摩擦力 $\boldsymbol{F}'$ 的方向与其运动方向相反，故摩擦力的功为

$$W = -\int_s F' \cdot ds = -\int_s f' N ds \tag{12-7}$$

由此可见，**动摩擦力的功恒为负值，它不仅取决于质点的起止位置，且还与物体的运动路径有关。**

若 N 等于常量时，则有

$$W = -f' N s$$

其中 s 为物体运动所经路径的曲线长度。

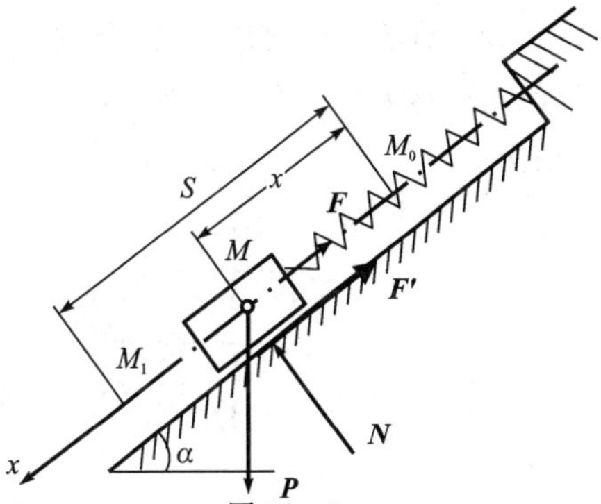

图 12-6

【例 12-1】 在图 12-6 所示的系统中，斜面倾角 $\alpha = 35°$，物块 M 的质量为 10 kg，弹簧刚度系数 $k = 120$ N/m，动摩擦系数 $f' = 0.2$。试计算物块由弹簧的原长位置 M_0 沿斜面运动到位置 M_1（$S = 0.5$ m）时，作用于物块的各力所做的功及合力的功。

解　(1) 取物块 M 为研究对象。它受的力有重力 $\boldsymbol{P}$、斜面法向反力 $\boldsymbol{N}$、摩擦力 $\boldsymbol{F}'$ 及弹性力 $\boldsymbol{F}$。取原点为 M_0 的坐标轴 x。

(2) 计算功。力 **N** 和$\boldsymbol{F}'$为常力，其功为

$$W_N = N\cos 90° \cdot S = 0$$

$$W_{F'} = F'\cos 180° \cdot S = -fmg\cos\alpha \cdot S$$

$$= -0.2 \times 10 \times 9.8 \times 0.819 \times 0.5 = -8\ \text{J}$$

重力 **P** 的功为

$$W_P = PS \cdot \sin\alpha = mgS \cdot \sin\alpha = 10 \times 9.8 \times 0.5 \times 0.574 = 28\ \text{J}$$

弹性力 **F** 的功为

$$W_F = \frac{1}{2}k(0 - S^2) = -\frac{1}{2}kS^2 = -\frac{1}{2} \times 120 \times 0.5^2 = -15\ \text{J}$$

合力的功为各分力的功的代数和，即

$$W = W_P + W_N + W_{F'} + W_F = 28 - 8 - 15 = 5\ \text{J}$$

3. 质点系内力的功

设质点系中两个质点 A、B 间相互的作用力为 $\boldsymbol{F}$、$\boldsymbol{F}'$，且 $\boldsymbol{F} = -\boldsymbol{F}'$，其位置矢径分别为 $\boldsymbol{r}_A$、$\boldsymbol{r}_B$，如图 12-7 所示。当质点 A、B 分别发生位移 $\mathrm{d}\boldsymbol{r}_A$、$\mathrm{d}\boldsymbol{r}_B$ 时，内力的元功之和为

$$\delta W = \boldsymbol{F} \cdot \mathrm{d}\boldsymbol{r}_A + \boldsymbol{F}' \cdot \mathrm{d}\boldsymbol{r}_B = \boldsymbol{F} \cdot \mathrm{d}\boldsymbol{r}_A - \boldsymbol{F} \cdot \mathrm{d}\boldsymbol{r}_B$$

$$= \boldsymbol{F} \cdot (\mathrm{d}\boldsymbol{r}_A - \mathrm{d}\boldsymbol{r}_B) = \boldsymbol{F} \cdot \mathrm{d}(\boldsymbol{r}_A - \boldsymbol{r}_B) = \boldsymbol{F} \cdot \mathrm{d}(\overrightarrow{BA})$$

由上式可知，若质点系内质点间的距离发生变化，则 $\mathrm{d}(\overrightarrow{BA}) \neq 0$，即可变质点系的内力功之和不等于零。刚体由于质点间的位置不变，即 $\mathrm{d}(\overrightarrow{BA}) = 0$，故刚体的内力功之和恒等于零。

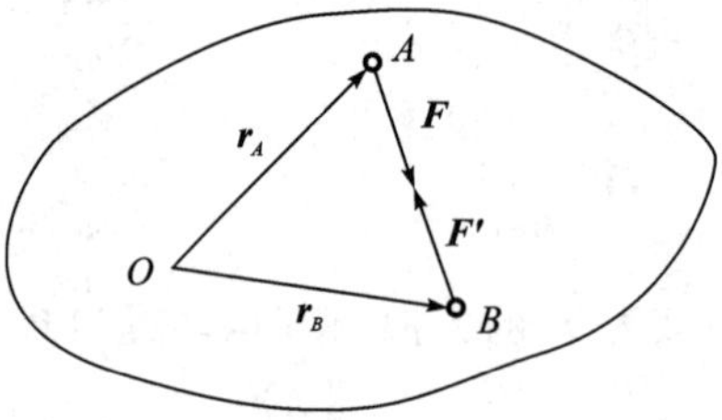

图 12-7

4. 理想约束反力的功

约束反力元功为零或元功之和为零的约束称为理想约束。常见理想约束有以下四种：

(1) 光滑固定面约束。图 12-8 所示的光滑固定面约束，因为光滑固定面的约束反力沿支承面的法线，与该力作用点的微小位移 $\mathrm{d}\boldsymbol{r}$ 垂直，所以元功 $\delta W_N = N \cdot \mathrm{d}\boldsymbol{r} = 0$。

(2) 轴承与可动铰支座。图 12-9 所示的轴承与可动铰支座，由于约束反力的方向始终与微小位移方向垂直，故有

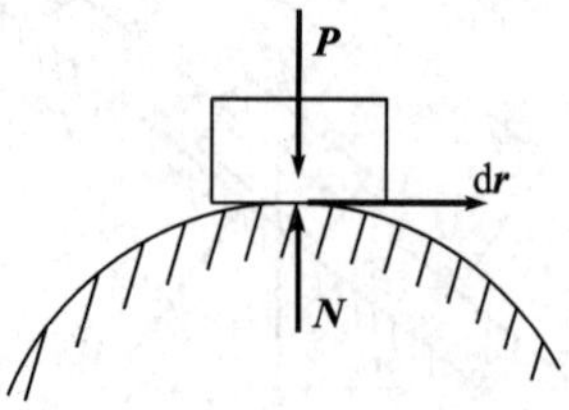

图 12-8

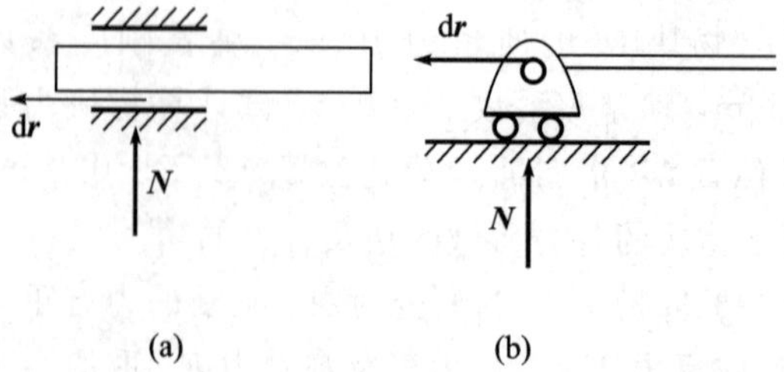

图 12-9

$$\delta W_N = \boldsymbol{N} \cdot \mathrm{d}\boldsymbol{r} = 0$$

(3) 连接两个刚体的光滑铰链。两刚体在铰接处相互作用的约束反力 $\boldsymbol{N}$ 和 $\boldsymbol{N}'$ 大小相等，方向相反，即 $\boldsymbol{N}+\boldsymbol{N}'=0$，如图 12-10 所示。因此，元功：$\delta W_N=\boldsymbol{N}\cdot \mathrm{d}\boldsymbol{r}+\boldsymbol{N}'\cdot \mathrm{d}\boldsymbol{r}=(\boldsymbol{N}+\boldsymbol{N}')\cdot \mathrm{d}\boldsymbol{r}=0$。例如常见的固定铰支座、中间铰的约束。

(4) 不可伸长的柔索约束。如图 12-11 所示的不可伸长的绳索，两端分别作用着拉力 $\boldsymbol{F}_1$ 和 $\boldsymbol{F}_2$($F_1=F_2$)，两端的位移 $\mathrm{d}\boldsymbol{r}_1$ 和 $\mathrm{d}\boldsymbol{r}_2$ 沿绳索的投影相等，则 $\boldsymbol{F}_1$ 和 $\boldsymbol{F}_2$ 的元功和为

$$\delta W_N = \boldsymbol{F}_1 \cdot \mathrm{d}\boldsymbol{r}_1 + \boldsymbol{F}_2 \cdot \mathrm{d}\boldsymbol{r}_2 = F_1 \mathrm{d}r_1 \cos\varphi_1 - F_2 \mathrm{d}r_2 \cos\varphi_2 = 0$$

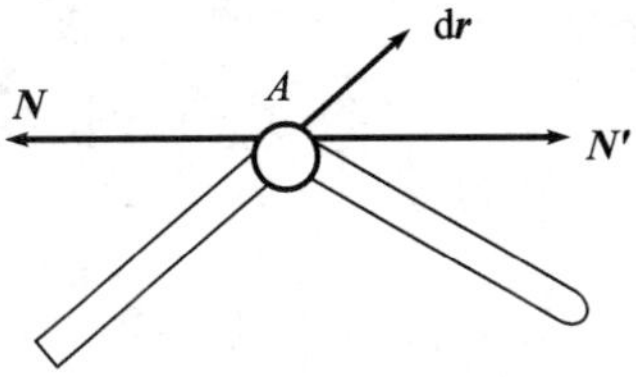

图 12-10

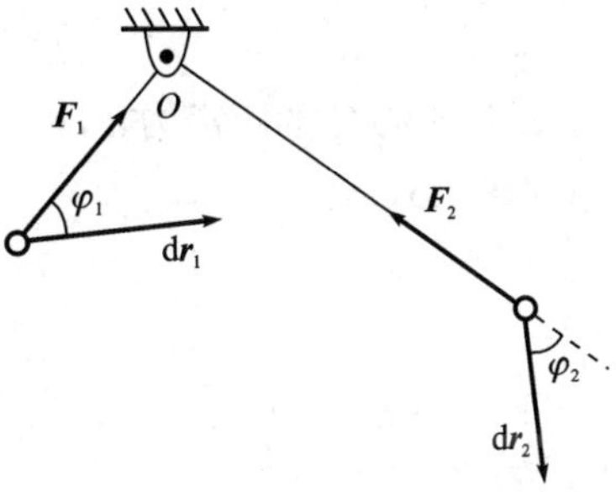

图 12-11

12.2 质点 质点系的动能

物体由于运动而具有的能量称为动能，动能是度量物体机械运动强弱的一个物理量。

1. 质点与质点系的动能

设质量为 m 的质点，任一瞬时的速度为 $\boldsymbol{v}$，则质点的动能为

$$T=\frac{1}{2}mv^2$$

动能是一个与速度方向无关的正标量，其量纲是[质量][速度]^2=[M][L^2][T]$^{-2}$=[F][L]=[力][路程]，即动能量纲与功的量纲相同。因而，动能和功的单位相同。

由 n 个质点组成的质点系，其动能等于每个质点动能之和，即

$$T=\sum \frac{1}{2}m_i v_i^2$$

式中，m_i、v_i 分别表示质点系中第 i 个质点的质量、速度大小。

2. 刚体的动能

刚体是工程中常见的质点系，由于运动形式的不同，其动能的表达形式各异。

(1) 平动刚体的动能。刚体做平动时，刚体内各点的速度相同，其动能为

$$T=\sum \frac{1}{2}m_i v_i^2 = \frac{1}{2}\left(\sum m_i\right)^2 v_C^2 = \frac{1}{2}Mv_C^2$$

式中，$\sum m_i = M$ 是刚体的质量，v_C 为刚体质心的速度。**即平动刚体的动能等于其质心的速度的平方与总质量乘积的一半。**

(2) 定轴转动刚体的动能。设刚体以角速度 ω 做定轴转动，其上任意一个到转轴距离为 r_i、质量为 m_i 的质点的速度为 $v_i=r_i\omega$。于是定轴转动刚体的动能为

$$T=\sum\frac{1}{2}m_iv_i^2=\sum\frac{1}{2}m_ir_i^2\omega^2=\frac{1}{2}\left(\sum m_ir_i^2\right)\omega=\frac{1}{2}J_z\omega^2$$

式中，$J_z=\sum m_ir_i^2$ 为刚体对转轴 z 的转动惯量。这表明，**转动刚体的动能等于刚体对转轴的转动惯量与角速度平方乘积的一半**。

(3) 平面运动刚体的动能。由于刚体的平面运动可看成是刚体随质心的平动与绕质心的转动的合成，因此**平面运动刚体的动能为刚体的平动动能加上绕质心转动的动能**。

设质量为 M 的刚体过质心 C 的转动惯量为 J_C，质心的速度为 v_C，于是

$$T=\frac{1}{2}J_C\omega^2+\frac{1}{2}Mv_C^2$$

若刚体瞬心 C' 到质心 C 的距离为 d，如图 12－12 所示。由转动惯量的平行移轴公式有

$$J_{C'}=J_C+Md^2$$

这样刚体的动能：

$$T=\frac{1}{2}J_C\omega^2+\frac{1}{2}Mv_C^2=\frac{1}{2}(J_C+Md^2)\omega^2=\frac{1}{2}J_{C'}\omega^2$$

即平面运动刚体的动能等于绕瞬心轴转动的动能。

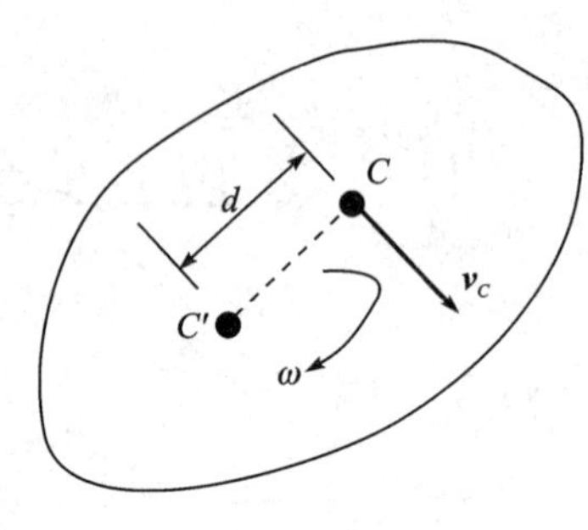

图 12－12

【例 12－2】 在图 12－13 所示的机构中，杆 OA 绕水平轴 O 转动，质量为 2 kg 的套筒 M 按规律 $s=2t^2$(m)沿杆滑动。当转角 $\varphi=2t$(rad)时，试求 $t=2$ s 时套筒 M 的动能。

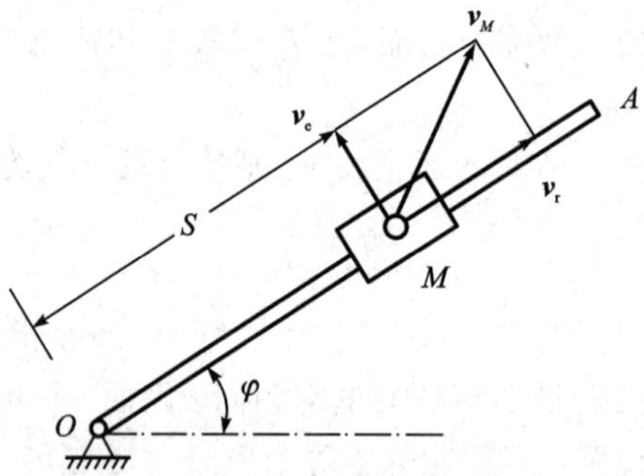

图 12－13

解 取套筒 M 为动点，动系固连于杆 OA 上，静系为地面。由点的速度合成定理，有

$$\boldsymbol{v}_M=\boldsymbol{v}_e+\boldsymbol{v}_r$$

当 $t=2$ s 时，

$$\dot{s}=4t\big|_{t=2}=8\ \text{m},\ \dot{\varphi}=2\ \text{rad},\ v_r=\dot{s}=8\ \text{m/s},\ v_e=s\cdot\dot{\varphi}=16\ \text{m/s}$$

$$v_M=\sqrt{v_e^2+v_r^2}=\sqrt{320}\ \text{m/s}$$

$$T_M=\frac{1}{2}Mv_M^2=\frac{1}{2}\times2\times320=320\ \text{J}$$

【例 12－3】 在图 12－14 所示的系统中，均质圆盘 A、B 的半径为 R，重量各为 $\boldsymbol{P}$。盘 A 做定轴转动，盘 B 沿水平面做纯滚动运动，且两盘中心在同一水平线上。重物 D 重 $\boldsymbol{Q}$，图示瞬时的速度为 $\boldsymbol{v}$。不计绳重，求此时系统的动能。

解 以整个系统为研究对象，A、B、D 三物体的动能分别为

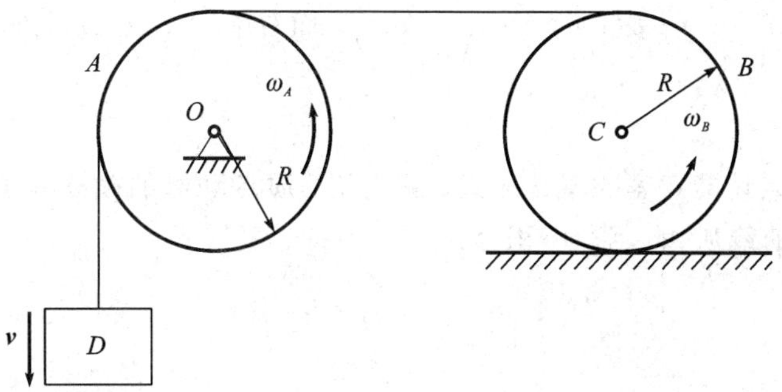

图 12－14

$$T_D = \frac{1}{2}\frac{Q}{g}v^2$$

$$T_A = \frac{1}{2}J_A\omega_A^2 = \frac{1}{2}J_A\frac{v^2}{R^2} = \frac{1}{2}\left(\frac{1}{2}\frac{P}{g}R^2\right)\frac{v^2}{R^2} = \frac{1}{4}\frac{P}{g}v^2$$

其中，盘 A 的角速度 $\omega_A=\dfrac{v}{R}$。

$$T_B = \frac{1}{2}J_C\omega_B^2 + \frac{1}{2}\frac{P}{g}v_C^2 = \frac{1}{2}\left(\frac{1}{2}\frac{P}{g}R^2\right)\frac{v_C^2}{R^2} + \frac{1}{2}\frac{P}{g}v_C^2$$

其中，盘 B 的角速度 $\omega_B=\dfrac{v_C}{R}$，将 $v_C=\dfrac{v}{2}$代入上式整理后有

$$T_B=\frac{3P}{16g}v^2$$

系统的动能：

$$T=T_A+T_B+T_D=\frac{1}{2}\left(Q+\frac{7}{8}P\right)\frac{v^2}{g}$$

12.3　质点与质点系的动能定理

1. 质点的动能定理

质点的动能定理建立了质点的动能与其所受力的功的关系。如图 12－15 所示，质量为 m 的质点在力 $\boldsymbol{F}$ 的作用下沿曲线运动，在点 M_1、M_2 处的瞬时速度分别为 $\boldsymbol{v}_1$、$\boldsymbol{v}_2$。由动力学基本方程，有

$$m\frac{\mathrm{d}\boldsymbol{v}}{\mathrm{d}t}=\boldsymbol{F}$$

或

$$\frac{\mathrm{d}}{\mathrm{d}t}(m\boldsymbol{v})=\boldsymbol{F}$$

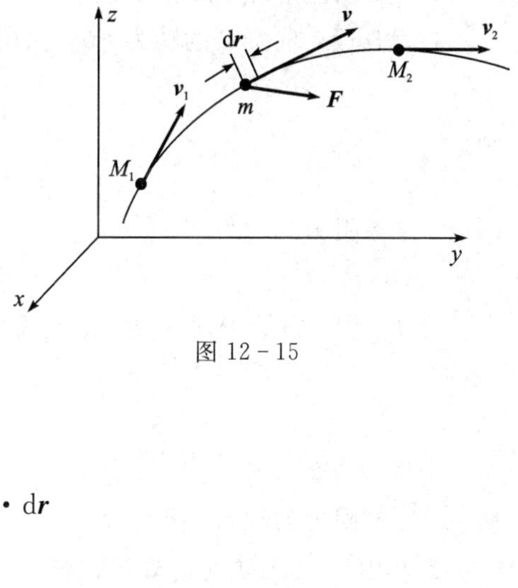

图 12－15

两边分别点乘以 $\mathrm{d}\boldsymbol{r}=\boldsymbol{v}\mathrm{d}t$，得

$$\frac{\mathrm{d}}{\mathrm{d}t}(m\boldsymbol{v})\cdot\boldsymbol{v}\mathrm{d}t=\boldsymbol{F}\cdot\mathrm{d}\boldsymbol{r}$$

上式左端：$\frac{\mathrm{d}}{\mathrm{d}t}(m\boldsymbol{v})\cdot\boldsymbol{v}\mathrm{d}t=\frac{m}{2}\mathrm{d}(\boldsymbol{v}\cdot\boldsymbol{v})=\mathrm{d}\left(\frac{1}{2}mv^2\right)$，而右端为 $\boldsymbol{F}$ 在 $\mathrm{d}\boldsymbol{r}$ 上的元功 δW，故有

$$\mathrm{d}\left(\frac{1}{2}mv^2\right)=\delta W \tag{12-8a}$$

式(12-8a)称为**质点动能定理的微分形式**。它表明，**质点动能的微分等于作用于质点上的力的元功**。将上式沿曲线从 M_1 到 M_2 积分：

$$\int_{V_1}^{V_2}\mathrm{d}\left(\frac{1}{2}mv^2\right)=\int_{M_1}^{M_2}\delta W$$

得

$$\frac{1}{2}mv_2^2-\frac{1}{2}mv_1^2=W \tag{12-8b}$$

式(12-8b)**为积分形式的质点动能定理**。即在任一段路程中，**质点的动能的变化，等于作用于质点上的力在该路程上所做的功**。

【例 12-4】 在图 12-16 中，为测定摩擦系数 f，把矿车置于斜坡上的 A 点处，让其无初速下滑。当它达到 B 点时，靠惯性又往前滑行一段路程，在 C 点处停止。求摩擦系数 f_0，已知 S_1、S_2 和 h。

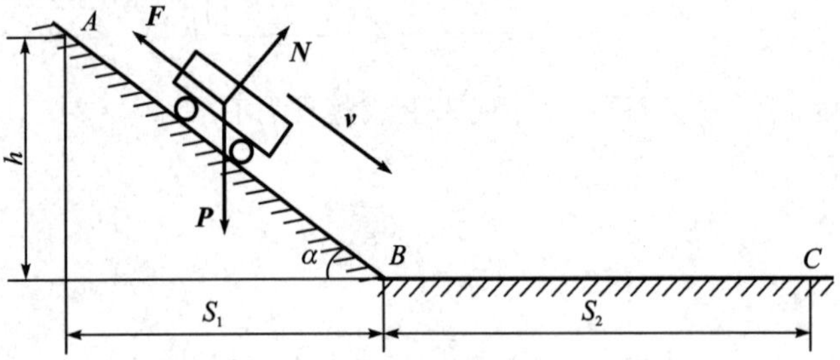

图 12-16

解 (1) 取矿车为研究对象，其受力有重力 $\boldsymbol{P}$、摩擦力 $\boldsymbol{F}$ 和法向反力 $\boldsymbol{N}$。

(2) 分析运动。矿车在 A、C 两位置处的速度为零，故动能也为零。

(3) 由动能定理求摩擦系数 f_0。先计算各力所做的功：

在 AB 段，重力 $\boldsymbol{P}$ 的功为 Ph，法向反力为

$$N=P\cdot\cos\alpha$$

则

$$F=N\cdot f=P\cdot f\cos\alpha$$

所以，摩擦阻力的功为

$$-P\cdot f\cos\alpha\cdot AB=-Pf\cdot S_1$$

在 BC 段，重力 $\boldsymbol{P}$ 不做功。法向反力为

$$N=P$$

则

$$F=P\cdot f$$

所以，摩擦阻力的功为 $-Pf\cdot S_2$。

矿车由 A 处运动到 C 处过程中，作用于小车的力的功为

$$W = Ph - PfS_1 - PfS_2$$

由动能定理有

$$\frac{1}{2}mv_C^2 - \frac{1}{2}mv_A^2 = W$$

由此得

$$0 - 0 = Ph - PfS_1 - PfS_2$$

或

$$f(S_1 + S_2) = h$$

故有

$$f = \frac{h}{S_1 + S_2}$$

2. 质点系的动能定理

由质点的动能定理很容易推得质点系(包括刚体)的动能定理，推理如下：

对于 n 个质点所组成的质点系，取其中第 i 个质点来研究。假设该质点的质量为 m_i，速度为 $\boldsymbol{v}_i$，作用于该质点内力的合力为 $\boldsymbol{F}_i^{(i)}$，外力的合力为 $\boldsymbol{F}_i^{(e)}$，由式(12-8a)有

$$\mathrm{d}\left(\frac{1}{2}m_i v_i^2\right) = \delta W_i^{(e)} + \delta W_i^{(i)} \quad (i = 1, \cdots, n)$$

式中 $\delta W_i^{(e)}$、$\delta W_i^{(i)}$ 分别为作用在该质点上的所有外力与内力的元功。将这些方程等式两边相加，有

$$\sum \mathrm{d}\left(\frac{1}{2}m_i v_i^2\right) = \sum \delta W_i^{(e)} + \sum \delta W_i^{(i)}$$

或

$$\mathrm{d}\left(\sum \frac{1}{2}m_i v_i^2\right) = \sum \delta W_i^{(e)} + \sum \delta W_i^{(i)}$$

其中 $T = \sum \frac{1}{2}m_i v_i^2$ 为质点系的动能，则

$$\mathrm{d}T = \sum \delta W_i^{(e)} + \sum \delta W_i^{(i)} \tag{12-9a}$$

式 (12-9a)称为**微分形式的质点系动能定理**。即：**质点系动能的微分等于作用于该质点系的全部外力与内力元功的和。**

由式(12-9a) 有积分形式的动能定理：

$$T_2 - T_1 = \sum W^{(e)} + \sum W^{(i)} \tag{12-9b}$$

式中 T_1、T_2 分别为运动开始、终了时质点系的动能。上式表明：**在某一运动过程中，质点系动能的变化等于作用于质点系上所有的外力和内力在这个过程中所做功的总和。**

由前面质点系内力功的讨论可知，一般情况下，内力功之和 $\sum W^{(i)}$ 并不一定为零，且不易计算。通常将作用于质点系的力按主动力和约束反力来分，则有

$$T_2 - T_1 = \sum W_A + \sum W_N \tag{12-9c}$$

在理想约束的情况下，约束反力的功之和 $\sum W_N$ 等于零。由式(12-9c) 有

$$T_2 - T_1 = \sum W_A \tag{12-9d}$$

即，具有理想约束的质点系，在运动过程中动能的改变等于作用于质点系上所有的主动力在该路程中所做的功之和。

动能定理应用广泛，既可以用来求解作用于物体的主动力或物体的运动距离，又可以用来求解物体运动的速度和加速度。由于动能定理的表达式是标量方程，不考虑各有关物理量的方向，应用此定理处理问题时也很方便。

【例 12-5】 在卷扬机的主轴Ⅰ上作用一不变力偶矩 M，用以提升质量为 m 的重物，如图 12-17 所示。已知主动轴Ⅰ和主动轴Ⅱ的转动惯量分别为 J_1 和 J_2（包括安装在轴上的齿轮和卷筒）；其传动比 $i=\frac{Z_2}{Z_1}$，卷筒半径为 R。假设轴承的摩擦及钢绳的质量均略去不计，求重物从静止开始上升一段距离 h 时的速度及加速度。

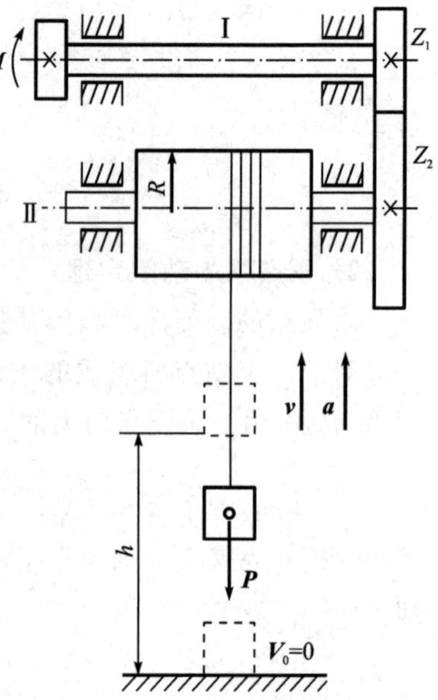

图 12-17

解 以整个系统为研究对象，作用于系统上的力有主动力偶矩 M、重物的重力 $\boldsymbol{P}$ 和轴承的约束反力（图中未画出）。

在开始提升重物时，系统各构件处于静止状态，故系统在初始位置的动能 $T_0=0$。当重物上升高度 h 时，系统的动能为

$$T=\frac{1}{2}J_1\omega_1^2+\frac{1}{2}J_2\omega_2^2+\frac{1}{2}mv^2$$

设重物上升的距离为 h，Ⅰ轴对应的转角为 φ_1。由于轴承、钢绳等理想约束反力的功为零，系统各力所做的功为

$$\sum W = M\varphi_1 - Ph$$

由动能定理，有

$$\frac{1}{2}J_1\omega_1^2+\frac{1}{2}J_2\omega_2^2+\frac{1}{2}mv^2-0=M\varphi_1-Ph$$

将 $\omega_2=\frac{v}{R}$、$\omega_1=i\omega_2=i\,\frac{v}{R}$、$\varphi_1=i\varphi_2=i\,\frac{h}{R}$ 代入上式，有

$$\frac{1}{2}\left(\frac{J_1 i^2}{R^2}+\frac{J^2}{R^2}+m\right)v^2=\left(\frac{Mi}{R}-mg\right)h \tag{1}$$

解得

$$v=\sqrt{\frac{2(Mi-mgR)hR}{J_1 i^2+J_2+mR^2}}$$

上式建立了重物上升距离 h 与其在此位置时的速度 v 间的函数关系。

将式(1)两边对时间 t 求导数，并注意到 $v=\frac{\mathrm{d}h}{\mathrm{d}t}$、$a=\frac{\mathrm{d}v}{\mathrm{d}t}$，得

$$\frac{1}{2}(J_1 i^2+J_2+mR^2)2va=(Mi-mgR)Rv$$

所以

$$a=\frac{(Mi-mgR)R}{J_1i^2+J_2+mR^2}$$

【例 12-6】 图 12-18 所示的一均质圆柱体重为 $\boldsymbol{P}$，半径为 r，从静止开始沿倾角为 α 的斜面纯滚动而下。不计滚动摩擦，求质心的加速度 a_C、斜面的法向反力 N 和摩擦力 F。

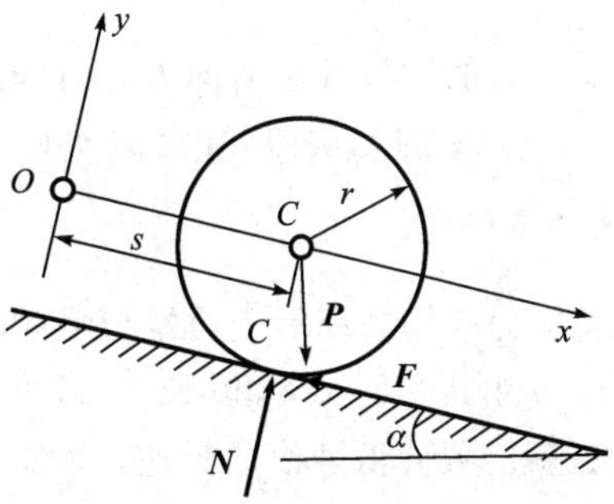

图 12-18

解 以圆柱体为研究对象，其受力如图 12-18 所示。建立图示坐标系，初始瞬时圆柱体动能为 $T_0=0$。

任一瞬时其动能为

$$T=\frac{1}{2}Mv_C^2+\frac{1}{2}J_C\omega^2$$

将 $v_C=r\omega$，$J_C=\frac{1}{2}\frac{P}{g}r^2$ 代入上式整理后，有

$$T=\frac{3}{4}\frac{P}{g}v_C^2$$

由于法向反力 N、摩擦力 F 在运动过程中不做功，故有

$$\sum W=Ps\sin\alpha$$

由动能定理有

$$\frac{3}{4}\frac{P}{g}v_C^2-0=Ps\sin\alpha$$

上式两边关于时间 t 求导，并注意到 $a_C=\frac{\mathrm{d}v_C}{\mathrm{d}t}$，有

$$\frac{3}{2}\frac{P}{g}v_Ca_C=Pv_C\sin\alpha$$

解得

$$a_C=\frac{2}{3}g\sin\alpha$$

根据质心运动定理，有

$$\frac{P}{g}a_C=P\sin\alpha-F$$

$$0=N-P\cos\alpha$$

求得

$$F=\frac{1}{3}P\sin\alpha\quad N=P\sin\alpha$$

12.4 功率 功率方程

1. 功率

在单位时间内力所做的功称为功率。它是衡量机器工作能力的一个重要指标。

δW 是 $\mathrm{d}t$ 时间内力的元功，则功率为

$$N=\frac{\delta W}{\mathrm{d}t}$$

由于元功为 $\delta W=F_t\cdot \mathrm{d}s$，因此

$$N=\frac{\delta W}{\mathrm{d}t}=\frac{F_t\cdot \mathrm{d}s}{\mathrm{d}t}=F_t\cdot v \tag{12-10}$$

即，**力的功率等于切向力与力作用点速度的乘积**。

力矩的元功为 $\delta W=M\cdot \mathrm{d}\varphi$，则

$$N=\frac{\delta W}{\mathrm{d}t}=\frac{M\mathrm{d}\varphi}{\mathrm{d}t}=M\cdot\omega \tag{12-11}$$

即，**力矩的功率等于力矩与物体转动角速度的乘积**。

由式(12-10)和(12-11)可以看出：在功率一定的条件下，如果需要大的力和力矩，那么就需要降低速度或转速。例如，车削工件时，要获得大切削力，就应选用低转速，反之，应选用高转速；汽车上坡时，为了增大牵引力就需要降低车速。

功率的单位是瓦特(焦耳/秒(J/s))。1 秒钟内力做功 1 焦耳，称为 1 瓦特(W)，即

$$1\ \mathrm{J/s}=1\ \mathrm{W}$$

若转速 n 为转/分(r/min)，转矩 M 为牛顿·米(N·m)，则功率单位为千瓦(kW)，即

$$N=\frac{M\omega}{1000}=\frac{M}{1000}\frac{2\pi n}{60}=\frac{Mn}{9550}\quad(\mathrm{kW}) \tag{12-12}$$

式(12-12)表示功率、转速和力矩间的关系，应用时要注意各量的单位。

【例 12-7】 设质量为 2000 kg 的钢锭，若要以匀速 $v=0.166$ m/s 提升。问提升此钢锭所消耗的功率。

解 因匀速提升钢锭，故提升钢锭所需的力为

$$F=m\cdot g=2000\times 9.81=19\ 620\ \mathrm{N}$$

将速度 $v=0.166$ m/s 代入功率方程，得提升钢锭所需的功率为

$$N=F\cdot v=19\ 620\times 0.166=3257\ \mathrm{N\cdot m/s}=3257\ \mathrm{W}=3.26\ \mathrm{kW}$$

2. 功率方程

动能定理的微分形式两端除以 $\mathrm{d}t$，得

$$\frac{\mathrm{d}T}{\mathrm{d}t}=\sum\frac{\delta W}{\mathrm{d}t}=\sum N \tag{12-13}$$

上式**称为功率方程，即质点系动能对时间的导数，等于作用于质点系的所有力的功率的代数和**。

功率方程常用来研究机器的能量变化和转化问题。任何机器工作时，作用于其上的主动力的功率是正值，称为输入功率 $N_{入}$；机器运转时，克服阻力要消耗一部分功率，称为无用功率 $N_{无}$；机器加工工件所输出的功率，称为有用功率 $N_{有}$。$N_{无}$、$N_{有}$ 均为负值。由式(12-13)有

$$\frac{\mathrm{d}T}{\mathrm{d}t}=N_{入}-N_{有}-N_{无} \tag{12-14}$$

一般来说，机器的运转分为启动阶段、稳定运转阶段和制动阶段。机器启动时，速度逐渐增加，故 $\frac{\mathrm{d}T}{\mathrm{d}t}>0$，则有 $N_{入}>N_{有}+N_{无}$；机器稳定运转时，一般来说是匀速的，故 $\frac{\mathrm{d}T}{\mathrm{d}t}=0$，此时，$N_{入}=N_{有}+N_{无}$；机器制动时(或负荷突然增加时)做减速运动，故 $\frac{\mathrm{d}T}{\mathrm{d}t}<0$，则有 $N_{入}<N_{有}+N_{无}$。

3. 机械效率

由于机器运转时总要消耗一部分功率，故稳定阶段有用功率小于输入功率。工程上把有用功率与输入功率之比，称为机械效率，用 η 表示，即

$$\eta = \frac{N_{有}}{N_{入}} \tag{12-15}$$

机械效率 η 的值总是小于 1。机械效率愈接近 1，有用功率愈接近于输入功率，摩擦所消耗的功率也就越小，机器的工作性能越好。机械效率的大小是评价一台机器工作性能的重要指标之一，一般机械效率 η 可由机械设计手册查得。

【例 12-8】 C618 车床的主轴转速 $n=42$ r/min 时，其切削力 $P=14.3$ kN，若工件直径 $d=115$ mm，电动机到主轴的机械效率 $\eta=0.76$。求此时电动机的功率为多少？

解　由式(12-12)得切削力 P 的功率：

$$N_{切} = \frac{Mn}{9550} = P \cdot \frac{\mathrm{d}}{2} n/9550 = 14\,300 \times \frac{0.115}{2} \times 42/9550 = 3.618\ \mathrm{kW}$$

由式(12-15)有电动机的功率：

$$N_{电} = \frac{N_{切}}{\eta}$$

$$N_{电} = \frac{3.618}{0.76} = 4.76\ \mathrm{kW}$$

12.5　势力场　势能及机械能守恒定理

1. 势力场

若质点在某空间的任一位置都受到一个大小和方向完全由所在位置确定的力的作用，则此空间称为力场。例如，在地面附近，质点受到重力作用，而重力的大小和方向完全决定于质点的位置，所以地面附近的空间称为**重力场**。星球在太阳周围的任何位置都要受到太阳引力的作用，引力大小和方向完全决定于星球相对于太阳的位置，我们称太阳周围的空间为太阳**引力场**。用弹簧系住一质点，当质点运动时，就受到弹性力的作用，而弹性力的大小和方向也完全决定于质点的位置，所以在弹性极限内弹簧所能达到的这部分空间称为**弹性力场**。

当质点在某力场运动时，如果作用于质点的力所做的功只与质点的起始、终了位置有关，而与质点运动的路径无关，则该力场称为**势力场**或保守力场。质点在势力场中所受的力称为**有势力**或保守力。由于重力、万有引力及弹性力的功都与质点运动路径无关，所以这些力都是有势力，对应的力场都是势力场。

2. 势能

在势力场中，**当质点从势力场中任一给定位置 M 处运动到任选位置 M_0 处时，有势力所做的功称为质点在给定位置 M 处相对于位置 M_0 处的势能**，即

$$V = \int_M^{M_0} \boldsymbol{F} \cdot \mathrm{d}\boldsymbol{r} = \int_M^{M_0} (X\mathrm{d}x + Y\mathrm{d}y + Z\mathrm{d}z)$$

由上式，若任选位置 M_0 为零势能位置，称其为零势能点。零势能点的位置可任意选取，对于不同的零势能点，同一位置的质点或质点系，其势能一般是不同的，即势能具有相对性。因此，在讨论势能时，需要选定零势能位置才有意义。零势能位置的选取应使势能的计算简单。

当质点系在势力场中受到 n 个有势力作用时，要计算质点系在某位置的势能，必须先选择质点系的“零势能位置”。质点系的“零势能位置”是各质点都处于零势能的一组位置。质点系从某位置运动到零势能位置时，各有势力做功的代数和称为质点系在该位置的势能。

下面计算质点或质点系在几种常见的势力场中的势能。

(1) 重力场中的势能。图 12-19 所示的坐标系，质点在任一位置的势能为

$$V=P(z-z_0)=\pm Ph$$

其中 z 及 z_0 分别为质点在给定位置及零位置时的位置坐标，而 $h=|z-z_0|$ 是给定位置与零位置的高度差。正负号视给定位置在零位置之上或之下而定。

对于图 12-20 所示的质点系，在 M 位置的势能：

$$V=\sum p_i(z_i-z_{0i})=P(z_C-z_{C0})=\pm Ph \tag{12-16}$$

其中，$P=\sum p_i$，p_i 为质点的重量，z_C 及 z_{C0} 分别为质点系在给定位置及零位置时重心的坐标，而 $h=|z_C-z_{C0}|$ 是两位置的重心的高度差。

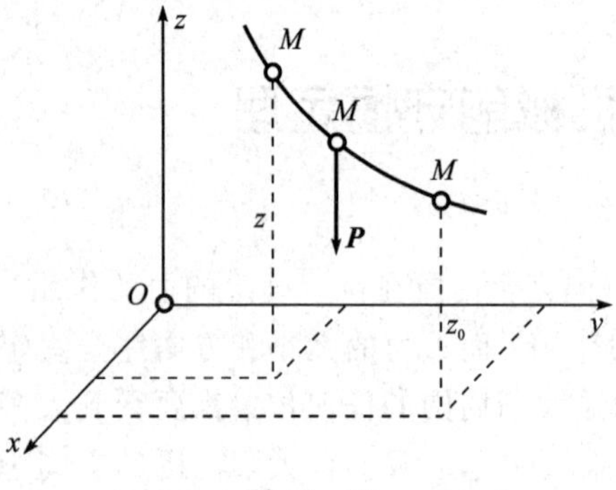

图 12-19

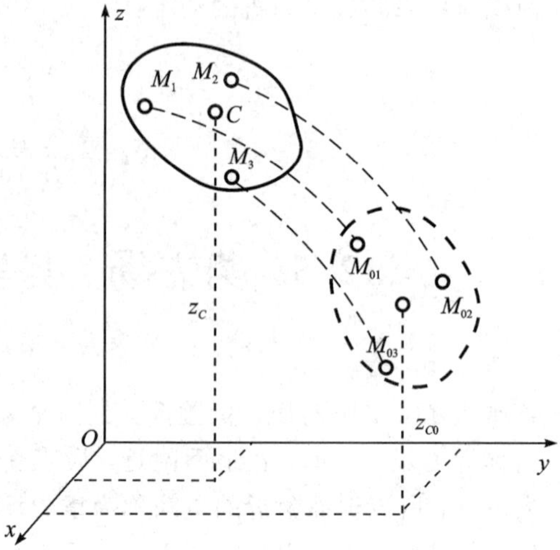

图 12-20

(2) 弹性力场中的势能。以弹簧自然长度的末端为零位置，质点在指定位置处弹簧的伸长(或缩短)量为 δ，则质点在指定位置的势能

$$V=\frac{C\delta^2}{2} \tag{12-17}$$

顺便指出，这里虽然只以弹簧为例。事实上，任何弹性体变形时都具有势能。例如，将一弹簧性杆扭转 1 弧度需要力矩 C(N · m/rad)，则将该杆扭转 φ(rad)角时的势能(以扭转角 $\varphi=0$的位置为零位置)为 $V=\dfrac{C\varphi^2}{2}$。

(3) 万有引力场中的势能。取距引力中心 r_0 处为质点的零势能位置，则相距引力中心 r 处质点的势能为

$$V=Gm_1m_2\left(\frac{1}{r_0}-\frac{1}{r}\right) \tag{12-18}$$

若取零势能点在无穷远处，即 $r_0\to\infty$，则质点的势能为

$$V = -\frac{Gm_1 m_2}{r}$$

由上式可知，在地球周围的引力场中，距地面 h 处质点的势能：

$$V = -\frac{mgR^2}{R+h}$$

质点系有势力的功可用势能来计算。在图 12－21 中，质点系在有势力的作用下，由位置 M_1 运动到位置 M_2，该有势力所做的功为 W_{12}。若取 M_0 为零势能位置，则质点系从 M_1 到 M_0、从 M_2 到 M_0，有势力做的功分别为 W_{10}、W_{20}。显然，有

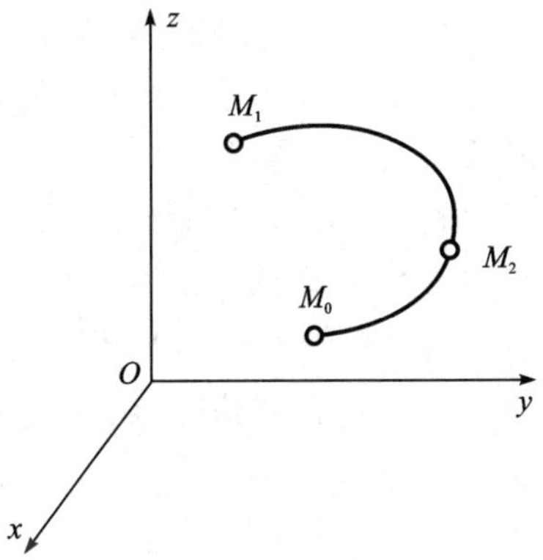

图 12－21

$$W_{10} = W_{12} + W_{20}$$

或

$$W_{12} = W_{10} - W_{20}$$

在位置 M_1 时，质点系的势能 $V_1 = \int_{M_1}^{M_0} \boldsymbol{F} \cdot \mathrm{d}\boldsymbol{r} = W_{10}$；在位置 M_2 时，质点系的势能 $V_2 = \int_{M_2}^{M_0} \boldsymbol{F} \cdot \mathrm{d}\boldsymbol{r} = W_{20}$。故有

$$W_{12} = W_{10} - W_{20} = V_1 - V_2 \qquad (12-19)$$

因此，**质点系从 M_1 点运动到 M_2 点，有势力的功等于质点系在运动始末位置的势能之差。**

3. 机械能守恒定理

设质点或质点系在势力场中运动，仅受到有势力的作用(或同时受到不做功的约束力的作用)。当质点或质点系从第一位置运动到第二位置时，根据动能定理有

$$T_2 - T_1 = W_{12} \qquad (12-20a)$$

由式(12－19)，有

$$T_2 - T_1 = V_1 - V_2$$

即

$$T_1 + V_1 = T_2 + V_2 \qquad (12-20b)$$

即质点或质点系在势力场中运动时，在任意两位置的动能与势能之和相等。因此关系式对任意两位置都成立，所以可写成

$$T + V = 常量 \qquad (12-20c)$$

上式中系统的动能 T 与势能 V 的代数和称为系统的**机械能**。

于是有，**质点或质点系仅在有势力作用下运动时，其机械能保持不变**。该结论称为**机械能守恒定理**。这样的系统称为保守系统。

非保守力作用的系统称为非保守系统。在非保守系统中，设非保守力的功为 W'_{12}，由动能定理有

$$T_2 - T_1 = W_{12} + W'_{12}$$

由式(12－19)，有

$$T_2 - T_1 = V_1 - V_2 + W'_{12}$$

或

$$(T_2 + V_2) - (T_1 + V_1) = W'_{12}$$

上式表明，**非保守系统的机械能不守恒**。例如，作用于质点系的摩擦力做负功，即 W'_{12}

为负值，表明质点系在运动过程中机械能减小(又称为机械能损耗)，所损失的机械能转换为其他形式的能量，如热能。但总的能量(即机械能与其他形式的能量之和)仍然是守恒的，也就是说能量不会消失，也不能创造，只能从一种形式转换为另一种形式，这是自然界的普遍规律——能量守恒定律。机械能守恒定理是能量守恒定律的一种特殊情况。

【例 12-9】 图 12-22 所示的长为 l，质量为 m 的均质直杆，初瞬时直立于光滑的桌面上。当杆无初速度地倾倒后，求质心的速度(用杆的倾角 θ 和质心的位置表示)。

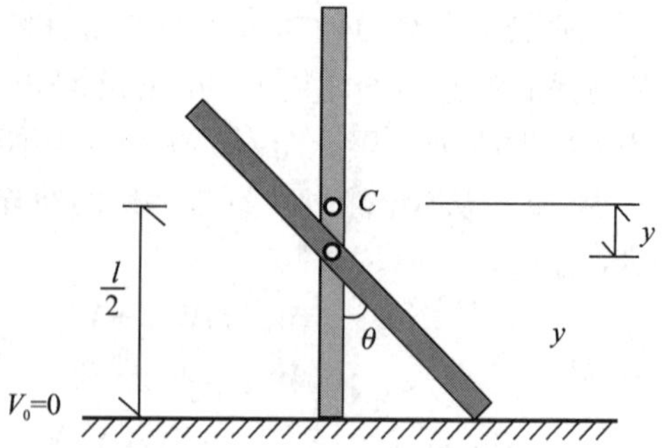

图 12-22

解 以均质杆为研究对象，作用于其上的力有重力 mg，地面的支撑反力 $\boldsymbol{N}$。

因所有的力在水平方向的投影和等于零，即 $\sum F_x=0$，且初始瞬时质心的速度 $v_{cx}=0$，故质心的 x_c=常数，即质心 C 垂直下降。

由于光滑的接触面是理想约束，仅有重力 mg 做功，故系统为保守系统。选地面为零势能位置，初瞬时系统的机械能为

$$T_1+V_1=0+\frac{1}{2}mgl$$

杆件在下降过程中做平面运动，故任一瞬时的系统的机械能为

$$T_2+V_2=\frac{1}{2}J_c\dot{\theta}^2+\frac{1}{2}m\dot{y}^2+mg\left(\frac{l}{2}-y\right)$$

又因为 $y=\frac{l}{2}(1-\cos\theta)$ 所以有

$$\dot{y}=\frac{l}{2}\sin\theta\,\dot{\theta}\ 即\ \dot{\theta}=\frac{2\dot{y}}{l\sin\theta}$$

由机械能守恒定理，有

$$0+\frac{1}{2}mgl=\frac{1}{24}ml^2\,\dot{\theta}^2+\frac{1}{2}m\dot{y}^2+mg\left(\frac{l}{2}-y\right)$$

经整理化简，有

$$\dot{y}=\sqrt{\frac{6g\sin^2\theta}{1+3\sin^2\theta}y}$$

12.6 动力学普遍定理及综合应用

动力学普遍定理包括动量定理、动量矩定理、动能定理及由此推导出来的一些定理，这些定理建立了两类量之间的关系，即建立了描述质点或质点系运动的特征量(动量、动量矩、动能)与表示力的作用量(冲量、力矩、功)之间的关系。其中，动量定理、动量矩定理是矢量形式，而动能定理是标量形式。这些定理从不同侧面对物体的机械运动进行研究，而动能定理还可研究其他形式的运动能量转化问题。

动力学普遍定理提供了解决动力学问题的一般方法。掌握动力学普遍定理的综合应用，是建立在熟练掌握各个定理的含义及其应用的基础上的。普遍定理的综合应用，大体上包括

两方面的含义：一是能根据问题的已知条件和待求量(无论是已知运动求力，还是已知力求运动)，选择适当的定理，避开那些无关的未知量，直接求得所需的结果；二是对比较复杂的问题，如既求力也求运动量的问题，可根据需要选用两、三个定理联合求解。

下面举例说明动力学普遍定理的综合应用。

【例 12-10】 在图 12-23 所示的机构中，重 150 N 的均质圆盘与重 60 N、长 24 cm 的均质杆 AB 在 B 处用铰链连接。系统由图示位置无初速度地释放。求系统经过最低位置 B'点时的速度及支座 A 的约束反力。

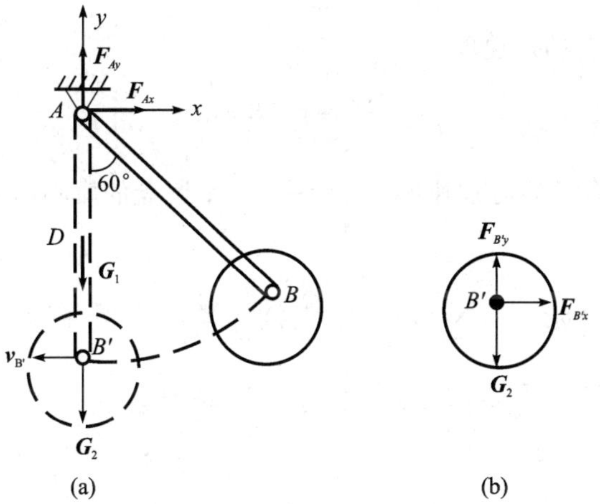

图 12-23

解　(1) 求 $v_{B'}$。分别取系统整体、圆盘为研究对象，受力如图 12-23 所示。对于圆盘 B' 建立转动微分方程，即

$$J_B \alpha_B = 0$$

推得

$$\alpha_B - \frac{\mathrm{d}\omega_B}{\mathrm{d}t} = 0,\ \omega_B = C(\text{常数})$$

由于初瞬时 $\omega_0 = 0$，故 $\omega_B = \omega_0 = 0$，即圆盘做平动。

初瞬时系统动能：$T_1 = 0$；

最低位置时系统动能：

$$T_2 = \frac{1}{2}J_A\omega^2 + \frac{1}{2}\frac{G_2}{g}v_{B'}^2 = \frac{1}{2}\times\frac{1}{3}\frac{G_1}{g}l^2\omega^2 + \frac{1}{2}\frac{G_2}{g}v_{B'}^2 = \frac{G_1 + 3G_2}{6g}v_{B'}^2$$

从初始位置下落到最低位置，力所做的功

$$\sum W = G_1\left(\frac{l}{2} - \frac{l}{2}\cos 60^\circ\right) + G_2(l - l\cos 60^\circ) = \left(\frac{G_1}{2} + G_2\right)(l - l\cos 60^\circ)$$

由动能定理，有

$$\frac{G_1 + 3G_2}{6g}v_{B'}^2 = \left(\frac{G_1}{2} + G_2\right)(1 - \cos 60^\circ)l$$

将各已知数据代入上式，解得

$$v_{B'} = 1.58\ \mathrm{m/s}$$

(2) 求支座反力 $\boldsymbol{F}_{Ax}$、$\boldsymbol{F}_{Ay}$。整个系统的动量矩：

$$L_A=J_A\omega+\frac{G_2}{g}v_{B'}\times l=\frac{1}{3}\frac{G_1}{g}l^2\omega+\frac{G_2}{g}l^2\omega=\left(\frac{1}{3}G_1+G_2\right)\frac{l^2}{g}\omega$$

系统在最低位置时，外力矩 $\boldsymbol{M}_A^{(e)}=0$，由动量矩定理$\frac{\mathrm{d}\boldsymbol{L}_A}{\mathrm{d}t}=\boldsymbol{M}_A^{(e)}$得

$$\frac{\mathrm{d}}{\mathrm{d}t}\left[\left(\frac{1}{3}G_1+G_2\right)\frac{l^2}{g}\omega\right]=0$$

解得

$$\frac{\mathrm{d}\omega}{\mathrm{d}t}=0$$

杆 AB 在铅直位置时的角速度：

$$\omega=\frac{v_{B'}}{l}=6.58\ \mathrm{rad/s}$$

铅直位置时，杆 AB 的质心加速度：$a_D=\frac{l}{2}\omega^2\uparrow$；圆盘的质心加速度：$a_B=l\omega^2\uparrow$。

由质心运动定理有

$$Ma_{Cx}=\sum m_i a_{ix}=\frac{G_1}{g}a_D^{\mathrm{t}}+\frac{G_2}{g}a_B^{\mathrm{t}}=0=F_{Ax}$$

$$Ma_{Cy}=\sum m_i a_{iy}=\frac{G_1}{g}a_D^{\mathrm{n}}+\frac{G_2}{g}a_B^{\mathrm{n}}=\frac{G_1+2G_2}{2g}l\omega^2=F_{Ay}-G_1-G_2$$

所以可知

$$F_{Ax}=0,\quad F_{Ay}=401\ \mathrm{N}$$

【例 12-11】 长 $l=12$ m，质量 $m=5$ kg 的均质杆 OA 可绕 O 轴自由转动，连接 A 端的弹簧的刚度系数为 $k=70$ N/m，如图 12-24 所示。当 OA 铅直向上时，弹簧未发生变形。求在图示位置处从静止释放，当 OA 杆转至水平位置 OA'时的角速度、角加速度及轴承 O 处的约束反力。

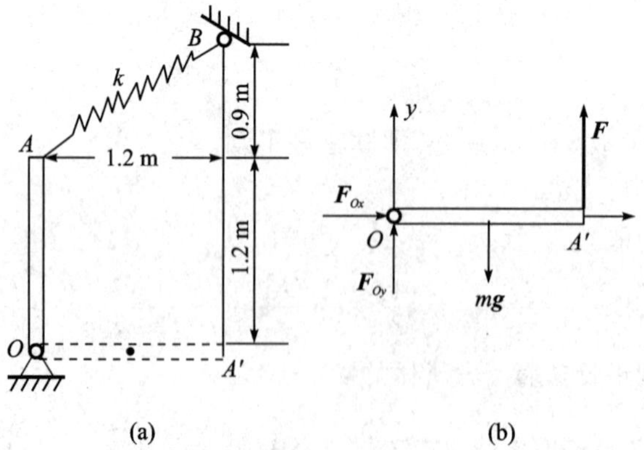

图 12-24

解 (1) 求 ω。以 OA 杆为研究对象，受力如图 12-24(b)所示。设杆件 OA 运动到水平位置时的角速度为 ω。则初始位置处的动能：

$$T_1=0$$

水平位置处的动能：

$$T_2=\frac{1}{2}J_O\omega^2=\frac{1}{6}ml^2\omega^2$$

杆从铅垂位置转到水平位置处外力所做的功：

$$\sum W = mg\,\frac{l}{2}+\frac{1}{2}k(\delta_1^2-\delta_2^2)$$

由动能定理有

$$\frac{1}{6}ml^2\omega^2=\frac{l}{2}mg+\frac{1}{2}k(\delta_1^2-\delta_2^2)$$

将 $\delta_1=0$，$\delta_2=A'B-l_{AB}=2.1-1.5=0.6$ m 及相关数值代入上式，解得

$$\omega=3.74\ \text{rad/s}\ (\text{顺时针方向})$$

(2) 求 α。由转动微分方程 $J_O\alpha=M_O^{(e)}$，有

$$\frac{1}{3}ml^2\alpha=\frac{l}{2}mg-Fl$$

将 $F=k\delta=70\times0.6=42$ N 及相关数值代入上式，解得

$$\alpha=-8.75\ \text{rad/s}(\text{逆时针方向})$$

(3) 求 O 处的反力。杆在水平位置时，质心的加速度：

$$a_{Cx}=\frac{l}{2}\omega^2,\ a_{Cy}=\frac{l}{2}\alpha$$

由质心运动定理得

$$m\,\frac{l}{2}\omega^2=-F_{Ox},\ m\,\frac{l}{2}\alpha=mg-F_{Oy}-F$$

将相关数值代入上式解得

$$F_{Ox}=-42\ \text{N},\ F_{Oy}=33.25\ \text{N}$$

【例 12-12】 在图 12-25 所示的系统中，已知定滑轮的重量为 **P**、半径为 R，回转半径为 ρ。在倾角为 α 的斜面上做纯滚动的均质圆柱体重量为 **Q**，半径为 R，悬挂物 A 重量为 **G**。地面与三角块是光滑接触，轴承 O 处摩擦忽略不计。试求：(1) 当均质圆柱体由静止开始沿斜面向下滚动距离 s 时，物体 A 的加速度；(2) 地面对三角块的垂直反力；(3) 地面凸出部分对三角块的水平反力。

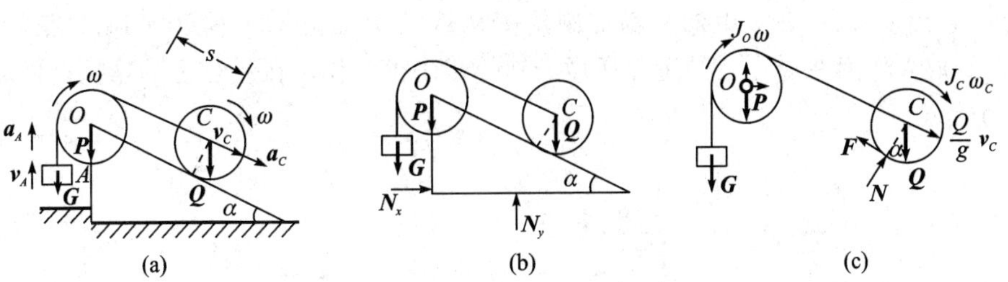

图 12-25

解　(1) 求 a_A。以整个系统为研究对象，受力如图 12-25(b)所示。系统初始时动能为 $T_0=0$；设圆柱体滚动 s 时，重物上升速度为 v_A，滑轮角速度为 ω，系统的动能：

$$T=\frac{1}{2}\frac{G}{g}v_A^2+\frac{1}{2}J_0\omega^2+\frac{1}{2}\frac{Q}{g}v_C^2+\frac{1}{2}J_C\omega_C^2=\frac{G}{2g}v_A^2+\frac{1}{2}\frac{P}{g}\rho^2\,\frac{v_A^2}{R^2}+\frac{3Q}{4g}v_A^2$$

在此过程中，力所做的功：

$$\sum W=(Q\sin\alpha-G)s$$

由动能定理有

$$\frac{G}{2g}v_A^2+\frac{1}{2}\frac{P}{g}\rho^2\frac{v_A^2}{R^2}+\frac{3Q}{4g}v_A^2=(Q\sin\alpha-G)s$$

上式两边关于时间 t 求导数，整理后有

$$a_A=\frac{2(Q\sin\alpha-G)R^2}{2P\rho^2+(2G+3Q)R^2}g$$

(2) 求 $\boldsymbol{N}_x$、$\boldsymbol{N}_y$。由动量定理 $\frac{\mathrm{d}P_x}{\mathrm{d}t}=\sum F_x^{(e)}$，$\frac{\mathrm{d}P_y}{\mathrm{d}t}=\sum F_y^{(e)}$ 有

$$\frac{\mathrm{d}}{\mathrm{d}t}\left(\frac{Q}{g}v_A\sin\alpha\right)=N_x\cdot\frac{\mathrm{d}}{\mathrm{d}t}\left(\frac{G}{g}v_A-\frac{Q}{g}v_A\sin\alpha\right)=N_y-G-P-Q$$

解得

$$N_x=\frac{Q}{g}a_A\cos\alpha=\frac{2Q(Q\sin\alpha-G)R^2\cos\alpha}{2P\rho^2+(2G+3Q)R^2}$$

$$N_y=G+P+Q-\frac{Q\sin\alpha-G}{g}a_A=G+P+Q-\frac{2(Q\sin\alpha-G)^2R^2}{2P\rho^2+(2G+3Q)R^2}$$

本题亦可用动量矩定理求 a_A。对于 12-25(c)所示的系统研究其受力，如图 12-25(c)所示。由动量矩定理 $\frac{\mathrm{d}}{\mathrm{d}t}\sum \boldsymbol{m}_O(m\boldsymbol{v})=\sum \boldsymbol{m}_O(\boldsymbol{F})$，有

$$\frac{\mathrm{d}}{\mathrm{d}t}\left(\frac{G}{g}v_AR+\frac{P}{g}\rho^2\frac{v_A}{R}+\frac{Q}{g}v_AR+\frac{QR^2}{2g}\frac{v_A}{R}\right)=(Q\sin\alpha-G)R$$

$$a_A=\frac{2(Q\sin\alpha-G)R^2}{2P\rho^2+(2G+3Q)R^2}g$$

思 考 题

12-1 思考题 12-1 图所示的两种滑轮装置，都能把重为 $\boldsymbol{P}$ 的物体匀速提升高度 h，问哪一种所需拉力大？哪一种做功多？

12-2 当质点 M 在竖直的粗糙的圆槽中从 A 点开始运动一周又回到 A 点(见思考题 12-2图示)时，作用在质点上的重力所做的功等于多少？作用在质点上的摩擦力的功是否等于零？为什么？

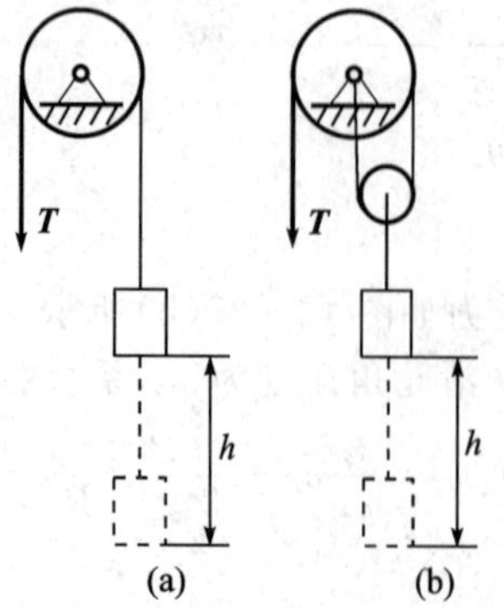

思考题 12-1 图

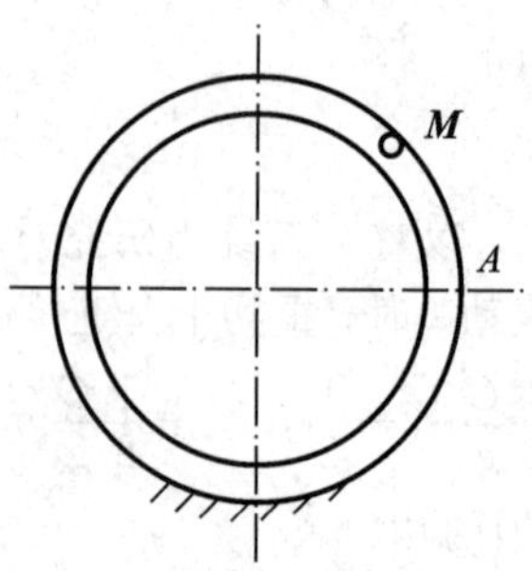

思考题 12-2 图

12－3　在弹性范围内，把弹簧的伸长量加倍，则拉力做的功也加倍，这种说法对不对？为什么？

12－4　设水的阻力与轮船速度的平方成正比，当船速加倍时，发动机的输出功率是否为原来的四倍？

12－5　质点系的动能愈大，动量也愈大吗？作用在该质点系上的力所做的功也愈大吗？为什么？

12－6　当质点作匀速圆周运动时，其动能、动量、对圆心 O 点的动量矩会发生变化吗？为什么？

12－7　刚体平面运动时，取其平面图形上任一点 A 为基点，则其运动分解可为随基点 A 的平动和绕基点 A 的转动，因此它的动能为 $T=\frac{1}{2}mv_A^2+\frac{1}{2}J_A\omega^2$，对吗？

12－8　轮纯滚动时，滑动摩擦力不做功，为什么？

习　题

12－1　弹簧的自然长度为 OA，弹簧刚度为 c，使 O 端固定，A 端沿半径为 R 的圆弧运动，如题 12－1 图所示。试求在由 A 到 B 及由 B 到 D 的过程中弹性力所做的功。

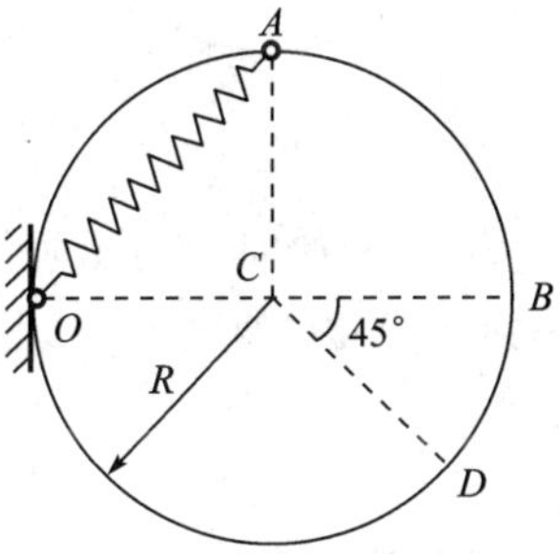

题 12－1 图

12－2　弹簧原长为 l_0，刚度 $k=1960(\mathrm{N/m})$，一端固定，另一端与质点 M 相连，如题 12－2图所示。试分别计算下列情况的弹性力的功：(1) 质点由 M_1 至 M_2；(2) 质点由 M_2 至 M_3；(3) 质点由 M_3 至 M_1。

12－3　物块 A 的质量为 m 沿斜面下滑(见题 12－3 图)，斜面倾角为 α，与物块间的动摩擦系数为 f'，开始时物块静止，求下降高度 h 时物块的速度。

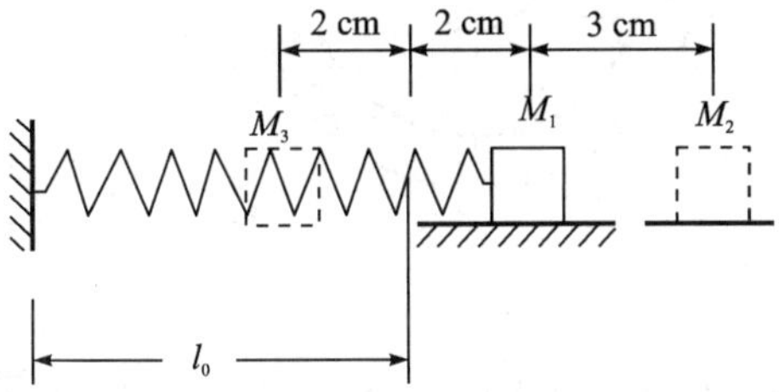

题 12－2 图

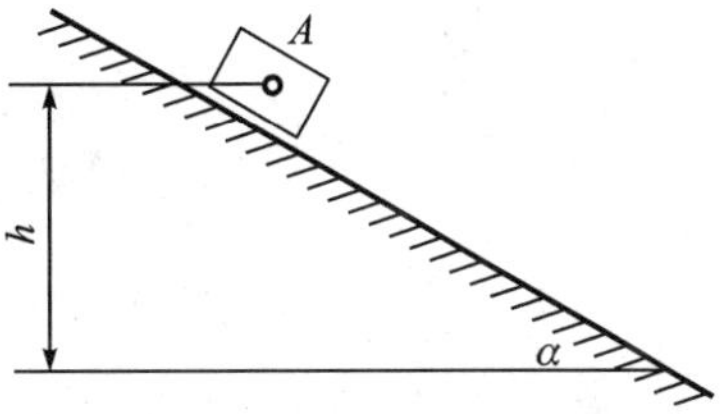

题 12－3 图

12－4　题 12－4 图所示的各均质物体的质量都是 m，物体的尺寸以及绕轴转动的角速度、质心的速度等均如图示。试分别计算在以下各种情况下的物体的动能。

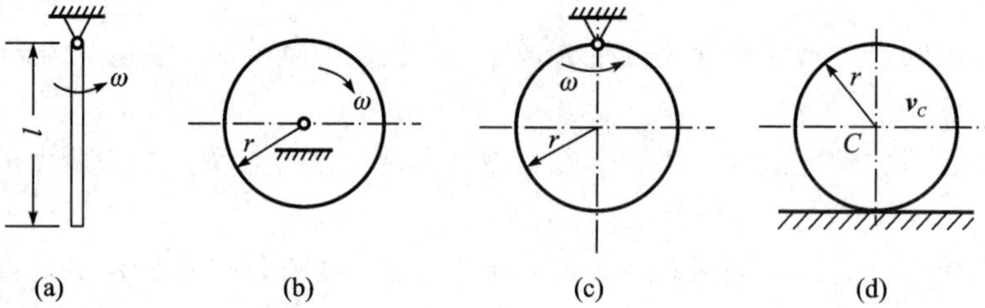

题 12-4 图

12-5 冲击实验机的主要部分是一固定在杆下的钢锤 M，此杆可绕 O 轴转动。略去杆的质量，并将钢锤视为质点，如题 12-5 图所示。已知距离 $OM=1$ m，求 M 由最高位置 A 无初速地落至最低位置 B 时的速度(略去轴承摩擦)。

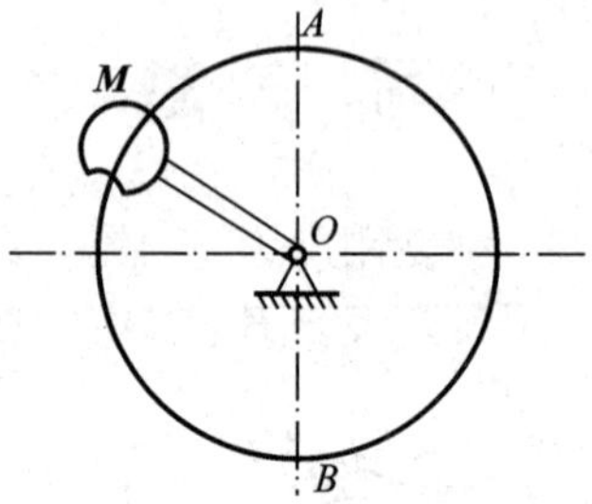

题 12-5 图

12-6 一单摆质量为 m，绳长为 l。开始时绳与铅垂线的夹角为 α，摆从 A 点由静止开始运动，当到达铅垂位置 B 时与一弹簧相碰，如题 12-6 图所示。弹簧的刚度系数为 k，略去绳的质量，求弹簧的最大压缩量。

12-7 鼓轮质量 $m=150$ kg，半径 $r=0.34$ m，回转半径 $\rho=0.3$ m。以角速度 $\omega=31.4$ rad/s转动，制动时制动块与轮缘的摩擦系数 $f=0.2$，如题 12-7 图所示。求作用于制动块上的压力 $\boldsymbol{P}$ 应为多大才能使鼓轮经 10 转后停止。

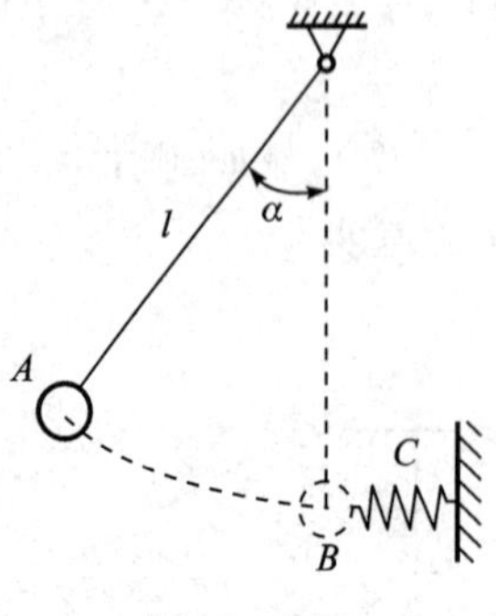

题 12-6 图

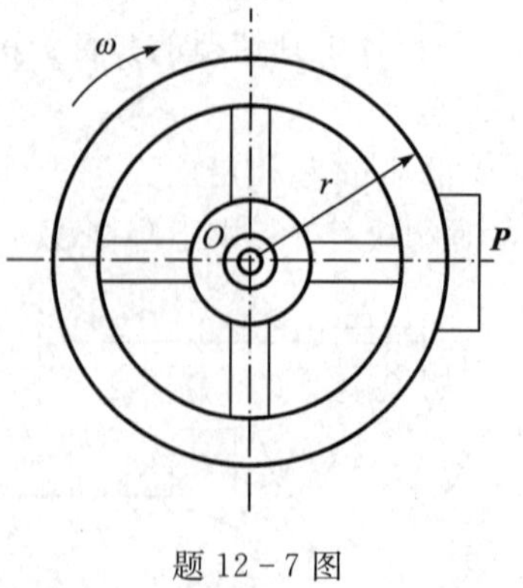

题 12-7 图

12-8 矿井升降机的罐笼质量为 6000 kg，以速度 $v=12$ m/s 下降。由于吊起罐笼的钢绳突然断裂，问欲使罐笼在 $S=10$ m 的路程内停止，安全装置应在矿井壁与罐笼间产生多大的摩擦力(摩擦力可视为常量)？

12－9　上料小车如题 12－9 图所示，料车质量 $m=200$ kg，在倾角60°的斜桥上匀速上升，速度为 $v=0.5$ m/s，阻力为法向压力的 0.1 倍，机器机械效率为 $\eta=0.85$。试求主动轮 Z_1 轴的功率和转矩。

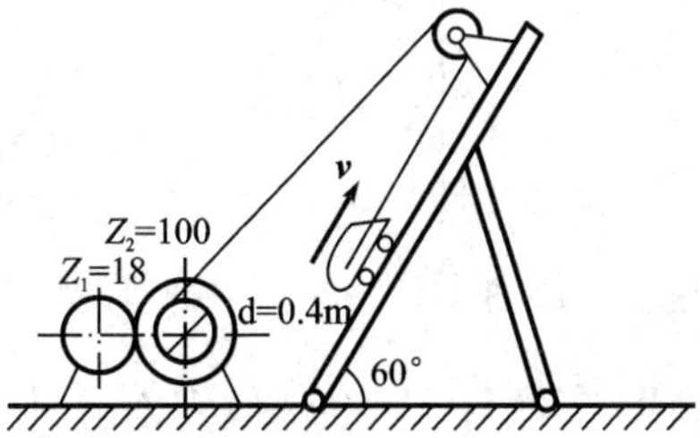

题 12－9 图

12－10　龙门刨床的工作行程为 $S=2$ m，工作行程时间为 $t=10$ s，刨削力为 $F=12$ kN，工作效率为 $\eta=0.8$。设刨削速度为匀速，试求刨床刨削时所消耗的功率。

12－11　在车床上车削直径 $D=48$ mm 的工件，主切削力 $P_z=7840$ N，如题 12－11 图所示。若主轴转速为 240 r/min，电动机转速为 1420 r/min，主传动系统的总效率 $\eta=0.75$，求机床主轴、电动机轴分别受的力矩及电动机实际输出的功率。

12－12　某卷扬机的卷筒及其齿轮的转动惯量 $J_0=100$ kg・m²，卷筒半径为 $R=0.7$ m，轴承摩擦力矩为 $M_F=24.5$ N・m，物体 B 与斜面间摩擦系数 $f=0.25$，其他条件如题12－12 图所示。欲使卷筒获得角加速度 $\alpha=4$ rad/s²，求物体 B 的质量及绳的张力 T。

12－13　传送机的传动机构装在下面的支承轮 B 上，它给轮 B 一不变的力矩 M，使传送带由静止而动，如题 12－13 图所示。设被输送的物体 A 的质量为 m，支承轮 B、C 的半径均为 r，质量均为 m，可视为均质圆柱，试求物体 A 移动距离 S 时的速度(胶带与水平线成 α 角，与支承轮间没有滑动，质量可略去不计)。

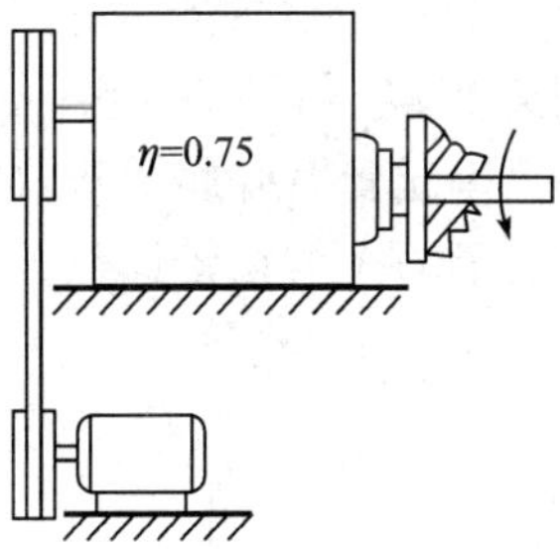

题 12－11 图

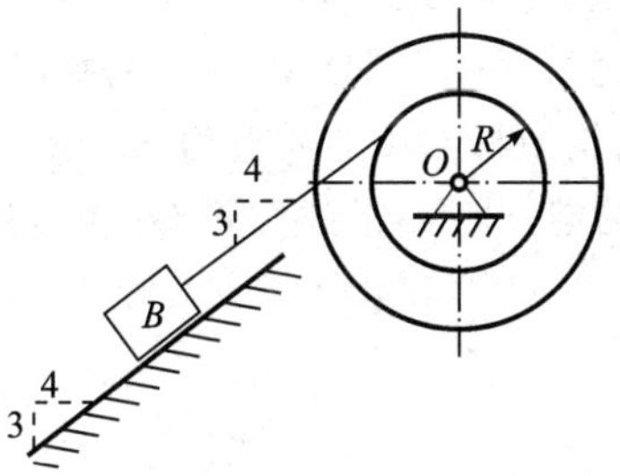

题 12－12 图

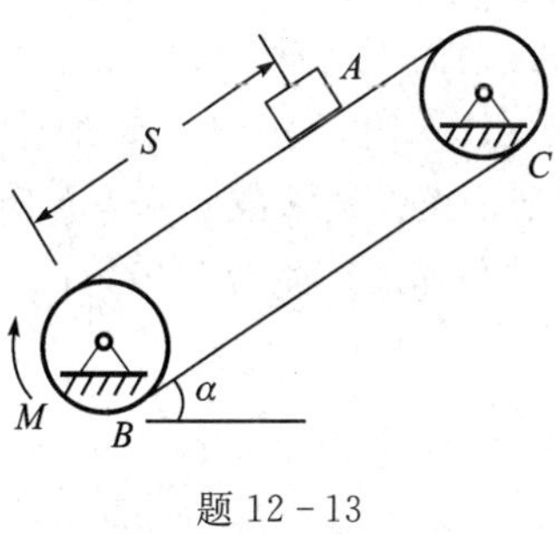

题 12－13

12－14　一重物 P 质量为 m，用一绳系住，另一重物 P_1 质量为 m_1，放在 P 之上，另一端跨过滑轮系在物体 A 上使物体由静止而运动，物体 A 质量为 m_2，放在有摩擦的水平面上，如题 12－14 图所示。当两重物下降了一段距离 S_1 后通过环 D 时，重物 P_1 被挡住，重物 P 又下降了一段距离 S_2 才停止。已知 $m=m_1=0.1$ kg，$m_2=0.8$ kg；$S_1=50$ cm，$S_2=30$ cm，略去绳与滑轮的质量以及滑轮的摩擦，试求物体 A 与水平面间的滑动摩擦系数。

12－15　均质圆轮的质量为 m_1，半径为 r，一质量为 m_2 的质点固结在离圆心 O 距离为 e 的 A 处，若 A 稍偏离最高位置，则会使圆轮由静止开始滚动，如题 12－15 图所示。求当 A 运动至最低位置时，圆轮滚动的角速度(设圆轮只滚动不滑动)。

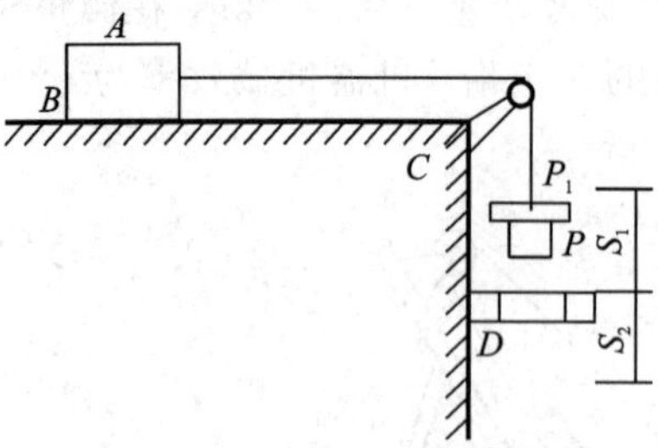

题 12 - 14 图

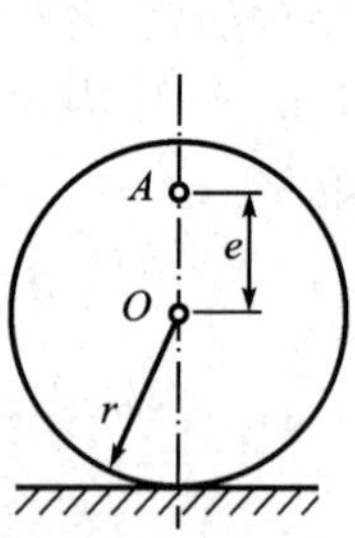

题 12 - 15 图

12 - 16　两均质杆 AC 和 BC 各重 $\boldsymbol{P}$，长均为 l，在点 C 处由铰链相连接，并放在光滑的水平面上，如题 12 - 16 图所示。由于 A 和 B 端的滑动，杆在其铅直面内落下，求铰链 C 与地面相碰时，C 点的速度(设点 C 的初始高度为 h，开始时杆静止)。

12 - 17　行星齿轮传动机构放在水平面内，如题 12 - 17 图所示。已知动齿轮的半径为 r，重 $\boldsymbol{P}$，可看成均质圆盘；曲柄 OA 重 $\boldsymbol{Q}$，可看成均质杆；定齿轮半径 R。今曲柄上作用一不变的力偶，其矩为 M，使此机构由静止开始运动。求曲柄转过 φ 角后的角速度和角加速度。

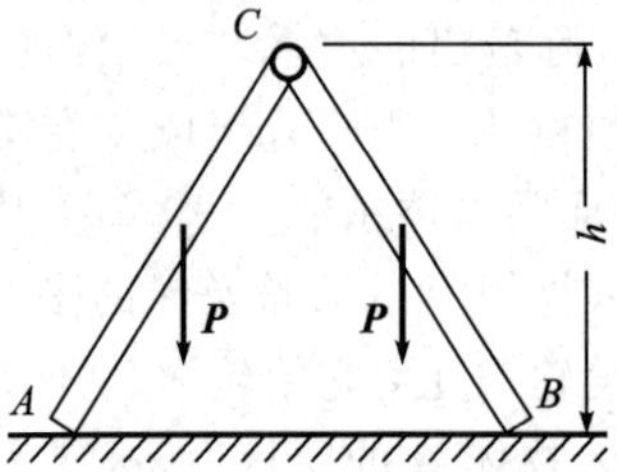

题 12 - 16 图

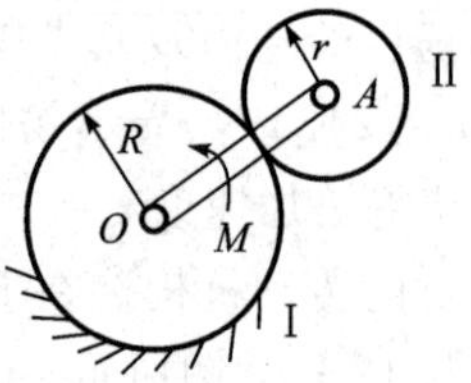

题 12 - 17

12 - 18　均质细杆长 l，重 Q，其上端 B 靠在光滑的墙上，下端 A 用铰链与圆柱的中心相连，如题 12 - 18 图所示。圆柱重 $\boldsymbol{P}$，半径为 R，放在粗糙的地面上，自图示位置处由静止开始滚动而不滑动，杆与水平线的交角 $\theta=45°$。求 A 点在初瞬时的加速度。

12 - 19　题 12 - 19 图所示的均质杆 OA 的质量为 30 kg，杆在铅垂位置时弹簧处于自然状态。设弹簧常数 $k=3$ kN/m，为能使杆由铅锤位置 OA 转到水平位置 OA'，在铅锤位置时杆的角速度至少应为多少。

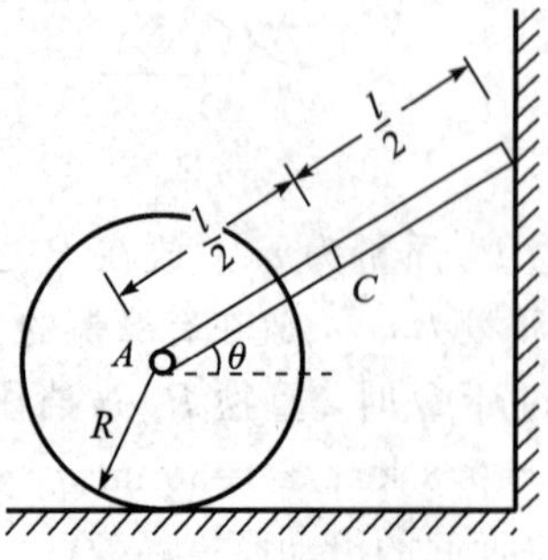

题 12 - 18 图

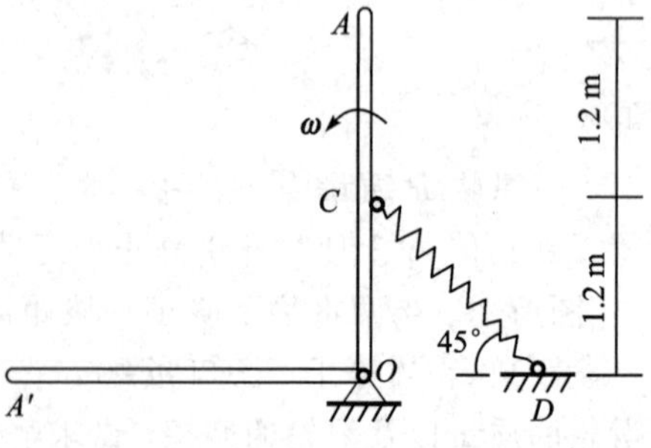

题 12 - 19 图

12 - 20　题 12 - 20 图所示系统中，物块 A 与纯滚动的均质圆轮 O 的质量均为 m，圆轮半径为 r，物块 A 与斜面间的摩擦系数为 f。OA 杆质量不计。试求：① O 点的加速度；② 杆

OA 的内力。

12－21　如题 12－21 图所示，弹簧的自然长度为 l_0，其弹性刚度为 k，两端各系质量分别为 m_1、m_2 的物块 A、B，放在光滑的水平面上。若将弹簧拉长到 l 然后无初速地释放，问当弹簧恢复到自然长度时，A、B 两物块的速度各为多少。

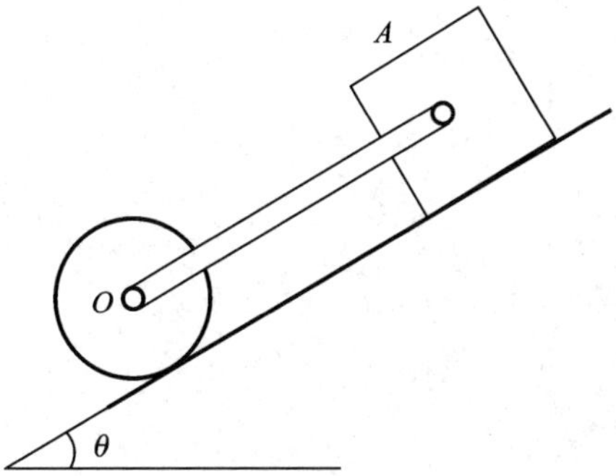

题 12－20 图

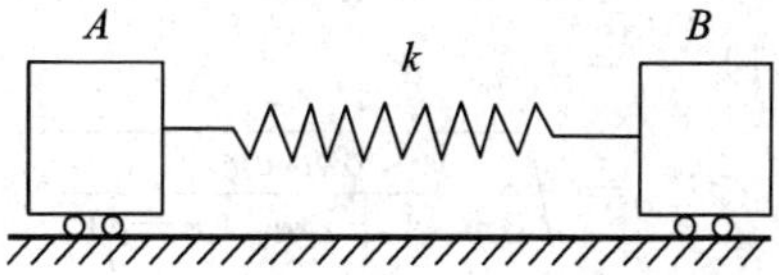

题 12－21 图

12－22　题 12－22 图所示均质细杆 AB 长 l，质量为 m，由直立位置开始滑动上端 A 沿墙面向下滑，下端 B 沿地面向右滑，不计摩擦。求细杆在任一位置 φ 时的角速度、角加速度及 A、B 处的反力。

12－23　题 12－23 图所示机构中，沿斜面向上作纯滚动运动的圆柱体和鼓轮 O 为均质体，重量分别为 $\boldsymbol{P}$ 和 $\boldsymbol{Q}$，半径均为 R，绳子不可伸长，其质量不计，斜面倾角为 α，如果在鼓轮上作用一常力偶矩 M。问：① 鼓轮的角加速度；② 绳子的拉力；③ 轴承 O 处的支反力；④ 圆柱体与斜面间的摩擦力(不计滚动摩擦)。

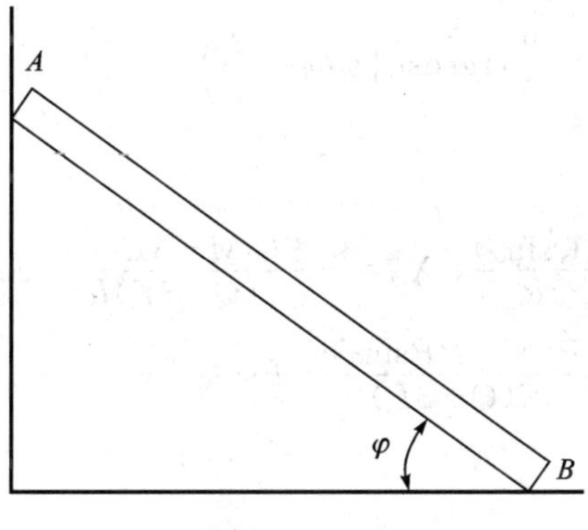

题 12－22 图

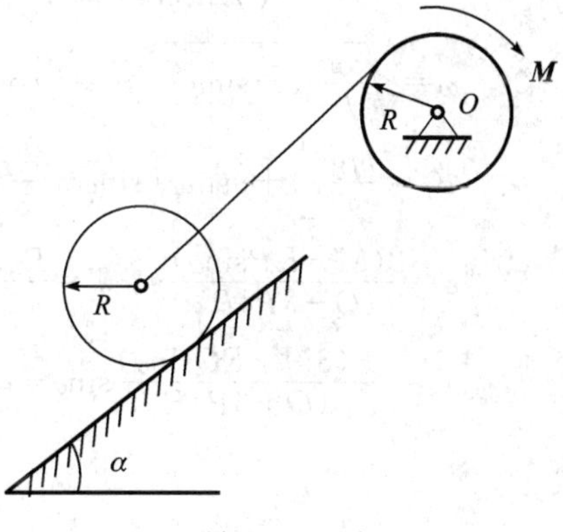

题 12－23 图

习题参考答案

12－1　$W_{BA}=-20.3\ \mathrm{J}$，$W_{AD}=20.3\ \mathrm{J}$

12－2　$W_{12}=-2.06\ \mathrm{J}$，$W_{23}=2.06\ \mathrm{J}$，$W_{31}=0$

12－3　$V=\sqrt{2gh(1-f\cot\alpha)}$

12－4　$\frac{1}{6}ml^2\omega^2$，$\frac{1}{4}mr^2\omega^2$，$\frac{3}{4}mr^2\omega^2$，$\frac{3}{4}mv_c^2$

12-5 $V_B=6.26\ \text{m/s}$

12-6 $\delta=\sqrt{2mgL(1-\cos\alpha)/k}$

12-7 $P=1.56\ \text{kN}$

12-8 $F=102\ \text{kN}$

12-9 $N=1.06\ \text{kW}$，$M=76\ \text{N}\cdot\text{m}$

12-10 $N=3\ \text{kW}$

12-11 188 N·m，42.5 N·m，6.3 kW

12-12 $m=541\ \text{kg}$，$R=605\ \text{N}$

12-13 $V=\sqrt{2S(M-mgr\sin\alpha)/r(m+m_1)}$

12-14 $f=0.2$

12-15 $\omega=\sqrt{\dfrac{8m_2eg}{3m_1r^2+2m_2(r-e)^2}}$

12-16 $v=\sqrt{2gh}$

12-17 $\omega=\dfrac{2}{R+r}\sqrt{\dfrac{3gM}{9P+2Q}\varphi}$，$\varepsilon=\dfrac{6gM}{(R+r)^2(9P+2Q)}$

12-18 $a=\dfrac{3Q}{9P+4Q}g$

12-19 $\omega=3.67\text{rad/s}$

12-20 $a_0=\dfrac{2g}{5}(2\sin\theta-f\cos\theta)$；$F=\dfrac{3}{5}mgf\cos\theta-\dfrac{1}{5}mg\sin\theta$

12-21 $v_1=(l-l_0)\sqrt{\dfrac{km_2}{m_1(m_1+m_2)}}$，$v_2=(l-l_0)\sqrt{\dfrac{km_1}{m_2(m_1+m_2)}}$

12-22 $\omega=\sqrt{\dfrac{3g}{l}(1-\sin\varphi)}$，$\varepsilon=\dfrac{3g}{2l}\cos\varphi$，$F_A=\dfrac{9}{4}mg\cos\varphi\left(\sin\varphi-\dfrac{2}{3}\right)$，

$F_B=\dfrac{mg}{4}\left[1+9\sin\varphi\left(\sin\varphi-\dfrac{2}{3}\right)\right]$

12-23 $\varepsilon=\dfrac{2(M-RP\sin\alpha)}{(Q+3P)R^2}g$，$T=\dfrac{P(3M+RQ\sin\alpha)}{(Q+3P)R}$，$X_O=-\dfrac{P(3M+RQ\sin\alpha)}{(Q+3P)R}\cos\alpha$，

$Y_O=\dfrac{P(3M+RQ\sin\alpha)}{(Q+3P)R}\sin\alpha+Q$，$F=\dfrac{P(M-RP\sin\alpha)}{R(Q+3P)}+P\sin\alpha$

第 13 章　达朗伯原理

达朗伯原理是在引入惯性力的基础上，运用静力学中研究力系平衡问题的方法来研究动力学问题，该方法又称为动静法。静力学的方法为一般工程技术人员所熟悉，比较简单，容易掌握。因此，动静法在工程技术中广泛应用。

13.1　达朗伯原理

1. 惯性力及质点的达朗伯原理

在达朗伯原理中涉及惯性力的概念，故首先研究惯性力及其计算方法。

1）惯性力的概念

例如，沿光滑直线轨道推质量为 m 的小车，使其在光滑的直线轨道上以加速度 $\boldsymbol{a}$ 平动，如图 13－1 所示。人手施加于小车的主动力 $\boldsymbol{F}=m\boldsymbol{a}$，由于小车有惯性，力图保持它原来的运动状态，因此小车也给手一个反作用力 $\boldsymbol{F}'$。根据作用与反作用定律，有 $\boldsymbol{F}'=-\boldsymbol{F}=-m\boldsymbol{a}$，力 $\boldsymbol{F}'$ 称为小车的惯性力。由此可以看出：

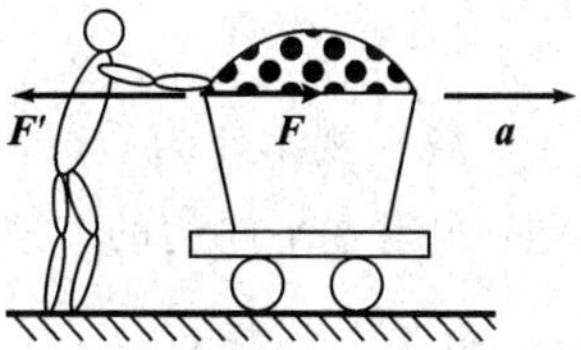

图 13－1

(1) 当质点的运动状态发生改变时(即当质点有加速度时)，惯性力就会出现。

(2) 惯性力的大小等于质点的质量与其加速度的乘积，方向与加速度的方向相反。显然，质点的质量越大，其惯性力越大；同样，质点的加速度越大，惯性力也越大。

(3) 质点的惯性力并不作用于质点本身，而是作用在使质点产生加速度的那个物体上。

在工程实际中，惯性力的计算是十分重要的。特别是当运动物体的加速度很大时，其惯性力在动强度计算中有重要的意义。例如，质量为 0.2 kg 的汽轮机叶片，若其重心到转轴距离 $e=400$ mm，则当汽轮机以 3000 r/min 的转速运行时，惯性力的大小为 $F'=me\omega^2=7896$ N，约等于叶片自重的 4029 倍。因此，在叶片设计时，必须考虑惯性力的作用。

2）质点的达朗伯原理

设一质量为 m 的质点，加速度为 $\boldsymbol{a}$，作用于质点的力有主动力 $\boldsymbol{F}$ 和约束力 $\boldsymbol{F}_N$，如图 13－2所示。

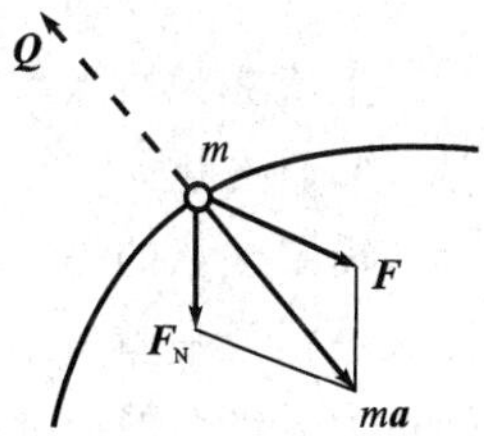

图 13－2

根据牛顿第二定律有

$$\boldsymbol{F}+\boldsymbol{F}_N=m\boldsymbol{a}$$

由上式移项得

$$\boldsymbol{F}+\boldsymbol{F}_N-m\boldsymbol{a}=0$$

式中，“$-m\boldsymbol{a}$”具有与力相同的量纲，称为质点的惯性力。取

$$\boldsymbol{Q}=-m\boldsymbol{a} \tag{13-1}$$

则有

$$\boldsymbol{F}+\boldsymbol{F}_{\mathrm{N}}+\boldsymbol{Q}=0 \tag{13-2}$$

上式形式上是汇交力系的平衡方程，但惯性力不是实际作用于质点上的力，只能当成一个虚加的力。可见，由于引入惯性力的概念，质点动力学基本方程在形式上可转化为静力学平衡方程，即在质点运动的任一瞬时，作用于质点上的主动力、约束力和虚加的惯性力在形式上组成平衡力系。这就是质点的达朗伯原理，该原理提供了一种研究非自由质点动力学问题的方法。由于该原理从形式上将动力学问题转化为静力学问题来处理，因此求解静力学问题的方法都可用来求解动力学问题。

【例 13-1】 列车沿直线轨道加速行驶，加速度为 $\boldsymbol{a}$，单摆偏角为 θ。求 $\boldsymbol{a}$ 与 θ 间的关系。

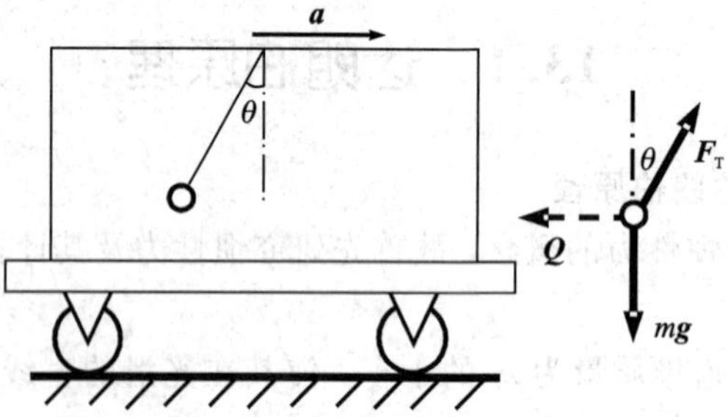

图 13-3

解 视小球为质点，它受重力(主动力)$m\boldsymbol{g}$ 与绳拉力(约束力)$\boldsymbol{F}_{\mathrm{T}}$ 作用。质点做加速运动，只有水平向前的加速度，故其惯性力为

$$\boldsymbol{Q}=-m\boldsymbol{a}$$

根据质点的达朗伯原理，这三个力在形式上组成平衡力系。由式(13-2)有

$$\left.\begin{aligned}\sum F_x=0 \quad -Q+F_{\mathrm{T}}\sin\theta=0\\ \sum F_y=0 \quad F_{\mathrm{T}}\cos\theta-mg=0\end{aligned}\right\}$$

解得

$$\tan\theta=\frac{a}{g}$$

由上式可知，若测得角度 θ，即可确定车辆运动的瞬时加速度 a，而这就是加速度测定仪的工作原理。

2. 质点系的达朗伯原理

设质点系由 n 个质点组成，由质点的达朗伯原理可知，作用在每个质点上的主动力 $\boldsymbol{F}_i$、约束反力 $\boldsymbol{F}_{\mathrm{N}i}$、惯性力 $\boldsymbol{Q}_i$ 在形式上组成一平衡力系：

$$\boldsymbol{F}_i+\boldsymbol{F}_{\mathrm{N}i}+\boldsymbol{Q}_i=0\ (i=1,\ 2,\ \cdots,\ n) \tag{13-3}$$

上式亦为质点系的平衡条件，即质点系的达朗伯原理。其内容是在质点系运动的任一瞬时，每个质点所受的主动力、约束反力和虚加惯性力在形式上构成一组平衡力系。

需要注意的是，对于质点系而言，作用于其上的主动力、约束反力、惯性力以及内力系构成一任意平衡力系。若将作用于质点系上的力分为外力、内力和惯性力，则由静力学可知，任意力系平衡的充要条件是力系向任一点简化的主矢和主矩分别等于零，即

$$\sum\boldsymbol{F}_i^{(\mathrm{e})}+\sum\boldsymbol{F}_i^{(\mathrm{i})}+\sum\boldsymbol{Q}_i=0$$

$$\sum \boldsymbol{M}_O(\boldsymbol{F}^{(e)}) + \sum \boldsymbol{M}_O(\boldsymbol{F}^{(i)}) + \sum \boldsymbol{M}_O(\boldsymbol{Q}_i) = 0$$

由于内力大小相等、方向相反、成对出现，故有 $\sum \boldsymbol{F}_i^{(i)} = 0$ 和 $\sum \boldsymbol{M}_O(F^{(i)}) = 0$，即有

$$\sum \boldsymbol{F}_i^{(e)} + \sum \boldsymbol{Q}_i = 0$$

$$\sum \boldsymbol{M}_O(\boldsymbol{F}^{(e)}) + \sum \boldsymbol{M}_O(\boldsymbol{Q}_i) = 0 \tag{13-4}$$

式(13-4)表明，质点系所受的外力系与虚加惯性力系在形式上组成一组平衡力系，与质点系内力无关，这是质点系达朗伯原理的又一表述。在此需要指出的是，惯性力的引入只是提供了一种求解动力学问题的方法，而没有改变动力学问题的实质，但方程形式的变换使得分析、求解问题变得简便。

【例 13-2】 如图 13-4 所示，绕水平轴 O 转动的定滑轮，其半径为 r，质量为 m 均匀分布于轮缘上。质量为 m_1 和 m_2 的重物($m_1 > m_2$)用无重绳跨过滑轮连接，绳与轮间不打滑，轴承摩擦忽略不计，求重物的加速度。

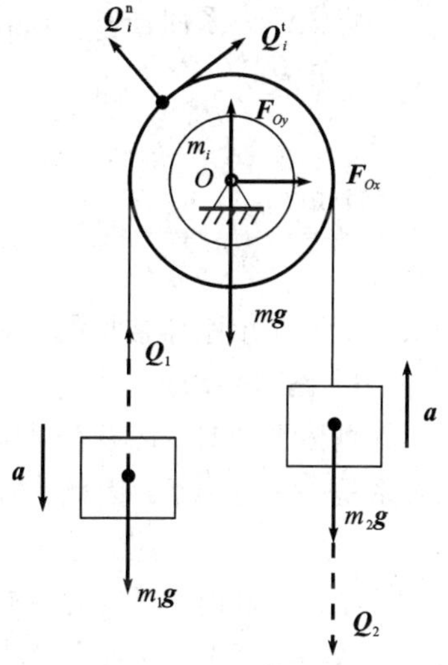

图 13-4

解 以滑轮与两重物组成的质点系为研究对象，此质点系受力有重力 $m_1\boldsymbol{g}$、$m_2\boldsymbol{g}$、$m\boldsymbol{g}$，轴承的约束力 $\boldsymbol{F}_{Ox}$ 和 $\boldsymbol{F}_{Oy}$，及惯性力 $\boldsymbol{Q}_1 = m_1\boldsymbol{a}$、$\boldsymbol{Q}_2 = m_2\boldsymbol{a}$。

滑轮边缘上任意一点 i 处的切向、法向惯性力大小分别为

$$Q_i^t = m_i a_t = mr\alpha,\ Q_i^n = m_i a_n = m_i \frac{v^2}{r}$$

对 O 点取矩得

$$\sum M_O = 0 \qquad \sum Q_i^t r - (m_2 g + Q_2 + Q_1 - m_1 g)r = 0$$

注意到 $\sum Q_i^t r = \sum m_i r^2 \alpha = \left(\sum m_i\right) r^2 \alpha = mr^2\alpha$，$a = r\alpha$，将其代入解得

$$a = \frac{m_1 - m_2}{m_1 + m_2 + m} g$$

【例 13-3】 图 13-5 所示的长为 $2l$ 的无重杆 CD，两端各固结着重为 $\boldsymbol{P}$ 的小球，杆的中点与铅垂轴 AB 固结，杆 CD 与轴 AB 间的夹角为 θ。若轴 AB 以匀角速度 ω 转动，轴承 A、B 间的距离为 h。求轴承 A、B 的约束力。

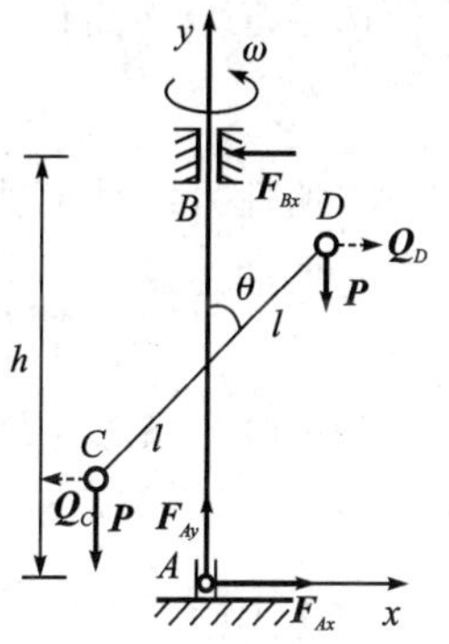

图 13-5

解 取整个系统为研究对象，系统受力有小球的重力 $\boldsymbol{P}$，轴承 A、B 的约束力及小球的惯性力 $\boldsymbol{Q}_C$、$\boldsymbol{Q}_D$。惯性力的大小均为 $\frac{P}{g} l\omega^2 \sin\theta$。

列平衡方程，有

$$\left.\begin{aligned} &\sum F_x = 0 \quad F_{Ax} - F_{Bx} + Q_D - Q_C = 0 \\ &\sum F_y = 0 \quad F_{Ay} - 2P = 0 \\ &\sum M_A(\boldsymbol{F}_i) = 0 \quad F_{Bx} \cdot h - 2\left(\frac{P}{g} l\omega^2 \sin\theta\right) l\cos\theta = 0 \end{aligned}\right\}$$

由此解得

$$F_{Ax}=F_{Bx}=\frac{Pl^2\omega^2}{gh}\sin 2\theta,\ F_{Ay}=2P$$

13.2 刚体惯性力系的简化

从前面的讨论中可以看到，应用达朗伯原理求解动力学问题时，首先遇到的是如何加惯性力的问题。对于有限个质点组成的质点系，只要在每个质点上加上相应的惯性力，就会形成惯性力系。但对于由无限多个质点组成的刚体来说，要在每个质点上加惯性力，显然是不可能的。若先将刚体的惯性力系加以简化，则问题求解将大大简化。刚体惯性力系简化的方法就是静力学中力系简化的理论。

将惯性力系向任一点简化，可以得到一个与简化中心无关的主矢及与简化中心有关的主矩。主矢为

$$\boldsymbol{Q}=\sum -m\boldsymbol{a}=-M\boldsymbol{a}_C \tag{13-5}$$

主矩为

$$\boldsymbol{M}_Q=\sum \boldsymbol{m}_O(\boldsymbol{Q}_i) \tag{13-6}$$

下面介绍刚体常见的几种运动形式的惯性力系的简化。

1. 刚体平动

刚体平动时，每一瞬时刚体内各质点的加速度相同，都等于刚体质心的加速度，且惯性力系是一平行力系。因此，当刚体平动时，惯性力系简化为通过质心的一合力，即

$$\boldsymbol{Q}_C=-m\boldsymbol{a}_C \tag{13-7}$$

刚体平动时，惯性力系向质心 C 简化的主矩为零。

$$\boldsymbol{M}_{QC}=\sum \boldsymbol{m}_C(\boldsymbol{Q}_i)=\sum \boldsymbol{r}_i\times(-m_i\boldsymbol{a}_C)=-\left(\sum m_i\boldsymbol{r}_i\right)\times\boldsymbol{a}_C=-M\boldsymbol{r}_C\times\boldsymbol{a}_C=0 \tag{13-8}$$

2. 刚体定轴转动

这里只讨论刚体具有质量对称平面且转轴垂直于此平面的情形。刚体绕定轴 z 转动时，设刚体的角速度为 ω，角加速度为 α，则刚体内任一质点的惯性力为 $\boldsymbol{Q}_i=-m_i\boldsymbol{a}_i$。在转轴 z 上任选一点 O 为简化中心，建立如图 13-6 所示直角坐标系，则惯性力系的主矢为

$$\boldsymbol{Q}=-\sum m_i\boldsymbol{a}_i=-M\boldsymbol{a}_C \tag{13-9}$$

惯性力系对 x 轴、y 轴、z 轴的矩分别计算如下：

惯性力 $\boldsymbol{Q}_i=-m_i\boldsymbol{a}_i$ 的切向、法向分量如图 13-6(b)所示，其大小分别为

$$Q_i^{t}=m_ia_i^{t}=m_ir_i\alpha,\ Q_i^{n}=m_ia_i^{n}=m_ir_i\omega^2$$

惯性力系对 x 轴的矩为

$$M_{Qx}=\sum M_x(\boldsymbol{Q}_i^{t})+\sum M_x(\boldsymbol{Q}_i^{n})=\sum m_ir_i\alpha\cos\theta_i\cdot z_i+\sum(-m_ir_i\omega^2\sin\theta_i\cdot z_i)$$

由于 $\cos\theta_i=\dfrac{x_i}{r_i}$，$\sin\theta_i=\dfrac{y_i}{r_i}$，故

$$M_{Qx}=\alpha\left(\sum m_ix_iz_i\right)-\omega^2\left(\sum m_iy_iz_i\right)$$

记

$$J_{yz}=\sum m_iy_iz_i,\ J_{xz}=\sum m_ix_iz_i$$

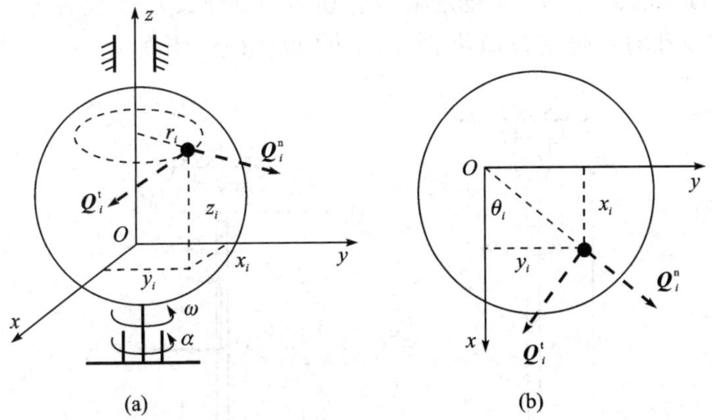

图 13-6

上式具有转动惯量的量纲，它的值取决于质量对坐标轴的分布情况，称其为刚体对 z 轴的惯性积。由于刚体具有质量对称平面且该平面与转轴 z 垂直，故有 $J_{xz}=0$，$J_{yz}=0$。所以

$$M_{Qx}=J_{xz}\alpha-J_{yz}\omega^2=0 \tag{13-10}$$

同理有惯性力系对 y 轴的矩为

$$M_{Qy}=J_{yz}\alpha+J_{xz}\omega^2=0 \tag{13-11}$$

惯性力系对于 z 轴的矩为

$$M_{Qz}=\sum M_z(\boldsymbol{Q}_i^t)=\sum(-m_i r_i\alpha r_i)=-\left(\sum m_i r_i^2\right)\alpha=-J_z\alpha \tag{13-12}$$

式中，负号表示惯性力矩的转向与刚体角加速度 α 的转向相反。

由此可见，当刚体具有质量对称平面且绕垂直于此对称面的轴做定轴转动时，惯性力系可简化为在对称面内的一个力和一个惯性力矩。

下面讨论几种特殊情况：

(1) 转轴通过质心 C，则 $\boldsymbol{a}_C=0$，故主矢 $\boldsymbol{Q}_C=0$，此时只有主矩 $\boldsymbol{M}_{QC}$。

(2) 转轴不通过质心，但 $\alpha=0$，即刚体做匀速转动，则 $\boldsymbol{M}_{QC}=0$，此时只有主矢 $\boldsymbol{Q}_C$。

(3) 若转轴通过质心，且刚体做匀速转动，则 $\boldsymbol{Q}_C=0$，$\boldsymbol{M}_{QC}=0$。

3. 刚体平面运动

这里仅讨论刚体具有质量对称面且刚体平行于该平面做平面运动的情况。这种情况下先将刚体的惯性力系简化为在对称平面内的平面力系，再向质心 C 简化，得到一力和一力偶。由于平面运动可以分解为随质心 C 的平动和绕质心 C 的转动，设质心加速度为 $\boldsymbol{a}_C$，转动的角加速度为 α（见图 13-7），则有

$$\begin{aligned}\boldsymbol{Q}_C&=-M\boldsymbol{a}_C\\ M_{QC}&=-J_C\alpha\end{aligned} \tag{13-13}$$

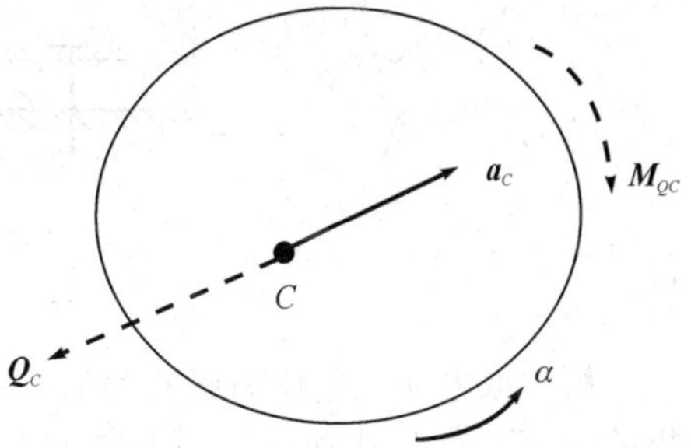

图 13-7

式中，J_C 为刚体对质心轴的转动惯量。

通过上面的讨论可以看到，由于刚体运动形式不同，惯性力系简化的结果也不相同。因此，在应用动静法研究刚体动力学问题时，必须先分析刚体的运动，按刚体运动的不同形式虚加惯性力（包括惯性力矩），然后建立主动力系、约束力系和惯性力系的平衡方程求解。

【例 13－4】 如图 13－8 所示，绕定轴 O 转动的均质杆长为 l、质量为 m，其角速度为 ω，角加速度为 α。求惯性力系向点 O 简化的结果(方向在图上画出)。

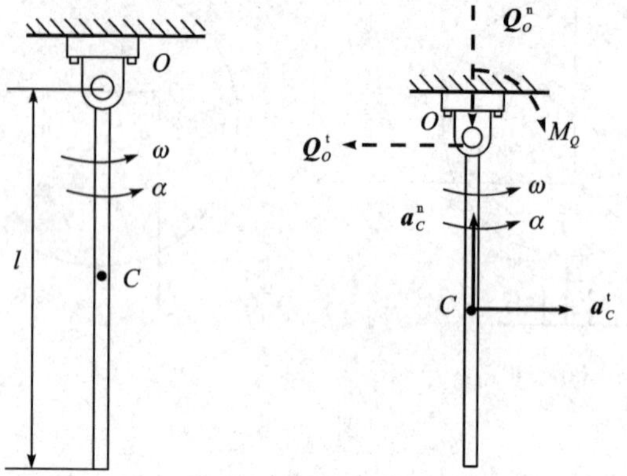

图 13－8

解 由于该杆做定轴转动，惯性力系向 O 简化的主矢、主矩大小分别为

$$Q_O^t=\frac{l}{2}m\alpha,\ Q_O^n=\frac{l}{2}m\omega^2,\ M_Q=\frac{1}{3}ml^2\alpha$$

方向分别如图 13－8 所示。

【例 13－5】 图 13－9 所示的质心位于 O 处的电动机定子及其外壳总质量为 m_1，质心位于 C 处的转子的质量为 m_2，其偏心距 $OC=e$，图示平面为转子的质量对称面。电动机用地脚螺钉固定水平基础上，轴 O 与水平基础间的距离为 h。运动开始时，转子质心 C 位于最低位置，转子以匀角速度 ω 转动。求基础与地脚螺钉给电动机总的约束力。

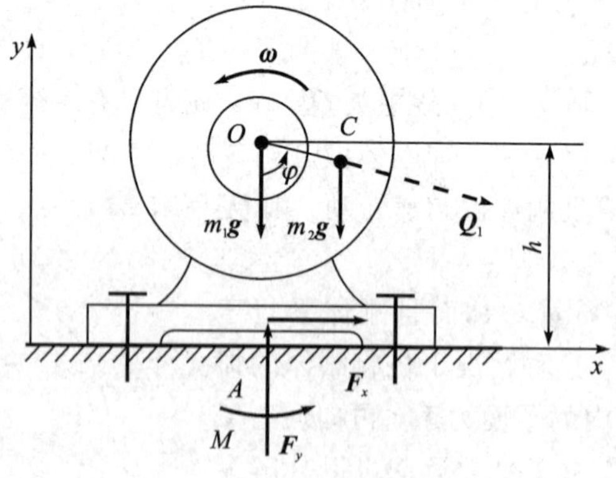

图 13－9

解 取电动机整体为研究对象，它所受外力有重力 $m_1\boldsymbol{g}$ 与 $m_2\boldsymbol{g}$，基础与地脚螺钉对电动机的约束力向点 A 简化得一力偶 M 与一力 $\boldsymbol{F}$，$\boldsymbol{F}$ 可用分力 $\boldsymbol{F}_x$、$\boldsymbol{F}_y$ 表示。由于定子与外壳无运动，故无惯性力矩，转子的质心加速度为 $e\omega^2$，其惯性力大小为

$$Q_1=m_2e\omega^2$$

由达朗伯原理，有

$$\sum F_x=0\quad F_x+Q_1\sin\varphi=0$$

$$\sum F_y=0\quad F_y-(m_1+m_2)g-Q_1\cos\varphi=0$$

$$\sum M_A = 0 \quad M - m_2 ge\sin\varphi - Q_1 h\sin\varphi = 0$$

注意到 $\varphi=\omega t$，解方程得

$$F_x = -m_2 e\omega^2\sin\omega t$$

$$F_y = (m_1 + m_2)g + m_2 e\omega^2\cos\omega t$$

$$M = m_2 ge\sin\omega t + m_2 e\omega^2 h\sin\omega t$$

【例 13-6】 图 13-10 所示为安装在梁上的电动绞车。梁的两端搁置在支座上，绞车与梁重为 $\boldsymbol{P}$。半径为 R 的绞盘与电机转子固结在一起，其转动惯量为 J。绞车以加速度 $\boldsymbol{a}$ 提升质量为 m 的重物。求支座 A、B 给梁的附加动约束力。

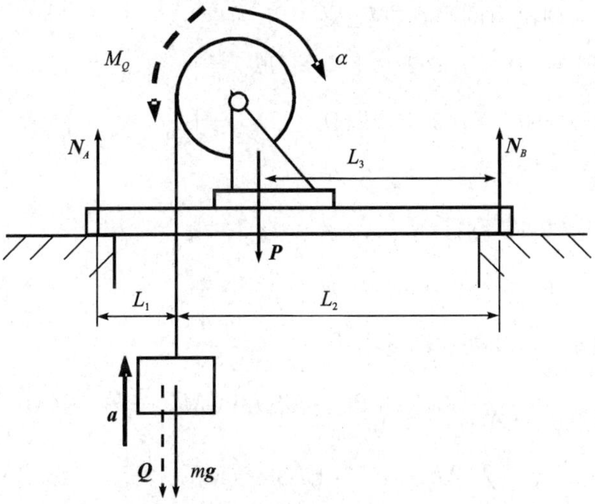

图 13-10

解　取绞车与梁组成的系统为研究对象，质点系所受的外力有重力 $m\boldsymbol{g}$、重力 $\boldsymbol{P}$ 及支座 A、B 的法向约束力 $\boldsymbol{N}_A$、$\boldsymbol{N}_B$ 及水平摩擦力。重物的惯性力大小为

$$Q=ma$$

由于质心位于转轴上，并且绞盘与电机转子共同绕 O 转动，故惯性力矩大小为

$$M_Q=J\alpha=J\frac{a}{R}$$

由达朗伯原理，有

$$\sum M_B = 0 \quad mgl_2 + Ql_2 + Pl_3 + M_Q - F_A(l_1 + l_2) = 0,$$

$$\sum F_y = 0 \quad N_A + N_B - mg - P - Q = 0$$

解得

$$N_A = \frac{mgl_2 + Pl_3}{l_1 + l_2} + \frac{a}{l_1 + l_2}\left(ml_2 + \frac{J}{R}\right)$$

$$N_B = \frac{mgl_1 + P(l_1 + l_2 - l_3)}{l_1 + l_2} + \frac{a}{l_1 + l_2}\left(ml_1 - \frac{J}{R}\right)$$

上两式中的后一项为惯性力系引起的动约束力(附加压力)，因此支座 A、B 给梁的附加动约束力为

$$N'_A=\frac{a}{l_1+l_2}\left(ml_2+\frac{J}{R}\right),\ N'_B=\frac{a}{l_1+l_2}\left(ml_1-\frac{J}{R}\right)$$

13.3 绕定轴转动刚体的动反力

本节用动静法研究一般情形下绕定轴转动的刚体的动反力。设刚体绕轴 AB 做定轴转动，刚体转动的角速度为 ω，角加速度为 α，作用于刚体上的所有主动力向 O 点简化的主矢为 $\boldsymbol{F}_{\mathrm{R}}$、主矩为 $\boldsymbol{M}_O$，将惯性力系向 O 点简化得到惯性力系主矢 $\boldsymbol{Q}$ 及惯性主矩 $\boldsymbol{M}_Q$，如图 13-11 所示。

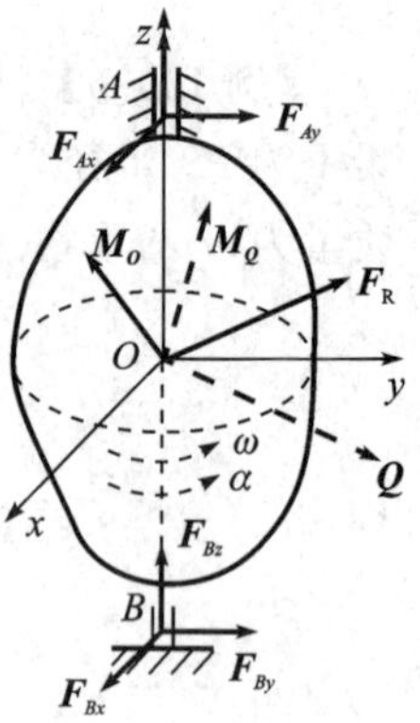

图 13-11

对于图示坐标系，列出力的平衡方程式：

$$\sum F_x=0\quad F_{Ax}+F_{Bx}+Q_x+F_{Rx}=0$$

$$\sum F_y=0\quad F_{Ay}+F_{By}+Q_y+F_{Ry}=0$$

$$\sum F_z=0\quad F_{Bz}+F_{Rz}=0$$

$$\sum M_x=0\quad F_{By}\cdot OB-F_{Ay}\cdot OA+M_x+M_{Qx}=0$$

$$\sum M_y=0\quad F_{Ax}\cdot OA-F_{Bx}\cdot OB+M_y+M_{Qy}=0$$

解上述方程组得到轴承 A、B 处的动反力为

$$\left.\begin{aligned}
F_{Ax}&=-\frac{1}{AB}[(M_y+F_{Rx}\cdot OB)+(M_{Qy}+F_{Qx}\cdot OB)]\\
F_{Ay}&=\frac{1}{AB}[(M_x-F_{Ry}\cdot OB)+(M_{Qx}-F_{Qy}\cdot OB)]\\
F_{Bx}&=\frac{1}{AB}[(M_y-F_{Rx}\cdot OA)+(M_{Qy}-F_{Qx}\cdot OA)]\\
F_{By}&=-\frac{1}{AB}[(M_x+F_{Ry}\cdot OA)+(M_{Qx}+F_{Qy}\cdot OA)]\\
F_{Bz}&=-F_{Rz}
\end{aligned}\right\}\tag{13-14}$$

求得的结果表明轴承的动反力由两部分组成：一部分为主动力系所引起的静反力，另一部分是由于惯性力系所引起的附加动反力。欲使附加动反力等于零，则需要

$$F_{Qx}=F_{Qy}=0,\quad M_{Qx}=M_{Qy}=0$$

由此可见，附加动反力等于零的条件为：惯性力系的主矢等于零，惯性力系对 x 轴和 y 轴的主矩分别等于零。

由式(13-5)、式(13-10)、式(13-11)可知，要使惯性力系的主矢等于零，必须有 $\boldsymbol{a}_C=0$，即转轴必须通过刚体的质心。而要使 $M_{Qx}=M_{Qy}=0$，则必须有 $J_{xz}=J_{yz}=0$，即刚体对于转轴 z 的惯性积必须等于零。

若 $J_{xz}=J_{yz}=0$，则转轴 z 称为过 O 点的惯性主轴。当惯性主轴过刚体的质心时，该惯性主轴称为中心惯性主轴。于是，轴承附加动反力为零的条件为：**当刚体的转轴为中心惯性主轴时，定轴转动刚体的附加动反力为零**。

在工程实际中，由于材料、制造和安装等原因，都会使转动部件产生偏心，旋转时都有惯性力并引起轴承的附加动反力，使机器振动，影响机器的平稳运转，严重时会造成机器的损坏。因此，对于旋转机械，尤其是高速和重型机器，除了注意提高制造和装配精度外，制成后还要用试验的方法——静平衡和动平衡进行校正，以减小不平衡的惯性力，使机器运转平稳。

若刚体的质心在转轴上，且仅有重力的作用，则不论刚体转到什么位置都能静止，这种情形称为静平衡。若刚体绕定轴转动时，不出现轴承附加动反力，即转轴为惯性主轴，这种情形称为动平衡。

动平衡需要在专门的动平衡机上进行。由动平衡机带动转子转动，测定出应在什么位置附加多少重量从而使惯性力偶减小至允许程度，即达到动平衡。有关动平衡机的原理及操作可参看相关的专业书籍。对于重要的高速转动构件，还应考虑转动时转轴的变形影响，这种动平衡涉及更深的理论。

【例 13-7】 如图 13-12 所示，转子的质量 $m=20$ kg，转轴 AB 与转子的质量对称面垂直，但转子质心 C 的偏心距 $e=0.1$ mm。当转子以匀转速 $n=12\ 000$ r/min 转动时，求轴承 A，B 处的约束力。

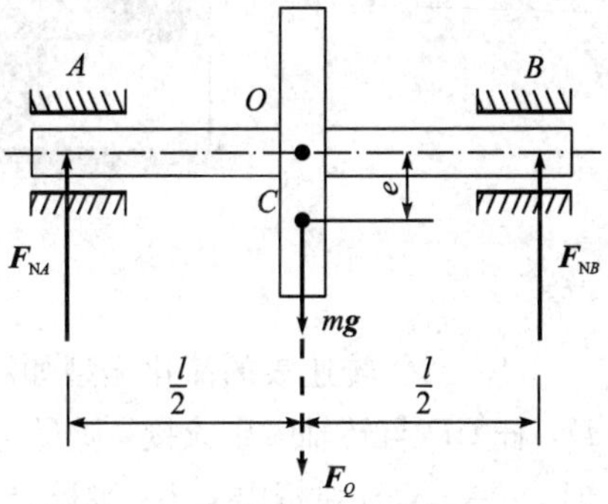

图 13-12

解　以转子为研究对象，由于转轴垂直于转子的质量对称面且转子匀速转动，故质心 C 只有法向加速度为

$$a_n=e\omega^2=\frac{0.1}{1000}\times\left(\frac{12\ 000\pi}{30}\right)^2=158\ \text{m/s}^2$$

其惯性力可以简化为通过质心的一合力，其大小为

$$F_Q=ma_n=3160\ \text{N}$$

方向与质心加速度方向相反，如图 13-12 所示。

由平衡方程解得

$$F_{NA}=F_{NB}=\frac{1}{2}(mg+F_Q)=\frac{1}{2}(20\times9.81+3160)=1680\ \text{N}$$

其中轴承附加动反力为 1580 N。由此可见，在高速转动的情况下，0.1 mm 的偏心距所引起的轴承附加动反力为静反力 98 N 的 16 倍。由于惯性力的方向随转子一起转动，附加动反力的方向也随之变化，对轴承形成周期性的压力，加速轴承的磨损。

思　考　题

13-1　什么条件下定轴转动刚体的惯性力系是平衡力系？

13-2　仅在重力作用下的质点在空中运动，问下列三种情况的惯性力大小和方向。

(1) 自由落体运动；

(2) 垂直上抛；

(3) 抛物线运动。

13-3　一列火车启动时，哪一节车厢的挂钩受力最大，为什么？

13-4　任意形状的均质等厚板，垂直于板面的轴都是惯性主轴，对吗？不与板面垂直的轴都不是惯性主轴，对吗？

13-5　什么是中心惯性主轴？

习 题

13-1 题13-1图所示小汽车总质量为m，以加速度$\boldsymbol{a}$做平直线运动。汽车质心G离地面的高度为h，汽车的前后轴到通过质心垂线的距离分别等于c和b。求其前后轮的正压力？汽车应如何行驶方能使前后轮的压力相等？

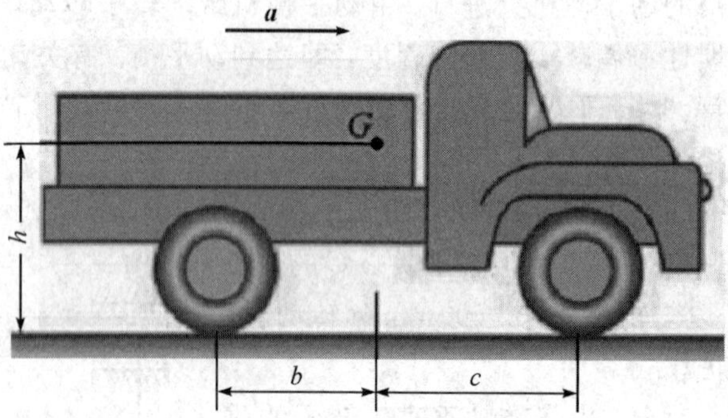

题13-1图

13-2 转速表的简化模型如题13-2图所示。杆CD的两端各有质量为m的球C和球D，杆CD与转轴AB铰接，质量不计。当转轴转动时，杆CD的转角φ就发生变化。设$\omega=0$时，$\varphi=\varphi_0$，且弹簧中无力。弹簧产生的力矩M与转角φ的关系为$M=k(\varphi-\varphi_0)$，k为弹簧刚度。求角速度ω与角φ之间的关系。

13-3 两种情形的定滑轮质量均为m，半径均为r。题13-3(a)图中的绳所受拉力为$\boldsymbol{W}$；题13-3(b)图中物块的重力为$\boldsymbol{W}$。试分析两种情形下，定滑轮的角加速度、绳中拉力和定滑轮轴承处的约束反力是否相同。

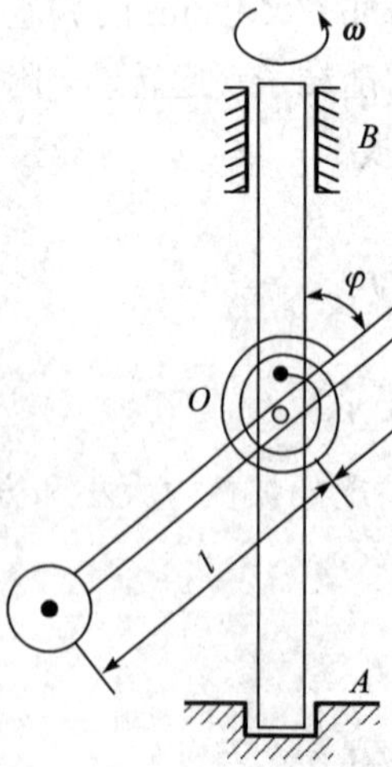

题13-2图

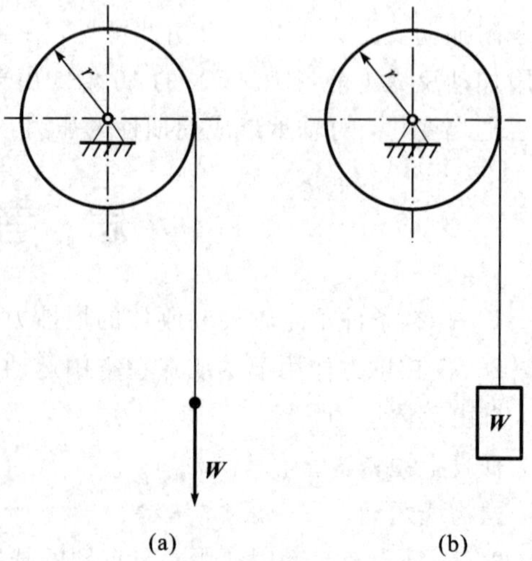

题13-3图

13-4 题13-4图所示小车在力$\boldsymbol{F}$作用下沿水平直线行驶，均质细杆A端铰接在小车上，另一端靠在车的光滑竖直壁上。已知杆质量$m=5$ kg，倾角$\theta=30°$，车的质量$M=50$ kg。

车轮质量，地面与车轮间的摩擦不计。试求水平力 **F** 多大时，杆 B 端的受力为零。

13－5　题 13－5 图所示为均质细杆弯成的圆环，半径为 r，转轴 O 通过圆心垂直于环面，A 端自由，AD 间有微小缺口。设圆环以匀角速度 ω 绕轴 O 转动，环的线密度为 ρ，不计重力。求任意截面 B 处对 AB 段的约束力。

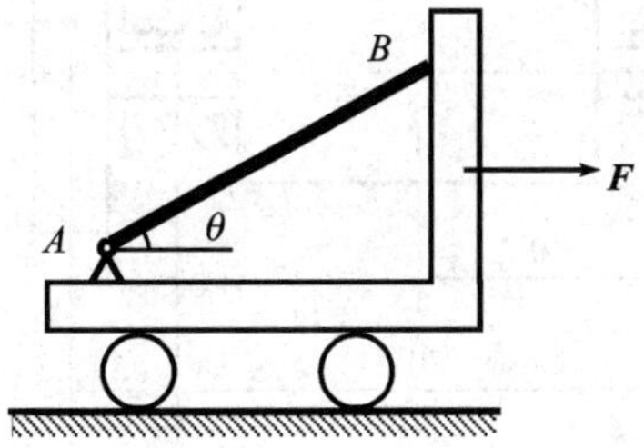

题 13－4 图

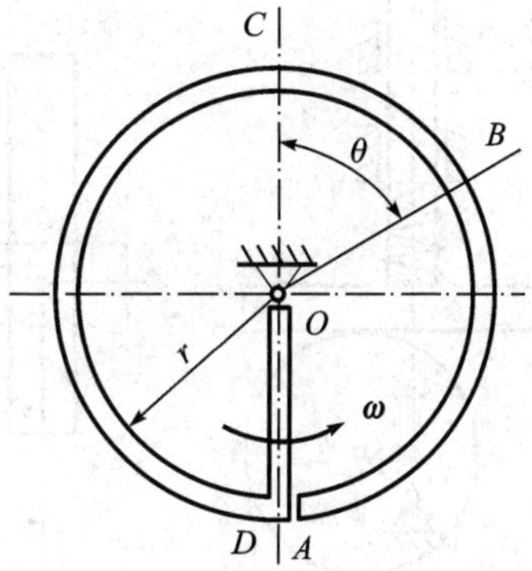

题 13－5 图

13－6　轮轴质心位于 O 处，对轴 O 的转动惯量为 J_O。在轮轴上系有两个物体，质量各为 m_1 和 m_2，如题 13－6 图所示。若此轮轴依顺时针转向转动，求轮轴的角加速度 α 和轴承 O 的动约束力。

13－7　如题 13－7 图所示，曲柄 OA 质量为 m_1 长为 r，以等角速度 ω 绕水平的 O 轴逆时针方向转动。曲柄 OA 推动质量为 m_2 的滑杆 BC，使其沿铅垂方向运动。忽略摩擦，求当曲柄与水平方向夹角为 30°时的力偶矩 M 及轴承 O 的约束力。

13－8　题 13－8 图所示系统位于铅直面内，由均质细杆及均质圆盘铰接而成。已知杆长为 l，质量为 m；圆盘半径为 r，质量为 m。试求杆在 $\theta=30°$ 位置开始运动的瞬时，杆 AB 的角加速度和支座 A 处的约束力。

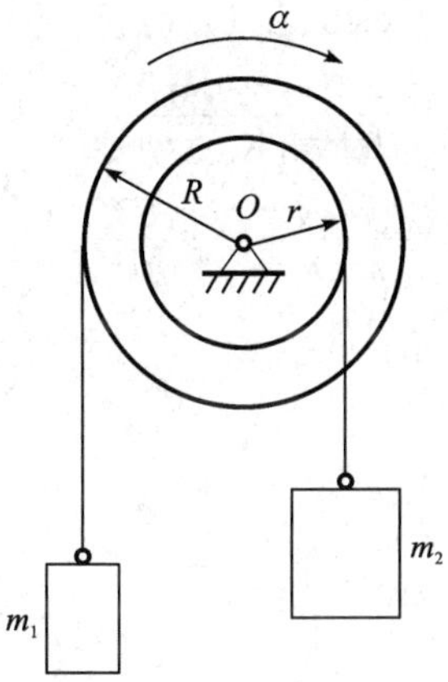

题 13－6 图

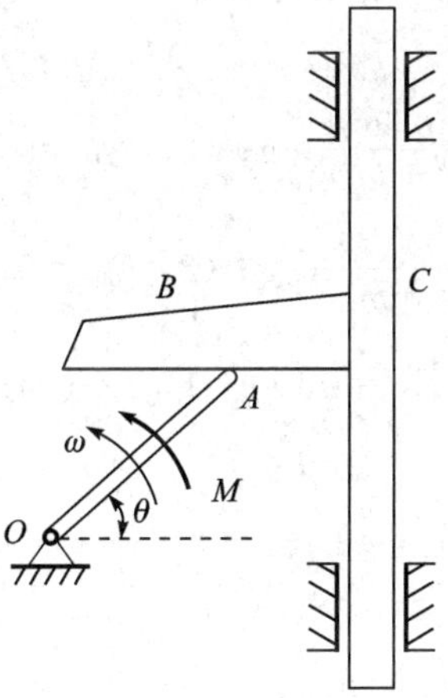

题 13－7 图

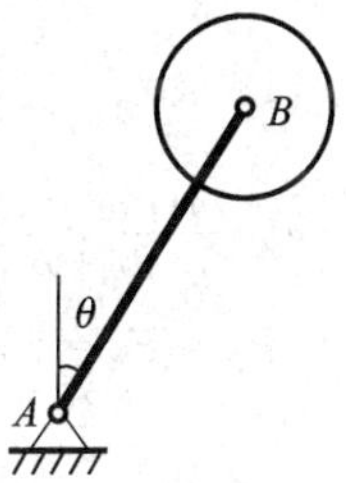

题 13－8 图

13－9　如题 13－9 图所示，凸轮导板机构中，偏心轮的偏心距 $OA=e$。偏心轮绕 O 轴以匀角速度 ω 转动。当导板 CD 在最低位置时弹簧的压缩量为 b。导板质量为 m，为使导板在运动过程中始终不离开偏心轮，试求弹簧刚度系数的最小值。

13-10　如题13-10图所示，磨刀砂轮Ⅰ质量 $m_1=1$ kg，其偏心距 $e_1=0.5$ mm，小砂轮Ⅱ质量 $m_2=0.5$ kg，其偏心距 $e_2=1$ mm。电动机转子Ⅲ质量 $m_3=8$ kg，无偏心，带动砂轮旋转，转速 $n=3000$ r/min。求转动时轴承 A、B 的附加动约束力。

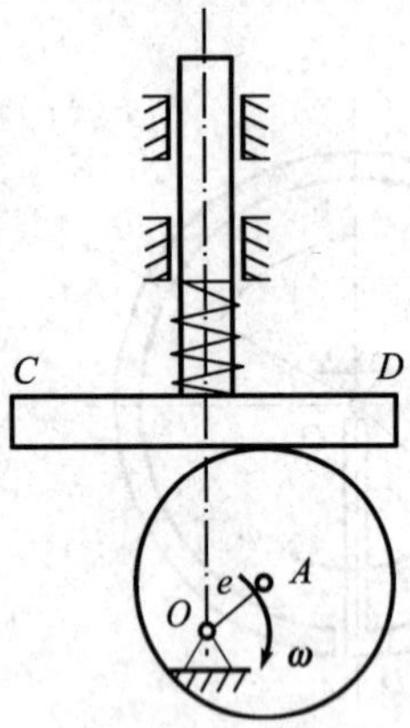

题13-9图

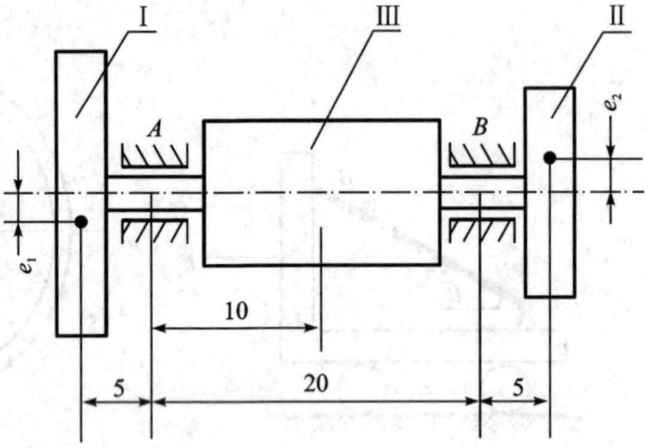

题13-10图

习题参考答案

13-1　$a=\dfrac{(bj-c)g}{2h}$

13-2　$\omega=\sqrt{\dfrac{k(\varphi-\varphi_0)}{ml^2\sin2\varphi}}$

13-3　$F_{Ox}=0$，$F_{Oy}=\dfrac{mgW}{mg+2W}$

13-4　$F=(m+M)g\cot\theta=55\times9.8\sqrt{3}=933.6$ N

13-5　$F_n=\rho r^2\omega^2\sin\theta$，$F_t=\rho r^2\omega^2\sin\theta$，$M_B=\rho\omega^2r^3(1+\cos\theta)$

13-6　(1) $\alpha=\dfrac{(m_2r-m_1R)}{(J+m_1R^2+m_2r^2)}g$；(2) $F_{Ox}=0$，$F_{Oy}=\dfrac{-(m_2r-m_1R)^2}{J+m_1R^2+m_2r^2}g$

13-7　(1) $\alpha=\dfrac{(m_2r-m_1R)}{(J+m_1R^2+m_2r^2)}g$；(2) $F_{Ox}=0$，$F_{Oy}=\dfrac{-(m_2r-m_1R)^2}{J+m_1R^2+m_2r^2}g$

13-8　(1) $\alpha=\dfrac{9g}{16l}$；(2) $F_{Ax}=\sqrt{3}mg$，$F_{Ay}=\dfrac{5}{32}mg$

13-9　$k>\dfrac{m(e\omega^2-g)}{2e+b}$

13-10　$F_A=F_B=74$ N

第 14 章　虚位移原理

静力学用几何方法来研究物体和物体系统的平衡问题。而本章所介绍的虚位移原理是应用分析的方法来研究非自由质点系的平衡问题的。虚位移原理与达朗伯原理结合还可用于求解动力学问题。本章仅介绍虚位移原理及其简单应用。

14.1　约束与约束方程　虚位移与虚功

1. 约束与约束方程

不受任何限制可在空间自由运动的质点系称为自由质点系；若质点系中任一质点在空间的运动受到一定的限制，则此质点系称为非自由质点系。限制质点或质点系运动的各种条件称为约束，这些限制条件的数学方程表示称为约束方程。根据约束的形式和性质的不同，约束可分为以下几类：

(1) 几何约束和运动约束。只限制质点或质点系在空间的几何位置的约束称为几何约束。例如，图 14－1 所示的以无重刚杆为摆杆的单摆，其中质点 M 可绕固定点 O 在平面 Oxy 内摆动，摆长为 l。由于刚杆 OM 的限制，质点 M 必须在以点 O 为圆心、l 为半径的圆周上运动。若以 x、y 表示质点的坐标，则其位置坐标必须满足条件

$$x^2 + y^2 = l^2 \tag{14-1}$$

式(14－1)称为约束方程。

又如，质点 M 在图 14－2 所示的半径为 r 的球面上运动，那么球面方程就是质点 M 的约束方程，即

$$x^2 + y^2 + z^2 = r^2 \tag{14-2}$$

除几何约束外，还有限制质点系运动情况的运动学条件，称为运动约束。对于图 14－3 所示的半径为 r 的圆轮，它在水平面上沿直线轨道只滚不滑就是运动约束。

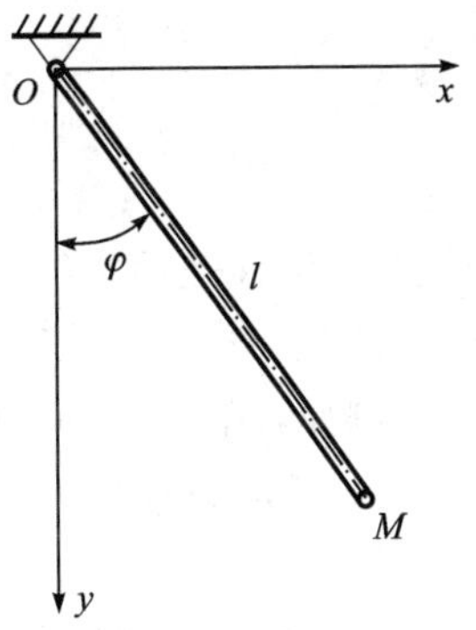

图 14－1

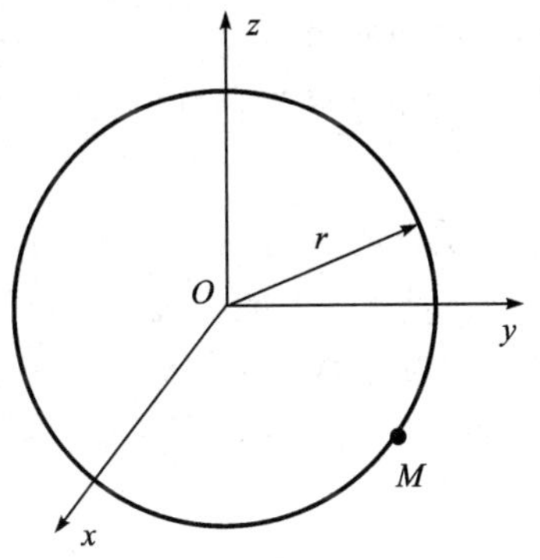

图 14－2

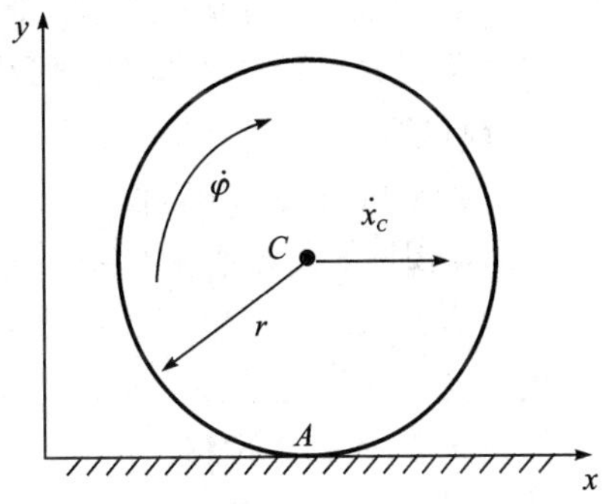

图 14－3

设轮心 C 的速度为 $\dot{x}_C$，轮子的角速度为 $\dot{\varphi}$，则轮子在每一瞬时有

$$\dot{x}_C - r\dot{\varphi} = 0 \tag{14-3}$$

式(14-3)建立了轮心速度与轮子角速度间的关系，称为运动约束方程。

(2) 定常约束和非定常约束。如果约束方程中不显含时间 t，即约束不随时间而变，那么这种约束称为定常约束。如前述单摆的约束方程不显含时间 t，属于定常约束。

若约束方程中显含时间 t，约束条件随时间变化，则这种约束称为非定常约束。如图 14-4所示，与弹簧相连的滑块 A 可沿光滑水平面往复滑动，设其运动规律为 $x_A = a\sin\omega t$。又在滑块上连接一单摆，摆杆长为 l，则质点 M 的约束方程为

$$(x - a\sin\omega t)^2 + y^2 = l^2 \tag{14-4}$$

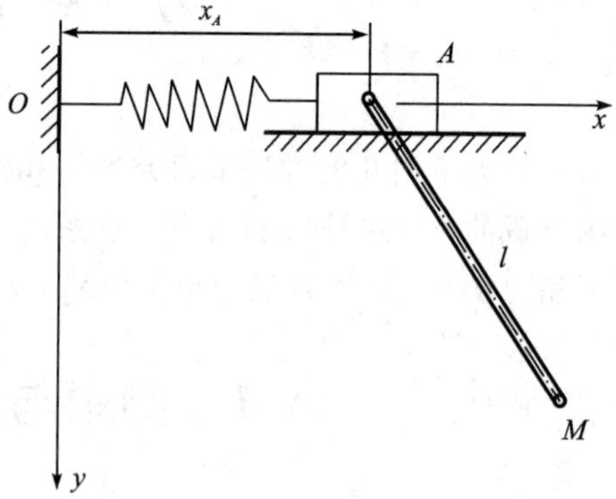

图 14-4

式(14-4)中显含时间 t，所以它是非定常约束。

(3) 双面约束和单面约束。在两个相对方向上限制质点或质点系的运动的约束称为双面约束。如图 14-5 所示单摆，小球 M 用长为 l 的刚杆铰接于球形支座 O 上，小球只能在半径为 l 的球面上运动，其约束方程为

$$x^2 + y^2 + z^2 = l^2 \tag{14-5}$$

将图 14-5 中刚杆换成柔索，则柔索将不限制小球在圆域内部的运动，这种只在一个方向限制质点或质点系运动的约束称为单面约束。其约束方程为

$$x^2 + y^2 + z^2 \leqslant l^2 \tag{14-6}$$

(4) 完整约束和非完整约束。如果约束方程中不包含坐标对时间的导数，或者约束方程中的微分项可积分为有限形式，这种约束称为完整约束。例如，对于式(14-3)所示的运动约束方程，其积分式为

$$x_C = r\varphi + C \tag{14-7}$$

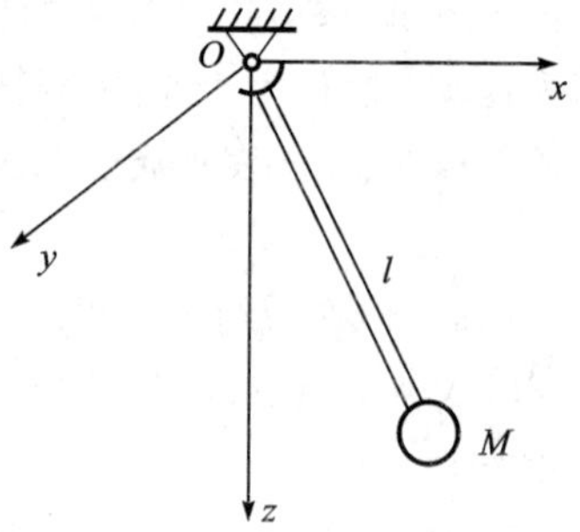

图 14-5

因此，轮子受到的约束是完整约束。

如果约束方程中包含坐标对时间的导数，而且约束方程不能积分为有限形式，这种约束称为非完整约束。非完整约束总是微分方程的形式。

本章只讨论受定常的双面几何约束的质点系的平衡问题。

2. 虚位移

由于约束的存在，非自由质点系中各质点的位移受到一定的限制，有些位移是约束所允许的。在某瞬时，质点系在约束所允许的条件下，可能实现的任何无限小的位移称为虚位移。虚位移可以是线位移，也可以是角位移。虚位移通常用变分符号 δ 表示。例如，在如图 14-6 所示的被约束在固定曲面上的质点 M，过 M 点的切面内任何微小位移 $\delta \boldsymbol{r}$ 都是约束所允许的，都是质点 M 的虚位移。

虚位移与实位移是两个不同的概念。虚位移是约束允许条件下，可能发生的任意的无限小的位移。而实位移是质点系在一定初始条件下，由于力的作用在一定时间内实现的真实位移，它也是约束所允许的。对于无限小的实位移，一般用微分符号 d 表示。

在定常约束条件下，如图 14－6 中的曲面为固定曲面，由于约束不随时间而改变，质点的微小实位移只是所有虚位移中的一个，而虚位移视约束情况，可以有多个，甚至无穷多个。在非定常约束情况下，如图 14－7 所示的曲面是运动的，设 t 瞬时曲面的位置为Ⅰ，经过 $\mathrm{d}t$ 时间后的位置为Ⅱ，在 $\mathrm{d}t$ 时间内质点 M 的实位移为 $\mathrm{d}\boldsymbol{r}$。而某瞬时的虚位移是将时间固定后，约束所允许的位移。质点 M 在 t 瞬时的虚位移为 $\delta\boldsymbol{r}$，$\delta\boldsymbol{r}'$，…实位移不能固定时间，所以这时的实位移不一定是虚位移中的一个。

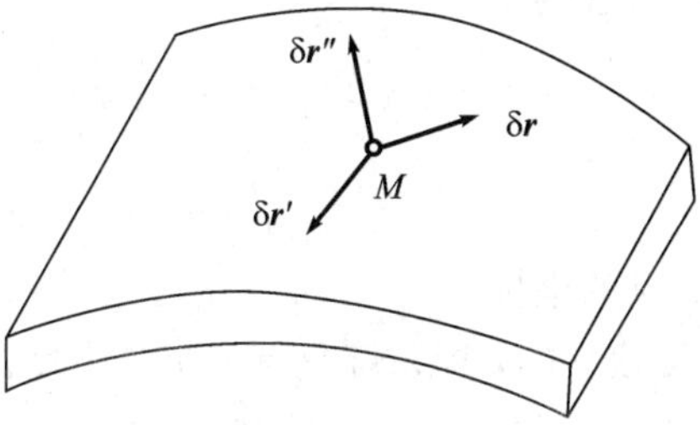

图 14－6

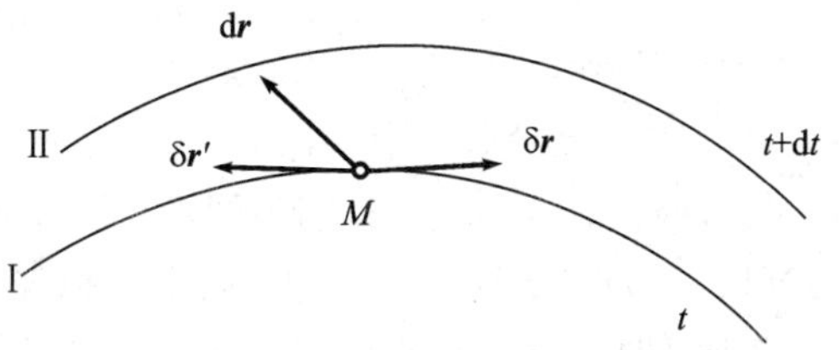

图 14－7

3．虚功

设某质点受力 $\boldsymbol{F}$ 作用，假想地给它一虚位移 $\delta\boldsymbol{r}$，则力 $\boldsymbol{F}$ 在虚位移 $\delta\boldsymbol{r}$ 上所做的功称为虚功，即

$$\delta W = \boldsymbol{F} \cdot \delta\boldsymbol{r} \tag{14-8}$$

也可用解析式表示，即

$$\delta W = F_x \delta x + F_y \delta y + F_z \delta z \tag{14-9}$$

式中，F_x、F_y、F_z 为力 $\boldsymbol{F}$ 在直角坐标轴上的投影；δx、δy、δz 为虚位移 $\delta\boldsymbol{r}$ 在直角坐标轴上的投影。

由于虚功是在假想的虚位移中所做的功，因而虚功是假想的。例如，图 14－8 所示曲柄连杆机构，对于图示虚位移，力 $\boldsymbol{F}$ 的虚功为 $\delta W = -\boldsymbol{F} \cdot \delta\boldsymbol{r}_B$，力偶 M 的虚功为 $\delta W = M \cdot \delta\varphi$。图示机构处于静止平衡状态，显然任何力都没做实功，但力可以做虚功。

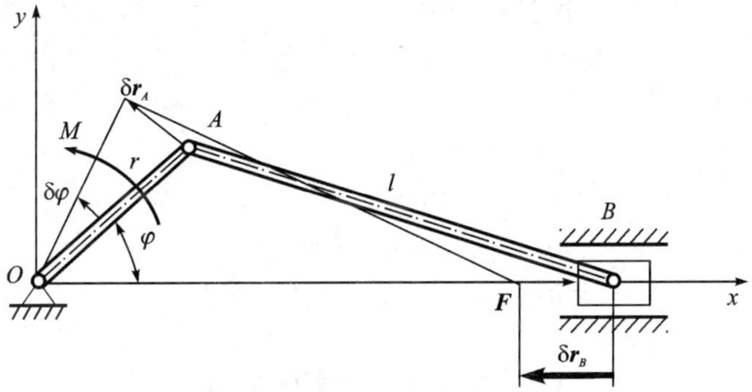

图 14－8

由虚功的概念可知，第 12 章中所述的理想约束的概念也可定义为：**在质点系的任何虚位移中，约束反力所做的虚功之和为零**，常见的理想约束在第 12 章中已表述。

14.2 自由度和广义坐标

确定一个质点系在空间的位置所需独立坐标的数目称为质点系的自由度数目，简称为自由度。如图 14-8 所示曲柄连杆机构，机构简化为销 A 和滑块 B 两个质点组成的质点系。它们受到的约束有：销 A 只能以点 O 为圆心，以 r 为半径做圆周运动；滑块 B 与销 A 间的距离为杆长 l；滑块 B 始终沿滑道做直线运动。这三个约束方程为

$$\begin{cases} x_A^2 + y_A^2 = r^2 \\ (x_B^2 - x_A^2)^2 + (y_B^2 - y_A^2)^2 = l^2 \\ y_B = 0 \end{cases} \tag{14-10}$$

其中，(x_A, y_A)、(x_B, y_B)分别为图示坐标系中 A、B 点的坐标。

式(14-10)三个约束方程中，四个坐标仅有一个是独立的，即系统只有一个自由度。

一般地，具有 n 个质点的质点系，如果受有 s 个约束，则其自由度数目为

$$k=3n-s$$

除自由度外，也可适当选用 k 个独立参变量来确定质点系的位置。用来确定质点系位置的独立参变量称为质点系的广义坐标。对于图 14-8 所示的曲柄连杆机构，只需选用曲柄与水平线的夹角 φ 即可唯一地确定系统的位置，角 φ 即为此机构的广义坐标。在此应注意，广义坐标的选取不是唯一的，在图 14-8 所示机构中，也可选用其他参数作为广义坐标，如选 y_A 为广义坐标。对于受完整约束的质点系，广义坐标的数目等于其自由度数目。

【例 14-1】 图 14-9 所示机构中，杆 OA 和 AB 铰接，B 端自由，设 $OA=a$，$AB=b$，求 A、B 点的虚位移。

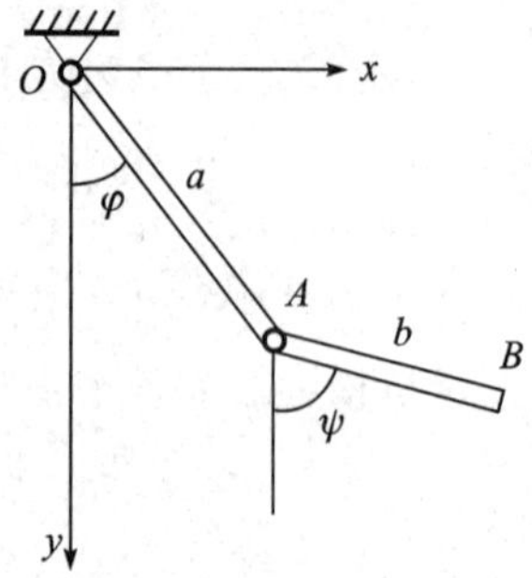

图 14-9

解： 该机构可用广义坐标 φ、ψ 来确定其位置，即系统的自由度数为 2。对于图示坐标系，有

$$x_A = a\sin\varphi$$
$$y_A = a\cos\varphi$$
$$x_B = a\sin\varphi + b\sin\psi$$
$$y_B = a\cos\varphi + b\cos\psi$$

由变分有 A、B 点的虚位移：

$$\delta x_A = a\cos\varphi\delta\varphi$$
$$\delta y_A = a\sin\varphi\delta\varphi$$
$$\delta x_B = a\cos\varphi + b\cos\psi\delta\psi$$
$$\delta y_B = - a\sin\varphi\delta\varphi - b\sin\psi\delta\psi$$

14.3 虚位移原理

非自由质点系平衡问题的**虚位移原理**可叙述为：具有理想约束的质点系，平衡的必要和充分条件是作用于该质点系的所有主动力在任何虚位移上所做虚功之和为零。即

$$\sum \boldsymbol{F}_i \cdot \delta \boldsymbol{r}_i = 0 \tag{14-11}$$

式(14-11)称为虚功方程，也可表达为

$$\sum(F_{xi}\delta x_i + F_{yi}\delta y_i + F_{zi}\delta z_i) = 0 \qquad (14-12)$$

式中，F_{xi}、F_{yi}、F_{zi}为力$\boldsymbol{F}_i$在三个坐标轴上的投影；δx_i、δy_i、δz_i为虚位移$\delta\boldsymbol{r}_i$在三个坐标轴上的投影。

下面给出虚位移原理的证明。

① 必要性。即质点系处于平衡状态时，$\sum\boldsymbol{F}_i\cdot\delta\boldsymbol{r}_i=0$。当质点系处于平衡状态时，质点$m_i$也处于平衡状态，即作用于该质点上主动力的合力$\boldsymbol{F}_i$与约束反力的合力$\boldsymbol{F}_{Ni}$之和为零。即

$$\boldsymbol{F}_i + \boldsymbol{F}_{Ni} = 0 \qquad (14-13)$$

如图14-10所示，若给质点m_i一虚位移$\delta\boldsymbol{r}_i$，则作用于质点上的主动力$\boldsymbol{F}_i$和约束反力$\boldsymbol{F}_{Ni}$的虚功之和为

$$\boldsymbol{F}_i\cdot\delta\boldsymbol{r}_i + \boldsymbol{F}_{Ni}\cdot\delta\boldsymbol{r}_i = 0$$

对于每个质点都可写出上述虚功方程，将这些方程相加得

$$\sum\boldsymbol{F}_i\cdot\delta\boldsymbol{r}_i + \sum\boldsymbol{F}_{Ni}\cdot\delta\boldsymbol{r}_i = 0$$

因为质点系受理想约束的作用，所以有$\sum\boldsymbol{F}_{Ni}\cdot\delta\boldsymbol{r}_i=0$。由上式有

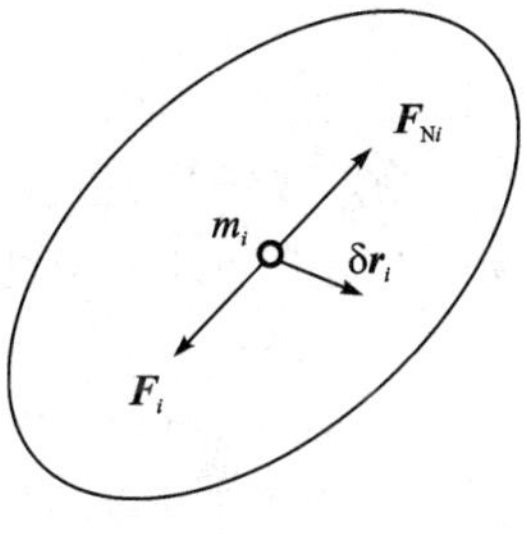

图14-10

$$\sum\boldsymbol{F}_i\cdot\delta\boldsymbol{r}_i = 0$$

其解析表达式为

$$\sum(F_{xi}\delta x_i + F_{yi}\delta y_i + F_{zi}\delta z_i) = 0$$

式中，F_{xi}、F_{yi}、F_{zi}为力$\boldsymbol{F}_i$在三个坐标轴上的投影；δx_i、δy_i、δz_i为虚位移$\delta\boldsymbol{r}_i$在三个坐标轴上的投影。

② 充分性。即作用在质点系上的主动力满足式(14-11)时，质点系一定平衡。

反证法：设作用在质点系上的所有主动力满足式(14-11)，而质点系不平衡。这样质点系内至少有一个质点m_i不平衡，即该质点所受的主动力$\boldsymbol{F}_i$与约束反力$\boldsymbol{F}_{Ni}$之和$\boldsymbol{F}_{Ri}=\boldsymbol{F}_i+\boldsymbol{F}_{Ni}\neq 0$，在力$\boldsymbol{F}_{Ri}$的作用下质点$m_i$产生一微小的实位移$\mathrm{d}\boldsymbol{r}_i$，定常约束情况下质点的实位移为虚位移之一，即$\mathrm{d}\boldsymbol{r}_i=\delta\boldsymbol{r}_i$，故有

$$(\boldsymbol{F}_i+\boldsymbol{F}_{Ni})\cdot\delta\boldsymbol{r}_i>0$$

对于理想约束，有

$$\boldsymbol{F}_{Ni}\cdot\delta\boldsymbol{r}_i=0$$

故有

$$\boldsymbol{F}_i\cdot\delta\boldsymbol{r}_i>0$$

对于质点系，有

$$\sum\boldsymbol{F}_i\cdot\delta\boldsymbol{r}_i > 0$$

这与式(14-11)矛盾，即假设不成立，故质点系必平衡。

虚位移原理提出了求解非自由质点系平衡问题的一般方法，因此式(14-11)、式(14-12)也称为静力学普遍方程。需要指出的是，虽然虚位移原理要求质点系具有理想约束，但对于具有非理想约束的系统，只要把非理想约束反力看作主动力，虚功方程仍可应用。例如，带有摩擦的非自由质点系的平衡问题，将摩擦力看成主动力，即可用虚功方程求解。

【例 14-2】 在图 14-11 所示的连杆增力机构中，已知 $OA=AB=l$，$\angle AOB=\theta$。如不考虑各杆的重量及各处摩擦，试求平衡时 $\boldsymbol{F}_1$ 和 $\boldsymbol{F}_2$ 之间的关系。

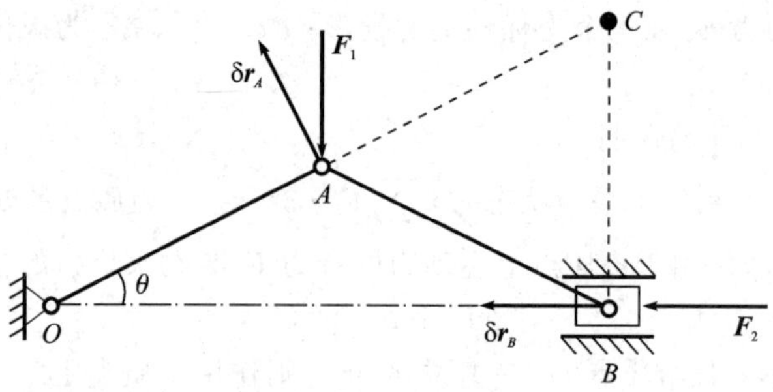

图 14-11

解 此题可通过几何法求出 A、B 两点虚位移的关系，进而求出结果。如图 14-11 所示，C 是杆 AB 的速度瞬心，则

$$\frac{\delta r_A}{\delta r_B}=\frac{\delta v_A}{\delta v_B}=\frac{AC}{BC}=\frac{l}{2l\sin\theta}$$

由虚位移原理，有

$$\boldsymbol{F}_1\cdot\delta\boldsymbol{r}_A+\boldsymbol{F}_2\cdot\delta\boldsymbol{r}_B=0$$

将 $\delta r_B=2l\sin\theta\cdot\delta r_A$ 代入上式，得

$$(-F_1\cos\theta+2F_2\sin\theta)\delta r_A=0$$

由于 δr_A 的任意性，解得

$$F_1=2F_2\tan\theta$$

【例 14-3】 图 14-12 所示的双锤摆中，摆锤 A、B 分别重 $\boldsymbol{W}_1$ 和 $\boldsymbol{W}_2$，摆杆 OA 长为 a、AB 长为 b。设在摆锤 B 处加一水平力 $\boldsymbol{F}$ 以维持平衡，不计摆杆重量，求平衡时摆杆的位置。

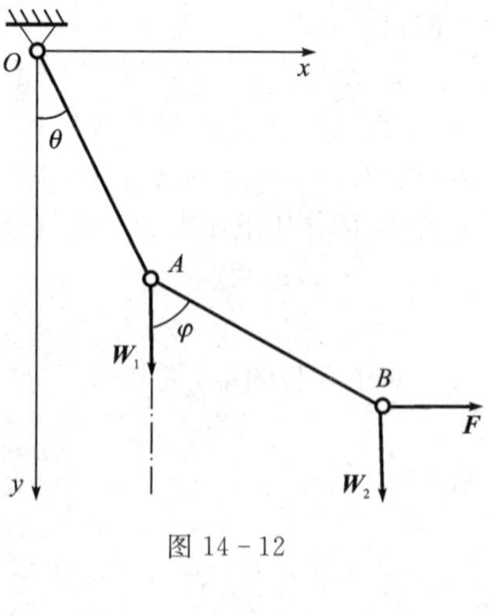

图 14-12

解 该系统具有两个自由度，取 θ 和 φ 为广义坐标，则对应于广义坐标的虚位移分别为 $\delta\theta$ 和 $\delta\varphi$。在图 14-12 所示的坐标系，有

$$y_A=a\cos\theta$$
$$x_B=a\sin\theta+b\sin\varphi$$
$$y_B=a\cos\theta+b\sin\varphi$$

对坐标求变分，得

$$\delta y_A=-a\sin\theta\delta\theta$$
$$\delta x_B=a\cos\theta\delta\theta+b\cos\varphi\delta\varphi$$
$$\delta y_B=-a\sin\theta\delta\theta-b\sin\varphi\delta\varphi$$

由虚功方程，有

$$W_1\delta y_A+W_2\delta y_B+F\delta x_B=0$$

将虚位移代入并整理，得

$$(-W_1\sin\theta-W_2\sin\theta+F\cos\theta)a\delta\theta+(F\cos\varphi-W_2\sin\varphi)b\delta\varphi=0$$

由于变分 $\delta\theta$、$\delta\varphi$ 彼此独立，欲使上式成立，必有

$$-W_1\sin\theta - W_2\sin\theta + F\cos\theta = 0$$

$$F\cos\varphi - W_2\sin\varphi = 0$$

由此求得

$$\tan\theta = \frac{F}{W_1 + W_2}$$

$$\tan\varphi = \frac{F}{W_2}$$

【例 14-4】 如图 14-13 所示，在螺旋压榨机的手柄 AB 上作用一水平面内的力偶($\boldsymbol{F}$，$\boldsymbol{F}'$)，其力偶矩 $M=2Fl$，螺杆的螺距为 h。求机构平衡时加在被压榨物体上的力。

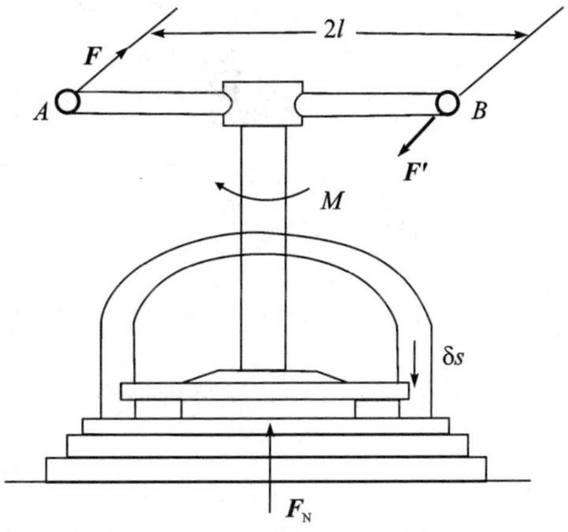

图 14-13

解 以手柄、螺杆和压板组成的系统为研究对象。构件间的摩擦略去不计，则系统的约束是理想的。

设手柄转过角度为 $\delta\varphi$，则螺杆和压板向下的位移为 δs。由虚功方程得作用于手柄上的力偶($\boldsymbol{F}$，$\boldsymbol{F}'$)、被压物体对压板的阻力 $\boldsymbol{F}_N$ 所做虚功之和为

$$\sum\delta W_F = -F_N\delta s + 2Fl\delta\varphi = 0$$

由于手柄 AB 转一周，螺杆上升或下降一个螺距 h，故有

$$\frac{\delta\varphi}{2\pi} = \frac{\delta s}{h}$$

将 $\delta s=\frac{h}{2\pi}\delta\varphi$ 代入虚功方程，得

$$\sum\delta W_F = \left(2Fl - \frac{F_N h}{2\pi}\right)\delta\varphi = 0$$

因 $\delta\varphi\neq0$，故有

$$2Fl-\frac{F_N h}{2\pi}=0$$

解得

$$F_N=\frac{4\pi l}{h}F$$

由作用与反作用定理，作用于压榨物体的力为“$-F_N=\frac{4\pi l}{h}F$”。

【例 14-5】 机构如图 14-14 所示，不计构件自重及各处摩擦，求在图示位置平衡时，主动力偶矩 M 与主动力 $\boldsymbol{F}$ 之间的关系。

解 设 C 点虚位移为 $\delta\boldsymbol{r}_C=\delta\boldsymbol{r}_a$，角 θ 的虚位移为 $\delta\theta$。由虚功方程有

$$M\delta\theta-F\delta r_a=0$$

由于 $\delta r_a\cos(90°-\theta)=\delta r_e OB=\frac{h}{\sin\theta}$，所以有

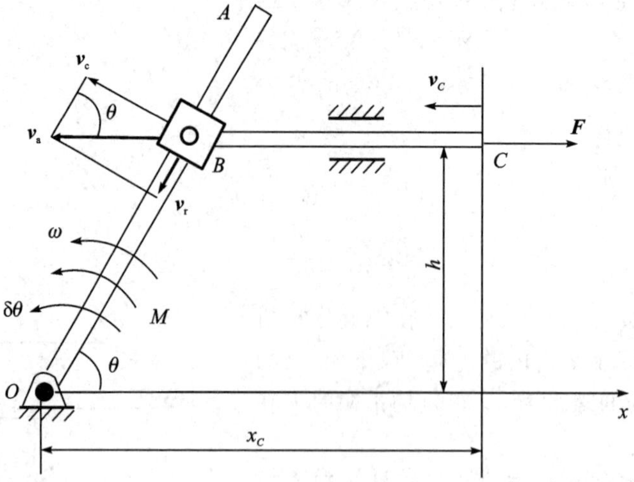

图 14-14

$$\delta\theta=\frac{\delta r_e}{OB}=\frac{\delta r_a\sin\theta}{OB}=\frac{\delta r_a\ \sin^2\theta}{h}$$

将 $\delta\theta$ 代入虚功方程，经整理后有

$$M=\frac{Fh}{\sin^2\theta}$$

【例 14-6】 图 14-15 所示为静定多跨连续梁，梁重忽略不计。作用在其上的荷载为 $F_1=25$ kN，$F_2=30$ kN，$q=5$ kN/m，$M=12$ kN·m。求支座 E 的约束反力。

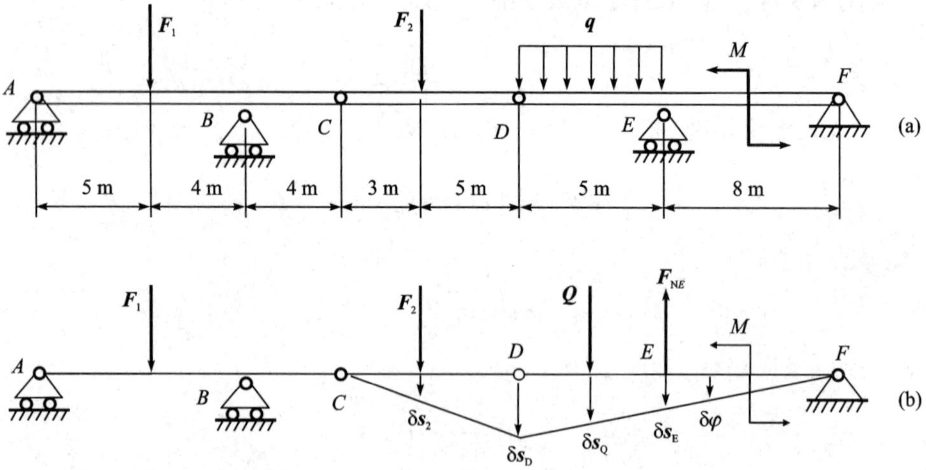

图 14-15

解 将支座 E 的约束解除，代之以约束反力 F_{NE}。设梁 FD 的虚位移为 $\delta\varphi$，连续梁上各点的虚位移如图 14-14(b)所示。由虚位移原理有

$$\sum\delta W_F=0\qquad -F_{NE}\delta s_E+F_1\delta s_1+F_2\delta s_2+Q\delta s_Q+M\delta\varphi=0$$

由图示几何关系，有

$$\delta s_1 = 0, \quad \frac{\delta s_Q}{\delta s_E} = \frac{10.5}{8}, \frac{\delta \varphi}{\delta s_E} = \frac{1}{8}$$

$$\frac{\delta s_2}{\delta s_E} = \frac{\delta s_2}{\delta s_D}\frac{\delta s_D}{\delta s_E} = \frac{3}{8} \times \frac{13}{8} = \frac{39}{64}$$

将其代入虚功方程，化简后有

$$\begin{aligned} F_{NE} &= F_1 \frac{\delta s_1}{\delta s_E} + F_2 \frac{\delta s_2}{\delta s_E} + Q\frac{\delta s_Q}{\delta s_E} + M\frac{\delta \varphi}{\delta s_E} \\ &= 30 \times \frac{39}{64} + 5 \times 5 \times \frac{10.5}{8} + 12 \times \frac{1}{8} \\ &= 52.6\ \mathrm{kN} \end{aligned}$$

可应用虚位移原理求解质点系平衡问题的类型有主动力之间的关系、平衡位置、内力、约束反力等。在此过程中，关键是要找出各虚位移之间的关系，在具体应用中有几何法、变分法以及运动学方法(如刚体平面运动的速度瞬心法、速度投影法、基点法，点的合成运动方法等)。视具体问题采用相应的方法，有的例题可一题多解。

思　考　题

14－1　什么叫虚位移？它与实位移有何不同？

14－2　在应用虚位移原理给质点系以虚位移时，为什么特别强调虚位移必须是为约束所允许的无限小的位移？

14－3　思考题 14－3 图所示的机构均处于静止平衡状态，试问图中所给各虚位移有无错误？如有错误，应如何改正？

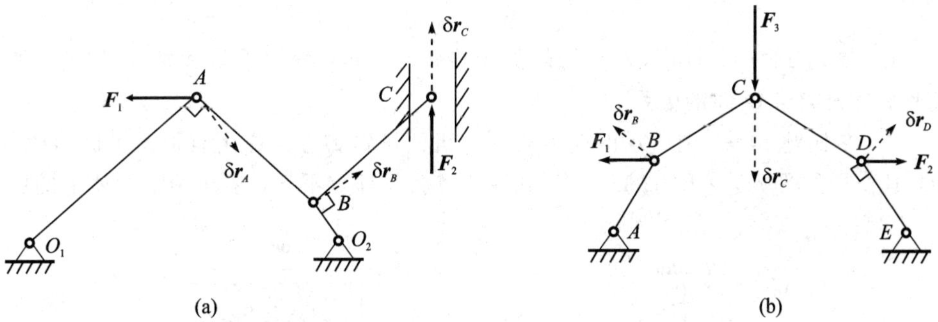

思考题 14－3 图

14－4　应用虚位原理的条件是什么？其所建立的平衡条件与静力学所建立的平衡条件相比较，有哪些优点？

14－5　如思考题 14－5 图所示的滑轮组，不计各滑轮质量，且绳子不可伸长，试分析系统的自由度数目？

14－6　思考题 14－6 图所示的各机构，试用不同的方法确定虚位移 $\delta\theta$ 与点 A 的虚位移间的关系。

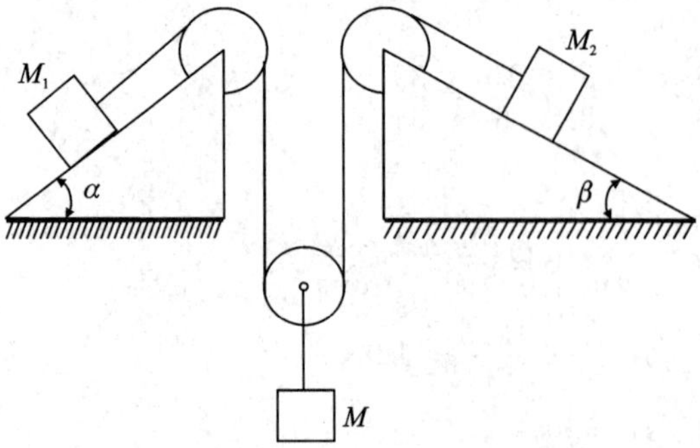

思考题 14-5 图

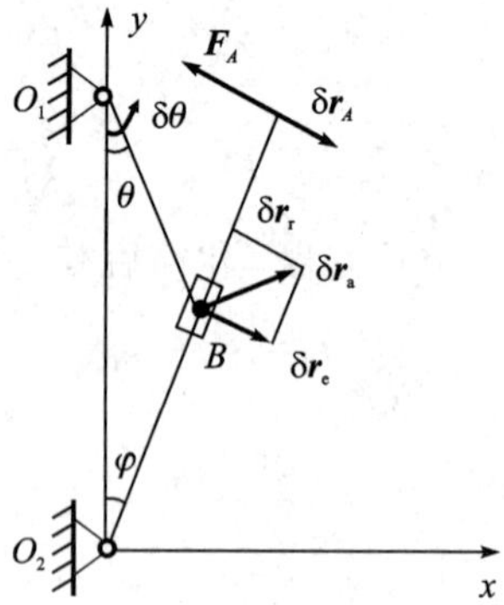

思考题 14-6 图

14-7　试分析如思考题 14-7 图所示平面机构的自由度数。

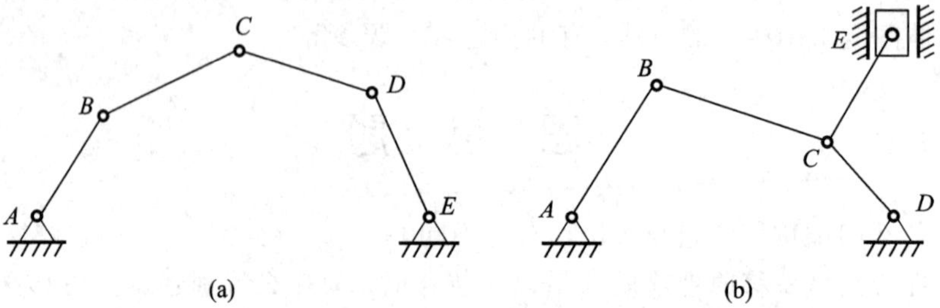

思考题 14-7 图

习　题

14-1　如题 14-1 图所示差动滑轮的半径为 r_1、r_2，滑轮重量和轴承处的摩擦忽略不计，求平衡时力 $\boldsymbol{P}$ 和 $\boldsymbol{Q}$ 间的关系。

14-2　在如题 14-2 图所示的曲柄式压榨机的销钉 B 上，作用有位于平面 ABC 内的水平力 $\boldsymbol{F}$，其作用线平分 $\angle ABC$，$AB=BC$，各处摩擦及杆重不计，求作用于物体上的压缩力。

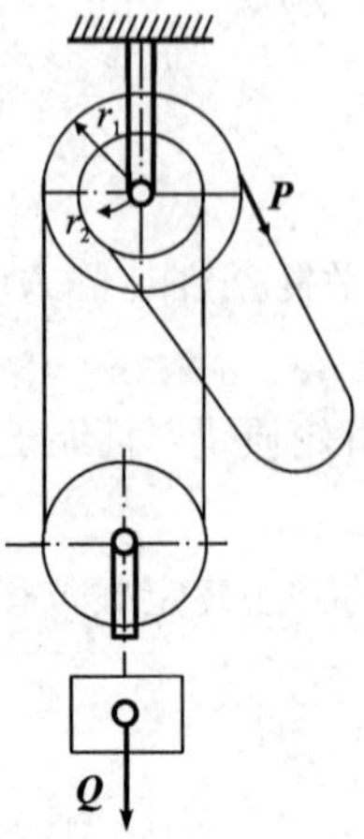

题 14-1 图

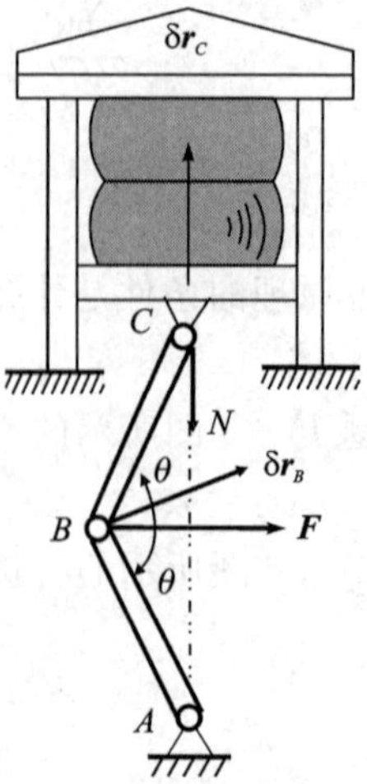

题 14-2 图

14－3　如题 14－3 图所示为一夹紧装置，设缸体内的压强为 p，活塞直径为 d，杆重忽略不计，尺寸如图所示。试求作用在工件 E 上的压力。

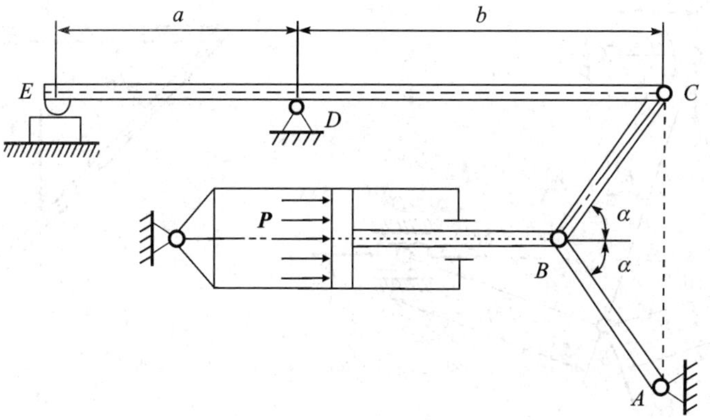

题 14－3 图

14－4　题 14－4 图所示的平面机构中，A、D 为固定铰支座，各杆长均为 l，力 $\boldsymbol{P}$ 垂直于 BC，力 $\boldsymbol{Q}$ 垂直于 CD。求机构平衡时 $\boldsymbol{P}$ 与 $\boldsymbol{Q}$ 之间的关系。

14－5　在题 14－5 图所示机构中，当曲柄 OC 绕轴 O 摆动时，滑块 A 沿曲柄滑动，从而带动杆 AB 在铅直导槽内移动，不计各构件自重与各处摩擦。求机构平衡时力 $\boldsymbol{F}_1$ 与 $\boldsymbol{F}_2$ 的关系。

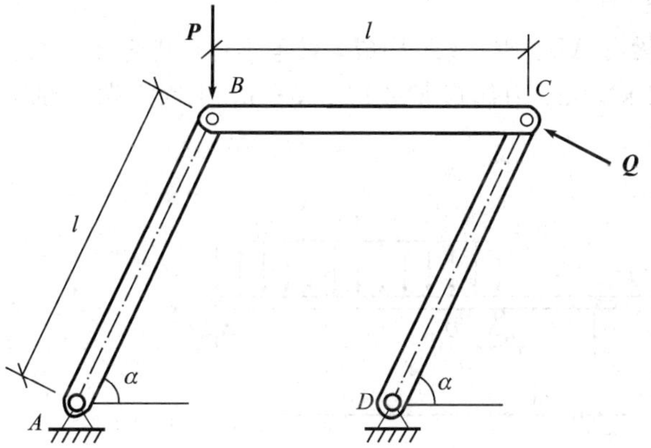

题 14－4 图

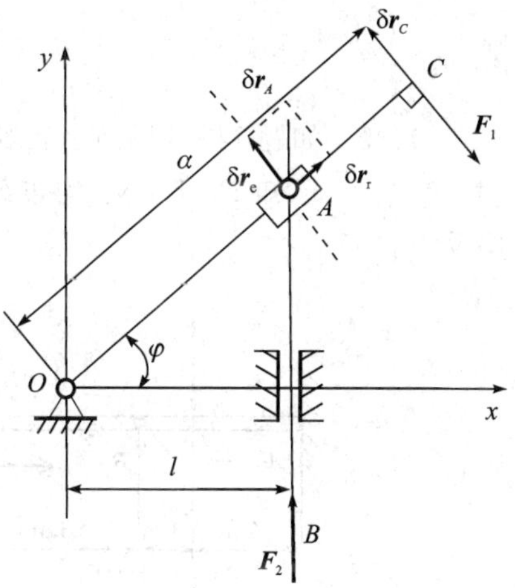

题 14－5 图

14－6　在题 14－6 图所示机构中，曲柄 OA 上作用一力偶，其矩为 M，另在滑块 D 上作用水平力 $\boldsymbol{F}$。机构尺寸如图所示，不计各构件自重与各处摩擦。求当机构平衡时，力 $\boldsymbol{F}$ 与力偶矩 M 的关系。

14－7　如题 14－7 图所示，构架由均质杆 AC 和 BC 在 C 处以光滑铰链铰接而成。已知杆重 $P=2$ kN，$Q=4$ kN，杆长 $AC=2$ m，$\theta=45°$，求固定支座 B 处的约束力。

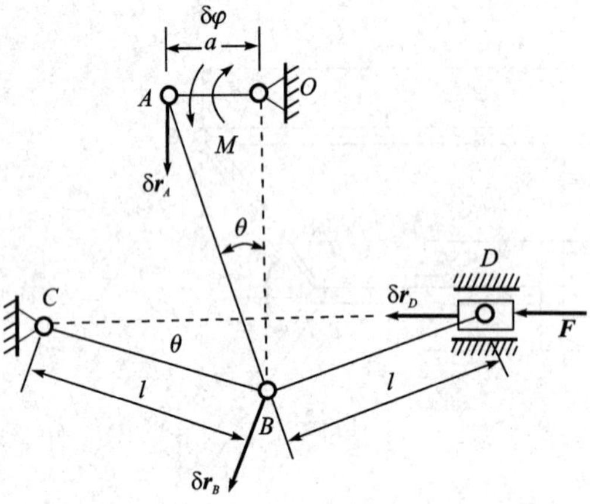

题 14－6 图

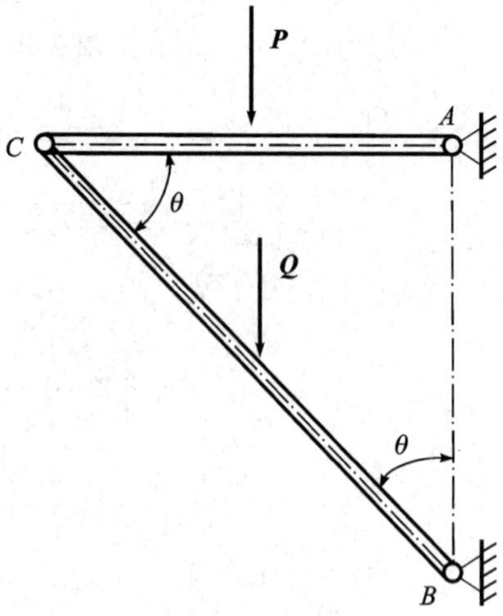

题 14－7 图

14－8　求题 14－8(a)、14－8(b)图所示的多跨梁的支座反力。

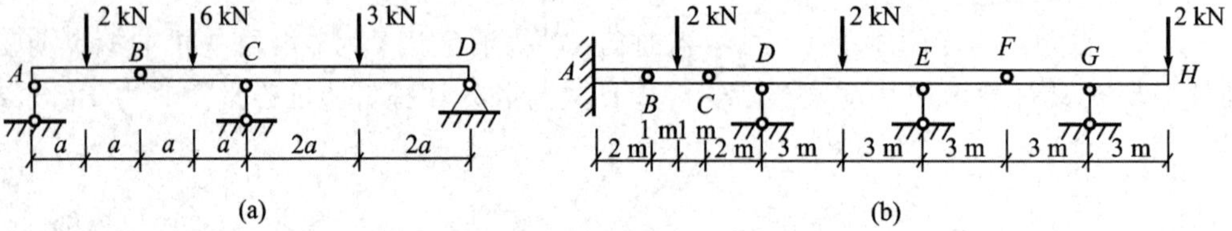

题 14－8 图

14－9　如题 14－9 图所示，多跨静定梁由 AB、BC、CE 构成，梁重不计，载荷分布如题 14－9 所示。已知 $P=5$ kN，均布载荷 $q=2$ kN/m，力偶矩 $M=12$ kN·m。求固定端 A 的支座反力。

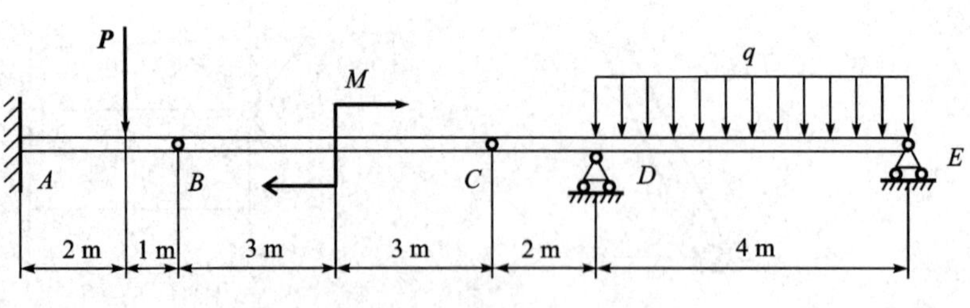

题 14－9 图

14－10　如题 14－10 图所示，均质杆 AB 长 $2l$，一端靠在光滑的铅直墙壁上，另一端放在固定光滑曲面 DE 上。若使该杆能静止在铅垂平面的任意位置，则曲面 DE 的曲线应是怎样的形状？

14－11　如题 14－11 图所示，滑套 D 套在直杆 AB 上，并带动杆 CD 在铅直滑道上滑动。已知 $\theta=0°$ 时弹簧为原长，弹簧刚度系数为 5 kN/m，不计各构件自重与各处摩擦。求在任意位置平衡时，应加多大的力偶矩 M？

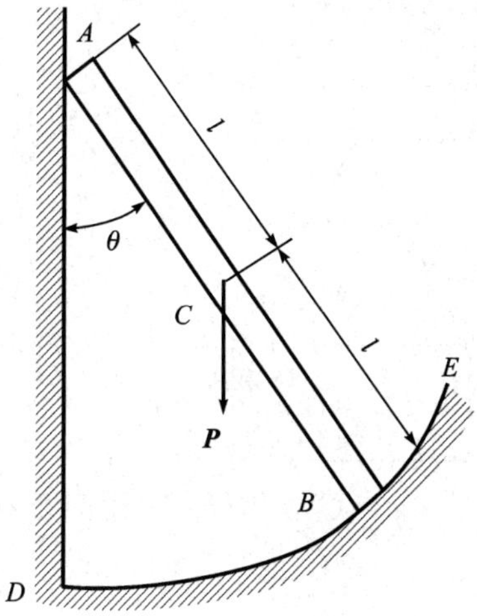

题 14-10 图

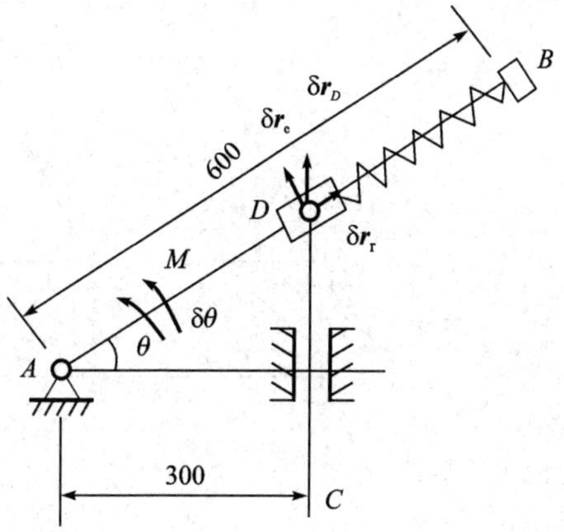

题 14-11 图

14-12　在题 14-12 图所示机构中的 D 点作用一水平力 $\boldsymbol{P}$。已知 $AC=BC=EC=FC=DE=DF=l$，杆 AF 与杆 BE 在 C 处铰接，A 端滑块可在竖向滑动。求保持平衡时力 $\boldsymbol{Q}$ 的值。

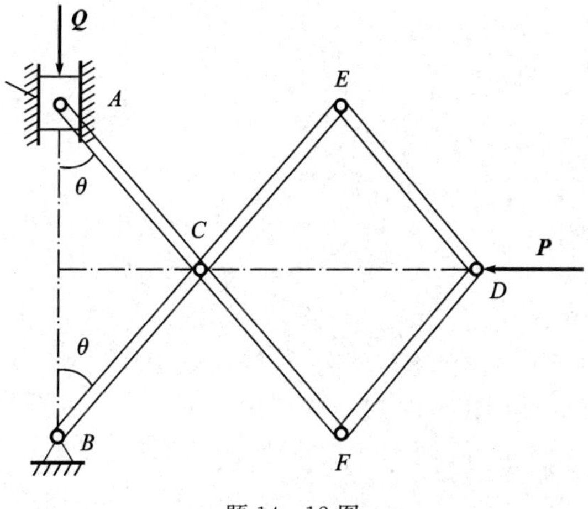

题 14-12 图

14-13　在题 14-13 图所示的平面桁架中，已知 $AD=DB=6$ m，$CD=3$ m，$P=10$ kN。试用虚位移原理求杆 3 的内力。

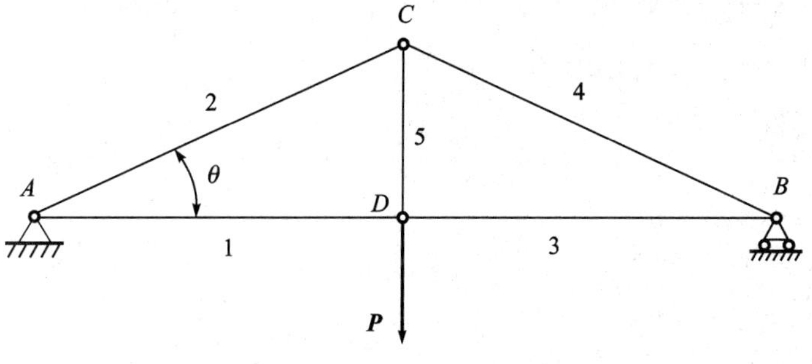

题 14-13 图

14－14　求题 14－14 图所示的桁架中杆件 1、2 的内力。

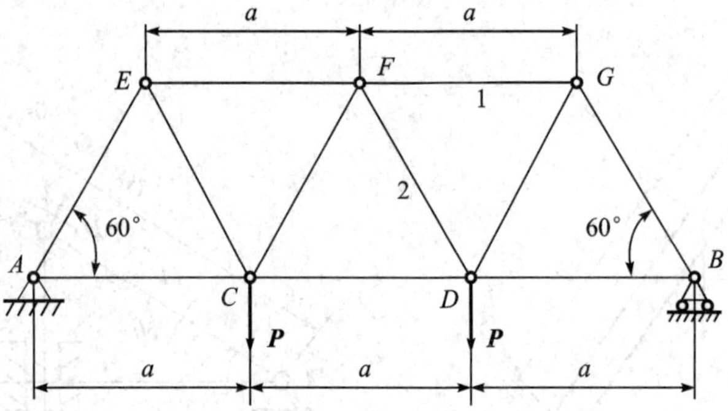

题 14－14 图

习题参考答案

14－1　$\dfrac{P}{Q}=\dfrac{r_2-r_1}{2r_2}$

14－2　$F_N=0.5F\tan\theta$

14－3　$F_N=\dfrac{pbd^2\pi}{8a}\tan\theta$

14－4　$Q=P\cos\alpha$

14－5　$\dfrac{F_1}{F_2}=\dfrac{l}{a\cos^2\varphi}$

14－6　$M=Fa\tan2\theta$

14－7　$F_{Bx}=-3$ kN(←)，$F_{By}=5$ kN(↑)

14－8　(a) $F_C=10.5$ kN(↑)；(b) $F_E=2.33$ kN(↓)

14－9　$F_{Ax}=0$，$F_{Ay}=3$ kN(↑)，$M_A=-4$ kN・m

14－10　$\dfrac{x^2}{4l^2}+\dfrac{y^2}{l^2}=1$

14－11　$M=450\dfrac{\sin\theta(1-\cos\theta)}{\cos^3\theta}$

14－12　$Q=1.5P\cot\theta$

14－13　$F_3=P=10$ kN

14－14　$F_1=-\dfrac{2\sqrt{3}}{3}P$，$F_2=0$

参考文献

[1] 哈尔滨工业大学理论力学教研究室．理论力学[M]．7 版．北京：高等教育出版社，2002.
[2] 郝桐生．理论力学[M]．3 版．北京：高等教育出版社，2003.
[3] 萧龙翔，贾启芬，邓惠．理论力学[M]．天津：天津大学出版社，1995.
[4] 王永岩．理论力学[M]．北京：煤炭工业出版社，1997.
[5] 黄美英．理论力学实践教程[M]．北京：煤炭工业出版社，1996.
[6] 华东水利学院工程力学教研室．理论力学[M]．2 版．北京：高等教育出版社 1985.
[7] 西北工业大学．理论力学[M]．北京：高等教育出版社，1983.
[8] 韩江水．工程力学[M].2 版．徐州：中国矿业大学出版社，2011.
[9] 屈钧利，韩江水．建筑力学[M]．徐州：中国矿业大学出版社，2012.
[10] 董卫华，王琳鸽．理论力学[M]．4 版．武汉：武汉理工大学出版社，2013.
[11] 赵淑红，贾永峰．理论力学[M]．北京：清华大学出版社，2012.
[12] 姜艳．工程力学[M]．北京：中国水利水电出版社，2013.
[13] 刘江，张朝新．理论力学[M]．2 版．武汉：武汉理工大学出版社，2012.
[14] 刘俊卿．理论力学[M]．重庆：重庆大学出版社，2011.
[15] 李卓球，侯作富．理论力学[M]．武汉：武汉理工大学出版社，2011.
[16] 胡文绩．理论力学[M]．武汉：华中科技大学出版社，2010.
[17] 杨民献．工程力学[M]．北京：北京大学出版社，2013.
[18] 支希哲．理论力学[M]．北京：高等教育出版社，2010.
[19] 彭祝．理论力学[M]．长沙：中南工业大学出版社，1996.
[20] 王月梅，曹咏弘.理论力学[M]．北京：机械工业出版社，2010.
[21] 浙江大学理论力学教研室．理论力学[M]．3 版．北京：高等教育出版社，2005.
[22] 马连生，杨静宁，宋曦．理论力学[M]．北京：科学出版社，2009.
[23] 张伯奋，郑菲，王振飞，等．理论力学[M]．重庆：重庆大学出版社，2009.
[24] 韦林，周松鹤，唐晓弟．理论力学[M]．上海：同济大学出版社，2008.
[25] 张俊彦，赵荣国．理论力学[M]．2 版．北京：北京大学出版社，2012.
[26] 林兰华，王平．理论力学[M]．北京：科学出版社，2009.
[27] 尹冠生．理论力学[M]．西安：西北工业大学出版社，2000.
[28] 邱秀梅，刘燕，李明宝．理论力学[M]．北京：中国水利水电出版社，2009.
[29] 李慧剑．理论力学[M]．北京：科学出版社，2009.
[30] 王爱勤．理论力学[M]．西安：西北工业大学出版社，2009.